Springer-Lehrbuch

Florian Scheck

Theoretische Physik 2

Nichtrelativistische Quantentheorie

Vom Wasserstoffatom
zu den Vielteilchensystemen

Dritte Auflage

Mit 50 Abbildungen,
51 Übungen mit Lösungshinweisen
und exemplarischen, vollständigen Lösungen

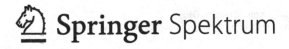 Springer Spektrum

Professor Dr. Florian Scheck
Fachbereich Physik, Institut für Physik
Johannes Gutenberg-Universität, Staudingerweg 7
55099 Mainz
e-mail: scheck@uni-mainz.de

ISSN 0937-7433
ISBN 978-3-642-37715-0   ISBN 978-3-642-37716-7 (eBook)
DOI 10.1007/978-3-642-37716-7

Die Deutsche Nationalbibliothek verzeichnet diese Publikation in der Deutschen Natio-
nalbibliografie; detaillierte bibliografische Daten sind im Internet über http://dnb.d-nb.de
abrufbar.

Springer Spektrum
© Springer-Verlag Berlin Heidelberg 2000, 2006, 2013

Gedruckt auf säurefreiem und chlorfrei gebleichtem Papier

Springer Spektrum ist eine Marke von Springer DE.
Springer DE ist Teil der Fachverlagsgruppe Springer Science+Business Media
www.springer-spektrum.de

Vorwort
zur Theoretischen Physik

Mit diesem mehrbändigen Werk lege ich ein Lehrbuch der Theoretischen Physik vor, das dem an vielen deutschsprachigen Universitäten eingeführten Aufbau der Vorlesungen folgt: die Mechanik und die nicht-relativistische Quantenmechanik, die in Geist, Zielsetzung und Methodik nahe verwandt sind, stehen nebeneinander und stellen die Grundlagen für das Hauptstudium bereit, die eine für die klassischen Gebiete, die andere für Wahlfach- und Spezialvorlesungen. Die klassische Elektrodynamik und Feldtheorie und die relativistische Quantenmechanik leiten zu Systemen mit unendlich vielen Freiheitsgraden über und legen das Fundament für die Theorie der Vielteilchensysteme, die Quantenfeldtheorie und die Eichtheorien. Dazwischen steht die Theorie der Wärme und die wegen ihrer Allgemeinheit in einem gewissen Sinn alles übergreifende Statistische Mechanik.

Als Studentin, als Student lernt man in einem Zeitraum von drei Jahren fünf große und wunderschöne Gebiete, deren Entwicklung im modernen Sinne vor bald 400 Jahren begann und deren vielleicht dichteste Periode die Zeit von etwas mehr als einem Jahrhundert von 1830, dem Beginn der Elektrodynamik, bis ca. 1950, der vorläufigen Vollendung der Quantenfeldtheorie, umfasst. Man sei nicht enttäuscht, wenn der Fortgang in den sich anschließenden Gebieten der modernen Forschung sehr viel langsamer ist, diese oft auch sehr technisch geworden sind, und genieße den ersten Rundgang durch ein großartiges Gebäude menschlichen Wissens, das für fast alle Bereiche der Naturwissenschaften grundlegend ist.

Die Lehrbuchliteratur in Theoretischer Physik hinkt in der Regel der aktuellen Fachliteratur und der Entwicklung der Mathematik um einiges nach. Abgesehen vom historischen Interesse gibt es keinen stichhaltigen Grund, den Umwegen in der ursprünglichen Entwicklung einer Theorie zu folgen, wenn es aus heutigem Verständnis direkte Zugänge gibt. Es sollte doch vielmehr so sein, dass die großen Entdeckungen in der Physik der zweiten Hälfte des zwanzigsten Jahrhunderts sich auch in der Darstellung der Grundlagen widerspiegeln und dazu führen, dass wir die Akzente anders setzen und die Landmarken anders definieren als beispielsweise die Generation meiner akademischen Lehrer um 1960. Auch sollten neue und wichtige mathematische Methoden und Erkenntnisse mindestens dort eingesetzt und verwendet werden, wo sie dazu beitragen, tiefere Zusammenhänge klarer hervortreten zu lassen und gemeinsame Züge scheinbar verschiedener Theorien erkennbar zu machen. Ich verwende in diesem Lehrbuch in einem ausgewogenen Maß moderne mathematische Techniken und traditionelle, physikalischintuitive Methoden, die ersteren vor allem dort, wo sie die Theorie präzise fassen, sie effizienter formulierbar und letzten Endes einfacher und transparenter machen – ohne, wie ich hoffe, in die trockene Axiomatisierung und Algebraisierung zu verfallen, die manche neueren Monographien der Mathematik so schwer leserlich machen; außerdem möchte ich dem Leser, der Leserin helfen, die Brücke zur aktuellen physikalischen Fachliteratur und zur Mathematischen Physik zu schlagen. Die traditionellen, manchmal etwas vage formulierten physikalischen Zugänge andererseits sind für das veranschaulichende Verständnis der Phänomene unverzichtbar, außerdem spiegeln sie noch immer etwas von der Ideen- und Vorstellungswelt der großen Pioniere unserer Wissenschaft wider und tragen auch auf diese Weise zum Verständnis der Entwicklung der Physik und deren innerer Logik bei. Diese Bemerkung wird spätestens dann klar werden, wenn man zum ersten Mal vor einer Gleichung verharrt, die mit raffinierten Argumenten und eleganter Mathematik aufgestellt ist, die aber nicht zu einem *spricht* und verrät, wie sie zu interpretieren sei. Dieser Aspekt der *Interpretation* – und das sei auch den Mathematikern und Mathematikerinnen klar gesagt – ist vielleicht der schwierigste bei der Aufstellung einer physikalischen Theorie.

Jeder der vorliegenden Bände enthält wesentlich mehr Material als man in einer z. B. vierstündigen Vorlesung in einem Semester vortragen kann. Das bietet den Dozenten die Möglichkeit zur Auswahl dessen, was sie oder er in ihrer/seiner Vorlesung ausarbeiten möchte und, bei Wiederholungen, den Aufbau der Vorlesung zu variieren. Für die Studierenden, die ja ohnehin lernen müssen, mit Büchern und Originalliteratur zu arbeiten, bietet sich die Möglichkeit, Themen oder ganze Bereiche je nach Neigung und Interesse zu vertiefen. Ich habe den Aufbau fast ohne Ausnahme „selbsttragend" konzipiert, so dass man alle Entwicklungen bis ins Detail nachvollziehen und nachrechnen kann. Die Bücher sind daher auch für das Selbststudium geeignet und „verführen" Sie, wie ich hoffe, auch als gestandene Wissenschaftler und Wissenschaftlerinnen dazu, dies und jenes nocheinmal nachzulesen oder neu zu lernen.

Bücher gehen heute nicht mehr durch die klassischen Stadien: handschriftliche Version, erste Abschrift, Korrektur derselben, Erfassung im Verlag, erneute Korrektur etc., die zwar mehrere Iterationen des Korrekturlesens zuließen, aber stets auch die Gefahr bargen, neue Druckfehler einzuschmuggeln. Der Verlag hat ab Band 2 die von mir in LATEX geschriebenen Dateien (Text und Formeln) direkt übernommen und bearbeitet. So hoffe ich, dass wir dem Druckfehlerteufel wenig Gelegenheit zu Schabernack geboten haben. Über die verbliebenen, nachträglich entdeckten Druckfehler werde ich, soweit sie mir bekannt werden, auf einer Webseite berichten, die über den Hinweis *Buchveröffentlichungen/book publications* auf meiner homepage zugänglich ist. Die letztere erreicht man über

http://wwwthep.physik.uni-mainz.de

Den Anfang hatte die zuerst 1988 erschienene, seither kontinuierlich weiterentwickelte *Mechanik* gemacht. Ich freue mich zu sehen, dass auch die anderen Bände sich rasch etabliert haben und ähnlich starke Resonanz gefunden haben wie der erste Band. Dass die ganze Reihe überhaupt zustande kam, daran hat auch Herr Dr. Hans J. Kölsch vom Springer-Verlag durch seinen Rat und seine Ermutigung seinen Anteil, wofür ich ihm an dieser Stelle herzlich danke.

Mainz, im Dezember 2012   *Florian Scheck*

Vorwort zu Band 2, 3. Auflage

Die Quantenmechanik bildet die begriffliche und handwerkliche Grundlage für fast alle Zweige der modernen Physik, von der Atom- und Molekülphysik, über die Physik der Kondensierten Materie, die Kernphysik bis zur Elementarteilchenphysik. Für sich allein genommen, ist sie ein überaus reizvolles Teilgebiet der Theoretischen Physik und hat seit ihrer Entstehung in den Zwanzigerjahren des vorigen Jahrhunderts nichts von ihrer Faszination verloren. Ihre physikalische Interpretation gibt auch heute noch zu tiefsinnigen Überlegungen und Kontroversen Anlass [Selleri (1990a)], [Selleri (1990b)], [d'Espagnat (1989)], [Omnès (1994)], ihr mathematischer Rahmen ist anspruchsvoll und vielleicht nicht abschließend geklärt. Wie ich schon im Vorwort zu Band 1 ausgeführt habe, ist eine gründliche Kenntnis der kanonischen Mechanik im Blick auf ihre Interpretation zwar nicht unerlässlich, aber sehr hilfreich. Die mathematischen Grundlagen, die streng genommen von der Gruppentheorie über die Theorie der Differentialgleichungen bis zur Funktionalanalysis reichen, kann man sich heuristisch durch Analogien einerseits zur Linearen Algebra, andererseits zur Hamilton-Jacobischen Mechanik weitgehend erschließen.

Dieser Band, der die „praktische" Quantenmechanik ebenso behandelt wie die allgemeinen Prinzipien der Quantentheorie, ist so aufgebaut, dass er als begleitendes Buch zu einer Vorlesung *Quantenmechanik, Teil I* ebenso wie zum Selbststudium dienen kann. Beginnend mit einer ausführlichen Behandlung der nichtrelativistischen Quantenmechanik eines Punktteilchens und einer ersten Einführung in die Theorie der Potentialstreuung führt er schrittweise an die allgemeinen Prinzipien der Quantentheorie heran, die physikalisch motiviert und begründet werden. Er behandelt kontinuierliche und diskrete Raum-Zeit-Symmetrien und deren besondere Rolle in der Quantentheorie ebenso wie die wichtigsten Rechenmethoden der Quantenmechanik. Eine Einführung in die Grundlagen der Vielteilchensysteme, speziell der Viel-Fermionensysteme, bildet den Abschluss. Allerdings ist die Stoffmenge umfangreicher als das, was man erfahrungsgemäß in einer einsemestrigen, vierstündigen Vorlesung behandeln kann. Die Dozentin, der Dozent wird also eine gewisse Auswahl treffen müssen und die übrigen Abschnitte als ergänzende Lektüre empfehlen.

Das Buch enthält eine Reihe von Aufgaben, von denen einige mit Hinweisen, andere mit ausführlichen Lösungen versehen sind. Viele nichttriviale, physikalisch wichtige Beispiele sind vollständig ausgearbeitet und in den Text integriert. Anders als in Band 1 habe ich auf PC-gestützte praktische Aufgaben verzichtet (Aufgabe 2.5 bildet allerdings eine Ausnahme), weil es bereits spezialisierte Bücher zur Quantenmechanik mit den algebraischen Programmpaketen *Mathematica* bzw. *Maple* gibt, so z. B. [Feagin (1995)] und [Horbatsch (1995)]. Wer seine Kenntnisse und Erfahrungen in der Quantenmechanik durch die Bearbeitung von nichttrivialen und nicht exakt lösbaren Beispielen vertiefen und erweitern möchte, sei auf diese hierfür gut geeigneten Bücher hingewiesen.

Die Lehrbuchliteratur zur Quantenmechanik ist sehr umfangreich, zu umfangreich, um sie auch nur einigermaßen vollständig zitieren zu können. Ich möchte sie in einer etwas summarischen Weise in drei Gruppen einteilen: Die Reihe der „Klassiker", die Gruppe der eigentlichen, relativ kompakten Lehrbücher und einige besonders umfangreiche Werke mit Handbuchcharakter. Zu den Klassikern gehören unter anderen [Dirac (1996)], [Pauli (1980)], [Heisenberg (1958)], die auch heute noch mit großem Gewinn zu lesen sind und die ich der Leserin, dem Leser mit Nachdruck empfehle. Zur dritten Gruppe gehören [Messiah (1991)], [Cohen-Tannoudji et al. (1977)], [Galindo und Pascual (1990)], die vielleicht für einen ersten Zugang und zum Lernen zu umfangreich sind, die aber als Handbücher für spezielle Fragestellungen und als Zugang zur Originalliteratur sehr gut geeignet sind. Die Literaturliste gibt eine Auswahl von Lehrbüchern in deutscher und englischer Sprache, außerdem einige spezialisierte Monographien zu Teilgebieten der Quantenmechanik (Streutheorie, Relativistische Quantenmechanik, Drehgruppe in der Quantentheorie u. a.) und einige mathematische Texte, anhand derer man die in der Quantentheorie angesprochene Mathematik vertiefen kann.

Einige historische Anmerkungen zur Quantenmechanik und zur Quantenfeldtheorie findet man im Anhang zu Band 4, der die quantisierten Felder von den Symmetrien bis zur Quantenelektrodynamik behandelt. Diese dritte Auflage ist in vielen Einzelheiten überarbeitet. Neu ist ein Abschnitt über korrelierte Zustände und Elemente der Quanteninformation.

Auch der in diesem Band behandelte Stoff ist durch die „Feuerprobe" meiner Vorlesungen im Rahmen des Mainzer Theoriekursus gegangen und sein Aufbau ist dabei mehrfach geändert und – so hoffe ich – ständig verbessert worden. Dies gibt mir Gelegenheit, den Studierenden, meinen Mitarbeitern und Mitarbeiterinnen sowie meinen Kollegen zu danken, die durch Fragen, Kritik oder Diskussionen viel zu seiner Ausgestaltung beigetragen haben. Besonders erwähnen möchte ich Wolfgang Bulla, der mir sehr nützliche Kommentare geschrieben und einige Verbesserungsvorschläge gemacht hat, die ich gerne aufgenommen habe. Auch Rainer Häußling danke ich herzlich für Hinweise auf Ungenauigkeiten und Druckfehler. Die Zusammenarbeit mit den Teams des Springer-Verlags war wie gewohnt ausgezeichnet, wofür ich stellvertretend Herrn Dr. Th. Schneider in Heidelberg und dem Team der le-tex publishing services GmbH in Leipzig herzlich danken möchte.

Mainz, im Dezember 2012   *Florian Scheck*

Inhaltsverzeichnis

Quantenmechanik eines Punktteilchens

Einführung

Beim Aufbau der unrelativistischen Quantenmechanik eines Teilchens befindet man sich in einer merkwürdigen, fast paradoxen Ausgangslage: Man sucht eine allgemeinere Theorie, die der Existenz des Planck'schen Wirkungsquantums h Rechnung trägt und die im Grenzfall $h \to 0$ die klassische Mechanik einschließt, man hat als formalen Rahmen aber zunächst nicht mehr als die kanonische Mechanik zur Verfügung. Etwas überspitzt ausgedrückt heißt das, dass man durch Extrapolation aus den Gesetzen der Himmelsmechanik eine Theorie für das Wasserstoffatom und für die Streuung von Elektronen erraten will. Dass dieses Abenteuer letztlich gelingt, hat sowohl *phänomenologische* als auch *theoretische* Gründe.

Phänomenologisch wissen wir, dass es eine große Zahl experimenteller Befunde gibt, die sich im Rahmen der klassischen Physik nicht deuten lassen und dieser in vielen Fällen sogar krass widersprechen. Gleichzeitig gibt uns die Phänomenologie Hinweise auf grundlegende Eigenschaften der Strahlung und der Materie, die in der makroskopischen Physik im Allgemeinen quantitativ irrelevant sind: Licht hat neben seinem klassisch wohlbekannten *Wellen*charakter auch *Teilchen*eigenschaften; umgekehrt haben massive Teilchen wie das Elektron neben ihren *mechanischen* auch *optische* Eigenschaften. Diese Erkenntnis führt zu einem der grundlegenden Postulate der Quantentheorie, der de Broglie'schen Beziehung zwischen der Wellenlänge einer monochromatischen Welle und dem Impuls eines geradlinig-gleichförmig bewegten Teilchens mit oder ohne Masse.

Ein ebenfalls grundlegendes, phänomenologisches Element bei der Suche nach der „größeren" Theorie ist die Erkenntnis, dass die Messungen von *kanonisch konjugierten Observablen* immer korreliert sind. Das ist der Inhalt der Heisenberg'schen Unschärferelation, die qualitativ gesprochen aussagt, dass man solche Observable nie gleichzeitig beliebig genau festlegen kann. Quantitativ sagt sie, in welcher Weise die Streuungen, die man aufgrund vieler Messungen bestimmt, durch das Planck'sche Wirkungsquantum korreliert sind und gibt damit einen ersten Hinweis darauf, dass Observable in der Quantenmechanik durch nichtkommutierende Größen beschrieben werden müssen.

Eine weitere, geniale Hypothese baut auf dem Wellencharakter der Materie und der beobachteten statistischen Natur quantenmechanischer Prozesse auf: die von Max Born postulierte Interpretation der

Wellenfunktion als eine (im Allgemeinen komplexe) Amplitude, deren Absolutquadrat eine Wahrscheinlichkeit im Sinne der Statistischen Mechanik darstellt.

Was die *theoretische* Seite angeht, mag man sich fragen, warum die klassische, Hamilton'sche Mechanik das richtige Sprungbrett ist, von dem aus die Entdeckung der umfassenderen Quantenmechanik gelingt. Darauf möchte ich hier zwei Antworten geben:

Zum einen ist es eine, zugegeben etwas geheimnisvolle Erfahrung, dass das Hamilton'sche Extremalprinzip, wenn es nur hinreichend allgemein formuliert wird, als formaler Rahmen für jede Theorie der fundamentalen physikalischen Wechselwirkungen ausreicht. Zum anderen geben die Hamilton'schen Systeme vermutlich die richtige Beschreibung von grundlegenden, *elementaren* Prozessen, weil sie das Prinzip der Energieerhaltung und andere, aus Symmetrien der Theorie folgende Erhaltungssätze enthalten. Makroskopische Systeme, die keine Hamilton'schen sind, sind ja vielfach nur effektive Beschreibungen einer Dynamik, die man in ihren wesentlichen Zügen, aber nicht in allen Einzelheiten erfassen will. Die Bewegungsgleichungen des Keplerproblems sind in diesem Sinne elementar, die Bewegungsgleichung eines in der Atmosphäre fallenden Körpers dagegen nicht, denn ein Reibungsterm der Form $-\kappa\dot{z}$ beschreibt die Dissipation von Energie an die umgebende Luft nur pauschal, ohne auf die Dynamik der Luftmoleküle einzugehen. Das erste Beispiel ist Hamilton'sch, das zweite ist es nicht.

Mit diesen Bemerkungen im Gedächtnis ist es nicht erstaunlich, dass bei der Entwicklung der Quantenmechanik nicht nur die Einführung neuer, ungewohnter Begriffe notwendig wird, sondern dass gegenüber der klassischen Physik auch neue Fragen der Interpretation von Messungen auftreten, die die gewohnte Trennung von Messapparatur und untersuchtem System aufheben können und die zu scheinbaren Paradoxien führen, deren Auflösung nicht immer ganz einfach ist. Wir werden an vielen Stellen auf diese neuen Aspekte zurückkommen und sie weitgehend klären. Für den Moment kann ich nur den Rat geben, die Leserin und der Leser mögen sich in Geduld fassen und sich nicht entmutigen lassen. Wenn man aufbricht, eine neue, umfassendere Theorie wie die Quantenmechanik zu entwickeln bzw. nachzuvollziehen, die den vertrauten Rahmen der klassischen, unrelativistischen Physik verlässt, dann muss man auf qualitativ neue Eigenschaften und Interpretationen dieser Theorie gefasst sein. Dies macht zugleich ihren großen Reiz und ihre intellektuelle Herausforderung aus.

1.1 Grenzen der klassischen Physik

Es gibt eine Fülle von beobachtbaren Effekten der Quantentheorie, die der Leser und die Leserin in den Kursen über experimentelle Physik kennen gelernt hat und die nicht im Rahmen der klassischen Mechanik oder Elektrodynamik verstanden werden können. Aus diesen seien zwei Beispiele ausgewählt, die besonders klar zeigen, dass die Beschreibung im Rahmen der klassischen Physik unvollständig ist und durch neue fundamentale Prinzipien ergänzt werden muss. Es sind dies die *Quantelung der atomaren Bindungszustände,* die nicht aus dem Keplerproblem für ein Elektron im Feld einer positiven Punktladung folgt, und die *elektromagnetische Abstrahlung eines im Atom gebundenen Elektrons,* die rein klassisch dazu führen würde, dass die gequantelten atomaren Zustände instabil werden.

Mit der Eigenschaft „klassisch" ist hier und im Folgenden jeder Bereich der Physik gemeint, in dem die Planck'sche Konstante quantitativ keine Rolle spielt und daher in sehr guter Näherung gleich Null gesetzt werden kann.

Beispiel 1.1   Quantelung atomarer Bindungszustände

Die physikalisch zulässigen, gebundenen Zustände des Wasserstoffatoms bzw. eines wasserstoffähnlichen Atoms haben diskrete Energien, die durch die Formel

$$E_n = -\frac{1}{2n^2}\frac{Z^2 e^4}{\hbar^2}\mu \quad \text{mit} \quad n = 1, 2, 3, \dots \qquad (1.1)$$

gegeben sind. Hierbei ist $n \in \mathbb{N}$ die so genannte *Hauptquantenzahl,* Z die Kernladungszahl (das ist die Anzahl der im Kern enthaltenen Protonen), e die Elementarladung, $\hbar = h/(2\pi)$ das durch die Zahl (2π) geteilte Planck'sche Wirkungsquantum h und μ die reduzierte Masse des Systems (Elektron–punktförmiger Kern). Führt man die dimensionslose *Sommerfeld'sche Feinstrukturkonstante* ein,

$$\alpha := \frac{e^2}{\hbar c},$$

mit c der Lichtgeschwindigkeit, so nimmt die Energieformel (1.1) die folgende Form an:

$$E_n = -\frac{1}{2n^2}(Z\alpha)^2 \mu c^2. \qquad (1.1')$$

Man beachte, dass die Lichtgeschwindigkeit aus dieser Formel herausfällt – wie das auch sein muss.[1]

Im *klassischen* Keplerproblem für ein Elektron mit der Ladung $e = -|e|$ im Feld einer positiven Punktladung $Z|e|$ kann die Energie gebundener, d. h. ganz im Endlichen verlaufender Bahnen jeden negativen Wert annehmen. An der Formel (1.1) sind daher zwei Eigenschaften erstaunlich: Erstens gibt es einen tiefsten Wert, nämlich den für $n = 1$, alle

---

[1] Die Formel (1.1) gilt im Rahmen der nichtrelativistischen Kinematik, in der die Lichtgeschwindigkeit nicht vorkommt bzw. als unendlich groß angenommen werden kann. In ihrer zweiten Form (1.1') wird c insofern künstlich eingeführt.

anderen Energiewerte liegen höher als $E_{n=1}$,

$$E_1 < E_2 < E_3 < \cdots .$$

Man sagt auch: Das Energiespektrum ist nach unten beschränkt. Zweitens kann die Energie, solange sie negativ ist, nur die Folge von diskreten Werten

$$E_n = \frac{1}{n^2} E_{n=1}$$

annehmen, die sich in diesem Fall für $n \longrightarrow \infty$ bei 0 häufen.

Im Rahmen der klassischen Mechanik bleiben diese Aussagen unverständlich, es fehlt ein zusätzliches Prinzip, das alle negativen Energiewerte ausschließt, die nicht dem diskreten Spektrum (1.1) angehören. Andererseits besteht kein völliger Widerspruch zum Keplerproblem, denn für große Werte der Hauptquantenzahl n geht die Differenz benachbarter Energiewerte mit n^{-3} nach Null,

$$E_{n+1} - E_n = \frac{2n+1}{2n^2(n+1)^2}(Z\alpha)^2 \mu c^2 \sim \frac{1}{n^3} \quad \text{für} \quad n \to \infty .$$

Bevor wir dieses Beispiel weiterführen, seien einige numerische Werte genannt, die für quantitative Aussagen und Abschätzungen bedeutsam sind und die wir im Folgenden immer wieder benötigen werden:

Die Planck'sche Konstante hat die physikalische Dimension einer *Wirkung,* d. h. (Energie × Zeit) und hat den Zahlenwert

$$h = (6,62606957 \pm 0,00000029) \cdot 10^{-34}\,\text{J s} , \tag{1.2}$$

die oft verwendete reduzierte Konstante hat den Wert[2]

$$\hbar \equiv \frac{h}{2\pi} = 1,054 \cdot 10^{-34}\,\text{J s} . \tag{1.3}$$

Da h dimensionsbehaftet ist, $[h] = E \cdot t$, spricht man vom Planck'schen *Wirkungsquantum.* Der Begriff Wirkung stammt aus der klassischen, Hamilton'schen Mechanik. Wir erinnern daran, dass das Produkt aus einer verallgemeinerten Koordinate q^i und dem zugehörigen, verallgemeinerten Impuls $p_i = \partial L/\partial \dot{q}^i$, wobei L die Lagrangefunktion ist, immer die Dimension einer Wirkung hat,

$$[q^i \, p_i] = \text{Energie} \times \text{Zeit} ,$$

unabhängig davon, wie und mit welcher physikalischen Dimension behaftet man q^i gewählt hat.

Eine für atomare Verhältnisse handlichere Zahl ist das Produkt aus $\hbar$ und der Lichtgeschwindigkeit

$$c = 2,99792458 \cdot 10^8\,\text{m s}^{-1} , \tag{1.4}$$

das die Dimension (Energie × Länge) hat. Verwendet man anstelle des Joule die Energieeinheit

$$1\,\text{MeV} = 10^6\,\text{eV} = (1,602176565 \pm 0,000000035) \cdot 10^{-13}\,\text{J}$$

[2] Von hier an verwenden wir etwas verkürzte, handlichere Zahlenwerte, die für praktische Beispiele und für Abschätzungen im Allgemeinen ausreichen. Eine Tabelle mit den genauesten, zurzeit bekannten experimentellen Zahlen findet man im Anhang A.3.

sowie das Femtometer (auch Fermi genannt) $1\,\mathrm{fm} = 10^{-15}\,\mathrm{m}$, so folgt

$$\hbar c = 197{,}327\,\mathrm{MeV\,fm}\,. \tag{1.5}$$

Die Sommerfeld'sche Feinstrukturkonstante, die keine Dimension trägt, hat den Wert

$$\alpha = (137{,}036)^{-1} = 0{,}00729735\,. \tag{1.6}$$

Die Masse des Elektrons schließlich hat den Wert

$$m_{\mathrm{e}} = 0{,}511\,\mathrm{MeV}/c^2\,. \tag{1.7}$$

Mit diesen Angaben lassen sich beispielsweise die Energie des Grundzustandes und die Übergangsenergie vom nächsthöheren Zustand in den Grundzustand im Wasserstoff ($Z = 1$) angeben. Da der Wasserstoffkern um rund den Faktor 1836 schwerer als das Elektron ist, ist die reduzierte Masse praktisch gleich der Elektronmasse,

$$\mu = \frac{m_{\mathrm{e}} m_{\mathrm{p}}}{m_{\mathrm{e}} + m_{\mathrm{p}}} \simeq m_{\mathrm{e}}\,,$$

und somit

$$E_{n=1} = -2{,}66 \cdot 10^{-5} m_{\mathrm{e}} c^2 = -13{,}6\,\mathrm{eV}$$

und

$$\Delta E(n = 2 \to n = 1) = E_2 - E_1 = 10{,}2\,\mathrm{eV}\,.$$

Man beachte, dass E_n proportional zum Quadrat der Kernladungszahl Z ansteigt und linear proportional zur reduzierten Masse ist. In wasserstoff*ähnlichen* Atomen nehmen die Bindungsenergien mit Z^2 gegenüber dem Wasserstoffatom zu. Ersetzt man andererseits das Elektron im Wasserstoff durch ein Myon, das etwa 207 mal schwerer als das Elektron ist, so sind alle Bindungs- und Übergangsenergien um diesen Faktor größer als im Wasserstoffatom. Die Spektrallinien elektronischer Atome, die z.B. im sichtbaren Bereich liegen, rücken in den Bereich von Röntgenstrahlen, wenn das Elektron durch seine schwerere Schwester, das Myon, ersetzt wird.

Stellt man sich den tiefsten Zustand des Wasserstoffatoms als Kreisbahn des klassischen Keplerproblems vor, so kann man den Radius dieses Kreises berechnen. Aus dem Virialsatz (Band 1, Abschn. 1.30, (1.114)) folgt für die Mittelwerte der kinetischen und der potentiellen Energie $\langle T \rangle = -E$, $\langle U \rangle = 2E$, für die Kreisbahn mit Radius R demnach

$$\langle U \rangle = -\frac{(Ze)e}{R} = -\frac{Z^2 e^4}{\hbar^2}\mu \quad \text{bzw.} \quad R = \frac{\hbar^2}{Ze^2 \mu}\,.$$

Diese Größe, für $Z = 1$ und $\mu = m_{\mathrm{e}}$ ausgewertet, heißt *Bohr'scher Radius* des Elektrons[3]

$$a_{\mathrm{B}} := \frac{\hbar^2}{e^2 m_{\mathrm{e}}} = \frac{\hbar c}{\alpha m_{\mathrm{e}} c^2} \tag{1.8}$$

[3] Man schreibt auch a_∞ statt a_{B}, um darauf hinzuweisen, dass für den nuklearen Partner in (1.8) eine im Vergleich zu m_{e} unendlich große Masse angenommen ist.

und hat den Wert

$$a_{\mathrm{B}} = 5{,}292 \cdot 10^4 \, \mathrm{fm} = 5{,}292 \cdot 10^{-11} \, \mathrm{m}\,.$$

Diese klassische Vorstellung ist zwar, so wörtlich genommen, nicht richtig, dennoch ist a_{B} ein Maß für die räumliche Ausdehnung des Wasserstoffatoms. Wir werden später sehen, dass man bei einer (gedachten) Bestimmung des Ortes des Elektrons dieses mit großer Wahrscheinlichkeit in einem Abstand von der Größenordnung a_{B} vom Proton, dem Kern des Atoms finden wird. Dieser Abstand ist mit der räumlichen Ausdehnung des Kerns, hier also dem Radius des Protons zu vergleichen, der zu etwa $0{,}86 \cdot 10^{-15}$ m gemessen wurde. Wir treffen hier auf die bekannte Aussage, dass die räumliche Ausdehnung des Atoms um einige Größenordnungen über der Ausdehnung des Kerns liegt und dass das Elektron sich im Wesentlichen außerhalb des Kerns bewegt. (Dies ist der Grund, warum wir die Kerne in elektronischen Atomen fast immer als punktförmig annehmen dürfen.) Wiederum ist bemerkenswert, dass diese Ausdehnung mit Z und mit der reduzierten Masse μ abnimmt:

$$R \propto \frac{1}{Z\mu}\,.$$

Ersetzen wir beispielsweise das Elektron durch ein Myon und den Wasserstoffkern durch einen Bleikern ($Z = 82$), dann ist $a_{\mathrm{B}}(m_\mu, Z = 82) = 3{,}12$ fm, vergleichbar oder sogar kleiner als der Radius des Bleikerns, der ca. $5{,}5$ fm ist. Im Grundzustand des myonischen Bleiatoms taucht das Myon tief in das Kerninnere ein, der Kern kann nicht mehr als punktförmig angenommen werden und die Dynamik des myonischen Atoms wird von der räumlichen Verteilung der Ladung im Kern abhängen.

Nachdem wir uns durch diese Abschätzungen und Überlegungen mit dem betrachteten System, dem Wasserstoffatom, vertraut gemacht haben, kehren wir zur Diskussion des Beispiels zurück: Aufgrund der Erhaltung des relativen Bahndrehimpulses ℓ liegt jede Keplerbahn in einer *Ebene*, nämlich der Ebene, die senkrecht auf ℓ steht. Verwendet man Polarkoordinaten (r, ϕ) in der Bahnebene, so lautet eine Lagrangefunktion für das Keplerproblem

$$L = \frac{1}{2}\mu\dot{\boldsymbol{r}}^2 - U(r) = \frac{1}{2}\mu(\dot{r}^2 + r^2\dot{\phi}^2) - U(r) \quad \text{mit} \quad U(r) = -\frac{e^2}{r}\,.$$

Bei einer Kreisbahn ist $\dot{r} = 0$, $r = R = \mathrm{const}$ und es bleibt nur eine zeitabhängige Variable, $q \equiv \phi$. Der zugehörige, kanonisch konjugierte Impuls ist $p = \partial L/\partial \dot{q} = \mu r^2 \dot{\phi}$ und ist nichts anderes als der Betrag ℓ des Bahndrehimpulses.

Für periodische Bewegung in einer Variablen gilt folgender Zusammenhang zwischen der von der Bahn eingeschlossenen Fläche im Phasenraum und der Periode. Sei

$$F(E) = \oint p\,\mathrm{d}q$$

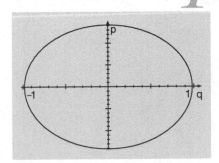

die Fläche, die von der periodischen Bahn zur Energie E eingeschlossen wird (siehe Abb. 1.1), und sei $T(E)$ die Periode. Dann gilt

$$T(E) = \frac{\mathrm{d}}{\mathrm{d}E} F(E).$$

Bei einer Kreisbahn mit Radius R im Raum ist das Integral über die Phasenbahn leicht anzugeben,

$$F(E) = \oint p\,\mathrm{d}q = 2\pi\mu R^2\dot\phi = 2\pi\ell.$$

Um dies als Funktion der Energie auszudrücken, verwendet man den Energiesatz

$$\frac{1}{2}\mu R^2\dot\phi^2 + U(R) = \frac{\ell^2}{2\mu R^2} + U(R) = E$$

und erhält für die Ableitung nach E

$$T(E) = \frac{\mathrm{d}F}{\mathrm{d}E} = 2\pi\frac{\mu R^2}{\sqrt{2\mu R^2(E-U)}} = 2\pi\frac{\mu R^2}{\ell} = \frac{2\pi}{\dot\phi},$$

was richtig, aber nicht tiefsinnig ist. Verwendet man jedoch wieder den Virialsatz $2E = \langle U \rangle = -e^2/R$, so folgt

$$T(E) = 2\pi\sqrt{\mu}R^{3/2}/e, \quad \text{oder} \quad \frac{R^3}{T^2} = \frac{e^2}{(2\pi)^2\mu},$$

was nichts anderes als das dritte Kepler'sche Gesetz ist (Band 1, Abschn. 1.6.2).

Es gibt nun eine Plausibilitätsbetrachtung, aus der die richtige Energieformel (1.1) für das Wasserstoffatom folgt. Dazu beachte man, dass die Übergangsenergie durch h geteilt, $(E_{n+1}-E_n)/h$, die physikalische Dimension einer Frequenz, nämlich 1/Zeit, hat und dass bei sehr großen Werten von n gilt

$$(E_{n+1}-E_n) \simeq \frac{1}{n^3}(Z\alpha)^2\mu c^2 = \frac{\mathrm{d}E_n}{\mathrm{d}n}.$$

Postuliert man, dass die Frequenz $(E_{n+1}-E_n)/h$ im Limes $n \longrightarrow \infty$ in die klassische Frequenz $\nu = 1/T$ übergeht,

$$\lim_{n\to\infty}\frac{1}{h}\frac{\mathrm{d}E_n}{\mathrm{d}n} = \frac{1}{T}, \tag{1.9}$$

so folgt $T(E)\,\mathrm{d}E = h\,\mathrm{d}n$ und nach Integration beider Seiten

$$F(E) = \oint p\,\mathrm{d}q = hn. \tag{1.10}$$

Gleichung (1.9) ist ein Ausdruck des *Korrespondenzprinzips* von N. Bohr, das quantenmechanische Größen mit klassischen Größen in Verbindung bringt. Die Aussage (1.10) heißt Bohr–Sommerfeld'sche

Abb. 1.1. Phasenportrait einer einfachen periodischen Bewegung in einer Dimension. Der Massenpunkt hat zu jedem Zeitpunkt definierte Werte der Koordinate q und des Impulses p und bewegt sich im Uhrzeigersinn entlang der eingezeichneten Kurve, die nach einer Periode schließt

Quantenbedingung, sie wurde vor der Entwicklung der Quantenmechanik aufgestellt. Für Kreisbahnen ergibt sie

$$2\pi\mu R^2\dot\phi = hn$$

und, wenn wir die anziehende elektrische Kraft gleich der Zentrifugalkraft setzen, d. h. $e^2/R^2 = \mu R\dot\phi^2$, die Formel

$$R = \frac{h^2 n^2}{(2\pi)^2 \mu e^2}$$

für den Radius der Kreisbahn zur Hauptquantenzahl n. Aus diesem Ergebnis folgt tatsächlich der richtige Ausdruck (1.1) für die Energie.[4]

Obwohl die Bedingung (1.10) nur im Wasserstoffatom zum Erfolg führt und bei weitem nicht ausreicht, um in die Quantenmechanik überzuleiten, ist sie doch interessant, weil sie ein neues Prinzip in die Mechanik des Keplerproblems einführt: Aus der Schar der klassischen gebundenen Zustände wählt sie diejenigen aus, bei denen das Phasenintegral $\oint p\,dq$ ein ganzzahliges Vielfaches des Planck'schen Wirkungsquantums ist. Die Frage, warum das so ist und ob es sich bei der Bewegung des Elektrons wirklich um *Bahnen* im Ortsraum bzw. im Phasenraum handelt, bleibt allerdings unbeantwortet.

Beispiel 1.2 Abstrahlung eines gebundenen Elektrons

Selbst wenn wir noch einmal das Wasserstoffatom, das aus einem positiv geladenen Proton und einem negativ geladenen Elektron besteht, als Analogon zum Keplerproblem betrachten, so gibt es doch einen gravierenden Unterschied. Während die beiden Himmelskörper (z. B. Sonne–Planet oder ein Doppelstern) allein über die Gravitation wechselwirken und ihre elektrische Ladung, so sie überhaupt eine haben, keine Rolle spielt, werden Proton und Elektron praktisch ausschließlich durch die Coulombkraft aneinander gebunden. Die angenommene Keplerbewegung bedeutet, dass Elektron und Proton sich auf Ellipsen oder Kreisen um den gemeinsamen Schwerpunkt bewegen, die im Verhältnis der Massen geometrisch ähnlich sind (s. Band 1, Abschn. 1.6.2). Auf solchen Bahnen erfahren beide Teilchen (positive oder negative) Beschleunigungen in radialer und azimutaler Richtung. Wegen des großen Massenverhältnisses $m_p/m_e = 1836$ wird das Proton sich nur wenig bewegen, sodass wir seine Beschleunigung im Vergleich zu der des Elektrons sicher vernachlässigen können. Es ist aber intuitiv plausibel, dass das Elektron auf seiner periodischen, beschleunigten Bahn im Ortsraum elektromagnetische Wellen verursachen und durch deren Abstrahlung ständig Energie verlieren wird.[5] Das steht natürlich schon im Widerspruch zur Quantelung der Energien, die ja besagt, dass diese nur einen der magischen Werte (1.1) haben kann. Da wir aber noch einmal die Gültigkeit der klassischen Physik angenommen haben, wollen wir die Größenordnung des Energieverlustes durch elektromagnetische Strahlung abschätzen. Dieser klassische Effekt stellt sich als dramatisch groß heraus.

[4] Dieses Ergebnis gilt auch bei elliptischen Keplerbahnen des Wasserstoffatoms. Es gilt aber schon nicht mehr für das Heliumatom ($Z = 2$).

[5] Ein Elektron, das sich beispielsweise auf einer lang gestreckten Ellipsenbahn bewegt, wirkt aus großem Abstand gesehen wie eine kleine Stabantenne, in der Ladung periodisch hin- und herläuft. Ein solcher Minisender strahlt elektromagnetische Wellen und somit Energie ab.

An dieser Stelle, und nur an dieser Stelle, greife ich im Stoff voraus und benutze einige Begriffe aus der Elektrodynamik, die ich hier plausibel machen, aber nicht in allen Einzelheiten ableiten möchte. Die wesentlichen Schritte, die zu Formeln für die elektromagnetische Abstrahlung führen, sollten auch schon ohne genaue Kenntnis der Maxwell'schen Gleichungen verständlich sein. Wem der hier skizzierte Weg ganz unzugänglich bleibt, möge gleich zu den Ergebnissen (1.21), (1.22), (1.23) übergehen, auf deren Ableitung aber später, nach dem Studium der Elektrodynamik zurückkommen.

Die Elektrodynamik ist eine Lorentz-invariante, nicht eine Galilei-invariante Theorie (Band 1, Kap. 4, insbesondere Abschn. 4.8.3). Die Viererstromdichte ist in diesem Rahmen ein vierkomponentiges Vektorfeld $j^\mu(x)$, dessen Zeitkomponente ($\mu = 0$) die Ladungsdichte $\varrho(x)$ als Funktion der Zeit- und Raumkoordinaten x ist und dessen Raumkomponenten ($\mu = 1, 2, 3$) die Stromdichte $\boldsymbol{j}(x)$ bilden. Bezüglich eines Inertialsystems $\mathbf{K}$ sei t die Koordinatenzeit, $\boldsymbol{x}$ der Ort des Aufpunkts. Dann ist

$$x = (ct, \boldsymbol{x}), \quad j^\mu(x) = [c\varrho(t, \boldsymbol{x}), \boldsymbol{j}(t, \boldsymbol{x})].$$

Das Elektron möge sich auf der Weltlinie $r(\tau)$ bewegen, wobei τ die Lorentz-invariante Eigenzeit, r der Vierervektor ist, der die Bahn in Raum und Zeit beschreibt. Im System $\mathbf{K}$ ist

$$r(\tau) = [ct_0, \boldsymbol{r}(t_0)].$$

Das Elektron hat die Vierergeschwindigkeit $u^\mu(\tau) = \mathrm{d}r^\mu(\tau)/\mathrm{d}\tau$, die so normiert ist, dass ihr Quadrat gleich dem Quadrat der Lichtgeschwindigkeit ist, $u^2 = c^2$. Im gegebenen Bezugssystem $\mathbf{K}$ ist

$$c\,\mathrm{d}\tau = c\,\mathrm{d}t\sqrt{1 - \beta^2} \quad \text{mit} \quad \beta = |\dot{\boldsymbol{x}}|/c,$$

die Vierergeschwindigkeit nimmt die Form an

$$u^\mu = (c\gamma, \gamma\boldsymbol{v}(t)), \quad \text{wobei} \quad \gamma = \frac{1}{\sqrt{1 - \beta^2}}.$$

Das bewegte Elektron erzeugt eine elektrische Ladungsdichte und eine Stromdichte in $\mathbf{K}$, die sich mit Hilfe der δ-Distribution angeben lassen:

$$\varrho(t, \boldsymbol{x}) = e\,\delta^{(3)}[\boldsymbol{x} - \boldsymbol{r}(t)],$$
$$\boldsymbol{j}(t, \boldsymbol{x}) = e\boldsymbol{v}(t)\,\delta^{(3)}[\boldsymbol{x} - \boldsymbol{r}(t)]$$

mit $\boldsymbol{v} = \dot{\boldsymbol{r}}$. Die kovariante Form derselben Dichten lautet

$$j^\mu(x) = ec \int \mathrm{d}\tau\, u^\mu(\tau)\, \delta^{(4)}[x - r(\tau)]. \tag{1.11}$$

Dies lässt sich nachprüfen, indem man im Bezugssystem $\mathbf{K}$ das Integral über die Eigenzeit ausführt und den Zeitanteil der vierdimensionalen δ-Distribution abspaltet. Mit $\mathrm{d}\tau = \mathrm{d}t/\gamma$, mit $\delta[x^0 - r^0(\tau)] = \delta[c(t -$

$t_0)]= \delta(t - t_0)/c$ und mit der oben angegebenen Zerlegung der Vierergeschwindigkeit folgt

$$j^0 = ec \int \frac{dt_0}{\gamma} c\gamma \frac{1}{c} \delta(t - t_0)\, \delta^{(3)}[\boldsymbol{x} - \boldsymbol{r}(t_0)] = c\varrho(t, \boldsymbol{x})\,,$$

$$\boldsymbol{j} = ec \int \frac{dt_0}{\gamma} \gamma \boldsymbol{v}(t_0) \frac{1}{c} \delta(t - t_0)\, \delta^{(3)}[\boldsymbol{x} - \boldsymbol{r}(t_0)] = \boldsymbol{j}(t, \boldsymbol{x})\,.$$

Der Gang der weiteren Rechnung geht folgendermaßen: Die Stromverteilung (1.11) wird als Quellterm in die Maxwell'schen Gleichungen eingesetzt. Daraus gewinnt man ein Potential $A^\mu = (\Phi, \boldsymbol{A})$, aus dem die elektrischen und magnetischen Felder

$$\boldsymbol{E} = -\nabla \Phi - \frac{1}{c} \frac{\partial \boldsymbol{A}}{\partial t}\,, \tag{1.12}$$

$$\boldsymbol{B} = \nabla \times \boldsymbol{A} \tag{1.13}$$

berechnet werden. Die eigentliche Lösung der Gleichung für A^μ in Gegenwart des Quellterms überspringe ich hier und gebe direkt das Ergebnis an. Es lautet

$$A^\mu(x) = 2e \int d\tau\, u^\mu(\tau)\, \Theta[x^0 - r^0(\tau)]\, \delta^{(1)}\{[x - r(\tau)]^2\}\,. \tag{1.14}$$

Hierbei ist Θ die Stufenfunktion,

$$\Theta[x^0 - r^0(\tau)] = 1 \quad \text{für} \quad x^0 = ct > r^0 = ct_0\,,$$

$$\Theta(x^0 - r^0) = 0 \quad \text{für} \quad x^0 < r^0\,.$$

Die eindimensionale δ-Distribution enthält als Argument das invariante Skalarprodukt

$$[x - r(\tau)]^2 = [x^0 - r^0(\tau)]^2 - [\boldsymbol{x} - \boldsymbol{r}(t_0)]^2$$

und sorgt dafür, dass die im Weltpunkt $(x^0 = ct, \boldsymbol{x})$ entstehende Wirkung auf dem Lichtkegel der Ursache, d. h. des Elektrons am Ort $\boldsymbol{r}(t_0)$ und zur Zeit t_0, liegt – wie in Abb. 1.2 skizziert. Anders gesagt, das Elektron, das sich zur Zeit $t_0 = r^0/c$ am Ort $\boldsymbol{r}$ befindet, bewirkt ein Viererpotential am Ort des Aufpunkts $\boldsymbol{x}$ zur Zeit t derart, dass $r(\tau)$ und x durch ein mit Lichtgeschwindigkeit propagierendes Signal verknüpft sind. Die Stufenfunktion in der Differenz der beiden Zeiten sorgt dafür, dass die Verknüpfung *kausal* ist. Erst kommt die Ursache „Elektron bei $\boldsymbol{r}$ zur Zeit t_0", dann die Wirkung „Potentiale $A^\mu = (\Phi, \boldsymbol{A})$ am Ort $\boldsymbol{x}$ zur späteren Zeit $t > t_0$". Insofern ist die Formel (1.14) – auch wenn wir sie hier nicht abgeleitet haben – plausibel und sogar recht einfach.[6]

Das Integral in (1.14) lässt sich ausführen, wenn man

$$(x - r)^2 = (x^0 - r^0)^2 - (\boldsymbol{x} - \boldsymbol{r})^2 = c^2(t - t_0)^2 - (\boldsymbol{x} - \boldsymbol{r})^2$$

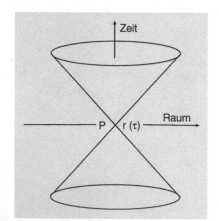

Abb. 1.2. Lichtkegel eines Weltpunktes in einer symbolischen Darstellung des Raums $\mathbb{R}^3$ (Ebene senkrecht zur Ordinate) und der Zeit (Ordinate). Jede kausale Wirkung, die vom Punkt $r(\tau)$ mit Lichtgeschwindigkeit ausgeht, liegt auf dem oberen Teil des Kegels, dem Vorwärtskegel von P

[6] Die Unterscheidung zwischen Vorwärts- und Rückwärtskegel, d. h. zwischen Zukunft und Vergangenheit ist Lorentz-invariant. Da die Eigenzeit τ eine Invariante ist, folgt daraus, dass A^μ den Vierervektorcharakter von u^μ erbt.

einsetzt und die Formel

$$\delta[f(y)] = \sum_i \frac{1}{|f'(y_i)|}\,\delta(y - y_i)\,,$$

$$\{y_i : \textit{einfache} \text{ Nullstellen von } f(y)\} \quad (1.15)$$

verwendet, hier mit $f(\tau) = [x - r(\tau)]^2$ und $\mathrm{d}f(\tau)/\mathrm{d}\tau = \mathrm{d}[x - r(\tau)]^2/\mathrm{d}\tau = -2[x - r(\tau)]_\alpha u^\alpha(\tau)$. Wie das Bild in Abb. 1.3 zeigt, liegt der Aufpunkt x lichtartig relativ zum Elektron bei $r(\tau_0)$. Deshalb geht $A^\mu(x)$ aus (1.14) über in

$$A^\mu(x) = e\,\left.\frac{u^\mu(x)}{u \cdot [x - r(\tau)]}\right|_{\tau = \tau_0}. \quad (1.16)$$

Um diesen Ausdruck besser zu verstehen, werten wir ihn im Bezugssystem **K** aus. Das Skalarprodukt im Nenner lautet dann

$$u \cdot [x - r(\tau)] = \gamma c^2 (t - t_0) - \gamma \boldsymbol{v} \cdot (\boldsymbol{x} - \boldsymbol{r})\,.$$

Sei der $\hat{\boldsymbol{n}}$ der Einheitsvektor in Richtung von $\boldsymbol{x} - \boldsymbol{r}(\tau)$ und sei $|\boldsymbol{x} - \boldsymbol{r}(\tau_0)| =: R$ der Abstand zwischen Quelle und Aufpunkt. Da $[x - r(\tau)]^2$ gleich Null sein muss, folgt $x^0 - r^0(\tau_0) = R$, somit

$$u \cdot [x - r(\tau_0)] = c\gamma R\left(1 - \frac{1}{c}\boldsymbol{v} \cdot \hat{\boldsymbol{n}}\right)\,,$$

und $A^\mu(x) = [\Phi(x), \boldsymbol{A}(x)]$ aus (1.16) wird

$$\Phi(t, \boldsymbol{x}) = \left.\frac{e}{R(1 - \boldsymbol{v} \cdot \hat{\boldsymbol{n}}/c)}\right|_{\text{ret}}, \quad (1.17)$$

$$\boldsymbol{A}(t, \boldsymbol{x}) = \left.\frac{e\boldsymbol{v}/c}{R(1 - \boldsymbol{v} \cdot \hat{\boldsymbol{n}}/c)}\right|_{\text{ret}}.$$

Die Notation „ret" weist darauf hin, dass die Zeit t mit der Zeit t_0, zu der das Elektron den Abstand R vom Aufpunkt hatte, über die Relation $t = t_0 + R/c$ zusammenhängt. Die Wirkung des Elektrons am Aufpunkt kommt dort mit einer Verspätung[7] an, die durch die Laufzeit (R/c) gegeben ist.

Die Potentiale (1.16) bzw. (1.17) heißen *Liénard-Wiechert'sche Potentiale*.

Von diesem Punkt aus gibt es zwei äquivalente Möglichkeiten, die elektrischen und magnetischen Felder zu berechnen. Entweder verwendet man die Ausdrücke (1.17) und berechnet $\boldsymbol{E}$ und $\boldsymbol{B}$ aus den Gleichungen (1.12) und (1.13) – unter Beachtung der Retardierung in (1.17).[8] Oder man kehrt noch einmal zur kovarianten Form (1.16) des Viererpotentials zurück und berechnet das Feldstärkentensorfeld

$$F^{\mu\nu}(x) = \partial^\mu A^\nu - \partial^\nu A^\mu\,, \quad \left(\partial^\mu \equiv \frac{\partial}{\partial x_\mu}\right).$$

Aus diesem folgen dann die Felder,

$$E^i = F^{i0}\,, \quad B^1 = F^{32} \quad \text{(zyklisch)}\,.$$

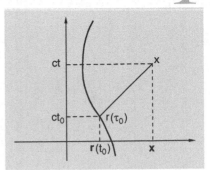

Abb. 1.3. Das Elektron bewegt sich auf einer zeitartigen Weltlinie (*ausgezogene Kurve*). Zeitartig bedeutet, dass die Tangente an die Kurve in jedem Punkt zeitartig ist, d. h. dass das Elektron sich mit einer Geschwindigkeit bewegt, deren Betrag überall kleiner als die Lichtgeschwindigkeit ist. Seine Abstrahlung bei $r(\tau_0) = (ct_0, \boldsymbol{r}(t_0))$ erreicht den Beobachter in $\boldsymbol{x}$ nach der Laufzeit $t - t_0 = |\boldsymbol{x} - \boldsymbol{r}(t_0)|/c$

[7] *retardiert* aus dem französischen Wort *le retard* = die Verspätung

[8] Diese Rechnung findet man z. B. in dem Lehrbuch von Landau und Lifshitz, Band 2, Abschn. 63 ausgeführt, [Landau und Lifshitz (1992)].

Das Ergebnis dieser Rechnung ist [Jackson (1975)]

$$E(t, x) = e \left. \frac{\hat{n} - v/c}{\gamma^2 (1 - v \cdot \hat{n}/c)^3 R^2} \right|_{\mathrm{ret}} + \frac{e}{c^2} \left. \frac{\hat{n} \times [(\hat{n} - v/c) \times \dot{v}]}{(1 - v \cdot \hat{n}/c)^3 R} \right|_{\mathrm{ret}}$$

(1.18)

$$\equiv E_{\mathrm{stat}} + E_{\mathrm{acc}} ,$$

(1.19)

$$B(t, x) = \left. (\hat{n} \times E) \right|_{\mathrm{ret}} .$$

(1.20)

Hierbei ist $\beta = |v|/c$, $\gamma = 1/\sqrt{1 - \beta^2}$, die Notation „ret" bedeutet wie oben, dass $t = t_0 + R/c$ zu nehmen ist. Der erste Term in (1.18) ist ein statisches Feld in dem Sinne, dass es auch dann vorhanden ist, wenn das Elektron sich mit *konstanter* Geschwindigkeit bewegt. Für die eingangs gestellte Frage nach der Abstrahlung ist der zweite Term E_{acc}[9] interessant, der nur dann vorhanden ist, wenn das Elektron *beschleunigt* wird.

Der Energiefluss, der mit der Strahlung verbunden ist, ist durch das Poynting'sche Vektorfeld

$$S(t, x) = \frac{c}{4\pi} E(t, x) \times B(t, x)$$

gegeben – und dies ist neben (1.14) die zweite Formel, die ich aus der Elektrodynamik entleihe und hier nicht ableite. Man kann sich aber ihren Inhalt plausibel machen, indem man sich einen elektromagnetischen Wellenvorgang im Vakuum vorstellt, bei dem die elektrischen und magnetischen Felder senkrecht zur Ausbreitungsrichtung $\hat{k}$ (und zueinander senkrecht) schwingen. Die Welle breitet sich mit Lichtgeschwindigkeit aus, S zeigt in Richtung von $\hat{k}$ und beschreibt die Energiemenge, die pro Zeiteinheit durch die Einheitsfläche senkrecht zu $\hat{k}$ fließt.

Legen wir eine Kugel mit Radius R um das Elektron (zum festen Zeitpunkt t_0), so lässt sich aus S die in den Raumwinkel $\mathrm{d}\Omega$ abgestrahlte Leistung berechnen

$$\mathrm{d}P = |S| \, R^2 \, \mathrm{d}\Omega .$$

Die Geschwindigkeit des Elektrons auf der angenommenen Kreisbahn im Grundzustand des Wasserstoffatoms hat den Betrag

$$\frac{|v|}{c} = \sqrt{\frac{2 E_{\mathrm{kin}}}{m_{\mathrm{e}} c^2}} = \alpha = 0,0073$$

(siehe (1.6)) und bleibt somit weit unterhalb der Lichtgeschwindigkeit. Mit $v^2 \ll c^2$ ist der führende Term in (1.18)

$$E \simeq \frac{e}{c^2} \left. \frac{\hat{n} \times (\hat{n} \times \dot{v})}{R} \right|_{\mathrm{ret}} ,$$

mit $a \times (b \times c) = b(a \cdot c) - c(a \cdot b)$ vereinfacht das Poynting'sche Vektorfeld sich zu

$$S \simeq \frac{c}{4\pi} E^2 \hat{n}$$

[9] „acc" steht für das englische Wort *acceleration* = Beschleunigung (oder auch das französische *accélération*).

und die in den Raumwinkel $\mathrm{d}\Omega$ abgestrahlte Leistung zu

$$\frac{\mathrm{d}P}{\mathrm{d}\Omega} \simeq \frac{c}{4\pi} R^2 \boldsymbol{E}^2 \simeq \frac{e^2}{4\pi c^3} \left| \hat{\boldsymbol{n}} \times (\hat{\boldsymbol{n}} \times \dot{\boldsymbol{v}}) \right|^2 = \frac{e^2}{4\pi c^3} \dot{\boldsymbol{v}}^2 \sin^2 \theta \,.$$

Hierbei ist θ der zwischen $\dot{\boldsymbol{v}}$ und $\hat{\boldsymbol{n}}$ eingeschlossene Winkel. Integrieren wir jetzt über den ganzen Raumwinkel

$$\int \mathrm{d}\Omega \, \ldots = \int\limits_{0}^{2\pi} \mathrm{d}\phi \int\limits_{0}^{\pi} \sin\theta \, \mathrm{d}\theta \, \ldots = \int\limits_{0}^{2\pi} \mathrm{d}\phi \int\limits_{-1}^{+1} \mathrm{d}z \, \ldots \,, \quad (z = \cos\theta) \,,$$

so ist

$$P = \int \mathrm{d}\Omega \, \frac{\mathrm{d}P}{\mathrm{d}\Omega} \simeq \frac{2}{3} \frac{e^2}{c^3} \dot{\boldsymbol{v}}^2 \,. \tag{1.21}$$

Für unsere Abschätzung ist diese Formel völlig ausreichend. Die relativistische, exakte Form weicht davon nur um Terme der Ordnung v^2/c^2 ab, sie gibt ebenfalls $P = 0$, wenn die Beschleunigung verschwindet.

Auf der Kreisbahn mit Radius a_{B} gilt

$$|\dot{\boldsymbol{v}}| = \frac{v^2}{a_{\mathrm{B}}} = a_{\mathrm{B}} \omega^2 \,,$$

mit ω der Kreisfrequenz. Die Periode der Bewegung ist

$$T = \frac{2\pi}{\omega} = \frac{2\pi a_{\mathrm{B}}}{|\boldsymbol{v}|} = \frac{1}{\alpha} \frac{2\pi a_{\mathrm{B}}}{c} = 1{,}52 \cdot 10^{-16} \,\mathrm{s} \,. \tag{1.22}$$

Aus diesen Daten berechnen wir den pro Umlauf abgestrahlten Bruchteil der Bindungsenergie des Grundzustandes zu

$$\frac{PT}{|E_{n=1}|} = \frac{8\pi}{3} \alpha^3 = 3{,}26 \cdot 10^{-6} \,. \tag{1.23}$$

Nach einem Umlauf hat das (klassische) Elektron demnach die Energie

$$3{,}26 \cdot 10^{-6} \, |E_{n=1}|$$

an das Strahlungsfeld verloren. Mit (1.22) heißt das aber, dass es schon nach sehr kurzer Zeit seine Bindungsenergie weiter absenkt, seinen Bahnradius entsprechend verkleinert und schließlich auf den Kern des Atoms, d. h. auf das Proton abstürzt. Schon der Hinweis auf das Alter der irdischen Ozeane zeigt aber, dass Wasserstoffatome im Grundzustand außerordentlich stabil sein müssen. Auch hier macht die klassische Physik eine eindeutige und unausweichliche Aussage, die in eklatantem Widerspruch zur beobachteten Stabilität des Wasserstoffatoms steht.

Die in den Beispielen aufgezeigten Schwierigkeiten löst die Quantenmechanik in zwei großen Schritten, von denen beide wichtige neue Prinzipien einführen und die wir in den folgenden Kapiteln nacheinander entwickeln.

Im ersten Schritt lernt man die Behandlung *stationärer Systeme*, für die das Energiespektrum des Wasserstoffatoms ein wichtiges Beispiel sein wird. Für ein gegebenes, zeitunabhängiges, Hamilton'sches System stellt man ein quantenmechanisches Analogon zur Hamiltonfunktion auf, aus dem die zulässigen Werte der Energie folgen. Im Beispiel des Wasserstoffatoms besteht das Energiespektrum aus

$$\left\{ E_n = -\frac{1}{2n^2}\frac{e^4}{\hbar^2}\mu, \quad (n = 1, 2, 3, \dots) \text{ und allen } E \in [0, \infty) \right\}.$$

$$(1.24)$$

Die erste (linke) Gruppe entspricht den gebundenen Zuständen, d. h. den klassischen finiten Kreis- und Ellipsenbahnen des Keplerproblems, und häuft sich für $n \to \infty$ bei $E = 0$. Jeder Zustand n hat einen wohldefinierten, scharfen Wert der Energie. Die zweite (rechte) Gruppe entspricht den klassischen Streu- oder Hyperbelbahnen, die aus dem Unendlichen kommen und auch wieder dorthin entweichen. Die Zustände dieser Gruppe beschreiben auch quantenmechanisch Streuzustände des Elektrons am Proton, bei denen das Elektron mit dem Anfangsimpuls $|\boldsymbol{p}|_\infty = \sqrt{2\mu E}$ aus der Richtung $\hat{\boldsymbol{p}}$ einläuft, bei denen ihm aber keine wohldefinierte Trajektorie zugeschrieben werden kann.

Im zweiten Schritt lernt man, wie ein solches stationäres System an das Strahlungsfeld gekoppelt wird und wie es sich verhält, wenn es seine Energie durch Abgabe oder Aufnahme von Photonen verkleinert bzw. vergrößert. Alle gebundenen Zustände in (1.24), bis auf den tiefsten Zustand mit $n = 1$, werden dadurch instabil und werden durch Emission von Photonen in tiefere Zustände und somit letztlich in den Grundzustand übergehen. Auf diese Weise entstehen beispielsweise die *Spektrallinien* der Atome, die lange vor Entwicklung der Quantenmechanik gemessen und in Tabellen erfasst wurden. Die Möglichkeit, einen Anfangszustand „i" durch Emission eines Photons (oder mehrerer Photonen) in tiefere Zustände „f" zerfallen zu lassen, macht diesen nicht nur instabil, sondern gibt ihm auch eine Breite, oder Unschärfe in der Energie, die umso größer ist, je schneller der Zerfall stattfinden kann. Wenn τ die mittlere Lebensdauer des Zustandes bezeichnet und in Sekunden angegeben wird, dann ist diese Breite durch die Formel

$$\Gamma = \frac{\hbar}{\tau} = \frac{\hbar c}{\tau c} = 6{,}58 \cdot 10^{-16}/\tau \, \text{eV} \qquad (1.25)$$

gegeben, auf die wir später ausführlich zurückkommen werden. Nur der Grundzustand, der nicht weiter zerfallen kann, hat die Breite Null. Er ist der einzige gebundene Zustand, der den scharfen Energiewert behält, den man im ersten Schritt, bei der Lösung des stationären Problems gefunden hat.

1.2 Die Heisenberg'sche Unschärferelation für Ort und Impuls

Die Aussage, dass ein Hamilton'sches System der klassischen Mechanik, $H = T + U$, mit attraktivem Potential U, nach der Übersetzung in die Quantenmechanik ein nach unten beschränktes Spektrum besitzt, $E \geq E_0$ mit E_0 der Energie des Grundzustands, geht auf ein grundlegendes Prinzip der Quantentheorie zurück: die *Heisenberg'schen Unschärferelationen für kanonisch konjugierte Variable*. Wir diskutieren dieses Prinzip schon hier an einem Beispiel, kommen aber in späteren Abschnitten ausführlicher und präziser darauf zurück, wenn die geeigneten mathematischen Hilfsmittel bereitstehen.

In der *klassischen* Mechanik werden dynamische Größen, das sind die beobachtbaren physikalischen Bestimmungsstücke eines Systems, durch reelle, in aller Regel auch glatte Funktionen $F(q, p)$ auf dem Phasenraum dargestellt. Beispiele sind die Koordinaten q^i, die Impulskomponenten p_j eines Teilchens, die Komponenten ℓ_i oder das Quadrat ℓ^2 seines Bahndrehimpulses, die kinetische Energie T, die potentielle Energie U, usw. Jede solche *Observable* bildet, etwas formaler geschrieben, Bereiche des Phasenraums auf die reellen Zahlen ab,

$$F(q^1, \ldots, q^f, p_1, \ldots, p_f) : \mathbb{P} \longrightarrow \mathbb{R}. \qquad (1.26)$$

Zum Beispiel ordnet die Funktion q^i dem Punkt $(q^1, \ldots, q^f, p_1, \ldots, p_f) \in \mathbb{P}$ den Wert seiner i-ten Koordinate zu.

Funktionen auf einem Raum kann man addieren, multiplizieren und mit reellen Zahlen multiplizieren, das Ergebnis ist wieder eine Funktion. Dabei ist das Produkt $F \cdot G$ zweier Funktionen gleich dem Produkt $G \cdot F$. Die Menge aller reellen Funktionen auf $\mathbb{P}$ bildet daher eine *Algebra*. Da das Produkt die Regel

$$F \cdot G - G \cdot F = 0 \qquad (1.27)$$

erfüllt, sagt man, diese Algebra sei *kommutativ*: die Regel enthält ja auf der linken Seite den Kommutator von F und G, der allgemein wie folgt definiert ist:

$$[A, B] := A \cdot B - B \cdot A. \qquad (1.28)$$

Physikalisch ausgedrückt, bedeutet die Aussage (1.27), dass zwei dynamische Größen F und G gleichzeitig wohldefinierte Werte haben und somit auch gleichzeitig gemessen werden können. In der Himmelsmechanik, um ein Beispiel zu geben, können wir zu jedem Zeitpunkt die drei Raumkoordinaten und die drei Komponenten des Impulses eines Objekts messen bzw. aus der Kenntnis der Bahnkurve vorhersagen. Diese im Bereich der klassischen Physik gewohnte Aussage gilt in solchen Bereichen, in denen die Planck'sche Konstante nicht vernachlässigbar ist, nicht mehr. Das wird dann der Fall sein, wenn unsere experimentelle Anordnung im Stande ist, Volumina im Phasenraum aufzulösen, bei denen das Produkt $\Delta q^i \Delta p_i$ der Kantenlängen in der q^i-Richtung und der dazu konjugierten p_i-Richtung nicht groß im Vergleich zu $\hbar$ ist. Abhängig vom Zustand, in dem das System sich befindet, sind Observable jetzt im Allgemeinen mit einer Unschärfe behaftet und – das ist das Neue und Wesentliche – die Messungen zweier verschiedener Observablen können sich gegenseitig ausschließen. In solchen Fällen ist die Unschärfe in der einen korreliert mit der Unschärfe in der anderen Observablen; wenn die eine auf einen scharfen Wert festgelegt wird, ist die andere sogar völlig unbestimmt.

1.2.1 Streuung von Observablen

Dass eine Observable eine Unschärfe besitzt, d. h. dass man bei wiederholten Messungen eine gewisse, gewichtete Verteilung von Werten findet, tritt in der *klassischen* Physik immer dann auf, wenn man es mit einem System von *vielen* Teilchen zu tun hat, über das man nur unvollständige Kenntnis besitzt. Als Beispiel sei die Maxwell'sche Geschwindigkeitsverteilung für einen Schwarm von sehr vielen Teilchen genannt, die man durch die normierte Wahrscheinlichkeitsverteilung

$$ \mathrm{d}w(p) = \frac{4\pi}{(2\pi mkT)^{3/2}} e^{-\beta p^2/2m} p^2 \, \mathrm{d}p \quad \text{mit} \quad \beta = \frac{1}{kT} $$

beschreibt. In diesem Ausdruck ist k die Boltzmann'sche Konstante und T bezeichnet die Temperatur. Diese Verteilung gibt die differentielle Wahrscheinlichkeit dafür an, bei einer Messung des Betrages $p \equiv |\boldsymbol{p}|$ des Impulses einen Wert im Intervall $(p, p + \mathrm{d}p)$ zu finden. Sie ist auf 1 normiert, entsprechend der Aussage, dass der Messwert von p mit Sicherheit irgendwo im Intervall $[0, \infty)$ liegt.

Es sei, etwas allgemeiner, F eine Observable, die bei einer Messung eine reelle Zahl liefert. Wie im Beispiel können die Messwerte f kontinuierlich sein und dabei etwa im Intervall $[a, b]$ der reellen Achse liegen, im Beispiel oben $[0, \infty)$. Das System, hier das Vielteilchensystem, befindet sich in einem vorgegebenen Zustand, den wir durch die auf 1 normierte Verteilung

$$ \varrho(f) \quad \text{mit} \quad \int_a^b \varrho(f) \, \mathrm{d}f = 1 \tag{1.29} $$

beschreiben. Wenn die Messwerte von F diskret sind und die Folge von reellen, geordneten Zahlen $f_1, f_2, \ldots$ bilden, so tritt an die Stelle von (1.29) eine Folge von Wahrscheinlichkeiten $w_1, w_2, \ldots$,

$$ w_i \equiv w(f_i) \quad \text{mit} \quad \sum_{i=1} w_i = 1 \,, \tag{1.30} $$

wobei $w_i \equiv w(f_i)$ die Wahrscheinlichkeit angibt, bei einer Messung von F den Wert f_i zu finden. Der Zustand des Systems ist mit Bezug auf die Observable F definiert und wird durch die Verteilung $\varrho(f)$ bzw. $\{w(f_i)\}$ beschrieben.

Bevor wir fortfahren, merken wir an, dass dieses Bild stark vereinfacht ist, aber dennoch das für unsere Diskussion Wesentliche aufzeigt. Im Allgemeinen wird man mehr als eine Observable benötigen und die Verteilungsfunktion wird dementsprechend von mehr als einer Variablen abhängen. Im Beispiel eines Systems aus N Teilchen sind die Koordinaten und Impulse

$$\left(x^{(1)}, \ldots, x^{(N)}; p^{(1)}, \ldots, p^{(N)} \right)$$
$$\equiv \left(q^1, q^2, \ldots, q^{3N}; p_1, p_2, \ldots, p_{3N} \right)$$

die relevanten Observablen, die anstelle von F treten und im Bezug auf die man den Zustand definiert. Die Verteilungsfunktion

$$\varrho(q^1, q^2, \ldots, q^{3N}; p_1, p_2, \ldots, p_{3N})$$

ist hier eine Funktion von $6N$ Variablen.

Sei nun G eine andere Observable, die über den Werten von F ausgewertet werde. Im Beispiel des N-Teilchensystems könnte das beispielsweise die Hamiltonfunktion

$$H(q^1, q^2, \ldots, q^{3N}; p_1, p_2, \ldots, p_{3N})$$

sein, die auf dem Phasenraum ausgewertet wird und die Energie des Systems liefert. In unserer vereinfachten Darstellung schreiben wir $G(f)$ für den Wert der Observablen G bei f.

Um ein quantitatives Maß für die Streuung der Messwerte von G zu bekommen, berechnet man die *mittlere quadratische Abweichung*, das ist der Mittelwert des Quadrats der Differenz aus G selbst und seinem Mittelwert $\langle G \rangle$,

$$(\Delta G)^2 := \left\langle \{G - \langle G \rangle\}^2 \right\rangle = \left\langle G^2 \right\rangle - \langle G \rangle^2. \tag{1.31}$$

Die zweite Form rechts folgt durch Entwicklung der Klammer:

$$\left\langle \{G - \langle G \rangle\}^2 \right\rangle = \left\langle G^2 \right\rangle - 2 \langle G \rangle \langle G \rangle + \langle G \rangle^2.$$

Bei Vorliegen einer kontinuierlichen oder einer diskreten Verteilung ist

$$\langle G \rangle = \int \varrho(f) G(f) \, df \quad \text{bzw.} \quad \langle G \rangle = \sum_i w_i G(f_i). \tag{1.32}$$

Setzt man dies in (1.31) ein, so erhält man die Ausdrücke

$$(\Delta G)^2 = \int \left(G(f) - \int G(f') \varrho(f') \, df' \right)^2 \varrho(f) \, df$$

für die kontinuierliche Verteilung, bzw.

$$(\Delta G)^2 = \sum_i w_i \left(G(f_i) - \sum_j w_j G(f_j) \right)^2$$

für die diskrete Verteilung.

Diese wichtige Begriffsbildung fassen wir noch einmal zusammen:

> **Definition 1.1**
>
> *Die Streuung* einer Observablen in einem gegebenen Zustand ist als die Quadratwurzel der mittleren quadratischen Abweichung (1.31) definiert,
>
> $$\Delta G := \sqrt{\langle G^2 \rangle - \langle G \rangle^2}\,. \tag{1.33}$$

Wenn im vorgegebenen Zustand des Systems die Observable F nur einen einzigen Wert f_0 annimmt, d. h. wenn

$$\varrho(f) = \delta(f - f_0) \quad \text{bzw.} \quad w_i \equiv w(f_i) = \delta_{i0} \tag{1.34}$$

gilt, so ist die Streuung (1.33) ebenso wie die Streuung von F gleich Null. In allen anderen Fällen hat ΔG einen von Null verschiedenen, positiven Wert. Als Beispiel berechnen wir die Streuung der kinetischen Energie $T_{\text{kin}} = p^2/2m$ mit der Maxwell'schen Verteilung, die oben angegeben ist. Mit der Substitution $x = p\sqrt{\beta/(2m)}$ wird die Verteilung

$$\mathrm{d}w(x) = \frac{4}{\sqrt{\pi}} x^2 \mathrm{e}^{-x^2}\, \mathrm{d}x\,,$$

sie ist in Abb. 1.4 wiedergegeben. Die Mittelwerte von T_{kin}^2 und von T_{kin} berechnen sich wie folgt

$$\left\langle T_{\text{kin}}^2 \right\rangle = \frac{4}{\beta^2 \sqrt{\pi}} \int\limits_0^\infty x^6 \mathrm{e}^{-x^2}\, \mathrm{d}x = \frac{15}{4} \frac{1}{\beta^2} = \frac{15}{4}(kT)^2\,,$$

$$\left\langle T_{\text{kin}} \right\rangle = \frac{4}{\beta \sqrt{\pi}} \int\limits_0^\infty x^4 \mathrm{e}^{-x^2}\, \mathrm{d}x = \frac{3}{2\beta} = \frac{3}{2} kT\,.$$

Daraus folgt die Streuung der kinetischen Energie

$$\Delta T_{\text{kin}} \equiv \Delta \left(\frac{p^2}{2m} \right) = \sqrt{\frac{3}{2}}\, kT\,.$$

1.2.2 Quantenmechanische Unschärfen von kanonischen Variablen

Nach diesem Exkurs in die klassische Mechanik des N-Teilchensystems kehren wir zur Quantenmechanik *eines* Teilchens zurück. Während man in der klassischen Mechanik ohne weiteres und zu jedem Zeitpunkt dem Teilchen scharfe, wohldefinierte Werte für alle Komponenten p_k seines Impulses und für alle Komponenten q^i seines Ortes zuordnen kann, sind diese Größen in der Quantenmechanik mit Unschärfen Δq^i und Δp_k behaftet, die einer fundamentalen Ungleichung genügen. Die Streuung, oder Unschärfe, sei wie in (1.33) aus Definition 1.1 über die Differenz aus dem Mittelwert des Quadrates und dem Quadrat des Mittelwertes

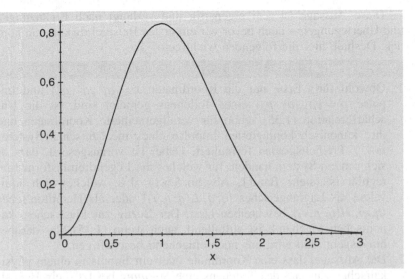

Abb. 1.4. Klassische, Maxwell'sche Geschwindigkeitsverteilung $4/\sqrt{\pi}\, x^2 \exp(-x^2)$

definiert,

$$\Delta q^i = \sqrt{\langle (q^i)^2 \rangle - \langle q^i \rangle^2}\,, \qquad \Delta p_j = \sqrt{\langle (p_j)^2 \rangle - \langle p_j \rangle^2}\,.$$

Die wichtige Frage, welche Art von Mittelwertbildung hier gemeint ist und wie die Streuungen für einen gegebenen Zustand zu berechnen sind, sei zunächst zurückgestellt. Die Streuungen stellen Aussagen über Messungen in einem vorgegebenen, quantenmechanischen Zustand des Teilchens dar und sind als solche durchaus klassische Größen. Die innere Dynamik des Systems ist aber solcherart, dass die Streuungen einen Satz von korrelierten Ungleichungen erfüllen, die ihre Messbarkeit einschränken. Es gilt nämlich die

Heisenberg'sche Unschärferelation für Ort und Impuls: Sei

$$\{q^i, (i = 1, 2, \ldots, f)\}$$

ein Satz von Koordinaten eines Lagrange'schen oder Hamilton'schen Systems mit f Freiheitsgraden. Seien

$$p_k = \frac{\partial L}{\partial \dot{q}^k}\,, \qquad k = 1, 2, \ldots, f$$

die dazu kanonisch konjugierten Impulse. In einem gegebenen Zustand des Systems werden alle Messungen immer so ausfallen, dass sie mit folgenden Ungleichungen für die Streuungen der Koordinaten und Impulse verträglich sind:

$$\boxed{(\Delta p_k)(\Delta q^i) \geq \frac{1}{2}\hbar\, \delta^i_k}\,. \tag{1.35}$$

Diese Aussage ist sehr eigenartig und verlangt nach Ergänzungen und Überlegungen – noch bevor wir ein erstes Beispiel diskutieren können. Deshalb hier die folgenden wichtigen

Bemerkungen

1. Obwohl für's Erste nur die Koordinaten $x = \{q^1, q^2, q^3\}$ und Impulse $p = \{p_1, p_2, p_3\}$ eines Teilchens gemeint sind, ist die Unschärferelation (1.35) schon für verallgemeinerte Koordinaten und ihre kanonisch konjugierten Impulse eines mechanischen Systems mit f Freiheitsgraden formuliert. Dabei ist vorausgesetzt, dass es sich um ein System handelt, für welches die Legendretransformation regulär ist (siehe Band 1, Abschn. 5.6.1), d. h. welches sich äquivalent als Lagrange'sches $\{q, \dot{q}, L(q, \dot{q}, t)\}$ oder als Hamilton'sches $\{q, p, H(q, p, t)\}$ beschreiben lässt. Der Bezug zur klassischen, kanonischen Mechanik ist auffallend, auch wenn (1.35) klar darüber hinausgeht, und wird uns noch eingehend beschäftigen.

2. Die Aussage, dass eine Koordinate oder ein Impuls in einem physikalischen Zustand des Teilchens eine *Streuung* besitzt – ein Begriff, der aus der klassischen Statistischen Mechanik stammt – impliziert, dass man offenbar nicht eine, sondern *viele* Messungen an ein und demselben Zustand des Teilchens vornehmen muss, um die Verteilung der Messwerte und daraus die Streuung zu bestimmen.

3. Anschaulich gesprochen sagt die Unschärferelation zum Beispiel Folgendes aus: Wenn man die Koordinate q^i im Experiment durch einen Spalt in i-Richtung auf das Intervall Δ einschränkt, so ist die Streuung von p_i mindestens $\hbar/2\Delta$. Je enger man das Teilchen in der i-Richtung einsperrt, umso unschärfer wird der zugehörige Impuls p_i. Im Grenzfall $\Delta \to 0$ wird er völlig unbestimmt.

4. Mit der vorhergehenden Bemerkung wird klar, dass der Zustand des Teilchens auf keinen Fall eine Kurve im Phasenraum $\mathbb{P}$ sein kann. Eine solche Kurve würde ja zu jedem Zeitpunkt scharfe Werte für Koordinaten und Impulse vorschreiben, d. h. zu jedem Zeitpunkt würde $\Delta q^i = 0$ und $\Delta p_i = 0$ gelten. Eine häufige Wiederholung der Messung dieser Observablen, etwa im Zeitintervall $(0, T)$ würde zwar die zeitlichen Mittelwerte

$$\overline{q^i} = \frac{1}{T} \int\limits_0^T \mathrm{d}t \, q^i(t), \quad \overline{(q^i)^2} = \frac{1}{T} \int\limits_0^T \mathrm{d}t \, (q^i)^2(t), \quad \text{etc.}$$

liefern, aber die Streuungen wären nach wie vor Null. Die Beschreibung des Zustandes im Phasenraum wird somit verlassen. Der *Zustand* des Teilchens, der in der symbolischen Notation der Mittelwerte $\langle \cdots \rangle$ erscheint, muss in einem größeren, abstrakteren Raum als $\mathbb{P}$ liegen.

5. Gehen wir zum Extremfall, wo die Komponente q^i den festen Wert $\langle q^i \rangle = a^i$ hat, wo somit auch $\langle (q^i)^2 \rangle = (a^i)^2$ gilt. Da (1.35) jetzt aussagt, dass die konjugierte Impulskomponente völlig unbestimmt ist,

kann auf keinen Fall $\langle p_i \rangle = b_i$ und $\langle (p_i)^2 \rangle = (b_i)^2$ gelten. Wenn der Zustand bei wiederholten Messungen der i-ten Koordinate immer die Antwort „die Koordinate q^i hat den Wert a^i" gibt, so kann derselbe Zustand bei der Messung des Impulses nicht mit einer einzigen Zahl b_i antworten – sonst wären beide Streuungen im Widerspruch zur Unschärferelation gleich Null. Das legt die Vermutung nahe, dass die Koordinate q^i und der Impuls p_i durch Größen $\underline{q}^i$ und $\underline{p}_i$ dargestellt werden, die auf die Zustände in dem vermuteten abstrakten Raum wirken und die im Gegensatz zu klassischen Observablen nicht kommutieren. In der Tat werden wir bald lernen, dass in der Quantenmechanik

$$[\underline{p}_i, \underline{q}^k] = \frac{\hbar}{i} \delta_i^k \qquad (1.36)$$

gilt. Solche Größen können Differentialoperatoren sein oder Matrizen, aber sicher nicht mehr glatte Funktionen. Zum Beispiel prüft man nach, dass folgende Paare von Operatoren

$$\left\{ \underline{p}_i = \frac{\hbar}{i} \frac{\partial}{\partial q^i} , \underline{q}^k = q^k \right\} \quad \text{und} \qquad (i)$$

$$\left\{ \underline{p}_i = p_i, \underline{q}^k = -\frac{\hbar}{i} \frac{\partial}{\partial p_k} \right\} \qquad (ii)$$

die Relation (1.36) erfüllen. Im ersten Beispiel ist der Impuls ein Differentialoperator, der Ort ist eine Funktion, d.h. ein Operator, der einfach durch „Multiplikation mit der Funktion q^i" wirkt. Es gilt in der Tat

$$\frac{\hbar}{i} \frac{\partial}{\partial q^i} [q^k f(\dots, q^i, \dots, q^k, \dots)] - q^k \frac{\hbar}{i} \frac{\partial f}{\partial q^i}$$

$$= \frac{\hbar}{i} \delta_i^k f(\dots, q^i, \dots, q^k, \dots).$$

Im zweiten Beispiel ist der Impuls eine Funktion, der Ort ein Differentialoperator. In diesem Fall gilt

$$p_i \left(-\frac{\hbar}{i} \frac{\partial}{\partial p_k} \right) \hat{f}(\dots, p_i, \dots, p_k, \dots)$$

$$- \left(-\frac{\hbar}{i} \right) \frac{\partial}{\partial p_k} [p_i \hat{f}(\dots, p_i, \dots, p_k, \dots)]$$

$$= \frac{\hbar}{i} \delta_i^k \hat{f}(\dots, p_i, \dots, p_k, \dots).$$

Mit diesen Bemerkungen, auf die man im weiteren Verlauf der Entwicklung sicher mehrfach zurückkommen wird, werden eine Reihe von Fragen aufgeworfen: Von welcher Art sind die Zustände des Systems und wie sind die Mittelwerte $\langle \cdots \rangle$ dann auszurechnen? Wie sehen die abstrakten Räume aus, die von den physikalisch möglichen Zuständen eines Systems aufgebaut werden? Wenn die Koordinaten und Impulse durch Operatoren oder andere nicht kommutierende Größen dargestellt werden, dann werden auch alle anderen, aus diesen aufgebauten Observablen zu Operatoren. Welche Regeln bestimmen die Übersetzung der klassischen Observablen in ihre quantenmechanische Darstellung?

Die Beantwortung dieser Fragen wird noch einige Vorarbeit und Geduld erfordern. Zuvor wollen wir die physikalische Bedeutung der Unschärferelation (1.35) an drei Beispielen illustrieren.

1.2.3 Beispiele zur Heisenberg'schen Unschärferelation

Beispiel 1.3   Harmonischer Oszillator in einer Dimension

Der harmonische Oszillator in einer Dimension wird durch die Hamiltonfunktion

$$H = \frac{p^2}{2m} + \frac{1}{2}m\omega^2 q^2 \equiv \frac{1}{2}\big[z_2^2 + z_1^2\big] \quad \text{mit} \quad z_2 := \frac{p}{\sqrt{m}}, \quad z_1 := \sqrt{m}\omega q$$

beschrieben. Denken wir uns den Oszillator durch das entsprechende quantisierte System ersetzt (indem wir q und p durch Operatoren ersetzen), so ist der Mittelwert von H in einem Zustand zur Energie E gleich

$$E = \langle H \rangle = \frac{\langle p^2 \rangle}{2m} + \frac{1}{2}m\omega^2 \left\langle q^2 \right\rangle \equiv \frac{1}{2}\big[\left\langle z_2^2 \right\rangle + \left\langle z_1^2 \right\rangle \big].$$

Aufgrund der Symmetrie $q \leftrightarrow -q$ und $p \leftrightarrow -p$ erscheint es plausibel, dass die Mittelwerte dieser Variablen Null sind, $\langle q \rangle = 0$, $\langle p \rangle = 0$. Damit gilt aber

$$(\Delta q)^2 = \left\langle q^2 \right\rangle, \quad (\Delta p)^2 = \left\langle p^2 \right\rangle,$$

und (1.35) ergibt die Ungleichung

$$\left\langle z_2^2 \right\rangle \left\langle z_1^2 \right\rangle = \omega^2 \left\langle q^2 \right\rangle \left\langle p^2 \right\rangle \geq \frac{\hbar^2}{4}\omega^2.$$

Selbst wenn man die Aussage $\langle q \rangle = 0$, $\langle p \rangle = 0$ an dieser Stelle nicht einsieht, bleibt die Abschätzung oben richtig. Aus der Definition (1.31) folgt nämlich, dass $\langle G^2 \rangle \geq (\Delta G)^2$ ist und somit

$$\left\langle q^2 \right\rangle \left\langle p^2 \right\rangle \geq (\Delta q)^2 (\Delta p)^2 \geq \frac{\hbar^2}{4}.$$

Damit bilden wir folgende Kette von Ungleichungen

$$0 \leq \frac{1}{2}\left(\sqrt{\langle z_2^2 \rangle} - \sqrt{\langle z_1^2 \rangle} \right)^2 = \langle H \rangle - \sqrt{\langle z_1^2 \rangle \langle z_2^2 \rangle} \leq E - \frac{\hbar\omega}{2}.$$

Daraus folgt, dass die Energie nach unten beschränkt sein muss und dass sie den Wert $E_0 = \hbar\omega/2$ nicht unterschreiten kann. Wir werden später sehen, dass dies genau die Energie des tiefsten Zustandes ist. Wenn aber $E = E_0 = \hbar\omega/2$ ist, so folgt

$$\left\langle z_1^2 \right\rangle = \left\langle z_2^2 \right\rangle = \frac{\hbar\omega}{2} \,,$$

in Übereinstimmung mit dem Virialsatz, der hier $\langle T_{\text{kin}} \rangle = \langle U \rangle = E/2$ verlangt.

Die Heisenberg'sche Unschärferelation ist somit verantwortlich dafür, dass das Spektrum des Oszillators nach unten beschränkt ist. Der tiefste Zustand mit der Energie $E = \hbar\omega/2$ und mit

$$\left\langle p^2 \right\rangle = \frac{1}{2} m\hbar\omega \quad \text{und} \quad \left\langle q^2 \right\rangle = \frac{1}{2} \frac{\hbar}{m\omega}$$

ist gerade noch mit ihr verträglich. Da der harmonische Oszillator in der Quantenmechanik nie vollständig in Ruhe sein kann, sondern immer eine minimale Streuung der potentiellen und kinetischen Energie zeigt, spricht man auch von *Nullpunktsschwingungen*, die eine innere, unveräußerliche Eigenschaft des Oszillators zeigen.

Beispiel 1.4   Kugeloszillator

Der Kugeloszillator wird klassisch durch die Hamiltonfunktion

$$H = \frac{p^2}{2m} + \frac{1}{2} m\omega^2 r^2$$

beschrieben. Schreiben wir dies auf kartesische Koordinaten um,

$$H = \sum_{i=1}^{3} \frac{p_i^2}{2m} + \frac{1}{2} m\omega^2 \sum_{i=1}^{3} (q^i)^2 \,,$$

so entsteht die Summe von drei linearen Oszillatoren mit derselben Masse und derselben Kreisfrequenz ω und wir können die Analyse des vorangegangenen Beispiels direkt anwenden. Da nur die Streuung in jeder Koordinate q^i und dem zugehörigen Impuls p_i korreliert sind, die zwischen verschiedenen Paaren (q^k, p_l mit $k \neq l$) aber nicht, gibt die Wiederholung der Abschätzungen aus Beispiel 1.3 die Ungleichung

$$0 \leq E - 3\frac{\hbar\omega}{2} \,.$$

Die Energie des Grundzustandes ist $E = E_0 = 3\hbar\omega/2$. Dieses System hat drei Freiheitsgrade, deren jeder die Nullpunktsenergie $\hbar\omega/2$ beiträgt.

Beispiel 1.5   Wasserstoffatom

Eine analoge Abschätzung für das Wasserstoffatom ist zwar etwas gröber, aber sie zeigt ebenfalls, dass die Unschärferelation die eigentliche Ursache dafür ist, dass das Energiespektrum nach unten beschränkt ist. In ebenen Polarkoordinaten ist die Hamiltonfunktion

$$H = \frac{p_r^2}{2\mu} + \frac{\ell^2}{2\mu r^2} - \frac{e^2}{r} \,,$$

(siehe Band 1, Abschn. 2.16), wo p_r der zu r kanonisch konjugierte Impuls, ℓ der Betrag des erhaltenen Bahndrehimpulses ist. Der Mittelwert von p_r ist zwar nicht gleich Null, aber wir können wieder die Eigenschaft $\langle p_r^2 \rangle \geq (\Delta p_r)^2$ ausnutzen und den Mittelwert von H für einen Zustand mit verschwindendem Drehimpuls ℓ wie folgt nach unten abschätzen:

$$E = \langle H \rangle \, (\ell = 0) = \frac{\langle p_r^2 \rangle}{2\mu} - e^2 \left\langle \frac{1}{r} \right\rangle$$

$$> \frac{\hbar^2}{8\mu(\Delta r)^2} - \frac{e^2}{(\Delta r)} \, .$$

Hierbei haben wir die Unschärferelation $(\Delta p_r)(\Delta r) \geq \hbar/2$ benutzt sowie den Term in $1/r$ durch $1/(\Delta r)$ genähert. Sucht man das Minimum des Ausdrucks auf der rechten Seite als Funktion von (Δr), so liegt dies bei

$$(\Delta r) = \frac{\hbar^2}{4\mu e^2} \, .$$

In den Ausdruck oben eingesetzt, zeigt dies, dass die Energie nach unten mindestens durch $E > (-2\mu e^4/\hbar^2)$ eingeschränkt sein muss. Das ist das Vierfache der Grundzustandsenergie (1.1) – vermutlich weil unsere Abschätzung noch nicht optimal ist – zeigt aber, dass es wiederum die Unschärferelation zwischen Ort und Impuls ist, die verhindert, dass es gebundene Zustände mit beliebig großer Bindungsenergie gibt.

1.3 Der Dualismus Teilchen–Welle

Aus der klassischen Physik sind wir gewohnt, Energie E und Impuls $\boldsymbol{p}$ als Eigenschaften von mechanischen Objekten anzusehen, im einfachsten Fall von punktförmigen *Teilchen* der Masse m. Für ein solches Teilchen sind diese beiden kinematischen Bestimmungsstücke über die Energie–Impulsrelation verbunden, die im nichtrelativistischen Fall und im relativistischen Fall bekanntlich

$$E = \boldsymbol{p}^2/2m \quad \text{bzw.} \quad E = \sqrt{c^2 \boldsymbol{p}^2 + (mc^2)^2} \tag{1.37}$$

lautet. Die Kreisfrequenz $\omega = 2\pi/T$, mit T der Periode, und der Wellenvektor $\boldsymbol{k}$, dessen Betrag über $k = 2\pi/\lambda$ mit der Wellenlänge λ zusammenhängt, sind dagegen Attribute einer monochromatischen *Welle*, die sich in der Richtung $\hat{\boldsymbol{k}}$ ausbreitet. Dabei hängen ω und k über eine so genannte Dispersionsrelation $\omega = \omega(k)$ zusammen.

Die Deutung des Photoeffekts und die Herleitung der Planck'schen Formel für die spektrale Verteilung der Strahlung des Schwarzen Körpers zeigen, dass Licht in Form von Energiequanten auftritt, die durch die *Einstein–Planck'sche Relation*

$$\boxed{E = h\nu} \tag{1.38}$$

gegeben ist. Diese Beziehung ist höchst bemerkenswert, denn sie verknüpft die Teilcheneigenschaft „Energie" E mit einer Welleneigenschaft, der „Frequenz" ν, über die Planck'sche Konstante. Die Energie einer monochromatischen elektromagnetischen Welle ist proportional zur Frequenz. Licht oder elektromagnetische Strahlung in anderen Bereichen der Wellenlänge besitzt also neben den bekannten Welleneigenschaften auch Teilcheneigenschaften, die sich immer dann bemerkbar machen, wenn die Zahl n der Photonen mit gegebener Energie klein ist. Wenn sie aber in solchen Fällen als Teilchen angesehen werden müssen, so ist den Photonen die Masse $m_{\text{Photon}} = 0$ zuzuschreiben. Wie wir später sehen werden, ist das eine direkte Konsequenz der Langreichweitigkeit des Coulomb-Potentials $U_C(r) = \text{const}/r$. Nach der Formel (1.37) besitzt ein Photon dann auch einen mechanischen Impuls, der mit der Energie gemäß $E = c|\boldsymbol{p}|$ zusammenhängt. Frequenz und Wellenlänge andererseits sind bei Ausbreitung im Vakuum durch $\nu\lambda = c$, mit c der Lichtgeschwindigkeit verknüpft. Die Einstein–Planck'sche Relation (1.38) übersetzt sich demnach in eine Relation zwischen dem Betrag des Impulses und der Wellenlänge

$$|\boldsymbol{p}|_{\text{Photon}} = \frac{h}{\lambda}\,.$$

Diese Doppelnatur von elektromagnetischer Strahlung einerseits und die Beugungserscheinungen, die man mit freien massiven Elementarteilchen erzeugen kann, andererseits, haben Louis de Broglie[10] zu folgender grundlegenden Hypothese geführt:

Ebenso wie das Licht auch Teilcheneigenschaften besitzt, besitzen alle massiven Objekte, und somit insbesondere alle Elementarteilchen auch Welleneigenschaften. Einem Materieteilchen, das sich in einem Zustand mit definitem Impuls $\boldsymbol{p}$ befindet, ist eine monochromatische Welle mit der Ausbreitungsrichtung $\hat{\boldsymbol{p}}$ und der Wellenlänge

$$\lambda = \frac{h}{p} \quad \text{mit} \quad p = |\boldsymbol{p}| \qquad \text{(de Broglie, 1923)} \tag{1.39}$$

zuzuordnen. Diese wird *de Broglie-Wellenlänge* des Materieteilchens genannt.

Wir kommentieren diese Hypothese mit den folgenden

Bemerkungen

1. Würde die Planck'sche Konstante h verschwinden, so wäre für alle Werte von p $\lambda = 0$. Das Teilchen hätte keine Wellennatur und seine Dynamik würde allein durch die klassische Mechanik beschrieben. Die klassische Mechanik muss demnach dem *Limes kurzer Wellen* der Quantenmechanik entsprechen. Vermutlich wird dieser Grenzfall ähnlich wie in der Optik erreicht: Die geometrische Optik ist der Limes kurzer Wellen der Wellenoptik. Wenn die Wellenlänge λ des

[10] Sprich „Broj", vgl. z. B. *Petit Larousse*, Librairie Larousse, Paris.

Lichtes im Vergleich zur linearen Dimension d der Objekte, an denen es gestreut wird, sehr klein ist, so kann man optische Anordnungen (Spalte, Schirme, Linsen usw.) mit der einfachen Strahlenoptik behandeln. Wenn aber $\lambda \simeq d$ ist, so treten Beugungseffekte auf.

2. Quanteneffekte werden dann auftreten, wenn λ mit den linearen Dimensionen d vergleichbar ist, die in einer gegebenen Situation relevant sind. Als Beispiel denke man an die Streuung eines Teilchens mit Impuls p an einem Target der Ausdehnung d. Wenn $\lambda \ll d$ ist, d. h. wenn $dp \gg h$ ist, dann gilt die klassische Mechanik – hier aber als Grenzfall der Quantenmechanik. Mit anderen Worten, man wird erwarten, die klassische Mechanik als Grenzfall $h \longrightarrow 0$ der Quantenmechanik wiederzufinden. Wenn aber $\lambda \simeq d$ ist, dann werden neue und typisch quantenmechanische Effekte auftreten.

3. Die Teilchennatur im strikten Sinne der klassischen Mechanik und ihre postulierte Wellennatur sind natürlich nicht ohne weiteres kompatibel. Die Teilchen- und die Wellennatur müssen komplementäre Aspekte sein, die beide für eine vollständige Beschreibung der Teilchen wesentlich sind. Diese richtige, aber an dieser Stelle immer noch vage Aussage wird als *Bohr'sches Prinzip der Komplementarität* umschrieben.

4. Wenn einem Teilchen eine Welle zuzuordnen ist, dann wird die Unschärferelation zwischen Impuls und Ort verständlich: Eine monochromatische Welle, die ja einem Zustand mit festem Wert von p entspricht, ist im Ort nirgends lokalisiert. Will man umgekehrt einen Wellenzug aufbauen, der räumlich in einem endlichen Gebiet lokalisiert ist, dann braucht man dazu Wellen aus einem gewissen Spektrum von Wellenlängen, die man geeignet überlagert. Je kleiner, d. h. je schärfer lokalisiert man dieses „Wellenpaket" haben will, umso größer muss das Band von beitragenden Wellenlängen, sprich Impulsen, sein.

1.3.1 Die Wellenfunktion und ihre Interpretation

Aufgrund der de Broglie'schen Hypothese ordnen wir einem Teilchen wie dem Elektron eine Wellenfunktion $\psi(t, x)$ zu. Falls das Elektron den scharfen Impuls p besitzt, wird dies eine ebene Welle der Form

$$e^{i(p \cdot x/\hbar - \omega t)} = e^{i(k \cdot x - \omega t)}$$

sein, wo k der Wellenvektor, $k = |k|$ die Wellenzahl und $\omega = \omega(k)$ eine noch unbekannte Funktion ist. In Übereinstimmung mit der Unschärferelation ist eine solche Wellenfunktion nirgends im Ort lokalisiert und ist daher zunächst nicht einfach zu interpretieren. Der Anschauung wäre viel geholfen, wenn ψ einen im Raum stark lokalisierten Wellenvorgang beschriebe, denn dann könnten wir ein solches Wellenpaket zur Zeit t mit dem Ort vergleichen, an dem sich das Teilchen zu dieser Zeit befinden würde, wenn es durch die klassische Mechanik beschreibbar wäre.

Wir setzen dazu die Wellenfunktion als Überlagerung von ebenen Wellen

$$\psi(t,\boldsymbol{x}) = \frac{1}{(2\pi)^{3/2}} \int d^3k\,\widehat{\psi}(\boldsymbol{k})\,e^{i(\boldsymbol{k}\cdot\boldsymbol{x}-\omega t)} \tag{1.40}$$

an und wählen die Funktion $\widehat{\psi}(\boldsymbol{k})$ so, dass sie um einen zentralen Wert $\boldsymbol{k}_0$ konzentriert ist. Den numerischen Vorfaktor in (1.40) haben wir so gewählt, dass die Fouriertransformation zwischen $\psi(t,\boldsymbol{x})$ und $\widehat{\psi}(\boldsymbol{k})$ symmetrisch wird. Entwickeln wir um die Stelle $\boldsymbol{k}_0$, so ist

$$\boldsymbol{k}\cdot\boldsymbol{x} = (\boldsymbol{k}-\boldsymbol{k}_0)\cdot\boldsymbol{x} + \boldsymbol{k}_0\cdot\boldsymbol{x}\,,$$

$$\omega(k) \simeq \omega(k_0) + (\boldsymbol{k}-\boldsymbol{k}_0)\cdot\nabla|_k\,\omega(k)|_{k=k_0} = \omega_0 + \frac{(\boldsymbol{k}-\boldsymbol{k}_0)\cdot\boldsymbol{k}_0}{k_0}\,\frac{d\omega}{dk}\bigg|_{k=k_0}.$$

Hierbei ist $k \equiv |\boldsymbol{k}|$ und $k_0 \equiv |\boldsymbol{k}_0|$, der Gradient bezüglich k ist vermöge der Kettenregel durch $\nabla_k = (\nabla_k|\boldsymbol{k}|)\,d/dk$ ersetzt worden. In dieser Näherung lässt sich (1.40) in einer leicht zu interpretierenden Form schreiben:

$$\psi(t,\boldsymbol{x}) \simeq \frac{1}{(2\pi)^{3/2}}\,e^{i(\boldsymbol{k}_0\cdot\boldsymbol{x}-\omega_0 t)}\,A(\boldsymbol{x}-\hat{\boldsymbol{k}}_0 v_0 t)$$

mit

$$A(\boldsymbol{x}-\hat{\boldsymbol{k}}_0 v_0 t) = \int d^3k\,\widehat{\psi}(\boldsymbol{k})\,e^{i(\boldsymbol{k}-\boldsymbol{k}_0)(\boldsymbol{x}-\hat{\boldsymbol{k}}_0 v_0 t)}$$

und

$$v_0 = \frac{d\omega}{dk}\bigg|_{k=k_0}.$$

Die solcherart konstruierte Wellenfunktion lässt sich nun so lesen: Die Amplitude A, die durch die Vorgabe der Verteilung $\widehat{\psi}(\boldsymbol{k})$ festgelegt ist, bewegt sich mit der Geschwindigkeit v_0. In der Wellentheorie würde man diese die *Gruppengeschwindigkeit* nennen, während ω/k die *Phasengeschwindigkeit* wäre. Stellt man die Beziehung zum Impuls her, so gilt bei Benutzung von (1.39)

$$\frac{d\omega}{dk}\bigg|_{k=k_0} = v_0 = \frac{p_0}{m} = \frac{\hbar k_0}{m}.$$

Daraus folgt aber, dass $\omega(k_0)$ oder, etwas allgemeiner, $\omega(k)$ durch

$$\omega(k) = \frac{\hbar k^2}{2m}\quad\text{oder}\quad E \equiv \hbar\omega(k) = \frac{p^2}{2m} \tag{1.41}$$

gegeben ist. Wir finden wieder die gewohnte nichtrelativistische Beziehung zwischen Energie und Impuls und legen damit die Dispersionsrelation $\omega = \omega(k)$ fest. Man beachte, wie hier mehrfach Teilcheneigenschaften und Welleneigenschaften verknüpft werden.

Die gewählte Überlagerung (1.40) kommt der klassischen Situation nahe, denn sie beschreibt ein zur Zeit t lokalisiertes Objekt, das sich mit der Gruppengeschwindigkeit v_0 bewegt, die gleich der Geschwindigkeit des klassischen Teilchens ist. Allerdings werden wir bald sehen, dass diese Lokalisierung nicht von Dauer ist: das zur Zeit t gut lokalisierte Wellenpaket zerfließt im Laufe der Zeit. Bei der Konstruktion des Wellenpakets haben wir stillschweigend vorausgesetzt, dass wir verschiedene Wellenfunktionen linear superponieren dürfen – eine Eigenschaft, die in Einklang mit den experimentell beobachteten Interferenzen ist. Die Frage der Interpretation der Wellenfunktion, d. h. die Frage, wie aus Kenntnis von $\psi(t, \boldsymbol{x})$ messbare Vorhersagen zu berechnen sind, bleibt einstweilen offen.

Als Nächstes zeigen wir, dass eine Wellenfunktion vom Typus (1.40) der folgenden Differentialgleichung genügt

$$\boxed{\mathrm{i}\hbar\dot{\psi}(t, \boldsymbol{x}) = -\frac{\hbar^2}{2m}\,\Delta\,\psi(t, \boldsymbol{x})}\,. \tag{1.42}$$

Beweis: Da die Funktion $\widehat{\psi}(\boldsymbol{k})$ in (1.40) lokalisiert ist, das Integral folglich existiert, können wir sowohl die Differentiation nach der Zeit als auch die nach dem Ort mit der Integration vertauschen. Verwendet man die Beziehung (1.41) für ω, so ist

$$\dot{\psi} = -\mathrm{i}\frac{\hbar}{2m}\frac{1}{(2\pi)^{3/2}}\int \mathrm{d}^3k\,\boldsymbol{k}^2\widehat{\psi}(\boldsymbol{k})\,\mathrm{e}^{\mathrm{i}(\boldsymbol{k}\cdot\boldsymbol{x}-\omega t)}\,.$$

Ersetzen wir noch

$$\boldsymbol{k}^2\,\mathrm{e}^{\mathrm{i}(\boldsymbol{k}\cdot\boldsymbol{x}-\omega t)} = -\underset{x}{\Delta}\,\mathrm{e}^{\mathrm{i}(\boldsymbol{k}\cdot\boldsymbol{x}-\omega t)}\,,$$

und ziehen den Laplace-Operator vor das Integral, so folgt die Differentialgleichung (1.42).

Mit (1.42) haben wir bereits die Schrödinger-Gleichung für kräftefreie Bewegung gefunden. Es ist dies eine *homogene, lineare* Differentialgleichung: Sie ist homogen, weil kein von ψ unabhängiger Quellterm auftritt. Die Linearität bedeutet, dass mit zwei Lösungen $\psi_1(t, \boldsymbol{x})$ und $\psi_2(t, \boldsymbol{x})$ auch jede Linearkombination

$$\psi(t, \boldsymbol{x}) = c_1\psi_1(t, \boldsymbol{x}) + c_2\psi_2(t, \boldsymbol{x}) \quad \text{mit} \quad c_1, c_2 \in \mathbb{C}$$

Lösung ist. Die Aussage, dass verschiedene Wellenfunktionen interferieren können, wird als *Superpositionsprinzip* bezeichnet und hat weit reichende, physikalische Konsequenzen.

Die Gleichung (1.42) ist von *erster* Ordnung in der Zeit, das bedeutet, dass die Vorgabe einer Anfangsverteilung $\psi(t_0, \boldsymbol{x})$ das Wellenfeld zu allen Zeiten festlegt. Da sie in den Ableitungen nach den Raumkoordinaten von zweiter Ordnung ist, kann diese Gleichung nicht Lorentzkovariant sein (wohl aber Galilei-invariant). Das ist nicht überraschend, wenn man bedenkt, dass wir (1.41) unter Benutzung der nichtrelativistischen Beziehung zwischen Geschwindigkeit und Impuls erhalten hatten.

1.3.2 Erste Querverbindung zur Mechanik

Geht man in die Gleichung (1.42) mit dem Ansatz

$$\psi(t, \boldsymbol{x}) = \psi_0 \exp\left[\frac{\mathrm{i}}{\hbar} S(t, \boldsymbol{x})\right] \tag{1.43}$$

ein, so ist

$$\mathrm{i}\hbar\dot{\psi} = -\frac{\partial S}{\partial t} \psi_0 \exp\left[\frac{\mathrm{i}}{\hbar} S(t, \boldsymbol{x})\right] = -\frac{\partial S}{\partial t} \psi \,,$$

$$\Delta \psi = \left[-\frac{1}{\hbar^2}(\nabla S)^2 + \frac{\mathrm{i}}{\hbar} \Delta S\right] \psi_0 \exp\left[\frac{\mathrm{i}}{\hbar} S(t, \boldsymbol{x})\right] .$$

In (1.42) eingesetzt, entsteht eine Differentialgleichung für die Funktion $S(t, \boldsymbol{x})$,

$$\frac{\partial S}{\partial t} + \frac{1}{2m} (\nabla S)^2 = \mathrm{i}\frac{\hbar}{2m} \Delta S \,.$$

Ist die Funktion S so beschaffen, dass man den Term auf der rechten Seite vernachlässigen kann, so ist dies nichts anderes als die Hamilton–Jacobi'sche Differentialgleichung

$$\widetilde{H} = H\left(\frac{\partial S}{\partial q^i}, q^k, t\right) + \frac{\partial S}{\partial t} = 0$$

mit den bekannten Formeln

$$p_i = \frac{\partial S}{\partial q^i} \,, \quad Q^k = \frac{\partial S}{\partial P_k} \,, \quad S = S(q, \alpha, t) \,,$$

mit $P_k = \alpha_k = $ const, für den Fall der Hamiltonfunktion $H = \boldsymbol{p}^2/2m$, (Band 1, Abschn. 2.35, wo diese spezielle kanonische Transformation mit S^* bezeichnet ist). In der Mechanik hat man gelernt, dass die Lösungen

$$S(\boldsymbol{x}, \boldsymbol{\alpha}, t) = \boldsymbol{\alpha} \cdot \boldsymbol{x} - \frac{\boldsymbol{\alpha}^2}{2m}t + \text{const}$$

die erwartete, gleichförmig-geradlinige Bewegung

$$\boldsymbol{x} - \frac{\boldsymbol{\alpha}}{m}t = \boldsymbol{\beta}$$

liefert und dass die Teilchenbahnen auf den Flächen $S(\boldsymbol{x}, \boldsymbol{\alpha}, t) = $ const senkrecht stehen. Damit erhält man ein interessantes Resultat: Für die Wellenfunktion ψ sind diese Flächen die Wellenfronten. In der betrachteten Näherung sind die klassischen Bahnen die Orthogonaltrajektorien der Wellenfronten von $\psi(t, \boldsymbol{x})$.

Bemerkung

Der Ansatz (1.43) ist der Ausgangspunkt für eine systematische Entwicklung nach Potenzen von $\hbar$, d. h. um den klassischen Limes herum, die unter dem Namen *WKBJ-Methode* bekannt ist (nach Wentzel, Kramers, Brillouin und Jeffreys), die wir in diesem Buch nicht behandeln.

1.3.3 Gauß'sches Wellenpaket

Der Einfachheit halber betrachten wir hier Wellenfunktionen in einer Raumdimension, die mit x bezeichnet sei. Als ebene Welle wählen wir

$$\psi_k(t, x) = \frac{1}{\sqrt{2\pi}}\, e^{i(kx - \omega t)} = \frac{1}{\sqrt{2\pi}}\, e^{i/\hbar(px - Et)}$$

mit $\omega = \hbar k^2/(2m)$, die Normierung ist dabei so gewählt, dass

$$\int dx\, \psi_{k'}^*(t, x)\psi_k(t, x) = \delta^{(1)}(k - k')$$

ist. Im Anhang A.1 findet man eine Zusammenstellung der wichtigsten Eigenschaften der δ-Distribution sowie die Auswertung dieses uneigentlichen Integrals. Als Wellenpaket setzen wir Folgendes an

$$\psi(t, x) = \frac{1}{\sqrt{2\pi}} \int dk\, \widehat{\psi}(k)\, e^{i(kx - \omega t)}\,. \tag{1.44}$$

Die Fouriertransformation dieses Ansatzes liefert – wenn die Integrale existieren –

$$\widehat{\psi}(k) = \frac{1}{\sqrt{2\pi}} \int dx\, \psi(t, x)\, e^{-i(kx - \omega t)}\,. \tag{1.45}$$

Die Wellenfunktion zur Zeit $t = 0$ sei ein Gauß'sches Wellenpaket, d. h. sei von der Form

$$\psi(t = 0, x) = \alpha\, e^{-x^2/(2b^2)}\, e^{ik_0 x}\,,$$

wobei α eine komplexe Konstante ist, die wir wie folgt festlegen,

$$\alpha = \frac{1}{b^{1/2}\pi^{1/4}}\, e^{i\varphi_\alpha}\,.$$

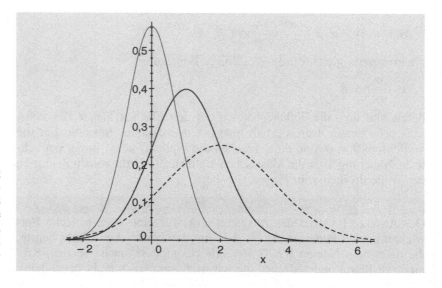

Abb. 1.5. Ein Gauß'sches Wellenpaket (1.49) (hier in einer Dimension) bewegt sich im Laufe der Zeit nach rechts im Bild und verbreitert sich dabei. Die drei Kurven zeigen das Paket bei $t = 0$, bei $t = \tau(b)$ und bei $t = 2\tau(b)$, wobei $\tau = mb^2/\hbar$, als Funktion der Raumkoordinate x

Mit dieser Wahl des Vorfaktors ist die Verteilung $\psi^*\psi = |\psi|^2$ auf 1 normiert und hat die in Abb. 1.5 skizzierte Form. Ihre Breite ist

$$\Gamma|_{(0,x)} = 2b\sqrt{\ln 2} \simeq 1{,}665\,b\,,$$

der Index $(0, x)$ soll darauf hinweisen, dass die Breite im Ortsraum zur Zeit $t = 0$ gemeint ist. Um die Normierung nachprüfen und die Fouriertransformierte berechnen zu können, brauchen wir das Gauß'sche Integral, dessen Berechnung für diesen Zweck und zum späteren Gebrauch hier eingeschoben sei:

Gauß'sches Integral: Zuerst berechnet man das Integral

$$\int\limits_{-\infty}^{\infty} dx\, e^{-x^2}\,.$$

Indem man es quadriert, wird daraus ein Doppelintegral, das man als Integral über zwei kartesische Variable lesen und auf ebene Polarkoordinaten umrechnen kann,

$$\left(\int\limits_{-\infty}^{\infty} dx\, e^{-x^2}\right)^2 = \int\limits_{-\infty}^{\infty}\int\limits_{-\infty}^{\infty} dx\,dy\, e^{-(x^2+y^2)}$$
$$= \int\limits_{0}^{2\pi} d\phi \int\limits_{0}^{\infty} dr\, r\, e^{-r^2} = \pi\,.$$

Es sei nun a eine positive reelle Zahl oder eine komplexe Zahl mit positivem Realteil, b und c zwei beliebige komplexe Zahlen. Dann gilt

$$\int\limits_{-\infty}^{\infty} dx\, e^{-(ax^2+2bx+c)} = \sqrt{\frac{\pi}{a}}\, e^{(b^2-ac)/a}\,. \qquad (1.46)$$

Diese Formel folgt aus der eben abgeleiteten, wenn man im Argument der e-Funktion quadratische Ergänzung vornimmt und wenn man $u = \sqrt{a}(x + b/a)$ substituiert.

Mit diesem Ergebnis prüft man nach, dass

$$\int\limits_{-\infty}^{\infty} dx\, |\psi(0, x)|^2 = 1$$

ist, und dass dasselbe auch für $\widehat{\psi}(k)$ gilt, das wir als Nächstes berechnen.

Mit Hilfe der Formel (1.46) berechnet man nun die Fouriertransformierte (1.45) aus der gegebenen Verteilung $\psi(0, x)$,

$$\widehat{\psi}(k) = \alpha b \exp\left[-\frac{1}{2}(k - k_0)^2 b^2\right], \qquad (1.47)$$

mit α wie oben. Dieses Ergebnis setzt man in den Ansatz (1.44) ein und berechnet, wiederum mit Hilfe des Gauß'schen Integrals, die Wellenfunktion zur beliebigen Zeit t. Das Ergebnis ist

$$\psi(t,x) = \frac{\alpha b}{\sqrt{b^2 + i\hbar t/m}} \exp\left[-\frac{x^2}{2(b^2 + i\hbar t/m)}\right]$$
$$\cdot \exp\left[i\frac{k_0 x - \hbar k_0^2 t/(2m)}{1 + i\hbar t/(mb^2)}\right]. \quad (1.48)$$

Um diese etwas unübersichtliche Formel besser zu verstehen, berechnen wir das Quadrat ihres Betrages

$$|\psi(t,x)|^2 = \frac{|\alpha|^2}{\sqrt{1 + \hbar^2 t^2/(m^2 b^4)}} \exp\left[-\frac{(x - \hbar k_0 t/m)^2}{b^2[1 + \hbar^2 t^2/(m^2 b^4)]}\right]. \quad (1.49)$$

Der Ausdruck (1.49) im Ortsraum und der entsprechende für $|\widehat{\psi}(k)|^2$ im Impulsraum, der aus (1.47) folgt, lassen sich jetzt gut verstehen: Der Scheitel des Wellenpakets bewegt sich im Ortsraum mit der Geschwindigkeit $\hbar k_0/m$. Mit $|\alpha|^2 = 1/(b\sqrt{\pi})$ ist seine Breite proportional zu

$$b\sqrt{1 + \frac{\hbar^2 t^2}{m^2 b^4}} \quad \text{(im Ortsraum)},$$

während die Verteilung $|\widehat{\psi}(k)|^2$ eine zeitlich konstante Breite hat,

$$\frac{1}{b} \quad \text{(im Impulsraum)}.$$

Daraus liest man zwei Eigenschaften ab:

1. Möchte man ein zur Zeit $t = 0$ im Ortsraum scharf lokalisiertes Paket haben, so muss man b möglichst klein wählen. Dann ist aber die dafür notwendige Verteilung im Impulsraum sehr breit. Umgekehrt wird das Paket schon zur Zeit $t = 0$ eine große Ausdehnung haben, wenn seine Impulsraumdarstellung um einen Zentralwert k_0 scharf lokalisiert war. Beides ist in Einklang mit der Heisenberg'schen Unschärferelation (1.35).

2. Das Wellenpaket im Ortsraum verbreitert sich allerdings im Laufe der Zeit (egal, ob man in die Zukunft oder in die Vergangenheit von $t = 0$ geht). Schreibt man den Vorfaktor

$$b\sqrt{1 + \frac{\hbar^2 t^2}{m^2 b^4}} = b\sqrt{1 + \frac{t^2}{\tau^2(b)}} \quad \text{mit} \quad \tau(b) = \frac{m}{\hbar}b^2,$$

so sieht man, dass er sich nach der Zeit $t = \sqrt{3}\tau(b)$ im Vergleich zu $t = 0$ verdoppelt hat. In Abb. 1.5 habe ich die Größe (1.49) außer für $t_0 = 0$ noch für $t_1 = \tau(b)$ und für $t_2 = 2\tau(b)$ als Funktion von x und mit $k_0 = 1$, $b = 1$ (in willkürlichen Einheiten) aufgetragen.

Es ist natürlich interessant, dieses Zerfließen des Wellenpakets auch quantitativ abzuschätzen. Für ein Elektron ist die charakteristische Zeit, nach der das Paket auf die doppelte Breite angewachsen ist,

$$t = \sqrt{3}\tau(b) \simeq 1,5 \cdot 10^{-26}\,\text{fm}^{-2}\text{s}\,b^2 \,.$$

Nehmen wir also an, dass das dem Elektron zugeschriebene Wellenpaket bei $t = 0$ die Breite $b = 1\,\text{fm}$ hatte, so hat dieses sich bereits nach $1,5 \cdot 10^{-26}$ s um den Faktor 2 verbreitert.

Zum Vergleich würde ein Tennisball der Masse $m = 0,1\,\text{kg}$, der bei $t = 0$ durch ein Wellenpaket der Länge $b = 6\,\text{cm} = 6 \cdot 10^{13}\,\text{fm}$ beschrieben wäre, erst nach der Zeit

$$\sqrt{3}\tau(b) = 1642\,\text{fm}^{-2}\text{s}\,b^2 = 5,91 \cdot 10^{30}\,\text{s} \simeq 1,9 \cdot 10^{23}\,\text{Jahren}$$

doppelt so groß erscheinen. Es besteht somit kein Grund zur Beunruhigung um die Gültigkeit der makroskopischen, klassischen Mechanik!

1.3.4 Elektron in äußeren elektromagnetischen Feldern

Ein Elektron, das dem Einfluss äußerer elektromagnetischer Felder unterworfen ist, wird klassisch durch die Hamiltonfunktion

$$H(\boldsymbol{p}, \boldsymbol{x}, t) = \frac{1}{2m}\left(\boldsymbol{p} - \frac{e}{c}\boldsymbol{A}(t, \boldsymbol{x})\right)^2 + e\Phi(t, \boldsymbol{x}) \tag{1.50}$$

beschrieben (Band 1, Abschn. 2.16). Hierbei ist e seine Ladung, $\boldsymbol{A}$ und Φ das Vektor- bzw. das skalare Potential, aus denen die elektrischen und magnetischen Felder nach den Formeln (1.12) und (1.13) berechnet werden. Die Hamilton–Jacobi'sche Differentialgleichung hierzu lautet

$$\frac{1}{2m}\left(\nabla S - \frac{e}{c}\boldsymbol{A}\right)^2 + e\Phi + \frac{\partial S}{\partial t} = 0 \,.$$

Außerdem ist

$$\dot{x}^i = \frac{\partial H}{\partial p_i} = \frac{1}{m}\frac{\partial S}{\partial x_i} - \frac{e}{mc}A^i \,.$$

Fordert man, dass diese klassische Gleichung mit dem Ansatz (1.43) aus ihrem quantenmechanischen Analogon folgt, indem man wie bei der kräftefreien Bewegung nach $\hbar$ entwickelt, so sieht man, dass eine denkbare Verallgemeinerung von (1.42) die Differentialgleichung

$$\mathrm{i}\hbar\dot{\psi}(t, \boldsymbol{x}) = \frac{1}{2m}\left(\frac{\hbar}{\mathrm{i}}\nabla - \frac{e}{c}\boldsymbol{A}\right)^2 \psi(t, \boldsymbol{x}) + e\Phi\psi(t, \boldsymbol{x}) \tag{1.51}$$

sein könnte[11]. Für verschwindende äußere Felder $\boldsymbol{A} \equiv 0$, $\Phi \equiv 0$ ist sie mit (1.42) identisch. Wie man leicht nachprüft, geht sie mit dem Ansatz (1.43) in der Ordnung $\mathcal{O}(\hbar^0)$ in die richtige Hamilton–Jacobi-Gleichung über. Die jetzt folgende Diskussion soll uns einerseits zeigen, dass der Ansatz (1.51) vernünftig ist, andererseits uns der noch immer aus-

[11] Mit dem „Punkt" über der Funktion ψ ist die partielle Ableitung nach der Zeit gemeint. Diese allgemein akzeptierte Schreibweise sollte keinen Anlass zu Verwirrung geben, denn die Koordinaten $\boldsymbol{x}$, von denen ψ auch abhängt, sind selbst keine Funktionen der Zeit.

stehenden Interpretation der Wellenfunktion $\psi(t, \boldsymbol{x})$ näherbringen. Wir gliedern sie in zwei Teile.

1) Zuerst betrachten wir den Fall $\boldsymbol{A} \equiv 0$, nur das skalare Potential soll von Null verschieden sein. Die vermutete Gleichung (1.51) vereinfacht sich zu

$$\mathrm{i}\hbar\dot{\psi}(t, \boldsymbol{x}) = \left(-\frac{\hbar^2}{2m} \Delta + e\Phi(t, \boldsymbol{x}) \right) \psi(t, \boldsymbol{x}) . \tag{1.52}$$

Da wir bereits wissen, dass das Absolutquadrat $|\psi(t, \boldsymbol{x})|^2$ etwas mit der Lokalisierung des Elektrons im Raum zu tun haben muss, erscheint es plausibel, dass das Integral dieser reellen Größe mit dem äußeren Potential Φ gewichtet proportional zur potentiellen Energie des Elektrons im äußeren Feld ist. Setzen wir daher

$$e \int \mathrm{d}^3 x \, |\psi(t, \boldsymbol{x})|^2 \Phi(t, \boldsymbol{x}) = E_{\mathrm{pot}}$$

(wobei möglicherweise noch eine weitere Proportionalitätskonstante fehlt). Die mittlere Kraft, die auf das Elektron wirkt, berechnet sich dann aus dem Integral über das Gradientenfeld von Φ,

$$\langle \boldsymbol{F} \rangle = -e \int \mathrm{d}^3 x \, |\psi|^2 \nabla \Phi(t, \boldsymbol{x}) .$$

Wenn die Wellenfunktion ψ für $|\boldsymbol{x}| \to \infty$ hinreichend rasch nach Null geht derart, dass alle Oberflächenterme verschwinden, dann gibt das Abwälzen des Operators ∇ auf $|\psi|^2 = \psi^* \psi$ durch partielle Integration

$$\langle \boldsymbol{F} \rangle = +e \int \mathrm{d}^3 x \left[(\nabla\psi^*)\psi + \psi^*(\nabla\psi) \right] \Phi(t, \boldsymbol{x}) .$$

Nun zeigen wir, dass dieser Ausdruck auch gleich

$$\frac{\mathrm{d}}{\mathrm{d}t} \left(\int \mathrm{d}^3 x \, \psi^* \frac{\hbar}{\mathrm{i}} \nabla \psi \right) = \int \mathrm{d}^3 x \, \dot{\psi}^* \frac{\hbar}{\mathrm{i}} \nabla \psi + \int \mathrm{d}^3 x \, \psi^* \frac{\hbar}{\mathrm{i}} \nabla \dot{\psi}$$

ist, wenn man die Gleichung (1.52) für ψ und die konjugiert komplexe Gleichung für ψ^* verwendet. Die Terme, die den Laplace-Operator enthalten, heben sich weg, da mit partieller Integration

$$\int \mathrm{d}^3 x \left(\Delta \psi^* \nabla_i \psi - \psi^* \nabla_i \Delta \psi \right)$$

$$= \sum_k \int \mathrm{d}^3 x \left(-\nabla_k \psi^* \nabla_k \nabla_i \psi + \nabla_k \psi^* \nabla_i \nabla_k \psi \right) = 0$$

folgt. Die Terme, die das skalare Potential Φ enthalten, heben sich ebenfalls weg bis auf denjenigen, bei dem der Operator ∇ auf die Funktion Φ wirkt. Hier bleibt

$$\frac{1}{\mathrm{i}\hbar} e \int \mathrm{d}^3 x \, \psi^* \frac{\hbar}{\mathrm{i}} (\nabla\Phi)\psi ,$$

sodass wir die Gleichung

$$\langle \boldsymbol{F} \rangle = \frac{\mathrm{d}}{\mathrm{d}t} \int \mathrm{d}^3 x \, \psi^* \frac{\hbar}{\mathrm{i}} \nabla \psi \equiv \frac{\mathrm{d}}{\mathrm{d}t} \langle \boldsymbol{p} \rangle$$

erhalten. Dabei haben wir das auftretende Integral versuchsweise als den Mittelwert des Impulses identifiziert.

Diese Interpretation wird weiter untermauert, wenn wir noch die zeitliche Ableitung von E_{pot} unter Verwendung von (1.52), d. h.

$$e\Phi\psi = -\frac{\hbar}{\mathrm{i}} \dot\psi + \frac{\hbar^2}{2m} \Delta \, \psi$$

und dessen komplex Konjugiertem berechnen:

$$\begin{aligned}
\frac{\mathrm{d}}{\mathrm{d}t} E_{\mathrm{pot}} &= e \int \mathrm{d}^3 x \left(\dot\psi^* \psi \, \Phi + \psi^* \dot\psi \, \Phi \right) \\
&= \frac{\hbar^2}{2m} \int \mathrm{d}^3 x \left(\dot\psi^* \Delta \, \psi + (\Delta \, \psi)^* \dot\psi \right) \\
&= \frac{\hbar^2}{2m} \int \mathrm{d}^3 x \left(\dot\psi^* \Delta \, \psi + \psi^* \Delta \, \dot\psi \right) \\
&= \frac{\mathrm{d}}{\mathrm{d}t} \left(\frac{\hbar^2}{2m} \int \mathrm{d}^3 x \, \psi^* \Delta \, \psi \right) .
\end{aligned}$$

Es liegt nahe, das Integral auf der rechten Seite als die (negative) kinetische Energie zu interpretieren

$$E_{\mathrm{kin}} = -\frac{\hbar^2}{2m} \int \mathrm{d}^3 x \, \psi^* \Delta \, \psi \, ,$$

sodass die gesamte Energie durch

$$E = E_{\mathrm{pot}} + E_{\mathrm{kin}} = \int \mathrm{d}^3 x \, \psi^* \left\{ -\frac{\hbar^2}{2m} \Delta + e\Phi \right\} \psi$$

dargestellt wird und zeitlich konstant ist. Der Operator in der geschweiften Klammer wäre dann das Analogon zur klassischen Hamiltonfunktion, der erste Term hiervon insbesondere würde an die Stelle der klassischen kinetischen Energie $\boldsymbol{p}^2/(2m)$ treten. Das wäre in der Tat mit der Identifizierung des Impulses oben verträglich, denn das Quadrat des dort auftretenden Operators gibt

$$\frac{\hbar}{\mathrm{i}} \nabla \cdot \frac{\hbar}{\mathrm{i}} \nabla = -\hbar^2 \Delta \, .$$

2) Als Nächstes betrachten wir die Situation, bei der sowohl $\boldsymbol{A}$ als auch Φ von Null verschieden sind. Im Hinblick auf die gesuchte Verknüpfung der Wellenfunktion mit Messgrößen definieren wir die folgenden Dichten:

$$\varrho(t, \boldsymbol{x}) := \psi^*(t, \boldsymbol{x}) \psi(t, \boldsymbol{x}) = |\psi(t, \boldsymbol{x})|^2 \, , \tag{1.53}$$

$$j(t, x) := \frac{1}{2m} \left\{ \psi^*(t, x) \left(\frac{\hbar}{i} \nabla - \frac{e}{c} A \right) \psi(t, x) \right.$$

$$\left. + \left[\left(\frac{\hbar}{i} \nabla - \frac{e}{c} A \right) \psi(t, x) \right]^* \psi(t, x) \right\} \tag{1.54}$$

$$= \frac{\hbar}{2mi} \left[(\psi^* \nabla \psi - (\nabla \psi^*)\psi) - \frac{i2e}{\hbar c} A \psi^* \psi \right].$$

Per Konstruktion sind sowohl die skalare Dichte (1.53) als auch die Vektordichte (1.54) reell. Wenn der Operator $(\hbar/i)\nabla$ den (kanonischen) Impuls darstellt, dann stellt

$$\frac{\hbar}{i} \nabla - \frac{e}{c} A$$

den kinematischen Impuls dar.

Wir berechnen zunächst die Divergenz der Stromdichte (1.54) und finden

$$\nabla \cdot j = \frac{1}{2m} \left\{ -i\hbar \left[\psi^* \Delta \psi - (\Delta \psi^*)\psi \right] \right.$$

$$\left. - \frac{2e}{c} A \left[(\nabla \psi^*)\psi + \psi^*(\nabla \psi) \right] - \frac{2e}{c} (\nabla \cdot A)\psi^* \psi \right\}$$

$$= \frac{i}{2m\hbar} \left\{ \psi^* \left(\frac{\hbar}{i} \nabla - \frac{e}{c} A \right)^2 \psi - \left[\left(\frac{\hbar}{i} \nabla + \frac{e}{c} A \right)^2 \psi^* \right] \psi \right\}.$$

(Die beiden Terme proportional zu A^2, die im letzten Schritt eingefügt sind, heben sich in der Differenz weg.)

Das ist ein bemerkenswertes Resultat, wenn wir noch die zeitliche Ableitung der Dichte (1.53) unter Verwendung der Differentialgleichung (1.52) für ψ und ψ^* berechnen,

$$\frac{\partial \varrho}{\partial t} = \dot{\psi}^* \psi + \psi^* \dot{\psi}$$

$$= -\frac{i}{2m\hbar} \left\{ \psi^* \left(\frac{\hbar}{i} \nabla - \frac{e}{c} A \right)^2 \psi - \left[\left(\frac{\hbar}{i} \nabla + \frac{e}{c} A \right)^2 \psi^* \right] \psi \right\}.$$

In der Tat ergibt sich eine Kontinuitätsgleichung, die die Dichten (1.53) und (1.54) verknüpft:

$$\boxed{\nabla \cdot j + \frac{\partial \varrho}{\partial t} = 0}. \tag{1.55}$$

Aufgrund dieses Ergebnisses könnte man für einen Moment versucht sein, die Dichte (1.53) als die elektrische Ladungsdichte und die Vektordichte (1.54) als die elektrische Stromdichte des bewegten geladenen

Teilchens zu interpretieren. Man sieht aber schnell, dass dies im Widerspruch zur Beobachtung stehen würde: Bei Integration über den ganzen Raum würde sich die Gesamtladung

$$Q_{\text{e.m.}} = \int d^3x \, |\psi(t, \boldsymbol{x})|^2$$

ergeben, von der wir empirisch wissen, dass sie ein Vielfaches der Elementarladung $|e|$ sein muss. Wir müssten daher $Q_{\text{e.m.}} = \pm n|e|$ setzen, für ein Elektron z. B. das negative Vorzeichen und $n = 1$ wählen. Ein lokalisierter Anteil des Integrals

$$\int\limits_V d^3x \, |\psi|^2 \, ,$$

wo wir über ein endliches Volumen V integriert haben, würde dann aber einem Bruchteil dieser ganzzahligen Ladung entsprechen. Das steht im Widerspruch zum Experiment: Ein freies Elektron mit einem Bruchteil seiner Ladung ist nie beobachtet worden.

Es gibt aber noch einen weiteren Einwand gegen diese Interpretation: Da sie rein klassisch ist, wären alle Beugungsphänomene von Materiewellen von derselben Art wie die Beugungsphänomene der klassischen Optik. Insbesondere wären Interferenzbilder auch bei kleiner Intensität der einfallenden Welle immer vollständig. Auch ein einziges Elektron würde bei der Streuung an zwei oder mehr Spalten auf dem Schirm hinter den Spalten ein vollständiges Interferenzbild liefern, wenn auch mit stark reduzierter Intensität. Auch dies steht im Widerspruch zum Experiment: Man beobachtet ein *statistisches* Phänomen, indem jedes einzelne Elektron den Schirm an einem wohldefinierten, allerdings nicht vorherberechenbaren, Punkt trifft. Das Interferenzbild entsteht erst im Laufe der Zeit, wenn man eine große Zahl von identisch präparierten Elektronen nacheinander an der experimentellen Anordnung streuen lässt.

1.4 Schrödinger-Gleichung und Born'sche Interpretation der Wellenfunktion

Kehren wir für einen Moment zur Differentialgleichung (1.42) zurück, mit der wir kräftefrei bewegte Teilchen beschreiben. Mit dem Ansatz

$$\psi(t, \boldsymbol{x}) = e^{-(i/\hbar)Et} \psi(\boldsymbol{x}) \tag{1.56}$$

führt sie auf die Differentialgleichung

$$\frac{1}{2m} \left(\frac{\hbar}{i} \nabla \right)^2 \psi(\boldsymbol{x}) = E\psi(\boldsymbol{x}) \, .$$

Ebene Wellen der Form

$$\psi(\boldsymbol{x}) = \frac{1}{(2\pi)^{3/2}} e^{i\boldsymbol{k}\boldsymbol{x}} = \frac{1}{(2\pi)^{3/2}} e^{(i/\hbar)\boldsymbol{p}\boldsymbol{x}} \tag{1.57}$$

sind Lösungen dieser Gleichung, wenn

$$E = \frac{\boldsymbol{p}^2}{2m} = \frac{\hbar^2 \boldsymbol{k}^2}{2m}$$

gilt, d. h. wenn E und $\boldsymbol{p}$ die Energie–Impulsrelation (1.37) der nichtrelativistischen Kinematik erfüllen. Aufgrund dieser einfachen Rechenschritte und der Überlegungen des vorhergehenden Abschnitts drängt sich die Vermutung auf, dass die Quantenmechanik der Energie und dem Impuls Differentialoperatoren zuordnet derart, dass

$$E \longleftrightarrow \mathrm{i}\hbar \frac{\partial}{\partial t} , \qquad \boldsymbol{p} \longleftrightarrow \frac{\hbar}{\mathrm{i}} \nabla . \tag{1.58}$$

Mit dieser formalen Ersetzung geht in der Tat die nichtrelativistische Energie–Impulsbeziehung für freie Teilchen in die Differentialgleichung (1.42) über.

Betrachten wir als Nächstes die Differentialgleichung (1.51) für ein geladenes Teilchen in elektromagnetischen Feldern. Wir betrachten den Fall $\boldsymbol{A} \equiv 0$ und nehmen an, dass das skalare Potential Φ nicht von der Zeit abhängt. Setzen wir auch hier den Ansatz (1.56) ein, so ergibt sich

$$E = \frac{\boldsymbol{p}^2}{2m} + U(\boldsymbol{x}) \quad \text{mit} \quad U(\boldsymbol{x}) = e\Phi(\boldsymbol{x}) .$$

Das ist wiederum nichts anderes als die Energie–Impulsbeziehung in Anwesenheit eines äußeren Potentials. In einem autonomen System der klassischen Mechanik drückt diese Gleichung die Erhaltung der Gesamtenergie, d. h. der Summe aus kinetischer und potentieller Energie aus. Sie wird dort so interpretiert, dass der Impuls sich in jedem Punkt der klassischen Bahn $\boldsymbol{x}(t)$ so einstellt, dass $|\boldsymbol{p}| = \sqrt{2m[E - U(\boldsymbol{x}(t))]}$ gilt. Wegen der Unschärferelation zwischen Ort und Impuls gibt es in der Quantenmechanik keine Bahnen und diese Interpretation kann nicht mehr richtig sein. Andererseits spricht die Erfahrung aus der Mechanik dafür, dass man die elektrische potentielle Energie $e\Phi(\boldsymbol{x})$ durch eine allgemeinere potentielle Energie $U(\boldsymbol{x})$ ersetzen kann, wobei diese auch andere Kraftfelder als das elektrische beschreiben kann. Tut man dies, so verallgemeinert man (1.52) zu einer grundlegenden Differentialgleichung der nichtrelativistischen Quantenmechanik:

$$\boxed{\mathrm{i}\hbar\dot\psi(t, \boldsymbol{x}) = \left(-\frac{\hbar^2}{2m} \Delta + U(t, \boldsymbol{x}) \right) \psi(t, \boldsymbol{x}) \quad \text{(E. Schrödinger, 1926)}} .$$

$$\tag{1.59}$$

Diese Gleichung heißt *zeitabhängige Schrödinger-Gleichung*. Ihre rechte Seite enthält das Analogon zur klassischen Hamiltonfunktion $H = \boldsymbol{p}^2/(2m) + U(t, \boldsymbol{x})$ und kann daher auch in der Form

$$\mathrm{i}\hbar\dot\psi(t, \boldsymbol{x}) = H\psi(t, \boldsymbol{x}) \quad \text{mit} \quad H = \left(-\frac{\hbar^2}{2m} \Delta + U(t, \boldsymbol{x}) \right)$$

notiert werden, wobei H jetzt nicht mehr eine Funktion auf dem Phasenraum, sondern ein Operator ist.

Ist die Funktion U von der Zeit unabhängig und geht man wieder mit dem Ansatz (1.56) in (1.59) ein, so entsteht daraus die *zeitunabhängige Schrödinger-Gleichung*

$$E\psi(x) = \left(-\frac{\hbar^2}{2m}\Delta + U(x)\right)\psi(x).$$ (1.60)

Diese beiden Gleichungen und ihre Verallgemeinerung auf mehr als ein Teilchen sowie auf andere Freiheitsgrade als Ort und Impuls wird uns im Folgenden ausführlich beschäftigen.

Im vorhergehenden Abschnitt hatten wir argumentiert, dass die Wellenfunktion sicher nicht als eine klassische Welle verstanden werden kann. Wir hatten vielmehr gefolgert, dass sie in einem gewissen Sinne statistische Information über das einzelne Teilchen enthält und dass sie folglich für ein *einzelnes* Teilchen keine deterministische Aussage machen kann. Erst eine Vielzahl von Ereignissen, die unter identischen Bedingungen erhalten wurden, kann mit theoretischen Vorhersagen verglichen werden. Diese sich hier abzeichnende statistische Interpretation wird in einem grundlegenden Postulat präzisiert:

Postulat

Ist $\psi(t, x)$ eine Lösung der Schrödinger-Gleichung (1.59), so ist $|\psi(t, x)|^2$ die Wahrscheinlichkeitsdichte dafür, das durch diese Gleichung beschriebene Teilchen zur Zeit t am Ort x nachzuweisen.

Dies ist die Wahrscheinlichkeitsinterpretation der Schrödinger'schen Wellenfunktion, die von M. Born vorgeschlagen wurde. Wir formulieren sie im Blick auf eine spätere, wesentlich erweiterte Diskussion gleich in einer allgemeineren Fassung:

Born'sche Wahrscheinlichkeitsinterpretation: $|\psi|^2(t)$ ist die Wahrscheinlichkeitsdichte dafür, das System zum angegebenen Zeitpunkt in der durch die Wellenfunktion ψ beschriebenen Konfiguration zu finden.

Man beachte den großen Schritt, den dieses Postulat einleitet: Die quantenmechanische Dynamik des Teilchens (oder eines allgemeineren Systems) ist in der Wellenfunktion ψ enthalten, die der Schrödinger-Gleichung (1.59) (in dieser oder einer für allgemeinere Systeme anwendbaren Form) genügt. Die Gleichung selbst enthält zwar viele aus der klassischen Dynamik vertraute Züge, sagt aber nichts darüber aus, wie ihre Lösungen physikalisch zu lesen sind und, insbesondere, wie aus ihnen physikalische Messwerte folgen. Nun wird postuliert, dass $|\psi|^2$ eine Wahrscheinlichkeitsdichte sei, im Fall des einzelnen

Teilchens

$$|\psi(t,\boldsymbol{x})|^2\,\mathrm{d}^3 x$$

also die Wahrscheinlichkeit angebe, das Teilchen bei t im Volumenelement $\mathrm{d}^3 x$ um den Punkt $\boldsymbol{x}$ anzutreffen.

Wir begegnen wieder einer Wahrscheinlichkeitsverteilung wie in Abschn. 1.2.1, (1.29), allerdings in einem gänzlich anderen Kontext: Dort handelt es sich um ein Ensemble von vielen Teilchen, dessen Kenntnis im Rahmen der klassischen Mechanik zwar unvollständig ist, aber – zumindest im Prinzip – jederzeit verbessert werden kann. Hier verbirgt sich hinter der Messgröße $|\psi|^2$ eine komplexe Funktion $\psi(t,\boldsymbol{x})$, in die wir – qualitativ gesprochen – nicht tiefer eindringen können. Wie weiter oben bemerkt, ist sie zwar streng deterministisch in dem Sinne, dass eine vorgegebene Anfangsverteilung $\psi(t_0,\boldsymbol{x})$ die Wellenfunktion für alle Zeiten festlegt (soweit man nicht in mögliche Singularitäten von $U(t,\boldsymbol{x})$ läuft), dennoch erlaubt sie für das einzelne Teilchen (allgemeiner das einzelne Ereignis) im Allgemeinen keine scharfe Vorhersage. Erst eine Vielzahl von Messungen an identisch präparierten Teilchen kann mit Vorhersagen verglichen werden, die aus der Dichte $|\psi|^2$ in eindeutiger Weise berechenbar sind.

Man entdeckt hier eine gegenüber der klassischen Physik grundsätzlich neue Art der Beschreibung physikalischer Phänomene, nämlich eine statistische Beschreibung, bei der es prinzipiell nicht möglich ist, die Information über das betrachtete System immer weiter zu verfeinern, so lange, bis Zustände wieder einzelne Punkte im Phasenraum sind. Etwas anders ausgedrückt, ein Punkt im Phasenraum hat keine physikalische Bedeutung.

Mit diesem Schritt werden tiefe Fragen aufgeworfen, die über den Rahmen der klassischen und weitgehend anschaulichen Physik hinausgehen und an deren Beantwortung man folglich mit großer Vorsicht und nur mit gründlicher Vorbereitung herangehen soll. Dem Leser, der Leserin möchte ich an dieser Stelle den Rat geben, zunächst die Postulate der Quantenmechanik, ihre Konsequenzen und ihren Test durch das Experiment unbefangen, aber eingehend zu studieren. Die grundsätzlichen Fragen wird man darüber nicht vergessen, wohl aber eine solidere Basis haben, über sie nachzudenken.

Die statistische Interpretation der Wellenfunktion, so kühn sie ist, klärt die Situation geradezu schlagartig und führt auf natürliche Weise zu einer Reihe von Begriffsbildungen, die für die Vorhersagekraft der Theorie und die Beschreibung des Experiments entscheidend sind. Wenn $|\psi(t,\boldsymbol{x})|^2$ die Wahrscheinlichkeitsdichte der Born'schen Interpretation ist, dann gibt das Integral über ein geschlossenes Gebiet V des $\mathbb{R}^3$

$$\int\limits_V \mathrm{d}^3 x\;|\psi(t,\boldsymbol{x})|^2$$

die Wahrscheinlichkeit an, das Teilchen zur Zeit t in diesem Volumen anzutreffen. Da das Teilchen sich zu jedem Zeitpunkt mit Sicherheit *irgendwo* im Raum befindet, muss bei Integration über den *ganzen* Raum die Wahrscheinlichkeit 1 herauskommen. Es ist also natürlich, die Integrabilitätsbedingung

$$\int d^3x \, |\psi(t, \boldsymbol{x})|^2 = 1 \qquad (1.61)$$

zu fordern. *Wellenfunktionen, die statistisch zu interpretieren sind, müssen quadratintegrabel sein, mathematisch ausgedrückt also*

$$\psi(t, \boldsymbol{x}) \in L^2(\mathbb{R}^3) \,,$$

wobei $L^2(\mathbb{R}^3)$ der Raum der quadratintegrablen, komplexen Funktionen auf $\mathbb{R}^3$ ist.

Die in (1.54) definierte Stromdichte stellt dann die Strömung der Wahrscheinlichkeit dar. Das bedeutet, wenn wir das Flächenintegral der Normalkomponente von $\boldsymbol{j}(t, \boldsymbol{x})$ über die geschlossene Oberfläche Σ des Volumens berechnen

$$\int_\Sigma d\sigma \, \boldsymbol{j}(t, \boldsymbol{x}) \cdot \hat{\boldsymbol{n}} \,,$$

so ist dies die Wahrscheinlichkeit, dass ein Teilchen pro Zeiteinheit durch die Oberfläche Σ hindurchtritt. Ist das Integral positiv, so ist das Teilchen aus dem Volumen ausgetreten, ist es negativ, so ist es in das geschlossene Gebiet eingedrungen.

Die Kontinuitätsgleichung (1.55) ist der mathematische Ausdruck für die Erhaltung der Wahrscheinlichkeit, das Teilchen zu allen Zeiten mit Sicherheit irgendwo im Raum anzutreffen. Das sieht man folgendermaßen: Man betrachte die zeitliche Ableitung der über den ganzen Raum integrierten Wahrscheinlichkeitsdichte $\varrho(t, \boldsymbol{x}) = \psi^*(t, \boldsymbol{x})\psi(t, \boldsymbol{x})$ unter Verwendung der Kontinuitätsgleichung (1.55)

$$\frac{d}{dt} \int d^3x \, \varrho(t, \boldsymbol{x}) = \int d^3x \, \frac{\partial}{\partial t} \varrho(t, \boldsymbol{x}) = - \int d^3x \, \nabla \cdot \boldsymbol{j}(t, \boldsymbol{x}) \,.$$

Wenn die Wellenfunktion ψ für $|\boldsymbol{x}| \to \infty$ hinreichend rasch verschwindet, dann kann das letzte Integral in ein Flächenintegral der Normalkomponente von $\boldsymbol{j}$ über eine im räumlich Unendlichen liegende Oberfläche verwandelt werden, das den Wert 0 hat. Daraus folgt der Erhaltungssatz

$$\boxed{\frac{d}{dt} \int d^3x \, \varrho(t, \boldsymbol{x}) = 0} \,. \qquad (1.62)$$

Die Wahrscheinlichkeit, das Teilchen irgendwo im Raum zu finden, ist zeitlich konstant. Das Teilchen kann also weder erzeugt werden, noch kann es verschwinden. Ist die Wellenfunktion zu einer Anfangszeit t_0 normiert, so ist sie zu allen Zeiten normiert. An dieser letzten

Bemerkung sieht man, warum es so wichtig ist, dass die Schrödinger-Gleichung (1.59) von *erster* Ordnung in der Zeitableitung ist – nur dies garantiert die physikalisch wichtige Aussage (1.62).

Mit der Born'schen Interpretation der Wellenfunktion wird die statistische Natur der Interferenz von Materiewellen sofort verständlich. Nehmen wir der Einfachheit halber an, die Wellenfunktion ψ sei bei der Präparation des Anfangszustandes zur Zeit $t = t_0$ als Linearkombination zweier Lösungen ψ_1 und ψ_2 der Schrödinger-Gleichung gegeben,

$$\psi(t, x) = c_1\psi_1(t, x) + c_2\psi_2(t, x) \quad \text{mit} \quad c_1, c_2 \in \mathbb{C}.$$

Das Absolutquadrat dieser Funktion ist

$$|\psi(t, x)|^2 = |c_1|^2\,|\psi_1(t, x)|^2 + |c_2|^2\,|\psi_2(t, x)|^2 + 2\,\mathrm{Re}[c_1^* c_2 \psi_1^*(t, x)\psi_2(t, x)]$$

und stellt in der beschriebenen Weise die Wahrscheinlichkeitsdichte für den Nachweis des Teilchens dar. Im Vergleich mit der klassischen Statistischen Mechanik ist der dritte Term in dieser Formel neu, der besagt, dass die Wellenfunktionen ψ_1 und ψ_2, die hier kohärent überlagert werden, interferieren. Die Summe der einzelnen Wahrscheinlichkeitsdichten, die in den ersten beiden Termen erscheinen, kann durch den Interferenzterm verstärkt oder geschwächt, im Extremfall sogar ganz ausgelöscht werden.

Aus der Sicht der Wellentheorie sind solche Interferenzerscheinungen wohlvertraut. Neu ist hier die statistische Interpretation der Wellenfunktion, die besagt, dass ein einzelnes Teilchen zur Zeit $t > t_0$ mit einer Wahrscheinlichkeit zwischen 0 und 1 in einem gegebenen ortsfesten Detektor nachgewiesen werden wird. Diese Wahrscheinlichkeit kann lokal sogar Null sein, wenn die Interferenz dort vollständig und destruktiv ist. Stellen wir uns in Gedanken vor, dass der angegebene Zustand bei $t = 0$, $x = \mathbf{0}$ entstehe und dass dieser Punkt mit einer großen Kugel umgeben sei, die homogen mit Detektoren zum Nachweis dieses Teilchens bestückt ist.[12] Ein einzelnes Teilchen wird zur Zeit $t > 0$ mit Sicherheit irgendwo auf der Kugeloberfläche, d. h. in irgendeinem der Detektoren nachgewiesen, es ist aber nicht möglich vorherzusagen, in welchem das sein wird. Erst wenn man sehr viele gleichartige Messungen durchgeführt hat, stellt sich das vorhergesagte Interferenzmuster, hier also in Form von Häufigkeiten ein, mit denen die Detektoren auf der Kugeloberfläche ansprechen. Ein Detektor, der in einem Maximum der Interferenz angebracht ist, wird statistisch am häufigsten ansprechen, einer, der in einem Interferenzminimum sitzt, wird statistisch am seltensten ansprechen. Bei vollständiger, destruktiver Interferenz wird ein Detektor, der sich im Minimum befindet, mit Sicherheit nie ein Teilchen anzeigen. Die Wahrscheinlichkeitsdichte am Ort dieses Detektors ist nämlich Null.

Die harmonische Zeitabhängigkeit im Ansatz (1.56) bedeutet in der Quantenmechanik, dass der durch ψ beschriebene Zustand in Wirklichkeit *stationär* ist. Die physikalisch relevanten Dichten hängen nicht von

[12] Eine solche Detektoranordnung, die den ganzen Raumwinkel abdeckt, nennt man auch „4π-Detektor".

der Zeit ab. Im Gegensatz zur klassischen Mechanik haben wir es hier physikalisch nicht mit oszillierenden Lösungen, sondern mit zeitunabhängigen Lösungen zu tun.

Die Forderung, dass $\psi(t, \boldsymbol{x})$ quadratintegrabel sei, ist, wie sich herausstellen wird, die entscheidende Randbedingung an die Lösungen der Schrödinger-Gleichung. Aus ihr folgen zum Beispiel die diskreten Energiespektren, die den klassischen finiten Bahnen entsprechen. Die aus den beschriebenen physikalischen Gründen wesentliche Randbedingung fassen wir noch einmal zusammen:

Born'sche Randbedingung: Nur quadratintegrable und normierte Lösungen sind physikalisch interpretierbar und zulässig.

Bisweilen legt man bei der praktischen Lösung der Schrödinger-Gleichung alternativ folgende Bedingung zu Grunde:

Schrödinger'sche Randbedingung: Physikalisch realisierbare Lösungen müssen im ganzen Definitionsbereich eindeutig und beschränkt sein.

Diese ist nicht identisch mit der Born'schen, da eine Wellenfunktion, die der Born'schen Randbedingung genügt, nicht immer beschränkt ist.

Diese Randbedingungen sind zwar in großen Teilbereichen der Quantenphysik wichtig und werden uns in verschiedenen Zusammenhängen begegnen, ihre Bedeutung muss aber an anderen Stellen relativiert werden. So ist der aufmerksamen Leserin und dem sorgfältigen Leser gewiss aufgefallen, dass die ebenen Wellen (1.57) nicht quadratintegrabel sind. Diese Wellenfunktionen, die wir für die Beschreibung von Streuzuständen benötigen werden, müssen als Grenzfälle von (normierbaren) Wellenpaketen aufgefasst werden. Weiterhin gibt es viele quantenmechanische Prozesse, bei denen Teilchen erzeugt oder vernichtet werden. Beispiele sind die Emission eines Photons beim Übergang aus einem angeregten in einen tieferliegenden Atomzustand,

$$(\text{H-Atom}, n = 2) \longrightarrow (\text{H-Atom}, n = 1) + \gamma$$

oder die Paarvernichtung eines Elektrons und eines Positrons in zwei Photonen

$$e^- + e^+ \longrightarrow \gamma + \gamma' \, .$$

Die „Erhaltung der Wahrscheinlichkeit" wird auch in solchen Prozessen in einer verallgemeinerten Form gelten, aber sicher nicht mehr in der einfachen, in (1.62) beschriebenen Form.

1.5 Erwartungswerte und Observable

Die Wahrscheinlichkeitsdichte (1.53) ist offensichtlich eine reelle, messbare, d.h. eine *klassische* Größe. Obwohl ganz anderen Ursprungs als die Dichten (1.29), die ein klassisches Vielteilchensystem in der Statistischen Mechanik beschreiben, wird sie genauso wie jene in die Berechnung von Mittelwerten von Observablen eingehen. Im einfachsten Fall sei $F(x)$ eine Observable, die nur von den Koordinaten abhängt, d. h. die eine reelle Funktion von x über dem Phasenraum ist. Der Mittelwert dieser Größe in dem durch die Wellenfunktion beschriebenen Zustand ψ wird genauso wie in (1.32) gebildet:

$$\langle F \rangle_{\psi}(t) = \int d^3x\, F(x)\, |\psi(t, x)|^2 \equiv \int d^3x\, \psi^*(t, x) F(x) \psi(t, x)\,.$$

Für eine Funktion, die von x allein, oder von x und t, abhängt, ist die zweite Form natürlich identisch mit der ersten, denn $F(x)$ bzw. $F(t, x)$ kommutiert mit ψ oder ψ^*. Wenn die Observable aber auch von den Impulsen, d. h. von den restlichen Koordinaten im Phasenraum abhängt, $F = F(x, p)$, dann ist Vorsicht geboten. Wenn die Vermutung (1.58) zutrifft, d. h. wenn der Impuls durch den Nablaoperator zu ersetzen ist, dann wird auch F zu einem Operator,

$$F = F\left(x, \frac{\hbar}{i} \nabla\right)\,.$$

Wir müssen dann beachten, dass F nicht mehr mit ψ oder ψ^* kommutiert und sicherstellen, dass der Mittelwert wirklich eine reelle, nicht eine komplexe Zahl ist. Wir werden gleich feststellen, dass nur die zweite Form des Mittelwerts diese Forderung erfüllt.

Wegen der ausführlich dargelegten, prinzipiellen Unterschiede zur *klassischen* Statistischen Mechanik hat der quantenmechanische Mittelwert einen anderen formalen und physikalischen Inhalt. Man nennt ihn daher *Erwartungswert* (auf Englisch *expectation value*, auf Französisch *valeur d'expectation* oder *espérance*). Er ist wie folgt definiert:

Definition 1.2

Es sei $F(x, p)$ eine klassische, physikalische Observable auf dem Phasenraum eines Einteilchensystems. Aus dieser Funktion werde ein Operator

$$F\left(x, \frac{\hbar}{i} \nabla\right)$$

so konstruiert, dass die Größe

$$\langle F \rangle_{\psi}(t) := \int d^3x\, \psi^*(t, x) F\left(x, \frac{\hbar}{i} \nabla\right) \psi(t, x) \equiv (\psi, F\psi) \quad (1.63)$$

reell ist. Diese Größe wird *Erwartungswert* der Observablen F im Zustand ψ genannt und gibt deren experimentellen Wert an, d. h. den Wert, den man – im statistischen Sinne – nach sehr vielen Messungen unter identischen Bedingungen finden wird.

Bemerkungen

1. Es wäre konsequenter, das Symbol für den Operator, der aus der klassischen Funktion F konstruiert wird, besonders zu kennzeichnen, z. B. durch Unterstreichen, also $\underline{F}$ für den Operator, aber F für die Funktion zu schreiben. Da aber in den allermeisten Fällen aus dem Zusammenhang klar ist, ob die Funktion oder der ihr zugeordnete Operator gemeint ist, verwende ich eine solche Kennzeichnung nur in Ausnahmefällen.

2. In der zweiten Form von (1.63) habe ich eine Schreibweise benutzt, die an ein Skalarprodukt erinnert. Das ist für den Moment ohne Belang, wird aber später bedeutsam werden.

3. Die Realitätsbedingung $\langle F \rangle_\psi = \langle F \rangle_\psi^*$ bedeutet, dass

$$\int \mathrm{d}^3 x \, \psi^*(t, \boldsymbol{x}) F\left(\boldsymbol{x}, \frac{\hbar}{\mathrm{i}} \nabla\right) \psi(t, \boldsymbol{x})$$

$$= \int \mathrm{d}^3 x \left[F\left(\boldsymbol{x}, \frac{\hbar}{\mathrm{i}} \nabla\right) \psi(t, \boldsymbol{x}) \right]^* \psi(t, \boldsymbol{x})$$

sein muss. Operatoren, die diese Eigenschaft haben, nennt man *selbstadjungiert*. Für die einfachen Beispiele

$$\boldsymbol{x} \quad \text{(Ort)}, \qquad \frac{\hbar}{\mathrm{i}} \nabla \quad \text{(Impuls)},$$

$$\boldsymbol{\ell} = \frac{\hbar}{\mathrm{i}} \boldsymbol{x} \times \nabla \quad \text{(Bahndrehimpuls)}$$

ist das automatisch richtig. Man prüft dies mittels partieller Integration nach. Hier ist ein Beispiel:

$$\int \mathrm{d}^3 x \, \psi^* \frac{\hbar}{\mathrm{i}} \nabla \psi = -\frac{\hbar}{\mathrm{i}} \int \mathrm{d}^3 x (\nabla \psi)^* \psi = +\int \mathrm{d}^3 x \left(\frac{\hbar}{\mathrm{i}} \nabla \psi\right)^* \psi .$$

Für andere Observable muss man die „Übersetzung" der klassischen Funktion in den zugehörigen, selbstadjungierten Operator einer sorgfältigen Diskussion unterziehen, die wir in dem nun folgenden Abschnitt beginnen.

1.5.1 Observable als selbstadjungierte Operatoren auf L

Der Begriff der Observablen ist uns aus der klassischen Mechanik vertraut. Dort wird sie durch eine reelle Funktion auf dem Phasenraum dargestellt und beschreibt eine mit physikalischen Apparaturen messbare Größe. Welche Observablen für das Verständnis eines gegebenen Systems relevant sind und, insbesondere, wie viele Observablen für eine vollständige Beschreibung desselben erforderlich sind, ist Inhalt der Dynamik des Systems. Beim Übergang zur Quantenmechanik orientieren wir uns an den Hamilton'schen Systemen, bei denen die Dynamik mit der Angabe der Hamiltonfunktion vollständig festgelegt wird. Die

Observablen der Quantenmechanik, die anstelle der klassischen Observablen treten, müssen – wie wir im vorigen Abschnitt festgestellt haben – reelle Erwartungswerte liefern. Das ist genau dann der Fall, wenn die Operatoren, die anstelle der reellen Funktionen auf dem Phasenraum treten, selbstadjungiert sind. Diese Eigenschaft wird in der folgenden Definition präzisiert:

Definition 1.3

Ein Operator F, der auf dem Raum $L^2(\mathbb{R}^3)$ der quadratintegrablen Funktionen definiert ist, heißt *selbstadjungiert*, wenn seine Wirkung auf hinreichend vielen Elementen φ dieses Raums definiert ist und wenn

$$\int d^3x \, \varphi^* F\varphi = \int d^3x \, (F\varphi)^* \varphi \qquad (1.64)$$

für alle solchen Elemente $\varphi \in L^2(\mathbb{R}^3)$ gilt. (Genaueres siehe später.)

In der Notation eines Skalarproduktes wie auf der rechten Seite von (1.63) nimmt diese Eigenschaft die Form

$$(\varphi, F\varphi) = (F\varphi, \varphi) \qquad (1.65)$$

an, deren allgemeine Bedeutung im Lichte einer späteren, vertieften mathematischen Analyse klar werden wird. Aus der Eigenschaft (1.64) folgt, dass jeder Erwartungswert der Observablen F reell ist:

$$\langle F \rangle_\psi = \langle F \rangle_\psi^* \, .$$

Beispiele für Observable zeigt die folgende Übersicht, die in der linken Spalte die klassische Funktion auf dem Phasenraum, in der rechten Spalte den entsprechenden selbstadjungierten Operator angibt,

$$x^k \longleftrightarrow x^k \, ,$$

$$p_k \longleftrightarrow \frac{\hbar}{i} \frac{\partial}{\partial x^k} \, ,$$

$$\frac{\boldsymbol{p}^2}{2m} \longleftrightarrow -\frac{\hbar^2}{2m} \Delta \, ,$$

$$\boldsymbol{x} \times \boldsymbol{p} \longleftrightarrow \frac{\hbar}{i} \boldsymbol{x} \times \nabla \, ,$$

$$\boldsymbol{x} \cdot \boldsymbol{p} \longleftrightarrow \frac{\hbar}{2i} \{\boldsymbol{x} \cdot \nabla + \nabla \cdot \boldsymbol{x}\} \, ,$$

$$\boldsymbol{A} \cdot \boldsymbol{p} \longleftrightarrow \frac{\hbar}{2i} \{\boldsymbol{A} \cdot \nabla + \nabla \cdot \boldsymbol{A}\} \, .$$

Bemerkungen

1. Auf welchen Elementen $\varphi \in L^2(\mathbb{R}^3)$ ein gegebener Operator definiert ist, muss man im Einzelnen klären und auf diese Weise den sog. Definitionsbereich des Operators identifizieren. Wir gehen weiter unten

etwas genauer auf diese Fragen ein. Für den Augenblick ist die oben beschriebene, etwas heuristische Vorgehensweise ausreichend.

2. Besonders interessant sind die beiden letzten Beispiele, die zeigen, dass das Produkt aus einem Vektorfeld $v(x)$ und dem Impuls p durch $\hbar/2i$ mal der symmetrischen Kombination aus $v \cdot \nabla$ und $\nabla \cdot v$ ersetzt werden muss. Der Gradient wirkt dabei gemäß der Produktregel auf alle rechts davon stehenden Funktionen, beim zweiten Term also

$$\nabla \cdot v(x)\psi(x) = \psi(x)[\nabla \cdot v(x)] + v(x) \cdot [\nabla \psi(x)].$$

Hätte man nur den ersten oder nur den zweiten Term verwendet, so wäre der entstandene Operator nicht selbstadjungiert.

3. Die genannten Beispiele werfen die Frage nach der Eindeutigkeit der Übersetzung von klassischen Observablen in selbstadjungierte Operatoren auf. Ich gehe später genauer auf diese Frage ein, gebe hier aber schon die wesentliche Antwort: Im Allgemeinen ist die Übertragung einer reellen Funktion auf dem Phasenraum, die eine klassische Observable beschreiben könnte, in einen selbstadjungierten Operator nicht eindeutig, d. h. es kann durchaus vorkommen, dass es mehr als einen solchen Operator gibt, der ein und derselben reellen Funktion auf dem Phasenraum entspricht. In diesen Fällen benötigt man möglicherweise ein weiteres Prinzip, das die Auswahl festlegt. Für sich genommen ist diese Aussage vielleicht nicht so erstaunlich, denn die Quantenmechanik soll ja die umfassendere Theorie sein, die klassische Mechanik soll als Grenzfall in ihr enthalten sein. Die für die Mechanik von Punktteilchen relevanten dynamischen Größen sind aber in der Regel Polynome in x und p, deren Grad kleiner oder gleich 2 ist. Für solche Funktionen gibt es nur jeweils eine Möglichkeit, einen selbstadjungierten Operator zu wählen, die Übersetzung ist daher in diesen für die Praxis relevanten Fällen eindeutig.

4. Aus der Eigenschaft (1.64) bzw. (1.65) selbstadjungiert zu sein, folgt, dass auch mit zwei verschiedenen Elementen φ_n, φ_m aus $L^2(\mathbb{R}^3)$

$$\int d^3x\, \varphi_m^* F\varphi_n = \int d^3x\, (F\varphi_m)^* \varphi_n$$

bzw.

$$(\varphi_m, F\varphi_n) = (F\varphi_m, \varphi_n) = (\varphi_n, F\varphi_m)^*$$

gilt. Auch dies beweisen wir weiter unten, wenn uns weitere Hilfsmittel zur Verfügung stehen. Man beachte, dass $(\varphi_m, F\varphi_n)$ im Allgemeinen komplexe Zahlen sind, im Gegensatz zu den Erwartungswerten $(\varphi_m, F\varphi_m)$, die reell sind. Wie wir wissen, beschreibt dieses zweite Beispiel physikalisch das Ergebnis von vielen Messungen der Observablen F im Zustand φ_m. Die möglicherweise komplexe Zahl $(\varphi_m, F\varphi_n)$ mit $m \neq n$, wird, wie wir sehen werden, in der Berechnung der Wahrscheinlichkeit für den Übergang aus dem Zustand φ_n in den Zustand φ_m unter dem Einfluss der Observablen F, auftreten.

5. Wir werden zunächst an einem konkreten Beispiel, später ganz allgemein lernen, dass man den Funktionenraum $L^2(\mathbb{R}^3)$ mit Hilfe einer *Basis von Funktionen*

$$\{\varphi_n(\boldsymbol{x}) | n = 1, 2, \ldots\}$$

im Sinne der Linearen Algebra „aufspannen" kann. Wenn dem so ist, dann bilden die Zahlen $(\varphi_m, F\varphi_n)$ die Einträge einer – allerdings unendlichdimensionalen – Matrix

$$F_{mn} = (\varphi_m, F\varphi_n),$$

die *hermitesch*[13] ist, d. h. für die $F_{mn} = F^*_{nm}$ gilt.

6. Alle in der Tabelle aufgeführten Operatoren sind *linear*, d. h. mit zwei beliebigen Elementen φ_1, φ_2 aus $L^2(\mathbb{R}^3)$ und beliebigen komplexen Konstanten c_1, c_2 gilt

$$F(c_1\varphi_1 + c_2\varphi_2) = c_1 F\varphi_1 + c_2 F\varphi_2,$$
$$c_1, c_2 \in \mathbb{C}, \quad \varphi_1, \varphi_2 \in L^2(\mathbb{R}^3). \quad (1.66)$$

Die Klasse der in diesem Sinne linearen Operatoren spielt in der Quantenmechanik eine zentrale Rolle. Nicht nur die quantenmechanischen Observablen, sondern auch das Analogon der klassischen kanonischen Transformationen werden durch solche Operatoren dargestellt. Allerdings werden wir im Zusammenhang mit der Zeit- oder Bewegungsumkehr auch *antilinearen* Operatoren begegnen, das sind solche, für die anstelle von (1.66)

$$F(c_1\varphi_1 + c_2\varphi_2) = c_1^* F\varphi_1 + c_2^* F\varphi_2 \quad (1.67)$$

gilt, wobei auf der rechten Seite die komplex konjugierten c-Zahlen auftreten.

Kehren wir zur Schrödinger-Gleichung (1.59) zurück, so hat sie in der Tat die allgemeine Form

$$\boxed{\mathrm{i}\hbar\dot{\psi}(t, \boldsymbol{x}) = H\psi(t, \boldsymbol{x})}, \quad (1.68)$$

wobei H den hermiteschen *Hamiltonoperator* bezeichnet, der aus der klassischen Hamiltonfunktion in der oben beschriebenen Weise entstanden ist. Betrachten wir das Beispiel der Hamiltonfunktion (1.50), die ein Elektron in äußeren Feldern beschreibt: Nach dem in Bemerkung 1. oben Gesagten entspricht ihr der hermitesche Hamiltonoperator

[13] benannt nach dem französischen Mathematiker Charles Hermite (1822–1901) – daher auch unsere Schreibweise. Man liest auch oft *hermitisch*.

$$H = \frac{1}{2m}\left(\frac{\hbar}{\mathrm{i}}\nabla - \frac{e}{c}\boldsymbol{A}\right)^2 + e\Phi \quad (1.69)$$
$$= \frac{1}{2m}\left(-\hbar^2\Delta - \frac{\hbar}{\mathrm{i}}\frac{e}{c}\nabla\cdot\boldsymbol{A} - \frac{\hbar}{\mathrm{i}}\frac{e}{c}\boldsymbol{A}\cdot\nabla + \frac{e^2}{c^2}\boldsymbol{A}^2\right) + e\Phi.$$

1.5.2 Der Ehrenfest'sche Satz

Sei F ein hermitescher Operator, der auf dem Raum $L^2(\mathbb{R}^3)$ der komplexen, quadratintegrablen Funktionen definiert ist und der einer möglicherweise auch explizit zeitabhängigen, klassischen Observablen $F(t, \boldsymbol{x}, \boldsymbol{p})$ entspricht. Sei $\langle F \rangle$ sein Erwartungswert in einem beliebigen Zustand ψ, der der Schrödinger-Gleichung (1.68) mit dem Hamiltonoperator

$$H = \left(-\frac{\hbar^2}{2m} \Delta + U(t, \boldsymbol{x}) \right)$$

genügt. Berechnen wir die Zeitableitung des Erwartungswertes, so lässt sie sich mit

$$\dot{\psi} = -\frac{\mathrm{i}}{\hbar} H\psi \quad \text{und} \quad \dot{\psi}^* = \frac{\mathrm{i}}{\hbar} H\psi^*$$

durch den Kommutator des Hamiltonoperators mit der Observablen wie folgt ausdrücken:

$$
\begin{aligned}
\frac{\mathrm{d}}{\mathrm{d}t} \langle F \rangle &= \frac{\partial \langle F \rangle}{\partial t} + \int \mathrm{d}^3x \left\{ \psi^* F \dot{\psi} + \dot{\psi}^* F \psi \right\} \\
&= \frac{\partial \langle F \rangle}{\partial t} + \frac{\mathrm{i}}{\hbar} \int \mathrm{d}^3x \, \psi^* \{ HF - FH \} \psi \\
&= \left\langle \frac{\partial F}{\partial t} \right\rangle + \frac{\mathrm{i}}{\hbar} \langle [H, F] \rangle \, .
\end{aligned}
$$

Im zweiten Term des Integrals der ersten Zeile steht zunächst $(H\psi^*) \cdot (F\psi)$. Der Operator H kann aber an ψ^* nach rechts vorbeigezogen werden, weil er selbstadjungiert ist.

Ich schließe hier gleich eine wichtige Bemerkung an: Diese Gleichung gilt auch für die Zeitableitung beliebiger Matrixelemente von F

$$(\varphi_m, F\varphi_n) = \int \mathrm{d}^3x \, \varphi_m^* F \varphi_n \, ,$$

sodass wir sie (vorbehaltlich einer genaueren mathematischen Analyse) als Gleichung zwischen Operatoren notieren dürfen,

$$\frac{\mathrm{d}}{\mathrm{d}t} F = \frac{\partial F}{\partial t} + \frac{\mathrm{i}}{\hbar} [H, F] \, . \tag{1.70}$$

Diese Gleichung, die *Heisenberg'sche Bewegungsgleichung* genannt wird, hat eine verblüffende Ähnlichkeit mit der aus der Mechanik bekannten Gleichung

$$\frac{\mathrm{d}}{\mathrm{d}t} F(t, \boldsymbol{x}, \boldsymbol{p}) = \frac{\partial F(t, \boldsymbol{x}, \boldsymbol{p})}{\partial t} + \{ H(t, \boldsymbol{x}, \boldsymbol{p}), F(t, \boldsymbol{x}, \boldsymbol{p}) \}$$

(Band 1, Abschn. 2.32), in der $\{ \ldots \}$ die Poissonklammer

$$\{ f, g \} = \frac{\partial f}{\partial p_i} \frac{\partial g}{\partial q^i} - \frac{\partial f}{\partial q^i} \frac{\partial g}{\partial p_i}$$

bezeichnet. Nach Quantisierung wird offenbar die Poissonklammer der Observablen mit der Hamiltonfunktion wie folgt durch ihren Kommutator mit dem Hamiltonoperator ersetzt

$$\{H, F\} \longleftrightarrow \frac{i}{\hbar}[H, F]. \tag{1.71}$$

Die Konstante $\hbar$ im Nenner ist nach einiger Überlegung vielleicht nicht so überraschend wie beim ersten Hinsehen: Eigentlich müssten wir die hier aufscheinende Analogie umgekehrt formulieren, denn die Quantenmechanik soll ja die allgemeinere Theorie sein und die klassische Mechanik umfassen. Wenn wir uns den Kommutator $[H, F]$, bzw. die Operatoren H und F selbst nach Potenzen von $\hbar$ entwickelt denken, dann wird in der Ordnung $(\hbar)^0$ der Kommutator zweier gewöhnlicher Funktionen auftreten, der natürlich Null ist, in der Ordnung $(\hbar)^1$ dagegen treten in der Tat Ableitungsterme auf, die vermutlich gerade die in der Poissonklammer auftretenden sein werden. Der Faktor $1/\hbar$ fällt heraus und vermutlich ebenso der Faktor i, da Impulse durch $-i$ mal Ableitungen ersetzt werden.

Als physikalisch wichtige Anwendung der oben bewiesenen Gleichung

$$\frac{d}{dt} \langle F \rangle = \left\langle \frac{\partial F}{\partial t} \right\rangle + \frac{i}{\hbar} \langle [H, F] \rangle$$

beweisen wir den

Ehrenfest'schen Satz: Die Erwartungswerte von Ort und Impuls eines quantenmechanischen Systems, das klassisch ein Hamilton'sches System der Punktmechanik wäre, erfüllen die klassischen Bewegungsgleichungen. Für ein Einteilchensystem mit

$$\underline{H} = \underline{p}^2/(2m) + U(t, \underline{x})$$

gilt somit:

$$\frac{d}{dt} \langle \underline{x} \rangle = \frac{1}{m} \langle \underline{p} \rangle, \tag{1.72}$$

$$\frac{d}{dt} \langle \underline{p} \rangle = - \langle \nabla U \rangle . \tag{1.73}$$

Der Klarheit halber haben wir hier die Operatoren (ausnahmsweise) durch Unterstreichen besonders kenntlich gemacht. Weder der Orts- noch der Impulsoperator sind explizit von der Zeit abhängig. Zum Beweis des Satzes müssen wir daher nur die Kommutatoren des Hamiltonoperators mit diesen Operatoren berechnen. Für den ersteren benutzen wir die Hilfsformel

$$[A^2, B] = AAB - BAA = A[A, B] + [A, B]A$$

und finden

$$[\underline{H}, \underline{x}^i] = \frac{1}{2m}[\underline{p}_i^2, \underline{x}^i] = \frac{1}{2m}2\frac{\hbar}{i}\underline{p}_i \,,$$

sodass

$$\frac{i}{\hbar}[\underline{H}, \underline{x}] = \frac{1}{m}\underline{p} \,.$$

Nimmt man hiervon den Erwartungswert, so folgt der erste Teil (1.72) des Satzes. Für den Beweis des zweiten Teils (1.73) berechnet man den Kommutator

$$[\underline{H}, \underline{p}_i] = -\frac{\hbar}{i}\frac{\partial U}{\partial x^i} \quad \text{bzw.} \quad \frac{i}{\hbar}[\underline{H}, \underline{p}] = -\nabla U \,.$$

Setzen wir auch dieses Ergebnis in den Erwartungswert ein, so ist die zweite Aussage (1.73) des Satzes bewiesen.

1.6 Diskretes Spektrum: Harmonischer Oszillator in einer Dimension

Wenn ein Teilchen sich in einem *attraktiven* Potential $U(x)$ bewegt, so können gebundene Zustände auftreten. Klassisch ist das immer dann der Fall, wenn das Teilchen in einer Potentialmulde „eingefangen" ist, d. h. wenn die Funktion U lokal konkav ist und die Energie so gewählt ist, dass das Teilchen nicht ins räumlich Unendliche laufen kann. An einem Beispiel für $U(x)$ in einer Dimension, das physikalisch allerdings keine besondere Bedeutung besitzt, zeigt Abb. 1.6 was damit gemeint ist.

In den Beispielen des eindimensionalen, harmonischen Oszillators und des Kugeloszillators mit

$$U(x) = \frac{1}{2}m\omega^2 x^2 \quad \text{bzw.}$$

$$U(r) = \frac{1}{2}m\omega^2 r^2 \quad (r = |\boldsymbol{x}|)$$

ist das Teilchen bei jedem endlichen Wert der Energie E eingefangen und alle Zustände werden gebundene Zustände sein. Im Fall des attraktiven Coulomb-Potentials

$$U(r) = -\frac{\alpha}{r} \quad \text{mit} \quad r = |\boldsymbol{x}| \,, \quad \alpha > 0$$

kann es nur für $E < 0$ gebundene, (klassisch) finite Bahnen geben, während das Teilchen auf allen Bahnen mit positiver Energie genügend kinetische Energie besitzt, um ins Unendliche entweichen zu können.

Dort, wo klassisch finite Bahnen auftreten, *kann* das entsprechende quantenmechanische System gebundene Zustände besitzen. Diese gehören, wenn sie existieren, zu diskreten Werten der Energie. Der Grund hierfür liegt darin, dass gebundene Zustände lokalisierte, überall

Abb. 1.6. Beispiel für ein Potential in einer Raumdimension, das klassisch sowohl ganz im Endlichen liegende, gebundene Bahnen als auch ungebundene Bahnen zulässt, auf denen das Teilchen ins Unendliche entweichen kann. Das Teilchen ist klassisch immer dann eingefangen, wenn es sich innerhalb der Potentialmulde links im Bild bewegt

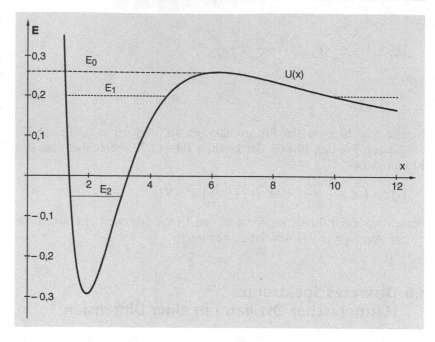

endliche, d. h. sicher quadratintegrable Wellenfunktionen haben müssen. Die Born'sche Randbedingung ist aber bestenfalls nur bei ausgewählten, diskreten Werten der Energie erfüllbar. Beim eindimensionalen Oszillator und beim Kugeloszillator sind alle Zustände gebunden, das Energiespektrum ist *voll diskret*. Beim attraktiven Coulomb-Potential treten gebundene Zustände und diskrete Energiewerte nur für $E < 0$ auf, während Zustände mit positiver Energie nicht gebunden sind und jeden Wert $E > 0$ annehmen können. Das Energiespektrum besteht hier aus einem diskreten Teil (mit $E < 0$) und einem kontinuierlichen Anteil (mit $E > 0$) und man spricht von einem *gemischten Spektrum*. Lässt das Potential auch klassisch gar keine gebundenen Zustände zu, wie etwa das repulsive Coulomb-Potential oder der Sonderfall $U \equiv 0$, dann ist das Spektrum *voll kontinuierlich*.

Dieser Abschnitt behandelt ein einfaches, aber besonders wichtiges Beispiel für ein voll diskretes Spektrum: den harmonischen Oszillator in einer Dimension. Das Wasserstoffatom, das ein physikalisch wichtiges Beispiel für ein gemischtes Spektrum ist, wird in Abschn. 1.9.5 analysiert. Den Fall des voll kontinuierlichen Beispiels lernen wir am Beispiel der ebenen Wellen in Abschn. 1.8.4 kennen.

Geht man in die eindimensionale Form der Schrödinger-Gleichung (1.68), die den Hamiltonoperator

$$H = -\frac{\hbar^2}{2m}\frac{\mathrm{d}^2}{\mathrm{d}x^2} + \frac{1}{2}m\omega^2 x^2$$

enthält, mit dem Ansatz für stationäre Lösungen

$$\psi(t, x) = e^{-(i/\hbar)Et}\varphi(x)$$

ein, so nimmt (1.60) die Form

$$-\frac{\hbar^2}{2m}\varphi''(x) + \frac{1}{2}m\omega^2 x^2 \varphi(x) = E\varphi(x) \qquad (*)$$

an. Mit Hilfe der dimensionsbehafteten Konstanten $\hbar$, m und ω lassen sich eine Referenzenergie und eine Referenzlänge bilden, nämlich

$$\hbar\omega \quad \text{bzw.} \quad b := \sqrt{\frac{\hbar}{m\omega}}\,.$$

Es bietet sich daher an, sowohl die Energie als auch die Variable x durch dimensionslose Variable

$$\varepsilon := \frac{E}{\hbar\omega} \quad \text{und} \quad u := \frac{x}{b}$$

zu ersetzen.[14] Wie man schnell verifiziert, geht die stationäre Gleichung $(*)$ in die einfache Form

$$-\varphi''(u) + u^2\varphi(u) = 2\varepsilon\varphi(u) \qquad (**)$$

über, wobei wir das Funktionssymbol beibehalten, die Abhängigkeit von u aber explizit geschrieben haben. Die Aufgabe ist nun, alle Lösungen dieser gewöhnlichen Differentialgleichung zweiter Ordnung zu finden, die überall endlich und die quadratintegrabel sind, sowie festzustellen, für welche Werte von ε solche Lösungen existieren. Statt dieses Problem direkt anzugehen, verwenden wir einen scheinbar harmlosen Trick, der sich als physikalisch interessant und in verschiedener Weise interpretierbar herausstellen wird. Wir definieren zwei Differentialoperatoren

$$a^\dagger := \frac{1}{\sqrt{2}}\left(u - \frac{d}{du}\right) = \frac{1}{b\sqrt{2}}\left(x - b^2\frac{d}{dx}\right), \qquad (1.74)$$

$$a := \frac{1}{\sqrt{2}}\left(u + \frac{d}{du}\right) = \frac{1}{b\sqrt{2}}\left(x + b^2\frac{d}{dx}\right). \qquad (1.75)$$

Keiner der beiden Operatoren ist selbstadjungiert, weil zwar $i\,d/du$ diese Eigenschaft hat, nicht aber d/du ohne den Faktor i. Andererseits gilt (vermöge partieller Integration)

$$\left(\varphi, \frac{d}{du}\varphi\right) = \left[\left(-\frac{d}{du}\right)\varphi, \varphi\right].$$

Wenn zwei Operatoren A und A^* denselben Definitionsbereich $\mathcal{D}$ haben und wenn

$$(\varphi, A\varphi) = (A^*\varphi, \varphi) \quad \text{für alle} \quad \varphi \in \mathcal{D}$$

[14] Beim klassischen Oszillator, der die dimensionsbehaftete Konstante $\hbar$ nicht kennt, war das nicht möglich. Erst beim ebenen mathematischen Pendel trat eine Referenzenergie, $mg\ell$, auf.

gilt, so nennt man A^* den zu A adjungierten Operator. Es gilt dann $(A^*)^* = A$, d. h. A ist zu A^* adjungiert. In diesem Sinne sind $A = \mathrm{d}/\mathrm{d}u$ und $A^* = -\mathrm{d}/\mathrm{d}u$ zueinander adjungiert. Das gilt dann auch für a und $a^\dagger$. Wenn es sich um Matrizen handelte, würde man die zu M hermitesch konjugierte Matrix mit $M^\dagger$ bezeichnen – daher die Notation in (1.74) und (1.75).

Berechnet man das Produkt $a^\dagger a$ unter Ausnutzung der Produktregel für den zweiten Term

$$a^\dagger a = \frac{1}{2}\left(u^2 - \frac{\mathrm{d}}{\mathrm{d}u}u + u\frac{\mathrm{d}}{\mathrm{d}u} - \frac{\mathrm{d}^2}{\mathrm{d}u^2}\right) = \frac{1}{2}\left(u^2 - 1 - \frac{\mathrm{d}^2}{\mathrm{d}u^2}\right),$$

so hat die zu lösende Differentialgleichung (∗∗) die einfache Form

$$\left(a^\dagger a + \frac{1}{2}\right)\varphi(u) = \varepsilon\varphi(u)\,. \qquad\qquad (\ast\ast\ast)$$

Bevor wir fortfahren, bemerken wir, dass der Hamiltonoperator somit eine bemerkenswert einfache Gestalt hat,

$$H = \hbar\omega\left(a^\dagger a + \frac{1}{2}\right)\,. \qquad\qquad (1.76)$$

Man berechnet ebenso wie oben das Produkt $aa^\dagger$, d. h. mit der anderen Reihenfolge der Faktoren, und findet

$$aa^\dagger = \frac{1}{2}\left(u^2 + 1 - \frac{\mathrm{d}^2}{\mathrm{d}u^2}\right)\,.$$

Aus diesem und dem vorhergehenden Ergebnis folgt der wichtige Kommutator

$$\boxed{[a, a^\dagger] \equiv aa^\dagger - a^\dagger a = 1}\,, \qquad\qquad (1.77)$$

den wir noch um die offensichtlichen Aussagen

$$[a, a] = 0\,, \qquad [a^\dagger, a^\dagger] = 0$$

ergänzen. Wenn $\varphi(u)$ eine Lösung von (∗∗∗) zum Eigenwert ε ist, so sind die aus φ durch Anwendung von $a^\dagger$ oder von a entstehenden Funktionen $(a^\dagger\varphi)$ und $(a\varphi)$ ebenfalls Lösungen und gehören zu den Eigenwerten $\varepsilon + 1$ bzw. $\varepsilon - 1$. Das zeigt man folgendermaßen: Man bildet

$$\left(a^\dagger a + \frac{1}{2}\right)\left(a^\dagger\varphi\right) = \left(a^\dagger(a^\dagger a + 1) + \frac{1}{2}a^\dagger\right)\varphi = \left(\varepsilon - \frac{1}{2} + \frac{3}{2}\right)(a^\dagger\varphi)$$

$$= (\varepsilon + 1)(a^\dagger\varphi)\,.$$

Im ersten Schritt haben wir vermöge (1.77) $aa^\dagger = a^\dagger a + 1$ verwendet, im zweiten Schritt die Schrödinger-Gleichung in der Form (∗∗∗) benutzt und $a^\dagger a\varphi = (\varepsilon - 1/2)\varphi$ eingesetzt. Es folgt, dass die Wellenfunktion $(a^\dagger\varphi)$ Lösung ist und dass sie zum Eigenwert $\varepsilon + 1$ gehört.

Ebenso rechnet man nach, dass

$$\left(a^\dagger a + \frac{1}{2}\right)(a\varphi) = (\varepsilon - 1)(a\varphi)$$

gilt, d. h. dass auch ($a\varphi$), falls diese Funktion nicht identisch verschwindet, eine Lösung ist und zum Eigenwert $\varepsilon - 1$ gehört. Mit anderen Worten, aus einer gegebenen Lösung φ zum Eigenwert ε kann man durch wiederholte Anwendung des *Aufsteigeoperators* $a^\dagger$ eine unendliche Reihe weiterer Lösungen erzeugen, die zu den Eigenwerten

$$\varepsilon + 1, \varepsilon + 2, \varepsilon + 3, \ldots$$

gehören. Auf dieselbe Lösung φ kann man aber auch den *Absteigeoperator* a wiederholte Male anwenden und erzeugt damit weitere Lösungen zu den Eigenwerten

$$\varepsilon - 1, \varepsilon - 2, \ldots,$$

es sei denn, ($a\varphi$) ist identisch Null. Tatsächlich bricht die Reihe nach endlich vielen Abwärtsschritten ab, der kleinste Wert von ε ist $\varepsilon_0 = 1/2$, alle Eigenwerte haben die Form $\varepsilon_n = 1/2 + n$ mit $n \in \mathbb{N}_0$, d. h. $n = 0, 1, 2, \ldots$. Um dies zu zeigen, beweist man zwei Aussagen:

1. Die zulässigen Werte von ε müssen *positiv* sein: Unter Verwendung von ($***$) berechnen wir

$$\int\limits_{-\infty}^{+\infty} du\, \varphi^*(u) a^\dagger a \varphi(u) = \left(\varepsilon - \frac{1}{2}\right) \int\limits_{-\infty}^{+\infty} du\, \varphi^*(u)\varphi(u)$$

$$= \left(\varepsilon - \frac{1}{2}\right) \int\limits_{-\infty}^{+\infty} du\, |\varphi(u)|^2.$$

Durch partielle Integration kann man andererseits $a^\dagger$ auf $\varphi^*(u)$ vorziehen und erhält für dasselbe Integral

$$\int\limits_{-\infty}^{+\infty} du\, [a\varphi(u)]^* [a\varphi(u)] = \int\limits_{-\infty}^{+\infty} du\, |[a\varphi(u)]|^2 \geq 0,$$

d. h. eine positiv semi-definite Größe. Das ist mit der vorhergehenden Zeile nur verträglich, wenn auch der Faktor ($\varepsilon - 1/2$) größer oder gleich Null ist, d. h. wenn $\varepsilon \geq 1/2$.

2. Für die Eigenfunktion zum tiefsten Eigenwert ε_0 muss $[a\varphi_0(u)] \equiv 0$ gelten: Wäre dies nicht so, so wäre auch ($a\varphi_0$) Lösung und würde zum Eigenwert $\varepsilon_0 - 1$ gehören – im Widerspruch zur Voraussetzung, dass ε_0 der tiefste Eigenwert ist.

Als Ergebnis erhalten wir das Spektrum

$$\varepsilon_n = \left(n + \frac{1}{2}\right), \qquad \text{d. h.} \qquad E_n = \left(n + \frac{1}{2}\right)\hbar\omega,$$

$$n \in \mathbb{N}_0 \quad (n = 0, 1, 2, \ldots). \tag{1.78}$$

Der tiefste Zustand hat in der Tat genau die Mindestenergie, die mit der Heisenberg'schen Unschärferelation gerade noch verträglich ist,

s. Abschn. 1.2.3, Beispiel 1.3. Der Rest des Energiespektrums ist denkbar einfach: alle Eigenwerte sind äquidistant, ihr Abstand ist durch das Quantum $\hbar\omega$ bestimmt.

Wie sehen die zugehörigen Eigenfunktionen aus und welche Eigenschaften haben sie? Um diese Frage zu beantworten, betrachten wir zunächst den Grundzustand ($\varepsilon_0 = 1/2, \varphi_0$), dessen Wellenfunktion aus der Bedingung

$$[a\varphi_0(u)] = 0 , \quad \text{d.h.} \quad \left(u + \frac{\mathrm{d}}{\mathrm{d}u}\right)\varphi_0(u) = 0$$

folgt. Man sieht ohne weiteres, dass φ_0 proportional zu $\mathrm{e}^{-u^2/2}$ sein muss. Kehrt man zur dimensionsbehafteten Variablen x zurück, normiert $|\varphi_0(x)|^2$ auf 1 und verwendet die in Abschn. 1.3.3 abgeleitete Formel für das Gauß'sche Integral, so folgt

$$\varphi_0(x) = \frac{1}{b^{1/2}\pi^{1/4}}\,\mathrm{e}^{-x^2/(2b^2)} . \tag{1.79}$$

Es ist wichtig zu bemerken, dass Wellenfunktionen, deren Argument in d Raumdimensionen liegt, $x \in \mathbb{R}^d$, und die im Born'schen Sinne interpretiert werden sollen, die physikalische Dimension $1/L^{d/2}$ haben müssen, wobei L für „Länge" steht, über dem $\mathbb{R}^3$ also $1/L^{3/2}$ und in unserem Beispiel in einer Dimension $1/L^{1/2}$.

Die höheren Zustände entstehen aus φ_0 durch wiederholte Anwendung von $a^\dagger$, d. h.

$$\varepsilon_n = n + \frac{1}{2} : \quad \varphi_n = \text{const}\,\underbrace{a^\dagger a^\dagger a^\dagger \cdots a^\dagger}_{n\text{-mal}}\,\varphi_0 .$$

Definiert man die folgenden, so genannten *Hermite'schen Polynome*

$$H_n(u) := \mathrm{e}^{u^2/2}\left(u - \frac{\mathrm{d}}{\mathrm{d}u}\right)^n \mathrm{e}^{-u^2/2} = \mathrm{e}^{u^2/2}\left(\sqrt{2}\,a^\dagger\right)^n \mathrm{e}^{-u^2/2} ,$$
$$\tag{1.80}$$

so sind die Eigenfunktionen

$$\varphi_n(x) = N_n\,\mathrm{e}^{-x^2/(2b^2)}\,H_n\left(\frac{x}{b}\right) ,$$

wobei der Normierungsfaktor so zu bestimmen ist, dass $|\varphi_n(x)|^2$ auf 1 normiert wird. Bevor wir diesen ausrechnen, möchte ich noch einige Aussagen über die in (1.80) definierten Polynome zusammenstellen.

Hermite'sche Polynome:

1. $H_n(u)$ ist ein reelles Polynom vom Grade n, der Koeffizient von u^n ist 2^n. Das sieht man wie folgt

$$\mathrm{e}^{u^2/2}\left(u - \frac{\mathrm{d}}{\mathrm{d}u}\right)^n \mathrm{e}^{-u^2/2} = \sum_{m=0}^{n}\binom{n}{m}(-)^m u^{n-m}\,\mathrm{e}^{u^2/2}\frac{\mathrm{d}^m}{\mathrm{d}u^m}\mathrm{e}^{-u^2/2}$$

$$= \sum_{m=0}^{n} \binom{n}{m} (-)^m u^{n-m} e^{u^2/2} \left((-)^m u^m + \dots \right) e^{-u^2/2}$$

$$= \left[\sum_{m=0}^{n} \binom{n}{m} \right] u^n + \mathcal{O}(u^{n-1}) = 2^n u^n + \mathcal{O}(u^{n-1}) \,.$$

2. Eine äquivalente Definition, die man in den Büchern über Spezielle Funktionen findet, lautet

$$H_n(u) = e^{u^2} \left(-\frac{d}{du} \right)^n e^{-u^2} \,.$$

Die Äquivalenz rechnet man zum Beispiel wie folgt nach,

$$e^{u^2/2} \left(u - \frac{d}{du} \right)^n e^{-u^2/2} = e^{u^2} \left[e^{-u^2/2} \left(u - \frac{d}{du} \right) e^{u^2/2} \right]^n e^{-u^2}$$

$$= e^{u^2} \left(-\frac{d}{du} \right)^n e^{-u^2} \,.$$

Der erste Schritt wird offensichtlich, wenn man die Faktoren aus $[\dots]^n$ nebeneinander schreibt, beim zweiten gibt $u - d/du$ auf $e^{u^2/2}$ angewandt Null und es bleibt nur die nach der Produktregel nach rechts wirkende Ableitung $-d/du$.

3. Die ersten sechs Polynome lauten explizit

$$H_0(u) = 1 \,, \qquad H_3(u) = 8u^3 - 12u \,,$$
$$H_1(u) = 2u \,, \qquad H_4(u) = 16u^4 - 48u^2 + 12 \,,$$
$$H_2(u) = 4u^2 - 2 \,, \qquad H_5(u) = 32u^5 - 160u^3 + 120u \,.$$

4. Ersetzt man u durch $-u$, so sieht man, dass

$$H_n(-u) = (-)^n H_n(u)$$

gilt. Die Polynome gerader Ordnung sind unter der Raumspiegelung (oder Paritätsoperation) $\Pi : x \longrightarrow -x$ gerade, die Polynome ungerader Ordnung sind ungerade.

5. Die Hermite'schen Polynome sind in folgendem verallgemeinerten Sinn orthogonal zueinander:

$$\int_{-\infty}^{\infty} du \, H_m(u) H_n(u) e^{-u^2} = 0 \quad \text{für alle} \quad m \neq n \,. \tag{1.81}$$

Diese Art der Orthogonalität wird uns im nächsten Abschnitt ausführlicher beschäftigen. Man zeigt sie am besten mit Hilfe der Schrödinger-Gleichung in der Form $(*)$ und benutzt die Eigenschaft von H selbstadjungiert zu sein. Mit $m \neq n$ ist auch $E_m \neq E_n$. Multipliziert man die Gleichung $H\varphi_n = E_n \varphi_n$ von links mit φ_m^* und integriert über den ganzen Raum, so ist in der verkürzten Schreibweise

$$(\varphi_m, H\varphi_n) = E_n(\varphi_m, \varphi_n) = (H\varphi_m, \varphi_n) \,.$$

Im zweiten Schritt haben wir den selbstadjungierten Operator H durch partielle Integration auf φ_m^* geschoben. Da φ_m ebenfalls Lösung zur Energie E_m ist und da E_m reell ist, setzt sich die rechte Seite fort:

$$(H\varphi_m, \varphi_n) = E_m(\varphi_m, \varphi_n).$$

E_m ist von E_n verschieden, daher sind diese Gleichungen nur dann kompatibel, wenn $(\varphi_m, \varphi_n) = 0$. Das ist aber genau die behauptete Aussage (1.81).

Weitere Eigenschaften der Hermite'schen Polynome, die sie mit anderen ähnlich definierten Polynomen gemeinsam haben, beweisen wir im nächsten Abschnitt in einem wesentlich allgemeineren Rahmen.

6. In vielen Rechnungen und Anwendungen ist es nützlich, eine erzeugende Funktion für Hermite'sche Polynome zu verwenden. Allgemein spricht man von einer *erzeugenden Funktion* für das System der Polynome $\{P_n(u), n = 0, 1, \dots\}$, wenn es eine Funktion $g(u, t)$ von zwei Variablen u und t gibt derart, dass

$$g(u, t) = \sum_{n=0}^{\infty} a_n P_n(u) t^n \tag{1.82}$$

mit gegebenen konstanten Koeffizienten a_n gilt. Oft werden Systeme von Polynomen sogar auf diese Weise, durch Vorgabe der erzeugenden Funktion und Angabe der Koeffizienten, definiert. Dies wollen wir hier nicht tun, sondern aus dem unter Bem. 2 oben angegebenen, aus einem physikalischen Problem hergeleiteten Ausdruck für die Hermite'schen Polynome eine solche erzeugende Funktion konstruieren. Man sieht leicht ein, dass

$$\left[\frac{\mathrm{d}^n}{\mathrm{d}u^n} \mathrm{e}^{-(t-u)^2} \right]_{t=0} = (-)^n \frac{\mathrm{d}^n}{\mathrm{d}u^n} \mathrm{e}^{-u^2}$$

ist und somit die Hermite'schen Polynome in

$$H_n(u) = \mathrm{e}^{u^2} \left[\frac{\mathrm{d}^n}{\mathrm{d}u^n} \mathrm{e}^{-(t-u)^2} \right]_{t=0}$$

umgeschrieben werden können. In der Funktionentheorie lernt man andererseits, dass man die n-te Ableitung einer analytischen Funktion an der Stelle z_0 durch ein Integral

$$f^{(n)}(z_0) = \frac{n!}{2\pi\mathrm{i}} \oint \frac{f(z)}{(z - z_0)^{n+1}} \, \mathrm{d}z$$

über einen geschlossenen Weg ausdrücken kann, der die Stelle z_0 im Gegenuhrzeigersinn einmal umschließt. Nehmen wir $z_0 = 0$ und $f(z) = \exp[-(z - u)^2]$, so folgt

$$H_n(u) = \mathrm{e}^{u^2} \frac{n!}{2\pi\mathrm{i}} \oint \frac{\mathrm{e}^{-(z-u)^2}}{z^{n+1}} \, \mathrm{d}z = \frac{n!}{2\pi\mathrm{i}} \oint \frac{\mathrm{e}^{u^2-(z-u)^2}}{z^{n+1}} \, \mathrm{d}z \,.$$

Jetzt bildet man die Reihe

$$\sum_{n=0}^{\infty} \frac{1}{n!} H_n(u) t^n = \frac{1}{2\pi i} \sum_{n=0}^{\infty} \oint \frac{e^{u^2-(z-u)^2}}{z} \left(\frac{t}{z}\right)^n dz$$

$$= \frac{1}{2\pi i} \oint \frac{e^{u^2-(z-u)^2}}{z-t} dz = e^{u^2-(t-u)^2} = e^{2tu-t^2} .$$

Im letzten Schritt haben wir den Cauchy'schen Integralsatz verwendet. Damit ist gezeigt, dass

$$g(u, t) = e^{2tu-t^2}$$

eine erzeugende Funktion für die Hermite'schen Polynome ist.
Es bleibt die Aufgabe, den Normierungsfaktor N_n für beliebiges n zu bestimmen. Die vielleicht eleganteste Art, diesen Normierungsfaktor zu berechnen, besteht darin, zunächst die Konstante in

$$\varphi_n = \text{const} \, (a^\dagger)^n \varphi_0$$

so einzurichten, dass φ_n genauso normiert ist wie φ_0. Anstelle der expliziten Schreibweise, die das Integral über x enthält, verwende ich die verkürzte Form wie in (1.63), hier also in einer Dimension

$$(\varphi, F\varphi) \equiv \int_{-\infty}^{\infty} dx \, \varphi^*(x) F\varphi(x) .$$

Mittels n-maliger partieller Integration ist dann

$$(\varphi_n, \varphi_n) = \text{const.}\big((a^\dagger)^n \varphi_0, (a^\dagger)^n \varphi_0\big) = \text{const.}\big(\varphi_0, (a)^n (a^\dagger)^n \varphi_0\big) .$$

Den Erwartungswert auf der rechten Seite berechnet man, indem man in

$$(\varphi_0, \underbrace{a\,a \cdots a}_{n} \underbrace{a^\dagger a^\dagger \cdots a^\dagger}_{n} \varphi_0)$$

unter Verwendung des Kommutators (1.77) $aa^\dagger = a^\dagger a + 1$ setzt und den am weitesten rechts stehenden Operator a an allen $a^\dagger$ vorbeibewegt bis er auf φ_0 trifft. Dieser letzte Term ist Null. Von den Vertauschungen der Nachbarn erhält man n mal die 1. Es bleibt

$$n(\varphi_0, \underbrace{a\,a \cdots a}_{(n-1)} \underbrace{a^\dagger a^\dagger \cdots a^\dagger}_{(n-1)} \varphi_0) .$$

Nun lässt man den zweiten Operator a durch Vertauschen mit seinen rechten Nachbarn ganz nach rechts wandern, erhält diesmal einen Faktor $(n-1)$. Diesen Prozess setzt man fort, bis alle a auf die rechte Seite der $a^\dagger$ gezogen sind. Am Ende bleibt der Faktor

$$n(n-1)(n-2) \cdots 1 = n!$$

und wir haben gezeigt, dass

$$\varphi_n = \frac{1}{\sqrt{n!}} (a^\dagger)^n \varphi_0$$

auf 1 normiert ist. Setzen wir jetzt die Formel (1.79) für φ_0 und die Definition (1.80) der Hermite'schen Polynome ein, dann folgt, dass die Wellenfunktionen

$$\varphi_n(x) = \frac{1}{b^{1/2}} \frac{1}{\sqrt{\pi^{1/2} 2^n n!}} e^{-x^2/(2b^2)} H_n\left(\frac{x}{b}\right) \qquad (1.83)$$

richtig normiert sind. Damit und mit dem Ergebnis (1.81) folgt, dass die Lösungen φ_n normiert und (im verallgemeinerten Sinn) orthogonal, oder wie man auch sagt, *orthonormiert* sind:

$$(\varphi_m, \varphi_n) \equiv \int_{-\infty}^{\infty} dx\, \varphi_m^*(x) \varphi_n(x) = \delta_{mn}.$$

Im vorliegenden Fall können die Lösungen φ_m reell gewählt werden, die komplexe Konjugation der linken Funktion ist daher überflüssig. Man sieht sofort, dass mit φ_m auch alle

$$\left\{ e^{i\alpha} \varphi_m \,|\, \alpha \in \mathbb{R} \right\}$$

Lösungen zum selben Eigenwert E_m sind, dass diese Alternativen aber physikalisch ununterscheidbar sind. Der Phasenfaktor verän-

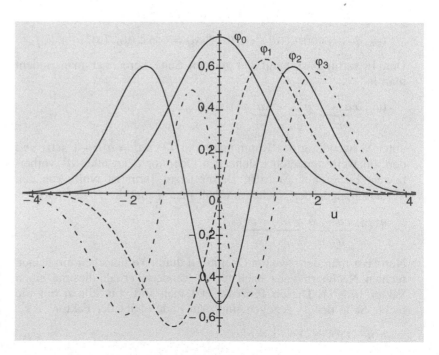

Abb. 1.7. Graphen der Wellenfunktionen (1.79), (1.84)–(1.86) zu den Energie-eigenwerten $E_0 = \hbar\omega/2$, $E_1 = 3\hbar\omega/2$, $E_2 = 5\hbar\omega/2$ und $E_3 = 7\hbar\omega/2$ des harmonischen Oszillators in einer Dimension als Funktion von $u = x/b$

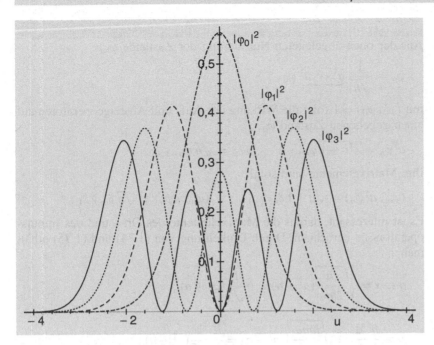

Abb. 1.8. Quadrate der Wellenfunktionen aus Abb. 1.7, d. h. die Wahrscheinlichkeitsdichten in den vier tiefsten Oszillatorzuständen

dert keinen Erwartungswert, d. h. kein mögliches Messergebnis. Die allgemeine Frage, wann die Lösungen einer stationären Schrödinger-Gleichung reell gewählt werden können, hat mit dem Verhalten der Lösungen unter Zeitumkehr zu tun.

Die Wellenfunktion des tiefsten Zustands steht in (1.79). Die darauf folgenden drei, auf 1 normierten Lösungen von (∗) schreiben wir hier noch einmal explizit auf:

$$\varphi_1(x) = \frac{\sqrt{2}}{b^{1/2}\pi^{1/4}} \left(\frac{x}{b}\right) e^{-x^2/(2b^2)} \,, \tag{1.84}$$

$$\varphi_2(x) = \frac{1}{b^{1/2}2\sqrt{2}\pi^{1/4}} \left[4\left(\frac{x}{b}\right)^2 - 2\right] e^{-x^2/(2b^2)} \,, \tag{1.85}$$

$$\varphi_3(x) = \frac{1}{b^{1/2}4\sqrt{3}\pi^{1/4}} \left[8\left(\frac{x}{b}\right)^3 - 12\left(\frac{x}{b}\right)\right] e^{-x^2/(2b^2)} \,. \tag{1.86}$$

Abbildung 1.7 zeigt den Graphen der Wellenfunktionen φ_0 bis φ_3. Dieses Bild, das ein auffälliges Muster in Zahl und Lage der Nullstellen zeigt, kommentieren wir im nächsten Abschnitt in einem allgemeinen Kontext. Abbildung 1.8 gibt die Graphen der Wahrscheinlichkeitsdichten $|\varphi_n|^2$, $n = 0, 1, 2, 3$.

Bemerkung   Darstellung der Heisenberg-Algebra

Aus der oben abgeleiteten Normierung der Zustände φ_n,

$$\varphi_n = \frac{1}{\sqrt{n!}} \underbrace{a^\dagger \cdots a^\dagger}_{n} \varphi_0 \,,$$

mit $(\varphi_0, \varphi_0) = 1$ folgt die Wirkung der Auf- und Absteigeoperatoren auf einen gegebenen Zustand φ_n,

$$a^\dagger \varphi_n = \sqrt{n+1}\, \varphi_{n+1} \,, \qquad a\varphi_n = \sqrt{n}\, \varphi_{n-1} \,.$$

Ihre Matrixelemente sind somit

$$(\varphi_m, a^\dagger \varphi_n) = \sqrt{n+1}\, \delta_{m,n+1} \,, \qquad (\varphi_m, a\varphi_n) = \sqrt{n}\, \delta_{m,n-1} \,.$$

Es ist interessant, daraus die Matrixelemente des Orts- und des Impulsoperators zu berechnen. Durch Umkehrung von (1.74) und (1.75) erhält man

$$q \equiv x = \sqrt{\frac{\hbar}{2m\omega}} (a^\dagger + a) = b\frac{1}{\sqrt{2}} (a^\dagger + a) \,,$$

$$p \equiv \frac{\hbar}{i} \frac{d}{dx} = \sqrt{\frac{\hbar m\omega}{2}}\, i(a^\dagger - a) = \frac{\hbar}{b} \frac{i}{\sqrt{2}} (a^\dagger - a) \,,$$

mit $b = \sqrt{\hbar/(m\omega)}$ wie oben.

Bezeichnen wir die Matrixdarstellung von q und p mit $\{q\}$ bzw. $\{p\}$ und nummerieren die Zeilen und Spalten nach $n = 0, 1, 2, \ldots$, so ist

$$\{q\} = b\frac{1}{\sqrt{2}} \begin{pmatrix} 0 & 1 & 0 & 0 & \ldots \\ 1 & 0 & \sqrt{2} & 0 & \ldots \\ 0 & \sqrt{2} & 0 & \sqrt{3} & \ldots \\ 0 & 0 & \sqrt{3} & 0 & \ldots \\ \vdots & \vdots & \vdots & \vdots & \ddots \end{pmatrix} \,,$$

$$\{p\} = \frac{\hbar}{b} \frac{i}{\sqrt{2}} \begin{pmatrix} 0 & -1 & 0 & 0 & \ldots \\ 1 & 0 & -\sqrt{2} & 0 & \ldots \\ 0 & \sqrt{2} & 0 & -\sqrt{3} & \ldots \\ 0 & 0 & \sqrt{3} & 0 & \ldots \\ \vdots & \vdots & \vdots & \vdots & \ddots \end{pmatrix} \,.$$

Jetzt berechnen wir den Kommutator aus p und q, indem wir den Kommutator dieser Matrizen bilden. Das Ergebnis ist sehr einfach,

$$[\{p\}, \{q\}] = \frac{\hbar}{2} i \begin{pmatrix} -2 & 0 & \ldots \\ 0 & -2 & \ldots \\ \vdots & \vdots & \ddots \end{pmatrix} = \frac{\hbar}{i} \mathbb{1} \,.$$

Dieses Ergebnis ist nichts anderes als eine Matrixdarstellung der Relation (1.36), ist also äquivalent zum Kommutator im Ortsraum

$$\left[\frac{\hbar}{i}\frac{\partial}{\partial x}, x\right] = \frac{\hbar}{i}.$$

Der Satz von Operatoren $\{q^i, p_k | i, k = 1, \ldots, f\}$, zusammen mit dem Kommutator $[.,.]$ als Produkt, für die die fundamentalen Kommutatoren

$$[q^i, q^k] = 0, \qquad [p_i, p_k] = 0, \qquad [p_i, q^k] = \frac{\hbar}{i}\delta_i^k$$

gelten, wird *Heisenberg-Algebra* genannt. Diese Algebra ist nahe verwandt mit der Algebra der fundamentalen Poissonklammern

$$\{q^i, q^k\} = 0, \quad \{p_i, p_k\} = 0, \quad \{p_i, q^k\} = \delta_i^k,$$

die wir aus der Mechanik kennen (s. Band 1, Abschn. 2.31).

Die eben hergeleiteten Matrizen bilden was man eine *Darstellung* nennt. Sie sind unendlichdimensional und spannen eine spezielle Darstellung der Heisenberg-Algebra in einer Raumdimension auf. Sie sind aus einem historischen und aus einem mathematischen Grund interessant.

Historisch hatte Heisenberg seine Fassung der Quantenmechanik in genau dieser Form entwickelt und man nannte diese daher auch *Matrizenmechanik*. Erst einige Zeit später zeigte E. Schrödinger die Äquivalenz dieser Matrixmechanik zu der von ihm und L. de Broglie begründeten Wellenmechanik.

Aus mathematischer Sicht ist unser Beispiel interessant, weil es die Aussage illustriert, dass die Heisenberg-Algebra keine endlichdimensionalen Matrixdarstellungen besitzt. Sie kann weder mit endlichen Matrizen noch mit beschränkten Operatoren erfüllt werden (siehe z. B. [Thirring 1994]).

1.7 Orthogonale Polynome in einer reellen Variablen

Die am Beispiel der Hermite'schen Polynome aufgezeigten Eigenschaften sind so wichtig und zugleich so allgemein, dass wir sie in einen größeren Rahmen stellen und in einer wesentlich allgemeineren Form herleiten und diskutieren wollen. Von zentraler Bedeutung ist dabei der im Beispiel (1.81) aufscheinende verallgemeinerte Orthogonalitätsbegriff:

Definition 1.4   Verallgemeinerte Orthogonalität

Gegeben seien
1. ein Intervall $I = [a, b] \subset \mathbb{R}$ auf der reellen Achse und
2. eine positiv-semidefinite Funktion $\varrho : \mathbb{R} \longrightarrow \mathbb{R}$, die auf I strikt positiv ist und die für große Beträge von x ein kontrolliertes

Wachstum besitzt, in Symbolen also

$$\varrho(x) \geq 0 \quad \forall x \in \mathbb{R}, \quad \varrho(x) > 0 \quad \forall x \in [a, b],$$

$$\varrho(x)\, \mathrm{e}^{\alpha|x|} \leq c < \infty \qquad \text{für geeignetes } \alpha, \ \forall\, x.$$

Die Funktion ϱ heißt *Dichte* oder *Gewichtsfunktion*. Eine unendliche Reihe reeller Polynome $P_k(x)$, $k = 0, 1, 2, \ldots$, die so konstruiert sind, dass

$$\int_a^b \mathrm{d}x\, \varrho(x) P_m(x) P_n(x) = \delta_{mn} \tag{1.87}$$

gilt, heißt im Intervall $[a, b]$ und bezüglich der Gewichtsfunktion $\varrho(x)$ orthogonal und normiert.

Das Besondere an dieser Definition ist, dass in der Tat ein konstruktives Verfahren existiert, bei Vorgabe des Intervalls I und der Gewichtsfunktion ϱ, diese Reihe von Polynomen aufzubauen. Zum Paar (I, ϱ), das den Voraussetzungen genügt, gibt es immer einen Satz orthogonaler Polynome. Hat man die Polynome gefunden, so kann man die Funktionen

$$\varphi_k := \sqrt{\varrho(x)}\, P_k(x) \tag{1.88}$$

definieren (die dann im Allgemeinen keine Polynome mehr sind) und feststellen, dass sie in einem verallgemeinerten Sinn orthogonal und normiert sind,

$$(\varphi_m, \varphi_n) \equiv \int_a^b \mathrm{d}x\, \varphi_m^*(x)\varphi_n(x) = \delta_{mn}. \tag{1.89}$$

(Es werden hier zunächst reelle Polynome und daher reelle Funktionen betrachtet. Es macht dann keinen Unterschied, ob wir im Integral φ_m^* oder φ_m verwenden. Im Hinblick auf die Möglichkeit, auch komplexwertige Funktionen zu betrachten, lassen wir aber die komplexe Konjugation des linken Faktors im Integranden stehen.)

Konstruktion der Polynome (Gram-Schmidt'sches Verfahren)
Das Symbol (f, g) sei wie in (1.89) oben als Integral über das Intervall $[a, b]$ definiert. Sei

$$g_k(x) := \sqrt{\varrho(x)}\, x^k, \qquad k = 0, 1, 2, \ldots \quad \text{und}$$

$$f_0(x) = g_0(x), \qquad f_1(x) = g_1(x) - \frac{(f_0, g_1)}{(f_0, f_0)} f_0(x).$$

Man bestätigt, dass $(f_1, f_0) = 0$ und dass

$$(f_1, f_1) = (g_1, g_1) - \frac{(f_0, g_1)^2}{(f_0, f_0)}$$

ist. Man setzt weiterhin

$$f_2(x) = g_2(x) - \frac{(f_0, g_2)}{(f_0, f_0)} f_0 - \frac{(f_1, g_2)}{(f_1, f_1)} f_1$$

und bestätigt, dass $(f_2, f_0) = 0$ und $(f_2, f_1) = 0$ sind. Diese Konstruktion setzt sich fort, sodass allgemein

$$f_k(x) = g_k(x) - \sum_{l=0}^{k-1} \frac{(f_l, g_k)}{(f_l, f_l)} f_l(x)$$

zu setzen ist. Wiederum bestätigt man, dass für $l = 0, 1, \dots, k-1$ alle bisherigen Funktionen orthogonal zu f_k sind, $(f_k, f_l) = 0$.

Per Konstruktion ist $(f_n, f_n) > 0$, und somit sind die Funktionen

$$\varphi_n(x) := \frac{f_n(x)}{\sqrt{(f_n, f_n)}}$$

orthogonal und auf 1 normiert. Dividiert man noch durch die Wurzel der auf dem Intervall I strikt positiven Gewichtsfunktion, so erhält man die gesuchten orthogonalen Polynome

$$P_n(x) = \frac{\varphi_n(x)}{\sqrt{\varrho(x)}}. \qquad (1.90)$$

Aus der angegebenen Konstruktion folgt:

Lemma 1.1

Es sei $Q_m(x)$ ein Polynom vom Grade m. Dieses Polynom lässt sich als Linearkombination aus den oben konstruierten, orthogonalen Polynomen schreiben,

$$Q_m(x) = \sum_{l=0}^{m} c_l P_l(x).$$

Für alle Grade $n > m$ ist

$$\int_a^b dx\, \varrho(x) Q_m(x) P_n(x) = 0, \qquad (n > m).$$

Bevor wir fortfahren, schauen wir noch einmal zurück auf Abb. 1.7, die die ersten vier Hermite'schen Polynome betrifft. An diesem Bild fallen zwei Dinge auf: die Zahl und die relative Lage der Nullstellen. φ_0 hat keine Nullstelle, φ_1 hat genau eine, φ_2 hat zwei und φ_3 hat drei Nullstellen. Außerdem liegen diese Nullstellen „verschränkt": die Nullstelle von φ_1 liegt zwischen den beiden Nullstellen von φ_2, diese liegen selbst zwischen denen von φ_3. Obwohl Abb. 1.7 die Wellenfunktionen des harmonischen Oszillators und nicht die Hermite'schen Polynome selbst zeigt, gelten diese Beobachtungen natürlich auch für diese. Was sich hier andeutet, stellt sich als allgemeine Eigenschaften aller orthogonalen Polynome heraus. Es gelten die beiden folgenden Sätze:[15]

[15] Ein reelles Polynom vom Grade n hat n Nullstellen. Sind diese Nullstellen nicht alle reell, dann treten die komplexen Nullstellen immer in Paaren von konjugiert komplexen Werten auf (Fundamentalsatz der Analysis).

Satz 1.1

$P_n(x)$ hat im Intervall $I = [a, b]$ genau n reelle, einfache Nullstellen.

Satz 1.2

Die Nullstellen von $P_{n-1}(x)$ trennen die Nullstellen von $P_n(x)$, mit anderen Worten, zwischen zwei benachbarten Nullstellen von $P_n(x)$ liegt genau eine Nullstelle von P_{n-1}.

Der Beweis von Satz 1.1 konstruiert einen Widerspruch: Betrachte alle reellen Nullstellen *ungerader* Ordnung von $P_n(x)$ (d. h. die einfachen, dreifachen, etc.), die bei

$$\alpha_1 < \alpha_2 < \cdots < \alpha_h$$

liegen mögen und nimm an, h sei kleiner als n. Bilde mit diesen das Polynom

$$Q_h(x) = (x - \alpha_1)(x - \alpha_2) \cdots (x - \alpha_h).$$

Für das Produkt aus diesem Hilfspolynom und P_n gilt auf ganz I: $Q_h(x)P_n(x) \geq 0$ oder $Q_h(x)P_n(x) \leq 0$, auf jeden Fall ist es nicht identisch Null. Nimmt man das Integral des Produkts über I,

$$\int_a^b dx \, \varrho(x) Q_h(x) P_n(x),$$

so ist dieses entweder positiv oder negativ, aber nicht Null. Dies steht im Widerspruch zu Lemma 1.1, es sei denn $h = n$. Damit ist Satz 1.1 bewiesen.

Der Beweis von Satz 1.2 baut auf zwei Lemmata auf:

Lemma 1.2

Das Polynom $Q_k(\lambda, x) = P_k(x) + \lambda P_{k-1}(x)$ hat für alle reellen λ genau k einfache, reelle Nullstellen.

Beweis: Die Zahl der reellen Nullstellen von $Q_k(\lambda, x)$ ist entweder k oder, da Q_k ein reelles Polynom ist, kleiner oder gleich $(k-2)$. Q_k möge folgende reelle Nullstellen *ungerader* Ordnung haben

$$\alpha_1 < \alpha_2 < \cdots < \alpha_h \quad \text{mit} \quad h \leq k - 2.$$

Bilde mit diesen das Hilfspolynom

$$R_h(x) = (x - \alpha_1)(x - \alpha_2) \cdots (x - \alpha_h).$$

Wiederum gilt für das Produkt entweder $R_h(x)Q_k(\lambda, x) \geq 0$ oder $R_h(x)Q_k(\lambda, x) \leq 0$, für alle x. Das steht im Widerspruch zu Lemma 1.1, demzufolge

$$\int\limits_a^b dx\, R_h(x) Q_k(\lambda, x) = 0$$

ist. Der Widerspruch besteht nur dann nicht, wenn – entgegen unserer Annahme – $h = k$ ist. Damit ist aber gezeigt, dass die Behauptung von Lemma 1.2 richtig ist.

Lemma 1.3

Es gibt keinen Punkt $x_i \in I$, bei dem sowohl $P_k(x_i) = 0$ als auch $P_{k-1}(x_i) = 0$ gilt.

Gäbe es einen solchen Punkt, so wäre $Q_k(\lambda, x = x_i) = 0$ für alle λ. Wählte man dann

$$\lambda_0 := -\frac{P_k'(x_i)}{P_{k-1}'(x_i)},$$

so würde $Q_k(\lambda_0, x = x_i) = 0$ und $Q_k'(\lambda_0, x = x_i) = 0$ folgen. Dieses Polynom hätte bei x_i eine *doppelte* Nullstelle – im Widerspruch zu Lemma 1.2.

Jetzt lässt der Satz 1.2 sich wie folgt beweisen: Wir machen die Gegenannahme, er sei nicht richtig. Dann gibt es im Intervall I zwei Nullstellen α und β von $P_n(x)$, $P_n(\alpha) = 0 = P_n(\beta)$ mit $\alpha < \beta$, derart, dass

$$P_n(x) \neq 0 \qquad \text{für alle} \quad x \in (\alpha, \beta) \quad \text{und}$$
$$P_{n-1}(x) \neq 0 \qquad \text{für alle} \quad x \in [\alpha, \beta].$$

Das Polynom $Q_n(\lambda, x) = P_n(x) + \lambda P_{n-1}(x)$ hat dann für alle $x \in [\alpha, \beta]$ die Nullstelle

$$\lambda_0(x) := -\frac{P_n(x)}{P_{n-1}(x)}.$$

Außerdem gilt $\lambda_0(x = \alpha) = 0 = \lambda_0(x = \beta)$, aber $\lambda_0(x) \neq 0$ für alle $x \in (\alpha, \beta)$. Demnach hat die Funktion $\lambda_0(x)$ im offenen Intervall (α, β) überall dasselbe Vorzeichen und nimmt in einem seiner Punkte $x_0 \in (\alpha, \beta)$ ein Extremum an. Dort gilt somit

$$\left.\frac{d\lambda_0(x)}{dx}\right|_{x=x_0} = 0.$$

Betrachte nun das Polynom $Q_n(\lambda_0(x), x) = P_n(x) + \lambda_0(x) P_{n-1}(x) = 0$. Leitet man dieses nach x ab und wählt $x = x_0$, so folgt

$$Q_n'(\lambda_0(x_0), x_0) = P_n'(x_0) + \lambda_0(x_0) P_{n-1}'(x_0) = 0,$$

$Q_n(\lambda_0(x_0), x)$ hat demnach bei $x = x_0$ eine Nullstelle *zweiter* Ordnung. Da dies im Widerspruch zu Lemma 1.2 steht, ist der Satz 1.2 richtig.

Das System der Funktionen $\{\varphi_n\}$ ist nicht nur orthogonal (im Sinne der Definition 1.4) und normiert, sondern auch *vollständig*. Dieser Begriff, der eine direkte Verallgemeinerung des Begriffs der Vollständigkeit eines Systems von Basisvektoren ist, die einen endlichdimensionalen Vektorraum aufspannen, wird hier genauer gefasst.

Definition 1.5

Ein System von orthonormierten Funktionen $\{\varphi_n\}$ heißt *vollständig*, wenn jede quadratintegrable Funktion $h(x)$, für die $(\varphi_n, h) = 0$ für alle n gilt, identisch Null ist. Dies ist gleichbedeutend damit, dass jede quadratintegrable Funktion $f(x)$ nach diesem Funktionssystem entwickelt werden kann.

Die genannte Aussage beweist man unter Verwendung von etwas Funktionentheorie: Mit $(\varphi_n, h) = 0 \; \forall n$ gilt auch

$$\int_a^b dx \, \sqrt{\varrho(x)} x^n h(x) = 0 \,,$$

denn x^n lässt sich als Linearkombination von P_0 bis P_n ausdrücken. Wir betrachten die komplexe Funktion

$$F(p) := \int_a^b dx \, \sqrt{\varrho(x)} h(x) e^{ipx} \,.$$

Da diese Funktion analytisch ist,[16] kann man ihre Ableitungen nach p durch Differentiation des Integranden berechnen,

$$F^{(m)}(p) := \int_a^b dx \, \sqrt{\varrho(x)} h(x) x^m e^{ipx} \,.$$

Speziell an der Stelle $p = 0$ ist dann aber

$$F^{(m)}(0) := \int_a^b dx \, \sqrt{\varrho(x)} h(x) x^m = 0 \quad \text{für alle} \quad m \,.$$

Folglich verschwindet $F(p)$ identisch, somit auch der Integrand $\sqrt{\varrho(x)} \cdot h(x)$ und, da ϱ auf dem Intervall strikt positiv ist, auch $h(x)$ selbst. Damit ist der Satz bewiesen.

[16] Falls sich das Intervall $I = [a, b]$ bis ins Unendliche erstreckt, ist $F(p)$ nur für $|\operatorname{Im} p| < \alpha$ definiert, wobei α das Wachstumsverhalten der Gewichtsfunktion $\varrho(x)$ kontrolliert, wie in Definition 1.4, 2 ausgeführt.

Beispiel 1.6

Der Satz der Hermite'schen Polynome $H_n(u)$ ist orthogonal auf dem Intervall $(-\infty, +\infty)$ mit der Gewichtsfunktion e^{-u^2}. Dividieren wir sie noch durch $\sqrt{\pi^{1/2} 2^n n!}$, dann sind sie auf 1 normiert. Abbildung 1.7 illustriert die beiden Sätze über Nullstellen.

Beispiel 1.7

Wählt man das Intervall $(a = -1, b = 1)$ und die Gewichtsfunktion $\varrho(x) = \Theta(x - a) - \Theta(x - b)$, d. h. so, dass sie auf dem Intervall gleich 1, außerhalb aber gleich 0 ist, so liefert das Gram-Schmidt'sche Verfahren die *Legendre-Polynome* $P_l(x \equiv \cos\theta)$ mit $0 \leq \theta \leq \pi$. Traditionell werden die Legendre'schen Polynome nicht auf 1 normiert, sondern so definiert, dass $P_l(x = 1) \equiv P_l(\theta = 0) = 1$ ist für alle l. Obwohl es allgemeine Formeln für die Legendre'schen Polynome gibt (Formel von Rodrigues), mag es eine gute Übung sein, etwa die ersten sechs Polynome mit Hilfe des Gram-Schmidt'schen Verfahrens explizit zu konstruieren,

$$P_0(x) = 1, \quad P_1(x) = x,$$

$$P_2(x) = \frac{1}{2}(3x^2 - 1), \quad P_3(x) = \frac{1}{2}(5x^3 - 3x),$$

$$P_4(x) = \frac{1}{8}(35x^4 - 30x^2 + 3), \quad P_5(x) = \frac{1}{8}(63x^5 - 70x^3 + 15x).$$

Einige ihrer allgemeinen Eigenschaften sind

$$P_l(1) = 1, \qquad P_l(-x) = (-)^l P_l(x), \qquad P_{2l+1}(0) = 0.$$

Versieht man sie mit dem Faktor $\sqrt{(2l+1)/2}$, dann sind sie auch normiert,

$$\int\limits_{-1}^{+1} dx \sqrt{\frac{2l+1}{2}} P_l(x) \sqrt{\frac{2l'+1}{2}} P_{l'}(x) = \delta_{ll'}.$$

Abbildung 1.9 zeigt die auf eins normierten Polynome $\sqrt{(2l+1)/2} \cdot P_l(x)$ im Intervall $[-1, +1]$ und illustriert noch einmal die Nullstellensätze.

Jede im Intervall $0 \leq \theta \leq \pi$ reguläre Funktion $f(\theta)$ lässt sich nach Legendre'schen Polynomen entwickeln:

$$f(\theta) = \sum_{l=0}^{\infty} c_l P_l(\cos\theta). \tag{1.91}$$

Mit $x = \cos\theta$, $dx = -\sin\theta\, d\theta$ und der oben angegebenen Normierung sind die Entwicklungskoeffizienten

$$c_l = \frac{2l+1}{2} \int\limits_{0}^{\pi} \sin\theta\, d\theta\, P_l(\cos\theta) f(\theta). \tag{1.92}$$

Weitere Beispiele von orthogonalen Polynomen werden uns an verschiedenen Stellen im Folgenden begegnen.

Bemerkungen

1. Die Ergebnisse dieses Abschnitts geben uns ein besseres Verständnis des quantisierten harmonischen Oszillators, den wir in Abschn. 1.6

Abb. 1.9. Graphen der ersten sechs, hier auf 1 normierten Legendreschen Polynome als Funktion von $x = \cos\theta$. Hier ist also $\tilde{P}_l(x) = \sqrt{(2l+1)}\, P_l(x)$ aufgetragen

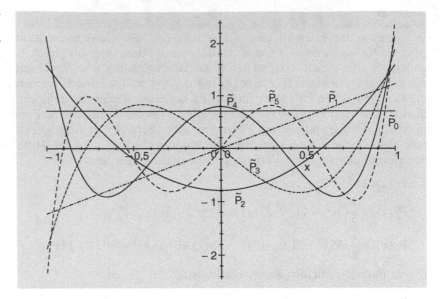

so ausführlich studiert haben. Da die Hermite'schen Polynome nicht nur orthogonal, sondern auch vollständig sind, bilden die Wellenfunktionen (1.83) ein *vollständiges* und *orthonormiertes* Funktionensystem. Sie spannen einen unendlichdimensionalen Funktionenraum auf, den Raum der quadratintegrablen Funktionen $L^2(\mathbb{R})$ über dem $\mathbb{R}^1$; jedes Element f dieses Raums lässt sich nach den φ_n entwickeln.

2. Insbesondere die Vollständigkeit, Definition 1.5, begründet nachträglich, warum es berechtigt war, in (1.63) und in

$$(\varphi_m, \varphi_n) \equiv \int\limits_{-\infty}^{\infty} \mathrm{d}x\, \varphi_m^*(x)\varphi_n(x) = \delta_{mn}$$

von einem Skalarprodukt zu sprechen. Ein solches Integral erfüllt in der Tat alle Regeln eines Skalarprodukts: Wenn die Funktionen φ_n wie beim harmonischen Oszillator reell sind (oder reell gewählt werden können), dann ist es symmetrisch, wenn sie komplex sind, dann gilt

$$(\varphi_n, \varphi_m) = (\varphi_m, \varphi_n)^*.$$

Es ist nicht entartet, da ein festes f, für welches $(\varphi_n, f) = 0$ für alle n gilt, identisch verschwindet.

3. Die Analogie zur linearen Algebra endlichdimensionaler Vektorräume ist unverkennbar. Vergleichen wir die Entwicklung eines Elements $v \in V$ eines d-dimensionalen Vektorraums nach der Basis $\hat{e}_i$ mit der Entwicklung einer Funktion $f \in L^2(\mathbb{R})$ nach der Basis φ_n,

d. h.

$$v = \sum_{i=1}^{d} c_i \hat{e}_i \quad \text{mit} \quad f(x) = \sum_{k=0}^{\infty} c_k \varphi_k(x),$$

so sind die Rollen der Entwicklungskoeffizienten und der Basen dieselben, die Regeln, die Koeffizienten aus den Skalarprodukten von v bzw. f mit $\hat{e}_i$ bzw. φ_n zu berechnen, sind sehr ähnlich.
Natürlich gibt es bedeutende Unterschiede zu den endlichdimensionalen Vektorräumen, wenn man zu unendlichdimensionalen Funktionenräumen übergeht. Im letzteren Fall muss man, um nur einen wichtigen Unterschied zu nennen, den Begriff der Konvergenz sorgfältig überprüfen. Für den Moment mag es aber genügen, auf die große Ähnlichkeit hinzuweisen und damit die Wellenfunktionen eines selbstadjungierten quantenmechanischen Systems ein bisschen anschaulicher zu machen.

1.8 Observable und Erwartungswerte

1.8.1 Observable mit nichtentartetem Spektrum

Sei $F(p, x)$ eine Observable, für die es ein vollständiges System von orthonormierten Wellenfunktionen gibt, die folgende Differentialgleichung erfüllen,

$$F\left(p = \frac{\hbar}{i}\nabla, x\right) \varphi_n(x) = \lambda_n \varphi_n(x). \tag{1.93}$$

Die (reellen) Zahlen λ_n nennt man die *Eigenwerte*, die Wellenfunktionen $\varphi_n(x)$ nennt man die *Eigenfunktionen* der Observablen $F(p, x)$, φ_n ist die zum Eigenwert λ_n gehörende Eigenfunktion.[17] Diese Bezeichnungsweise ist an die der Linearen Algebra angelehnt. Dort hat beispielsweise jede reelle, symmetrische $m \times m$-Matrix $\{M_{ik}\}$ m reelle Eigenwerte und Eigenvektoren, die man durch Lösen des linearen Gleichungssystems

$$\sum_{k=1}^{m} M_{ik} c_k^{(n)} = \mu_n c_i^{(n)} \qquad n = 1, 2, \dots, m$$

bekommt. Um ein physikalisches Beispiel vor Augen zu haben, erinnere ich an den Trägheitstensor $\mathbf{J} = \{J_{ik}\}$ der Mechanik des starren Körpers, der eine reelle, symmetrische 3×3-Matrix ist. Das Gleichungssystem

$$\sum_{k=1}^{3} J_{ik} \omega_k^{(n)} = I_n \omega_i^{(n)}$$

[17] Eigenwerte heißen auf Englisch *eigenvalues*, auf Französisch *valeurs propres*, Eigenfunktionen oder -vektoren heißen *eigenfunctions/-vectors* bzw. *fonctions/vecteurs propres*.

liefert die Trägheitsmomente I_1, I_2, I_3 als Eigenwerte von **J**, die zugehörigen Eigenvektoren $\omega^{(n)}$ geben die orthogonalen Richtungen der drei Hauptträgheitsachsen, d. h. derjenigen Achsen, für die Winkelgeschwindigkeit und Drehimpuls dieselbe Richtung haben.

Der Klarheit halber seien die Definitionen der eingangs gebrauchten Begriffe hier noch einmal in Erinnerung gerufen:

- *Orthonormiert* bedeutet, dass die Eigenfunktionen orthogonal und – im Blick auf die Wahrscheinlichkeitsinterpretation – auf 1 normiert sind,

$$(\varphi_m, \varphi_n) \equiv \int d^3x\, \varphi_m^*(\boldsymbol{x})\varphi_n(\boldsymbol{x}) = \delta_{mn}\,.$$

- *Nichtentartet* heißt, dass alle Eigenwerte verschieden sind, $\lambda_m \neq \lambda_n$ für $m \neq n$, oder, anders gesagt, dass zu jedem Eigenwert λ_n genau eine Eigenfunktion φ_n gehört. Umgekehrt würde die Aussage, die Eigenwerte seien entartet, bedeuten, dass es bei festem n eine Reihe von Eigenfunktionen

$$\varphi_{n,1}, \varphi_{n,2}, \cdots \varphi_{n,k_n}$$

gäbe, die alle die Differentialgleichung (1.93) zum selben Eigenwert λ_n erfüllen würden. Auf diesen Fall, den wir hier noch ausschließen, und auf seine physikalische Bedeutung, kommen wir in Abschn. 1.8.3 zurück.

- *Vollständig* bedeutet, dass jede quadratintegrable Funktion $\psi(t, \boldsymbol{x})$ sich nach den φ_n entwickeln lässt,

$$\psi(t, \boldsymbol{x}) = \sum_{n=0}^{\infty} c_n(t)\varphi_n(\boldsymbol{x}) \quad \text{mit}$$

$$c_n(t) = \int d^3x\, \varphi_n^*(\boldsymbol{x})\psi(t, \boldsymbol{x}) \equiv (\varphi_n, \psi)(t)\,. \tag{1.94}$$

Diese Entwicklung konvergiert im Mittel, d. h. in folgendem Sinn

$$\lim_{N \to \infty} \int d^3x \left| \psi(t, \boldsymbol{x}) - \sum_{n=0}^{N} c_n(t)\varphi_n(\boldsymbol{x}) \right|^2$$

$$= \lim_{N \to \infty} \left(\int d^3x\, |\psi|^2 - \sum_{n=0}^{N} |c_n|^2 \right) = 0\,.$$

Hier ist ein Beispiel für einen Operator mit den genannten Eigenschaften: F sei der Hamiltonoperator eines harmonischen Oszillators in drei Raumdimensionen,

$$H = -\frac{\hbar^2}{2m}\Delta + \frac{1}{2}m[\omega_1^2(x^1)^2 + \omega_2^2(x^2)^2 + \omega_3^2(x^3)^2]\,,$$

wobei die Kreisfrequenzen ω_i so gewählt seien, dass je zwei von ihnen relativ irrational sind. Klarerweise lässt H sich als Summe von drei eindimensionalen Oszillatoren mit verschiedenen Frequenzen schreiben, auf die wir die Ergebnisse des Abschn. 1.6 anwenden können. Das Spektrum der Eigenwerte von H ist

$$E_{n_1,n_2,n_3} = \sum_{i=1}^{3} \left(n_i + \frac{1}{2} \right) \hbar\omega_i \,;$$

unter der genannten Voraussetzung ist es nicht entartet.

Der (Differential-)operator $F(\boldsymbol{p}, \boldsymbol{x})$ stellt eine Observable dar und muss daher selbstadjungiert sein. In der Tat, wenn er diese Eigenschaft hat, dann sind seine Eigenwerte reell:

$$(\varphi_n, F\varphi_n) = \lambda_n = (F\varphi_n, \varphi_n) = \lambda_n^* \,,$$

wobei wir dieselbe Überlegung wie nach (1.81) ausgeführt haben.

Als weitere Eigenschaft selbstadjungierter Operatoren beweisen wir die in Bem. 3 in Abschn. 1.5.1 angekündigte Beziehung für $n \neq m$

$$(\varphi_m, F\varphi_n) \equiv \int \mathrm{d}^3 x \, \varphi_m^* F\varphi_n = \int \mathrm{d}^3 x \, (F\varphi_m)^* \varphi_n \equiv (F\varphi_m, \varphi_n) \,.$$

$$(1.95)$$

Sei $\psi = u\varphi_n + v\varphi_m$ mit beliebigen, komplexen Koeffizienten $u, v \in \mathbb{C}$ und sei G, etwas allgemeiner als bisher, ein auf dem Funktionensystem $\{\varphi_n\}$ definierter, selbstadjungierter Operator. Diese Observable G ist dann auch auf ψ definiert und es gilt

$$\int \mathrm{d}^3 x \, \psi^* G\psi - \int \mathrm{d}^3 x \, (G\psi)^* \psi \equiv (\psi, G\psi) - (G\psi, \psi) = 0 \,.$$

Setzt man hier die Zerlegung $\psi = u\varphi_n + v\varphi_m$ ein, so folgt

$$u^* v \left[\int \mathrm{d}^3 x \, \varphi_n^* G\varphi_m - \int \mathrm{d}^3 x \, (G\varphi_n)^* \varphi_m \right]$$
$$+ uv^* \left[\int \mathrm{d}^3 x \, \varphi_m^* G\varphi_n - \int \mathrm{d}^3 x \, (G\varphi_m)^* \varphi_n \right] = 0 \,.$$

Da u und v beliebig sind, müssen die eckigen Klammern einzeln verschwinden. Das ist die behauptete Aussage.

Die Eigenfunktionen φ_n der Observablen F bilden eine Basis des unendlichdimensionalen Raums der quadratintegrablen Funktionen. Eine andere Observable G kann man genauso gut durch ihre Matrixdarstellung in dieser Basis

$$G_{mn} := (\varphi_m, G\varphi_n)$$

ersetzen, die dann die Eigenschaft hat

$$G_{mn} = G_{nm}^* \quad \text{oder} \quad \mathbf{G} = \mathbf{G}^\dagger \,.$$

Die Matrix $\mathbf{G}$ ist gleich dem Komplexkonjugierten ihrer Transponierten, sie ist, wie man sagt, *hermitesch*. Da die Darstellung als unendlichdimensionale Matrix äquivalent zur Darstellung als Differentialoperator ist, die Matrix hermitesch, der Operator selbstadjungiert ist, werden die Eigenschaften „hermitesch" und „selbstadjungiert" oft als Synonyme gebraucht.

Kehren wir zur Observablen F zurück, deren Eigenwerte und Eigenfunktionen aus (1.93) bekannt seien und denken wir uns einen beliebigen, physikalischen Zustand ψ wie in (1.94) entwickelt. Für die Norm von ψ gilt

$$\int d^3x \, |\psi(t, \boldsymbol{x})|^2 = 1 = \sum_{n=0}^{\infty} |c_n(t)|^2 \,.$$

Der Erwartungswert der Observablen F im Zustand ψ ist dann

$$\langle F \rangle_\psi = \int d^3x \, \psi(t, \boldsymbol{x})^* F \psi(t, \boldsymbol{x}) = \sum_{n=0}^{\infty} \lambda_n \, |c_n(t)|^2 \,.$$

Diese Formeln, zusammen mit der Born'schen Interpretation der Wellenfunktion, legen folgende Interpretation nahe:

> Die Eigenwerte λ_n des selbstadjungierten Operators F sind die möglichen Werte, die man bei Einzelmessungen der Observablen F finden wird. Führt man die Messung von F an einem quantenmechanischen Zustand durch, der durch die Wellenfunktion ψ beschrieben wird, so ist die Wahrscheinlichkeit, einen gegebenen Eigenwert λ_q zu finden, durch $|c_q(t)|^2$ gegeben.

Mit anderen Worten, führt man die Messung von F an vielen, identisch präparierten Systemen durch, denen die Wellenfunktion ψ zugeordnet ist, dann wird man bei jeder Einzelmessung einen der Eigenwerte λ_n finden, insgesamt aber eine mit den Wahrscheinlichkeiten $|c_n|^2$ gewichtete Verteilung der Eigenwerte. Die mittlere quadratische Abweichung (1.31) der Observablen F im Zustand ψ berechnet sich zu

$$(\Delta F)^2 = \left\langle (F - \langle F \rangle_\psi)^2 \right\rangle_\psi = \sum_{i=0}^{\infty} |c_i|^2 \left(\lambda_i - \sum_{j=0}^{\infty} \lambda_j \, |c_j|^2 \right)^2 \geq 0 \,.$$

Als Ergebnis für Erwartungswerte, d. h. das Ergebnis sehr vieler Messungen, ist das wieder eine *klassische* Aussage geworden. Sie kann daher direkt mit den allgemeinen, statistischen Aussagen des Abschn. 1.2.1 verglichen werden. Setzen wir $w_i \equiv |c_i|^2$, dann entspricht das Ergebnis dem in Abschn. 1.2.1 als diskrete Verteilung bezeichneten Fall. Insbesondere können wir die im Anschluss an (1.34) gemachte Beobachtung verschärfen: Die mittlere quadratische Abweichung bzw. die Streuung der Observablen F im Zustand ψ verschwindet genau dann, wenn ψ ein Eigenzustand von F ist, d. h. wenn nur ein c_k den Betrag 1 hat, alle anderen aber gleich Null sind,

$$|c_k| = 1, \qquad c_n = 0 \quad \text{für alle} \quad n \neq k \,.$$

Es ist instruktiv, diese Aussage wie folgt zu beweisen. Wir nehmen an, dass ψ im Definitionsbereich des Operators F liegt und dass das Ergebnis der Wirkung von F auf diesen Zustand $\phi = F\psi$ wieder in diesem Bereich liegt. Sei ϕ nicht Null. Dann ist

$$\left\langle F^2 \right\rangle_\psi = (\psi, F^2\psi) = (F\psi, F\psi) = (\phi, \phi) \quad \text{und} \quad \langle F \rangle_\psi^2 = (\psi, \phi)^2 \,.$$

Die mittlere quadratische Abweichung ist somit

$$\left\langle F^2 \right\rangle_\psi - \langle F \rangle_\psi^2 = \big([\phi - (\psi, \phi)\psi], \phi\big) \geq 0 \,.$$

Im linken Faktor wird von ϕ dessen Projektion auf ψ abgezogen. In einem Vektorraum mit $\boldsymbol{a}, \boldsymbol{b} \in V$ wäre der analoge Ausdruck (mit der Abkürzung $\hat{\boldsymbol{a}} = \boldsymbol{a}/|\boldsymbol{a}|$)

$$\big(\boldsymbol{b} - (\hat{\boldsymbol{a}} \cdot \boldsymbol{b})\hat{\boldsymbol{a}}\big) \cdot \boldsymbol{b} \geq 0 \,.$$

In beiden Fällen sind die Ausdrücke der linken Seite genau dann gleich Null, wenn $\boldsymbol{b}$ parallel zu $\boldsymbol{a}$ bzw. ϕ proportional zu ψ ist, $\phi = \lambda\psi$. In diesem Fall ist ψ Eigenfunktion von F. Schließlich, wenn ϕ verschwindet, ist die Aussage trivial richtig.

Wir schließen diesen Abschnitt mit einigen

Bemerkungen

1. Ob man die Wellenfunktion $\psi(t, \boldsymbol{x})$ über dem Ortsraum $\mathbb{R}^3$ oder die Gesamtheit der Entwicklungskoeffizienten $\{c_n(t)\}$ betrachtet, ist gleichwertig. Die Kenntnis aller $c_n(t)$ bestimmt $\psi(t, \boldsymbol{x})$ vollständig.
2. Messwerte sind immer von der Form $\int \psi^* \ldots \psi$ oder, wie man sagt, *sesquilinear* in der Wellenfunktion. Zwei Wellenfunktionen $\psi(t, \boldsymbol{x})$ und $\mathrm{e}^{\mathrm{i}\alpha}\psi(t, \boldsymbol{x})$ mit einer reellen Zahl α sind daher physikalisch ununterscheidbar. Man spricht von der Menge

   $$\underline{\psi} := \left\{ \mathrm{e}^{\mathrm{i}\alpha}\psi \,|\, \alpha \in \mathbb{R} \right\}$$

   als einem *Einheitsstrahl* (auf Englisch: *unit ray*). Später, wenn wir mehr über die Räume, in denen die Wellenfunktionen ψ leben, und über die Symmetrien wissen, die in diesen Räumen auf sie wirken, werden Einheitsstrahlen im Zusammenhang mit *projektiven Darstellungen* auftauchen.
3. Die Messung der Observablen kann dazu benutzt werden, einen Zustand zu *präparieren*, indem man wie mit einem Filter zum Zeitpunkt t_0 den Eigenwert λ_k auswählt, alle anderen aber verwirft. Der Zustand des Systems ist dann zu dieser Zeit

   $$\psi(t_0, \boldsymbol{x}) = \varphi_k(\boldsymbol{x}) \,.$$

   Seine weitere, zeitliche Evolution wird durch die zeitabhängige Schrödinger-Gleichung (1.59) beschrieben. Wenn F insbesondere eine Erhaltungsgröße ist, d. h. wenn F mit dem Hamiltonoperator H kommutiert, dann ist mit φ_n auch $(H\varphi_n)$ Eigenfunktion von F

   $$F(H\varphi_n) = HF\varphi_n = \lambda_n(H\varphi_n)$$

und gehört zum selben Eigenwert λ_n. Da diese nicht entartet sind, muss

$$H\varphi_n = E_n\varphi_n$$

gelten, wobei E_n ebenfalls reell ist. Für die Entwicklungskoeffizienten in (1.94) folgt dann

$$\dot{c}_n = (\varphi_n, \dot{\psi}) = -\frac{\mathrm{i}}{\hbar}(\varphi_n, H\psi) = -\frac{\mathrm{i}}{\hbar}(H\varphi_n, \psi) = -\frac{\mathrm{i}}{\hbar}E_n c_n \,.$$

Daraus folgt, dass c_n harmonische Zeitabhängigkeit hat, d. h.

$$c_n(t) = c_n(t_0)\,\mathrm{e}^{-(\mathrm{i}/\hbar)E_n(t-t_0)} \,,$$

und die Wahrscheinlichkeiten $|c_n(t)|^2$ sind von der Zeit unabhängig.

1.8.2 Ein Beispiel

Die bisher diskutierten Fälle sind leider noch ziemlich akademisch, weil wir ausschließlich stationäre, stabile Zustände betrachtet haben, die wir jetzt zwar berechnen, an denen wir aber noch nichts messen können. Das wird sich erst ändern, wenn wir wissen, wie man die Streuung zweier Systeme aneinander beschreibt oder wie man das Strahlungsfeld quantisieren und an die bis dahin stationären Systeme (Oszillator, Wasserstoffatom usw.) koppeln kann. Erst durch die Beobachtung von Streuprozessen im ersten Fall, von Emission oder Absorption von γ-Quanten im zweiten Fall werden die charakteristischen Eigenschaften von Quantensystemen nachprüfbar werden.

Das folgende Beispiel ist insofern etwas realistischer, als es einen Zustand mit einer nichttrivialen zeitlichen Evolution beschreibt, d. h. einen Zustand, der eine mehr als nur harmonische Zeitabhängigkeit besitzt. Es sei φ_n wieder die Basis der Eigenfunktionen (1.83) des harmonischen Oszillators in einer Dimension, und

$$\psi(t, x) = \sum_{n=0}^{\infty} c_n(t)\varphi_n(x)$$

ein zeitabhängiger Zustand, der nach dem Modell von (1.94) dargestellt ist. Die Zeitabhängigkeit der Entwicklungskoeffizienten ist harmonisch, wie in Bem. 3, Abschn. 1.8.1 gezeigt, hier also

$$c_n(t) = c_n(0)\,\mathrm{e}^{-(\mathrm{i}/\hbar)E_n t} = c_n(0)\,\mathrm{e}^{-(\mathrm{i}/2)\omega t}\,\mathrm{e}^{-\mathrm{i}n\omega t} \,,$$

wobei wir die Energieformel (1.78) eingesetzt haben. Sei $z(0) = r\,\mathrm{e}^{-\mathrm{i}\phi(0)}$ eine beliebige komplexe Zahl, hier nach Betrag und (aus Gründen der Bequemlichkeit negativer) Phase zerlegt. Wählt man die Koeffizienten zu

$$c_n(0) = \left(\frac{1}{\sqrt{n!}}z(0)^n\right)\mathrm{e}^{-r^2/2} \,,$$

so ist ψ zur Zeit $t = 0$ und somit zu allen Zeiten auf 1 normiert:

$$\sum_{n=0}^{\infty} |c_n(0)|^2 = \left(\sum_{0}^{\infty} \frac{1}{n!} (r^2)^n \right) e^{-r^2} = 1 \, .$$

Setzen wir

$$z(t) = r e^{-i\phi(t)} = r e^{-i[\omega t + \phi(0)]} \quad \text{und} \quad \phi(t) = \omega t + \phi(0) \, ,$$

so ist

$$\psi(t, x) = e^{-r^2/2} e^{-i\omega t/2} \sum_{n=0}^{\infty} \frac{1}{\sqrt{n!}} z^n(t) \, \varphi_n(x) \, .$$

Solange $r \neq 0$, ist ψ offensichtlich kein Eigenzustand der Energie, geht aber mit $r \to 0$ in den Grundzustand des harmonischen Oszillators über. Um seinen physikalischen Inhalt zu verstehen, berechnen wir die Erwartungswerte der Koordinate x und des Impulses p und deren Streuungen (Δx) und (Δp). Verwendet man wieder die Auf- und Absteigeoperatoren aus Abschn. 1.6, dann sind x und p

$$x = b \frac{1}{\sqrt{2}} (a^\dagger + a) \, , \qquad p = \frac{\hbar}{b} \frac{i}{\sqrt{2}} (a^\dagger - a) \, ,$$

während die Wirkung von $a^\dagger$ und von a auf die Eigenfunktionen durch

$$(\varphi_m, a^\dagger \varphi_n) = \sqrt{n+1} \, \delta_{m,n+1} \, , \qquad (\varphi_m, a \varphi_n) = \sqrt{n} \, \delta_{m,n-1}$$

gegeben ist. Der Erwartungswert von x im Zustand ψ ist jetzt nicht schwer zu berechnen:

$$\langle x \rangle_\psi = \frac{b}{\sqrt{2}} e^{-r^2} \left(\sum_{n=0}^{\infty} \frac{z^{*n+1} z^n \sqrt{n+1}}{\sqrt{(n+1)! n!}} + \sum_{n=1}^{\infty} \frac{z^{*n-1} z^n \sqrt{n}}{\sqrt{(n-1)! n!}} \right)$$

$$= \frac{b}{\sqrt{2}} e^{-r^2} e^{+r^2} (z^* + z) = rb\sqrt{2} \cos[\omega t + \phi(0)] \, .$$

Der Erwartungswert von p folgt daraus mittels des Ehrenfest'schen Satzes (1.72)

$$\langle p \rangle_\psi = m \frac{d}{dt} \langle x \rangle_\psi = -\frac{\hbar\sqrt{2}}{b} r \sin[\omega t + \phi(0)] \, .$$

Diese Zwischenergebnisse sind für sich genommen schon sehr interessant: Die Erwartungswerte von $\omega \sqrt{m} \, x$ und $p/\sqrt{m}$ wandern im Phasenraum mit der Winkelgeschwindigkeit ω auf dem Kreis mit Radius $r\sqrt{2\hbar\omega} \equiv \sqrt{2E_{kl}}$,

$$\omega \sqrt{m} \, \langle x \rangle_\psi = r\sqrt{2\hbar\omega} \cos[\omega t + \phi(0)] \, ,$$

$$\frac{1}{\sqrt{m}} \langle p \rangle_\psi = -r\sqrt{2\hbar\omega} \sin[\omega t + \phi(0)] \, .$$

Der Zustand $\psi(t, x)$, der zur Klasse der so genannten *kohärenten Zustände* gehört, kommt der klassischen Oszillatorbewegung mit der Energie $E_{kl} = r^2 \hbar\omega$ sehr nahe. Als quantenmechanischer Zustand hat er keine feste, wohldefinierte Energie. Die Wahrscheinlichkeit, bei einer Messung der Energie den Eigenwert $E_n = (n + 1/2)\hbar\omega$ zu finden, ist

$$w(E_n) = \frac{r^{2n}\,\mathrm{e}^{-r^2}}{n!}$$

und somit zeitunabhängig. Diese Verteilung hat ihr Maximum bei

$$n = r^2\,, \quad \text{d.h. bei} \quad E_{n=r^2} = \left(r^2 + \frac{1}{2}\right)\hbar\omega\,.$$

Abgesehen von der Nullpunktsenergie liegt das Maximum beim Wert der entsprechenden klassischen Energie.

Um den kohärenten Zustand weiter zu analysieren, berechnen wir als Nächstes

$$x^2 = \frac{1}{2}b^2(a^\dagger a^\dagger + a^\dagger a + aa^\dagger + aa) = \frac{b^2}{2}(a^\dagger a^\dagger + 2a^\dagger a + 1 + aa)$$

und damit

$$
\begin{aligned}
\left\langle x^2 \right\rangle_\psi &= \frac{1}{2}b^2\left\{1 + \left\langle a^\dagger a^\dagger + 2a^\dagger a + aa \right\rangle_\psi\right\} \\
&= \frac{1}{2}b^2\left\{1 + r^2\left[z^{*2}(t) + 2z^*(t)z(t) + z^2(t)\right]\right\} \\
&= \frac{1}{2}b^2 + 2r^2b^2\cos^2[\omega t + \phi(0)]\,.
\end{aligned}
$$

Die Rechnung ist einfach und ich gebe hier einen typischen Zwischenschritt an: Der Aufsteigeoperator, zweimal auf ψ angewandt, ergibt

$$a^\dagger a^\dagger \psi = \mathrm{e}^{-r^2/2} \sum_{n=0}^{\infty} \frac{z^n}{\sqrt{n!}} \sqrt{(n+2)(n+1)}\,\varphi_{n+2}(x)\,.$$

Bildet man das Skalarprodukt mit ψ, d.h. multipliziert von links mit ψ^* und integriert über x, nutzt dabei die Orthogonalität der Basisfunktionen φ_n aus, so folgt der Erwartungswert

$$\left\langle a^\dagger a^\dagger \right\rangle_\psi = \mathrm{e}^{-r^2} \sum_{n=0}^{\infty} \frac{z^{*\,n+2} z^n \sqrt{(n+2)(n+1)}}{\sqrt{(n+2)!\,n!}} = \mathrm{e}^{-r^2}\,\mathrm{e}^{+r^2} z^{*2}(t)\,.$$

Mit den bisherigen Ergebnissen folgt für die mittlere quadratische Abweichung und für die Streuung

$$(\Delta x)^2 = \left\langle x^2 \right\rangle_\psi - \langle x \rangle_\psi^2 = \frac{1}{2}b^2 \quad \text{bzw.} \quad (\Delta x) = \frac{b}{\sqrt{2}}\,.$$

Die Berechnung des Erwartungswertes von p^2 ist völlig analog, man findet

$$\left\langle p^2 \right\rangle_\psi = \frac{\hbar^2}{2b^2}\left\{1 + 4r^2\sin^2[\omega t + \phi(0)]\right\}\,,$$

die Streuung ist

$$(\Delta p) = \frac{\hbar}{b\sqrt{2}} \,.$$

Das ist wiederum ein interessantes Ergebnis: Das Produkt der Streuungen von x und p hat den Wert

$$(\Delta x)(\Delta p) = \frac{\hbar}{2} \,.$$

Das ist der nach der Heisenberg'schen Unschärferelation (1.35) zulässige Mindestwert, er ist auch gleich dem Produkt der Streuungen im (stationären) Grundzustand des harmonischen Oszillators. Der kohärente Zustand bewegt sich entlang der klassischen Bahn im Phasenraum, und er ist gerade noch mit der Unschärferelation verträglich.

Schließlich berechnen wir noch die Streuung (ΔE) der Energie. Die Mittelwerte von H und von H^2 ergeben sich zu

$$\langle H \rangle_\psi = \frac{1}{2m} \left\langle p^2 \right\rangle_\psi + \frac{1}{2} m\omega^2 \left\langle x^2 \right\rangle_\psi = \left(r^2 + \frac{1}{2} \right) \hbar\omega \,,$$

$$\left\langle H^2 \right\rangle_\psi = \left(\frac{1}{4} + 2r^2 + r^4 \right) (\hbar\omega)^2 \,,$$

woraus die Streuung folgt

$$(\Delta E) \equiv (\Delta H) = r(\hbar\omega) \,.$$

Im Zusammenhang mit der Unschärfe der Energie kann man hier eine weitere interessante Beobachtung machen. Die Periode der Bewegung würde man klassisch aus der Formel

$$t(x) - t(x_0) = \sqrt{\frac{m}{2}} \int_{x_0}^{x} \mathrm{d}x' \frac{1}{\sqrt{E - m\omega^2 x'^2/2}}$$

berechnen (Band 1, Abschn. 1.21), wobei man über einen vollständigen Umlauf integrieren müsste. Da der Ort im quantisierten Fall aber nur mit einer Unschärfe (Δx) angebbar ist, wird auch die Berechnung der Periode eine Unschärfe haben, die aus dieser Formel folgt, wenn man über einen Bereich $2(\Delta x)$ integriert,

$$\Delta T = \sqrt{\frac{m}{2}} \int_{-(\Delta x)}^{(\Delta x)} \mathrm{d}x' \frac{1}{\sqrt{E - m\omega^2 x'^2/2}}$$

$$= \frac{2}{\omega} \arcsin \left(\frac{(\Delta x)\omega\sqrt{m}}{\sqrt{2E}} \right) \simeq 2 \frac{(\Delta x)\sqrt{m}}{\sqrt{2E}} \,,$$

wenn (Δx) klein genug ist. Für den betrachteten Zustand ψ haben wir diese Größe oben berechnet. Setzen wir die Resultate ein und beschränken uns auf Werte von r groß gegen $1/\sqrt{2}$, so ist $\Delta T \simeq 1/(r\omega)$, das

Produkt aus (ΔE) und (ΔT) wird somit

$$(\Delta E)(\Delta T) \simeq r(\hbar\omega)\,\frac{1}{r\omega} = \hbar\,.$$

Die Streuungen der Energie und der Periode sind über die Planck'sche Konstante korreliert. Je genauer die Periode bestimmbar ist, umso größer ist die Unschärfe der Energie. Diese Verknüpfung der Unschärfen der Energie und der Zeit ist allerdings nicht von derselben Natur wie die zwischen Ort und Impuls, weil die Zeit die Rolle eines *Parameters* spielt und kein Operator ist.

1.8.3 Observable mit entartetem, diskretem Spektrum

Der in Abschn. 1.8.1 beschriebene Fall einer Observablen mit nichtentartetem Spektrum ist in physikalischen Anwendungen eher die Ausnahme. Bleiben wir bei dem dort zitierten Beispiel des harmonischen Oszillators über dem $\mathbb{R}^3$ und nehmen wir an, die drei Kreisfrequenzen seien gleich, d. h. der Hamiltonoperator sei

$$H = -\frac{\hbar^2}{2m}\Delta + \frac{1}{2}m\omega^2 \sum_{i=1}^{3}(x^i)^2 = -\frac{\hbar^2}{2m}\Delta + \frac{1}{2}m\omega^2 r^2\,,$$

so sind die Eigenwerte

$$E_N = \left(N + \frac{3}{2}\right)\hbar\omega \quad \text{mit} \quad N = n_1 + n_2 + n_3\,.$$

Man überzeugt sich, dass es für $N = 0$ zwar nur einen Zustand gibt, für $N = 1$ aber schon drei Zustände, für $N = 3$ zehn Zustände, für $N = 4$ fünfzehn Zustände usw. Mit wachsendem N steigt der Entartungsgrad stark an.

Aus der klassischen Mechanik ist folgende Situation bekannt: Es sei eine nicht explizit von der Zeit abhängige Hamiltonfunktion gegeben sowie mehrere ebenfalls zeitunabhängige Konstanten der Bewegung $F_1, F_2, \ldots$, die in Involution zueinander stehen. Das bedeutet, dass die Poissonklammern der F_i mit H und die Poissonklammer jedes F_i mit jedem F_j verschwinden. Ein Beispiel ist das Zwei-Körper-Problem mit Zentralpotential, wobei

$$H = \frac{\boldsymbol{p}^2}{2m} + U(r)\,, \qquad F_1 = \boldsymbol{P}\,, \qquad F_2 = \boldsymbol{\ell}^2\,, \qquad F_3 = \ell_3$$

mit $\boldsymbol{p}$ und $\boldsymbol{P}$ dem Relativ- bzw. Schwerpunktsimpuls diese Voraussetzungen erfüllen. Gibt es genügend viele solcher Konstanten der Bewegung (genauer: gibt es f Stück von ihnen, wobei f die Zahl der Freiheitsgrade ist), so ist das betrachtete System integrabel (Satz von Liouville).

In der Quantenmechanik wird die analoge Situation die sein, dass es bei vorgegebenem, zeitunabhängigen Hamiltonoperator H weitere, nicht explizit zeitabhängige Observablen $F_1, F_2, \ldots$ gibt, für die

$$[H, F_i] = 0, \qquad [F_i, F_j] = 0$$

gilt. Der erste Teil dieser Annahme sagt physikalisch aus, dass jede dieser Observablen eine Konstante der Bewegung ist, vgl. (1.70). Mathematisch bedeutet sie, dass man die Eigenfunktionen des selbstadjungierten Operators H so wählen kann, dass sie auch Eigenfunktionen der Observablen F_i sind, oder umgekehrt. Anders ausgedrückt, man kann ein Basissystem ψ_n finden, das so beschaffen ist, dass die Matrizen $(\psi_m, H\psi_n)$ und $(\psi_p, F_i\psi_q)$ gleichzeitig auf Diagonalform gebracht werden. Der zweite Teil der Annahme sagt, dass es sogar möglich sein wird, gemeinsame Eigenfunktionen für H und alle F_i zu konstruieren bzw. eine Basis zu finden, in der sowohl H als auch die Observablen F_i durch diagonale Matrizen dargestellt werden.

Ein typischer Fall wird daher der sein, dass eine Observable F ein zwar diskretes, aber entartetes Spektrum hat, d. h. dass F die Gleichung

$$F\left(\boldsymbol{p} = \frac{\hbar}{\mathrm{i}}\nabla, \boldsymbol{x}\right)\varphi_{nk}(\boldsymbol{x}) = \lambda_n\varphi_{nk}(\boldsymbol{x}) \qquad (1.96)$$

erfüllt, wo zwar

$$\lambda_m \neq \lambda_n \quad \text{für} \quad n \neq m$$

gilt, wo aber zum Eigenwert λ_n mehr als eine Eigenfunktion gehört. Wenn der Entartungsgrad k_n ist, dann gehören zu λ_n die Funktionen

$$\varphi_{n1}(\boldsymbol{x}), \varphi_{n2}(\boldsymbol{x}), \cdots, \varphi_{nk_n}(\boldsymbol{x}).$$

Das System der Eigenfunktionen φ_{nk} sei orthonormiert und vollständig, d. h. es ist

$$\int \mathrm{d}^3x\, \varphi^*_{nk}\varphi_{n'k'} = \delta_{nn'}\delta_{kk'}$$

und jede quadratintegrable Wellenfunktion lässt sich danach entwickeln,

$$\psi(t, \boldsymbol{x}) = \sum_{n=0}^{\infty}\sum_{k=1}^{k_n} c_{nk}(t)\varphi_{nk}(\boldsymbol{x}).$$

Die Koeffizienten folgen aus der Gleichung

$$c_{nk}(t) = \int \mathrm{d}^3x\, \varphi^*_{nk}(\boldsymbol{x})\psi(t, \boldsymbol{x}),$$

die Normierung von ψ ergibt sich aus

$$\int \mathrm{d}^3x\, |\psi(t, \boldsymbol{x})|^2 = \sum_{n,k} |c_{nk}(t)|^2 = 1,$$

und der Erwartungswert von F im Zustand ψ ist

$$\langle F \rangle_\psi = \sum_{n=0}^{\infty}\lambda_n \sum_{k=1}^{k_n} |c_{nk}(t)|^2.$$

Wir setzen nun voraus, dass F mit H kommutiert, $[H, F] = 0$, und dass beide Operatoren denselben Definitionsbereich haben. Dann ist mit φ_{nk} auch $(H\varphi_{nk})$ Eigenfunktion von F zum Eigenwert λ_n

$$F(H\varphi_{nk}) = \lambda_n (H\varphi_{nk}) \ .$$

Man kann sich das so vorstellen: Die Basisfunktionen φ_{nk} mit festem n spannen einen Unterraum auf, der zum Eigenwert λ_n von F gehört und der die Dimension k_n hat. Der Zustand $(H\varphi_{nk})$ liegt in diesem Unterraum; da die Basis vollständig ist, muss er sich nach den φ_{nk} mit festem n entwickeln lassen,

$$(H\varphi_{nk}) = \sum_{k'=1}^{k_n} \varphi_{nk'} H_{k'k} \ ,$$

wobei $\mathbf{H} \equiv \{H_{k'k}\}$ die hermitesche $k_n \times k_n$-Matrixdarstellung von H im Unterraum zu λ_n ist,

$$H_{k'k} = (\varphi_{nk'}, H\varphi_{nk}) = H_{kk'}^* \ .$$

Diese endlichdimensionale, hermitesche Matrix wird vermittels einer unitären Matrix $\mathbf{U}$ diagonalisiert,

$$\mathbf{U}^\dagger \mathbf{H} \mathbf{U} = \overset{0}{\mathbf{H}} \quad \text{mit} \quad \mathbf{U}^\dagger \mathbf{U} = \mathbb{1} \ ,$$

oder, in Komponenten ausgeschrieben,

$$\sum_{j,k=1}^{k_n} U_{ji}^* H_{jk} U_{kl} = E_{nl}\delta_{il} \ .$$

Mit einer kleinen Nebenrechnung bestätigt man, dass in der neuen Basis

$$\psi_{nl}(\boldsymbol{x}) = \sum_{j=1}^{k_n} \varphi_{nj}(\boldsymbol{x}) U_{jl}$$

sowohl F als auch H diagonal sind, d. h. dass

$$F\psi_{nl} = \lambda_n \psi_{nl} \quad \text{und} \quad H\psi_{nl} = E_{nl}\psi_{nl}$$

gilt. Damit ist an einem allerdings etwas schematischen Beispiel aufgezeigt, was sich hinter der Entartung und der Mehrfachindizierung der Wellenfunktion verbirgt: Die Wellenfunktionen ψ_{nl} sind Eigenfunktionen zu den zwei kommutierenden Observablen F und H, die in unserem Beispiel beide rein diskrete Spektren haben. Die Indizes an ψ zählen diese Spektren ab.

Hier folgt noch ein Beispiel, an dem der Leser, die Leserin einige Schritte explizit nachrechnen kann und auf das wir im Zusammenhang mit kugelsymmetrischen Problemen zurückkommen werden.

Beispiel 1.8 Kugeloszillator

Der zu Beginn dieses Abschnitts als Beispiel genannte harmonische Oszillator in drei Raumdimensionen mit gleichen Kreisfrequenzen wird klassisch durch eine kugelsymmetrische Hamiltonfunktion, quantenmechanisch durch einen kugelsymmetrischen Hamiltonoperator beschrieben. Man erwartet daher, dass der Bahndrehimpuls bei der Bestimmung der klassisch bzw. quantenmechanisch möglichen Zustände und ihrer Entartung eine wichtige Rolle spielt. Wir behandeln diesen Aspekt in einer allgemeinen Analyse des Bahndrehimpulses in Abschn. 1.9, geben hier aber schon ein erstes Beispiel für kommutierende Observable, die für die Entartung der Eigenwerte des Hamiltonoperators verantwortlich sind.

Stellen wir den Kugeloszillator als Summe dreier linearer Oszillatoren dar und verwenden wir für jede der drei Raumkoordinaten Auf- und Absteigeoperatoren (1.74) und (1.75), so folgt aus dem Ausdruck (1.76), dass wir den Hamiltonoperator in der Form

$$H = \left(\sum_{i=1}^{3} a_i^{\dagger} a_i + \frac{3}{2} \right) \hbar\omega$$

schreiben können. Die Paare von Operatoren $(a_i^{\dagger}, a_i)$ beziehen sich auf die drei kartesischen Raumrichtungen und erfüllen die Kommutationsregeln (1.77) für jedes $i = 1, 2$ oder 3, kommutieren aber für verschiedene Werte der Indizes, d. h.

$$[a_i, a_k^{\dagger}] = \delta_{ik}\,, \qquad [a_i, a_k] = 0\,, \qquad [a_i^{\dagger}, a_k^{\dagger}] = 0\,.$$

Die Eigenfunktionen des Hamiltonoperators sind die Produkte

$$\varphi_{n_1 n_2 n_3}(\boldsymbol{x}) = \frac{1}{\sqrt{n_1! n_2! n_3!}} (a_1^{\dagger})^{n_1} (a_2^{\dagger})^{n_2} (a_3^{\dagger})^{n_3} \varphi_0(x^1) \varphi_0(x^2) \varphi_0(x^3)$$

$$(1.97)$$

mit φ_0 wie in (1.79) angegeben. Es ist hilfreich, die folgenden Operatoren zu definieren

$$N_1 = a_1^{\dagger} a_1\,, \quad N_2 = a_2^{\dagger} a_2\,, \quad N_3 = a_3^{\dagger} a_3\,, \quad N_{ik} = a_i^{\dagger} a_k \quad \text{für} \quad i \neq k\,.$$

Alle diese Operatoren ändern die Gesamtenergie

$$E_{n_1 n_2 n_3} = \hbar\omega \left(n_1 + n_2 + n_3 + \frac{3}{2} \right)$$

nicht und kommutieren daher mit dem Hamiltonoperator. Bei den Operatoren N_i ist das offensichtlich, für N_{ik} mag man es explizit nachrechnen,

$$[H, N_{ik}] = \hbar\omega [a_i^{\dagger} a_i + a_k^{\dagger} a_k, a_i^{\dagger} a_k] = \hbar\omega (a_i^{\dagger} a_k - a_i^{\dagger} a_k) = 0\,.$$

Die drei ersten Operatoren N_i sind in der angegebenen Basis (1.97) diagonal: In der Tat ist die Bedeutung von N_i leicht einzusehen, wenn man seine Wirkung auf den Zustand (1.97) berechnet:

$$a_i^\dagger a_i\, \varphi_{n_1 n_2 n_3}(\boldsymbol{x}) = n_i\, \varphi_{n_1 n_2 n_3}(\boldsymbol{x})\,.$$

Er reproduziert diese Wellenfunktion mit dem Eigenwert n_i, das bedeutet, er misst, wie viele Quanten $\hbar\omega$ im Freiheitsgrad i angeregt sind. Aus Gründen, die später noch klarer werden, nennt man ihn auch *Teilchenzahloperator* für Quanten oder Teilchen der Sorte i. Die Operatoren N_{ik} dagegen verändern die Eigenfunktionen, denn sie verringern n_k um eins, gleichzeitig vergrößern sie n_i um eins. In der angegebenen Basis hat N_{12} beispielsweise die Matrixdarstellung

$$(\varphi_{n_1' n_2' n_3'}, N_{12}\varphi_{n_1 n_2 n_3}) = \sqrt{n_2(n_1+1)}\delta_{n_1', n_1+1}\delta_{n_2', n_2-1}\,.$$

Noch augenfälliger und physikalisch besser interpretierbar wird das Beispiel, wenn wir die Komponenten des Bahndrehimpulses ausrechnen. Unter Verwendung der Formeln (1.74) und (1.75) ist

$$\begin{aligned}
\ell_3 &= x_1 p_2 - x_2 p_1 = \mathrm{i}\frac{\hbar}{2}\{(a_1^\dagger + a_1)(a_2^\dagger - a_2) - (a_2^\dagger + a_2)(a_1^\dagger - a_1)\} \\
&= \mathrm{i}\hbar\{N_{21} - N_{12}\}\,.
\end{aligned}$$

Die beiden anderen Komponenten folgen daraus durch zyklische Permutation der Indizes $1, 2, 3$, sodass

$$\ell_1 = \mathrm{i}\hbar\{N_{32} - N_{23}\}\,, \qquad \ell_2 = \mathrm{i}\hbar\{N_{13} - N_{31}\}\,.$$

Alle drei Komponenten kommutieren mit H, sie kommutieren aber nicht untereinander. So ist zum Beispiel

$$\begin{aligned}
[\ell_1, \ell_2] &= -\hbar^2[a_3^\dagger a_2 - a_2^\dagger a_3, a_1^\dagger a_3 - a_3^\dagger a_1] \\
&= -\hbar^2\{-a_1^\dagger a_2 + a_2^\dagger a_1\} = \mathrm{i}\hbar\ell_3\,.
\end{aligned}$$

Klarerweise folgen die weiteren Kommutatoren aus diesem durch zyklische Permutation, d. h.

$$[\ell_2, \ell_3] = \mathrm{i}\hbar\ell_1\,, \qquad [\ell_3, \ell_1] = \mathrm{i}\hbar\ell_2\,.$$

Dividiert man durch $\hbar$, dann sind das genau die Kommutatoren für die Erzeugenden der Drehgruppe in drei reellen Dimensionen:

$$\left[\frac{\ell_i}{\hbar}, \frac{\ell_j}{\hbar}\right] = \mathrm{i}\sum_{k=1}^{3} \varepsilon_{ijk}\frac{\ell_k}{\hbar}\,.$$

Die Berechnung von $\boldsymbol{\ell}^2$ ist ein wenig länger und ergibt

$$\begin{aligned}
\boldsymbol{\ell}^2 &= \ell_1^2 + \ell_2^2 + \ell_3^2 \\
&= \hbar^2\Big\{2(N_1 + N_2 + N_3 + N_1 N_2 + N_2 N_3 + N_3 N_1) \\
&\quad - N_{32}^2 - N_{23}^2 - N_{13}^2 - N_{31}^2 - N_{21}^2 - N_{12}^2\Big\}\,.
\end{aligned}$$

Wiederum sieht man, dass dieser Operator mit H vertauscht, dass die oben gefundenen Eigenfunktionen von H aber nicht Eigenfunktionen von ℓ^2 sind. Schließlich zeigt man noch, dass ℓ^2 mit jeder Komponente vertauscht. Dafür genügt das Beispiel

$$[\ell^2, \ell_3] = [\ell_1^2, \ell_3] + [\ell_2^2, \ell_3]$$
$$= \ell_1[\ell_1, \ell_3] + [\ell_1, \ell_3]\ell_1 + \ell_2[\ell_2, \ell_3] + [\ell_2, \ell_3]\ell_2 = 0.$$

Als kommutierende Observable finden wir also neben H noch ℓ^2 und eine der drei Komponenten des Bahndrehimpulses wie zum Beispiel ℓ_3. Dies erklärt zumindest teilweise die Entartung der Eigenwerte von H, die wir oben festgestellt haben. In Abschn. 1.9 werden wir lernen, wie man – über die allgemeine, etwas abstrakte Methode hinaus, die wir oben skizziert haben – die gemeinsamen Eigenfunktionen dieser drei Operatoren konstruieren kann. Schließlich sei noch angemerkt, dass das Ergebnis vollkommen analog zur entsprechenden klassischen Situation ist: H, ℓ^2 und ℓ_3 stehen in Involution zueinander, es genügt, die Kommutatoren durch Poissonklammern zu ersetzen.

1.8.4 Observable mit rein kontinuierlichem Spektrum

Außer den Observablen mit volldiskretem Spektrum gibt es auch Observable, deren Spektrum rein kontinuierlich ist und solche, die ein *gemischtes* Spektrum besitzen. Von einem rein kontinuierlichen Spektrum spricht man, wenn dieses überabzählbar ist, d. h. wenn die Eigenwertgleichung der Observablen A

$$A\left(\boldsymbol{p} = \frac{\hbar}{\mathrm{i}}\nabla, \boldsymbol{x}\right)\varphi(\boldsymbol{x}, \alpha) = \alpha\varphi(\boldsymbol{x}, \alpha) \tag{1.98}$$

lautet und α jeden Wert in einem Intervall $I \subset \mathbb{R}$ annehmen kann. Ein Beispiel ist der Impulsoperator

$$\underline{p} = \frac{\hbar}{\mathrm{i}}\frac{\mathrm{d}}{\mathrm{d}x},$$

den wir hier der Einfachheit halber in einer Dimension betrachten und den wir (ausnahmsweise) durch Unterstreichen als Operator kenntlich machen, um ihn von seinen Eigenwerten p zu unterscheiden. Hier lautet (1.98)

$$\underline{p}\,\varphi(x, p) = p\,\varphi(x, p) \quad \text{mit} \quad p \in (-\infty, +\infty).$$

Die zum Eigenwert p gehörende Eigenfunktion ist proportional zu $\exp(\mathrm{i}px/\hbar)$, ist aber sicher nicht quadratintegrabel. Um etwas über die Normierung aussagen zu können, bemerken wir, dass der zunächst ganz naiv hingeschriebene Ausdruck

$$\frac{1}{2\pi}\int_{-\infty}^{\infty}\mathrm{d}x\,\mathrm{e}^{\mathrm{i}(\alpha-\beta)x} = \delta(\alpha - \beta) \tag{1.99}$$

kein Riemann'sches oder Lebesgues'sches Integral mehr ist, sondern nur als *temperierte Distribution* verstanden werden kann, d. h. – grob gesagt – als ein Funktional $\delta[f]$, das erst dann ein endliches, nichtsinguläres Resultat liefert, wenn es mit hinreichend „braven" Funktionen f gewichtet wird.[18] Im Anhang A.1, wo wir einige wichtige Eigenschaften von temperierten Distributionen zusammenfassen, wird gezeigt, dass man die Definitionen so einrichten kann, dass die formalen Rechenregeln dieselben wie für echte Funktionen sind. Insbesondere die Distribution (1.99), die so genannte Dirac'sche δ-Distribution, hat die Eigenschaft, dass mit hinreichend glatten Funktionen f

$$\delta[f] \equiv \int_{-\infty}^{\infty} d\alpha\, \delta(\alpha - \beta) f(\alpha) = f(\beta)$$

ist. Dabei muss man in der Praxis zwei Dinge beachten: Der Normierungsfaktor $1/(2\pi)$ auf der linken Seite von (1.99) ist wesentlich. Außerdem hat die Distribution $\delta(z)$ eine physikalische Dimension, wenn das Argument z eine solche hat: In der Tat überzeugt man sich, dass mit

$$\dim[z] = D \quad \text{auch} \quad \dim[\delta(z)] = \frac{1}{D}$$

ist. Es soll ja formal

$$\int_{-\infty}^{\infty} dz\, \delta(z) = 1\,,$$

also dimensionslos werden.

Die Formel (1.99) und insbesondere die angesprochene Normierung kann man sich durch einen formalen Grenzübergang von echten, Riemann'schen Integralen zu Distributionen klar machen. Da dies auch ohne Kenntnis von Distributionen zum intuitiven Verständnis beitragen mag, schiebe ich an dieser Stelle ein Beispiel ein:

Beispiel 1.9 Ebene Wellen als Grenzübergang
Die Funktionen

$$\left\{ \varphi_m(x) = \frac{1}{\sqrt{a}} e^{i(2\pi m/a)x} \,\middle|\, a, x \in \mathbb{R},\ m = 0, \pm 1, \pm 2, \dots \right\} \tag{1.100}$$

bilden ein im Intervall $I = [-a/2, +a/2]$ orthonormiertes System. In der Tat gilt

$$\int_{-a/2}^{+a/2} dx\, \varphi_m^*(x)\varphi_n(x) = \frac{\sin(n-m)\pi}{(n-m)\pi} = \delta_{nm}\,.$$

[18] Da in diesem Buch nur temperierte Distributionen verwendet werden, sprechen wir im Folgenden kurz von Distributionen und lassen das Eigenschaftswort weg.

Eine periodische Funktion $f(x)$ mit der Periode a, $f(x+a) = f(x)$, lässt sich nach dieser Basis entwickeln,

$$f(x) = \frac{1}{\sqrt{a}} \sum_{m=-\infty}^{+\infty} c_m \, e^{i(2\pi m/a)x} = \frac{1}{a} \sum_{m=-\infty}^{+\infty} g\left(\frac{m}{a}\right) e^{i(2\pi m/a)x} \,,$$

wobei die Funktion g von $y_m := m/a$ durch

$$g(y_m) = \int_{-a/2}^{+a/2} dx \, e^{-i(2\pi m/a)x} f(x) \equiv \int_{-a/2}^{+a/2} dx \, e^{-i2\pi y_m x} f(x)$$

gegeben ist. Versuchen wir jetzt den formalen Übergang $a \to \infty$ durchzuführen, so ist

$$y_m = \frac{m}{a} \,, \qquad y_{m+1} = \frac{m+1}{a} \quad \text{und} \quad y_{m+1} - y_m = \frac{1}{a} \longrightarrow dy \,.$$

Die Summe über m geht in ein Integral über y über,

$$\frac{1}{a} \sum_{m=-\infty}^{+\infty} \longrightarrow \int_{-\infty}^{+\infty} dy \,.$$

Man erhält somit

$$f(x) = \int_{-\infty}^{+\infty} dy \, g(y) \, e^{i2\pi yx} \,, \qquad g(y) = \int_{-\infty}^{+\infty} dx \, e^{-i2\pi yx} f(x) \,.$$

Setzt man schließlich noch $u := \sqrt{2\pi}\,x$, $v := \sqrt{2\pi}\,y$, so ist

$$f(u) = \frac{1}{\sqrt{2\pi}} \int_{-\infty}^{+\infty} dv \, g(v) \, e^{ivu} \,, \qquad g(v) = \frac{1}{\sqrt{2\pi}} \int_{-\infty}^{+\infty} du \, e^{-ivu} f(u) \,,$$

wobei wir stillschweigend angenommen haben, dass diese Integrale existieren, d.h. dass $f(x)$ im Unendlichen hinreichend rasch abklingt. Diese Formeln stellen die Fouriertransformation in einer Dimension und ihre Inverse dar. Die Basisfunktionen (1.100) sind zu den Funktionen

$$\left\{ \frac{1}{\sqrt{2\pi}} e^{ivu} \, \middle| \, v, u \in \mathbb{R} \right\}$$

geworden und an die Stelle der Orthogonalitätsrelation

$$\int_{-a/2}^{+a/2} dx \, \varphi_m^*(x) \varphi_n(x) = \delta_{nm}$$

ist die formale, nur als Distribution zu verstehende Normierung (1.99) getreten.

Das Ergebnis dieses Beispiels können wir auf die Konstruktion der Eigenfunktionen des Impulsoperators übertragen. Wählen wir die Normierung der Eigenfunktionen von $\underline{p}$ wie folgt

$$\varphi(x, p) = \frac{1}{(2\pi\hbar)^{1/2}} \, e^{(i/\hbar)px} , \tag{1.101}$$

so lautet die verallgemeinerte Orthogonalitätsrelation

$$\int_{-\infty}^{\infty} dx \, \varphi^*(x, p')\varphi(x, p) = \delta(p' - p) \quad \text{„Orthogonalität“}. \tag{1.102}$$

Die δ-Distribution tritt anstelle des Kronecker-Deltas im Skalarprodukt $(\varphi_m, \varphi_n) = \delta_{mn}$ und hat die physikalische Dimension 1/(Dimension des Impulses). Da die Relation als Funktional über dem Raum der p-Variablen zu verstehen ist, d. h. qualitativ gesprochen erst bei Integration über p oder p' nichtsinguläre Ausdrücke liefert, sagt man auch, die Funktion (1.101) sei *in der Impulsskala normiert.*

In der Praxis kann es vorkommen, dass man Eigenfunktionen zur Energie und nicht zum Impuls vorliegen hat, die ebenen Wellen demnach in der Energieskala, und nicht in der Impulsskala, normieren muss. Die dafür benötigte Umrechnung wird durch das folgende Beispiel illustriert. Formal gilt

$$\delta(p - p') = \delta[p(E) - p(E')] = \left(\left. \left| \frac{dp}{dE} \right| \right|_{E=E'} \right)^{-1} \delta(E - E') .$$

Will man also auf $\delta(E - E')$ normieren, so muss man die auf $\delta(p - p')$ normierte Wellenfunktion mit der Wurzel aus

$$\left| \frac{dp}{dE} \right|$$

multiplizieren. Für nichtrelativistische Kinematik ist $p = \sqrt{2mE}$, die Wellenfunktion (1.101) wird somit

$$\varphi(x, E) = \frac{1}{(2\pi\hbar)^{1/2}} \frac{m^{1/4}}{(2E)^{1/4}} \, e^{(i/\hbar)px}$$

und ist *in der Energieskala normiert:*

$$\int_{-\infty}^{\infty} dx \, \varphi^*(x, E')\varphi(x, E) = \delta(E' - E) .$$

Die Wellenfunktion (1.101) ist in den Variablen x und p symmetrisch, das Analogon zur Orthogonalitätsrelation (1.102) ist offenbar

$$\int_{-\infty}^{\infty} dp \, \varphi^*(x', p)\varphi(x, p) = \delta(x' - x) \quad \text{(Vollständigkeit)}. \tag{1.103}$$

Diese Relation drückt tatsächlich die Vollständigkeit der ebenen Wellen aus. Dies bestätigt man an den entsprechenden Relationen für den rein diskreten Fall aus Abschn. 1.8.1. Beschränkt man sich der Einfachheit halber auf eine einzige Koordinate, so gilt dort

$$\int_{-\infty}^{+\infty} dx \, \varphi_m^*(x)\varphi_n(x) = \delta_{mn} \qquad \text{Orthogonalität}, \qquad (1.104)$$

$$\sum_{n=0}^{\infty} \varphi_n^*(x')\varphi_n(x) = \delta(x' - x) \qquad \text{Vollständigkeit}. \qquad (1.105)$$

Die zweite Relation leitet man formal wie folgt her: Da die Basis φ_n vollständig ist, lässt jedes ψ sich danach entwickeln, d. h.

$$\psi(x) = \sum_{n=0}^{\infty} c_n \varphi_n(x) = \sum_{n=0}^{\infty} \int_{-\infty}^{\infty} dx' \, \varphi_n^*(x')\varphi_n(x)\psi(x') \, .$$

Vertauscht man die Summation und das Integral (und interpretiert die ganze Gleichung als eine Distribution), dann ist sie nur konsistent, wenn die Relation (1.105) richtig ist. Es ist also berechtigt, (1.105) mit Vollständigkeitsrelation zu bezeichnen.

Es ist nicht schwer, die Ergebnisse dieses Abschnitts auf drei Raumdimensionen zu erweitern. In der Impulsskala normiert sind die ebenen Wellen durch

$$\varphi(\boldsymbol{x}, \boldsymbol{p}) = \frac{1}{(2\pi\hbar)^{3/2}} \, e^{(i/\hbar)\boldsymbol{p}\cdot\boldsymbol{x}}$$

gegeben. Will man dagegen in der Energieskala arbeiten, dann bietet sich an, den Impuls in sphärischen Polarkoordinaten zu schreiben, d. h. in Betrag $p \equiv |\boldsymbol{p}|$ und Polarwinkeln θ_p und ϕ_p auszudrücken. Es ist dann

$$d^3 p = p^2 \, dp \, d(\cos\theta_p) \, d\phi_p$$

und

$$\delta(\boldsymbol{p}' - \boldsymbol{p}) = \frac{1}{p'p} \delta(p' - p)\delta(\cos\theta_{p'} - \cos\theta_p)\delta(\phi_{p'} - \phi_p) \, .$$

Mit der Beziehung $E = p^2/(2m)$ rechnet man die δ-Distribution für die Beträge des Impulses wie oben auf eine δ-Distribution für die Energien um.

Der dritte, in der Quantenmechanik häufig auftretende Fall ist der eines *gemischten Spektrums*, d. h. eines Spektrums, das sowohl einen diskreten als auch einen kontinuierlichen Anteil hat. Ein physikalisch besonders wichtiges Beispiel ist das Spektrum (1.24) des Wasserstoffatoms. Da hier aber bereits ein Zentralfeldproblem im $\mathbb{R}^3$ vorliegt, müssen wir uns zuerst mit der Separation der Bewegung in Radial- und Winkelbewegung befassen und insbesondere den Bahndrehimpuls in der Quantenmechanik behandeln.

1.9 Zentralkräfte in der Schrödinger-Gleichung

Ebenso wie in der klassischen Mechanik bilden die Probleme mit stetigen Zentralkräften, die sich als (negatives) Gradientenfeld von kugelsymmetrischen Potentialen $U(r)$ darstellen lassen, eine theoretisch und praktisch wichtige Klasse von Anwendungen der Quantenmechanik. Musterbeispiel ist auch hier ein System aus zwei Teilchen, zwischen denen eine Zentralkraft $\boldsymbol{F} = F(r)\hat{\boldsymbol{r}}$ mit $F(r) = -\,\mathrm{d}U(r)/\mathrm{d}r$ wirkt, wo $\boldsymbol{r} = \boldsymbol{r}_1 - \boldsymbol{r}_2$ die Relativkoordinate, $r = |\boldsymbol{r}|$ ihr Betrag ist. Die Trennung in Schwerpunkts- und Relativbewegung erfolgt genauso wie im Fall der klassischen Mechanik und soll hier nicht wiederholt werden. Als Ergebnis erhält man außer der kräftefreien Schwerpunktsbewegung, die man abtrennt, ein effektives Ein-Teilchen-Problem, dessen Hamiltonoperator in der Relativkoordinate formuliert ist und der das kugelsymmetrische Potential und die reduzierte Masse enthält. Der Einfachheit halber bezeichnen wir die letztere auch weiterhin mit dem Symbol m und studieren stationäre Lösungen der Schrödinger-Gleichung (1.60) mit

$$H = -\frac{\hbar^2}{2m}\,\Delta + U(r)\,.$$

Die allgemeine Strategie bei der Lösung solcher Probleme ist dieselbe wie in der Mechanik: Man trennt die Bewegung in eine rein radiale, die unter dem Einfluss des Potentials $U(r)$ entsteht, und eine in den Polarwinkeln θ und ϕ, wobei man ausnutzt, dass der Betrag des Bahndrehimpulses und eine seiner Projektionen erhalten sind. Klarerweise kann man wegen der Heisenberg'schen Unschärferelationen für r, θ, ϕ und ihre kanonisch konjugierten Impulse p_r, p_θ, p_ϕ nicht mehr von „Bahnen" sprechen, ja nicht einmal behaupten, die Bewegung fände ganz in einer Ebene statt. Dennoch gibt es einige Parallelen zwischen dem klassischen und dem quantenmechanischen Fall, auch wenn die Resultate technisch und in ihrer physikalischen Bedeutung verschieden sind. Wir behandeln zunächst den Bahndrehimpuls, mit dessen Hilfe die stationäre Schrödinger-Gleichung auf eine Differentialgleichung in der Radialvariablen r allein reduziert werden kann. Diese lösen wir für drei besonders wichtige Beispiele.

1.9.1 Der Bahndrehimpuls: Eigenwerte und Eigenfunktionen

Der Bahndrehimpuls $\boldsymbol{x} \times \boldsymbol{p}$ ist eine dreikomponentige Observable, deren Operatordarstellung im Ortsraum mit der Ersetzung

$$x^i \longmapsto x^i\,, \qquad p_k \longmapsto \frac{\hbar}{\mathrm{i}}\,\frac{\partial}{\partial x^k}$$

festgelegt ist. Da der Impuls proportional zu $\hbar$ ist, liegt es nahe, einen Faktor $\hbar$ bei der Definition des Drehimpulsoperators herauszuziehen, d. h.

$$\hbar\boldsymbol{\ell} := \boldsymbol{x} \times \boldsymbol{p} \quad \text{bzw.} \quad \boldsymbol{\ell} := \frac{1}{\mathrm{i}}\boldsymbol{x} \times \nabla \tag{1.106}$$

zu setzen. Es ist dann

$$\ell_1 = \frac{1}{i} \left(x^2 \frac{\partial}{\partial x^3} - x^3 \frac{\partial}{\partial x^2} \right),$$

$$\ell_2 = \frac{1}{i} \left(x^3 \frac{\partial}{\partial x^1} - x^1 \frac{\partial}{\partial x^3} \right),$$

$$\ell_3 = \frac{1}{i} \left(x^1 \frac{\partial}{\partial x^2} - x^2 \frac{\partial}{\partial x^1} \right),$$

$$\ell^2 = \ell_1^2 + \ell_2^2 + \ell_3^2.$$

Alle diese Operatoren sind selbstadjungiert.

Aus den Kommutationsregeln

$$\left[x^i, \frac{\partial}{\partial x^k} \right] = -\delta_{ik} = i^2 \delta_{ik}$$

berechnet man den Kommutator von ℓ_1 mit ℓ_2 und findet

$$[\ell_1, \ell_2] = \left(x^1 \frac{\partial}{\partial x^2} - x^2 \frac{\partial}{\partial x^1} \right) = i\ell_3 , \qquad (1.107)$$

der sich natürlich durch zyklische Permutation der Indizes fortsetzen lässt, sodass allgemein

$$\boxed{[\ell_i, \ell_j] = i \sum_k \varepsilon_{ijk} \ell_k} \qquad (1.108)$$

gilt. Das Symbol ε bezeichnet den vollständig antisymmetrischen Tensor in drei Dimensionen, der den Wert $+1$ (-1) hat, wenn die Indizes eine gerade (ungerade) Permutation von $(1, 2, 3)$ bilden, den Wert Null hat, wenn immer zwei Indizes gleich sind. Den Kommutator des Betragsquadrats ℓ^2 mit einer beliebigen Komponente haben wir schon in Abschn. 1.8.3 berechnet. Er folgt aus der Hilfsformel $[A^2, B] = A[A, B] + [A, B]A$ und ergibt Null,

$$\boxed{[\ell^2, \ell_i] = 0} . \qquad (1.109)$$

Physikalisch interpretiert bedeuten die Ergebnisse (1.107)–(1.109), dass nur das Quadrat des Betrages und *eine* Komponente des Drehimpulses gleichzeitig messbar sind, die beiden anderen können keine scharfen Werte haben. Im Allgemeinen und bis auf Ausnahmen wird man ℓ^2 und ℓ_3 auswählen, oder, anders gesagt, die 3-Achse des Bezugssystems in eine durch das gegebene System ausgezeichnete Richtung legen. Diese ausgezeichnete Achse nennt man oft die *Quantisierungsachse*.

Bevor wir uns der Berechnung der Eigenwerte und der Konstruktion der gemeinsamen Eigenfunktionen von ℓ^2 und ℓ_3 zuwenden, ist es für das Weitere nützlich, einige andere Kommutatoren zu berechnen. So ist zum Beispiel

$$[\ell_i, x^j] = i \sum_k \varepsilon_{ijk} x^k, \qquad [\ell_i, p_j] = i \sum_k \varepsilon_{ijk} p_k.$$

Besonders wichtig ist die Feststellung, dass jede Komponente des Bahndrehimpulses mit dem Betrag r des Ortsvektors und ebenso mit dem Betrag des Impulses vertauscht. Das rechnet man nach:

$$[\ell_i, r] = \frac{1}{i} \sum_{m,n} \varepsilon_{imn} x^m \left[\frac{\partial}{\partial x^n}, r\right] = \frac{1}{i} \sum_{m,n} \varepsilon_{imn} x^m \frac{x^n}{r} = 0.$$

Im letzten Schritt wurde die Antisymmetrie des ε-Tensors benutzt: die Verjüngung mit der symmetrischen Form $x^m x^n$ gibt Null. Jede Komponente des Drehimpulses und somit auch ℓ^2 vertauscht daher auch mit jeder differenzierbaren Funktion von r. Ganz analog vertauschen alle Komponenten und daher auch ℓ^2 mit jeder differenzierbaren Funktion von $|\boldsymbol{p}|$. Damit ist gezeigt, dass

$$\left[\ell_i, \frac{\boldsymbol{p}^2}{2m} + U(r)\right] = 0 \quad \text{und} \quad \left[\ell^2, \frac{\boldsymbol{p}^2}{2m} + U(r)\right] = 0$$

gilt. Physikalisch ausgedrückt heißt das, dass der Betrag und alle Komponenten des Drehimpulses Erhaltungsgrößen sind, wenn das Potential kugelsymmetrisch ist. Da die Komponenten untereinander aber nicht kommutieren, kann es gemeinsame Eigenfunktionen nur zu H, ℓ^2 und *einer* der drei Komponenten, z.B. ℓ_3 geben. Nehmen wir noch den Gesamtimpuls $\boldsymbol{P}$ des Zweiteilchensystems, d.h. den Schwerpunktsimpuls dazu, dann entspricht dieses Ergebnis genau der klassischen Situation, wo

$$H = \frac{\boldsymbol{p}^2}{2m} + U(r), \quad \boldsymbol{P}, \quad \ell^2 \quad \text{und} \quad \ell_3$$

in Involution stehen (s. Band 1, Abschn. 2.37.2, Beispiel (iii)).

Da jede Komponente ℓ_i mit der Variablen r vertauscht, kann keine von ihnen Ableitungen nach r enthalten. Es ist daher sicher angebracht, auf sphärische Polarkoordinaten

$$x^1 = r \sin\theta \cos\phi, \quad x^2 = r \sin\theta \sin\phi, \quad x^3 = r \cos\theta$$

überzugehen und die Operatoren ℓ_i und ℓ^2 als Differentialoperatoren in den Winkelvariablen θ und ϕ auszudrücken. Wir zeigen jetzt, dass sie durch folgende Ausdrücke gegeben sind

$$\ell_1 = i\left\{\sin\phi \frac{\partial}{\partial\theta} + \cot\theta \cos\phi \frac{\partial}{\partial\phi}\right\},$$

$$\ell_2 = i\left\{-\cos\phi \frac{\partial}{\partial\theta} + \cot\theta \sin\phi \frac{\partial}{\partial\phi}\right\},$$

$$\ell_3 = -i\frac{\partial}{\partial\phi}. \tag{1.110}$$

$$\ell^2 = -\left\{ \frac{1}{\sin^2\theta}\frac{\partial^2}{\partial\phi^2} + \frac{1}{\sin\theta}\frac{\partial}{\partial\theta}\left(\sin\theta\frac{\partial}{\partial\theta}\right) \right\} . \tag{1.111}$$

Die dritte Gleichung (1.110) hätten wir erraten können, denn aus der klassischen Physik wissen wir, dass $\hbar\ell_3$ die zu ϕ kanonisch konjugierte Variable ist und ihr Kommutator (1.36) somit

$$[\hbar\ell_3, \phi] = -\mathrm{i}\hbar$$

sein muss. Man erhält in der Tat dieses Resultat, wenn man die Ableitung nach ϕ vermittels der Kettenregel durch Ableitungen nach den kartesischen Koordinaten ausdrückt,

$$\frac{\partial}{\partial\phi} = \frac{\partial x^1}{\partial\phi}\frac{\partial}{\partial x^1} + \frac{\partial x^2}{\partial\phi}\frac{\partial}{\partial x^2} = -x^2\frac{\partial}{\partial x^1} + x^1\frac{\partial}{\partial x^2} = \mathrm{i}\ell_3 .$$

In derselben Weise schreibt man die partielle Ableitung nach θ in Ableitungen nach x^1, x^2 und x^3 um und findet die Relation

$$\frac{\partial}{\partial\theta} = \mathrm{i}\left(-\ell_1\sin\phi + \ell_2\cos\phi\right) .$$

Schließlich beachte man noch, dass

$$\boldsymbol{x}\cdot\boldsymbol{\ell} = \ell_1 x^1 + \ell_2 x^2 + \ell_3 x^3 = 0$$

ist, woraus nach Division durch x^3 und Einsetzen der Polarkoordinaten

$$\tan\theta(\cos\phi\,\ell_1 + \sin\phi\,\ell_2) = -\ell_3 = \mathrm{i}\frac{\partial}{\partial\phi}$$

folgt. Damit hat man zwei linear unabhängige Gleichungen für ℓ_1 und ℓ_2, deren Auflösung das behauptete Ergebnis gibt.

Der Beweis der Formel (1.111) wird etwas erleichtert, wenn man anstelle von ℓ_1 und ℓ_2 die Linearkombinationen

$$\ell_\pm := \ell_1 \pm \mathrm{i}\ell_2 = \mathrm{e}^{\pm\mathrm{i}\phi}\left\{ \pm\frac{\partial}{\partial\theta} + \mathrm{i}\cot\theta\frac{\partial}{\partial\phi} \right\}$$

einführt. Das Produkt dieser so genannten Leiteroperatoren lässt sich umschreiben in

$$\ell_\pm\ell_\mp = \ell_1^2 + \ell_2^2 \pm \mathrm{i}\left(\ell_2\ell_1 - \ell_1\ell_2\right) = \ell_1^2 + \ell_2^2 \pm \ell_3 .$$

Das Produkt $\ell_+\ell_-$ berechnet man durch sorgfältiges Ausdifferenzieren aus

$$\begin{aligned}
\ell_+\ell_- &= \mathrm{e}^{\mathrm{i}\phi}\left\{ \frac{\partial}{\partial\theta} + \mathrm{i}\cot\theta\frac{\partial}{\partial\phi} \right\} \mathrm{e}^{-\mathrm{i}\phi}\left\{ -\frac{\partial}{\partial\theta} + \mathrm{i}\cot\theta\frac{\partial}{\partial\phi} \right\} \\
&= -\frac{\partial^2}{\partial\theta^2} - \mathrm{i}\frac{1-\cos^2\theta}{\sin^2\theta}\frac{\partial}{\partial\phi} - \cot\theta\frac{\partial}{\partial\theta} - \cot^2\theta\frac{\partial^2}{\partial\phi^2} .
\end{aligned}$$

Mit diesem Resultat und aus der Gleichung

$$\boldsymbol{\ell}^2 = \ell_+ \ell_- + \ell_3^2 - \ell_3$$

folgt die behauptete Formel (1.111).

Wir bestimmen jetzt die Eigenwerte und die Eigenfunktionen der Operatoren ℓ_3 und $\boldsymbol{\ell}^2$, gehen aber erst später auf die Bedeutung der Kommutatoren (1.108), (1.109) und ihren Zusammenhang mit der Drehgruppe SO(3) in drei reellen Dimensionen und ihrer Überlagerungsgruppe SU(2) ein, (s. Abschn. 4.1 und Band 4).

Eigenwerte und Eigenfunktionen von ℓ_3: Die Eigenfunktionen von ℓ_3 erfüllen die Differentialgleichung

$$\ell_3 f(\phi) = -\mathrm{i} \frac{\partial}{\partial \phi} f(\phi) = m \, f(\phi)$$

und sind somit proportional zu $\mathrm{e}^{\mathrm{i}m\phi}$, wobei m eine reelle Zahl ist. Damit eine solche Funktion quantenmechanisch interpretierbar wird, muss sie bei einer vollständigen Drehung des Bezugssystems um die 3-Achse, d. h. unter $\mathbf{R}_3(2\pi)$, in sich selbst übergehen,

$$f(\phi + 2\pi) = f(\phi) \,.$$

Diese Forderung nach *Eindeutigkeit der Wellenfunktion* bedeutet, dass der Eigenwert m von ℓ_3 eine ganze, positive oder negative Zahl sein muss,

$$m = 0, \pm 1, \pm 2, \pm 3, \dots \,.$$

Die im Intervall $[0, 2\pi]$ auf 1 normierten Lösungen sind dann

$$f_m(\phi) = \frac{1}{\sqrt{2\pi}} \, \mathrm{e}^{\mathrm{i}m\phi} \,,$$

denn ganz ähnlich wie bei den Funktionen (1.100), die wir im Abschn. 1.8.4 betrachtet haben, gilt mit ganzzahligen Werten von m und m'

$$\int\limits_0^{2\pi} \mathrm{d}\phi \, f_{m'}^*(\phi) f_m(\phi) = \frac{1}{2\pi} \int\limits_0^{2\pi} \mathrm{d}\phi \, \mathrm{e}^{\mathrm{i}(m-m')\phi}$$

$$= \mathrm{e}^{\mathrm{i}\pi(m-m')} \frac{\sin[\pi(m-m')]}{\pi(m-m')} = \delta_{mm'} \,.$$

Für die Eigenwertgleichung des Operators $\boldsymbol{\ell}^2$ (1.111) versuchen wir einen Ansatz, bei dem die Eigenfunktion in eine Funktion von θ allein und in $f(\phi)$ faktorisiert,

$$\boldsymbol{\ell}^2 Y(\theta) f(\phi) = \lambda \, Y(\theta) f(\phi) \,.$$

Setzen wir (1.111) ein und dividieren durch das Produkt $Y(\theta) f(\phi)$, dann entsteht

$$\frac{1}{f(\phi)} \frac{d^2 f(\phi)}{d\phi^2} + \frac{\sin^2 \theta}{Y(\theta)} \left[\frac{1}{\sin \theta} \frac{d}{d\theta} \left(\sin \theta \frac{dY(\theta)}{d\theta} \right) + \lambda Y(\theta) \right] = 0 \,.$$

Der erste Term hängt nur von ϕ ab, der zweite nur von θ. Das erklärt, warum wir die partiellen Ableitungen ∂ durch die gewöhnlichen Ableitungen d ersetzen dürfen und warum der Separationsansatz berechtigt war. Mit den oben gefundenen Lösungen $f(\phi)$ verbleibt eine Differentialgleichung für $Y(\theta)$ allein; sie lautet

$$\frac{1}{\sin \theta} \frac{d}{d\theta} \left(\sin \theta \frac{dY(\theta)}{d\theta} \right) + \left(\lambda - \frac{m^2}{\sin^2 \theta} \right) Y(\theta) = 0 \,.$$

Setzt man $z := \cos \theta$ und benutzt $dz = -\sin \theta \, d\theta$, so geht sie über in

$$\frac{d}{dz} \left((1-z^2) \frac{dY(z)}{dz} \right) + \left(\lambda - \frac{m^2}{1-z^2} \right) Y(z) = 0 \,, \qquad (1.112)$$

eine Differentialgleichung, die aus der Theorie der Kugelfunktionen bekannt ist und die in die Klasse der *Differentialgleichungen vom Fuchs'schen Typ* gehört. Diese haben die allgemeine Form

$$\boxed{\frac{d^2 y(z)}{dz^2} + \frac{\mathscr{P}_0(z - z_0)}{z - z_0} \frac{dy(z)}{dz} + \frac{\mathscr{P}_1(z - z_0)}{(z - z_0)^2} y(z) = 0} \,, \qquad (1.113)$$

wobei $\mathscr{P}_0$ und $\mathscr{P}_1$ Polynome in $(z - z_0)$ (bzw. Taylor-Reihen, die im betrachteten Bereich konvergieren) sind. Charakteristische Eigenschaft dieses Typus von Gleichungen sind die Singularitäten der Koeffizientenfunktionen: Die Funktion, mit der die erste Ableitung von y multipliziert wird, hat bei $z = z_0$ einen Pol erster Ordnung, die Funktion vor dem homogenen Term hat an dieser Stelle einen Pol zweiter Ordnung. Solche Differentialgleichungen treten in der Behandlung von Eigenwertproblemen der Quantenmechanik an verschiedenen Stellen auf und haben den Vorteil, dass man Lösungen als Potenzreihen in $(z - z_0)$ ansetzen und explizit konstruieren kann.

Im hier vorliegenden Fall (1.112) lautet die Differentialgleichung speziell

$$\frac{d^2 Y}{dz^2} - \frac{2z}{(1-z)(1+z)} \frac{dY}{dz} + \frac{\lambda(1-z)(1+z) - m^2}{(1-z)^2 (1+z)^2} Y = 0 \,.$$

Sie hat also sowohl bei $z = 1$ als auch bei $z = -1$ eine solche Singularität. Das sind gerade die Randpunkte des Definitionsintervalls von $z = \cos \theta$ und so überrascht es nicht, dass man im Blick auf die physikalische Interpretation diejenigen Lösungen heraussuchen muss, die bei $z = \pm 1$ regulär bleiben.

In der Theorie der Kugelfunktionen lernt man, dass (1.112) nur dann im ganzen Intervall $[-1, +1]$ reguläre Lösungen besitzt, wenn der Eigenwert λ von der Form

$$\lambda = \ell(\ell+1) \quad \text{mit} \quad \ell = 0, 1, 2, \ldots$$

ist und wenn $m^2 \leq \ell^2$ bleibt. Für $m = 0$ ist (1.112) die Differentialgleichung der Legendre'schen Polynome (Beispiel 1.7), für die überdies die Formel

$$P_\ell(z) = \frac{1}{2^\ell \ell!} \frac{\mathrm{d}^\ell}{\mathrm{d}z^\ell} \left(z^2 - 1 \right)^\ell \qquad \text{(Formel von Rodrigues)} \qquad (1.114)$$

gilt. Für $m \geq 0$ lassen sich die Lösungen durch Ableitungen der Legendrepolynome ausdrücken,

$$P_\ell^m(z) = (-)^m (1 - z^2)^{m/2} \frac{\mathrm{d}^m}{\mathrm{d}z^m} P_\ell(z), \qquad (1.115)$$

mit $P_\ell(z)$ wie in (1.114) angegeben. Diese Lösungen heißen *zugeordnete Legendrefunktionen erster Art* und sind offensichtlich keine Polynome mehr.

Aus den Lösungen in beiden Winkelvariablen entstehen die Eigenfunktionen $Y_{\ell m}(\theta, \phi)$ von ℓ^2,

$$Y_{\ell m}(\theta, \phi) = \sqrt{\frac{(2\ell+1)}{4\pi} \frac{(\ell-m)!}{(\ell+m)!}} P_\ell^m(\cos\theta)\, \mathrm{e}^{\mathrm{i}m\phi}. \qquad (1.116)$$

Sie heißen *Kugelflächenfunktionen* und haben folgende Eigenschaften:

1. Die komplex konjugierte Funktion erfüllt die Beziehung

   $$Y_{\ell m}^*(\theta, \phi) = (-)^m Y_{\ell - m}(\theta, \phi). \qquad (1.117)$$

   Die Einschränkung in (1.115) auf $m \geq 0$ kann man daher vermeiden, wenn man diese Symmetrie verwendet. Das ist gleichbedeutend damit, in (1.115) m durch $|m|$ zu ersetzen.

2. Die Kugelflächenfunktionen bilden ein vollständiges System von orthogonalen und normierten Funktionen auf S^2, der Einheitskugel im $\mathbb{R}^3$. Mit $\mathrm{d}\Omega = \mathrm{d}\phi \sin\theta \,\mathrm{d}\theta$ gelten die *Orthogonalitätsrelation*:

   $$\int \mathrm{d}\Omega\, Y_{\ell' m'}^*(\theta, \phi) Y_{\ell m}(\theta, \phi) = \delta_{\ell' \ell} \delta_{m' m} \qquad (1.118)$$

   und die *Vollständigkeitsrelation*:

   $$\sum_{\ell=0}^{\infty} \sum_{m=-\ell}^{+\ell} Y_{\ell m}(\theta, \phi) Y_{\ell m}^*(\theta', \phi') = \delta(\phi - \phi')\delta(\cos\theta - \cos\theta').$$

   $$(1.119)$$

3. Sie sind gemeinsame Eigenfunktionen zu ℓ^2 und zu ℓ_3 und es gilt

   $$\boxed{\begin{aligned} \ell^2 Y_{\ell m} &= \ell(\ell+1) Y_{\ell m}, \quad \ell = 0, 1, 2, \ldots \\ \ell_3 Y_{\ell m} &= m Y_{\ell m}, \qquad m = -\ell, -\ell+1, \ldots, \ell-1, \ell. \end{aligned}} \qquad (1.120)$$

Das Quadrat des Betrages kann nur die Werte $\ell(\ell+1)$ mit $\ell \in \mathbb{N}_0$, die 3-Komponente nur die $(2\ell+1)$ angegebenen Werte $m = -\ell$ bis $m = \ell$ annehmen.

4. Wenn die Winkel (θ, ϕ) die Richtung $\hat{\boldsymbol{n}}$ im Raum festlegen, (θ', ϕ') die Richtung $\hat{\boldsymbol{n}}'$ und wenn α den Winkel zwischen diesen Einheitsvektoren bezeichnet, d.h. $\hat{\boldsymbol{n}} \cdot \hat{\boldsymbol{n}}' = \cos \alpha$ wie in Abb. 1.10 gezeigt, so gilt das wichtige *Additionstheorem*

$$\frac{4\pi}{2\ell+1} \sum_{m=-\ell}^{+\ell} Y_{\ell m}^*(\theta', \phi') Y_{\ell m}(\theta, \phi) = P_\ell(\cos \alpha). \qquad (1.121)$$

Wir schließen diesen Abschnitt mit einigen Bemerkungen und einem Beispiel.

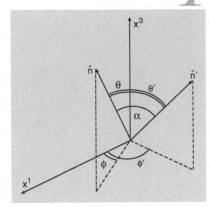

Abb. 1.10. Zwei Einheitsvektoren im $\mathbb{R}^3$ sind durch ihre Polarwinkel (θ, ϕ) bzw. (θ', ϕ') gegeben und spannen den Relativwinkel α auf. Im Additionstheorem (1.121) erscheinen die ersten beiden Paare auf der linken Seite, der Winkel α im Argument des Legendreschen Polynoms auf der rechten

Bemerkungen

1. Jede auf der S^2 quadratintegrable Funktion $F(\theta, \phi)$ kann man nach Kugelflächenfunktionen entwickeln,

$$F(\theta, \phi) = \sum_{\ell=0}^{\infty} \sum_{m=-\ell}^{+\ell} Y_{\ell m}(\theta, \phi) c_{\ell m}$$

mit

$$c_{\ell m} = \int d\Omega \, Y_{\ell m}^*(\theta, \phi) F(\theta, \phi) = \int_0^{2\pi} d\phi \int_0^{\pi} \sin\theta \, d\theta \, Y_{\ell m}^*(\theta, \phi) F(\theta, \phi).$$

2. Unter Verwendung der Formeln (1.115) und (1.114) kann man die Wirkung der Operatoren $\ell_\pm$ auf $Y_{\ell m}$ berechnen. Mit

$$z = \cos\theta, \qquad \frac{\partial}{\partial\theta} = -(1-z^2)^{1/2}\frac{\partial}{\partial z}, \qquad \cot\theta = \frac{z}{\sqrt{1-z^2}}$$

und unter Beachtung des Normierungsfaktors in (1.116) findet man nach einiger Rechnung das Resultat

$$\boxed{\ell_\pm Y_{\ell m} = \sqrt{\ell(\ell+1) - m(m\pm1)}\, Y_{\ell,m\pm1}}. \qquad (1.122)$$

Der Operator ℓ_+ verlässt den Unterraum zu festem ℓ nicht, erhöht aber den Eigenwert von ℓ_3 um 1. Analog erniedrigt ℓ_- den Eigenwert von ℓ_3 um eine Einheit. Es war also durchaus angebracht, diese Operatoren *Leiteroperatoren* zu nennen. Man beachte insbesondere, dass die Kette von Eigenzuständen von $\boldsymbol{\ell}^2$ und ℓ_3, die aus $Y_{\ell m}$ durch wiederholte Anwendung von ℓ_+ entsteht, tatsächlich bei dem Wert $m = \ell$ abbricht. Ganz ebenso sieht man, dass auch die absteigende Kette $(\ell_-)^n Y_{\ell m}$ bei $m = -\ell$ zu Ende geht.

3. Bezeichnen wir den Zustand $Y_{\ell m}$ vorübergehend mit dem Kürzel ψ, dann sieht man schnell, dass die Erwartungswerte der Komponenten

$$\ell_1 = \frac{1}{2}(\ell_+ + \ell_-), \qquad \ell_2 = \mathrm{i}\frac{1}{2}(\ell_- - \ell_+)$$

verschwinden,

$$\langle \ell_1 \rangle_\psi = \langle \ell_2 \rangle_\psi = 0, \qquad (\psi \equiv Y_{\ell m}).$$

Die Erwartungswerte ihrer Quadrate sind nicht Null und es gilt

$$\left\langle \ell_1^2 + \ell_2^2 \right\rangle_\psi = \left\langle \boldsymbol{\ell}^2 - \ell_3^2 \right\rangle_\psi = \ell(\ell+1) - m^2.$$

Da senkrecht zur 3-Achse keine Richtung ausgezeichnet ist, kann man daraus schließen, dass die Erwartungswerte von ℓ_1^2 und ℓ_2^2 gleich sein müssen, d. h. dass

$$\left\langle \ell_1^2 \right\rangle_\psi = \left\langle \ell_2^2 \right\rangle_\psi = \frac{1}{2}[\ell(\ell+1) - m^2]$$

gilt. Es ist aber sicher instruktiv, dies auch einmal direkt auszurechnen. Wir drücken ℓ_1^2 durch die Leiteroperatoren aus

$$\ell_1^2 = \frac{1}{4}(\ell_+^2 + \ell_-^2 + \ell_+\ell_- + \ell_-\ell_+)$$

und berechnen den Erwartungswert der rechten Seite. Die Operatoren ℓ_+^2 und ℓ_-^2 geben keinen Beitrag, weil sie von $Y_{\ell m}$ nach $Y_{\ell,m\pm 2}$ führen und diese letzteren Funktionen orthogonal zu $Y_{\ell m}$ sind. Es verbleiben die diagonalen Operatoren $\ell_+\ell_-$ und $\ell_-\ell_+$, deren Erwartungswert aus (1.122) folgt

$$\begin{aligned}
\left\langle \ell_1^2 \right\rangle_\psi &= \frac{1}{4}\Big[\sqrt{\ell(\ell+1) - (m-1)m}\,\sqrt{\ell(\ell+1) - m(m-1)} \\
&\quad + \sqrt{\ell(\ell+1) - (m+1)m}\,\sqrt{\ell(\ell+1) - m(m+1)} \Big] \\
&= \frac{1}{2}[\ell(\ell+1) - m^2].
\end{aligned}$$

Die Streuung von ℓ_1 und von ℓ_2 ist folglich dieselbe,

$$(\Delta\ell_1) = (\Delta\ell_2) = \frac{1}{\sqrt{2}}\sqrt{\ell(\ell+1) - m^2}.$$

Selbst wenn $|m|$ seinen Maximalwert $|m| = \ell$ annimmt, wenn also klassisch der Bahndrehimpuls vollständig entlang der 3-Achse ausgerichtet ist,[19] ist diese Streuung nicht Null.

4. Die Aussage, dass der Drehimpuls im Raum nur diskrete Orientierungen anzunehmen scheint, wird manchmal auch „Richtungsquantelung" genannt. Die kleine Rechnung in der vorangegangenen Bemerkung zeigt aber, dass man bei einer Messung einer zur 3-Achse senkrechten Komponente des Drehimpulses die Eigenwerte $+q$ und $-q$ aus dem möglichen Wertevorrat $q \in \{-\ell, \ldots, +\ell\}$ mit gleicher Wahrscheinlichkeit finden wird. Man darf daher die Vorstellung eines Drehimpulsvektors, der diskrete Einstellungen im Raum einnimmt, nicht zu wörtlich nehmen.

[19] In der frühen Literatur zur Atomphysik nannte man dies den „gestreckten Fall".

Beispiel 1.10

Aus der Formel (1.122) sieht man, dass die Matrixdarstellung der Leiteroperatoren $\ell_\pm$ in der Basis der Kugelflächenfunktionen durch

$$(\ell_\pm)_{\ell'm',\ell m} \equiv (Y_{\ell'm'}, \ell_\pm Y_{\ell m}) = \sqrt{\ell(\ell+1) - m(m\pm 1)}\,\delta_{\ell'\ell}\delta_{m',m\pm 1}$$

gegeben ist. Diese unendlichdimensionalen Matrizen zerfallen in quadratische Blöcke entlang der Hauptdiagonalen: je ein Block der Dimension $(2\ell+1) \times (2\ell+1)$ für jeden Eigenwert von ℓ^2. Man nummeriert die Zeilen und Spalten nach ℓ und m, indem man $\ell = 0, 1, 2 \ldots$ in aufsteigender Reihenfolge wählt, $m = \ell, \ell-1, \ldots, -\ell$ bei festgehaltenem ℓ in fallender Folge. Die Zeilen und Spalten tragen also die Nummern

$$(\ell, m) = (0,0),\, (1,1),\, (1,0),\, (1,-1),$$
$$(2,2),\, (2,1),\, (2,0),\, (2,-1),\, (2,-2) \cdots .$$

Im Unterraum zu $\ell = 1$ als Beispiel erhalten wir

$$(\ell^2)_{1m',1m} = \begin{pmatrix} 2 & 0 & 0 \\ 0 & 2 & 0 \\ 0 & 0 & 2 \end{pmatrix},$$

$$(\ell_+)_{1m',1m} = \begin{pmatrix} 0 & \sqrt{2} & 0 \\ 0 & 0 & \sqrt{2} \\ 0 & 0 & 0 \end{pmatrix}, \qquad (\ell_-)_{1m',1m} = \begin{pmatrix} 0 & 0 & 0 \\ \sqrt{2} & 0 & 0 \\ 0 & \sqrt{2} & 0 \end{pmatrix}.$$

Verwenden wir die Formeln aus der vorhergehenden Bemerkung, dann folgen hieraus die Matrixdarstellungen von ℓ_1 und ℓ_2, die wir hier zusammen mit der von ℓ_3 aufschreiben,

$$(\ell_1)_{1m',1m} = \frac{1}{2}\begin{pmatrix} 0 & \sqrt{2} & 0 \\ \sqrt{2} & 0 & \sqrt{2} \\ 0 & \sqrt{2} & 0 \end{pmatrix},$$

$$(\ell_2)_{1m',1m} = \mathrm{i}\,\frac{1}{2}\begin{pmatrix} 0 & -\sqrt{2} & 0 \\ \sqrt{2} & 0 & -\sqrt{2} \\ 0 & \sqrt{2} & 0 \end{pmatrix},$$

$$(\ell_3)_{1m',1m} = \begin{pmatrix} 1 & 0 & 0 \\ 0 & 0 & 0 \\ 0 & 0 & -1 \end{pmatrix}.$$

Es ist auffallend, dass ℓ_1 durch eine *reelle* Matrix dargestellt wird, die obendrein *positiv* ist, während ℓ_2 *rein imaginär* ist. (ℓ_3 ist diagonal gewählt und ist somit als hermitesche Matrix automatisch reell.) Das muss nicht immer so sein, ist aber die Folge einer speziellen Konvention in der Wahl der Phasen, die uns später eingehend beschäftigen wird (Phasenkonvention nach Condon und Shortley).

Mit dieser Darstellung kann man einige weitere kleine Übungen ausführen: Man bestätigt, dass der Kommutator der Matrizen für ℓ_1 und ℓ_2 wirklich iℓ_3 ergibt. Berechnen wir die Eigenwerte und Eigenfunktion von ℓ_1, so ist zuerst das charakteristische Polynom gleich Null zu setzen

$$\det(\ell_1 - \mu\,\mathbb{1}) = \det \begin{pmatrix} -\mu & 1/\sqrt{2} & 0 \\ 1/\sqrt{2} & -\mu & 1/\sqrt{2} \\ 0 & 1/\sqrt{2} & -\mu \end{pmatrix} = -\mu(\mu^2 - 1) = 0\,.$$

Wie erwartet sind die Eigenwerte $\mu = 1, 0, -1$. Die zugehörigen Eigenfunktionen berechnet man aus dem linearen Gleichungssystem

$$\frac{1}{\sqrt{2}} \begin{pmatrix} 0 & 1 & 0 \\ 1 & 0 & 1 \\ 0 & 1 & 0 \end{pmatrix} \begin{pmatrix} c_1^{(\mu)} \\ c_0^{(\mu)} \\ c_{-1}^{(\mu)} \end{pmatrix} = \mu \begin{pmatrix} c_1^{(\mu)} \\ c_0^{(\mu)} \\ c_{-1}^{(\mu)} \end{pmatrix}, \qquad \mu = 1, 0 \text{ oder } -1\,.$$

Bis auf mögliche Phasenfaktoren sind die Eigenvektoren

$$c^{(\pm 1)} = \frac{1}{2}(1, \pm\sqrt{2}, 1)^T\,, \qquad c^{(0)} = \frac{1}{\sqrt{2}}(1, 0, -1)^T\,.$$

Das bedeutet, die Eigenfunktion von ℓ_1, die zum Eigenwert $\mu = +1$ bzw. $\mu = -1$ gehört, ist

$$\psi'_{\ell=1,\mu=\pm 1} = \frac{1}{2}(Y_{11} \pm \sqrt{2}Y_{10} + Y_{1,-1})\,,$$

die Eigenfunktion zum Eigenwert $\mu = 0$ ist

$$\psi'_{\ell=1,\mu=0} = \frac{1}{\sqrt{2}}(Y_{11} - Y_{1,-1})\,.$$

Alle drei sind auf 1 normiert, je zwei von ihnen sind orthogonal.

1.9.2 Radialimpuls und kinetische Energie

Am Ergebnis (1.111), das den Operator ℓ^2 als Differentialoperator auf der Oberfläche der S^2 darstellt, fällt auf, dass der Ausdruck in den geschweiften Klammern auch im Laplace-Operator auftritt, wenn man diesen in sphärischen Kugelkoordinaten angibt,

$$\Delta = \frac{1}{r^2}\frac{\partial}{\partial r}\left(r^2\frac{\partial}{\partial r}\right) + \frac{1}{r^2}\left[\frac{1}{\sin^2\theta}\frac{\partial^2}{\partial\phi^2} + \frac{1}{\sin\theta}\frac{\partial}{\partial\theta}\left(\sin\theta\frac{\partial}{\partial\theta}\right)\right]\,.$$

Der Laplace-Operator ist andererseits im Operator der kinetischen Energie enthalten, wir können diese daher in der Form

$$T_{\text{kin}} = -\frac{\hbar^2}{2m}\left[\frac{1}{r^2}\frac{\partial}{\partial r}\left(r^2\frac{\partial}{\partial r}\right) - \frac{1}{r^2}\ell^2\right]$$

schreiben. Die Ähnlichkeit zur Zerlegung der *klassischen* kinetischen Energie in Radial- und Winkelanteil

$$(T_{\text{kin}})_{\text{kl}} = \frac{(p_r^2)_{\text{kl}}}{2m} + \frac{(\ell^2)_{\text{kl}}}{2mr^2} \quad \text{(klassisch)}$$

ist auffallend und es drängt sich die Frage auf, ob wir der Variablen p_r einen Operator zuordnen können, der gerade den ersten, von r allein abhängenden Term ergibt.

Immer noch klassisch geschrieben, ist

$$(p_r)_{\text{kl}} = \frac{\boldsymbol{x} \cdot \boldsymbol{p}}{r} \, .$$

Ersetzt man hier $\boldsymbol{p}$ durch $\hbar\nabla/i$, dann ist der entstehende Operator nicht selbstadjungiert, es sei denn, wir gehen vom klassisch äquivalenten, symmetrisierten Ausdruck

$$\frac{1}{2}\left(\frac{\boldsymbol{x}}{r} \cdot \boldsymbol{p} + \boldsymbol{p} \cdot \frac{\boldsymbol{x}}{r}\right)$$

aus, der in

$$\frac{\hbar}{2\mathrm{i}}\left(\frac{\boldsymbol{x}}{r} \cdot \nabla + \nabla \cdot \frac{\boldsymbol{x}}{r}\right) = \frac{\hbar}{2\mathrm{i}}\left[2\frac{\boldsymbol{x}}{r} \cdot \nabla + \left(\nabla \cdot \frac{\boldsymbol{x}}{r}\right)\right]$$

übergeht. Wir berechnen die beiden Terme wie folgt:

$$\frac{1}{r}\boldsymbol{x} \cdot \nabla = \sum_i \frac{x^i}{r}\frac{\partial r}{\partial x^i}\frac{\partial}{\partial r} = \sum_i \frac{(x^i)^2}{r^2}\frac{\partial}{\partial r} = \frac{\partial}{\partial r} \, ,$$

$$\left(\nabla \cdot \frac{\boldsymbol{x}}{r}\right) = \frac{2}{r} \, .$$

Damit ist

$$p_r = \frac{\hbar}{\mathrm{i}}\left(\frac{\partial}{\partial r} + \frac{1}{r}\right) = \frac{\hbar}{\mathrm{i}}\frac{1}{r}\frac{\partial}{\partial r}r \, . \tag{1.123}$$

Dieser Operator ist auf dem Raum der auf dem Intervall $r \in [0, \infty)$ integrablen Funktionen zwar nicht selbstadjungiert, aber *symmetrisch*. Dies bedeutet folgendes: Der Operator selbst ist auf der positiven, reellen Halbachse $\mathbb{R}_+\backslash\{0\}$, sein Adjungierter aber auf der ganzen reellen Achse definiert. Der Definitionsbereich des adjungierten unterscheidet sich von dem des ursprünglichen Operators, im vorliegenden Fall ist $\mathcal{D} \subset \mathcal{D}^\dagger$. In der Definition 3.6 von selbstadjungierten Operatoren (Kap. 3) wird aber gefordert, dass $\mathcal{D} = \mathcal{D}^\dagger$ sein soll – was hier nicht erfüllt ist. (Für eine eingehendere Diskussion s. z. B. [Galindo, Pascual 1990], Band I, Abschn. 6.2.)

Der Kommutator von p_r mit r ist

$$[p_r, r] = \frac{\hbar}{\mathrm{i}} \, ,$$

wie in der klassischen Mechanik stellt er den zu r kanonisch konjugierten Impuls dar. Schließlich berechnet man noch sein Quadrat und findet in der Tat

$$p_r^2 = -\hbar^2 \left(\frac{\partial}{\partial r} + \frac{1}{r} \right)^2 = -\hbar^2 \left(\frac{\partial^2}{\partial r^2} + \frac{2}{r}\frac{\partial}{\partial r} \right) = -\hbar^2 \frac{1}{r^2} \frac{\partial}{\partial r} \left(r^2 \frac{\partial}{\partial r} \right).$$

Damit gilt auch für die quantenmechanischen Operatoren die aus der klassischen Physik bekannte Zerlegung in kinetische Energie der Radial- und der Winkelbewegung,

$$T_{\text{kin}} = \frac{p_r^2}{2m} + \frac{\hbar^2 \boldsymbol{\ell}^2}{2mr^2} \quad \text{(quantenmechanisch)}.
\tag{1.124}$$

(Man beachte, dass der Faktor $\hbar^2$ nur deshalb auftritt, weil der Operator des Bahndrehimpulses in (1.106) ohne diesen Faktor definiert wurde.)

Die vielleicht wichtigste physikalische Konsequenz dieser Zerlegung ist die, dass der zweite Term in (1.124) als Potential der Zentrifugalkraft aufgefasst werden kann. Dieses Zentrifugalpotential wird in einem Zentralfeldproblem mit dem Hamiltonoperator

$$H = \frac{p_r^2}{2m} + \frac{\hbar^2 \boldsymbol{\ell}^2}{2mr^2} + U(r)
\tag{1.125}$$

mit dem wahren Potential $U(r)$ konkurrieren, das attraktiv oder repulsiv sein kann – ganz analog zur klassischen Situation. Man sieht das sehr deutlich, wenn man für stationäre Eigenfunktionen von H einen Separationsansatz in Radial- und Winkelvariablen macht, d. h.

$$\psi_{\alpha\ell m}(\boldsymbol{x}) = R_\alpha(r) Y_{\ell m} \quad \text{oder} \quad \psi_{\ell m}(\alpha, \boldsymbol{x}) = R(\alpha, r) Y_{\ell m}
\tag{1.126}$$

in die stationäre Schrödinger-Gleichung einsetzt. Die Bedeutung der Quantenzahlen ℓ und m ist dieselbe wie bisher, α charakterisiert die Radialbewegung und hängt von der Natur des Potentials $U(r)$ ab. Im ersten Fall ist α eine diskrete, somit abzählbare Quantenzahl (dies tritt beim Kugeloszillator und im gebundenen Teil des Wasserstoffspektrums auf), im zweiten Fall ist α eine kontinuierliche Variable (dies tritt bei den kräftefreien Lösungen und im ungebundenen Anteil des Wasserstoffspektrums auf). Der Operator $\boldsymbol{\ell}^2$, auf $Y_{\ell m}$ angewandt, ergibt den Eigenwert $\ell(\ell+1)$, der Operator p_r^2 wirkt nur auf die Radialfunktion $R_\alpha(r)$, während alle anderen Terme wie gewöhnliche Faktoren wirken. Teilt man die ganze Gleichung durch $Y_{\ell m}$, so entsteht die Differentialgleichung

$$-\frac{\hbar^2}{2m} \frac{1}{r^2} \frac{\mathrm{d}}{\mathrm{d}r} \left(r^2 \frac{\mathrm{d}R(r)}{\mathrm{d}r} \right) + \left(\frac{\hbar^2 \ell(\ell+1)}{2mr^2} + U(r) \right) R(r) = E R(r).
\tag{1.127}$$

Sie beschreibt die radiale Dynamik, die ganz ähnlich wie in der klassischen Mechanik unter dem Einfluss des *effektiven* Potentials

$$U_{\text{eff}}(r) = \frac{\hbar^2 \ell(\ell+1)}{2mr^2} + U(r)$$

steht. Ein attraktives Potential $U(r)$ etwa steht in Konkurrenz zum repulsiven Zentrifugalpotential, sodass Radialzustände mit wachsendem ℓ immer mehr von kleinen Werten r abgedrängt und vom Einfluss des wahren Potentials abgeschirmt werden. Die Beispiele, die wir in den folgenden Abschnitten behandeln, werden diese Interpretation gut illustrieren.

1.9.3 Kräftefreie Bewegung bei scharfem Drehimpuls

Wenn das wahre Potential identisch verschwindet, $U(r) \equiv 0$, dann kann man als kommutierende Observable

1. *entweder* den Satz

    $\{p_1, p_2, p_3\}$

2. *oder* den Satz

    $\{H, \boldsymbol{\ell}^2, \ell_3\}$

wählen. Im ersten Fall 1. taucht H selber nicht auf, weil seine Eigenwerte $E = \boldsymbol{p}^2/(2m)$ schon festliegen, wenn die aller p_i gegeben sind. Die beiden Alternativen schließen sich gegenseitig aus, weil $\boldsymbol{\ell}^2$ und ℓ_3 zwar mit $\boldsymbol{p}^2$ kommutieren, nicht aber mit allen Komponenten p_i. Mit der Wahl 1. sind die ebenen Wellen aus Abschn. 1.8.4 die gemeinsamen Eigenfunktionen der drei Observablen. Das Teilchen der Masse m bewegt sich mit festem Impuls $\boldsymbol{p}$ entlang der durch diesen vorgegebenen Richtung $\hat{\boldsymbol{p}}$. Bei der Wahl 2. befindet sich das Teilchen in einem Zustand mit fester Energie, d. h. mit festem *Betrag* $p := |\boldsymbol{p}|$ des Impulses, und mit festen Werten $\ell(\ell+1)$ bzw. m des Quadrats des Bahndrehimpulses und seiner Komponente ℓ_3 entlang der (beliebig wählbaren) 3-Achse. Auf den ersten Blick scheint dies ganz anders als in der klassischen Kinematik zu sein. Dort hat ein Teilchen, das mit dem Impuls $\boldsymbol{p}$ und dem Stoßparameter b einläuft, relativ zum Ursprung $\mathcal{O}$ den Bahndrehimpuls

$$\boldsymbol{\ell}_{kl} = \boldsymbol{x} \times \boldsymbol{p} \quad \text{mit} \quad |\boldsymbol{\ell}_{kl}| = bp ,$$

wie in Abb. 1.11 skizziert. Man wird einwenden, dass der Ursprung bei kräftefreier Bewegung beliebig verschoben werden kann, der Bahndrehimpuls somit nicht wohldefiniert ist. Das ist richtig. Wenn aber die ebenen Wellen als einlaufende Zustände bei der Streuung an einem Zentralpotential $U(r)$ auftreten, dann ist der Ursprung $\mathcal{O}$ natürlicherweise das Kraftzentrum und $\boldsymbol{\ell}$ ist eine physikalisch wohldefinierte Observable. Die Beziehung zwischen Stoßparameter und Bahndrehimpuls geht aber auch in der Quantenmechanik nicht vollständig verloren. Das werden wir an den stationären Lösungen der radialen Differentialgleichung (1.127) sehen, die wir jetzt konstruieren.

Setzen wir

$$k^2 := \frac{2mE}{\hbar^2}, \qquad \varrho := kr , \tag{1.128}$$

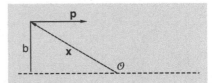

Abb. 1.11. Ein Teilchen der klassischen Mechanik, das sich mit dem Impuls $\boldsymbol{p}$ im Abstand b von der Parallelen durch den Ursprung $\mathcal{O}$ bewegt, hat einen wohldefinierten Bahndrehimpuls. Dieser steht senkrecht zur Zeichenebene (vom Betrachter wegweisend) und hat den Betrag $|l_{kl}| = b|\boldsymbol{p}|$

so geht (1.127) mit $U(r) \equiv 0$ und der dimensionslosen Variablen ϱ in folgende Gleichung über:

$$\frac{1}{\varrho^2} \frac{\mathrm{d}}{\mathrm{d}\varrho} \left(\varrho^2 \frac{\mathrm{d}R(\varrho)}{\mathrm{d}\varrho} \right) - \frac{\ell(\ell+1)}{\varrho^2} R(\varrho) + R(\varrho) = 0 \,. \qquad (1.129)$$

Differenziert man den ersten Term aus, so sieht man sofort, dass diese Gleichung vom Fuchs'schen Typ (1.113) mit $z_0 = 0$ ist. Diejenigen Lösungen dieser Gleichung, die als Wahrscheinlichkeitsamplituden interpretierbar sein sollen, dürfen bei $\varrho = 0$, wo die Koeffizientenfunktionen einen Pol erster bzw. zweiter Ordnung haben, nicht singulär werden. Um dies zu testen, machen wir den Ansatz

$$R(\varrho) = \varrho^\alpha f(\varrho) \quad \text{mit} \quad f(0) \neq 0 \quad \text{endlich} \,.$$

Setzt man ein, so folgt die Differentialgleichung für $f(\varrho)$

$$\varrho^\alpha f'' + 2(\alpha+1)\varrho^{\alpha-1} f'$$
$$+ \left[\alpha(\alpha-1)\varrho^{\alpha-2} + 2\alpha\varrho^{\alpha-2} - \ell(\ell+1)\varrho^{\alpha-2} + \varrho^\alpha \right] f = 0 \,.$$

Vergleicht man die Terme dieser Gleichung bei $\varrho \to 0$, so folgt die Bestimmungsgleichung

$$\alpha(\alpha+1) = \ell(\ell+1) \,,$$

deren Lösungen $\alpha = \ell$ und $\alpha = -\ell - 1$ sind.[20] Klarerweise müssen wir zur Beschreibung von Streuzuständen mit festem Bahndrehimpuls die erste, bei $\varrho = 0$ reguläre Lösung auswählen.

Im Übrigen ist die Differentialgleichung (1.130) für $R(\varrho)$ aus der Theorie der Bessel-Funktionen wohlbekannt.

In der mathematischen Literatur über Spezielle Funktionen [Abramowitz und Stegun (1965)] findet man entweder die Differentialgleichung (1.129) der *sphärischen Bessel-Funktionen* oder eine etwas andere Form, die aus dieser mit der Substitution

$$Z(\varrho) = \sqrt{\varrho} R(\varrho)$$

hervorgeht. Sie lautet

$$Z''(\varrho) + \frac{1}{\varrho} Z'(\varrho) + \left[1 - \frac{(\ell+1/2)^2}{\varrho^2} \right] Z(\varrho) = 0 \qquad (1.130)$$

und wird *Bessel'sche Differentialgleichung* genannt.

Ohne auf ihre Theorie einzugehen, geben wir hier direkt die Lösungen von (1.129) an und stellen deren wichtigste Eigenschaften zusammen.

Die bei Null regulären Lösungen heißen *sphärische Bessel-Funktionen* und sind durch die Formel

$$j_\ell(\varrho) = (-\varrho)^\ell \left(\frac{1}{\varrho} \frac{\mathrm{d}}{\mathrm{d}\varrho} \right)^\ell \frac{\sin\varrho}{\varrho} \qquad (1.131)$$

[20] Der Koeffizient α wird in der Theorie der Differentialgleichungen vom Fuchs'-schen Typ *charakteristischer Exponent* genannt.

gegeben. Die ersten drei Funktionen lauten explizit

$$j_0(\varrho) = \frac{\sin \varrho}{\varrho} \,, \qquad j_1(\varrho) = \frac{\sin \varrho}{\varrho^2} - \frac{\cos \varrho}{\varrho} \,,$$

$$j_2(\varrho) = \frac{3 \sin \varrho}{\varrho^3} - \frac{3 \cos \varrho}{\varrho^2} - \frac{\sin \varrho}{\varrho} \,.$$

Bei $\varrho \to 0$ haben sie das erwartete Verhalten: es gilt nämlich

$$\varrho \to 0 : \quad j_\ell(\varrho) \sim \frac{\varrho^\ell}{(2\ell + 1)!!} \,, \tag{1.132}$$

mit der Doppelfakultät $(2\ell + 1)!! := (2\ell + 1) \cdot (2\ell - 1) \cdots 5 \cdot 3 \cdot 1$ im Nenner. Für $\varrho \to \infty$ gilt das asymptotische Verhalten

$$\varrho \to \infty : \quad j_\ell(\varrho) \sim \frac{1}{\varrho} \sin \left(\varrho - \ell \frac{\pi}{2} \right) \,. \tag{1.133}$$

Beide Grenzfälle prüft man an den angegebenen Beispielen nach.

Die gemeinsamen Eigenfunktionen der Operatoren $\{H, \boldsymbol{\ell}^2, \ell_3\}$, die bei $r = 0$ regulär sind, lauten somit

$$\psi_{\ell m}(k, \boldsymbol{x}) = j_\ell(kr) Y_{\ell m}(\theta, \phi) \,. \tag{1.134}$$

Die gesamte, stationäre Lösung der Schrödinger-Gleichung lautet

$$\Psi_{\ell m}(k, t, \boldsymbol{x}) = \mathrm{e}^{-(\mathrm{i}/\hbar)Et} j_\ell(kr) Y_{\ell m}(\theta, \phi) \,,$$

mit $E = \hbar^2 k^2 / (2m)$. Ihre asymptotische Form folgt aus (1.133)

$$r \to \infty : \tag{1.135}$$

$$\Psi_{\ell m}(t, k, \boldsymbol{x}) \sim \frac{1}{2\mathrm{i}kr} \left[\mathrm{e}^{\mathrm{i}(kr - (\ell\pi/2) - (Et/\hbar))} - \mathrm{e}^{-\mathrm{i}(kr - (\ell\pi/2) + (Et/\hbar))} \right] Y_{\ell m} \,.$$

Wie wir bei der Beschreibung von Streuzuständen sehen werden, beschreibt der erste Term eine auslaufende, der zweite eine einlaufende Kugelwelle.

Die Lösungen (1.134) werden *Partialwellen* zu festem Bahndrehimpuls ℓ genannt. Sie sind keine Eigenfunktionen zum Impuls $\boldsymbol{p}$ – im Gegenteil, wie wir gleich sehen werden, enthalten die Eigenfunktionen des Impulses alle Werte von ℓ – dennoch ist der Zusammenhang zwischen Drehimpuls und Stoßparameter nicht vollständig verloren gegangen. In der Tat, untersucht man den Graphen der sphärischen Bessel-Funktion $j_\ell(kr)$, so findet man, dass diese Funktion für $\ell \gg 1$ ein ausgeprägtes Maximum bei

$$\varrho = kr \simeq \left(\ell + \frac{1}{2} \right)$$

hat, also ziemlich genau dort, wo die klassische Beziehung zwischen ℓ und b, dem Stoßparameter liegt (s. [Abramowitz und Stegun (1965)], Abschn. 10.1.59). In Abb. 1.12 sieht man die Funktion $j^2_{\ell=10}(\varrho)$, in

Abb. 1.12. Quadrat der sphärischen Besselfunktion mit $l = 10$ als Funktion von $\varrho = kr$

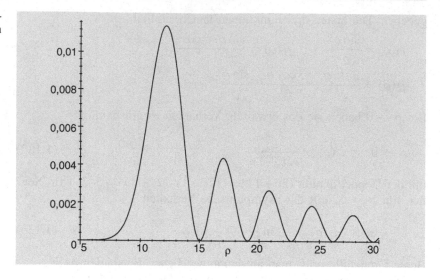

Abb. 1.13 ihr Quadrat mit ϱ^2 multipliziert aufgetragen, wobei j_{10} entweder aus (1.131) oder durch wiederholte Anwendung der Formel

$$j_\ell(\varrho) = \left(-\frac{\mathrm{d}}{\mathrm{d}\varrho} + \frac{\ell - 1}{\varrho}\right) j_{\ell-1}(\varrho), \qquad \ell \geq 1,$$

gewonnen wurde. Es ist richtig zu sagen, dass das Zentrifugalpotential die ℓ-te Partialwelle vom Ursprung wegdrängt und zwar umso mehr, je höher der Wert von ℓ ist. In der Beschreibung von Streuung am

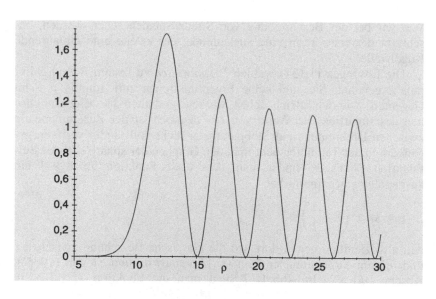

Abb. 1.13. Quadrat von $j_{10}(\varrho)$ multipliziert mit ϱ^2 als Funktion von $\varrho = kr$

(wahren) Potential $U(r)$, auch wenn dieses attraktiv ist, spüren hohe Partialwellen dessen Einfluss weniger als niedere Partialwellen.

Den Leser, die Leserin interessiert sicherlich die Frage, wie denn die gemeinsamen Eigenfunktionen des Satzes 1, $\{p_1, p_2, p_3\}$, mit denen des Satzes 2, $\{H, \ell^2, \ell_3\}$, zusammenhängen. Die Antwort ist in der folgenden, wichtigen Formel enthalten, die die Entwicklung der ebenen Welle nach Partialwellen angibt. Setzt man $\boldsymbol{p} = \hbar\boldsymbol{k}$, $k = |\boldsymbol{k}|$ wie bisher, so gilt

$$\boxed{e^{i\boldsymbol{k}\cdot\boldsymbol{x}} = 4\pi \sum_{\ell=0}^{\infty} i^\ell j_\ell(kr) \sum_{m=-\ell}^{+\ell} Y_{\ell m}^*(\theta_k, \phi_k) Y_{\ell m}(\theta_x, \phi_x)} \,. \qquad (1.136)$$

In dieser Entwicklung treten in der ersten Kugelfunktion die Polarwinkel des Vektors $\boldsymbol{k}$, in der zweiten die des Vektors $\boldsymbol{x}$ auf. Physikalisch interpretiert sagt sie aus, dass in der ebenen Welle alle Partialwellen $\ell = 0, 1, 2, \ldots$ vorkommen. Ebenso kommen für jeden Wert von ℓ alle Werte von m vor, es sei denn, der Impuls zeige in Richtung der 3-Achse. In diesem Fall ist $\theta_k = 0$, $\phi_k = 0$ und aus den Formeln (1.115) und (1.116) folgt, dass

$$Y_{\ell m}(\theta_k = 0, \phi_k = 0) = \frac{\sqrt{2\ell+1}}{\sqrt{4\pi}} \delta_{m0}$$

ist. In diesem Fall ist

$$e^{ikx^3} = \sum_{\ell=0}^{\infty} i^\ell \sqrt{4\pi(2\ell+1)}\, j_\ell(kr) Y_{\ell 0}(\theta_x, \phi_x)$$

$$= \sum_{\ell=0}^{\infty} i^\ell (2\ell+1)\, j_\ell(kr) P_\ell(\cos\theta_x) \,.$$

Dies ist ein wichtiges Resultat:

> Die ebene Welle enthält zwar immer alle Partialwellen ℓ, aber die Projektion des Bahndrehimpulses auf die Richtung des Impulses ist in allen Partialwellen gleich Null, $m_\ell = 0$.

Beweis der Formel (1.136): Zunächst lege man $\boldsymbol{k}$ in die 3-Richtung. Wegen der dann bestehenden Axialsymmetrie um diese Achse kann die Entwicklung der ebenen Welle nach Kugelflächenfunktionen nur Anteile mit $m_\ell = 0$ enthalten,

$$e^{ikx^3} = \sum_{\ell=0}^{\infty} G_\ell(r) Y_{\ell m=0}(\theta, \phi) \,,$$

wobei die Funktionen $G_\ell(r)$ aus

$$G_\ell(r) = \int d\Omega\, Y_{\ell 0}^* e^{ikx^3} = \int_0^{2\pi} d\phi \int_0^{\pi} \sin\theta\, d\theta\, Y_{\ell 0}^*(\theta)\, e^{ikr\cos\theta}$$

zu berechnen sind. Statt dieses Integral wirklich in allen Einzelheiten auszurechnen, bedienen wir uns eines Tricks: Wir berechnen nur den für asymptotisch große Werte von r führenden Term und vergleichen diesen mit der Asymptotik (1.133) der sphärischen Bessel-Funktionen. Durch partielle Integration nach der Variablen $z := \cos\theta$ hat man

$$G_\ell(r) = 2\pi \left[\frac{1}{ikr} \int\limits_{-1}^{+1} dz\, Y_{\ell 0}(z)(ikr\, e^{ikrz}) \right]$$

$$= \frac{2\pi}{ikr} \left[\left[Y_{\ell 0}(z)\, e^{ikrz} \right]\Big|_{-1}^{+1} - \int\limits_{-1}^{+1} dz\, \frac{dY_{\ell 0}}{dz}\, e^{ikrz} \right].$$

Integriert man den zweiten Term in der eckigen Klammer partiell, so enstehen weitere inverse Potenzen von r. Geht man also zu sehr großen Werten von r, dann trägt in führender Ordnung nur der erste Term bei und wird zu

$$r \to \infty:$$

$$G_\ell(r) \sim \frac{\sqrt{4\pi(2\ell+1)}}{2ikr}[e^{ikr} - (-)^\ell e^{-ikr}]P_\ell(z=1) + \mathcal{O}[(kr)^{-2}]$$

$$= \frac{\sqrt{4\pi(2\ell+1)}}{2ikr} i^\ell \left(e^{i(kr-\ell(\pi/2))} - e^{-i(kr-\ell(\pi/2))} \right) P_\ell(z=1)$$
$$+ \mathcal{O}[(kr)^{-2}].$$

Nun vergleicht man mit der Asymptotik (1.133). Da die Entwicklung nach Kugelflächenfunktionen eindeutig ist, folgt die angegebene Formel für $\exp(ikx^3)$. In diese wiederum setzt man

$$Y_{\ell 0}(\theta) = \sqrt{\frac{2\ell+1}{4\pi}}\, P_\ell(\cos\theta)$$

ein. Schließlich, wenn $\boldsymbol{k}$ nicht in Richtung der 3-Achse zeigt, gilt die eben bewiesene Formel mit $\cos\theta \longmapsto \cos\alpha$, wobei α der Winkel zwischen $\boldsymbol{k}$ und $\boldsymbol{x}$ ist. An dieser Stelle verwendet man das Additionstheorem (1.121) und bekommt das behauptete Resultat (1.136).

Die bewiesene Entwicklung (1.136) der ebenen Welle nach den bei $r = 0$ regulären Lösungen zu festem Drehimpuls kann man ausnutzen, um die Normierung der Funktionen (1.134) festzustellen. Dazu berechnen wir

$$\int d^3x\, e^{-i(\boldsymbol{k}'-\boldsymbol{k})\cdot\boldsymbol{x}} = (2\pi)^3 \delta^{(3)}(\boldsymbol{k}-\boldsymbol{k}')$$

$$= \frac{(2\pi)^3}{kk'}\delta(k-k')\delta(\cos\theta - \cos\theta')\delta(\phi - \phi')$$

$$= (4\pi)^2 \sum_{\ell\ell'} \mathrm{i}^\ell (-\mathrm{i})^{\ell'} \sum_{mm'} Y^*_{\ell m}(\hat{k}) Y_{\ell'm'}(\hat{k}') \delta_{\ell\ell'} \delta_{mm'}$$

$$\int\limits_0^\infty r^2 \, \mathrm{d}r \, j_\ell(kr) j_{\ell'}(k'r)$$

$$= (4\pi)^2 \delta(\cos\theta - \cos\theta') \delta(\phi - \phi') \int\limits_0^\infty r^2 \, \mathrm{d}r \, j_\ell(kr) j_\ell(k'r) \,.$$

(Die Kurzschreibweise $\hat{k}, \hat{k}'$ bezeichnet die Polarwinkel von $\boldsymbol{k}$ und von $\boldsymbol{k}'$.) In den zwei letzten Schritten haben wir die Summe über ℓ' und m' ausgeführt und die Vollständigkeitsrelation (1.119) der Kugelflächenfunktionen eingesetzt. Durch Koeffizientenvergleich folgt nun sofort die wichtige Formel

$$\boxed{\int\limits_0^\infty r^2 \, \mathrm{d}r \, j_\ell(kr) j_\ell(k'r) = \frac{\pi}{2kk'} \delta(k - k')} \,. \tag{1.137}$$

Die sphärischen Bessel-Funktionen sind zwar orthogonal, aber nicht im üblichen Sinne normierbar. Sie sind jedoch – ähnlich wie die ebenen Wellen – in dieser Weise auf eine δ-Distribution in den Beträgen des Impulses oder, entsprechend umgerechnet, in der Energieskala normierbar (s. Abschn. 1.8.4).

Wir beschließen diesen Abschnitt mit einigen Aussagen über weitere Lösungen der Differentialgleichung (1.129), die für die Theorie der Streuung wichtig sein werden.

Wie immer bei gewöhnlichen Differentialgleichungen zweiter Ordnung kann jede Lösung von (1.129) mit vorgegebenem Wert von ℓ als Linearkombination von zwei linear unabhängigen Fundamentallösungen ausgedrückt werden. Neben der sphärischen Bessel-Funktion (1.131) kann man die Funktion

$$n_\ell(\varrho) = -(-\varrho)^\ell \left(\frac{1}{\varrho} \frac{\mathrm{d}}{\mathrm{d}\varrho} \right)^\ell \frac{\cos\varrho}{\varrho} \tag{1.138}$$

wählen, die von $j_\ell(\varrho)$ linear unabhängig ist. Die Gesamtheit dieser Funktionen für $\ell = 0, 1, \dots$ nennt man *sphärische Neumann-Funktionen*. Sie haben bei $\varrho \to 0$ das erwartete Verhalten

$$\varrho \to 0: \quad n_\ell(\varrho) \sim -\frac{(2\ell - 1)!!}{\varrho^{\ell+1}} \,. \tag{1.139}$$

Im Unendlichen verhalten sie sich ähnlich wie die sphärischen Bessel-Funktionen, allerdings um $\pi/2$ verschoben,

$$\varrho \to \infty: \quad n_\ell(\varrho) \sim -\frac{1}{\varrho} \cos\left(\varrho - \ell\frac{\pi}{2} \right) \,. \tag{1.140}$$

Anstelle des Systems $\{j_\ell(\varrho), n_\ell(\varrho)\}$ kann man auch die so genannten *sphärischen Hankel-Funktionen* verwenden, die wie folgt definiert sind

$$h_\ell^{(\pm)}(\varrho) := (-\varrho)^\ell \left(\frac{1}{\varrho}\frac{\mathrm{d}}{\mathrm{d}\varrho}\right)^\ell \frac{\mathrm{e}^{\pm\mathrm{i}\varrho}}{\varrho} \tag{1.141}$$

und die mit den ersteren offenbar über die Relationen

$$j_\ell(\varrho) = \frac{1}{2\mathrm{i}}[h_\ell^{(+)}(\varrho) - h_\ell^{(-)}(\varrho)], \qquad n_\ell(\varrho) = -\frac{1}{2}[h_\ell^{(+)}(\varrho) + h_\ell^{(-)}(\varrho)]$$

zusammenhängen. Ihr Verhalten bei Null ist singulär, da beide die dort singuläre sphärische Neumann-Funktion enthalten, ihr Verhalten im Unendlichen ist aber besonders einfach:

$$\varrho \to \infty: \quad h_\ell^{(\pm)}(\varrho) \sim \frac{1}{\varrho}\mathrm{e}^{\pm\mathrm{i}[\varrho-\ell(\pi/2)]} \,.$$

Da dies das Verhalten von auslaufenden bzw. einlaufenden Kugelwellen ist, scheint es nur natürlich, dass diese Basis für Streuprobleme eine besondere Rolle spielt.

1.9.4 Der Kugeloszillator

Nachdem wir die kräftefreie Bewegung zu scharfem Drehimpuls behandelt und interpretiert haben, diskutieren wir den Kugeloszillator als Beispiel für ein Zentralfeldproblem mit voll-diskretem Energiespektrum. Das kugelsymmetrische Potential lautet hier

$$U(r) = \frac{1}{2}m\omega^2 r^2 \,,$$

die Differentialgleichung der radialen Bewegung (1.127) lautet

$$-\frac{\hbar^2}{2m}\frac{1}{r^2}\frac{\mathrm{d}}{\mathrm{d}r}\left(r^2\frac{\mathrm{d}R_\alpha(r)}{\mathrm{d}r}\right) + \left[\frac{\hbar^2\ell(\ell+1)}{2mr^2} + \frac{1}{2}m\omega^2 r^2\right]R_\alpha(r)$$
$$= ER_\alpha(r)\,. \tag{1.142}$$

Es bietet sich an, wie in Abschn. 1.6 die Referenzlänge b und die dimensionslose Energievariable ε einzuführen, die wie folgt definiert waren

$$b = \sqrt{\frac{\hbar}{m\omega}} = \frac{\hbar c}{\sqrt{mc^2\hbar\omega}}, \qquad \varepsilon = \frac{E}{\hbar\omega} \tag{1.143}$$

und anstelle von r die dimensionslose Variable

$$q := \frac{r}{b}$$

einzuführen. Man sieht, dass die Radialgleichung damit in

$$\frac{1}{q^2}\frac{\mathrm{d}}{\mathrm{d}q}\left(q^2\frac{\mathrm{d}R(q)}{\mathrm{d}q}\right) - \left(\frac{\ell(\ell+1)}{q^2} + q^2\right)R(q) = -2\varepsilon R(q)$$

übergeht.

Bevor man versucht, diese Differentialgleichung ganz allgemein zu lösen, ist es sehr hilfreich, zunächst die Bedingungen an ihre Lösungen zusammenzustellen, die man aus physikalischer Sicht fordern wird. Ebenso wie im kräftefreien Fall, Abschn. 1.9.3, soll jede physikalisch interpretierbare Lösung bei $r \to 0$ regulär bleiben. Setzt man wie dort

$$R(q) = q^\alpha f(q) \quad \text{mit} \quad f(0) \neq 0 \,,$$

so folgt wieder

$$\alpha(\alpha+1) = \ell(\ell+1), \quad \text{d.h.} \quad \alpha = \ell \quad \text{oder} \quad \alpha = -\ell-1 \,.$$

Nur der erste Wert $\alpha = \ell$ des charakteristischen Exponenten ist bei den gesuchten gebundenen Zuständen zulässig. Dieses Resultat gilt im Übrigen in allen Zentralfeldern, bei denen $\lim_{r\to 0} r^2 U(r) = 0$ ist. Physikalisch liegt dies daran, dass das Verhalten der Wellenfunktion bei $r \to 0$ durch das Zentrifugalpotential allein bestimmt wird, solange das wahre Potential $U(r)$ dort weniger singulär ist.

Wenn wir den „Zentrifugalfaktor" q^ℓ abspalten, so verbleibt im vorliegenden Fall die Differentialgleichung

$$f''(q) + 2\frac{\ell+1}{q} f'(q) + (2\varepsilon - q^2) f(q) = 0 \,.$$

(Das ist dieselbe Rechnung wie in Abschn. 1.9.3.) An dieser zweiten Form der Differentialgleichung fällt auf, dass sie bei der Ersetzung $q \to -q$ ungeändert bleibt, d.h. dass die Lösungen in Wirklichkeit nur von q^2 und nicht von q abhängen. Das ist natürlich eine Folge der quadratischen Abhängigkeit des Potentials von r. Es liegt daher nahe, die Variable noch einmal zu ändern und

$$z := q^2 = \left(\frac{r}{b}\right)^2, \qquad f(q) \equiv v(z) \tag{1.144}$$

zu setzen. Mit

$$q = \sqrt{z} \,, \qquad \frac{\mathrm{d}}{\mathrm{d}q} = 2\sqrt{z}\frac{\mathrm{d}}{\mathrm{d}z} \,, \qquad \frac{\mathrm{d}^2}{\mathrm{d}q^2} = 2\frac{\mathrm{d}}{\mathrm{d}z} + 4z\frac{\mathrm{d}^2}{\mathrm{d}z^2}$$

folgt für $v(z)$ die Differentialgleichung

$$v''(z) + \frac{\ell+3/2}{z} v'(z) + \left(\frac{\varepsilon}{2z} - \frac{1}{4}\right) v(z) = 0 \,. \tag{*}$$

An dieser Stelle mag man pausieren und über eine weitere physikalische Forderung nachdenken: Die Wellenfunktionen von gebundenen Zuständen müssen quadratintegrabel sein. Das ist eine starke Einschränkung für ihr asymptotisches Verhalten bei $r \to \infty$, von der wir auch im nächsten Abschnitt über das Wasserstoffatom Gebrauch machen werden. Hier allerdings ist sie automatisch gegeben. Geht man in der letzten Form der radialen Gleichung zu großen Werten von z, so bleibt nur

$$v''(z) - \frac{1}{4}v(z) \simeq 0 \, ,$$

unabhängig von ℓ und von ε. Diese Gleichung wäre leicht zu lösen, wenn wir uns darauf beschränken würden, es wäre nämlich

$$v(z) \simeq e^{\pm z/2} = e^{\pm r^2/(2b^2)} \, .$$

Die exponentiell anwachsende Lösung ist aber nicht mit (∗) verträglich: der Term in der ersten Ableitung von $v(z)$ wäre positiv, der Parameter ε müsste daher negativ sein. Da die potentielle Energie überall positiv ist, kann die Gesamtenergie – als Summe aus den Erwartungswerten der kinetischen und der potentiellen Energie – nur positiv sein. Das bedeutet, dass alle Lösungen im Unendlichen wie $\exp[-r^2/(2b^2)]$ abklingen, ganz gleich zu welchem Drehimpuls ℓ und zu welcher Energie sie gehören. Das ist ein Resultat, das in doppelter Hinsicht nicht überraschen sollte: Das Potential wächst für $r \to \infty$ so stark an, dass die Wellenfunktion dort auf jeden Fall stark abfallen muss. Andererseits wissen wir ja schon, dass der Kugeloszillator aus drei linearen, in der Frequenz entarteten Oszillatoren zusammengesetzt werden kann, s. Abschn. 1.8.3, deren Wellenfunktionen genau diese Eigenschaft haben.

Wenn wir dieses exponentielle Verhalten im Unendlichen nun auch noch abspalten, d. h. wenn wir

$$v(z) = e^{-z/2} w(z)$$

setzen, dann müsste für diese neue Funktion $w(z)$ etwas sehr Einfaches, vermutlich Polynome in z, herauskommen. Auch wenn es etwas mühsam erscheinen und die Geduld des Lesers und der Leserin auf die Probe stellen mag, wollen wir die Differentialgleichung für $v(z)$ ein letztes Mal auf eine solche für $w(z)$ umformen. Da die Methode, wie man sehen wird, recht allgemein ist, lohnt sich dieser Rechenschritt. Es ist

$$v'(z) = \left[-\frac{1}{2} w(z) + w'(z) \right] e^{-z/2} \, ,$$

$$v''(z) = \left[\frac{1}{4} w(z) - w'(z) + w''(z) \right] e^{-z/2} \, .$$

Setzt man diese Formeln ein, so entsteht die folgende Differentialgleichung für $w(z)$:

$$z w''(z) + \left(\ell + \frac{3}{2} - z \right) w'(z) + \frac{1}{2} \left(\varepsilon - \ell - \frac{3}{2} \right) w(z) = 0 \, .$$

Diese Gleichung ist aus der Theorie der Speziellen Funktionen wohlbekannt. Ihre allgemeine Form ist

$$\boxed{z w''(z) + (c - z)\, w'(z) - a\, w(z) = 0} \, , \tag{1.145}$$

wobei c und a reelle oder komplexe Konstanten sind. Sie heißt *Kummer'sche Differentialgleichung* und ist für die Quantenmechanik so wichtig, dass wir ihr in Anhang A.2 einen eigenen Abschnitt widmen, der die wichtigsten Eigenschaften ihrer Lösungen zusammenstellt. Dort lernt man, dass die bei $z = 0$ reguläre Lösung als unendliche Reihe explizit angegeben werden kann. Sie lautet

$$_1F_1(a;\, c;\, z) = 1 + \frac{a}{c}z + \frac{a(a+1)}{2!\, c(c+1)}z^2 + \ldots + \frac{(a)_k}{k!\, (c)_k}z^k + \ldots ,$$

$$(1.146)$$

wobei

$$(\lambda)_0 = 1\,, \qquad (\lambda)_k = \lambda(\lambda+1)(\lambda+2)\ldots(\lambda+k-1)\,, \qquad \lambda = a, c$$

gesetzt ist. Diese durch die Reihe (1.146) definierte Funktion heißt *konfluente hypergeometrische Funktion*.[21] Sie hat einige bemerkenswerte und einfache Eigenschaften:

1. Die angegebene Reihe definiert eine im funktionentheoretischen Sinne *ganze* Funktion, sie konvergiert also für alle endlichen Werte in der komplexen Ebene der Variablen z. Im Punkt Unendlich hat sie im Allgemeinen eine wesentliche Singularität. Diese Eigenschaft wird durch das Beispiel $a = c$ illustriert, wobei

$$_1F_1(a;\, a;\, z) = \sum_{k=0}^{\infty} \frac{1}{k!}z^k = e^z\,.$$

2. Wenn a gleich einer negativen ganzen Zahl oder gleich Null ist,

$$-a \in \mathbb{N}_0\,,$$

so bricht die Reihe ab, und $_1F_1(a = -n;\, c;\, z)$ ist ein Polynom n-ten Grades.

3. Im Punkt Unendlich besitzt $_1F_1(a;\, c;\, z)$ eine asymptotische Entwicklung in $1/z$, die für viele Anwendungen in der Quantenmechanik wichtig ist und die wir in Anhang A.2 herleiten, hier aber nur referieren,

$$|z| \to \infty\,, \qquad a \text{ fest}\,, \qquad c \text{ fest}$$

$$_1F_1(a;\, c;\, z) \sim \frac{\Gamma(c)}{\Gamma(c-a)}\, e^{\pm i\pi a} z^{-a} \left[1 + \mathcal{O}\left(\frac{1}{z}\right)\right]$$

$$+ e^z z^{a-c} \frac{\Gamma(c)}{\Gamma(a)} \left[1 + \mathcal{O}\left(\frac{1}{z}\right)\right]\,.$$

$$(1.147)$$

Das obere Vorzeichen im ersten Term gilt für $-\pi/2 < \arg z < 3\pi/2$, das untere für $-3\pi/2 < \arg z < -\pi/2$. Mit $\Gamma(x)$ ist die Gammafunktion (das ist die verallgemeinerte Fakultät) gemeint, deren wichtigste Eigenschaften man ebenfalls in Anhang A.2 findet.

[21] Die Bezeichnung „hypergeometrisch" erinnert daran, dass sie nach dem Vorbild der geometrischen Reihe gebildet ist, „konfluent" heißt sie deshalb, weil in ihr zwei Pole erster Ordnung „zusammengeflossen" sind – wobei in der Regel eine wesentliche Singularität entsteht. Dieser letzte Punkt wird in Anhang A.2 erklärt und nachvollziehbar gemacht.

Wenden wir diese Information auf die zuletzt erhaltene Differentialgleichung des Kugeloszillators an, so ist mit

$$a = -\frac{1}{2}\left(\varepsilon - \ell - \frac{3}{2}\right),$$

$$c = \ell + \frac{3}{2} : \quad w(z) = {}_1F_1\left[-\frac{1}{2}\left(\varepsilon - \ell - \frac{3}{2}\right); \ell + \frac{3}{2}; z\right].$$

Wie man sieht, ist der zweite Term der asymptotischen Entwicklung (1.147) potentiell gefährlich, weil er exponentiell anwächst und somit das oben festgestellte gute Verhalten der radialen Wellenfunktion zunichte machen kann. Man sieht auch, dass man diese Katastrophe nur dann vermeidet, wenn der zweite Term ganz abwesend ist, d. h. wenn sein Vorfaktor gleich Null ist. Die Gammafunktion hat bei reellem Argument keine Nullstellen, sie besitzt aber Pole erster Ordnung bei Null und bei allen negativen ganzen Zahlen. Wenn also $\Gamma(a)$, die im Nenner auftritt, einen solchen Pol hat, so ist der exponentiell anwachsende Term gleich Null. Der für das vorliegende physikalische Problem wichtige Schluss ist, dass die radiale Wellenfunktion genau dann quadratintegrabel und somit im statistischen Sinne interpretierbar ist, wenn $a = -n$ mit $n \in \mathbb{N}_0$ ist. Das bedeutet, dass die Eigenwerte ε quantisiert sind und der Formel $\varepsilon = 2n + \ell + 3/2$ genügen müssen.

Das Ergebnis der dargestellten Analyse ist somit das folgende: Die Eigenwerte des Hamiltonoperators sind

$$E_{n\ell} = \left(2n + \ell + \frac{3}{2}\right)\hbar\omega, \qquad n = 0, 1, 2, \ldots . \qquad (1.148)$$

Die Radialfunktionen tragen als Quantenzahlen $\alpha \equiv (n, \ell)$ und sind

$$R_{n\ell}(r) = N_{n\ell}\, r^\ell\, e^{-r^2/(2b^2)}\, {}_1F_1\left(-n; \ell + \frac{3}{2}; \frac{r^2}{b^2}\right), \qquad (1.149)$$

wobei $N_{n\ell}$ der Normierungsfaktor ist. Ohne auf seine Berechnung einzugehen,[22] gebe ich den Normierungsfaktor hier an:

$$N_{n\ell} = (-)^n \frac{1}{b^{\ell + 3/2}} \frac{\sqrt{2\Gamma(n + \ell + 3/2)}}{\Gamma(\ell + 3/2)\sqrt{n!}}. \qquad (1.150)$$

(Das Vorzeichen $(-)^n$ ist physikalisch irrelevant. Ich habe es hier so gewählt, dass jeweils die höchste Potenz von r einen positiven Vorfaktor hat.)

[22] Integrale über konfluente hypergeometrische Funktionen, Potenzen und Exponentialfunktionen sind bekannt. In guten Integraltafeln findet man sie im Zusammenhang mit zugeordneten Laguerre'schen Polynomen, auf die sich die konfluente Hypergeometrische in unserem Fall reduziert.

Bemerkungen

1. Wie erwartet enthält die Energieformel den Anteil $3\hbar\omega/2$, d. h. jeweils $\hbar\omega/2$ für jeden der drei Freiheitsgrade. Das ist die Nullpunktsenergie, die das System auf keine Weise unterschreiten kann und die eine direkte Folge der Unschärferelation ist.

2. Die zulässigen Werte der Energie sind $E_{n\ell} = (\Lambda + 3/2)\hbar\omega$ mit $\Lambda = 2n + \ell$ und sind somit bei $\Lambda \geq 1$ mehrfach entartet. Ein Teil

dieser Entartung geht auf das Konto der Projektion des Bahndrehimpulses, denn zu jedem festen Wert von $\ell \neq 0$ gehören die Zustände $m = -\ell, m = -\ell + 1, \ldots, m = +\ell$, die alle dieselbe Energie haben. (Der Hamiltonoperator hängt nicht von ℓ_3 ab.) Ein anderer Teil der Entartung muss aber dynamischen Ursprungs und eine Besonderheit des zu r^2 proportionalen Potentials sein. So ist z. B. der Zustand mit $\Lambda = 2$ sechsfach entartet, weil entweder $(n = 0, \ell = 2)$ oder $(n = 1, \ell = 0)$ ist. Zählt man die m-Entartung nach, so sind dies $5 + 1 = 6$ Zustände zur selben Energie.

3. Der Ableitungsterm in der Radialgleichung (1.142) ist in einer manifest selbstadjungierten Form geschrieben. Wenn $R_{n\ell}(r)$ und $R_{n'\ell'}(r)$ zwei verschiedene Radialfunktionen sind, so gilt nämlich (man beachte, dass sie reell sind!)

$$\int_0^\infty r^2 \, dr \, R_{n'\ell'}(r) \frac{1}{r^2} \frac{d}{dr} \left(r^2 \frac{dR_{n\ell}(r)}{dr} \right)$$

$$- \int_0^\infty r^2 \, dr \, R_{n\ell}(r) \frac{1}{r^2} \frac{d}{dr} \left(r^2 \frac{dR_{n'\ell'}(r)}{dr} \right) = 0 \, .$$

Schreibt man die Radialgleichung (1.142) einmal für $R_{n\ell}$ auf, einmal für $R_{n'\ell}$ mit n' möglicherweise verschieden von n, aber mit demselben Wert von ℓ, multipliziert die erste von links mit $R_{n'\ell}$, die zweite von links mit $R_{n\ell}$, integriert in beiden über das ganze Intervall $[0, \infty)$, $\int_0^\infty r^2 \, dr \ldots$, und zieht die Ergebnisse voneinander ab, so bleibt

$$(E_{n'\ell} - E_{n\ell}) \int_0^\infty r^2 \, dr \, R_{n'\ell}(r) R_{n\ell}(r) = 0 \, .$$

Ist $n' \neq n$, dann ist $(E_{n'\ell} - E_{n\ell}) \neq 0$ und das Integral muss gleich Null sein. Das bedeutet, dass die Radialfunktionen bei *gleichen* Werten von ℓ orthogonal sind. Für *verschiedene* Werte $\ell \neq \ell'$ bleibt noch der Term

$$\int_0^\infty r^2 \, dr \, R_{n'\ell'}(r) \frac{\hbar^2}{2mr^2} [\ell(\ell + 1) - \ell'(\ell' + 1)] R_{n\ell}(r)$$

stehen, die Radialfunktionen sind nicht mehr orthogonal. Die Orthogonalität wird jetzt von den anderen Faktoren der gesamten Wellenfunktion

$$\psi_{n\ell m}(\boldsymbol{x}) = N_{n\ell} R_{n\ell}(r) Y_{\ell m}(\theta, \phi)$$

übernommen, sodass insgesamt immer gilt

$$\int_0^\infty r^2 \, dr \int d\Omega \, \psi_{n'\ell'm'}^*(\boldsymbol{x}) \psi_{n\ell m}(\boldsymbol{x}) = \delta_{nn'} \delta_{\ell\ell'} \delta_{mm'} \, .$$

4. In der Spektroskopie ist es üblich, Zustände mit $\ell = 0$ als *s*-Zustände, solche mit $\ell = 1$ als *p*-Zustände, solche mit $\ell = 2$ als *d*-Zustände zu bezeichnen. Diese Bezeichnungen dienten ursprünglich dazu, die atomaren Spektrallinien zu charakterisieren, „*s*" steht für „sharp", „*p*" für „principal", „*d*" für „diffuse". Ab $\ell = 3$ bezeichnet man sie dann alphabetisch bei *f* beginnend, also *f*-Zustand: $\ell = 3$, *g*-Zustand: $\ell = 4$, *h*-Zustand: $\ell = 5$, usw. Die vier ersten Radialfunktionen sind gemäß (1.149) und (1.150) mit dieser Bezeichnungsweise

$$E = \frac{3}{2}\hbar\omega: \quad R_{0s}(r) = \frac{2}{\sqrt{\pi^{1/2}b^3}}\, e^{-r^2/(2b^2)}\,,$$

$$E = \frac{5}{2}\hbar\omega: \quad R_{0p}(r) = \frac{\sqrt{8}}{\sqrt{3\pi^{1/2}b^3}}\left(\frac{r}{b}\right) e^{-r^2/(2b^2)}\,,$$

$$E = \frac{7}{2}\hbar\omega: \quad R_{0d}(r) = \frac{4}{\sqrt{15\pi^{1/2}b^3}}\left(\frac{r}{b}\right)^2 e^{-r^2/(2b^2)}\,,$$

$$E = \frac{7}{2}\hbar\omega: \quad R_{1s}(r) = \frac{\sqrt{8}}{\sqrt{3\pi^{1/2}b^3}}\left[\left(\frac{r}{b}\right)^2 - \frac{3}{2}\right] e^{-r^2/(2b^2)}\,.$$

Abbildung 1.14 zeigt die Graphen dieser Funktionen, von denen nach dem oben Gesagten nur R_{0s} und R_{1s} orthogonal sind.

5. Aus unserer Kenntnis des eindimensionalen, linearen Oszillators folgt, dass das System der Eigenfunktionen des Kugeloszillators

$$\psi_{n\ell m}(\boldsymbol{x}) = N_{n\ell} R_{n\ell}(r) Y_{\ell m}(\theta, \phi)$$

ein vollständiges, orthonormiertes System von quadratintegrablen Funktionen über dem $\mathbb{R}^3$ liefert. Das ist wichtig zu wissen, weil man

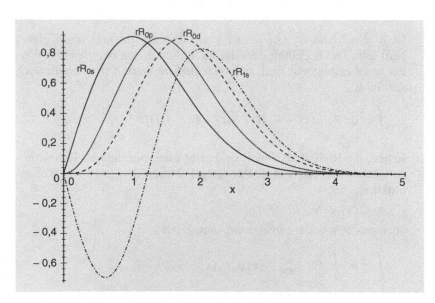

Abb. 1.14. Die radialen Wellenfunktionen des Kugeloszillators (1.148), mit r multipliziert, für die Zustände $0s$, $0p$, $0d$ und $1s$ als Funktion von r/b

dieses System als Basis für die Entwicklung anderer, quadratintegrabler Wellenfunktionen benutzen kann. Hiervon wird beispielsweise in der Kernphysik häufig Gebrauch gemacht.

1.9.5 Gemischtes Spektrum: das Wasserstoffatom

Mit der in den Abschn. 1.9.3 und 1.9.4 gewonnenen Erfahrung sind wir gut vorbereitet, das Energiespektrum des Wasserstoffatoms und die zugehörigen Wellenfunktionen in wenigen Schritten herzuleiten. Die reduzierte Masse des Systems Elektron–Proton sei der Einfachheit halber auch weiterhin mit m bezeichnet, r sei der Betrag der Relativkoordinate, $\hat{r} \equiv (\theta, \phi)$ deren Polarwinkel und $\boldsymbol{\ell}$ sei der relative Bahndrehimpuls. Wie in der klassischen Mechanik verhält sich der gemeinsame Schwerpunkt S wie ein Punktteilchen mit der Gesamtmasse M, das sich kräftefrei bewegt. Die Eigenwerte des entsprechenden Anteils im gesamten Hamiltonoperator,

$$(H)_{\mathrm{S}} = \frac{\boldsymbol{P}^2}{2M}$$

sind daher $E_{\mathrm{S}} = \boldsymbol{P}^2/(2M)$, die zugehörigen Wellenfunktionen sind ebene Wellen. Der Hamiltonoperator der Relativbewegung lautet

$$(H)_{\mathrm{rel}} = \frac{p_r^2}{2m} + \frac{\hbar^2 \boldsymbol{\ell}^2}{2mr^2} - \frac{\mathrm{e}^2}{r} \,. \tag{1.151}$$

Da wir die gemeinsamen Eigenfunktionen zum Satz von Observablen

$$H, \boldsymbol{\ell}^2 \quad \text{und} \quad \ell_3$$

suchen, gehen wir vom Separationsansatz (1.126) aus und setzen

$$\psi_{\alpha\ell m}(\boldsymbol{x}) = R_{\alpha\ell}(r) Y_{\ell m}(\hat{x}) \quad \text{oder} \quad \psi_{\ell m}(\alpha, \boldsymbol{x}) = R_\ell(\alpha, r) Y_{\ell m}(\hat{x})$$

für den diskreten bzw. den kontinuierlichen Anteil des Spektrums. Die Radialgleichung (1.127) wird hier zu

$$\frac{1}{r^2} \frac{\mathrm{d}}{\mathrm{d}r} \left(r^2 \frac{\mathrm{d}R(r)}{\mathrm{d}r} \right) - \left(\frac{\ell(\ell+1)}{r^2} - \frac{2me^2}{\hbar^2 r} - \frac{2mE}{\hbar^2} \right) R(r) = 0 \,.$$

Etwas anders als bisher ersetzen wir zunächst $R(r)$ durch

$$u(r) := rR(r) \,.$$

Dies hat keine tiefere Bedeutung als die, dass die Radialgleichung etwas übersichtlicher wird, weil keine erste Ableitung mehr auftritt

$$\frac{1}{r^2} \frac{\mathrm{d}}{\mathrm{d}r} \left(r^2 \frac{\mathrm{d}}{\mathrm{d}r} \frac{u(r)}{r} \right) = \frac{u''}{r} - 2\frac{u'}{r^2} + 2\frac{u}{r^3} + \frac{2}{r} \left(\frac{u'}{r} - \frac{u}{r^2} \right) = \frac{u''}{r} \,.$$

Außerdem werden alle Radialintegrale $\int r^2 \, \mathrm{d}r$ dann durch $\int \mathrm{d}r$ ersetzt. Die Radialgleichung geht dabei in die Form über

$$\frac{\mathrm{d}^2 u(r)}{\mathrm{d}r^2} - \left[\frac{\ell(\ell+1)}{r^2} - \frac{2me^2}{\hbar^2 r} - \frac{2mE}{\hbar^2} \right] u(r) = 0 \,.$$

Da das Potential für $r \to \infty$ nach Null geht, werden Zustände mit positiver Energie ins Unendliche entweichen können und sich daher ähnlich wie die kräftefreien Lösungen des Abschn. 1.9.3 verhalten, sie werden allerdings durch das auch bei großen Abständen noch spürbare, attraktive Coulomb-Potential deformiert sein. Die Zustände mit negativer Energie andererseits müssen ganz im Endlichen liegen – andernfalls hätte die kinetische Energie im Unendlichen einen negativen Erwartungswert – sie müssen daher wie in der klassischen Mechanik gebunden sein. Aus diesen Gründen unterscheidet man an dieser Stelle die Fälle $E > 0$ und $E < 0$. Wir beginnen mit dem zweiten:

Gebundene Zustände: Mit $B := -E$ der Bindungsenergie, $\kappa := \sqrt{2mB}/\hbar$ einer Wellenzahl und der dimensionslosen Konstanten

$$\overline{\gamma} := \frac{me^2}{\hbar^2 \kappa} = \frac{e^2}{\hbar c}\sqrt{\frac{mc^2}{2B}}$$

bietet es sich an, r durch die dimensionslose Variable

$$\varrho := 2\kappa r \tag{1.152}$$

zu ersetzen. Die Radialgleichung ist dann

$$\frac{\mathrm{d}^2 u(\varrho)}{\mathrm{d}\varrho^2} - \left[\frac{\ell(\ell+1)}{\varrho^2} - \frac{\overline{\gamma}}{\varrho} + \frac{1}{4}\right] u(\varrho) = 0\,. \tag{**}$$

Wie in den vorhergehenden Beispielen untersucht man zunächst das Verhalten von $u(\varrho)$ bei Null und im Punkt Unendlich. Da wir $R(r) = u(r)/r$ gesetzt haben, müssen die bei Null regulären Lösungen das Verhalten

$$\varrho \to 0: \quad u(\varrho) \sim \varrho^{\ell+1} v(\varrho)$$

haben mit $v(0) \neq 0$. Im Unendlichen andererseits sagt (**)

$$\varrho \to \infty: \quad u(\varrho) \sim a(B) e^{-(1/2)\varrho} + b(B) e^{+(1/2)\varrho}\,,$$

wobei, im Gegensatz zum Kugeloszillator, hier beide Terme möglich sind. Während der erste, exponentiell abfallende Term willkommen ist, darf der zweite sicher nicht auftreten. Damit ist die Frage gestellt, ob es spezielle Werte der Bindungsenergie B ($E = -B$) gibt, für die der Koeffizient $b(B)$ verschwindet.

Am Beispiel des Kugeloszillators haben wir gelernt, dass es ratsam ist, sowohl das Verhalten bei Null als auch das asymptotische Verhalten für große ϱ aus der Radialfunktion herauszuziehen. Wir setzen daher

$$u(\varrho) = \varrho^{\ell+1}\, e^{-1/2\varrho}\, w(\varrho)$$

und rechnen (**) in nun schon gewohnter Weise auf eine Differentialgleichung für $w(\varrho)$ um. Wen wundert es, dass wir auch hier eine Kummer'sche Differentialgleichung (1.145) finden? Sie lautet konkret

$$\varrho w''(\varrho) + (2\ell + 2 - \varrho) w'(\varrho) - (\ell + 1 - \overline{\gamma}) w(\varrho) = 0\,.$$

Im Vergleich mit der allgemeinen Form (1.145) sind

$$a = \ell + 1 - \overline{\gamma} \quad \text{und} \quad c = 2\ell + 2$$

zu setzen, die bei Null reguläre Lösung ist

$$w(\varrho) = {}_1F_1(\ell + 1 - \overline{\gamma}\,;\, 2\ell + 2\,;\, \varrho)\,.$$

An der asymptotischen Darstellung (1.147) der konfluenten hypergeometrischen Funktion liest man ab, dass deren zweiter Term mit $e^{+\varrho}$ anwachsen und das exponentielle Abklingen unseres Ansatzes für $u(\varrho)$ zerstören würde, es sei denn sein Vorfaktor verschwindet,

$$\frac{1}{\Gamma(a)} = \frac{1}{\Gamma(\ell + 1 - \overline{\gamma})} = 0\,.$$

Das ist genau dann der Fall, wenn $-a \in \mathbb{N}_0$ oder

$$\ell + 1 - \overline{\gamma} = -n'\,, \qquad n' = 0, 1, 2, \dots\,.$$

Anders als beim Kugeloszillator definiert man

$$n := n' + \ell + 1\,, \quad \text{sodass} \quad n = 1, 2, 3, \dots\,, \tag{1.153}$$

und nennt n die *Hauptquantenzahl*. Wenn $n' \in \mathbb{N}_0$, $n \in \mathbb{N}$, dann wird aus der Definition (1.153) klar, dass ℓ bei vorgegebenem n nur die Werte

$$\ell = 0, 1, \dots, n-1$$

annehmen darf. Im Wechselspiel des repulsiven Zentrifugalpotentials und des attraktiven Coulomb-Potentials darf der Bahndrehimpuls nicht zu groß werden, will man noch gebundene Zustände erhalten. Die Eigenwerte der Energie folgen aus $\overline{\gamma} = n$. Bemerkenswert ist, dass sie nur von n, aber nicht von ℓ abhängen:

$$E_n \equiv -B_n = -\frac{me^4}{\hbar^2}\frac{1}{2n^2} = -\frac{1}{2n^2}\alpha^2 mc^2\,. \tag{1.154}$$

Das ist genau der diskrete Teil des Wasserstoffspektrums (1.24). Neu ist die Erkenntnis, dass jedes dieser Niveaus den Entartungsgrad

$$\sum_{\ell=0}^{n-1}\sum_{m=-\ell}^{+\ell} = \sum_{\ell=0}^{n-1}(2\ell+1) = n^2$$

besitzt, wobei zur Richtungsentartung, die den Faktor $(2\ell+1)$ liefert, eine weitere, dynamische Entartung tritt, die eine Eigenart des $1/r$-Potentials ist.

Die auf 1 normierten Eigenfunktionen des Hamiltonoperators lauten insgesamt

$$\psi_{n\ell m}(\mathbf{x}) = R_{n\ell}(r)Y_{\ell m}(\hat{x}) \equiv \frac{1}{r}y_{n\ell}(r)Y_{\ell m}(\hat{x})$$

mit

$$y_{n\ell}(r) = \sqrt{\frac{(\ell+n)!}{a_{\mathrm{B}}(n-\ell-1)!}} \frac{1}{n(2\ell+1)!} \varrho^{\ell+1} \cdot$$
$$\mathrm{e}^{-\varrho/2} {}_1F_1(-n+\ell+1; 2\ell+2; \varrho), \quad (1.155)$$

wobei a_{B} den Bohr'schen Radius (1.8) bezeichnet. Nach Einsetzen des erhaltenen Ergebnisses für die Werte der Energie ist die Variable ϱ gleich $2/n$ mal dem Verhältnis aus r und dem Bohr'schen Radius,

$$\varrho = 2\kappa r = \frac{1}{\hbar}\sqrt{-2mE_n}\, r = \frac{2\alpha mc^2}{n\hbar c} r = \frac{2r}{na_{\mathrm{B}}} \cdot$$

Die Berechnung des Normierungsfaktors in (1.155) überspringe ich hier. Die dafür benötigten Integrale über das Produkt aus Potenzen, Exponentialfunktionen und konfluenten hypergeometrischen Funktionen findet man z. B. in [Gradshteyn und Ryzhik (1965)].

Während die Energie nur von der Hauptquantenzahl n abhängt, hängen die radialen Wellenfunktionen von n und dem Bahndrehimpuls ℓ ab. Wie bei den Wellenfunktionen des Kugeloszillators muss man beachten, dass die Radialfunktionen nur für gleiches ℓ, aber verschiedene Werte von n orthogonal sind, nicht aber für verschiedene Werte von ℓ. Die Orthogonalität der Gesamtwellenfunktion wird im letzteren Fall durch die Kugelflächenfunktionen garantiert. Hier folgen die normierten Radialfunktionen für $n = 1, 2, 3$ und unter Verwendung der spektroskopischen Bezeichnungsweise für die Bahndrehimpulse:

$$R_{1s}(r) = \frac{2}{a_{\mathrm{B}}^{3/2}}\, \mathrm{e}^{-(r/a_{\mathrm{B}})},$$

$$R_{2p}(r) = \frac{1}{r}\frac{1}{a_{\mathrm{B}}^{1/2}2\sqrt{6}}\left(\frac{r}{a_{\mathrm{B}}}\right)^2 \mathrm{e}^{-(r/2a_{\mathrm{B}})},$$

$$R_{2s}(r) = \frac{1}{r}\frac{1}{a_{\mathrm{B}}^{1/2}\sqrt{2}}\left(\frac{r}{a_{\mathrm{B}}}\right)\left[1 - \frac{1}{2}\left(\frac{r}{a_{\mathrm{B}}}\right)\right] \mathrm{e}^{-(r/2a_{\mathrm{B}})},$$

$$R_{3d}(r) = \frac{1}{r}\frac{1}{a_{\mathrm{B}}^{1/2}3\sqrt{5!}}\left(\frac{2r}{3a_{\mathrm{B}}}\right)^3 \mathrm{e}^{-(r/3a_{\mathrm{B}})},$$

$$R_{3p}(r) = \frac{1}{r}\frac{\sqrt{2}}{a_{\mathrm{B}}^{1/2}3\sqrt{3}}\left(\frac{2r}{3a_{\mathrm{B}}}\right)^2\left[1 - \frac{1}{4}\left(\frac{2r}{3a_{\mathrm{B}}}\right)\right] \mathrm{e}^{-(r/3a_{\mathrm{B}})},$$

$$R_{3s}(r) = \frac{1}{r}\frac{1}{a_{\mathrm{B}}^{1/2}\sqrt{3}}\left(\frac{2r}{3a_{\mathrm{B}}}\right)\left[1 - \left(\frac{2r}{3a_{\mathrm{B}}}\right) + \frac{1}{6}\left(\frac{2r}{3a_{\mathrm{B}}}\right)^2\right] \mathrm{e}^{-(r/3a_{\mathrm{B}})} \cdot$$

Abbildung 1.15 zeigt die ersten drei s-Funktionen $\{r \cdot R_{ns}(r), n = 1, 2, 3\}$, Abb. 1.16 die Quadrate $r^2 R_{ns}^2(r)$ als Funktionen von r in Einheiten von a_{B}. Um diese Bilder besser interpretieren zu können, berechnen wir die Erwartungswerte von r^α für die drei Zustände mit α einer

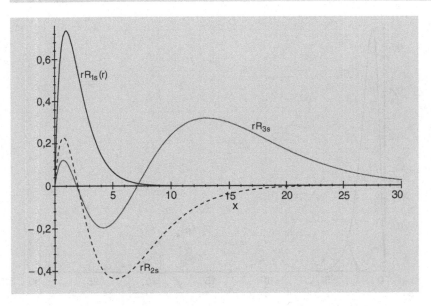

Abb. 1.15. Graphen der Funktionen $y_{ns}(r) = rR_{ns}$ des Wasserstoffatoms für $n = 1, 2, 3$ über (r/a_B). Diese Zustände sind paarweise orthogonal

ganzzahligen, positiven oder negativen Potenz. Man findet folgende Resultate

$$\langle r^\alpha \rangle_{1s} = a_B^\alpha \frac{1}{2^{\alpha+1}}(\alpha+2)! \,,$$

$$\langle r^\alpha \rangle_{2s} = a_B^\alpha \frac{1}{2}(\alpha+2)! \left(1 + \frac{3}{4}\alpha + \frac{1}{4}\alpha^2\right),$$

$$\langle r^\alpha \rangle_{3s} = a_B^\alpha \frac{3^\alpha}{2^{\alpha+1}}(\alpha+2)! \left(1 + \frac{7}{6}\alpha + \frac{23}{36}\alpha^2 + \frac{1}{6}\alpha^3 + \frac{1}{36}\alpha^4\right).$$

Für $\alpha = 0$ geben die rechten Seiten 1, in Übereinstimmung mit der Normierung der Wellenfunktionen. Für $\alpha = 1$ und für $\alpha = 2$ geben diese Formeln

$$\langle r \rangle_{1s} = \frac{3}{2}a_B \,, \qquad \langle r \rangle_{2s} = 6a_B \,, \qquad \langle r \rangle_{3s} = \frac{27}{2}a_B \quad \text{bzw.}$$

$$\langle r^2 \rangle_{1s}^{1/2} = \sqrt{3}\,a_B \,, \qquad \langle r^2 \rangle_{2s}^{1/2} = \sqrt{42}\,a_B \,, \qquad \langle r^2 \rangle_{3s}^{1/2} = 3\sqrt{23}\,a_B \,.$$

Da die Abszisse in Abb. 1.16 das Verhältnis r/a_B zeigt, kann man die erhaltenen Zahlen direkt in dieses Bild eintragen und somit die Graphen der (radialen) Aufenthaltswahrscheinlichkeiten $r^2 R_{ns}^2$ deuten.

Wertet man die Ergebnisse für $\alpha = -1$ aus, so findet man in den drei Beispielen

$$\left\langle \frac{1}{r} \right\rangle_{ns} = \frac{1}{n^2}\frac{1}{a_B} \,,$$

ein Ergebnis, das man hätte erraten können: Es folgt nämlich aus dem Virialsatz, der im Falle eines $1/r$-Potentials die Beziehung $\langle U(r) \rangle_{n\ell} = 2E_n$ liefert.[23]

[23] Den Virialsatz habe ich hier einfach aus der klassischen Mechanik übernommen und die klassischen Mittelwerte durch Erwartungswerte ersetzt, wie das durch den Ehrenfest'schen Satz, Abschn. 1.5.2, nahegelegt wird. Tatsächlich kann man den Virialsatz für die Erwartungswerte auch direkt beweisen (Aufgabe 1.11).

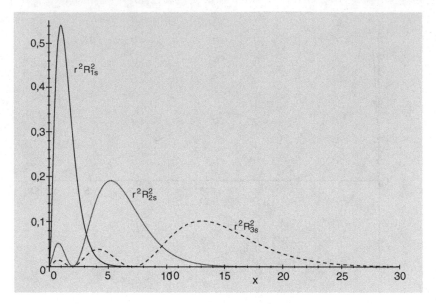

Abb. 1.16. Radiale Wahrscheinlichkeitsdichten $r^2 R_{ns}^2(r)$ der ersten drei s-Zustände aus Abb. 1.15 als Funktion von (r/a_B). Da der Winkelanteil gleich $Y_{00} = 1/\sqrt{4\pi}$ und somit isotrop ist, geben diese Dichten, kugelsymmetrisch ergänzt und mit $1/(4\pi)$ multipliziert, die gesamten Dichten

Die Abbildungen 1.17 und 1.18 zeigen die Graphen der (nicht orthogonalen) Radialfunktionen zu gleichem n und $\ell = 2, 1, 0$, d. h. $rR_{3d}(r)$, $rR_{3p}(r)$ und $rR_{3s}(r)$, bzw. die Quadrate hiervon, als Funktion von r/a_B.

Im Gegensatz zum Fall des Kugeloszillators sind die bisher abgeleiteten Wellenfunktionen *nicht* vollständig. Zur Vollständigkeit fehlen die Eigenfunktionen des Hamiltonoperators zu positiven Energien, denen wir uns jetzt zuwenden.

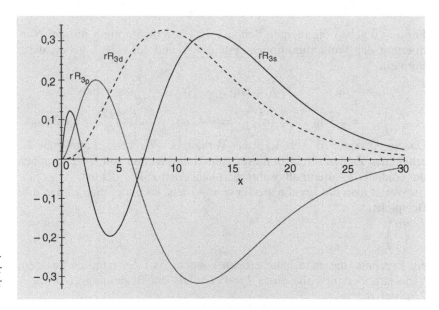

Abb. 1.17. Graphen der mit r multiplizierten radialen Eigenfunktionen der Zustände $(n = 3, l)$, $l = 0, 1, 2$ über der Variablen (r/a_B)

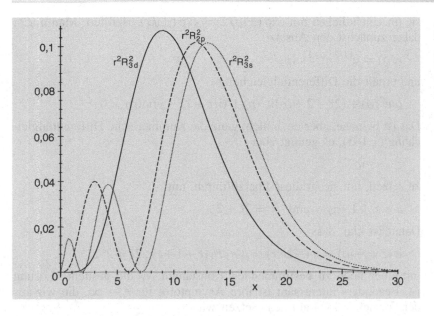

Abb. 1.18. Radiale Wahrscheinlichkeitsdichten $r^2 R_{3l}^2(r)$ der Zustände aus Abb. 1.17. Die gesamte räumliche Dichte bekommt man, wenn man den s-Zustand mit $1/(4\pi)$, den p-Zustand mit $|Y_{1m}(\theta, \phi)|^2$, den d-Zustand mit $|Y_{2m}(\theta, \phi)|^2$ multipliziert

Zustände im Kontinuum. Wenn die Energie positiv ist, dann ist

$$k := \frac{\sqrt{2mE}}{\hbar}$$

die Wellenzahl, die dem Elektron zuzuordnen ist, wenn es sich asymptotisch weit vom Kraftzentrum, dem Ursprung, befindet. Anstelle der Konstanten $\overline{\gamma}$ definiert man jetzt

$$\gamma := -\frac{e^2 \sqrt{m}}{\hbar\sqrt{2E}},$$

oder, etwas allgemeiner

$$\gamma := -\frac{me^2}{\hbar^2 k} = \frac{ZZ'e^2}{\hbar v}, \qquad (1.156)$$

wobei Z und Z' die Ladungszahlen der beiden geladenen Teilchen sind, die aneinander streuen, $v = \hbar k/m = \sqrt{2E/m}$ ihre Relativgeschwindigkeit. Im Fall des Wasserstoffs ist $Z = 1$, $Z' = -1$, daher das Vorzeichen in der Definition. Setzt man wieder $\varrho := 2kr$, so lautet die Radialgleichung jetzt

$$\frac{\mathrm{d}^2 u(\varrho)}{\mathrm{d}\varrho^2} - \left[\frac{\ell(\ell+1)}{\varrho^2} + \frac{\gamma}{\varrho} - \frac{1}{4} \right] u(\varrho) = 0, \qquad (\varrho = 2kr) \qquad (***)$$

mit dem im Vergleich zu (**) entgegengesetzten Vorzeichen beim letzten Term der eckigen Klammer. Während die bei Null reguläre Lösung nach wie vor wie $\varrho^{\ell+1}$ beginnt, bewirkt dieser Vorzeichenwechsel, dass sie im Unendlichen mit $\exp(\pm i\varrho/2) = \exp(\pm ikr)$ oszilliert. Man macht daher zunächst den Ansatz

$$u(\varrho) = e^{i\varrho/2}\varrho^{\ell+1}w(\varrho)$$

und erhält die Differentialgleichung

$$\varrho w''(\varrho) + (2\ell + 2 + i\varrho)w'(\varrho) + (i(\ell+1) - \gamma)w(\varrho) = 0\,.$$

Das ist beinahe, aber noch nicht ganz die Kummer'sche Differentialgleichung (1.145), es genügt aber

$$z := -i\varrho$$

zu setzen, um sie in diese überzuführen, mit

$$a = \ell + 1 + i\gamma \quad \text{und} \quad c = 2\ell + 2\,.$$

Damit ist klar, dass

$$w(z = -i\varrho) = w(-2ikr) = N_\ell \,{}_1F_1(\ell + 1 + i\gamma; 2\ell + 2; z)$$

mit einer noch zu bestimmenden Konstanten N_ℓ die gesuchte Lösung ist. Besonders interessant ist ihre Asymptotik für $r \to \infty$, die wir aus der Formel (1.147) ablesen: Setzen wir

$$\Gamma(\ell + 1 + i\gamma) = |\Gamma(\ell + 1 + i\gamma)|\, e^{i\sigma_\ell}$$

und definieren auf diese Weise die *Coulombphase* σ_ℓ, so ist

$$\begin{aligned}
{}_1F_1 \sim\ & \frac{\Gamma(2\ell+2)}{\Gamma(\ell+1-i\gamma)}(+2ikr)^{-\ell-1-i\gamma} \\
& + \frac{\Gamma(2\ell+2)}{\Gamma(\ell+1+i\gamma)}e^{-2ikr}(-2ikr)^{-\ell-1+i\gamma} \\
=\ & \frac{\Gamma(2\ell+2)}{|\Gamma(\ell+1-i\gamma)|}\frac{1}{(2kr)^{\ell+1}}e^{-ikr}e^{(\pi\gamma/2)} \\
& \times \left[i^{-\ell-1}e^{i[kr - \gamma\ln(2kr)+\sigma_\ell]} + (-i)^{-\ell-1}e^{-i[kr-\gamma\ln(2kr)+\sigma_\ell]}\right] \\
=\ & \frac{\Gamma(2\ell+2)}{|\Gamma(\ell+1-i\gamma)|}e^{(\pi\gamma/2)}\frac{2}{(2kr)^{\ell+1}}e^{-ikr}\frac{1}{2i} \\
& \times \left[e^{i[kr-\gamma\ln(2kr)-\ell(\pi/2)+\sigma_\ell]} - e^{-i[kr-\gamma\ln(2kr)-\ell(\pi/2)+\sigma_\ell]}\right].
\end{aligned}$$

Wenn wir den Faktor N_ℓ wie folgt wählen

$$N_\ell = \frac{|\Gamma(\ell+1-i\gamma)|}{2\Gamma(2\ell+2)}e^{-\pi\gamma/2}\,,$$

wird klar, dass die Radialfunktion

$$u_\ell(\varrho = 2kr) = N_\ell\, e^{i\varrho/2}\varrho^{\ell+1}\,{}_1F_1(\ell+1+i\gamma\,, 2\ell+2\,, -i\varrho) \qquad (1.157)$$

ein asymptotisches Verhalten bekommt, das dem der kräftefreien Lösungen sehr ähnlich ist,

$$\varrho \to \infty: \quad u_\ell(\varrho) \sim \sin\left(kr - \ell\frac{\pi}{2} - \gamma\ln(2kr) + \sigma_\ell\right).$$

Sie unterscheidet sich von der Asymptotik der sphärischen Bessel-Funktionen durch die konstante Streuphase

$$\sigma_\ell = \arg \Gamma(\ell + 1 + i\gamma)$$

und die von r logarithmisch abhängende Phase $-\gamma \ln(2kr)$, die für die $1/r$-Abhängigkeit des Potentials typisch ist.

Die gesamte Wellenfunktion zu positiver Energie und definiten Werten von ℓ und m lautet somit

$$\psi_{\ell m}(E, \boldsymbol{x}) = R_\ell(E, r) Y_{\ell m}(\hat{x}) \equiv \frac{1}{r} u_\ell(E, r) Y_{\ell m}(\hat{x})$$

mit

$$u_\ell(E, r) \equiv u_\ell(\varrho)$$

wie oben angegeben und, je nach Problemstellung, geeignet normiert.

Bemerkungen

1. Das Energiespektrum des Wasserstoffatoms ist das klassische Beispiel für ein gemischtes Spektrum. Es besteht aus einem abzählbar unendlichen, diskreten Anteil negativer Werte, die sich gegen Null häufen, und einem Kontinuum positiver Werte, das bei $E = 0$ beginnt. Außer der Entartung in der Projektion m des Bahndrehimpulses, besitzt das diskrete Spektrum eine mit der Hauptquantenzahl n stark wachsende, dynamische Entartung, die in Abb. 1.19 skizziert ist. Diese dynamische Entartung wird schon dann aufgehoben, wenn das Potential zwar kugelsymmetrisch bleibt, aber von der $1/r$-Form abweicht. Das ist z. B. dann der Fall, wenn wir die Kerne von wasserstoffähnlichen Atomen nicht mehr durch eine punktförmige Ladung Ze, sondern durch eine endliche Ladungsverteilung beschreiben.

2. Nur die Gesamtheit der Wellenfunktionen (1.155) zu den negativen Eigenwerten und (1.157) zu positiven Energien ist vollständig, jedes dieser Systeme für sich genommen ist das aber nicht. Obwohl ungewöhnlich, kann es durchaus vorkommen, dass man die Eigenfunktionen des Hamiltonoperators des Wasserstoffatoms als Basis für eine Rechnung in der Atomphysik verwendet. In einem solchen Fall müsste man zunächst die Eigenfunktionen (1.157) in der Energieskala normieren, wie wir das in Abschn. 1.8.4 gelernt haben, und immer beide Systeme von Funktionen zusammen verwenden. Die Vollständigkeitsrelation lautet dann

$$\sum_{n=1}^{\infty} \sum_{\ell=0}^{n-1} \sum_{m=-\ell}^{+\ell} \psi_{n\ell m}(\boldsymbol{x}) \psi_{n\ell m}^*(\boldsymbol{x}')$$
$$+ \int_0^{\infty} dE \sum_{\ell=0}^{\infty} \sum_{m=-\ell}^{+\ell} \psi_{\ell m}(E, \boldsymbol{x}) \psi_{\ell m}^*(E, \boldsymbol{x}') = \delta(\boldsymbol{x} - \boldsymbol{x}') .$$

Abb. 1.19. Energiespektrum des Wasserstoffatoms. Die diskreten Werte bei negativem E tragen außer der für alle Zentralfeldprobleme typischen m-Entartung eine dynamische l-Entartung: für gegebene Hauptquantenzahl n alle Werte von $l = 0$ bis $l = n - 1$. Der diskrete Teil des Spektrums häuft sich gegen $E = 0$. Dort beginnt ein Kontinuum von positiven Energiewerten

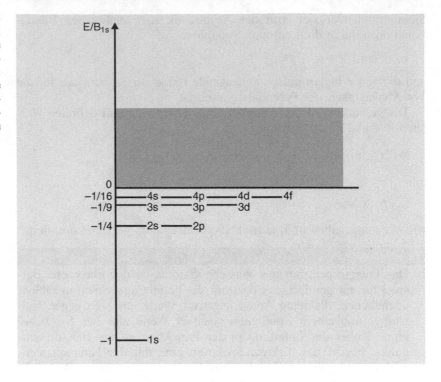

3. Die in den Eigenfunktionen (1.155) der gebundenen Zustände auftretenden konfluenten, hypergeometrischen Funktionen sind Polynome, die bis auf einen Normierungsfaktor mit den *zugeordneten Laguerre'schen Polynomen* identisch sind,

$$L_{\ell+n}^{2\ell+1}(\varrho) = -\frac{[(\ell+n)!]^2}{(n-\ell-1)!(2\ell+1)!} {}_1F_1(-n+\ell+1, 2\ell+2, \varrho).$$

Diese Polynome sind wie folgt definiert:
Laguerre'sche Polynome:

$$L_\mu(x) = \mathrm{e}^x \frac{\mathrm{d}^\mu}{\mathrm{d}x^\mu}(\mathrm{e}^{-x} x^\mu) = \sum_{\nu=0}^{\mu} (-)^\nu \binom{\mu}{\nu} \frac{\mu!}{\nu!} x^\nu ;$$

Zugeordnete Laguerre'sche Polynome:

$$L_\mu^\sigma(x) = \frac{\mathrm{d}^\sigma}{\mathrm{d}x^\sigma} L_\mu(x).$$

In praktischen Rechnungen verwendet man oft die zugeordneten Laguerre-Polynome, anstelle der konfluenten Hypergeometrischen, weil es für diese eine Reihe von einfachen Rekursionsrelationen gibt, mit deren Hilfe man z. B. die Berechnung von Integralen vereinfachen kann.

Streuung von Teilchen an Potentialen

Einführung

Die drei Grundtypen von Spektren selbstadjungierter Hamilton-operatoren, das *rein diskrete Spektrum* mit oder ohne Entartung, das *rein kontinuierliche Spektrum* und das *gemischte Spektrum* sowie die zugehörigen Eigenfunktionen enthalten wichtige Informationen über die physikalischen Systeme, die durch sie beschrieben werden. Aus *physikalischer* Sicht sind die bisherigen Ergebnisse allerdings noch weitgehend leer, solange wir nicht wissen, wie wir diese Informationen durch konkrete Messungen sichtbar machen können. Das statische Spektrum des Hamiltonoperators zum Beispiel, der das Wasserstoffatom beschreibt, und die räumliche Verteilung seiner stationären Eigenfunktionen sind für uns makroskopische Beobachter *a priori* nicht sichtbar, solange das Atom nicht gezwungen wird, durch Wechselwirkung mit äußeren elektromagnetischen Feldern oder mit vorgegebenen Strahlen von Elektronen seinen Zustand zu ändern. Mit anderen Worten: Die rein stationären Systeme, die wir bis hierher studiert haben, müssen noch nichtstationären Wechselwirkungen in einer im Experiment präparierbaren und nachweisbaren Form unterworfen werden, bevor wir entscheiden können, ob sie die Wirklichkeit beschreiben oder nicht. Da diese Fragestellung von zentraler Bedeutung ist, schiebe ich an dieser Stelle und noch vor der Behandlung des formalen Rahmens der Quantenmechanik ein kurzes Kapitel ein, das neben einigen allgemeinen Bemerkungen eine erste Beschreibung von elementaren Streuprozessen im Rahmen der so genannten *Potentialstreuung* enthält.

2.1 Makroskopische und mikroskopische Skalen

Wenn wir ein makroskopisches, klassisches System studieren, so sind wir gewohnt, dass es immer möglich ist, Beobachtungen daran praktisch störungsfrei durchzuführen: Wir sitzen mit der Stoppuhr in der Hand vor dem schwingenden Pendel einer Standuhr und messen den maximalen Ausschlag und die Periode, vielleicht sogar die momentane Geschwindigkeit beim Durchgang durch die Vertikale, einfach durch „Hinschauen" und ohne in merklicher Weise in die Bewegung des Pendels einzugreifen. Selbst sehr präzise Messungen an Satelliten oder Planeten mittels Radarimpulsen und Interferometrie haben praktisch keine Rückwirkung auf deren Bewegungszustand. Dieser vertraute, fast selbstverständliche Sachverhalt wird durch die Aussage umschrieben, dass das Objekt, d. h. das isolierte physikalische System, das man studieren möchte, vom Beobachter mit seinen Messapparaturen in dem Sinne klar getrennt ist, dass man die Rückwirkung des Messvorgangs auf das Objekt vernachlässigen kann. Die Störung des Systems durch die Messung ist entweder ganz vernachlässigbar oder in nachträglich korrigierbarer Weise klein. Das System wird auch nicht dadurch beeinflusst, dass es überhaupt beobachtet wird.

Es kommt aber noch ein anderer Aspekt hinzu: Die Längenskalen und die Zeitskalen makroskopischer Prozesse sind die typischen Skalen unserer gewohnten Umwelt oder sind nur wenig, d. h. in noch vorstellbarer Weise von diesen entfernt. Man denke etwa an die tausendstel Bruchteile von Sekunden, auf die es bei sportlichen Wettbewerben ankommt, oder an die sehr präzisen Längenmessungen in der Fein- oder der Mikromechanik.

All dies ist ganz anders, wenn das Objekt der Untersuchung ein Mikrosystem ist, z. B. ein Molekül, ein Atom, ein Atomkern oder ein einzelnes Elementarteilchen:

1. Zum einen bedeutet jede Messung an einem Mikrosystem einen mehr oder minder massiven Eingriff, der das System stark verändern oder gar zerstören kann. Man denke hier als Beispiel an ein durch eine Lösung $\psi(t, x)$ beschriebenes Atom. Wenn man dieses Atom mit einem relativ „groben" Strahl, z. B. einem unpolarisierten Lichtstrahl, bombardiert, so wird intuitiv einleuchtend sein, dass die subtilen Phasenbeziehungen, die für die Interferenzfähigkeit der Wellenfunktion verantwortlich sind, partiell oder vollständig zerstört werden. Dieser Aspekt der Untrennbarkeit von Objekt und Messapparatur gehört zu den schwierigsten der Quantentheorie und wird uns später an verschiedenen Stellen eingehend beschäftigen.

2. Zum anderen sind die räumlichen und zeitlichen Skalen typischer quantenmechanischer Prozesse im Allgemeinen klein im Vergleich zu räumlichen Distanzen bzw. Zeitintervallen eines Experiments zu ihrem Nachweis. Ein Beispiel wird dies erläutern: Das Wasserstoffatom hat eine Ausdehnung von der Größenordnung des Bohr'schen Radius (1.8), also etwa 10^{-10} m. Das ist eine sehr kleine Größe im Vergleich zum Abstand des Wasserstofftargets von der Quelle des einlaufenden Strahls, mit dem man das Atom untersuchen und zum Abstand des Detektors, mit dem man den gestreuten Strahl nachweisen will. Ähnliches gilt für die zeitlichen Verhältnisse an einem Atom. Charakteristische Zeiten des Atoms werden durch die Übergangsenergien definiert,

$$\tau(m \to n) = \frac{2\pi}{c} \frac{\hbar c}{E_m - E_n},$$

für den (2p → 1s)-Übergang im Wasserstoff somit $\tau(2 \to 1) \approx 4 \cdot 10^{-16}$ s – eine Zeit, die kurz ist im Vergleich mit den Zeittakten eines typischen Experiments.

Generell folgt daraus, dass wir im Allgemeinen nur *asymptotische* Zustände beobachten können, lange vor bzw. lange nach dem eigentlichen Prozess und räumlich weit davon entfernt. Konkreter ausgedrückt heißt das Folgendes: Wir wollen ein für sich allein genommen stationäres quantenmechanisches System mit Hilfe eines Strahls von Teilchen untersuchen. Das System ist als Target vorgegeben, die Teilchen werden als Projektile eingeschossen bzw. in Detektoren nachgewiesen. Der Wechselwirkungsprozess Strahl–System findet in einem Zeitintervall Δt um $t = 0$ statt, räumlich ist er in einem Volumen V am Ursprung $x = 0$ lokalisiert, das durch den Radius R_0 bestimmt ist. Der Strahl wird bei $t \to -\infty$ in einem asymptotisch großen Abstand vom Target in kontrollierter Weise erzeugt und bildet, zusammen mit dem Target, den so genannten *in*-Zustand. Bei $t \to +\infty$ werden die gestreuten Teilchen, oder allgemeiner die Reaktionsprodukte des Streuprozesses, im Detektor nachgewiesen, der sich ebenfalls in einem asymptotisch großen Abstand vom Target befindet. Die gestreuten Teilchen zusammen mit dem Endzustand des Targets bilden den so genannten *out*-Zustand.[1]

Andere Situationen, in denen wir Messungen vornehmen können, bieten Systeme, die zwar stationär definiert, aber aufgrund von Wechselwirkungen instabil sind. Das Wasserstoffatom im 2p-Zustand zum Beispiel ist instabil, weil es in einer Zeit von der Größenordnung 10^{-9} s durch Emission eines Photons in den stabilen 1s-Zustand zerfällt. Hier ist der *in*-Zustand das Atom im angeregten 2p-Zustand, der *out*-Zustand besteht aus dem auslaufenden Photon und dem Atom im stabilen Grundzustand. Auch hier stammt unsere Information über das (instabile) System aus einer asymptotischen Messung, die Zerfallsprodukte werden asymptotisch lange nach dem Zerfallsprozess und räumlich weit davon entfernt nachgewiesen.[2]

Allgemein halten wir fest, dass die experimentelle Information über quantenmechanische Systeme aus asymptotischen, einlaufenden oder auslaufenden Zuständen stammt. In das eigentliche Wechselwirkungsgebiet und in die typische Zeitskala der Wechselwirkung können wir nicht eingreifen. In der Quantenmechanik von Molekülen, Atomen und Kernen sind die wichtigsten Untersuchungsmethoden die Streuung von Teilchen, das sind Elektronen, Protonen, Neutronen oder α-Teilchen, an diesen Systemen sowie Anregung und Zerfall ihrer angeregten Zustände durch Wechselwirkung mit dem elektromagnetischen Strahlungsfeld. Die erstgenannten Streuprozesse können wir schon mit den bis jetzt bereitgestellten Hilfsmitteln behandeln und dies ist der Inhalt dieses Kapitels. Die Wechselwirkung mit dem Strahlungsfeld erfordert umfangreichere Vorbereitung und wird daher auf später verschoben. Auch die Streutheorie wird später in einem physikalisch allgemeineren und formaleren Rahmen noch einmal aufgenommen.

---

[1] Nach den englischen Ausdrücken *incoming* und *outgoing states*.

[2] Der instabile Zustand muss natürlich selbst erst einmal erzeugt werden und man mag fragen, warum man den Präparationsvorgang nicht als *in*-Zustand mit aufnimmt bzw. wann dies notwendig wird. Die Antwort ist eine qualitative: Die totale Zerfallswahrscheinlichkeit des instabilen Zustandes, mit $\hbar$ multipliziert, ergibt die Energieunschärfe oder Breite Γ des Zustandes. Wenn $\Gamma \ll E_\alpha$, d. h. wenn die Breite Γ im Vergleich zur Energie E_α des Zustandes sehr klein ist, dann ist der Zustand *quasistabil*, der Prozess, der zu seiner Präparation geführt hat, kann vom Zerfallsprozess getrennt werden.

2.2 Streuung am Zentralpotential

Wir setzen voraus, dass ein vorgegebenes Potential $U(x)$, das die Wechselwirkung zweier Teilchen beschreibt, kugelsymmetrisch und von endlicher Reichweite ist. Formal drückt sich dies wie folgt aus:

$$U(x) \equiv U(r) \quad \text{mit} \quad r = |x| \,, \qquad \lim_{r \to \infty} [rU(r)] = 0 \,. \tag{2.1}$$

Kugelsymmetrische Potentiale wie etwa

$$U(r) = U_0 \Theta(r_0 - r) \quad \text{oder} \quad U(r) = g \frac{\mathrm{e}^{-r/r_0}}{r} \,,$$

von denen das erste außerhalb vom festen Radius r_0 verschwindet, während das zweite exponentiell abklingt, erfüllen die zweite Bedingung, das Coulombpotential

$$U_{\mathrm{C}}(r) = \frac{e_1 e_2}{r}$$

erfüllt sie nicht. Wir wollen die Streuung eines Teilchens der Masse m (im Fall eines Zweiteilchensystems ist das die reduzierte Masse) an diesem Potential untersuchen und den zugehörigen differentiellen Wirkungsquerschnitt berechnen. Der differentielle Wirkungsquerschnitt ist eine Observable, d. h. eine klassische Größe und er ist genau wie in der klassischen Mechanik definiert (Band 1, Abschn. 1.27) als das Verhältnis der Zahl $\mathrm{d}n$ der Teilchen, die pro Zeiteinheit in Winkel gestreut werden, die zwischen θ und $\theta + \mathrm{d}\theta$ liegen, zur Zahl n_0 der pro Zeiteinheit und Flächeneinheit einfallenden Teilchen. Man bestimmt also die Zahl der wirklich gestreuten Teilchen und normiert auf den einfallenden Fluss. Im Gegensatz zur klassischen Situation bestimmen wir diese Zahlen aber nicht aus Trajektorien der Teilchen, die es ja nicht mehr gibt, sondern über die Born'sche Interpretation aus der Stromdichte (1.54) (mit $A \equiv 0$), die den Fluss der Aufenthaltswahrscheinlichkeit beschreibt.

Ganz korrekt müssten wir einen in 3-Richtung einlaufenden Zustand in Form eines Wellenpakets mit mittlerem Impuls $p = p\hat{e}_3$ bei $t = -\infty$ konstruieren, die zeitliche Entwicklung dieses Pakets aus der Schrödinger-Gleichung berechnen und den bei $t \to +\infty$ auslaufenden Fluss analysieren. Da dies sehr aufwändig ist, bedient man sich hier einer intuitiven Methode, die wesentlich einfacher ist und zu den richtigen Ergebnissen führt. Man betrachtet den Streuvorgang als eine stationäre Situation, bei der eine stationäre ebene Welle den einfallenden Strahl beschreibt und eine ebenfalls stationäre, auslaufende Kugelwelle, die für den Streuzustand steht. Asymptotisch weit vom Streuzentrum entfernt hat das Wellenfeld dann die Form

$$r \to \infty: \quad \psi(x) \sim \mathrm{e}^{\mathrm{i}kx^3} + f(\theta) \frac{\mathrm{e}^{\mathrm{i}kr}}{r} \,, \quad k = \frac{1}{\hbar} |p| \,, \tag{2.2}$$

wobei der erste Term den mit Impuls $p = p\hat{e}_3$ entlang der 3-Achse einlaufenden Strahl, der zweite die auslaufende Kugelwelle darstellt. Diesen Ansatz nennt man die *Sommerfeld'sche Ausstrahlungsbedingung*.

Die Bedeutung der im Allgemeinen komplexen Amplitude $f(\theta)$ wird klar, wenn wir die Stromdichten des einlaufenden und des auslaufenden Anteils berechnen. Hier und im Folgenden ist es nützlich, die schiefsymmetrische Ableitung, die in (1.54) auftritt, durch ein eigenes Symbol abzukürzen, indem wir

$$f^*(\boldsymbol{x}) \stackrel{\leftrightarrow}{\nabla} g(\boldsymbol{x}) := f^*(\boldsymbol{x}) \nabla g(\boldsymbol{x}) - [\nabla f^*(\boldsymbol{x})] g(\boldsymbol{x}) \qquad (2.3)$$

setzen, wobei f und g komplexe Funktionen sind, die mindestens C^1, d. h. mindestens einmal stetig differenzierbar sind. Für die einlaufende ebene Welle ist

$$\boldsymbol{j}_{\text{in}} = \frac{\hbar}{2mi} \, e^{-ikx^3} \stackrel{\leftrightarrow}{\nabla} e^{ikx^3} = \frac{\hbar k}{m} \hat{\boldsymbol{e}}_3 = v\hat{\boldsymbol{e}}_3 \,,$$

mit $v\hat{\boldsymbol{e}}_3$ der Geschwindigkeit des einlaufenden Teilchens.

Für den auslaufenden Anteil verwendet man sphärische Kugelkoordinaten, in denen

$$\nabla = \left(\frac{\partial}{\partial r}, \frac{1}{r} \frac{\partial}{\partial \theta}, \frac{1}{r \sin \theta} \frac{\partial}{\partial \phi} \right) .$$

Mit den folgenden Ausdrücken für den Gradienten von $\psi = f(\theta) \, e^{ikr}/r$ und sein konjugiert Komplexes

$$(\nabla \psi)_r = \frac{\partial \psi}{\partial r} = \left(-\frac{1}{r^2} + \frac{ik}{r} \right) f(\theta) \, e^{ikr} \,,$$

$$(\nabla \psi)_\theta = \frac{1}{r} \frac{\partial \psi}{\partial \theta} = \frac{1}{r^2} \frac{\partial f(\theta)}{\partial \theta} \, e^{ikr} \,, \qquad (\nabla \psi)_\phi = 0 \,,$$

lässt die auslaufende Stromdichte sich leicht berechnen,

$$\boldsymbol{j}_{\text{out}} = \frac{\hbar k}{m} \frac{|f(\theta)|^2}{r^2} \hat{\boldsymbol{e}}_r + \frac{\hbar}{2mi} \frac{1}{r^3} f^*(\theta) \stackrel{\leftrightarrow}{\nabla} f(\theta) \hat{\boldsymbol{e}}_\theta \,.$$

Der erste Term hiervon, wenn man ihn mit dem Flächenelement $r^2 \, d\Omega$ einer Kugel mit Radius r um den Ursprung multipliziert, gibt einen Wahrscheinlichkeitsstrom in radialer Richtung, der proportional zu $|f(\theta)|^2$ ist. Der zweite Term hingegen liefert einen mit $1/r$ abklingenden Strom, den wir asymptotisch vernachlässigen müssen. Der Fluss von Teilchen durch den Konus mit Öffnungswinkel $d\Omega$ in auslaufender radialer Richtung ist (für große Werte von r)

$$\boldsymbol{j}_{\text{out}} \cdot \hat{\boldsymbol{e}}_r r^2 \, d\Omega = \frac{\hbar k}{m} \frac{|f(\theta)|^2}{r^2} r^2 \, d\Omega \qquad (r \to \infty) \,.$$

Normiert man noch auf den einfallenden Fluss, so entsteht der differentielle Wirkungsquerschnitt

$$d\sigma_{\text{el}} = \frac{\boldsymbol{j}_{\text{out}} \cdot \hat{\boldsymbol{e}}_r r^2 \, d\Omega}{|\boldsymbol{j}_{\text{in}}|} = |f(\theta)|^2 \, d\Omega \,.$$

Daraus folgt die physikalische Bedeutung der Amplitude $f(\theta)$: Sie bestimmt den differentiellen Wirkungsquerschnitt

$$\boxed{\frac{\mathrm{d}\sigma_{\mathrm{el}}}{\mathrm{d}\Omega} = |f(\theta)|^2} \tag{2.4}$$

und wird *Streuamplitude* genannt. Sie ist im Sinne der Born'schen Interpretation eine Wahrscheinlichkeitsamplitude, das Quadrat ihres Betrages liefert den Wirkungsquerschnitt als klassische Observable. Wie wir gleich sehen werden, beschreibt sie einen *elastischen* Streuprozess, daher die Bezeichnung. Der totale elastische Wirkungsquerschnitt ist durch das Integral über alle Raumwinkel gegeben

$$\boxed{\sigma_{\mathrm{el}} = \int \mathrm{d}\Omega\, |f(\theta)|^2 = 2\pi \int\limits_0^\pi \sin\theta\, \mathrm{d}\theta\, |f(\theta)|^2}. \tag{2.5}$$

Bevor wir fortfahren und Methoden zur Berechnung der Streuamplitude und der Wirkungsquerschnitte diskutieren, ergänzen und kommentieren wir die bisherigen Resultate durch einige Bemerkungen.

Bemerkungen

1. Das Ergebnis für die asymptotische Form von j_{out} zeigt, dass es berechtigt war, die beiden Terme in (1.135), Abschn. 1.9.3, als *aus*laufende bzw. *ein*laufende Kugelwellen zu bezeichnen.

2. Im Zwei-Teilchen-Problem mit Zentralkraft ist r die Relativkoordinate, m die reduzierte Masse

$$m \longmapsto \frac{m_1 m_2}{m_1 + m_2} \quad \text{und} \quad \theta \longmapsto \theta^*$$

ist der Streuwinkel im Schwerpunktssystem. Die Amplitude $f(\theta)$ ist daher die *Streuamplitude im Schwerpunktssystem.*

3. Das Potential $U(r)$ muss reell sein, wenn der Hamiltonoperator selbstadjungiert sein soll. Wenn das aber so ist, dann gibt es nur *elastische* Streuung: Ganz gleich wie es gestreut wird, das Teilchen muss sich im Endzustand wiederfinden, oder, im Sinne der Quantenmechanik ausgedrückt, die Wahrscheinlichkeit, das Teilchen irgendwo im Raum anzutreffen, muss erhalten bleiben. Der Ausdruck (2.4) beschreibt somit den differentiellen Querschnitt für *elastische* Streuung, der Ausdruck (2.5) den integrierten elastischen Wirkungsquerschnitt. Nun gibt es auch Prozesse, bei denen der Endzustand nicht mehr derselbe ist wie der Anfangszustand. Ein Elektron, das am Atom streut, kann Energie verlieren und das Atom in einem angeregten Zustand hinterlassen. Ein Photon als Projektil kann am Atom inelastisch gestreut werden oder sogar ganz absorbiert werden. In solchen Fällen befindet sich der Endzustand, wie man sagt, in einem anderen *Kanal* als der Anfangszustand. Der Hamiltonoperator muss jetzt neben dem für die elastische Streuung verantwortlichen,

reellen Potential auch Wechselwirkungsterme enthalten, die aus dem Anfangskanal in andere, inelastische Kanäle überführen. In einer solchen Situation wird die gesamte Wahrscheinlichkeit, das Teilchen anzutreffen, nach der Streuung auf mehrere Endzustandskanäle verteilt. Ein Teil der Wahrscheinlichkeit wird dem elastischen Kanal „entzogen" und erscheint in den inelastischen Kanälen, die durch die Streuung bevölkert werden. In Abschn. 2.6 lernen wir eine pauschale Methode kennen, eine solche Situation zu beschreiben, auch ohne die detaillierte Reaktionsdynamik zu kennen.

4. Der Ansatz (2.2) ist intuitiv einleuchtend, die darauf folgende Rechnung ist aber streng genommen nicht richtig. Die Ausstrahlungsbedingung (2.2) setzt eine stationäre Wellenfunktion voraus, bei der sowohl die einlaufende ebene Welle als auch die auslaufende Kugelwelle zu allen Zeiten vorhanden sind. Insbesondere, wenn man die Stromdichte (1.54) berechnet, müssten auch Interferenzterme zwischen dem einlaufenden und dem auslaufenden Teil auftreten. Statt dessen haben wir bei der Berechnung der Stromdichten so getan, als wäre bei $t = -\infty$ nur die ebene Welle, bei $t = +\infty$ nur die gestreute Kugelwelle vorhanden. Auch wenn die Ableitung auf der Intuition aufbaut und streng genommen nicht korrekt ist, so führt sie doch zum richtigen Ergebnis. Das liegt daran, dass die ebene Welle eine Idealisierung darstellt und eigentlich durch ein geeignet zusammengesetztes Wellenpaket ersetzt werden muss. Wir überspringen diese wesentlich aufwändigere Rechnung, referieren an dieser Stelle aber das wesentliche Resultat: Verfolgt man die Streuung eines Wellenpakets, das bei $t \to -\infty$ ein lokalisiertes Teilchen mit mittlerem Impuls $\boldsymbol{p} = p\hat{\boldsymbol{e}}_3$ beschreibt, so entsteht für große positive Zeiten und in asymptotischen Abständen vom Streuzentrum eine auslaufende Kugelwelle mit der angenommenen Form. Interferenzterme zwischen dem Anfangszustand und dem Endzustand treten zwar auf, aber da sie sehr rasch oszillieren, werden sie bei der Integration über das Impulsspektrum des Pakets vernachlässigbar klein. Außer in der Vorwärtsrichtung, d. h. für eine Streuung, bei der $\boldsymbol{p}' = \boldsymbol{p}$ ist, ist der Ansatz (2.2) mit der gegebenen Interpretation richtig.

5. Es ist instruktiv, die quantenmechanische Beschreibung mit der Theorie der elastischen Streuung in der klassischen Mechanik zu vergleichen. Die Definition des differentiellen Wirkungsquerschnitts (Zahl der pro Zeiteinheit in das Raumwinkelelement $\mathrm{d}\Omega$ gestreuten Teilchen, normiert auf den einfallenden Fluss) ist dieselbe, der physikalische Vorgang dahinter ist aber nicht derselbe. Das klassische Teilchen, das mit Impuls $\boldsymbol{p} = p\hat{\boldsymbol{e}}_3$ und Stoßparameter b einläuft, befindet sich auf einer vollständig festgelegten Trajektorie und es genügt, dieser Bahn von $t = -\infty$ bis $t = +\infty$ zu folgen, um mit Sicherheit aussagen zu können, wohin es gestreut wird. In der Quantenmechanik ordnen wir dem Teilchen ein Wellenpaket zu, das beispielsweise nur aus Impulsen in 3-Richtung besteht und bei $t = -\infty$ um den Wert $\boldsymbol{p} = p\hat{\boldsymbol{e}}_3$ zentriert ist. Werte seiner 3-Koordinate zu

dieser Zeit lassen sich nach Maßgabe der Unschärferelation eingrenzen. Da es keine Impulskomponente in 1- oder 2-Richtung besitzt, d. h. da p_1 und p_2 den scharfen Wert 0 haben, ist die Position des Teilchens in der zur 3-Richtung senkrechten Ebene dagegen völlig unbestimmt. Bei $t \to +\infty$ liefert die Quantenmechanik eine Wahrscheinlichkeitsaussage dafür, das Teilchen in einem unter dem Streuwinkel θ ausgerichteten Detektor nachzuweisen. Für ein einzelnes Teilchen ist es nicht möglich vorherzusagen, wohin es gestreut werden wird. Die durch die komplexe Streuamplitude $f(\theta)$ definierte Wahrscheinlichkeit $d\sigma_{el}/d\Omega$ wird erst dann bestätigt, wenn man sehr viele Teilchen unter identischen experimentellen Bedingungen streuen lässt.

2.3 Partialwellenanalyse

Natürlich hängt die Streuamplitude von der Energie $E = \hbar^2 k^2/(2m)$ des einlaufenden Teilchenstrahls ab oder, was das Gleiche ist, von seiner Wellenzahl k. Wenn es auf diese Abhängigkeit von der Energie ankommt, müssen wir korrekterweise $f(k, \theta)$ statt $f(\theta)$ schreiben. Der Wirkungsquerschnitt hat die physikalische Dimension [Fläche], die Streuamplitude daher die Dimension [Länge]. Im physikalisch zulässigen Bereich $\theta \in [0, \pi]$ bzw. $z \equiv \cos\theta \in [-1, +1]$ ist $f(k, \theta)$ bei festem k eine nichtsinguläre und im Allgemeinen quadratintegrable[3] Funktion von θ. Daher lässt sie sich nach sphärischen Kugelfunktionen $Y_{\ell m}(\theta, \phi)$ entwickeln. Da sie nur von θ, aber nicht von ϕ abhängt, treten in dieser Entwicklung nur die Funktionen $Y_{\ell 0}$ auf, die proportional den Legendrepolynomen sind,

$$Y_{\ell 0} = \sqrt{\frac{2\ell+1}{4\pi}}\, P_\ell(z = \cos\theta)\,.$$

Wir können also immer folgenden Ansatz machen:

$$\boxed{f(k, \theta) = \frac{1}{k} \sum_{\ell=0}^{\infty} (2\ell+1) a_\ell(k) P_\ell(z)}\,. \tag{2.6}$$

Den Faktor $1/k$ haben wir eingeführt, um der physikalischen Dimension der Streuamplitude Rechnung zu tragen, der Faktor $(2\ell+1)$ ist Sache der gewählten Konvention und wird sich weiter unten als nützlich erweisen. Die durch den Ansatz (2.6) definierten komplexen Größen $a_\ell(k)$ nennt man *Partialwellenamplituden*. Sie hängen nur von der Energie des einlaufenden Strahls bzw. seiner Wellenzahl ab. Die Kugelfunktionen sind orthogonal und auf 1 normiert. Der integrierte Wirkungsquerschnitt (2.5) ist somit

$$\sigma_{el}(k) = \frac{4\pi}{k^2} \sum_{\ell, \ell'} \sqrt{(2\ell+1)(2\ell'+1)}\, a_\ell(k) a_{\ell'}^*(k') \int d\Omega\, Y_{\ell'0}^* Y_{\ell 0}$$

[3] Mit der Einschränkung (2.1) ist f in der Tat quadratintegrabel. Beim Coulombpotential wird sie in der Vorwärtsrichtung $\theta = 0$ wie $1/\sin\theta$ singulär und ist infolgedessen nicht mehr quadratintegrabel. Dennoch kann man die Streuamplitude auch hier nach Legendrepolynomen entwickeln. Allerdings ist die Reihe (2.6) in der Vorwärtsrichtung nicht mehr konvergent und der Ausdruck (2.7) für den integrierten Wirkungsquerschnitt divergiert.

oder, aufgrund der Orthogonalität der Kugelfunktionen,

$$\boxed{\sigma_{\text{el}}(k) = \frac{4\pi}{k^2} \sum_{\ell=0}^{\infty} (2\ell+1) \, |a_\ell(k)|^2}\,.$$ (2.7)

Diese Ausdrücke sind ebenso wie die Formeln (2.4) und (2.5) ganz allgemein und haben noch keinen Gebrauch von der zugrunde liegenden Dynamik, hier also der Schrödinger-Gleichung mit dem Zentralpotential $U(r)$, gemacht. Wir zeigen jetzt, dass man die Amplituden $a_\ell(k)$ berechnen kann, wenn man für jede Partialwelle die Radialgleichung (1.127) lösen kann. Dass dies nicht nur eine im Prinzip exakte, sondern physikalisch gesehen besonders sinnvolle Methode ist, die elastische Streuung zu studieren, folgt aus den in Abschn. 1.9.3 im Vergleich mit der klassischen Situation angestellten physikalischen Überlegungen. Nach Voraussetzung hat das Potential eine endliche Reichweite, d. h. erfüllt die Bedingung (2.1). In der entsprechenden *klassischen* Situation bleibt ein Teilchen mit großem Wert des Bahndrehimpulses ℓ_{kl} weiter entfernt von $r = 0$ als eines mit kleinem Wert von ℓ_{kl} und spürt die Wirkung des Potentials entsprechend weniger stark. Auch quantenmechanisch wird das effektive Potential

$$U_{\text{eff}}(r) = \frac{\hbar^2 \ell(\ell+1)}{2mr^2} + U(r)$$

für große Werte von ℓ vom Zentrifugalterm dominiert und wir erwarten, dass die Amplituden a_ℓ mit wachsendem ℓ rasch abklingen. Die Reihen (2.6) und (2.7) sollten demnach gut konvergieren.

Setzt man die ℓ-te Partialwelle in der Form

$$R_\ell(r) Y_{\ell m} = \frac{u_\ell(r)}{r} Y_{\ell m}$$

an, so genügt $u_\ell(r)$ der Differentialgleichung

$$u_\ell''(r) - \left(\frac{2m}{\hbar^2} U_{\text{eff}}(r) - k^2 \right) u_\ell(r) = 0\,,$$ (2.8)

(s. auch Abschn. 1.9.5). Bei $r = 0$ muss die Radialfunktion regulär sein, d. h. wir müssen die Lösung mit $R_\ell \sim r^\ell$ bzw. $u_\ell \sim r^{\ell+1}$ aussuchen. Für $r \to \infty$ ist das effektive Potential gegenüber k^2 vernachlässigbar,

$$r \to \infty: \quad u_\ell''(r) + k^2 u_\ell(r) \approx 0\,,$$

woraus wir schließen können, dass das asymptotische Verhalten der Partialwelle durch

$$r \to \infty: \quad u_\ell(r) \sim \sin\left(kr - \ell \frac{\pi}{2} + \delta_\ell(k) \right)$$ (2.9)

gegeben sein muss. Die Phase $\delta_\ell(k)$, die durch diese Gleichung definiert wird, nennt man die *Streuphase* in der Partialwelle mit Bahndrehimpuls ℓ.

Wie natürlich der Ansatz (2.9) ist, macht man sich durch folgende Überlegung klar: Zum einen ist die Funktion $u_\ell(r)$ reell (bzw. kann ohne Beschränkung der Allgemeinheit reell gewählt werden), wenn $U(r)$ reell ist. Unter dieser Voraussetzung muss die Streuphase daher ebenfalls reell sein. Zum anderen kennen wir die Asymptotik der kräftefreien Lösungen aus der Asymptotik (1.133) der sphärischen Besselfunktionen,

$$u_\ell^{(0)}(r) = (kr)\, j_\ell(kr) \sim \sin\left(kr - \ell\frac{\pi}{2}\right),$$

die bei $r = 0$ regulär sind. Wenn das wahre Potential $U(r)$ identisch verschwindet, dann sind alle Streuphasen gleich Null. Diese „messen" daher, wie stark das asymptotische, oszillatorische Verhalten der Radialfunktion $u_\ell(r)$ gegenüber dem der kräftefreien Lösungen $u_\ell^{(0)}(r)$ verschoben wird.

Es bleibt uns die Aufgabe, die Streuamplitude oder, was damit gleichwertig ist, die Amplituden $a_\ell(k)$ durch die Streuphasen auszudrücken. Die Idee zur Lösung dieser Aufgabe ist, die gesuchte Streulösung $\psi(\boldsymbol{x})$ der Schrödinger-Gleichung als Linearkombination von Partialwellen anzusetzen,

$$\psi(\boldsymbol{x}) = \sum_{\ell=0}^{\infty} c_\ell\, R_\ell(r) Y_{\ell 0}(\theta) = \frac{1}{r} \sum_{\ell=0}^{\infty} c_\ell\, u_\ell(r) Y_{\ell 0}(\theta) \tag{2.10}$$

und diese so zu wählen, dass die *ein*laufende Kugelwelle $\alpha_{\text{in}}\, e^{-ikr}/r$, die für $r \to \infty$ darin enthalten ist, mit derjenigen übereinstimmt, die in der Ausstrahlungsbedingung (2.2) vorkommt. Beginnen wir mit dieser: Entwickelt man die ebene Welle nach Kugelfunktionen (s. (1.136)),

$$e^{ikx^3} = \sum_{\ell=0}^{\infty} i^\ell \sqrt{4\pi(2\ell+1)}\, j_\ell(kr) Y_{\ell 0},$$

und verwendet die Asymptotik (1.133) der sphärischen Besselfunktionen

$$j_\ell(kr) \sim \frac{1}{kr} \sin\left(kr - \ell\frac{\pi}{2}\right) = \frac{1}{2ikr}(e^{ikr}\, e^{-i\ell\pi/2} - e^{-ikr}\, e^{i\ell\pi/2}),$$

so lässt sich der Anteil proportional zu e^{-ikr}/r ablesen. Die *aus*laufende Kugelwelle in (2.2) andererseits enthält neben dem proportional zur Streuamplitude $f(\theta)$ angesetzten Term auch einen Anteil aus der ebenen Welle, den man hier ebenfalls ablesen kann. Insgesamt schreibt man die Sommerfeld'sche Ausstrahlungsbedingung (2.2) somit wie folgt in Kugelwellen um:

$$\psi_{\text{Somm}}(\boldsymbol{x}) \sim -\frac{e^{-ikr}}{2ikr}\left(\sum_{\ell=0}^{\infty} i^\ell \sqrt{4\pi(2\ell+1)}\, e^{i\ell\pi/2} Y_{\ell 0}\right)$$
$$+ \frac{e^{ikr}}{2ikr}\left(\sum_{\ell=0}^{\infty} i^\ell \sqrt{4\pi(2\ell+1)}\, e^{-i\ell\pi/2} Y_{\ell 0} + 2ik\, f(\theta)\right).$$

Geht man andererseits im Ansatz (2.10) nach $r \to \infty$ und verwendet noch einmal (2.9), so folgt

$$\psi(\boldsymbol{x}) \sim -\frac{\mathrm{e}^{-\mathrm{i}kr}}{2\mathrm{i}r} \left(\sum_{\ell=0}^{\infty} c_\ell \, \mathrm{e}^{-\mathrm{i}\delta_\ell} \, \mathrm{e}^{\mathrm{i}\ell\pi/2} Y_{\ell 0} \right)$$
$$+ \frac{\mathrm{e}^{\mathrm{i}kr}}{2\mathrm{i}r} \left(\sum_{\ell=0}^{\infty} c_\ell \, \mathrm{e}^{\mathrm{i}\delta_\ell} \, \mathrm{e}^{-\mathrm{i}\ell\pi/2} Y_{\ell 0} \right) .$$

Die *ein*laufenden Kugelwellen von ψ_{Somm} und ψ sind dann gleich, wenn die Koeffizienten c_ℓ wie folgt gewählt werden

$$c_\ell = \frac{\mathrm{i}^\ell}{k} \sqrt{4\pi(2\ell+1)} \, \mathrm{e}^{\mathrm{i}\delta_\ell}$$

Der Rest der Herleitung besteht einfach im Vergleich der erhaltenen Formeln. Setzt man das Ergebnis für c_ℓ in den *aus*laufenden Anteil von (2.10) ein, so ergibt sich

$$f(\theta) = \frac{1}{k} \sum_{\ell=0}^{\infty} \frac{\mathrm{e}^{2\mathrm{i}\delta_\ell} - 1}{2\mathrm{i}} \sqrt{4\pi(2\ell+1)} Y_{\ell 0}$$
$$= \frac{1}{k} \sum_{\ell=0}^{\infty} \frac{\mathrm{e}^{2\mathrm{i}\delta_\ell} - 1}{2\mathrm{i}} (2\ell+1) P_\ell(\cos\theta) ,$$

wobei wir wieder den Zusammenhang

$$Y_{\ell 0}(\theta) = \sqrt{\frac{2\ell+1}{4\pi}} \, P_\ell(\cos\theta)$$

benutzt haben. Durch Vergleich mit der Reihenentwicklung (2.6) erhalten wir schließlich folgenden expliziten und exakten Ausdruck für die Amplituden $a_\ell(k)$ als Funktion der Streuphasen,

$$\boxed{a_\ell(k) = \frac{\mathrm{e}^{2\mathrm{i}\delta_\ell} - 1}{2\mathrm{i}} = \mathrm{e}^{\mathrm{i}\delta_\ell(k)} \sin\delta_\ell(k)} . \tag{2.11}$$

Anwendungen und Bemerkungen

1. Zunächst stellen wir fest, dass es in der Tat sinnvoll war, die Amplituden a_ℓ so zu definieren, dass der Faktor $(2\ell+1)$ in (2.6) auftritt. Die Amplituden bleiben dann dem Betrage nach kleiner oder gleich 1. Die zweite Form auf der rechten Seite von (2.11) ist richtig, weil die Phase δ_ℓ reell ist.[4]

2. Das Ergebnis (2.11) für die Partialwellenamplituden, das aus der Schrödinger-Gleichung folgt, hat eine bemerkenswerte Eigenschaft: Der Imaginärteil von a_ℓ ist positiv-semidefinit

$$\operatorname{Im} a_\ell(k) = \sin^2 \delta_\ell \geq 0 .$$

[4] Diese Bemerkung ist deshalb wichtig, weil man die Streuung an einem komplexen, absorptiven Potential mit derselben Analyse behandeln kann, es dann aber mit komplexen Streuphasen zu tun hat. Der erste Teil der Formel (2.11) bleibt richtig, der zweite gilt nicht.

Berechnet man die elastische Streuamplitude (2.6) in der Vorwärts-richtung $\theta = 0$, wo $P_\ell(z = 1) = 1$ ist, so ist ihr Imaginärteil

$$\operatorname{Im} f(0) = \frac{1}{k} \sum_{\ell=0}^{\infty} (2\ell + 1) \operatorname{Im} a_\ell(k) = \frac{1}{k} \sum_{\ell=0}^{\infty} (2\ell + 1) \sin^2 \delta_\ell(k) \,.$$

Aus (2.7) folgt der integrierte elastische Wirkungsquerschnitt zu

$$\sigma_{\text{el}}(k) = \frac{4\pi}{k^2} \sum_{\ell=0}^{\infty} (2\ell + 1) \sin^2 \delta_\ell(k) \,.$$

Mit reellem Potential gibt es nur elastische Streuung und der inte-grierte Wirkungsquerschnitt (2.7) ist zugleich der totale Wirkungs-querschnitt. Vergleicht man die erhaltenen Ergebnisse, so folgt eine wichtige Relation zwischen dem Imaginärteil der elastischen Streu-amplitude in der Vorwärtsrichtung und dem totalen Wirkungsquer-schnitt

$$\boxed{\sigma_{\text{tot}} = \frac{4\pi}{k} \operatorname{Im} f(0)} \,. \tag{2.12}$$

Diese Beziehung wird *optisches Theorem* genannt.[5] Sie ist eine Kon-sequenz der Erhaltung der Aufenthaltswahrscheinlichkeit.

3. Wie wir in Abschn. 2.6 und in Band 4 sehen werden, gilt das opti-sche Theorem auch in wesentlich allgemeineren Situationen. Wenn zwei Teilchen A und B aneinander gestreut werden, so können neben der elastischen Streuung $A + B \longrightarrow A + B$ im Allgemeinen auch inelastische Prozesse auftreten, bei denen eines von ihnen oder beide in angeregte Zustände versetzt werden, $A + B \longrightarrow A + B^*$, $A + B \longrightarrow A^* + B^*$, oder bei denen weitere Teilchen erzeugt wer-den, $A + B \longrightarrow A + B + C + \cdots$. Abkürzend seien die möglichen Endzustände mit „n" bezeichnet. Das optische Theorem verknüpft dann den Imaginärteil der *elastischen* Vorwärtsstreuamplitude bei ge-gebenem Wert der Energie im Schwerpunktssytem mit dem *totalen* Wirkungsquerschnitt bei dieser Energie,

$$\sigma_{\text{tot}} = \sum_{n} \sigma(A + B \longrightarrow n) \,.$$

Das optische Theorem (2.12) lautet demnach präziser

$$\sigma_{\text{tot}}(k) = \frac{4\pi}{k} \operatorname{Im} f_{\text{el}}(k, \theta = 0) \,;$$

die Größe k ist dabei immer der Betrag des Impulses k^* im Schwer-punktssystem.

[5] Tatsächlich kommt der Begriff aus der klassischen Optik und war in ei-nem anderen physikalischen Kontext vor Entwicklung der Quantenmechanik bekannt.

2.3.1 Methoden der Berechnung von Streuphasen

Die asymptotische Bedingung (2.9) kann man auch auf eine andere Art lesen, die zugleich einen Hinweis auf Möglichkeiten gibt, die Streuphasen zu berechnen. Da das Potential von endlicher Reichweite ist, zerfällt der Variationsbereich der Variablen r in einen Innenbereich, in dem das (wahre) Potential $U(r)$ von Null verschieden ist, und einen Außenbereich, in dem es verschwindet oder vernachlässigbar klein ist und wo nur das Zentrifugalpotential wirksam ist. Im Außenbereich ist jede Lösung $u_\ell(r)$ daher Linearkombination aus zwei Fundamentallösungen des kräftefreien Falls, etwa einer sphärischen Besselfunktion $j_\ell(kr)$ und einer sphärischen Neumannfunktion $n_\ell(kr)$,

$$u_\ell(k,r) = (kr)\big[j_\ell(kr)\alpha_\ell(k) + n_\ell(kr)\beta_\ell(k)\big],$$
$$(\text{Außenbereich mit } U(r) \approx 0).$$

Geht man hierin zu sehr großen Werten von r, vergleicht das asymptotische Verhalten (2.9) mit dem der sphärischen Bessel- und Neumannfunktionen (1.133) bzw. (1.140) und beachtet, dass

$$\sin\left(kr - \ell\frac{\pi}{2} + \delta_\ell(k)\right) = \sin\left(kr - \ell\frac{\pi}{2}\right)\cos\delta_\ell(k)$$
$$+ \cos\left(kr - \ell\frac{\pi}{2}\right)\sin\delta_\ell(k)$$

ist, so folgt die Bestimmungsgleichung

$$\tan\delta_\ell(k) = \frac{\beta_\ell}{\alpha_\ell} \tag{2.13}$$

für die Streuphase. Damit ist gezeigt, dass man die Differentialgleichung für die Radialfunktion nur im Innenbereich lösen muss: Man bestimmt die bei $r=0$ reguläre Lösung – etwa durch numerische Integration auf dem Rechner – und folgt ihr bis in den Außenbereich. Dort schreibt man sie als Linearkombination aus j_ℓ und n_ℓ und liest die Koeffizienten α_ℓ und β_ℓ ab, deren Verhältnis (2.13) die Streuphase im Intervall $[0, \pi/2]$ liefert.

Beispiele für Potentiale, für die man die numerische Bestimmung der Streuphasen durchführen mag, sind

1. der kugelsymmetrische Potentialtopf

$$U(r) = U_0\Theta(r_0 - r); \tag{2.14}$$

2. das elektrostatische Potential

$$U(r) = -4\pi Q\left(\frac{1}{r}\int_0^r \mathrm{d}r'\, \varrho(r')r'^2 + \int_r^\infty \mathrm{d}r'\varrho(r')r'\right), \tag{2.15}$$

das man aus der auf 1 normierten Ladungsverteilung

$$\varrho(r) = N\frac{1}{1 + \exp[(r-c)/z]} \tag{2.16}$$

mit

$$N = \frac{3}{4\pi c^3}\left[1 + \left(\frac{\pi z}{c}\right)^2 - 6\left(\frac{z}{c}\right)^3 \sum_{n=1}^{\infty} \frac{(-)^n}{n^3}\, \mathrm{e}^{-nc/z}\right]^{-1}$$

erhält. Die Verteilung (2.16), in der der Parameter c für die radiale Ausdehnung steht und der Parameter z den Bereich charakterisiert, über den sie von ihrem Wert bei kleinen r auf Null absinkt, wird gerne benutzt, um die Ladungsdichte von Atomkernen zu beschreiben. Wegen ihrer spezifischen Form, die aus der Statistischen Mechanik bekannt ist, wird sie auch Fermi-Verteilung genannt. Abbildung 2.1 zeigt ein Beispiel für realistische Kerne, bei denen z klein gegenüber c ist.

3. das so genannte Yukawa-Potential, das wir schon in der Einleitung zum Abschn. 2.2 erwähnt haben,

$$U_Y(r) = g\, \frac{\mathrm{e}^{-r/r_0}}{r}. \tag{2.17}$$

Wie wir später zeigen werden, beschreibt es die Wechselwirkung zweier Teilchen, die ein skalares Teilchen der Masse $M = \hbar/(r_0 c)$ (hier ist c die Lichtgeschwindigkeit) austauschen können. Der Name geht auf H. Yukawa zurück, der zur Beschreibung der *starken* Wechselwirkung zwischen Nukleonen den Austausch von Teilchen mit Spin 0, den π-Mesonen postuliert hatte, lange bevor diese Teilchen selbst entdeckt wurden. Die Länge $r_0 = \hbar c/(Mc^2)$ wird als Reichweite des Potentials interpretiert und ist die Compton-Wellenlänge der Teilchen mit Masse M. Schon aus diesen Bemerkungen wird

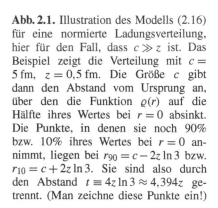

Abb. 2.1. Illustration des Modells (2.16) für eine normierte Ladungsverteilung, hier für den Fall, dass $c \gg z$ ist. Das Beispiel zeigt die Verteilung mit $c = 5$ fm, $z = 0{,}5$ fm. Die Größe c gibt dann den Abstand vom Ursprung an, über den die Funktion $\varrho(r)$ auf die Hälfte ihres Wertes bei $r = 0$ absinkt. Die Punkte, in denen sie noch 90% bzw. 10% ihres Wertes bei $r = 0$ annimmt, liegen bei $r_{90} = c - 2z \ln 3$ bzw. $r_{10} = c + 2z \ln 3$. Sie sind also durch den Abstand $t \equiv 4z \ln 3 \approx 4{,}394z$ getrennt. (Man zeichne diese Punkte ein!)

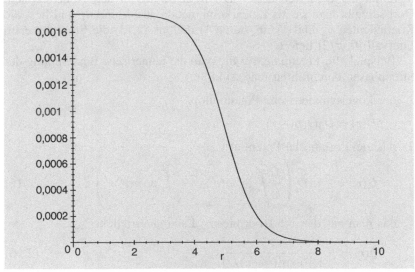

klar, dass dem Beispiel (2.17) eine tiefere physikalische Bedeutung zukommt als den reinen Modellpotentialen (2.14), (2.15) und (2.16).

Wir betrachten jetzt zwei Potentiale endlicher Reichweite, $U^{(1)}$ und $U^{(2)}$, für die wir die Streuphasen vergleichen wollen. Bei gleicher Energie erfüllen die zugehörigen Radialfunktionen die Radialgleichungen

$$u_\ell^{(j)\prime\prime}(r) - \left[\frac{2m}{\hbar^2} U_{\text{eff}}^{(j)}(r) - k^2\right] u_\ell^{(j)}(r) = 0, \qquad j = 1, 2,$$

in denen die effektiven Potentiale sich nur durch die wahren Potentiale unterscheiden,

$$U_{\text{eff}}^{(2)}(r) - U_{\text{eff}}^{(1)}(r) = U^{(2)}(r) - U^{(1)}(r).$$

Beide Radialfunktionen mögen bei $r = 0$ regulär sein, d. h., da wir einen Faktor $1/r$ abgespalten haben, $u_\ell^{(j)}(0) = 0$ $(j = 1, 2)$. Berechnet man nun folgende Ableitung und verwendet die Differentialgleichungen für $u_\ell^{(1)}$ und $u_\ell^{(2)}$,

$$\frac{\mathrm{d}}{\mathrm{d}r}\left(u_\ell^{(1)} u_\ell^{(2)\prime} - u_\ell^{(2)} u_\ell^{(1)\prime}\right) = u_\ell^{(1)} u_\ell^{(2)\prime\prime} - u_\ell^{(2)} u_\ell^{(1)\prime\prime}$$

$$= \frac{2m}{\hbar^2}\left(U^{(2)} - U^{(1)}\right) u_\ell^{(1)} u_\ell^{(2)},$$

so gibt das Integral dieser Gleichung über das Intervall $[0, r]$

$$u_\ell^{(1)}(r) u_\ell^{(2)\prime}(r) - u_\ell^{(2)}(r) u_\ell^{(1)\prime}(r)$$

$$= \frac{2m}{\hbar^2} \int\limits_0^r \mathrm{d}r' \left(U^{(2)}(r') - U^{(1)}(r')\right) u_\ell^{(1)}(r') u_\ell^{(2)}(r').$$

Lässt man hierin r nach Unendlich gehen und setzt auf der linken Seite die asymptotische Form (2.9) und deren Ableitung ein, so ergibt sich eine Integraldarstellung für die Differenz der Streuphasen:

$$k \sin(\delta_\ell^{(1)} - \delta_\ell^{(2)}) = \frac{2m}{\hbar^2} \int\limits_0^\infty \mathrm{d}r \left(U^{(2)}(r) - U^{(1)}(r)\right) u_\ell^{(1)}(r) u_\ell^{(2)}(r).$$

$$(2.18)$$

Mit Hilfe dieser Formel kann man die Empfindlichkeit von hohen, mittleren und niederen Partialwellen auf das Potential studieren, indem man $U^{(1)}$ und $U^{(2)}$ sich nur wenig unterscheiden lässt. Man berechnet dabei die Änderung der Streuphase in einer gegebenen Partialwelle als Funktion der Änderung im Potential.

Man kann alternativ annehmen, dass $U^{(2)}$ identisch verschwindet, die zugehörigen Radialfunktionen folglich proportional zu sphärischen Besselfunktionen sind,

$$u_\ell^{(2)}(r) = (kr) j_\ell(kr).$$

Mit $\delta^{(1)} \equiv \delta$ und $\delta^{(2)} = 0$ reduziert die Integraldarstellung sich dann auf

$$\sin(\delta_\ell) = -\frac{2m}{\hbar^2} \int\limits_0^\infty r\,dr\, U(r) u_\ell(r) j_\ell(kr)\,. \tag{2.19}$$

Als Illustration dieser Formel betrachten wir das Yukawa-Potential (2.17), von dem wir der Einfachheit halber annehmen, dass es so schwach sei, dass die zugehörige Radialfunktion durch die kräftefreie Lösung approximiert werden kann,[6]

$$u_\ell^{(Y)}(r) \approx (kr) j_\ell(kr)\,.$$

Mit dieser Annahme folgt

$$\sin\delta_\ell^{(Y)} \approx -\frac{2mk}{\hbar^2} \int\limits_0^\infty r^2\,dr\, U_Y(r) j_\ell^2(kr)$$

$$= -\frac{2mkg}{\hbar^2} \int\limits_0^\infty r\,dr\, e^{-r/r_0} j_\ell^2(kr)$$

$$= -\frac{mg\pi}{\hbar^2 k} \int\limits_0^\infty d\varrho\, e^{-\varrho/(kr_0)} J_{\ell+1/2}^2(\varrho)$$

$$= -\frac{mg}{\hbar^2 k} Q_\ell\left(1 + \frac{1}{2(kr_0)^2}\right)\,.$$

Hier haben wir die Variable $\varrho = kr$ eingeführt, die sphärische Besselfunktion zunächst in die (allgemeine) Standardform für Bessel'sche Funktionen umgeschrieben,

$$j_\ell(\varrho) = \left(\frac{\pi}{2\varrho}\right)^{1/2} J_{\ell+1/2}(\varrho)\,,$$

und im letzten Schritt ein bekanntes, bestimmtes Integral (siehe z. B. Gradsteyn, Ryzhik (1965), Gl. 6.612.3) eingesetzt. Q_ℓ ist eine Legendrefunktion zweiter Art, deren Eigenschaften wohlbekannt sind.[7] Sowohl mit wachsendem Wert von ℓ als auch mit wachsendem Wert des Arguments ≥ 1 fallen diese Funktionen rasch ab, s. z. B. [Abramowitz und Stegun (1965), Abb. 8.5].

2.3.2 Potentiale mit unendlicher Reichweite: Coulombpotential im Außenraum

Dass das Coulombpotential die Bedingung (2.1) verletzt, bedeutet, dass sein Einfluss auch dann noch spürbar bleibt, wenn das Teilchen sich bei asymptotisch großen Abständen vom Streuzentrum befindet. Das sieht man deutlich an der Asymptotik der Partialwellen, die wir in Abschn. 1.9.5 hergeleitet haben und die neben der konstanten Phase σ_ℓ

---

[6] Diese Näherung ist nichts anderes als die erste Born'sche Näherung, auf die wir in Abschn. 2.4.1 genauer eingehen.

[7] Die Funktion $Q_\ell(z)$ bildet zusammen mit dem Legendre'schen Polynom $P_\ell(z)$ ein Fundamentalsystem von Lösungen der Differentialgleichung (1.112) mit $\lambda = \ell(\ell+1)$ und $m = 0$. Im Gegensatz zu $P_\ell(z)$ ist $Q_\ell(z)$ bei $z = 1$ singulär und hat dort einen Verzweigungspunkt. Für alle Werte $|z| > 1$ des Arguments ist $Q_\ell(z)$ eine einwertige Funktion.

die von r abhängige, logarithmische Phase $-\gamma \ln(2kr)$ mit dem Vorfaktor (1.156), d. h.

$$\gamma = \frac{ZZ' e^2 m}{\hbar^2 k} \tag{2.20}$$

enthält. Die Streulösungen im Coulombpotential erfüllen daher sicher nicht die Ausstrahlungsbedingung (2.2). Sowohl die auslaufende Kugelwelle als auch die ebene Welle werden modifiziert und die oben hergeleiteten Formeln der Partialwellenanalyse können zunächst nicht direkt angewendet werden. Dies gilt natürlich auch für jedes kugelsymmetrische Potential, das zwar im Innenbereich vom $1/r$-Verhalten des Coulombpotentials abweicht, im Außenbereich aber sich diesem anschmiegt. Ein Beispiel hierfür ist das elektrostatische Potential zur Ladungsverteilung (2.16) im Beispiel 2. von Abschn. 2.3.1. Um dieses Problem zu lösen, gehen wir in zwei Schritten vor:

Im ersten Schritt zeigen wir, dass die Bedingung (2.2) in

$$r \to \infty: \quad \psi \sim \mathrm{e}^{\mathrm{i}\{kx^3 + \gamma \ln[2kr \sin^2(\theta/2)]\}} + f_{\mathrm{C}}(\theta) \frac{\mathrm{e}^{\mathrm{i}[kr - \gamma \ln(2kr)]}}{r} \tag{2.21}$$

mit von r abhängigen, logarithmischen Phasen sowohl in der einlaufenden Welle als auch in der auslaufenden Kugelwelle abgeändert wird und berechnen die Streuamplitude $f_{\mathrm{C}}(\theta)$ für das reine Coulombpotential.

Im zweiten Schritt betrachten wir kugelsymmetrische Potentiale, die im Innenraum von der $1/r$-Form abweichen, im Außenraum aber wie $1/r$ abfallen und zeigen, dass es in diesem Fall genügt, die Verschiebung der Streuphasen relativ zu ihrem Wert im reinen Coulombpotential, also nicht relativ zum Wert Null des kräftefreien Falls, zu berechnen.

Schritt 1: Obwohl wir die Streuphasen für ein reines Coulombpotential aus Abschn. 1.9.5 bereits kennen und somit die Streuamplitude aus ihrer Zerlegung in Partialwellen berechnen können, ist es instruktiv, die Streuamplitude auf einem etwas anderen Weg direkt abzuleiten. Die nichtrelativistische Schrödinger-Gleichung lässt sich nämlich in einer der speziellen Streusituation angepassten Weise wie folgt exakt lösen.[8] Mit $k^2 = 2mE/\hbar^2$, $U(r) = ZZ' e^2/r$ und mit der Definition (2.20) für γ lautet die stationäre Schrödinger-Gleichung (1.60)

$$\left(\Delta + k^2 - \frac{2\gamma k}{r} \right) \psi(\boldsymbol{x}) = 0. \tag{2.22}$$

Diese lösen wir unter Verwendung parabolischer Koordinaten

$$\xi = \sqrt{r - x^3}, \qquad \eta = \sqrt{r + x^3}, \qquad \phi$$

und mit dem Ansatz

$$\psi(\boldsymbol{x}) = c_\psi \, \mathrm{e}^{\mathrm{i}kx^3} f(r - x^3) = c_\psi \, \mathrm{e}^{\mathrm{i}k(\eta^2 - \xi^2)/2} f(\xi^2),$$

[8] Das gilt nicht mehr in der relativistischen Form der Wellengleichung.

wobei c_ψ eine noch zu bestimmende komplexe Zahl ist. Klarerweise soll auch hier die Richtung des einlaufenden Impulses die 3-Richtung sein. Da durch den *in*-Zustand nur diese Richtung ausgezeichnet wird und da das Potential kugelsymmetrisch ist, hängt die Streulösung nicht vom Azimutwinkel ϕ ab. Überraschenderweise separiert die Differentialgleichung (2.22) auch in diesen Koordinaten. Bezeichnen wir $\xi^2 = r - x^3$ mit u und notieren die Ableitungen nach dieser Variablen mit f' und f'', so ist für $i = 1, 2$:

$$\frac{\partial \psi}{\partial x^i} = e^{ikx^3} f'(u) \frac{\partial r}{\partial x^i} = e^{ikx^3} f'(u) \frac{x^i}{r} , \frac{\partial^2 \psi}{\partial (x^i)^2}$$

$$= e^{ikx^3} \left[f'' \frac{(x^i)^2}{r^2} + f' \left(\frac{1}{r} - \frac{(x^i)^2}{r^3} \right) \right] .$$

Die Ableitungen nach x^3 geben

$$\frac{\partial \psi}{\partial x^3} = e^{ikx^3} \left[ikf + f'(u) \left(\frac{x^3}{r} - 1 \right) \right] , \frac{\partial^2 \psi}{\partial (x^3)^2}$$

$$= e^{ikx^3} \left[-k^2 f + 2ikf' \left(\frac{x^3}{r} - 1 \right) \right.$$

$$\left. + f'' \left(\frac{x^3}{r} - 1 \right)^2 + f' \left(\frac{1}{r} - \frac{(x^3)^2}{r^3} \right) \right] .$$

Setzt man diese Formeln in (2.22) ein, so ergibt sich

$$\left(u \frac{d^2}{du^2} + (1 - iku) \frac{d}{du} - \gamma k \right) f(u) = 0 .$$

Diese Differentialgleichung ist vom Fuchs'schen Typ und kommt der Kummer'schen Gleichung (1.145) sehr nahe. Die Übereinstimmung mit dieser wird vollkommen, wenn wir ähnlich wie in Abschn. 1.9.5 anstelle von u die Variable $v := iku$ verwenden. Die Differentialgleichung ist dann in der Tat

$$v \frac{d^2 f(v)}{dv^2} + (1 - v) \frac{df(v)}{dv} + i\gamma f(v) = 0$$

und hat die bei $r = 0$ reguläre Lösung

$$f(v) = c_\psi \, {}_1F_1(-i\gamma \, ; 1 \, ; v) = c_\psi \, {}_1F_1[-i\gamma \, ; 1 \, ; ik(r - x^3)] .$$

Die Asymptotik der konfluenten hypergeometrischen Funktion liest man aus (1.147) ab,

$$\, {}_1F_1 \sim \frac{1}{\Gamma(1 + i\gamma)} e^{\pi\gamma} [ik(r - x^3)]^{i\gamma}$$

$$+ \frac{1}{\Gamma(-i\gamma)} e^{ik(r - x^3)} [ik(r - x^3)]^{-i\gamma + 1} .$$

Mit

$$i^{i\gamma} = e^{-\pi\gamma/2}$$

und mit der Wahl

$$c_\psi = \Gamma(1+i\gamma)\,e^{-\pi\gamma/2}$$

nimmt ψ die oben behauptete asymptotische Form an

$$\psi \sim e^{i\{kx^3+\gamma\ln[k(r-x^3)]\}} - \frac{\Gamma(1+i\gamma)}{\Gamma(1-i\gamma)}\frac{\gamma}{k(r-x^3)}e^{i\{kr-\gamma\ln[k(r-x^3)]\}}\,.$$

Setzt man $r-x^3 = r(1-\cos\theta) = 2r\sin^2(\theta/2)$ ein, so ist das die in (2.21) angegebene asymptotische Zerlegung in eine einlaufende, deformierte ebene Welle und eine ebenfalls deformierte auslaufende Kugelwelle. Beachtet man

$$\Gamma(1\pm i\gamma) = |\Gamma(1+i\gamma)|\,e^{\pm i\sigma_C}\,,$$

so liest man aus ihr die Streuamplitude für das reine Coulombpotential ab:

$$f_C(\theta) = -\frac{\gamma}{2k\sin^2(\theta/2)}\,e^{i\{2\sigma_C-\gamma\ln[\sin^2(\theta/2)]\}}\,. \tag{2.23}$$

Diese Amplitude enthält einen Phasenfaktor, der vom Streuwinkel abhängt und der für das langreichweitige Coulombpotential charakteristisch ist. Bildet man den differentiellen Wirkungsquerschnitt (2.4), so fällt jener heraus und es ergibt sich

$$\frac{d\sigma_{el}}{d\Omega} = \frac{\gamma^2}{4k^2}\frac{1}{\sin^4(\theta/2)} = \left(\frac{ZZ'e^2}{4E}\right)^2\frac{1}{\sin^4(\theta/2)}\,, \tag{2.24}$$

wobei wir die Definition (2.20) und $E = \hbar^2 k^2/(2m)$ eingesetzt haben. Das Ergebnis (2.24) wird als *Rutherford'scher Wirkungsquerschnitt* bezeichnet und stimmt vollständig mit dem aus der klassischen Mechanik erhaltenen Ausdruck überein (s. Band 1, Abschn. 1.27). Mit dieser wichtigen Formel ließen sich die Streuversuche von α-Teilchen an Kernen deuten, die Rutherford, Geiger und Marsden ab 1906 ausführten und mit denen sie nachwiesen, dass die Kerne im Vergleich mit den Radien der Atome praktisch punktförmig sind.

Schritt 2: Wir betrachten jetzt eine Ladungsverteilung, die zwar nicht mehr in einem Punkt konzentriert ist, die aber ganz im Endlichen, also etwa innerhalb eines gegebenen, endlichen Radius R liegt. Berechnet man das elektrostatische Potential mit Hilfe der Formel (2.15) aus dieser Verteilung, so wird es für Werte $r > R$ mit dem reinen Coulombpotential vollständig oder in sehr guter Näherung übereinstimmen, bei Werten $r < R$ aber davon abweichen. Im Lichte der allgemeinen Diskussion zu Beginn des Abschn. 2.3 wird unmittelbar einleuchten, dass hohe Partialwellen auf diese Abweichungen unempfindlich sind; die Information über den genauen Verlauf der Ladungsverteilung ist in den niederen und mittleren Partialwellen enthalten. Es liegt daher nahe, die Partialwellenanalyse in solchen Fällen so aufzubauen, dass nicht der kräftefreie Fall, sondern das reine Coulombpotential als Referenz genommen wird, und die Phasenverschiebungen so zu definieren, dass die Differenz

$$\delta_\ell = \delta_{U(r)} - \delta_C$$

der wahren und der Coulombphase bestimmt wird.

2.4 Born'sche Reihe und Born'sche Näherung

An dieser Stelle sei noch einmal betont, dass die Partialwellenentwicklung eine *exakte* Methode zur Berechnung des Wirkungsquerschnitts für kugelsymmetrische Potentiale liefert, die überdies den Vorteil hat, die physikalische Information über die Reichweite des Potentials optimal auszunutzen. Bei Potentialen, die nicht kugelsymmetrisch sind, die sich aber nach Kugelflächenfunktionen entwickeln lassen, ist es zwar auch möglich, den Wirkungsquerschnitt als Entwicklung nach Partialwellen zu berechnen, die Methode wird aber technisch und rechnerisch aufwändig und man verliert viel von der Einfachheit und Transparenz ihrer Anwendung bei kugelsymmetrischen Potentialen.

Die Born'sche Reihe, die wir in diesem Abschnitt beschreiben, hat diesen Nachteil nicht. Mit Hilfe der Technik der Greensfunktionen liefert sie eine formale, ebenfalls exakte Lösung des Streuproblems und ist auf Potentiale ohne ebenso anwendbar wie auf Potentiale mit Kugelsymmetrie. Ihr wichtigster Nachteil liegt darin, dass sie über die erste Iteration hinaus unpraktikabel und technisch ganz unübersichtlich wird. Die erste Iteration – oder *erste Born'sche Näherung* – andererseits ist einfach zu berechnen, besitzt eine einfache und reizvolle physikalische Interpretation, verletzt aber das optische Theorem.

Ausgangspunkt ist die stationäre Schrödinger-Gleichung (1.60) in der Form

$$(\Delta + k^2)\psi(x) = \frac{2m}{\hbar^2} U(x)\psi(x)\,, \tag{2.25}$$

wobei $k^2 = 2mE/\hbar^2$ gesetzt ist. Handelt es sich um ein Zwei-Körper-Problem, so ist m die reduzierte Masse; betrachtet man die Streuung eines Teilchens in einem fest vorgegebenen Potential, so ist m einfach die Masse des Teilchens.[9] Wir lösen (2.25) mit Hilfe von Greens'schen Funktionen, d. h. Funktionen (bzw. Distributionen) $G(x, x')$, die der Differentialgleichung

$$(\Delta + k^2)G(x, x') = \delta(x - x')$$

genügen. Mit der Beziehung

$$(\Delta + k^2)\frac{e^{\pm ik|z|}}{|z|} = -4\pi\delta(z)$$

---

[9] Man kann sich den zweiten Fall auch als Grenzfall des ersten vorstellen, bei dem die Masse des schwereren Partners sehr groß ist im Vergleich zu der des leichteren.

lässt die allgemeine Lösung dieser Gleichung sich in der Form angeben

$$G(\boldsymbol{x}, \boldsymbol{x}') = -\frac{1}{4\pi} \frac{1}{|\boldsymbol{x} - \boldsymbol{x}'|} \left[a \, e^{ik|\boldsymbol{x}-\boldsymbol{x}'|} + (1-a) \, e^{-ik|\boldsymbol{x}-\boldsymbol{x}'|} \right].$$

Die Differentialgleichung (2.25) wird damit formal durch

$$\psi_{\boldsymbol{k}}(\boldsymbol{x}) = e^{i\boldsymbol{k}\cdot\boldsymbol{x}} + \frac{2m}{\hbar^2} \int d^3 x' \, G(\boldsymbol{x}, \boldsymbol{x}') U(\boldsymbol{x}') \psi_{\boldsymbol{k}}(\boldsymbol{x}') \tag{2.26}$$

gelöst. Formal deshalb, weil die Differentialgleichung (2.25) eigentlich nur durch eine *Integral*gleichung ersetzt wird, in der die gesuchte Wellenfunktion sowohl auf der linken Seite als auch unter dem Integral vorkommt. Sie besitzt aber zwei wesentliche Vorteile: Zum einen kann man die Konstante a in der Greensfunktion so wählen, dass die Streufunktion die richtige Randbedingung, hier also die Sommerfeld'sche Ausstrahlungsbedingung (2.2), erfüllt; zum anderen, wenn die Stärke des Potentials klein ist, kann man diese Integralgleichung als Ausgangspunkt für eine iterative Lösung, d. h. eine Entwicklung der Streufunktion um die kräftefreie Lösung (die ebene Welle) verwenden.

Die richtige Asymptotik (2.2) wird mit der Wahl $a = 1$ erfüllt. Das sieht man wie folgt: Wir setzen $r := |\boldsymbol{x}|$, $r' := |\boldsymbol{x}'|$ und nehmen wieder an, das Potential $U(\boldsymbol{x})$ sei lokalisiert. Für $r \to \infty$ gilt

$$|\boldsymbol{x} - \boldsymbol{x}'| = \sqrt{r^2 + r'^2 - 2\boldsymbol{x}\cdot\boldsymbol{x}'} \approx r - \frac{1}{r}\boldsymbol{x}\cdot\boldsymbol{x}'.$$

Damit nimmt die Streufunktion folgende asymptotische Form an

$$r \to \infty: \quad \psi_{\boldsymbol{k}}(\boldsymbol{x}) \sim e^{i\boldsymbol{k}\cdot\boldsymbol{x}} - \frac{2m}{4\pi\hbar^2} \frac{e^{ikr}}{r} \int d^3 x' \, e^{-i\boldsymbol{k}'\boldsymbol{x}'} U(\boldsymbol{x}') \psi_{\boldsymbol{k}}(\boldsymbol{x}').$$

Man hat sicher bemerkt, dass wir in diesem Ausdruck $k\boldsymbol{x}/r =: \boldsymbol{k}'$ gesetzt haben. In der Tat ist $\hbar\boldsymbol{k}'$ der Impuls des gestreuten Teilchens; es fliegt in die Richtung $\boldsymbol{x}/r$ und es gilt $|\boldsymbol{k}'| = |\boldsymbol{k}|$, da die Streuung elastisch ist.

Mit diesem Ergebnis haben wir auch gleich einen allgemeinen Ausdruck für die Streuamplitude gefunden

$$\boxed{f(\theta, \phi) = -\frac{2m}{4\pi\hbar^2} \int d^3 x \, e^{-i\boldsymbol{k}'\cdot\boldsymbol{x}} U(\boldsymbol{x}) \psi_{\boldsymbol{k}}(\boldsymbol{x})}. \tag{2.27}$$

(Da in dieser Gleichung der Aufpunkt $\boldsymbol{x}$ nicht mehr vorkommt, haben wir die Integrationsvariable $\boldsymbol{x}'$ in $\boldsymbol{x}$ umbenannt.)

Diese Gleichung stellt ein interessantes Ergebnis dar. Wenn das Potential wirklich endliche Reichweite hat, so muss die exakte Streufunktion nur in dem Bereich bekannt sein, wo $U(\boldsymbol{x})$ merklich von Null verschieden ist.[10]

Würden wir die exakte Streulösung kennen, so könnten wir aus ihr die *exakte* Streuamplitude berechnen. Aber auch wenn dieses ergeizige Ziel nicht erreichbar ist, dient sie als Ausgangspunkt für Näherungsmethoden, die in verschiedenen kinematischen Situationen relevant sind. Eine davon ist die *Born'sche Reihe*, die daraus durch iterative Lösung

[10] Eine Näherungsmethode, die hiervon Gebrauch macht, ist die so genannte *Eikonalentwicklung*, die speziell bei hohen Energien sehr nützlich sein kann. Man findet sie zum Beispiel in [Scheck (1996)], Kap. 5 ausführlich dargestellt und durch Beispiele illustriert.

der Integralgleichung (2.26) entsteht. Die Idee ist einfach: Man stellt sich vor, dass das Potential wie eine Störung der kräftefreien Lösung

$$\psi_{\boldsymbol{k}}^{(0)} = e^{i\boldsymbol{k}\cdot\boldsymbol{x}}$$

behandelt werden kann derart, dass in einer Zerlegung

$$\psi_{\boldsymbol{k}}(\boldsymbol{x}) = \sum_{n=0}^{\infty} \psi_{\boldsymbol{k}}^{(n)}(\boldsymbol{x})$$

der n-te Summand aus dem $(n-1)$-sten aus der Integralgleichung (2.26)

$$\psi_{\boldsymbol{k}}^{(n)}(\boldsymbol{x}) = -\frac{1}{4\pi}\frac{2m}{\hbar^2} \int d^3x' \frac{e^{ik|\boldsymbol{x}-\boldsymbol{x}'|}}{|\boldsymbol{x}-\boldsymbol{x}'|} U(\boldsymbol{x}')\psi_{\boldsymbol{k}}^{(n-1)}(\boldsymbol{x}'), \qquad n \geq 1$$

(2.28)

berechnet werden kann. Ohne auf die (recht schwierige) Frage der Konvergenz dieser Reihe einzugehen, sieht man doch sofort, dass dies eine Möglichkeit darstellt, die Streuamplitude in Form einer Reihenentwicklung zu erhalten, die ganz anders aufgebaut ist als die Partialwellenreihe. Während man dort nach aufsteigenden Werten von ℓ entwickelt, die Partialwellenamplituden aber exakt berechnet, entwickelt man hier nach der Stärke des Potentials.

2.4.1 Erste Born'sche Näherung

Für die Praxis wichtig ist allerdings nur die erste und allereinfachste Näherung, die darin besteht, die Reihe (2.28) schon bei $n = 1$ abzubrechen. In diesem Fall ersetzt man die volle Streufunktion im Integral auf der rechten Seite von (2.27) durch $\psi_{\boldsymbol{k}}^{(0)} = \exp(i\boldsymbol{k}\cdot\boldsymbol{x})$ und erhält

$$f^{(1)}(\theta,\phi) = -\frac{2m}{4\pi\hbar^2} \int d^3x\, e^{-i\boldsymbol{k}'\cdot\boldsymbol{x}} U(\boldsymbol{x})\, e^{i\boldsymbol{k}\cdot\boldsymbol{x}}.$$

Führt man den Impulsübertrag ein

$$\boldsymbol{q} := \boldsymbol{k} - \boldsymbol{k}' \quad \text{mit} \quad |\boldsymbol{k}| = |\boldsymbol{k}'| = k, \quad \hat{\boldsymbol{q}} = (\theta,\phi),$$

so lautet die *erste Born'sche Näherung* für die Streuamplitude

$$\boxed{f^{(1)}(\boldsymbol{q}) = -\frac{2m}{4\pi\hbar^2} \int d^3x\, e^{i\boldsymbol{q}\cdot\boldsymbol{x}} U(\boldsymbol{x})}.$$

(2.29)

Diese Formel sagt aus, dass die Streuamplitude in erster Born'scher Näherung die Fourier-Transformierte des Potentials bezüglich der Variablen $\boldsymbol{q}$ ist.

Besonders einfach wird die Formel (2.29), wenn das Potential wieder kugelsymmetrisch ist, $U(\boldsymbol{x}) \equiv U(r)$. Setzt man für $\exp(i\boldsymbol{q}\cdot\boldsymbol{x})$ die Entwicklung (1.136) der ebenen Wellen ein, so bleibt bei der Integration über $d\Omega_x$ nur der Term mit $\ell = 0$ stehen. Dies folgt daraus, dass $Y_{00} = 1/\sqrt{4\pi}$ eine Konstante und somit

$$\int d\Omega_x\, Y_{\ell m}(\hat{\boldsymbol{x}}) = \sqrt{4\pi}\,\delta_{\ell 0}\,\delta_{m0}$$

ist. Es entsteht folgender Ausdruck

$$f^{(1)}(\theta) = -\frac{2m}{\hbar^2} \int\limits_0^\infty r^2 \, \mathrm{d}r \, U(r) \, j_0(qr) \qquad (2.30)$$

mit

$$q \equiv |\boldsymbol{q}| = 2k \sin(\theta/2) \quad \text{und} \quad j_0(u) = \frac{\sin u}{u} \, ,$$

der sphärischen Besselfunktion zu $\ell = 0$ (s. Abschn. 1.9.3). Wiederum hätten wir die funktionale Abhängigkeit der Streuamplitude als $f(q)$ oder noch genauer $f(q^2)$ schreiben können, denn das Ergebnis (2.30) zeigt, dass sie nur vom Betrag von $\boldsymbol{q}$ abhängt und unter $\boldsymbol{q} \to -\boldsymbol{q}$ invariant bleibt. Alternativ kann man q durch den Streuwinkel ausdrücken und die Streuamplitude als

$$f^{(1)}(\theta) = -\frac{m}{\hbar^2 k \sin(\theta/2)} \int\limits_0^\infty r \, \mathrm{d}r \, U(r) \sin[2kr \sin(\theta/2)]$$

schreiben.

Beispiel 2.1

Wir betrachten wieder das Yukawa-Potential (2.17),

$$U_Y(r) = g\frac{\mathrm{e}^{-\mu r}}{r} \quad \text{mit} \quad \mu = \frac{1}{r_0} \, .$$

Folgendes Integral ist elementar zu berechnen

$$\int\limits_0^\infty \mathrm{d}r \, \mathrm{e}^{-\mu r} \sin(\alpha r) = \frac{\alpha}{\mu^2 + \alpha^2} \, .$$

Mit $\alpha = 2k \sin(\theta/2)$ ergibt (2.30)

$$f_Y^{(1)}(\theta) = -\frac{2mg}{\hbar^2} \frac{1}{4k^2 \sin^2(\theta/2) + \mu^2} \, . \qquad (2.31)$$

Am Ergebnis (2.31) sind zwei Eigenschaften bemerkenswert:

1. Führt man den (eigentlich nicht erlaubten) Grenzübergang $\mu \to 0$ durch, setzt $g = ZZ'e^2$ und $\hbar^2 k^2 = 2mE$ ein, so folgt

$$f_C^{(1)}(\theta) = -\frac{ZZ'e^2}{4E} \frac{1}{\sin^2(\theta/2)} \, .$$

   Bis auf den Phasenfaktor in (2.23) ist das die Streuamplitude für das reine Coulombpotential; ihr Absolutquadrat gibt den korrekten Ausdruck (2.24) für den differentiellen Wirkungsquerschnitt.

2. Eine bekannte Entwicklung von $1/(z-t)$ nach Legendre-Polynomen und nach Legendrefunktionen zweiter Art lautet (s. [Gradshteyn und

Ryzhik (1965)], Gl. 8.791.1)

$$\frac{1}{z-t} = \sum_{\ell=0}^{\infty} (2\ell+1) Q_\ell(z) P_\ell(t) \, .$$

Schreibt man die Amplitude (2.31)

$$\begin{aligned}
f_Y^{(1)}(\theta) &= -\frac{mg}{\hbar^2 k^2} \frac{1}{2\sin^2(\theta/2) + \mu^2/(2k^2)} \\
&= -\frac{mg}{\hbar^2 k^2} \frac{1}{1 + \mu^2/(2k^2) - \cos\theta} \, ,
\end{aligned}$$

setzt $1 + \mu^2/(2k^2) = z$ und $\cos\theta = t$, so folgt

$$f_Y^{(1)}(\theta) = -\frac{mg}{\hbar^2 k^2} \sum_{\ell=0}^{\infty} Q_\ell\left(1 + \frac{\mu^2}{2k^2}\right) P_\ell(\cos\theta) \, .$$

Dies vergleicht man mit der allgemeinen Partialwellenentwicklung (2.6) und stellt fest, dass die Koeffizienten dieser Reihe

$$a_\ell = \mathrm{e}^{\mathrm{i}\delta_\ell} \sin\delta_\ell \approx \sin\delta_\ell = -\frac{mg}{\hbar^2 k} Q_\ell\left(1 + \frac{\mu^2}{2k^2}\right)$$

mit dem Beispiel zu (2.19) aus Abschn. 2.3.1 übereinstimmen. Man muss dabei nur beachten, dass in der dort und hier verwendeten Näherung die Streuphasen δ_ℓ klein sind.

Bemerkung

Am Ergebnis (2.27) bzw. (2.30) sieht man, dass die Streuamplitude in erster Born'scher Näherung reell ist, d. h. Im $f^{(1)} = 0$. Das steht im Widerspruch zum optischen Theorem. Die erste Born'sche Näherung verletzt die Erhaltung der Wahrscheinlichkeit.

2.4.2 Formfaktoren bei elastischer Streuung

Die erste Born'sche Näherung führt in einfacher Weise auf einen für die Analyse von Streuexperimenten wichtigen Begriff, den *Formfaktor*, den wir in diesem Abschnitt definieren und durch Beispiele illustrieren wollen. Die Idee und die Frage sind dabei die folgenden: Stellen wir uns vor, es sei eine ganz im Endlichen liegende Verteilung $\varrho(x)$ von elementaren Streuzentren vorgegeben, deren Wechselwirkungspotential mit dem Projektil bekannt sei. Wenn wir die Streuamplitude für den elementaren Prozess, d. h. für die Streuung des Projektils an einem einzelnen, elementaren Streuzentrum kennen, kann man daraus die Streuamplitude an der gegebenen *Verteilung* berechnen?

Die Antwort auf diese Frage ist einfach, wenn die erste Born'sche Näherung zur Berechnung der Streuamplituden ausreicht. Die Amplitude für die Verteilung ist dann gleich dem Produkt aus der elementaren

Streuamplitude und einer Funktion, die nur von der Verteilung $\varrho(x)$ und dem Impulsübertrag q abhängt. Dies zeigen wir anhand eines Beispiels:

Das Projektil werde an einer Anzahl A von Teilchen gestreut, die mit der Dichte $\widetilde{\varrho}(x) = A\varrho(x)$ verteilt sind; es gilt also

$$\int d^3x\widetilde{\varrho}(x) = A \quad \text{bzw.} \quad \int d^3x\varrho(x) = 1.$$

Es ist üblich und für die Rechnungen einfacher, die Dichte $\varrho(x)$ auf 1 zu normieren, d.h. hier den Faktor A aus der eigentlichen Verteilung herauszuziehen. Die elementare Wechselwirkung sei wieder durch das Yukawa-Potential (2.17) beschrieben; das Potential für die gesamte Verteilung ist dann mit $\mu = 1/r_0$

$$U(x) = gA \int d^3x' \frac{e^{-\mu|x-x'|}}{|x-x'|}\varrho(x'). \tag{2.32}$$

Es genügt der Differentialgleichung

$$(\Delta_x - \mu^2)U(x) = -4\pi A\varrho(x). \tag{2.33}$$

In erster Born'scher Näherung ist die Streuamplitude $F^{(1)}$ für die Streuung an der Verteilung durch die Formel (2.29) gegeben, wenn wir dort das Potential (2.32) einsetzen. Ersetzen wir in dieser Formel die Exponentialfunktion mittels der Identität

$$e^{iq\cdot x} = -\frac{1}{q^2+\mu^2}(\Delta_x - \mu^2)e^{iq\cdot x},$$

wälzen den Differentialoperator $(\Delta_x - \mu^2)$ durch partielle Integration auf $U(x)$ ab und verwenden die Differentialgleichung (2.33), so folgt der Ausdruck

$$F^{(1)}(q) = A\, f_Y^{(1)}(\theta) \cdot F(q) \tag{2.34}$$

für die Streuamplitude, deren erster Faktor die elementare Amplitude (2.31) ist, deren zweiter durch

$$\boxed{F(q) = \int d^3x\, e^{iq\cdot x}\varrho(x)} \tag{2.35}$$

definiert ist. Dieser Anteil, der nur von der Dichte $\varrho(x)$ und dem Impulsübertrag abhängt, wird *Formfaktor* dieser Verteilung genannt. Seine physikalische Bedeutung liest man aus seinen Eigenschaften ab, von denen wir hier die wichtigsten zusammenfassen:

Eigenschaften des Formfaktors:

1. Wäre es möglich, den Formfaktor für *alle* Werte des Impulsübertrags zu messen, so könnten wir die Dichte

$$\varrho(x) = \frac{1}{(2\pi)^3} \int d^3q\, e^{-iq\cdot x} F(q)$$

berechnen. Die Dichte $\varrho(\boldsymbol{x})$ beschreibt ein zusammengesetztes Target, zum Beispiel einen Atomkern aus A Nukleonen. Wenn die Wechselwirkung des Projektils mit dem einzelnen Targetteilchen (im Beispiel: einem Nukleon) bekannt ist, so gibt der Formfaktor über die räumliche Verteilung der Targetteilchen (der Nukleonen im Kern) Aufschluss.

2. Bei Streuung in der Vorwärtsrichtung ist $\boldsymbol{q} = \boldsymbol{0}$ und

$$\boldsymbol{q} = \boldsymbol{0}: \qquad F(\boldsymbol{q} = \boldsymbol{0}) = 1 \,.$$

Ist das Target punktförmig, so ist der Formfaktor für *alle* Impulsüberträge gleich 1,

$$\varrho(\boldsymbol{x}) = \delta(\boldsymbol{x}) \longrightarrow F(\boldsymbol{q}) = 1 \qquad \forall \boldsymbol{q} \,.$$

3. Ist die Dichte kugelsymmetrisch, $\varrho(\boldsymbol{x}) = \varrho(r)$ mit $r := |\boldsymbol{x}|$, so vereinfachen sich die Formeln für den Formfaktor noch weiter. Ganz ähnlich wie bei der Ableitung von (2.30) zeigt man, dass er dann nur von q^2 ($q := |\boldsymbol{q}|$) abhängt,

$$F(\boldsymbol{q}) \equiv F(q^2) = \frac{4\pi}{q} \int\limits_0^\infty r \, \mathrm{d}r \varrho(r) \sin(qr) \,, \tag{2.36}$$

während die Dichte durch die Umkehrung dieser Formel gegeben ist:

$$\varrho(r) = \frac{4\pi}{(2\pi)^3 r} \int\limits_0^\infty q \, \mathrm{d}q F(q) \sin(qr) \,.$$

Entwickelt man den Ausdruck (2.36) für kleine Werte von q, so ist

$$F(\boldsymbol{q}) \approx 4\pi \int\limits_0^\infty r^2 \, \mathrm{d}r \varrho(r) - \frac{4\pi}{6} q^2 \int\limits_0^\infty r^2 \, \mathrm{d}r \, r^2 \varrho(r) = 1 - \frac{1}{6} q^2 \left\langle r^2 \right\rangle \,.$$

Der erste, von q unabhängige Term hiervon ist mit der gewählten Normierung der Dichte gleich 1, der zweite enthält den *mittleren quadratischen Radius*

$$\langle r^2 \rangle := 4\pi \int_0^\infty r^2 \, \mathrm{d}r \, r^2 \varrho(r) \,, \tag{2.37}$$

der für die gegebene Verteilung $\varrho(\boldsymbol{x})$ charakteristisch ist. Kennt man diese nicht, hat aber die Streuamplitude und damit den Formfaktor bei kleinen Werten von q gemessen, so folgt der mittlere quadratische Radius aus der ersten Ableitung des Formfaktors nach q^2,

$$\langle r^2 \rangle = -6 \, \frac{\mathrm{d}F(q^2)}{\mathrm{d}q^2} \,. \tag{2.38}$$

Beispiel 2.2

Die folgende Verteilung ist auf 1 normiert,

$$\varrho(r) = \frac{1}{\pi^{3/2} r_0^3} \, e^{-r^2/r_0^2}, \qquad 4\pi \int_0^\infty r^2 \, dr \, \varrho(r) = 1 \,.$$

Wie man leicht nachrechnet, führt sie auf den Formfaktor

$$F(q^2) = e^{-q^2 r_0^2/4} \,.$$

Andererseits berechnet man den mittleren quadratischen Radius zu

$$\langle r^2 \rangle = \tfrac{3}{2} r_0^2 \,,$$

sodass man Formfaktor und Dichte äquivalent als

$$F(q^2) = e^{-(1/6)\langle r^2 \rangle q^2} \quad \text{und} \quad \varrho(r) = \frac{3\sqrt{6}}{4} \frac{1}{(\pi \langle r^2 \rangle)^{3/2}} \, e^{-(3/2) r^2/\langle r^2 \rangle}$$

schreiben kann.

Dieses Beispiel ist keineswegs nur akademisch: Die Funktion $\varrho(r)$ beschreibt in guter Näherung die Verteilung der elektrischen Ladung im Inneren eines Protons, mit einem typischen Wert

$$\langle r^2 \rangle_{\text{Proton}} = (0{,}86 \cdot 10^{-15} \, \text{m})^2$$

des mittleren quadratischen Radius.

Bemerkungen

1. Obwohl die Definition des Formfaktors auf der ersten Born'schen Näherung basiert, ist sie doch von allgemeinerer Bedeutung. Wenn das Potential so stark ist, dass die erste Born'sche Näherung ungenau wird, dann äußert sich dies darin, dass die Partialwellen der Streuwelle (gegenüber dem kräftefreien Fall) deformiert werden, und zwar umso stärker, je kleiner ℓ ist. Der Gehalt an Information über die Verteilung der Streuzentren, der in der Streuamplitude steckt, ändert sich aber nicht wesentlich. Es gibt daher Methoden, diesen Effekt der Deformation abzutrennen und eine effektive Born'sche Näherung zu definieren, die es wieder erlaubt, die Dichte $\varrho(x)$ über den Formfaktor (2.35) zu erschließen.

2. Der Fall des Coulomb-Potentials mit seiner unendlichen Reichweite muss wiederum mit einiger Vorsicht behandelt werden. Obwohl das mathematisch nicht korrekt ist, lassen wir den Parameter μ in den Formeln für das Yukawa-Potential nach Null streben. Bis auf die charakteristischen logarithmischen Phasen ergibt der Grenzübergang die richtige Streuamplitude, und somit den korrekten differentiellen Wirkungsquerschnitt. Dieser hat dann die Form

$$\frac{d\sigma}{d\theta} = \left(\frac{d\sigma}{d\theta}\right)_{\text{Punkt}} F^2(q) \,, \tag{2.39}$$

wobei der erste Faktor der Wirkungsquerschnitt am Punkttarget ist, d. h.

$$\left(\frac{\mathrm{d}\sigma}{\mathrm{d}\theta}\right)_{\mathrm{Punkt}} = \left(\frac{ZZ'e^2}{4E}\right)^2 \frac{1}{\sin^4(\theta/2)}$$

und $F(q)$ der elektrische Formfaktor des Targets (2.35). Die Verteilung $\varrho(x)$ ist jetzt die Ladungsverteilung, die auf 1 normiert ist, wenn die Gesamtladung $Q = Z'e$ herausgezogen ist.

Beispiel 2.3

Die Ladungsverteilung eines Atomkerns werde durch die homogene Dichte

$$\varrho(r) = \frac{3}{4\pi r_0^3}\Theta(r_0 - r)$$

beschrieben. Aus (2.36) folgt durch elementare Integration

$$F(q^2) = \frac{3}{(qr_0)^3}[\sin(qr_0) - (qr_0)\cos(qr_0)] = \frac{3}{(qr_0)}j_1(qr_0)\,,$$

wobei $j_1(z)$ die sphärische Besselfunktion zu $\ell = 1$ ist, s. Abschn. 1.9.3. Diese Funktion hat Nullstellen bei

$$z_1 = 4{,}493\,, \qquad z_2 = 7{,}725\,, \qquad z_3 = 10{,}904, \dots\,.$$

Während der Wirkungsquerschnitt für die Punktladung keine Nullstelle besitzt, hat der Wirkungsquerschnitt für die Streuung an der homogenen Ladungsverteilung an den angegebenen Werten des Produkts $qr_0 = 2kr_0\sin(\theta/2)$ Nullstellen. Diese sind zwar ein Artefakt der ersten Born'schen Näherung, sie sind aber nicht unphysikalisch: Eine exakte Berechnung des Wirkungsquerschnitts wird sich davon nur durch die unterschiedliche Deformation der einzelnen Partialwellen unterscheiden. Als Ergebnis werden die Nullstellen „verwischt", d. h. werden durch Minima des Wirkungsquerschnitts ersetzt, die weniger ausgeprägt als die Born'schen Nullstellen und gegenüber diesen etwas verschoben sind. Diese so genannten *Diffraktionsminima* enthalten aber physikalisch dieselbe Information wie die Nullstellen der ersten Born'schen Näherung.

2.5* Analytische Eigenschaften der Partialwellenamplituden

Bis zu diesem Punkt haben wir alle wichtigen Begriffe der Streutheorie entwickelt. Soweit sie Observable betreffen, haben wir sie aus der klassischen Physik auf die Quantenmechanik übertragen, die übrigen aber neu kennen gelernt. Wir haben einige Methoden entwickelt, mit deren

Hilfe man Streuamplituden und Wirkungsquerschnitte in der Praxis berechnet.

Quantenmechanische Streutheorie umfasst aber eine Reihe weiterer Aspekte, die ein vertieftes Studium erfordern und die in verschiedenen Anwendungsbereichen wichtig werden. Zu diesen gehören

1. Die Erweiterung auf den Fall, wo neben der elastischen Streuung auch Streuung in inelastische Kanäle möglich ist.
2. Die oben bereits angekündigte, verallgemeinerte Form des optischen Theorems und seine Beziehung zur Erhaltung der Wahrscheinlichkeit.
3. Die formale, operatortheoretische Beschreibung der Potentialstreuung, die von der Theorie der Integralgleichungen verstärkt Gebrauch macht.
4. Die genauere Beschreibung von Streuung an zusammengesetzten Targets, d. h. die Berechnung der Streuamplitude für ein Target, das aus vielen elementaren Streuzentren besteht, aus der Amplitude für das einzelne Zentrum.
5. Die Analyse von Streusituationen, bei denen die Projektile auch relativistische Geschwindigkeiten haben können und bei denen die Erzeugung oder Vernichtung von Teilchen kinematisch und dynamisch möglich ist, mit Hilfe der Heisenberg'schen Streumatrix.
6. Die analytischen Eigenschaften von Streuamplituden und physikalische Folgerungen aus diesen.

Auf einige dieser Themen komme ich später, im Laufe der Entwicklung ausführlich zurück, wenn die dafür notwendigen Begriffe und Methoden zur Verfügung stehen. An dieser Stelle möchte ich wenigstens schon eines von ihnen in einem Abriss behandeln, das einen guten Eindruck für den Reichtum der quantenmechanischen Streutheorie vermittelt: die analytischen Eigenschaften von Streuamplituden zu festem Wert des relativen Bahndrehimpulses ℓ (d. h. Punkt 6 unserer Liste). Dieser Abschnitt, der Gebrauch von der Theorie komplexer Funktionen macht, ist etwas schwieriger als die vorangegangenen und ist daher mit einem Stern versehen. Das bedeutet auch, dass man ihn unbesorgt überspringen kann.

Ausgangspunkt ist die Differentialgleichung (2.8) für die Radialfunktion $u_\ell(r)$, die wir hier noch einmal ausschreiben:

$$u_\ell''(r) - \left(\frac{\ell(\ell+1)}{r^2} + \frac{2m}{\hbar^2} U(r) - k^2 \right) u_\ell(r) = 0, \qquad k^2 = \frac{2mE}{\hbar^2}.$$

$$(2.40)$$

Es steht uns frei, die bei $r = 0$ reguläre Lösung so zu normieren, dass

$$u_\ell(r) = r^{\ell+1} f_\ell(r) \quad \text{mit} \quad f_\ell(r = 0) = 1$$

gilt, d. h. die Funktion im Ursprung auf 1 zu setzen, wenn der Zentrifugalanteil herausgezogen ist.

2.5.1 Jost-Funktionen

In diesem Abschnitt beschäftigen wir uns mit den analytischen Eigenschaften der Wellenfunktion, der Streuphase δ_ℓ und der Streuamplitude in k^2, das als Variable in der komplexen Ebene aufgefasst werden soll.

Über die Differentialgleichung (2.40) wissen wir Folgendes: Sie ist vom Fuchs'schen Typ (1.113), die bei $r = 0$ reguläre Lösung ist frei von den Singularitäten der Koeffizientenfunktionen, die diese bei $r = 0$ haben. Als Funktionen der ins Komplexe verallgemeinerten Variablen k^2 sind die Koeffizienten offensichtlich analytisch. Da die Randbedingungen an u_ℓ (die Bedingung bei $r = 0$ und die Asymptotik für $r \to \infty$) ebenfalls analytisch von dieser Variablen abhängen, kann man zeigen, dass auch die Lösungen in k^2 analytisch sind. Um dies zu verdeutlichen, schreibt man auch $u_\ell(r) \equiv u_\ell(r, k^2)$. Ihre Asymptotik schreiben wir jetzt in der Form

$$r \to \infty: \quad u_\ell(r, k^2) \sim \varphi_\ell^{(-)}(k^2)\, e^{ikr} + \varphi_\ell^{(+)}(k^2)\, e^{-ikr} . \qquad (2.41)$$

Die Koeffizientenfunktionen $\varphi_\ell^{(\pm)}(k^2)$ werden *Jost-Funktionen* genannt.[11] Durch Vergleich mit der asymptotischen Formel (2.9)

$$u_\ell \sim \frac{1}{2i} [e^{i(-\ell\pi/2+\delta_\ell)}\, e^{ikr} - e^{i(\ell\pi/2-\delta_\ell)}\, e^{-ikr}]$$

findet man den Zusammenhang der Streuphase mit den Jost-Funktionen

$$S_\ell(k^2) := e^{2i\delta_\ell} = (-)^{\ell+1}\, \frac{\varphi_\ell^{(-)}(k^2)}{\varphi_\ell^{(+)}(k^2)} . \qquad (2.42)$$

Wenn es sich um eine physikalische Streusituation handelt, d. h. wenn k reell ist, dann folgt aus (2.41), dass die Jost-Funktionen zueinander komplex konjugiert sind: Für ein reelles Potential ist $u_\ell(r, k^2)$ reell, daher folgt

$$\varphi_\ell^{(+)}(k^2) = [\varphi_\ell^{(-)}(k^2)]^* \qquad (k \text{ reell}) .$$

Die Bedeutung dieser Funktionen liegt u. a. darin, dass man die analytischen Eigenschaften der eben definierten Funktion $S_\ell(k^2)$ und der Partialwellenamplitude $a_\ell(k^2)$ mit ihrer Hilfe ableiten und verstehen kann. Die folgenden Bemerkungen und Beispiele mögen diese Aussage illustrieren.

Wenn die Energie E negativ ist, dann ist auch $k^2 < 0$ und $k = i\kappa$ mit reellem κ ist rein imaginär. Die asymptotische Form (2.41) hat dann einen exponentiell abklingenden und einen exponentiell anwachsenden Term. Ein gebundener Zustand mit Energie $E = E_n < 0$ liegt genau dann vor, wenn die Wellenfunktion quadratintegrabel ist, d. h. wenn der zweite Anteil nicht auftritt. Dies bedeutet, dass

$$\varphi^{(+)}\left(k^2 = -\frac{2m|E_n|}{\hbar^2}\right) = 0 \qquad (k = i\kappa \text{ rein imaginär})$$

[11] Nach Res Jost (1918–1990), der in einer Reihe wichtiger Arbeiten die mathematischen Grundlagen der Streutheorie erarbeitet hat.

ist, und dass die in (2.42) definierte Funktion $S_\ell(k^2)$ an dieser Stelle einen *Pol* hat. Eine genauere Analyse der Singularitäten der Partialwellenamplitude a_ℓ wird zeigen, wo dieser Pol liegt.

2.5.2 Dynamische und kinematische Schnitte

Hier und im Folgenden analysieren wir Partialwellenamplituden, in die der Faktor $1/k$ der Entwicklung (2.6) bereits aufgenommen ist, d. h. wir setzen

$$f(k, \theta) = \sum_{\ell=0}^{\infty} (2\ell + 1) f_\ell(k) P_\ell(\cos\theta) \quad \text{mit} \quad f_\ell := \frac{1}{k} a_\ell$$

und a_ℓ wie in (2.11). Die Amplitude f_ℓ interessiert sowohl als Funktion von k^2 als auch von k. Dabei trifft man die Verabredung, dass k immer diejenige Wurzel von k^2 sein soll, die einen *positiven* Imaginärteil hat. Weiterhin sei angenommen, dass das Potential in (2.40) ein einfaches Yukawa-Potential (2.17) sei. Aus der Beobachtung, dass $u_\ell(r, k^2)$ analytisch ist, folgt, dass auch $f_\ell(k^2)$ analytisch ist – zumindest solange k^2 nicht reell und negativ ist.

Man muss beachten, dass die asymptotische Form (2.41) unter der Voraussetzung gilt, dass alle Terme bis auf k^2 in der geschweiften Klammer von (2.40) vernachlässigbar sind. Falls $k^2 = -\kappa^2$, d. h. negativ reell ist, so klingt der erste Term in (2.41) mit $e^{-\kappa r}$ exponentiell ab. Falls er dies zu rasch tut, ist es sicher nicht mehr berechtigt, das Potential, das mit e^{-r/r_0} abfällt, zu vernachlässigen. Es ist daher plausibel, dass die Jost-Funktion $\varphi_\ell^{(-)}(k^2)$ dort nicht mehr definiert ist. In der Tat kann man beweisen, dass diese Funktion bei $k_c^2 = -\kappa_c^2 = -1/(4r_0^2)$ eine Singularität hat und für alle reellen Werte unterhalb dieses Punkts $k^2 < k_c^2$ nicht definiert ist. Qualitativ gesprochen ist κ_c der Wert, wo der exponentiell anwachsende Anteil, multipliziert mit der Exponentialfunktion e^{-r/r_0} des Potentials, gerade gleich dem exponentiell abfallenden wird,

$$e^{(\kappa_c - 1/r_0)r} = e^{-\kappa_c r}.$$

Der Bereich $[-\infty, -1/(4r_0^2)]$ in der komplexen k^2-Ebene wird *linker Schnitt* oder *dynamischer Schnitt* genannt.

Wir wollen den dynamischen Schnitt anhand der ersten Born'schen Näherung genauer analysieren. In Abschn. 2.4.1 hatten wir gezeigt, dass die Amplitude zum Drehimpuls ℓ in erster Born'scher Näherung durch

$$f_\ell(k^2) \equiv \frac{a_\ell}{k} = -\frac{mg}{\hbar^2 k^2} Q_\ell \left(1 + \frac{1}{2(kr_0)^2} \right)$$

gegeben ist.

Von der Legendrefunktion zweiter Art $Q_\ell(z)$ ist bekannt, dass sie eine analytische Funktion von z ist, wenn man die komplexe Ebene entlang der reellen Achse von -1 bis $+1$ aufschneidet. Auf diesem Schnitt

$[-1, +1]$ ist sie singulär. Zur Illustration dieser Aussage mögen die ersten drei Legendrefunktionen zweiter Art dienen:

$$Q_0(z) = \frac{1}{2} \ln\left(\frac{z+1}{z-1}\right), \qquad Q_1(z) = \frac{z}{2} \ln\left(\frac{z+1}{z-1}\right) - 1,$$

$$Q_2(z) = \frac{3z^2 - 1}{4} \ln\left(\frac{z+1}{z-1}\right) - \frac{3z}{2}.$$

Der Punkt -1 entspricht $k^2 = k_c^2 = -1/(2r_0)^2$, der Punkt $+1$ entspricht dem Punkt Unendlich in der k^2-Ebene, den wir nach $-\infty$ legen können. Damit ist gezeigt, dass die Amplitude $f_\ell(k^2)$ in erster Born'scher Näherung schon den linken Schnitt besitzt. Die Lage dieses Schnittes hängt von r_0 und damit von der Reichweite des Potentials ab.

Es ist auch nicht schwer, die Unstetigkeit der Funktion $f_\ell(k^2)$ am Schnitt $[-1, +1]$ zu berechnen. In Abschn. 2.4.1, Beispiel 2 hatten wir die Entwicklung

$$\frac{1}{z-t} = \sum_{\ell'=0}^{\infty} (2\ell'+1) Q_{\ell'}(z) P_{\ell'}(t) = \sum_{\ell'=0}^{\infty} \sqrt{4\pi(2\ell'+1)}\, Q_{\ell'}(z) Y_{\ell'0}(\theta, \phi)$$

zitiert, wo $t = \cos\theta$ ist. Diese Gleichung lässt sich nach Q_ℓ auflösen, indem wir mit $Y_{\ell m}^*(\theta, \phi)$ multiplizieren, über den ganzen Raumwinkel integrieren und die Orthogonalität der Kugelfunktionen ausnutzen.

$$Q_\ell(z) = \frac{1}{\sqrt{4\pi(2\ell+1)}} \int d\Omega \, \frac{1}{z-\cos\theta} Y_{\ell0}(\theta, \phi) = \frac{1}{2} \int_{-1}^{+1} dt \, \frac{P_\ell(t)}{z-t}.$$

Die gesuchte Unstetigkeit folgt dann aus

$$f_\ell(k^2 + i\varepsilon) - f_\ell(k^2 - i\varepsilon) = -\frac{mg}{\hbar^2 k^2} [Q_\ell(z + i\varepsilon) - Q_\ell(z - i\varepsilon)]$$

und der Formel

$$\frac{1}{w \pm i\varepsilon} = \mathscr{P} \frac{1}{w} \mp i\pi\delta(w) \tag{2.43}$$

mit $w = z - t$ und, wie bisher, $z = 1 - 1/(2(kr_0)^2)$. Die Formel bezieht sich auf die Auswertung von Integralen entlang der reellen Achse, wobei (auf der linken Seite) der Pol bei $w = 0$ in die obere bzw. untere Halbebene verschoben wird. Auf der rechten Seite von (2.43) steht der Hauptwert des Integrals[12] sowie die Dirac'sche δ-Distribution. Setzt man diese Formel in den Ausdruck für die Unstetigkeit ein, so hebt sich der Beitrag des Hauptwerts weg und es folgt

$$f_\ell(k^2 + i\varepsilon) - f_\ell(k^2 - i\varepsilon) = i\pi \frac{mg}{\hbar^2 k^2} P_\ell\left(1 + \frac{1}{2(kr_0)^2}\right).$$

Wir halten als Ergebnis fest: Die *Lage* des linken Schnitts wird durch die *Reichweite*, seine *Unstetigkeit* durch die *Stärke g* des Potentials be-

[12] Zur Erinnerung: Das ist die halbe Summe der Integrale, bei denen der Integrationsweg den Punkt 0 einmal in der oberen, einmal in der unteren Halbebene umgeht.

stimmt. Dies ist der Grund, warum dieser Schnitt dynamischer Schnitt genannt wird.

Die Partialwellenamplitude f_ℓ besitzt aber noch einen weiteren Schnitt, der rein kinematischer Natur ist und daher *kinematischer Schnitt* genannt wird. Um dies zu zeigen, kehren wir zunächst zu den Jost-Funktionen zurück, die wir wahlweise als Funktionen der komplexen Variablen k^2 oder der komplexen Variablen k auffassen können.

Im Punkt $k^2 = 0$ ist die asymptotische Entwicklung (2.41) nicht definiert. Physikalisch gesprochen liegt das daran, dass man an dieser Stelle den Zentrifugalterm und das Potential nicht mehr gegenüber k^2 vernachlässigen kann. Sei $z := k^2 = r\,\mathrm{e}^{\mathrm{i}\alpha}$ mit r sehr klein, α positiv und ebenfalls klein. Nach einer vollständigen Drehung um den Nullpunkt wird daraus $z \longmapsto z' = r\,\mathrm{e}^{\mathrm{i}(\alpha+2\pi)}$, die Wurzel hieraus wird $k = \sqrt{z} \longmapsto k' = -k$. Gleichzeitig vertauschen die beiden Jost-Funktionen ihre Rollen, d. h., als Funktionen von k aufgefasst,

$$\varphi_\ell^{(+)}(k) = \varphi_\ell^{(-)}(-k)\,.$$

Aus dieser Betrachtung folgt schon, dass $k^2 = 0$ ein zweiblättriger Verzweigungspunkt (oder Verzweigungspunkt der Ordnung 1) ist. Diese Singularität und die damit verbundene Riemann'sche Fläche wollen wir etwas genauer untersuchen. Dazu setzen wir

$$\phi_\ell(k) := \varphi_\ell^{(-)}(k^2)\,.$$

Diese Funktion ist in der oberen, entlang des Intervalls $[\mathrm{i}/(2r_0), +\mathrm{i}\infty]$ der imaginären Achse aufgeschnittenen Halbebene $\mathrm{Im}\,k > 0$ analytisch. Wird k durch $-k$ ersetzt, so ändert sich die Lösung $u_\ell(r, k^2)$ nicht; in ihrer asymptotischen Entwicklung (2.41) allerdings werden die beiden Exponentialfunktionen vertauscht. Daraus folgt die wichtige Relation

$$\phi_\ell(k) = \phi_\ell(-k)$$

für die Jost-Funktionen, die zeigt, dass die analytische Fortsetzung von $\phi_\ell(k)$ in die untere Halbebene $\mathrm{Im}\,k < 0$ gerade die Funktion $\varphi_\ell^{(+)}(k^2)$ ist. Diese hat in dieser Halbebene keine weiteren Singularitäten.

Wir haben somit festgestellt, dass die Mannigfaltigkeit der k^2 eine zweiblättrige Riemann'sche Fläche ist, deren Blätter sich durch die beiden Werte von k bei gegebenem k^2 unterscheiden. Diese Fläche ist in Abb. 2.2 skizziert. Die beiden Blätter der Riemann'schen Fläche berühren sich entlang der positiven reellen Achse. Ihre Bezeichnung in der Streutheorie ist die folgende:

Das Blatt (I) mit $\mathrm{Im}\,k > 0$ ist das *physikalische Blatt*, das Blatt (II) mit $\mathrm{Im}\,k < 0$ ist das *unphysikalische Blatt*.

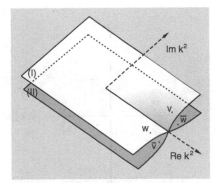

Abb. 2.2. Aufgrund des kinematischen Schnitts ist der Ursprung der komplexen k^2-Ebene ein Verzweigungspunkt der Ordnung 1; die Streuamplituden zu festem ℓ liegen auf einer zweiblättrigen Riemann'schen Fläche. Das physikalische und das unphysikalische Blatt sind mit (I) bzw. (II) bezeichnet

2.5.3 Partialwellenamplituden als analytische Funktionen

Mit der Formel (2.11) und mit der Definition (2.42) ist

$$f_\ell(k^2) = \frac{a_\ell}{k} = \frac{1}{2ik}[S_\ell(k^2) - 1]$$

eine Funktion der beiden Jost-Funktionen; ihre analytischen Eigenschaften lassen sich daher aus denen dieser Funktionen herleiten. Der Klarheit halber sei $S_\ell(k^2)$ zunächst nur die Funktion (2.42) auf dem ersten, dem physikalischen Blatt, ihre Fortsetzung in das zweite, unphysikalische Blatt sei mit $\overline{S}_\ell(k^2)$ bezeichnet. Betrachten wir einen Punkt v auf dem physikalischen Blatt, Wurzel aus $k^2 + i\eta$,

$$z = k^2 + i\eta \equiv r\,e^{i\alpha}, \qquad v = \sqrt{z} = \sqrt{r}\,e^{i\alpha/2}$$

und seinen Nachbarn $\overline{v} = \sqrt{z^*} = \sqrt{r}\,e^{-i\alpha/2}$, Wurzel aus $k^2 - i\eta$ auf dem unphysikalischen Blatt. Die andere Wurzel aus z, $\overline{w} = -v$ liegt im unphysikalischen, die andere Wurzel aus z^*, $w = -\overline{v}$ liegt im physikalischen Blatt. Diese vier Punkte $\{v, \overline{v}, w, \overline{w}\}$ sind in Abb. 2.2 auf der Riemann'schen Fläche der komplexen k^2, sowie in Abb. 2.3 in der komplexen k-Ebene eingetragen.

Für die Funktion (2.42) auf dem unphysikalischen Blatt gilt

$$\overline{S}_\ell(k^2) = (-)^{\ell+1}\frac{\varphi_\ell^{(-)}(-k)}{\varphi_\ell^{(+)}(-k)} = (-)^{\ell+1}\frac{\varphi_\ell^{(+)}(k)}{\varphi_\ell^{(-)}(k)} = \frac{1}{S_\ell(k^2)}. \qquad (2.44)$$

Dieser Zusammenhang gibt uns den Schlüssel zur analytischen Fortsetzung der Amplitude f_ℓ vom physikalischen in das unphysikalische Blatt. Die Amplitude im zweiten Blatt ist

$$\overline{f}_\ell(k^2) = \frac{1}{2ik}[\overline{S}_\ell(k^2) - 1] = \frac{1}{2ik}\left(\frac{1}{S_\ell} - 1\right) = \frac{f_\ell(k^2)}{1 + 2ik\,f_\ell(k^2)}$$

und kann somit auf die im ersten zurückgeführt werden. Ein Minuszeichen, das in dieser Umrechnung zunächst auftritt, wird durch ein anderes Minuszeichen kompensiert: Der Faktor $1/k$ geht bei der Fortsetzung in $\overline{k} = -k$ über. Aus dieser Analyse folgt insbesondere, dass f_ℓ sowohl auf dem ersten als auch auf dem zweiten Blatt den linken Schnitt $[-\infty, -1/(2r_0)^2]$ besitzt.

2.5.4 Resonanzen

Aus Abschn. 2.5.1 wissen wir bereits, dass Pole auf der negativen reellen Achse der k^2-Ebene, die im ersten, physikalischen Blatt liegen, echten gebundenen Zuständen entsprechen. Hier wollen wir zeigen, dass Pole, die im zweiten, unphysikalischen Blatt auftreten, ebenfalls eine physikalische Bedeutung haben.

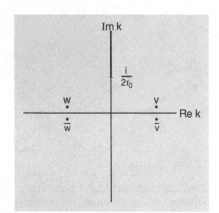

Abb. 2.3. Die Funktion $\phi_\ell(k) = \varphi_\ell^{(-)}(k^2)$ ist in der aufgeschnittenen komplexen k-Ebene analytisch. Die eingezeichneten Punkte sind dieselben wie in Abb. 2.2

Zunächst zeigen wir, dass die Funktion S_ℓ (jetzt im ersten *und* zweiten Blatt betrachtet) bei konjugiert komplexen Werten von k^2 selbst konjugiert komplexe Werte annimmt,

$$S_\ell[(k^2)^*] = [S_\ell(k^2)]^* . \tag{2.45}$$

Die Differentialgleichung (2.40) hat reelle Koeffizienten, daher gilt für ihre Lösungen

$$u_\ell(r, k^2) = \{u_\ell[r, (k^2)^*]\}^* .$$

Die linke Seite hat die Asymptotik (2.41). Wenn $v = \sqrt{k^2 + i\eta}$ die Wurzel aus k^2 ist, dann ist die Wurzel aus $(k^2)^*$, die ebenfalls im ersten Blatt liegt, $w = -\bar{v} = -v^*$. Die Asymptotik der rechten Seite ist daher

$$r \to \infty : \quad u_\ell[r, (k^2)^*] \sim \varphi_\ell^{(-)}[(k^2)^*]\mathrm{e}^{-\mathrm{i}k^* r} + \varphi_\ell^{(+)}[(k^2)^*]\mathrm{e}^{\mathrm{i}k^* r} .$$

Vergleicht man dies mit dem konjugiert Komplexen von (2.41), so folgt

$$\varphi_\ell^{(\pm)}[(k^2)^*] = [\varphi_\ell^{(\pm)}(k^2)]^*$$

und somit die Behauptung (2.45). In je zwei Punkten des ersten oder des zweiten Blattes, die zur reellen Achse symmetrisch liegen, nimmt die Funktion S_ℓ konjugiert komplexe Werte an.

Nehmen wir nun an, die Funktion $\bar{S}_\ell(k^2)$ habe in

$$\bar{v}, \quad \text{positive Wurzel aus} \quad k^2 = k_0^2 - \mathrm{i}\Gamma/2 ,$$

mit reellen Werten k_0 und Γ, einen Pol erster Ordnung. Wegen der Symmetrie (2.45) hat sie dann auch einen Pol in

$$\bar{w}, \quad \text{negative Wurzel aus} \quad k^2 = k_0^2 + \mathrm{i}\Gamma/2 ;$$

beide liegen im zweiten Blatt. Die Verknüpfung (2.44) sagt, dass dann $S_\ell(k^2)$ im *ersten* Blatt in den Punkten v und w der Abb. 2.3 Nullstellen hat. Nähert man sich im physikalischen Blatt dem Punkt k_0 auf der reellen, positiven Achse von oben, so ist klar, dass die Variation von S_ℓ mit k^2 hier hauptsächlich durch den Pol in $\bar{v}$ und durch die Nullstelle in v dominiert wird. In der Nähe des Punkts k_0 kann man also

$$S_\ell(k^2) = \frac{k^2 - k_0^2 - \mathrm{i}\Gamma/2}{k^2 - k_0^2 + \mathrm{i}\Gamma/2} S_\ell^{(\mathrm{n.r.})}(k^2)$$

schreiben, wobei die „nichtresonante" Funktion $S_\ell^{(\mathrm{n.r.})}$ langsam veränderlich ist. Der erste Faktor $(k^2 - k_0^2 - \mathrm{i}\Gamma/2)(k^2 - k_0^2 + \mathrm{i}\Gamma/2)$ ist ein reiner Phasenfaktor. Da das Produkt die Form (2.42) hat, muss auch der zweite Faktor ein reiner Phasenfaktor sein; für beide gilt also

$$\frac{k^2 - k_0^2 - \mathrm{i}\Gamma/2}{k^2 - k_0^2 + \mathrm{i}\Gamma/2} = \mathrm{e}^{2\mathrm{i}\delta_\ell^{(\mathrm{res})}} , \qquad S_\ell^{(\mathrm{n.r.})} = \mathrm{e}^{2\mathrm{i}\delta_\ell^{(\mathrm{n.r.})}} ,$$

wobei die „resonante" Phase gleich

$$\delta_\ell^{(\mathrm{res})} = \arctan\left(\frac{\Gamma/2}{k_0^2 - k^2}\right) \tag{2.46}$$

ist, während $\delta_\ell^{(\mathrm{n.r.})}$ die nichtresonante Amplitude parametrisiert und eine nur langsam veränderliche Funktion von k^2 ist. Mit (2.11) lautet die Partialwellenamplitude entsprechend

$$f_\ell(k) = \frac{1}{k}\,\mathrm{e}^{\mathrm{i}(\delta_\ell^{(\mathrm{res})} + \delta_\ell^{(\mathrm{n.r.})})} \sin(\delta_\ell^{(\mathrm{res})} + \delta_\ell^{(\mathrm{n.r.})})\,. \tag{2.47}$$

Diese Ergebnisse sind nicht schwer zu interpretieren. Nehmen wir zunächst an, die nichtresonante Phase sei gegenüber der resonanten Phase vernachlässigbar klein. Lassen wir k^2 ein Intervall I der reellen Achse überstreichen, das den Punkt k_0^2 einschließt, dann variiert die Phase $\delta_\ell^{(\mathrm{res})}$ von Werten nahe Null bis zu Werten nahe π; bei $k^2 = k_0^2$ hat sie genau den Wert $\pi/2$. Die Amplitude

$$f_\ell(k^2) \approx f_\ell^{(\mathrm{res})} = \frac{1}{k}\,\mathrm{e}^{\mathrm{i}\delta_\ell^{(\mathrm{res})}} \sin\delta^{(\mathrm{res})} = -\frac{1}{k}\frac{\Gamma/2}{k^2 - k_0^2 + \mathrm{i}\Gamma/2}$$

durchläuft in der komplexen f_ℓ-Ebene die in Abb. 2.4 skizzierte Kurve, bei $k^2 = k_0^2$ ist sie rein imaginär und hat den Wert i/k. Die Bedeutung dieses Punkts wird klarer, wenn wir beachten, dass der Wirkungsquerschnitt (2.7) in der Partialwelle ℓ

$$\sigma_\ell(k^2) = 4\pi(2\ell+1)\left|f_\ell(k^2)\right|^2 = \frac{4\pi(2\ell+1)}{k^2}\frac{\Gamma^2/4}{(k^2 - k_0^2)^2 + \Gamma^2/4}$$

proportional zu $|a_\ell^{(\mathrm{res})}(k^2)|^2$ ist und wenn wir diese zweite Größe über $k^2 \in I$ auftragen. Abbildung 2.5 zeigt, dass sie an der Stelle $k^2 = k_0^2$ ein

Abb. 2.4. Mit wachsendem k^2 durchläuft die Amplitude $a_\ell = k f_\ell$ in der komplexen Ebene eine Kurve, die bei $k^2 = k_0^2$ durch den Punkt i geht. Im gezeigten Beispiel ist $k_0^2 = 10$, $\Gamma = 4$ (in willkürlichen Einheiten) gewählt

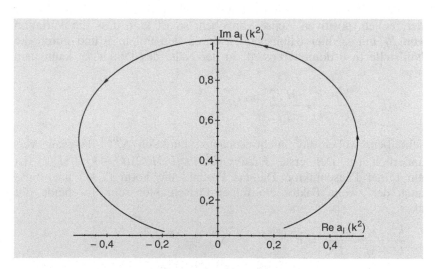

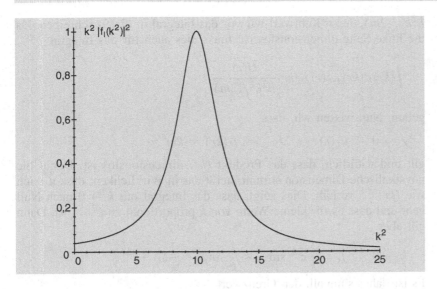

scharfes Maximum hat. Bei $k^2 = k_0^2 \pm \Gamma/2$ hat sie den halben Wert des Maximums. Ein solcher Graph wird Breit–Wigner- oder Lorentz-Kurve genannt.

Der Pol an der Stelle $(k_0^2, i\Gamma/2)$ führt in der Tat zu einer Resonanz im Partialwirkungsquerschnitt σ_ℓ, die Größe Γ ist die Breite der Resonanz. Man macht sich leicht klar, wie sich diese Ergebnisse qualitativ ändern, wenn die nichtresonante Phase nicht und bzw. oder wenn die Beiträge der übrigen Partialwellen $\ell' \neq \ell$ zum Wirkungsquerschnitt (2.7) nicht vernachlässigbar sind. Ich erwähne hier nur, dass es Methoden gibt, aus experimentellen Streudaten die einzelnen Partialwellenamplituden zu rekonstruieren und empirisch festzustellen, ob eine von ihnen bei einem Wert k_0^2 des physikalischen Bereichs eine solche Resonanz aufweist. Resonanzen enthalten ebenso wie gebundene Zustände Informationen über das zugrunde liegende Potential. Weitere Informationen über Resonanzen und ihre Analyse im Rahmen der Teilchenphysik findet man z. B. bei [Omnès (1970)].

2.5.5 Streulänge und effektive Reichweite

Für die Beschreibung von Streuung bei kleinen Energien wichtige Begriffe sind die Streulänge und die effektive Reichweite, die wir in diesem Abschnitt kurz diskutieren wollen. Der Betrag k des Impulses strebt mit abnehmender Energie nach Null. Man kann streng, aber mit einigem zusätzlichen Aufwand zeigen, dass die Amplitude a_ℓ, (2.11), für $k \to 0$ wie $k^{2\ell+1}$ nach Null geht. Diesen Beweis lasse ich hier aus, mache das Ergebnis aber anhand der Formel (2.19) für $\sin \delta_\ell$ und einer einfachen Dimensionsbetrachtung plausibel. Das Potential $U(r)$ hat die physikalische Dimension Energie, ebenso wie die kinetische Energie

$\hbar^2 k^2/(2m)$, deren Kehrwert wir vor das Integral in (2.19) schreiben. Da die linke Seite dimensionslos ist, muss dies auch für das Integral

$$\int_0^\infty (kr)\, \mathrm{d}(kr)\, u_\ell(r)\, j_\ell(kr)\, \frac{U(r)}{\hbar^2 k^2/(2m)}$$

gelten. Nun wissen wir, dass

$$r \to 0: \quad u_\ell(r) \sim r^{\ell+1}, \qquad j_\ell(kr) \sim (kr)^\ell$$

gilt und natürlich, dass das Produkt (kr) dimensionslos ist. Damit die physikalische Dimension stimmt, heißt das in Wirklichkeit, dass u_ℓ sich wie $(kr)^{\ell+1}$ verhält. Dies zeigt, dass das Integral mit $k \to 0$ nach Null geht und dass es für kleine Werte von k proportional zu $k^{2\ell+1}$ ist. Dann gilt aber

$$k \to 0: \quad f_\ell = \frac{1}{k}\mathrm{e}^{\mathrm{i}\delta_\ell} \sin \delta_\ell \approx \frac{1}{k}\sin \delta_\ell \approx \frac{1}{k}\delta_\ell \sim k^{2\ell}\,.$$

Es ist daher sinnvoll, den Grenzwert

$$\lim_{k\to 0}\left(\frac{f_\ell(k)}{k^{2\ell}}\right) = \lim_{k\to 0}\left(\frac{\delta_\ell(k)}{k^{2\ell+1}}\right) =: a^{(\ell)} \tag{2.48}$$

zu definieren. Die Größen $a^{(\ell)}$, die den Wirkungsquerschnitt an der Schwelle, d. h. bei sehr kleiner, positiver Energie bestimmen, werden *Streulängen* genannt. Diese Benennung ist etwas ungenau, denn nur $a^{(\ell=0)}$ hat die physikalische Dimension einer Länge. Für $\ell = 1$ ist $a^{(1)}$ schon ein Volumen und das allgemeine $a^{(\ell)}$ trägt die Dimension $L^{2\ell+1}$.

Man kann aber in der Entwicklung nach kleinem k noch einen Schritt weitergehen. Hierzu definiert man eine weitere Funktion

$$R_\ell(k) := \frac{1 + \mathrm{i}k f_\ell(k)}{f_\ell(k)} = k\frac{1 + \mathrm{i}\mathrm{e}^{\mathrm{i}\delta_\ell} \sin \delta^{(\ell)}}{\mathrm{e}^{\mathrm{i}\delta_\ell} \sin \delta_\ell} = k \cot \delta_\ell\,.$$

Die analytischen Eigenschaften dieser Funktion, als Funktion der komplexen Variablen k aufgefasst, lassen sich aus denen der Amplitude f_ℓ ableiten. Die für unsere Diskussion wichtigste Aussage ist, dass $R_\ell(k)$ im Gegensatz zu $f_\ell(k)$ den rechten Schnitt (den kinematischen Schnitt) *nicht* hat. Das zeigt man wie folgt. Mit der speziellen Form (2.11) der Amplitude zeigt man

$$\frac{1}{f_\ell^*(k)} - \frac{1}{f_\ell(k)} = k\frac{\mathrm{e}^{\mathrm{i}\delta} - \mathrm{e}^{-\mathrm{i}\delta}}{\sin \delta} = 2\mathrm{i}k\,.$$

Berechnet man die möglicherweise auftretende Unstetigkeit von R_ℓ am rechten Schnitt, so stellt man fest, dass diese verschwindet,

$$R_\ell^*(k) - R_\ell(k) = \left(\frac{1 - \mathrm{i}k f_\ell^*(k)}{f_\ell^*(k)} - \frac{1 + \mathrm{i}k f_\ell(k)}{f_\ell(k)}\right) = k(2\mathrm{i} - 2\mathrm{i}) = 0\,,$$

die Unstetigkeit der Funktion $1/f_\ell$ hebt sich heraus.

Bei $k \to 0$ verhält $R_\ell(k)$ sich wie $k^{-2\ell}$. Hieraus und aus der Aussage, dass R_ℓ auf der positiven reellen Achse keinen Schnitt besitzt, folgt, dass man das Produkt $r^{2\ell} R_\ell(k)$ um den Nullpunkt entwickeln kann,

$$k^{2\ell} R_\ell(k) = k^{2\ell+1} \cot \delta_\ell(k) = \frac{1}{a^{(\ell)}} + \frac{1}{2} r_0^{(\ell)} k^2 + \mathcal{O}(k^3) \,. \tag{2.49}$$

Der erste Term hiervon enthält die in (2.48) definierte Streulänge, der zweite enthält den neuen Parameter $r_0^{(\ell)}$, der *effektive Reichweite* genannt wird. Wiederum hat $r_0^{(\ell)}$ nur für s-Wellen die physikalische Dimension einer Länge.

In der Praxis ist die Formel (2.49) eine gute Näherung bei kleinen Energien. Ein Beispiel wird diese Begriffsbildungen und ihre Brauchbarkeit illustrieren.

Beispiel

Wir betrachten die s-Wellenstreuung an einem anziehenden Kastenpotential, $U(r) = -U_0 \Theta(R - r)$, wobei (2.40) sich auf

$$u''(r) + \left(k^2 + \frac{2m}{\hbar^2} U_0 \Theta(R - r) \right) u(r) = 0$$

reduziert und wobei wir den Index $\ell = 0$ weggelassen haben. Im Außenraum $r > R$ ist wie bisher $k^2 = 2mE/\hbar^2$. Im Innenraum sei

$$\kappa^2 := k^2 + K^2 \quad \text{mit} \quad K^2 := \frac{2mU_0}{\hbar^2} \,.$$

Die bei $r = 0$ reguläre Lösung im Innenraum ist $u^{(i)}(r) = \sin(\kappa r)$, die Lösung im Außenraum setzen wir als $u^{(a)}(r) = \sin(kr + \delta)$ an. Die Stetigkeit dieser Wellenfunktionen und ihrer Ableitungen bei $r = R$ verlangt

$$\left. \frac{u^{(i)\prime}}{u^{(i)}} \right|_{r=R} = \left. \frac{u^{(a)\prime}}{u^{(a)}} \right|_{r=R} \tag{2.50}$$

und somit

$$k \cot \delta = \frac{\kappa + k \tan(kR) \tan(\kappa R)}{\tan(\kappa R) - \sqrt{1 + K^2/k^2} \tan(kR)} \,.$$

Entwickeln wir dieses Ergebnis nach k^2 und vergleichen mit (2.49), dann ergeben sich folgende Ausdrücke für die Streulänge und die effektive Reichweite

$$a^{(0)} = -R + \frac{1}{K} \tan(KR) \,, \qquad r_0^{(0)} = R - \frac{1}{3} \frac{R^3}{(a^{(0)})^2} + \frac{1}{K^2 a^{(0)}} \,.$$

Die Streuamplitude $f_{\ell=0}$ selbst ist leicht durch Streulänge und effektive Reichweite auszudrücken. Mit $\sin \delta = 1/\sqrt{1 + u^2}$, $\cos \delta = u/\sqrt{1 + u^2}$ und $u \equiv \cot \delta$ ist

$$f_0 = \frac{1}{k} e^{i\delta} \sin \delta = \frac{1}{u - i} \approx \frac{a^{(0)}}{1 - i a^{(0)} k + a^{(0)} r_0^{(0)} k^2/2} \,.$$

Diese Amplitude hat auf der negativen reellen Achse der komplexen k^2-Ebene Pole, die den gebundenen Zuständen in diesem Potential entsprechen. Die Energien dieser Zustände berechnet man – wenn man sie exakt wissen will – aus der Bedingung (2.50) mit $k = \mathrm{i}\sqrt{2m(-E)}$. Wenn aber der Term im Nenner, der die effektive Reichweite enthält, klein ist, dann liegt ein Pol, d. h. ein Bindungszustand dort, wo $1 - \mathrm{i}a^{(0)}k = 1 + a^{(0)}\sqrt{2m(-E)} = 0$ ist; die Bindungsenergie ist somit genähert

$$E \approx -\frac{\hbar^2}{2m(a^{(0)})^2}\,.$$

2.6 Inelastische Streuung mit Partialwellenanalyse

Betrachtet man die Differentialgleichung für $u_\ell(r)$ in der Form (2.8) oder (2.40), so sieht man, dass ein reelles, anziehendes oder abstoßendes Potential zu reellen Streuphasen führt. In diesen Fällen gibt es stets nur die elastische Streuung. Wenn andererseits die Möglichkeit besteht, dass der Anfangszustand auch in andere, davon verschiedene Zustände übergehen kann, so treten neben der elastischen auch inelastische Streuamplituden auf, deren Absolutquadrat die Wirkungsquerschnitte für die jeweiligen inelastischen Kanäle liefern. Der elastische Endzustand wird zugunsten der neuen, inelastischen Kanäle gewissermaßen „entvölkert". Ob und wie viele solche Kanäle „offen" sind, hängt von der Dynamik des Streuprozesses und von der Energie des einlaufenden Zustandes ab. So kann zum Beispiel ein Elektron, das an einem Atom gestreut wird, dieses erst dann in einen diskreten, angeregten Zustand befördern,

$$\mathrm{e} + (Z, A) \longrightarrow (Z, A)^* + \mathrm{e}'\,,$$

wenn seine Energie ausreicht, um die endliche, diskrete Differenz $E(Z, A)^* - E(Z, A)$ aufzubringen.

Eine exakte quantenmechanische Beschreibung müsste die Übergangswahrscheinlichkeiten in alle Kanäle, den elastischen ebenso wie die inelastischen, in einer so genannten *Viel-Kanal-Rechnung* behandeln, in der man eine Anzahl gekoppelter Wellengleichungen zu lösen hätte. Je nach Art und Komplexität der Systeme, an denen die Streuung stattfindet, kann dies eine umfangreiche und technisch aufwändige Rechnung sein. Wenn man sich aber in erster Linie für die Rückwirkung auf den elastischen Kanal interessiert, dann gibt es eine einfache, pauschale Methode, die Partialwellenbeiträge zu (2.6) zu parametrisieren. Den Schlüssel hierzu liefert das optische Theorem (2.12), das aussagt, dass der *totale* Wirkungsquerschnitt

$$\sigma_{\text{tot}} = \sigma_{\text{el}} + \sigma_{\text{abs}}$$

proportional zum Imaginärteil der *elastischen* Streuamplitude in der Vorwärtsrichtung ist,

$$\sigma_{\text{tot}} = \sigma_{\text{el}} + \sigma_{\text{abs}} = \frac{4\pi}{k}\,\text{Im}\, f_{\text{el}}(k, \theta = 0)\,. \tag{2.51}$$

Hierbei ist

$$\sigma_{\text{el}} = \int d\Omega \, |f_{\text{el}}|^2 = \frac{4\pi}{k^2} \sum_{\ell=0}^{\infty} (2\ell+1) \, |a_\ell(k)|^2$$

$$= 4\pi \sum_{\ell=0}^{\infty} (2\ell+1) \, |f_\ell(k)|^2$$

der integrierte elastische Wirkungsquerschnitt, σ_{abs} ist die Summe aller Wirkungsquerschnitte in die bei der gegebenen Energie offenen inelastischen Kanäle und stellt die Absorption aus dem elastischen Kanal dar.

In dieser allgemeinen Form haben wir das optische Theorem noch nicht bewiesen, weil wir noch nicht alle Hilfsmittel entwickelt haben, die der Beweis erfordert. Ich merke hier nur vorläufig an, dass das Theorem in der Streutheorie mit Potentialen letztlich aus der Erhaltung der Wahrscheinlichkeit folgt: Wenn das einlaufende Teilchen aus dem elastischen Kanal herausgestreut werden kann, dann muss die Wahrscheinlichkeit, es *irgendwo* in einem der kinematisch zulässigen Endzustände anzutreffen, gleich 1 sein.

Die Entwicklung nach Partialwellen legt es nahe, den totalen, den elastischen und den Absorptionswirkungsquerschnitt für jede Partialwelle ℓ zu definieren, d. h.

$$\sigma_{\text{el}}^{(\ell)} = 4\pi(2\ell+1) \, |f_\ell(k)|^2 \,,$$

$$\sigma_{\text{tot}}^{(\ell)} = \frac{4\pi}{k} (2\ell+1) \, \text{Im} \, f_\ell(k) \,,$$

$$\sigma_{\text{abs}}^{(\ell)} = \sigma_{\text{tot}}^{(\ell)} - \sigma_{\text{el}}^{(\ell)} \,.$$

In der zweiten dieser Gleichungen haben wir das optische Theorem benutzt. Da stets $\sigma_{(\text{tot})}^{(\ell)} \geq \sigma_{\text{el}}^{(\ell)}$ gilt, folgt hieraus eine wichtige Bedingung an die Partialwellenamplituden

$$\boxed{\text{Im} \, f_\ell(k) \geq k \, |f_\ell(k)|^2} \,. \tag{2.52}$$

Man nennt (2.52) die *Positivitätsbedingung*. Aus ihr folgt, dass $f_\ell(k)$ die allgemeine Form

$$f_\ell(k) = \frac{1}{2ik} (e^{2i\delta_\ell(k)} - 1) \tag{2.53}$$

haben muss, wobei δ_ℓ eine im Allgemeinen komplexe Phase ist, deren Imaginärteil positiv oder gleich Null sein muss. Wir zeigen dies wie folgt:

Die komplexe Zahl $1 + 2ik f_\ell$ schreiben wir in Polarzerlegung als

$$1 + 2ik f_\ell = \eta_\ell \, e^{2i\varepsilon_\ell} \quad \text{mit} \quad \eta_\ell = e^{-2\,\text{Im}\,\delta_\ell} \,, \qquad \varepsilon_\ell = \text{Re} \, \delta_\ell \,.$$

(Der im Exponenten gewählte Faktor 2 ist für den Vergleich mit den Resultaten des Abschn. 2.3 bequem.) Daraus berechnen wir

$$\text{Im } f_\ell = \frac{1}{2k}[1 - \eta_\ell \cos(2\varepsilon_\ell)],$$

$$|f_\ell|^2 = \frac{1}{4k^2}[1 + \eta_\ell^2 - 2\eta_\ell \cos(2\varepsilon_\ell)].$$

Aus der Positivitätsbedingung (2.52) folgt

$$1 \geq \frac{1 + \eta_\ell^2}{2} \quad \text{oder} \quad 0 \leq \eta_\ell^2 \leq 1.$$

Das ist genau die Behauptung: Wenn $\eta_\ell = 1$ ist, so ist Im $\delta_\ell = 0$, wenn $\eta_\ell < 1$ ist, so ist Im $\delta_\ell > 0$. Die Größe η_ℓ, die definitionsgemäß positiv oder Null sein muss und die die Ungleichung

$$\boxed{0 \leq \eta_\ell \leq 1} \tag{2.54}$$

erfüllt, wird *Inelastizität* genannt. Wie wir in der Tat gleich zeigen werden, ist sie ein Maß dafür, wie viel – qualitativ gesprochen – aus der ℓ-ten Partialwelle der elastischen Streuung durch Absorption herausgenommen wird.

Das Ergebnis (2.53) mit (2.54) ist ein bemerkenswertes Resultat: In (2.11) hatten wir dieselbe Form für $f_\ell = a_\ell/k$ aus der Schrödinger-Gleichung abgeleitet, dort aber für reelle Potentiale und daher auch reelle Streuphasen. Hier haben wir lediglich das optische Theorem (2.51) benutzt!

Die oben definierten Wirkungsquerschnitte in jeder Partialwelle, als Funktionen von Inelastizität und reeller Streuphase ausgedrückt, sind

$$\sigma_{\text{tot}}^{(\ell)} = \frac{2\pi}{k^2}(2\ell+1)[1 - \eta_\ell \cos(2\varepsilon_\ell)], \tag{2.55}$$

$$\sigma_{\text{el}}^{(\ell)} = \frac{\pi}{k^2}(2\ell+1)[1 + \eta_\ell^2 - 2\eta_\ell \cos(2\varepsilon_\ell)], \tag{2.56}$$

$$\sigma_{\text{abs}}^{(\ell)} = \sigma_{\text{tot}}^{(\ell)} - \sigma_{\text{el}}^{(\ell)} = \frac{\pi}{k^2}(2\ell+1)[1 - \eta_\ell^2]. \tag{2.57}$$

Die Ergebnisse (2.55)–(2.57) lassen sich leicht interpretieren:

1. Wenn $\eta_\ell = 1$ ist, so tritt in dieser Partialwelle keine Absorption auf. Der inelastische Anteil (2.57) ist Null, der elastische Anteil (2.56) ist gleich dem totalen Wirkungsquerschnitt (2.55),

$$\sigma_{\text{abs}}^{(\ell)} = 0, \qquad \sigma_{\text{el}}^{(\ell)} = \sigma_{\text{tot}}^{(\ell)}.$$

Die Streuphase δ_ℓ ist jetzt reell und (2.53) lässt sich in der aus (2.11) bekannten Form schreiben

$$f_\ell(k) = \frac{1}{k} e^{i\delta_\ell} \sin \delta_\ell.$$

2. Im anderen Extremfall $\eta_\ell = 0$ ist die Absorption in der betrachteten Partialwelle maximal. Das bedeutet aber nicht, dass gar keine

elastische Streuung auftritt, sondern lediglich, dass elastischer und inelastischer Anteil gleich werden. Die Ergebnisse (2.55)–(2.57), die auf dem optischen Theorem beruhen, geben das Resultat

$$\sigma_{abs}^{(\ell)} = \sigma_{el}^{(\ell)} = \frac{1}{2}\sigma_{tot}^{(\ell)}.$$

Die Streuamplitude selbst wird rein imaginär und ist gleich

$$f_\ell = \frac{i}{2k}.$$

3. Interessant ist der Fall einer Resonanz in der ℓ-ten Partialwelle, wenn dort auch Absorption auftritt. Die Resonanzkurve der Abb. 2.4 ist qualitativ ähnlich wie im Fall ohne Absorption, sie schneidet aber die Ordinate nicht mehr im Punkt i bzw i/k, sondern bei einem kleineren Wert, aus dem sich die Inelastizität ablesen lässt.

Die Prinzipien der Quantentheorie

Einführung

Dieses Kapitel befasst sich mit dem formalen Rahmen der Quantenmechanik: ihren mathematischen Hilfsmitteln, der Verallgemeinerung und Abstraktion des Zustandsbegriffs, der Darstellungstheorie und einer ersten Fassung der Postulate, auf denen die Quantentheorie beruht.

Was den mathematischen Rahmen angeht, so macht die Quantenmechanik regen Gebrauch vom Begriff des Hilbertraums, der Theorie der linearen Operatoren, die auf dem Hilbertraum definiert sind, und der Funktionalanalysis im Allgemeinen. Das sind für sich genommen große und wichtige Gebiete, deren auch nur auszugsweise Darstellung den Rahmen dieses Buches bei weitem sprengen würde. Ich begnüge mich daher mit einer etwas pragmatischen Vorgehensweise, bei der alle für die Quantentheorie wichtigen Definitionen und Methoden eingeführt, aber nicht ausführlich begründet werden. Einige der allgemeinen Begriffe werden anhand von Matrixdarstellungen plausibel und – nach Möglichkeit – anschaulich gemacht, bei denen man viele der aus der Linearen Algebra vertrauten Methoden übertragen kann, auch wenn die Matrizen, mit denen man hier zu tun hat, häufig unendlichdimensional sind.

3.1 Darstellungstheorie

Observable, die per Definition klassische Größen sind, werden in der Quantenmechanik durch selbstadjungierte Operatoren dargestellt. In den physikalischen Beispielen, die wir bis hierher studiert haben, definieren die Eigenfunktionen dieser Operatoren vollständige Systeme von Basisfunktionen, die orthogonal und entweder quadratintegrabel und daher auf 1 normierbar oder auf δ-Distributionen normierbar sind. Für die zugehörigen Eigenwertspektren gibt es drei Möglichkeiten:

1. Das Spektrum kann *rein diskret* sein. Beispiele hierfür sind das Quadrat des Bahndrehimpulses ℓ^2 und eine seiner Komponenten, z. B. ℓ_3. Beide Operatoren sind auf der S^2, der Einheitskugel im $\mathbb{R}^3$, definiert, ihre Eigenfunktionen $Y_{\ell m}(\theta, \phi)$ sind orthonormiert und vollständig.

Ein anderes Beispiel ist der Hamiltonoperator des Kugeloszillators,

$$H = -\frac{\hbar^2}{2m}\,\Delta + \frac{1}{2}m\omega^2 r^2\,, \tag{3.1}$$

der über dem $\mathbb{R}^3$ definiert ist und dessen Spektrum und Eigenfunktionen wir in Abschn. 1.9.4 hergeleitet haben.

2. Das Spektrum kann *rein kontinuierlich* sein. Beispiele für diesen Fall sind der Operator des Impulses p eines Teilchens, der Ortsoperator x und der Operator der kinetischen Energie $p^2/(2m)$.

3. Das Spektrum kann aber auch *sowohl diskrete als auch kontinuierliche Anteile* haben. Ein wichtiges Beispiel ist der Hamiltonoperator, der das Wasserstoffatom beschreibt,

$$H = -\frac{\hbar^2}{2m}\,\Delta - \frac{e^2}{r}\,, \tag{3.2}$$

und den wir in Abschn. 1.9.5 studiert haben. Andere Beispiele sind Hamiltonoperatoren der Ein-Teilchen-Bewegung, in denen das Potential $U(r) = -U_0\Theta(R_0 - r)$, also ein anziehender Kasten mit endlichem Radius ist. Ähnlich wie im Wasserstoffatom gibt es bei $E < 0$ gebundene Zustände, bei $E > 0$ solche, die im Kontinuum liegen.

Es sei nun $\psi_\alpha(x)$ oder, allgemeiner, $\psi_\alpha(t, x)$ der quantenmechanische Zustand eines physikalischen Systems, der durch die Quantenzahl(en) α charakterisiert ist. In der Tat kann α für mehr als eine Quantenzahl stehen, man denke nur an einen der diskreten Bindungszustände des Wasserstoffatoms, wo α für das Tripel (n, ℓ, m) steht. Die Fouriertransformation von ψ_α

$$\widetilde{\psi}_\alpha(t, p) = \frac{1}{(2\pi\hbar)^{3/2}} \int \mathrm{d}^3 x \, \exp\left(-\frac{\mathrm{i}}{\hbar}p\cdot x\right)\psi_\alpha(t, x)$$

ist eindeutig; mit ihr besitzen wir eine Entwicklung der physikalischen Wellenfunktion

$$\psi_\alpha(t, x) = \frac{1}{(2\pi\hbar)^{3/2}} \int \mathrm{d}^3 p \, \exp\left(+\frac{\mathrm{i}}{\hbar}p\cdot x\right)\widetilde{\psi}_\alpha(t, p)$$

nach den Eigenfunktionen

$$\varphi(p, x) = \frac{1}{(2\pi\hbar)^{3/2}} \exp\left(\frac{\mathrm{i}}{\hbar}p\cdot x\right) \tag{3.3}$$

des Impulsoperators. Dass diese nicht quadratintegrabel und daher nicht im üblichen Sinne normierbar sind, spielt dabei keine Rolle, denn die Vollständigkeit lässt sich ebenso mit Hilfe der δ-Distribution formulieren. Die Funktion $\widetilde{\psi}_\alpha(t, p)$ ist ebenso gut geeignet wie die Funktion $\psi_\alpha(t, x)$, den Zustand mit den Quantenzahlen „α" zu beschreiben. Deshalb spricht man im ersten Fall von der *Impulsraumdarstellung* des betrachteten Zustandes, im zweiten Fall von seiner *Ortsraumdarstellung*.

In der Ortsraumdarstellung des Zustandes „α" ist $|\psi_\alpha(t, \boldsymbol{x})|^2$ die Wahrscheinlichkeitsdichte der Born'schen Interpretation, d. h. $|\psi_\alpha(t, \boldsymbol{x})|^2\, \mathrm{d}^3 x$ ist die Wahrscheinlichkeit, das Teilchen zur Zeit t in einer infinitesimalen Umgebung des Punkts $\boldsymbol{x}$ zu finden. Analog hierzu ist $|\widetilde{\psi}_\alpha(t, \boldsymbol{p})|^2\, \mathrm{d}^3 p$ die Wahrscheinlichkeit, das Teilchen zur Zeit t in einer ε-Umgebung des Punkts $\boldsymbol{p}$ im Impulsraum nachzuweisen.

Es sei A eine Observable, deren Eigenwertspektrum voll diskret und – der Einfachheit halber – nicht entartet angenommen ist. Ihre Eigenwerte seien mit a_n, ihre Eigenfunktionen mit φ_n bezeichnet, d. h.

$$A\varphi_n(\boldsymbol{x}) = a_n \varphi_n(\boldsymbol{x})\,.$$

Das System $\{\varphi_n\}$ sei vollständig und auf 1 normiert. Wenn die Zustandsfunktion $\psi_\alpha(t, \boldsymbol{x})$ ebenfalls (absolut) quadratintegrabel ist, dann lässt sie sich nach diesem Basissystem entwickeln,

$$\psi_\alpha(t, \boldsymbol{x}) = \sum_n \varphi_n(\boldsymbol{x}) c_n^{(\alpha)}(t) \quad \text{mit} \quad c_n^{(\alpha)}(t) = \int \mathrm{d}^3 x\, \varphi_n^*(\boldsymbol{x}) \psi_\alpha(t, \boldsymbol{x})\,.$$

Die Gesamtheit aller Entwicklungskoeffizienten $\{c_n^{(\alpha)}(t)\}$ gibt zu jedem Zeitpunkt eine vollständige Beschreibung des Zustands α, die Größe $|c_n^{(\alpha)}(t)|^2$ ist die Wahrscheinlichkeit, bei einer Messung der Observablen A an dem durch die Wellenfunktion ψ_α beschriebenen Zustand den Eigenwert a_n zu finden.

Falls das Spektrum von A entartet ist, muss man zusätzlich über die Basisfunktionen der Unterräume zu festem Eigenwert a_n summieren. Ein Beispiel für eine Observable mit rein diskretem, allerdings entartetem Spektrum ist der Hamiltonoperator des Kugeloszillators (3.1), wobei $a_n = E_{n\ell}$ und

$$\varphi_\nu(\boldsymbol{x}) = R_{n\ell}(r) Y_{\ell m}(\theta, \phi)\,, \qquad \nu \equiv (n, \ell, m)\,.$$

Falls A ein Spektrum hat, das sowohl diskrete als auch kontinuierliche Anteile hat, so lautet die Entwicklung der Wellenfunktion in einer symbolischen, aber einleuchtenden Schreibweise

$$\psi_\alpha(t, \boldsymbol{x}) = \sum_\nu d_\nu^{(\alpha)}(t) \varphi_\nu(\boldsymbol{x}) + \int \mathrm{d}\nu\, d^{(\alpha)}(t, \nu) \varphi(\nu, \boldsymbol{x})\,.$$

Das klassische Beispiel für diesen Fall ist der Hamiltonoperator (3.2) des Wasserstoffatoms.

Als erstes Ergebnis halten wir fest, dass man den Zustand „α" wahlweise durch die Angabe von

$$\psi_\alpha(t, \boldsymbol{x}) \quad \text{oder} \quad \widetilde{\psi}_\alpha(t, \boldsymbol{p}) \quad \text{oder}$$
$$\{c_n^{(\alpha)}(t)\} \quad \text{oder} \quad \{d_\nu^{(\alpha)}(t), d^{(\alpha)}(t, \nu)\} \tag{3.4}$$

darstellen kann. Es liegt daher nahe, den Begriff „quantenmechanischer Zustand" zu abstrahieren, indem man ihn von jeder spezifischen Darstellung löst, und umgekehrt die Freiheit zu nutzen, bei konkreten

Betrachtungen oder in praktischen Rechnungen diejenige Darstellung auszuwählen, die der jeweiligen Situation angepasst ist. Ein vielleicht noch wichtigerer Bonus dieser Abstraktion des Zustandsbegriffs ist der, dass man jetzt auch solche Systeme behandeln kann, für die es kein klassisches Analogon gibt.

In einem gewissen Sinn stellen die Transformationen zwischen verschiedenen, aber äquivalenten Darstellungen ein Analogon der kanonischen Transformationen der Mechanik Hamilton'scher Systeme dar. Ähnlich wie dort ist das physikalische System, hier also seine Wellenfunktion invariant, seine Darstellung in einer der skizzierten, konkreten Formen ist eine Art „Koordinatenwahl", die geschickt oder ungeschickt sein kann, auf jeden Fall aber einer spezifischen Fragestellung angepasst sein soll. Natürlich müssen wir das Umrechnen von Wellenfunktionen und von Operatoren zwischen verschiedenen Darstellungen genauer untersuchen, doch bevor wir dies tun, führen wir eine besonders für die Praxis wichtige Schreibweise ein, die der gewünschten Abstraktion gut Rechnung trägt.

3.1.1 Dirac'sche Bracket-Schreibweise

Abstrahiert man den durch die Quantenzahl(en) α charakterisierten Zustand von seinen speziellen Darstellungen (3.4), so ist es oft nützlich, ihn in der symbolischen Form $|\alpha\rangle$ zu schreiben. Diese Notation geht auf Dirac zurück, der dieses Symbol mit „ket", das dazu duale Objekt $\langle\alpha|$ mit „bra" bezeichnete – unter Anspielung auf das Aufbrechen des englischen Wortes *bracket*, also der spitzen Klammern $\langle\cdots|\cdots\rangle$ in $\langle\cdots|$ und $|\cdots\rangle$. Es lohnt sich, diese Notation etwas genauer zu erklären: Da die Schrödinger-Gleichung eine lineare Gleichung ist, sind Linearkombinationen ihrer Lösungen selbst wieder Lösungen. Ein physikalischer Zustand in einer der Formen (3.4) ist daher ein (verallgemeinerter) *Vektor* in einem linearen Vektorraum über $\mathbb{C}$, den wir weiter unten genauer charakterisieren werden. Was den vier Darstellungen (3.4) gemeinsam ist, ist die Linearität und der physikalische Inhalt, der in der Angabe der Quantenzahlen α kodiert ist. Sie unterscheiden sich lediglich dadurch, dass wir den Zustand einmal durch quadratintegrable Funktionen über dem Ortsraum $\mathbb{R}^3$, einmal durch solche Funktionen über dem Impulsraum $\mathbb{R}^3_p$, einmal durch einen Spaltenvektor mit unendlich vielen Komponenten konkretisieren. Mit der Dirac'schen Schreibweise $|\cdots\rangle$ wird die invariante Information, nämlich der Vektorcharakter des Zustandes und sein physikalischer Inhalt zusammengefasst, sie steht aber für *alle* Darstellungen. Wenn $|\alpha\rangle$ ein Vektor ist, und $\langle\beta|\alpha\rangle$ die komplexe Zahl

$$\int \mathrm{d}^3x \, \psi_\beta^*(t,\boldsymbol{x})\psi_\alpha(t,\boldsymbol{x}) \quad \text{bzw.} \quad \int \mathrm{d}^3p \, \widetilde{\psi}_\beta^*(t,\boldsymbol{p})\widetilde{\psi}_\alpha(t,\boldsymbol{p}) \quad \text{bzw.}$$

$$\sum_{n=0}^{\infty} c_n^{(\beta)\,*} c_n^{(\alpha)} \,,$$

dann bedeutet das, dass $\langle\beta|$ eine Linearform ist, die auf Vektoren der Art $|\alpha\rangle$ wirkt und dabei eine komplexe Zahl liefert, sie also *dual* zu diesen ist. Im Ortsraum beispielsweise ist $|\alpha\rangle$ die Wellenfunktion $\psi_\alpha(t,\boldsymbol{x})$, während $\langle\beta|$ den Integraloperator

$$\int \mathrm{d}^3x\, \psi_\beta^*(t,\boldsymbol{x})\; \bullet$$

darstellt, der auf die durch den Punkt gekennzeichnete Leerstelle wirkt.

Wie man sieht, ist die Dirac'sche Notation eine etwas pragmatische Schreibweise, die für viele praktische Rechnungen nützlich und daher im physikalischen Alltag weit verbreitet ist. Die mathematische Literatur macht praktisch keinen Gebrauch davon, vermutlich weil sie nicht eindeutig ist[1] und unter Umständen missverständlich sein kann. Wir werden sie im Folgenden oft, aber nicht durchweg verwenden, und wollen sie hier zunächst durch einige einfache Beispiele illustrieren:

Beispiel 3.1

Es möge $|n\rangle$ das Basissystem charakterisieren, das zum volldiskreten, zunächst nichtentarteten Eigenwertspektrum einer Observablen A gehört. Dann gilt $\langle m|n\rangle = \delta_{mn}$. Die Entwicklung eines physikalischen Zustands nach dieser Basis, die im Ortsraum die Form $\psi_\alpha(t,\boldsymbol{x}) = \sum \varphi_n(\boldsymbol{x})\, a_n^{(\alpha)}(t)$ hat, hat die abstrakte, darstellungsunabhängige Form

$$|\alpha\rangle = \sum_n |n\rangle\, \langle n|\alpha\rangle .$$

Hierbei ist $\langle n|\alpha\rangle$, der Entwicklungskoeffizient nach dem Zustand „n", in der Ortsraumdarstellung somit

$$\langle n|\alpha\rangle = (\varphi_n, \psi_\alpha) = \int \mathrm{d}^3x\, \varphi_n^*(\boldsymbol{x})\psi_\alpha(t,\boldsymbol{x}) = \langle\alpha|n\rangle^* .$$

Die Entwicklung eines „bra" lautet entsprechend

$$\langle\beta| = \sum_m \langle m|\beta\rangle^*\, \langle m| .$$

Das Skalarprodukt zweier Zustände in dieser Notation

$$\langle\beta|\alpha\rangle = \sum_{n,m} \langle m|\beta\rangle^*\, \langle n|\alpha\rangle\, \delta_{mn} = \sum_n \langle\beta|n\rangle\, \langle n|\alpha\rangle$$

ist konkret durch

$$\int \mathrm{d}^3x\, \psi_\beta^*(t,\boldsymbol{x})\psi_\alpha(t,\boldsymbol{x}) = \sum_n a_n^{(\beta)\,*} a_n^{(\alpha)}$$

gegeben, wobei die linke Seite im Ortsraum, die rechte Seite in der A-Darstellung gilt.

Wenn die Basis zu einer Observablen mit diskretem, entartetem Spektrum gehört oder zu einer Observablen mit gemischtem Spektrum, so ist die Summe über n im ersten Fall durch entsprechende Mehrfachsummen, im zweiten Fall durch Summe und Integral zu ersetzen. Ein

---

[1] So kann z. B. $|n\rangle$ das Basissystem $\varphi_n(x)$ von stationären Eigenfunktionen des eindimensionalen harmonischen Oszillators in allen Darstellungen bedeuten, könnte aber auch für ein anderes, volldiskretes System mit einem anderen Hamiltonoperator stehen.

Beispiel für den ersten Fall haben wir bei den gemeinsamen Eigenfunktionen zu ℓ^2 und zu ℓ_3 vorliegen, wo wir die Basis in der Dirac'schen Notation als $|\ell m\rangle$ schreiben; ein Beispiel für den zweiten bilden die Eigenfunktionen des Hamiltonoperators des Wasserstoffatoms.

Beispiel 3.2

Die Vollständigkeitsrelation nimmt in der *bra*- und *ket*-Notation die symbolische, aber sofort verständliche Form

$$\sum_{n=0}^{\infty} |n\rangle\langle n| = \mathbb{1} \quad \text{bzw.} \quad \sum_{n} |n\rangle\langle n| + \int d\nu \, |\nu\rangle\langle\nu| = \mathbb{1} \tag{3.5}$$

für den rein diskreten bzw. den gemischten Fall an. Würde man etwa den zweiten Ausdruck im Ortsraum ausschreiben, so wäre er

$$\sum_{n} \varphi_n(x) \int d^3x' \, \varphi_n^*(x') \bullet + \int d\nu \, \varphi(\nu, x) \int d^3x' \, \varphi^*(\nu, x') \bullet$$
$$= \int d^3x' \, \delta(x-x') \bullet \, ;$$

der Punkt steht wieder für die Leerstelle, kürzt also die Wellenfunktion ab, auf die der Ausdruck wirkt. Diese ausführliche Schreibweise ist weniger übersichtlich als die abstrakte und allgemeinere Notation.

Die Vollständigkeitsrelation in einem komplexen, unendlichdimensionalen Vektorraum lässt sich ganz genauso notieren: Sei $\{e_n\}$ mit $e_i = (0, \cdots 0, 1, 0, \cdots, 0)^T$ ein System von Basisvektoren, (mit einer 1 als i-tem Eintrag), das diesen Raum aufspannt. Dann ist

$$\sum_{n=1}^{\infty} |n\rangle\langle n| = \sum_{i=1}^{\infty} e_i e_i^\dagger$$
$$= \sum_i \begin{pmatrix} 0 \\ \vdots \\ 0 \\ 1 \\ 0 \\ \vdots \end{pmatrix} \begin{pmatrix} 0 \ldots 0 \, 1 \, 0 \ldots \end{pmatrix} = \begin{pmatrix} 1 & 0 & 0 & \ldots \\ 0 & 1 & 0 & \ldots \\ 0 & 0 & 1 & \ldots \\ \vdots & \vdots & \vdots & \ddots \end{pmatrix} = \mathbb{1}.$$

Beispiel 3.3

Erwartungswerte oder allgemeinere Matrixelemente von Operatoren schreibt man als $\langle\beta|A|\alpha\rangle$, ein Ausdruck, der etwa im Ortsraum das aus Kap. 1 vertraute Integral über den $\mathbb{R}^3$ ist. Betrachtet man ein solches Matrixelement für das Produkt zweier Operatoren A und B, so kann man in der folgenden, etwas formalen Rechnung die Vollständigkeitsrelation verwenden und die Matrixelemente des Produkts durch Produkte von Matrixelementen der einzelnen Operatoren ausdrücken,

$$\langle\beta|\,AB\,|\alpha\rangle = \langle\beta|\,A\,\mathbb{1}\,B\,|\alpha\rangle = \sum_n \langle\beta|\,A\,|n\rangle\,\langle n|\,B\,|\alpha\rangle\;.$$

Von dieser Rückführung auf die einzelnen Operatoren eines Produkts wird oft Gebrauch gemacht und wir werden bald einige konkrete Beispiele kennen lernen.

Beispiel 3.4

Die Erweiterung auf uneigentliche, d.h. nicht auf 1 normierbare Zustände, ist ohne Schwierigkeiten durchführbar. Bezeichnen wir mit $|x\rangle$ und $|p\rangle$ die Eigenfunktionen des Operators x bzw. p in Dirac'scher Notation, dann gilt

$$\langle x'|x\rangle = \delta(x'-x)\,,\qquad \langle p'|p\rangle = \delta(p'-p)\,.$$

Die Entwicklungskoeffizienten eines physikalischen Zustandes „α" nach den Eigenfunktionen von x, die wir nach dem oben Gesagten als $\langle x|\alpha\rangle$ schreiben, sind nichts anderes als $\psi_\alpha(t,x)$, die Ortsraumdarstellung der Wellenfunktion. In diesem Sinne ist die Formel

$$\langle x|p\rangle = \frac{1}{(2\pi\hbar)^{3/2}}\exp\left(\frac{\mathrm{i}}{\hbar}p\cdot x\right) = \langle p|x\rangle^*$$

sofort verständlich: Auf der linken Seite steht die Ortsraumdarstellung der Wellenfunktion $|p\rangle$, auf der rechten die Impulsraumdarstellung – konjugiert komplex – der Eigenfunktion $|x\rangle$ des Ortsoperators.

3.1.2 Transformationen zwischen verschiedenen Darstellungen

Wenn man die Darstellung der Zustände wechselt, werden natürlich auch die Operatoren transformiert, die auf diese Zustände wirken. Für eine erste Orientierung mag man sich an die Beschreibung endlichdimensionaler Vektorräume in der Linearen Algebra erinnern: Sei V ein reeller Vektorraum der Dimension n, $\hat{e}=\{\hat{e}_k\}$, $k=1,\ldots n$, eine orthonormierte Basis, $\hat{e}_i\cdot\hat{e}_k=\delta_{ik}$. Jede *orthogonale* Transformation $\mathbf{R}$ überführt sie in eine neue Orthonormalbasis,

$$\hat{e}\longmapsto \hat{f}=\mathbf{R}\hat{e}\,,\qquad \mathbf{R}^T\mathbf{R}=\mathbb{1}\,.$$

Observable in einem solchen $\mathbb{R}$-Vektorraum sind (hier noch reelle) Matrizen, die in bekannter Weise auf ein beliebiges Element $a=\sum_k \hat{e}_k c_k^{(a)}$ wirken,

$$\mathbf{A}a = \sum_k (\mathbf{A}\hat{e}_k)c_k^{(a)} = \sum_{ik} A_{ik}\hat{e}_i c_k^{(a)}\quad\text{mit}\quad A_{ik}=\hat{e}_i\cdot(\mathbf{A}\hat{e}_k)\,.$$

Beachtet man, dass $\mathbf{R}^T=\mathbf{R}^{-1}$ ist, so gilt in der neuen Basis

$$\widetilde{A}_{ik}=\hat{f}_i\cdot(\mathbf{A}\hat{f}_k)=\sum_{pq}R_{ip}R_{kq}A_{pq}=(\mathbf{R}\mathbf{A}\mathbf{R}^{-1})_{ik}\,,$$

d. h. der Operator transformiert nach der Regel

$$\mathbf{A} \longmapsto \widetilde{\mathbf{A}} = \mathbf{R}\mathbf{A}\mathbf{R}^{-1} ,$$

die man sich anschaulich leicht merken kann: Von rechts nach links gelesen „dreht" $\mathbf{R}^{-1}$ zunächst in die alte Basis „zurück", dort wirkt der Operator wie zuvor, schließlich wird das Ergebnis wieder in die neue Basis „gedreht".

Ein analoges Verhalten hat man bei Vektorräumen über $\mathbb{C}$ mit dem Unterschied, dass die orthogonale Transformation $\mathbf{R}$ durch eine *unitäre* $\mathbf{U}$ ersetzt werden muss, d. h. $\mathbf{U}\mathbf{U}^\dagger = \mathbb{1} = \mathbf{U}^\dagger\mathbf{U}$, wobei $\mathbf{U}^\dagger$ die transponierte und konjugiert komplexe Matrix ist. Observable sind jetzt nicht mehr reelle, sondern komplexe, hermitesche Matrizen, vgl. Abschn. 1.8.1.

Wir beginnen mit einem Beispiel: Es seien Q^k, $k = 1, 2, 3$, die drei Operatoren des Ortes in kartesischer Basis. Da sie miteinander vertauschen, gilt für jede Lösung $\psi(\boldsymbol{x})$ der Schrödinger-Gleichung im Ortsraum

$$Q^k \psi(\boldsymbol{x}) = x^k \psi(\boldsymbol{x}) ;$$

man sagt auch, dass Q^k multiplikativ wirkt. Entwickelt man diese Funktionen nach den Eigenfunktionen (3.3) des Impulsoperators, so folgt

$$\begin{aligned} Q^k \int \mathrm{d}^3 p \, \varphi(\boldsymbol{p}, \boldsymbol{x}) \widetilde{\psi}(\boldsymbol{p}) &= \int \mathrm{d}^3 p \, \varphi(\boldsymbol{p}, \boldsymbol{x}) x^k \widetilde{\psi}(\boldsymbol{p}) \\ &= -\frac{\hbar}{\mathrm{i}} \int \mathrm{d}^3 p \, \varphi(\boldsymbol{p}, \boldsymbol{x}) \frac{\partial}{\partial p_k} \widetilde{\psi}(\boldsymbol{p}) . \end{aligned}$$

Dabei haben wir die Relation

$$\exp\left(\frac{\mathrm{i}}{\hbar} \boldsymbol{p} \cdot \boldsymbol{x}\right) x^k = \frac{\hbar}{\mathrm{i}} \frac{\partial}{\partial p_k} \exp\left(\frac{\mathrm{i}}{\hbar} \boldsymbol{p} \cdot \boldsymbol{x}\right)$$

benutzt und haben einmal partiell nach p_k integriert. Diese Gleichung gilt für alle $\boldsymbol{x}$. Wenden wir die inverse Fouriertransformation darauf an, dann folgt

$$Q^k \widetilde{\psi}(\boldsymbol{p}) = -\frac{\hbar}{\mathrm{i}} \frac{\partial}{\partial p_k} \widetilde{\psi}(\boldsymbol{p}) . \tag{3.6}$$

Im Impulsraum werden die Operatoren Q^k durch die ersten Ableitungen nach p_k dargestellt, ganz ähnlich wie die Impulskomponente P_k im Ortsraum durch die erste Ableitung nach x^k dargestellt wird, vgl. (1.58) und Abschn. 1.8.4. Man beachte aber die unterschiedlichen Vorzeichen in (1.58) und in (3.6).

Sei A eine Observable mit einem rein diskreten, nichtentarteten Spektrum, deren Eigenfunktionen im Ortsraum mit $\varphi_n(\boldsymbol{x})$ bezeichnet seien. Der Zustand ψ lässt sich nach diesen Eigenfunktionen entwickeln, und es ist

$$Q^k \psi(\boldsymbol{x}) = Q^k \sum_n \varphi_n(\boldsymbol{x}) c_n = \sum_n x^k \varphi_n(\boldsymbol{x}) c_n .$$

Andererseits ist das Produkt $x^k \varphi_n(x)$ wieder eine quadratintegrable Funktion, die nach dem Basissystem φ_n entwickelt werden kann. Wenn die Entwicklungskoeffizienten mit $X_{mn}^{(k)}$ bezeichnet werden, dann ist

$$x^k \varphi_n(x) = \sum_m \varphi_m(x) X_{mn}^{(k)} \quad \text{mit} \quad X_{mn}^{(k)} = \int \mathrm{d}^3 x\, \varphi_m^*(x) x^k \varphi_n(x)\,.$$

Dieses Ergebnis bedeutet Folgendes: Der Zustand $\psi(x)$ ist in der A-Darstellung ein (im Allgemeinen unendlichdimensionaler) Vektor $\mathbf{c} = (c_1, c_2, \dots)^T$, der Ortsoperator Q^k wird durch die Matrix $\mathbf{X}^{(k)} = \left\{ X_{mn}^{(k)} \right\}$ dargestellt, und es gilt

$$Q^k \mathbf{c} = \mathbf{X}^{(j)} \mathbf{c} \quad \text{bzw.} \quad Q^k (c_n)^T = \left(\sum_n X_{mn}^{(k)} c_n \right)^T . \tag{3.7}$$

Als Ergebnis halten wir fest, dass der Operator Q^k, der die k-te kartesische Komponente des Ortsoperators beschreibt, ganz unterschiedlich dargestellt werden kann:

— Im Ortsraum durch die Funktion x^k, die multiplikativ wirkt.
— Im Impulsraum durch den Differentialoperator

$$-\frac{\hbar}{\mathrm{i}} \frac{\partial}{\partial p_k}\,.$$

— Im Raum der Eigenfunktionen der Observablen A durch die unendlichdimensionale Matrix

$$X_{mn}^{(k)} = \int \mathrm{d}^3 x\, \varphi_m^*(x) x^k \varphi_n(x)\,.$$

Wir können das Beispiel fortsetzen, indem wir uns die j-te kartesische Komponente P_j des Impulsoperators anschauen: Im Ortsraum wird sie durch $(\hbar/\mathrm{i})(\partial/\partial x^j)$, im Impulsraum durch die Funktion p_j, im Raum der Eigenfunktionen von A schließlich durch die Matrix

$$P_{mn}^{(j)} = \int \mathrm{d}^3 x\, \varphi_m^*(x) \frac{\hbar}{\mathrm{i}} \frac{\partial}{\partial x^j} \varphi_n(x)$$

dargestellt.

Offensichtlich stehen die Symbole Q^k und P_j für *alle* Darstellungen, stellen also in Wirklichkeit die Abstraktion dieser physikalischen Observablen dar. So lauten die Heisenberg'schen Vertauschungsrelationen in abstrakter Form

$$\boxed{[P_j, Q^k] = \frac{\hbar}{\mathrm{i}} \delta_{jk}\, \mathbb{1}\,, \qquad [Q^j, Q^k] = 0\,, \qquad [P_j, P_k] = 0}\,, \tag{3.8}$$

wobei $\mathbb{1}$ die Zahl 1 oder die unendlichdimensionale Einheitsmatrix ist. Wiederum gilt

- im Ortsraum: $\quad [P_j, Q^k] = \dfrac{\hbar}{\mathrm{i}} \dfrac{\partial}{\partial x^j} x^k - x^k \dfrac{\hbar}{\mathrm{i}} \dfrac{\partial}{\partial x^j} = \dfrac{\hbar}{\mathrm{i}} \delta_{jk}\,;$

- im Impulsraum: $[P_j, Q^k] = p_j \left(-\dfrac{\hbar}{\mathrm{i}} \dfrac{\partial}{\partial p_k} \right) - \left(-\dfrac{\hbar}{\mathrm{i}} \dfrac{\partial}{\partial p_k} \right) p_j = \dfrac{\hbar}{\mathrm{i}} \delta_{jk}\,;$

- im „A-Raum": $\quad \sum_l \left[P_{ml}^{(j)} X_{ln}^{(k)} - X_{ml}^{(k)} P_{ln}^{(j)} \right] = \dfrac{\hbar}{\mathrm{i}} \delta_{jk} \delta_{mn}\,.$

Es ist nicht schwierig, irgendeine dieser drei Darstellungen in eine der beiden anderen umzurechnen. Zum Beispiel benutzt man bei der Transformation von der Ortsraum- zur A-Darstellung Formeln der Art

$$\int \mathrm{d}^3 x\, \varphi_m^*(\mathbf{x}) \frac{\hbar}{\mathrm{i}} \frac{\partial}{\partial x^j} x^k \varphi_n(\mathbf{x}) = \int \mathrm{d}^3 x\, \varphi_m^*(\mathbf{x}) \frac{\hbar}{\mathrm{i}} \frac{\partial}{\partial x^j} \sum_l \varphi_l(\mathbf{x}) X_{ln}^{(k)}$$

$$= \sum_l P_{ml}^{(j)} X_{ln}^{(k)}\,.$$

Die Relationen (3.8) beziehen sich im Orts- sowie im Impulsraum auf die Vertauschung einer Funktion mit einem Differentialoperator, im Raum der Eigenfunktionen von A auf die Vertauschung zweier Matrizen. Diese im Grunde einfache Feststellung erhellt einen wichtigen historischen Schritt in der Entwicklung der Quantenmechanik. Während Erwin Schrödinger die Quantenmechanik nichtrelativistischer atomarer Systeme mit Hilfe der nach ihm benannten Differentialgleichung behandelte, entwickelte Werner Heisenberg zusammen mit seinem Lehrer Max Born und mit Pascual Jordan dieselbe Theorie in Gestalt der so genannten *Matrizenmechanik*. Die beiden Ansätze waren nichts anderes als zwei verschiedene Darstellungen ein und derselben Theorie, nämlich einmal das, was wir jetzt Ortsraumdarstellung nennen, das andere Mal das, was wir als „A-Darstellung" bezeichnen. Schrödinger selbst hat die Äquivalenz seines Zugangs mit dem Heisenberg'schen kurz nach der Entstehung der Quantenmechanik bewiesen.

3.2 Der Begriff des Hilbert-Raums

Nachdem wir in Kap. 1 wichtige Beispiele für selbstadjungierte Hamiltonoperatoren studiert haben, dort auch die Begriffe der Orthogonalität in Funktionenräumen und der Vollständigkeit von Basissystemen eingeführt und im vorhergehenden Abschnitt formal unterschiedliche, physikalisch aber äquivalente Darstellungen von Operatoren kennen gelernt haben, wollen wir die Räume, in denen die physikalischen Wellenfunktionen leben, etwas genauer kennen lernen. Der zentrale Begriff ist hier der Hilbert-Raum, der in vielerlei Hinsicht unserer gewohnten Vorstellung von endlichdimensionalen Vektorräumen entspricht, in einigen Aspekten – aufgrund seiner unendlichen Dimension – aber deutlich anders ist. Natürlich würde eine gründliche, mathematisch befriedigende

Darstellung nicht nur den Rahmen des Buches sprengen, sondern uns auch vorübergehend weit von den physikalischen Aspekten der Quantentheorie wegführen, die wir lernen und verstehen wollen. Deshalb muss ich mich auf eine verkürzte, in einigen Aspekten mehr qualitative Diskussion beschränken und verweise für ein tieferes Studium auf die Literatur der Mathematik (s. allgemeine Literatur) oder der Mathematischen Physik.[2]

Es werden hier zunächst einige Bemerkungen vorangestellt, die klarstellen, was wir für die Formulierung der Quantenmechanik brauchen bzw. zur Verfügung stellen wollen. Gleichzeitig motivieren sie die dann folgenden Definitionen.

Bemerkungen

1. An den Schrödinger'schen Wellenfunktionen fällt auf, dass sie einerseits über der physikalischen Zeitachse $\mathbb{R}_t$ und über dem gewöhnlichen, physikalischen Raum $\mathbb{R}_x^3$ definiert sind, andererseits aber in Funktionenräumen $\mathcal{H}$ liegen und dort gewisse Eigenschaften besitzen – wie z. B. quadratintegrabel zu sein. Etwas gelehrter ausgedrückt, ist $\psi_\alpha(t, \boldsymbol{x})$ über $\mathbb{R}_t \times \mathbb{R}_x^3$ definiert, ist aber Element von $\mathcal{H}$. Das wirft die Frage auf, wie die Wellenfunktion ψ_α reagiert, wenn wir im physikalischen Raum z. B. Galilei-Transformationen durchführen, also Translationen, Drehungen oder Spezielle Galilei-Transformationen, unter denen die Dynamik (in Gestalt des Hamiltonoperators) invariant ist. Diese Frage, die zu interessanten begrifflichen und praktischen Aussagen führt, wird uns noch ausführlich beschäftigen.

   Allerdings wird es bei Systemen, die kein klassisches Analogon haben, auch Wellenfunktionen geben, die nicht oder nur mittelbar auf die Raumzeit Bezug nehmen. Diese Situation wird uns bei der Beschreibung des Spins, d. h. des Eigendrehimpulses von Teilchen begegnen.

2. Ein zentrales Prinzip der Quantentheorie ist das *Superpositionsprinzip*, das besagt, dass mit zwei verschiedenen Lösungen ψ_α und ψ_β der Schrödinger-Gleichung auch jede Linearkombination $\lambda\psi_\alpha + \mu\psi_\beta$, mit $\lambda, \mu \in \mathbb{C}$ zwei komplexen Zahlen, Lösung ist. Der Raum oder die Räume, in denen die Wellenfunktionen definiert sind, müssen daher *lineare* Räume sein, d. h. sie müssen Vektorräume über $\mathbb{C}$ sein.

3. Denken wir an die Born'sche Interpretation, Abschn. 1.4, oder deren Verallgemeinerungen, so ist klar, dass die Räume $\mathcal{H}$ eine *metrische Struktur* tragen müssen, es muss möglich sein, die Norm oder Länge eines Zustands ψ zu definieren und zu messen. Gleichzeitig muss damit auch eine echte *geometrische Struktur* verbunden sein, denn wenn wir beispielsweise danach fragen, mit welcher Wahrscheinlichkeit der Eigenwert a_n der Observablen A im normierten Zustand ψ gemessen wird, dann ist das gleichbedeutend mit der Frage, welchen

---

[2] Eine auch für Physiker gut lesbare Darstellung findet man z. B. in [Blanchard und Brüning (1993)].

Wert das Skalarprodukt (φ_n, ψ) der zu a_n gehörenden Eigenfunktion von A mit dem Zustand ψ hat. Anders gesagt, wird hier nach der Projektion von ψ auf φ_n, d.h. nach dem Winkel gefragt, den die beiden Funktionen einschließen.

4. Beides, die metrische und die geometrische Struktur, erhält man durch die richtige Definition des Skalarprodukts von Wellenfunktionen (allgemeiner: Zustandsvektoren). Zugleich wird damit auch der allgemeine, formale Rahmen geschaffen, in dem *Erwartungswerte* von Observablen definiert sind, die ja als die physikalischen Messgrößen in die Interpretation der Theorie eingehen.

3.2.1 Definition von Hilbert-Räumen

Mit den vorangegangenen Bemerkungen sind wir für die folgende Definition motiviert und vorbereitet:

Definition 3.1

(I) Ein Hilbert-Raum $\mathcal{H}$ ist ein linearer Vektorraum über den komplexen Zahlen $\mathbb{C}$.

Die Addition von Elementen $f \in \mathcal{H}$ und $g \in \mathcal{H}$ existiert, $f + g \in \mathcal{H}$, und hat die üblichen Eigenschaften, d.h. sie ist assoziativ, es gibt ein Nullelement, für das $f + 0 = f$ für alle $f \in \mathcal{H}$ gilt, und zu jedem f gibt es $(-f)$ mit $f + (-f) = 0$. Die Multiplikation mit den komplexen Zahlen ist wohldefiniert, sie ist assoziativ und distributiv.

(II) Über $\mathcal{H}$ ist ein Skalarprodukt definiert

$$(\cdot, \cdot): \quad \mathcal{H} \times \mathcal{H} \longrightarrow \mathbb{C}: \quad f, g \longmapsto (f, g),$$

das folgende Eigenschaften besitzt:
Das Skalarprodukt (f, g) zweier Elemente $f, g \in \mathcal{H}$ ist $\mathbb{C}$-linear im zweiten Argument,

$$(f, g_1 + g_2) = (f, g_1) + (f, g_2) \quad \text{und}$$
$$(f, \lambda g) = \lambda (f, g), \quad \lambda \in \mathbb{C}. \tag{3.9}$$

Das Skalarprodukt (f, f) eines Elements mit sich selbst ist positiv definit und ist genau dann gleich Null, wenn f das Nullelement ist,

$$(f, f) \geq 0 \quad \forall f, \qquad (f, f) = 0 \iff f = 0. \tag{3.10}$$

Vertauscht man seine Argumente, so nimmt es seinen konjugiert komplexen Wert an,

$$(g, f) = (f, g)^*. \tag{3.11}$$

(III) Der Raum $\mathcal{H}$ ist vollständig, d. h. jede Cauchy-Folge $f_1, f_2, \ldots$ konvergiert gegen ein Grenzelement f, das in $\mathcal{H}$ liegt,

$$f_n \longrightarrow f, \quad \text{wenn} \quad \lim_{n \to \infty} \|f_n - f\| = 0. \tag{3.12}$$

(IV) Der Raum $\mathcal{H}$ hat abzählbar-unendliche Dimension.

Kommentare zur Definition 3.1 und zu den Axiomen (I) – (IV). Aus den Eigenschaften (3.9) und (3.11) folgt, dass das Skalarprodukt im *ersten* Faktor *anti*linear ist, d. h. dass

$$(\mu_1 f_1 + \mu_2 f_2, g) = \mu_1^*(f_1, g) + \mu_2^*(f_2, g), \qquad f_i, g \in \mathcal{H}, \quad \mu_i \in \mathbb{C}$$

gilt. Wäre das Skalarprodukt reell, so wäre es mit (3.10) und (3.11) eine positiv-definite Bilinearform. So aber, aufgrund der Linearität im zweiten und der Antilinearität im ersten Argument, spricht man von einer *positiv-definiten Sesquilinearform*.

Definition 3.2

1. Zwei Elemente f und g in $\mathcal{H}$ nennt man *orthogonal*, wenn ihr Skalarprodukt verschwindet,

$$(f, g) = 0 \qquad f \text{ und } g \text{ orthogonal}. \tag{3.13}$$

2. Mit dem Skalarprodukt ist eine *Norm* definiert

$$\|f\| := (f, f)^{1/2} \quad \text{Norm von} \quad f \in \mathcal{H}. \tag{3.14}$$

In (3.13) begegnet man wieder dem Begriff der verallgemeinerten Orthogonalität von Funktionen, den wir in Kap. 1 ausführlich studiert haben, in einem allgemeineren Rahmen! Ähnlich wie im Falle endlichdimensionaler Vektorräume gelten die

Schwarz'sche Ungleichung: $|(f, g)| \leq \|f\| \cdot \|g\|$, $\tag{3.15}$

und die

Dreiecksungleichung: $\big| \|f\| - \|g\| \big| \leq \|f + g\| \leq \|f\| + \|g\|$. $\tag{3.16}$

Wenn $f_1, f_2, \ldots, f_N$ ein Satz von orthogonalen, auf 1 normierten Elementen von $\mathcal{H}$ ist, dann gilt auch die *Bessel'sche Ungleichung*

$$\sum_{n=1}^{N} |(f_n, g)|^2 \leq \|g\|^2 \quad \text{für alle} \quad g \in \mathcal{H}. \tag{3.17}$$

Die Norm $\|f\|$ ist die verallgemeinerte Länge des Vektors $f \in \mathcal{H}$. Mit (3.15) definiert das Verhältnis $|(f, g)|/(\|f\| \, \|g\|) =: \cos \alpha$ den Winkel, den die Vektoren f und g einschließen.

Bevor wir fortfahren, sei hier bemerkt, dass ein Raum, der allein die Eigenschaften (I) und (II) hat, *Prä-Hilbertraum* genannt wird.

In (III) wird der Begriff der Cauchy-Folge verwendet, der in diesem Rahmen wie folgt zusammengefasst werden kann: Eine Cauchy-Folge liegt vor, wenn es zu jedem $\varepsilon > 0$ eine natürliche Zahl N gibt derart, dass

$$\| f_n - f_m \| < \varepsilon \quad \text{für alle} \quad n, m > N \,.$$

Es ist die Forderung (III), die den Prä-Hilbertraum zu einem Hilbert-Raum macht.

Was schließlich die Forderung (IV) angeht, so gibt es keinen tieferen Grund, einen Raum, der nur (I) bis (III) erfüllt, nicht auch schon Hilbert-Raum zu nennen. In der Tat wird ein Raum, der die Axiome (I)–(III) erfüllt, in der mathematischen Literatur so benannt. Die Hilbert-Räume, die in der Quantentheorie auftreten, sind in aller Regel abzählbar unendlichdimensional, sodass es gerechtfertigt ist, das Axiom (IV) in die Definition mit aufzunehmen. Endlichdimensionale Hilbert-Räume treten meist in Form von Unterräumen eines solchen „physikalischen" Hilbert-Raums auf. Im weiteren Verlauf der Entwicklung und in den Beispielen begegnen wir beiden Varianten, bemühen uns aber, stets dazu zu sagen, ob endliche oder unendliche Dimension vorliegt.

Im Zusammenhang mit Axiom (III) ist bereits ein Konvergenzbegriff benutzt worden, der als *starke Konvergenz* bezeichnet wird. Wir bemerken an dieser Stelle, dass es in unendlichdimensionalen Räumen andere, davon verschiedene Definitionen von Konvergenz gibt, gehen darauf aber nicht weiter ein.

Die folgenden Beispiele illustrieren die Definition von Hilbert-Räumen und zeigen insbesondere, inwieweit sie den aus der Linearen Algebra vertrauten Vektorräumen ähneln.

Beispiel 3.5

Die Menge aller unendlichdimensionalen, komplexen Vektoren, für die die Summe der Absolutquadrate ihrer Komponenten konvergente Folgen bilden,

$$\boldsymbol{a} = (a_1, a_2, a_3, \dots)^T \quad \text{mit} \quad \sum_{n=1}^{\infty} |a_n|^2 < \infty \,,$$

ist ein linearer Vektorraum über $\mathbb{C}$, wenn die Addition zweier Elemente und die Multiplikation jedes Elements mit komplexen Zahlen $\lambda \in \mathbb{C}$ wie gewohnt definiert sind, d. h.

$$\boldsymbol{a} + \boldsymbol{b} = \boldsymbol{c} \Longleftrightarrow c_n = a_n + b_n \,, \qquad \lambda \boldsymbol{a} = (\lambda a_n)^T \,.$$

Während es unmittelbar klar ist, dass die Konvergenzbedingung für $\lambda \boldsymbol{a}$ erfüllt ist, wenn sie auf $\boldsymbol{a}$ zutrifft, muss man sie für die Summe zweier Elemente nachprüfen. Nun ist aber

$$|a_n + b_n|^2 \leq \big| |a_n| + |b_n| \big|^2 + \big| |a_n| - |b_n| \big|^2$$
$$= 2\big(|a_n|^2 + |b_n|^2 \big) < \infty \,,$$

und somit in der Tat $\sum |c_n|^2 < \infty$.

Das Skalarprodukt

$$(\boldsymbol{a}, \boldsymbol{b}) := \sum_{n=1}^{\infty} a_n^* b_n$$

erfüllt die Eigenschaften (3.9)–(3.11), das Ergebnis genügt der Konvergenzbedingung, denn

$$|(\boldsymbol{a}, \boldsymbol{b})| \leq \sum_n |a_n| \, |b_n| \leq \frac{1}{2} \sum_n \left(|a_n|^2 + |b_n|^2 \right).$$

Man zeigt, dass dieser Vektorraum vollständig ist. Wäre seine Dimension endlich, sagen wir gleich N, so würde man einfach darauf verweisen, dass der Körper der reellen Zahlen $\mathbb{R}$ und somit auch das direkte Produkt $\mathbb{R}^N$ von N Kopien davon vollständig sind. Ist die Dimension unendlich, dann muss man echte Cauchy-Folgen betrachten und zeigen, dass der Grenzwert jeder solchen Folge wieder im selben Vektorraum liegt.[3] Schließlich kann man noch ein abzählbar-unendliches Basissystem $\hat{e}^{(i)} = (\dots, \delta_{ni}, \dots)^T$ dadurch definieren, dass man als i-ten Eintrag eine 1, für alle anderen aber die 0 wählt. Dieser Vektorraum erfüllt alle vier Axiome der Definition 3.1 und ist somit ein Hilbert-Raum (in physikalischer Sprechweise).

Wählt man die Dimension dieses Raums *endlich*, $n = 1, 2, \dots, N$, so ist die Konvergenzbedingung nicht erforderlich. Der dann N-dimensionale, lineare Vektorraum mit dem Skalarprodukt $\sum_1^N a_n^* b_n$ erfüllt die Axiome (I)–(III) und ist ein Hilbert-Raum in der Lesart der Mathematik. Solche endlichdimensionalen Räume kommen in der Quantenmechanik an vielen Stellen vor – so etwa bei der Beschreibung der Eigenzustände des Bahndrehimpulses oder des Spins von Teilchen. Allerdings erscheinen sie dort als Unterräume eines großen Hilbert-Raums, der auch das Axiom (IV) erfüllt.

Beispiel 3.6

Das zweite Beispiel sei zunächst endlichdimensional gewählt: Es sei $M_N(\mathbb{C})$ die Menge aller $N \times N$-Matrizen mit komplexen Einträgen, $N \in \mathbb{N}$. Die übliche Addition und Multiplikation mit komplexen Zahlen

$$\mathbf{A}, \mathbf{B} \in M_N(\mathbb{C}): \quad \mathbf{C} = \mathbf{A} + \mathbf{B} \Longleftrightarrow C_{jk} = A_{jk} + B_{jk}$$

und

$$\lambda \mathbf{C} = \{\lambda C_{jk}\}$$

macht daraus einen $\mathbb{C}$-Vektorraum. Als Skalarprodukt von $\mathbf{A}$ mit $\mathbf{B}$ bietet sich die Spur des Produkts aus der hermitesch-konjugierten Matrix $\mathbf{A}^\dagger = (\mathbf{A}^*)^T$ mit $\mathbf{B}$ an,

$$(\mathbf{A}, \mathbf{B}) := \mathrm{Sp}(\mathbf{A}^\dagger \mathbf{B}) = \sum_{j,k=1}^{N} A_{jk}^* B_{jk} \,,$$

[3] Das ist eine Übung in reeller Analysis, die man an dieser Stelle durchführen oder z.B. bei [Blanchard und Brüning (1993)], Abschn. 10 nachlesen mag.

(man beachte die ungewohnte Stellung der Indizes im ersten Faktor, die von der Transposition von **A** herrührt). Es erfüllt in der Tat die Eigenschaften (3.9)–(3.11). Dieser solcherart mit einem Skalarprodukt ausgestattete Vektorraum ist auch vollständig, weil die Menge $M_N(\mathbb{C})$ aller komplexen $N \times N$ Matrizen zu $\mathbb{C}^{N^2}$ isomorph ist und dieses direkte Produkt von $\mathbb{C}$ mit sich selbst diese Eigenschaft hat. Da die Axiome (I)–(III) erfüllt sind, liegt ein Hilbert-Raum (im mathematischen Sinne) vor.

Will man jetzt die Dimension N nach Unendlich gehen lassen, so muss man klarerweise auf diejenigen Matrizen einschränken, deren Spur konvergiert. Wiederum, um die Vollständigkeit nachzuprüfen, muss man Cauchy-Folgen von Matrizen sorgfältig untersuchen.

Beispiel 3.7

Wir betrachten die Menge aller komplexwertigen Funktionen $\psi(\boldsymbol{x})$ über dem $\mathbb{R}^3$, deren Absolutquadrat Lebesgue-messbar ist,

$$\int \mathrm{d}^3x \, |\psi(\boldsymbol{x})|^2 < \infty \,,$$

und wählen als Skalarprodukt zweier solcher Funktionen ψ und χ

$$(\psi, \chi) := \int \mathrm{d}^3x \, \psi^*(\boldsymbol{x}) \chi(\boldsymbol{x}) \,.$$

An der Abschätzung

$$\int \mathrm{d}^3x \, |\psi^*(\boldsymbol{x}) \chi(\boldsymbol{x})| \leq \frac{1}{2} \left[\int \mathrm{d}^3x \, |\psi(\boldsymbol{x})|^2 + \int \mathrm{d}^3x \, |\chi(\boldsymbol{x})|^2 \right]$$

sieht man, dass dieses Skalarprodukt wohldefiniert ist. Die Addition $\psi + \chi$ und die Multiplikation $\lambda \psi$ mit komplexen Zahlen machen aus dieser Menge einen linearen Vektorraum über $\mathbb{C}$, denn das Integral über das Absolutquadrat der Summe zweier Elemente ist wegen $|\psi(\boldsymbol{x}) + \chi(\boldsymbol{x})|^2 \leq 2(|\psi(\boldsymbol{x})|^2 + |\chi(\boldsymbol{x})|^2)$ endlich.

Die Vollständigkeit dieses Raums ist aufwändiger zu beweisen, wenn man dies direkt angehen will (s. z. B. [Blanchard und Brüning (1993)], Satz 10.7). Wir können uns hier darauf berufen, dass wir bereits Beispiele für vollständige Systeme $\{\varphi_n(\boldsymbol{x})\}$ von orthonormierten Basisfunktionen kennen, nach denen die Elemente ψ, χ dieses Raums entwickelt werden können. Alle Axiome (I)–(IV) sind erfüllt. Dieser Hilbert-Raum, der offensichtlich für die Wellenmechanik von besonderer Bedeutung ist, wird mit $L^2(\mathbb{R}^3)$, in Worten als *Raum der quadratintegrablen Funktionen auf dem* $\mathbb{R}^3$ bezeichnet.

Beispiel 3.8 (Zum Wechselspiel Koordinatenraum – Hilbert-Raum)

Ich schließe hier ein einfaches Beispiel an, das die weiter oben angesprochene Reaktion von Elementen des Hilbert-Raums $L^2(\mathbb{R}^3)$ auf Transformationen im $\mathbb{R}^3$ zeigt und das Wechselspiel zwischen dem physikalischen Raum, in dem wir Messungen durchführen, und dem

Raum der Wellenfunktionen illustriert. Betrachten wir die Eigenfunktionen des Hamiltonoperators des Kugeloszillators aus Abschn. 1.9.4. Die Funktionen $\psi_{n\ell m}(\boldsymbol{x}) = R_{n\ell}(r)Y_{\ell m}(\theta,\phi)$ sind über dem $\mathbb{R}^3$ oder, etwas genauer, über $\mathbb{R}_+ \times S^2$ definiert: Die Variable r nimmt ihre Werte auf der positiven reellen Achse an, die Variablen θ und ϕ liegen auf der Einheitskugel S^2 im $\mathbb{R}^3$. Mit der Angabe dieser Koordinaten und der Quantenzahl m ist bereits ein Bezugssystem $\mathbf{K}$ ausgezeichnet, das wir auch anders wählen können. Da sich der Hamiltonoperator auf ein vorgegebenes Kraftzentrum bezieht (bzw. da r im Zwei-Körper-System die Relativkoordinate darstellt), ist es sicher nicht sinnvoll, Translationen von $\mathbf{K}$ vorzunehmen. Es ist aber wohl zulässig, das Bezugssystem im Raum anders zu orientieren, d.h. durch ein Bezugssystem $\mathbf{K}'$ zu ersetzen, das aus $\mathbf{K}$ durch eine Drehung $\mathbf{R}$ hervorgeht, $\boldsymbol{x} \mapsto \boldsymbol{x}' = \mathbf{R}\boldsymbol{x}$. Wie reagiert die Basisfunktion $\psi_{n\ell m}$ darauf? Die allgemeine Antwort auf diese Frage leiten wir in Abschn. 4.1 beim Studium des Drehimpulses her; hier beschränken wir uns auf einen einfachen Spezialfall, der in Abb. 3.1 skizziert ist: $\mathbf{K}'$ entstehe aus $\mathbf{K}$ durch eine Drehung um die 3-Achse mit dem Winkel α. Die Polarkoordinaten bezüglich des neuen Systems sind mit denen bezüglich des alten über

$$r \mapsto r' = r\,, \qquad \theta \mapsto \theta' = \theta\,, \qquad \phi \mapsto \phi' = \phi - \alpha$$

verknüpft, sodass die Eigenfunktionen bezüglich $\mathbf{K}'$ und $\mathbf{K}$ wie folgt zusammenhängen

$$\psi_{n\ell m} \longmapsto \psi'_{n\ell m}(\boldsymbol{x}') = \mathrm{e}^{-\mathrm{i}m\alpha}\psi_{n\ell m}(\boldsymbol{x})\,.$$

Fassen wir die Basis zusammen, $\boldsymbol{\Psi} = \{\psi_{n\ell m}\}$, so gilt

$$\boldsymbol{\Psi}(\boldsymbol{x}) \longmapsto \boldsymbol{\Psi}'(\boldsymbol{x}) = \mathbf{U}(\alpha)\boldsymbol{\Psi}(\boldsymbol{x})$$

mit

$$\mathbf{U}(\alpha) = \mathrm{diag}(1,\, \mathrm{e}^{\mathrm{i}\alpha},\, 1,\, \mathrm{e}^{-\mathrm{i}\alpha},\, \mathrm{e}^{2\mathrm{i}\alpha},\, \mathrm{e}^{\mathrm{i}\alpha},\, 1,\, \mathrm{e}^{-\mathrm{i}\alpha},\, \mathrm{e}^{-2\mathrm{i}\alpha},\, \dots)\,,$$
$$\mathbf{U}^\dagger(\alpha)\mathbf{U}(\alpha) = \mathbb{1}\,.$$

Das ist ein interessantes Ergebnis: Eine orthogonale Transformation $\mathbf{R} \in \mathrm{SO}(3)$ des Bezugssystems im $\mathbb{R}^3$ induziert eine *unitäre* Transformation der Basis im Hilbert-Raum.[4] Das Resultat, das durch dieses elementare Beispiel nahe gelegt wird, ist nicht überraschend, wenn man Folgendes bedenkt: Beide Funktionensysteme $\boldsymbol{\Psi}$ und $\boldsymbol{\Psi}'$ sind orthonormiert und vollständig; sie beziehen sich auf zwei Bezugssysteme, die über eine Drehung $\mathbf{R}$, sagen wir mit den Euler'schen Winkeln (ϕ, θ, ψ), zusammenhängen. Die Transformation zwischen diesen Systemen muss daher unitär sein,

$$\psi'_{n\ell m'} = \sum_{m=-\ell}^{\ell} U^{(\ell)}_{m'm}(\phi, \theta, \psi)\psi_{n\ell m}\,;$$

dann und nur dann sind auch die Funktionen $\psi'_{n\ell m'}$ orthogonal und auf 1 normiert. Die unitäre Transformationsmatrix ist dabei eine Funktion

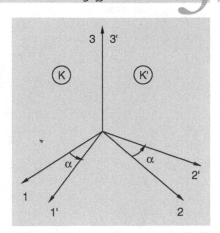

Abb. 3.1. Eine Drehung im physikalischen Raum $\mathbb{R}^3$ induziert eine unitäre Transformation im Hilbert-Raum. Hier ist das Beispiel einer Drehung um die 3-Achse um den Winkel α gezeigt, auf die ein Zustand mit definiten Werten von ℓ und m mit der Phase $\exp(-\mathrm{i}m\alpha)$ reagiert

---

[4] In unserem Beispiel ist diese überdies diagonal. Im allgemeinen Fall wird das aber nicht mehr gelten.

der Euler'schen Winkel, die wir in Kap. 4 berechnen und analysieren werden.

3.2.2 Unterräume von Hilbert-Räumen

Wir betrachten das Beispiel des Hilbert-Raums $L^2(S^2)$, der von den Eigenfunktionen $Y_{\ell m}(\theta, \phi)$ von $\boldsymbol{\ell}^2$ und ℓ_3 aufgespannt wird. Seine Dimension ist unendlich, denn die Quantenzahl ℓ durchläuft alle natürlichen Zahlen inklusive der Null. Dieser Hilbert-Raum zerfällt in Unterräume der Dimension $(2\ell+1)$, die durch den festen Eigenwert $\ell(\ell+1)$ von $\boldsymbol{\ell}^2$ charakterisierbar sind und die durch die Basisfunktionen $Y_{\ell m}$ mit $m = -\ell, -\ell+1, \ldots, +\ell$ aufgespannt werden. Diese endlichdimensionalen Unterräume sind selbst wieder Hilbert-Räume. Da diese Situation in der Quantenmechanik häufig auftritt und für das Verständnis physikalischer Systeme wichtig ist, wollen wir den Begriff des Unterraums etwas näher erläutern.

> **Definition 3.3**
>
> Eine Teilmenge $\mathcal{H}_i \subset \mathcal{H}$ eines Hilbert-Raums ist *Unterraum* von $\mathcal{H}$, wenn
>
> 1. $\mathcal{H}_i$ ein Teil-Vektorraum von $\mathcal{H}$ ist und wenn
> 2. $\mathcal{H}_i$ in $\mathcal{H}$ abgeschlossen ist.
>
> Versieht man den Unterraum mit der Einschränkung der Metrik von $\mathcal{H}$ auf $\mathcal{H}_i$, dann wird daraus wieder ein Hilbert-Raum.

Diese Kriterien bedeuten mit anderen Worten, dass jede endliche Linearkombination $\sum \lambda_n \psi_n$ von Elementen $\psi_n \in \mathcal{H}_i$ wieder in $\mathcal{H}_i$ liegt und dass $\mathcal{H}_i$ abgeschlossen ist.

Da der „große" Hilbert-Raum eine Metrik besitzt, kann man für einen Unterraum, ebenso wie auch für jede andere Teilmenge W von $\mathcal{H}$, das orthogonale Komplement davon bilden: Das ist die Menge all derjenigen Elemente von $\mathcal{H}$, die zu allen Elementen des Unterraums (allgemeiner der Teilmenge) orthogonal sind,

$$W^\perp = \left\{ f \in \mathcal{H} \big| (g, f) = 0 \text{ für alle } g \in W \right\}.$$

Die Menge $W^\perp$ wird *orthogonales Komplement* von W in $\mathcal{H}$ genannt.

Ist W ein Unterraum $\mathcal{H}_i$ des Hilbert-Raums, dann gilt folgender wichtiger Zerlegungssatz:

> **Satz 3.1**
>
> Jedes Element $f \in \mathcal{H}$ lässt sich in eindeutiger Weise als Summe eines Elements $f^{(i)} \in \mathcal{H}_i$ und eines Elements $f_\perp^{(i)} \in \mathcal{H}_i^\perp$ aus dem orthogonalen Komplement schreiben,
>
> $$f = f^{(i)} + f_\perp^{(i)}.$$

Für die Norm des Anteils von $f \in \mathcal{H}$, der im orthogonalen Komplement liegt, gilt

$$\|f_\perp^{(i)}\| = \inf_{g \in \mathcal{H}_i} \|f - g\| \ .$$

Es ist instruktiv, sich die enge Analogie zur Zerlegung eines Elements des Euklidischen Raums $\mathbb{R}^2$ in zwei orthogonale Komponenten klarzumachen: Abbildung 3.2 zeigt die Zerlegung $f = f^{(1)} + f^{(2)}$ eines Elements $f \in \mathbb{R}^2$ in zwei zueinander orthogonale Komponenten. Lesen wir die 1-Achse als Unterraum $\mathcal{H}_1 \equiv \mathbb{R}$, dann ist das orthogonale Komplement $\mathcal{H}_1^\perp$ die 2-Achse, es ist $f_\perp^{(1)} = f^{(2)}$ und die Länge dieses Elements ist der übliche, geometrische Abstand des Punkts f von der 1-Achse.

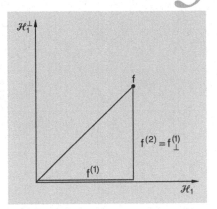

Abb. 3.2. Symbolische Darstellung der Zerlegung eines Elements $f \in \mathcal{H}$ in zwei orthogonale Komponenten $f^{(1)} \in \mathcal{H}_1$ und $f^{(2)}$, die im orthogonalen Komplement $\mathcal{H}_1^\perp$ liegt, in Analogie zur Zerlegung eines Vektors über dem $\mathbb{R}^2$ in zwei orthogonale Komponenten

3.2.3 Dualraum eines Hilbert-Raums und Dirac'sche Notation

Ich kehre hier noch einmal zur Dirac'schen *bra*- und *ket*-Schreibweise zurück und beginne mit einem Beispiel, das schon aus der Linearen Algebra und aus der Mechanik bekannt ist: Es sei M eine endlich-dimensionale, reelle differenzierbare Mannigfaltigkeit, die eine Metrik $\boldsymbol{g} = \{g_{ik}\}$ besitzt. Es sei $T_m M$ der Tangentialraum und $T_m^* M$ der Kotangentialraum am Punkt $m \in M$. Seien $v = \{v^k\}$ und $w = \{w^i\}$ zwei Elemente des Tangentialraums. Die Metrik auf v und w ausgewertet, $\boldsymbol{g}(w, v)$, ergibt die reelle Zahl $\sum_{i,k} w^i g_{ik} v^k$. Das bedeutet aber, dass $\sum_i w^i g_{ik}$ oder anders geschrieben $\boldsymbol{g}(w, \bullet)$ eine Linearform ist, die auf die Elemente von $T_m M$ wirkt, d. h. selbst Element des *Ko*tangentialraums ist. Die Zuordnung $w \longmapsto \boldsymbol{g}(w, \bullet)$ ist – wie man leicht zeigt – bijektiv. In der Sprache von Komponenten heißt das, dass dem Tangentialvektor $v = (v_1, v_2, \ldots)$ das eindeutig bestimmte Element $v^* = (\sum_i v^i g_{i1}, \sum_i v^i g_{i2}, \ldots)$ des Kotangentialraums, und dass umgekehrt jedem $u^* \in T_m^* M$ der Tangentialvektor $u = (\sum_k g^{ik} u_k)$ zugeordnet ist. Die Vektorräume $T_m^* M$ und $T_m M$ sind isomorph. Diese wohlbekannte Aussage lässt sich auf Hilbert-Räume übertragen.

Es sei $\mathcal{H}$ ein Hilbert-Raum, $\mathcal{H}^*$ sein Dualraum. Per definitionem besteht der Dualraum aus allen linearen und stetigen Funktionalen $T : \mathcal{H} \to \mathbb{C}$, die, auf Elemente von $\mathcal{H}$ angewandt, komplexe Zahlen ergeben. Die Eigenschaft der Linearität ist unmittelbar klar. Die Stetigkeit ist gleichbedeutend mit der Aussage, dass die Funktionale T beschränkt sind, d. h. dass es für alle $g \in \mathcal{H}$ eine endliche reelle Zahl c gibt derart, dass $|T(g)| \leq c \|g\|$ gilt. Solchen Funktionalen kann man eine Norm zuordnen, indem man über allen g, deren Norm kleiner als oder gleich 1 ist,

$$\|T\| = \sup \left\{ |T(g)| \ \big| \ g \in \mathcal{H}, \|g\| \leq 1 \right\}$$

setzt. Aufgrund des eingangs beschriebenen Falles drängt es sich auf, die Funktionale $T_f := (f, \bullet)$ mit $f \in \mathcal{H}$ auszuprobieren, deren Wirkung auf ein beliebiges Element $g \in \mathcal{H}$ die komplexe Zahl $T_f(g) = (f, g)$ ergibt. Ihre Linearität ist offensichtlich. Aufgrund der Ungleichung (3.15) gilt für alle g

$$\left| T_f(g) \right| = |(f, g)| \le \|f\| \, \|g\| \, .$$

Damit ist die Stetigkeit garantiert. Man zeigt nun leicht, dass die Norm von T_f gerade gleich der Norm von f ist,

$$\|T_f\| = \|f\| \, .$$

Um das einzusehen, betrachtet man die Wirkung von T_f auf den auf 1 normierten Vektor $f/\|f\|$:

$$T_f \left(\frac{f}{\|f\|} \right) = \frac{1}{\|f\|} (f, f) = \|f\| \le \sup \left\{ \left| T_f(g) \right|, \|g\| \le 1 \right\}$$
$$= \|T_f\| \le \|f\| \, .$$

Es gilt folgender Darstellungssatz von Riesz und Fréchet:

Satz 3.2

Zu jedem $T \in \mathcal{H}^*$, Funktional auf dem Hilbertraum $\mathcal{H}$, gibt es genau ein Element $f \in \mathcal{H}$ derart, dass $T = T_f = (f, \bullet)$ und $\|T\| = \|f\|$ gilt.

(Einen Beweis dieses Satzes findet man z. B. in [Blanchard und Brüning (1993)].)

Aus diesem Satz folgt, dass der Dualraum eines Hilbert-Raums zu diesem isomorph ist. Die Abbildung

$$\Gamma : \mathcal{H} \longrightarrow \mathcal{H}^* : f \longmapsto T_f \quad \text{mit} \quad T_f(g) = (f, g)$$

ist *isometrisch*, weil $\|\Gamma(f)\| = \|T_f\| = \|f\|$ und daher injektiv ist. Der Satz 3.2 sagt aber, dass sie auch surjektiv ist.

Man beachte die enge Analogie zum oben betrachteten Beispiel: Dort wird die Abbildung zwischen den isomorphen Vektorräumen $T_m M$ und $T_m^* M$ durch die Metrik **g** vermittelt; hier wird die Isomorphie von $\mathcal{H}$ und $\mathcal{H}^*$ durch die Abbildung Γ, d. h. ebenfalls durch das Skalarprodukt vermittelt. Allerdings gilt hier

$$\Gamma(\mu_1 f_1 + \mu_2 f_2) = \mu_1^* \Gamma(f_1) + \mu_2^* \Gamma(f_2) \, .$$

Die Abbildung Γ ist, wie man sagt, ein *Anti*-Isomorphismus. Mit der so etablierten Isomorphie $\mathcal{H}^* \simeq \mathcal{H}$ ist die zunächst ganz heuristisch eingeführte Dirac'sche Bracketschreibweise, Abschn. 3.1.1, jetzt klar begründet. Jedem *ket* $|\alpha\rangle \equiv |\psi^{(\alpha)}\rangle$ aus dem Hilbert-Raum $\mathcal{H}$ wird das Funktional $T_\alpha = \langle \psi^{(\alpha)} | \equiv \langle \alpha |$ zugeordnet. Die Wirkung von T_α auf einen Zustand $|\beta\rangle$ ist $T_\alpha(|\beta\rangle) = \langle \alpha | \beta \rangle$, was nichts anderes als das Skalarprodukt ist.

3.3 Lineare Operatoren auf Hilbert-Räumen

Ein linearer Operator $\mathcal{O}$ bildet den Hilbert-Raum $\mathcal{H}$ oder Teile davon in $\mathbb{C}$-linearer Weise auf sich ab. Wenn die Wirkung von $\mathcal{O}$ auf zwei Vektoren $f_1, f_2 \in \mathcal{H}$ definiert ist, so gilt

$$\mathcal{O}(\mu_1 f_1 + \mu_2 f_2) = \mu_1 \mathcal{O}(f_1) + \mu_2 \mathcal{O}(f_2)$$

$$\text{mit} \quad \mu_i \in \mathbb{C} \quad \text{(Linearität)} .$$

Zum Begriff eines solchen Operators gehören einerseits eine Vorschrift, wie er auf ein gegebenes f wirkt, andererseits eine Angabe über den Bereich $\mathcal{D}$ von Elementen aus $\mathcal{H}$, auf dem er überhaupt definiert ist. Dieser Bereich ist ein *Teilraum* von $\mathcal{H}$, d.h. eine Teilmenge $\{f_\lambda \in \mathcal{H}\}$, die so beschaffen ist, dass jede endliche Linearkombination $\sum c_\lambda f_\lambda$ ihrer Elemente selbst dazugehört. Wenn wir daher von einem *linearen Operator* sprechen, dann meinen wir immer das Paar $(\mathcal{O}, \mathcal{D})$ aus dem Operator und seinem *Definitionsbereich* $\mathcal{D}$, oder, in Symbolen,

$$\mathcal{O}: \quad \mathcal{D} \longrightarrow \mathcal{H}: \quad f \in \mathcal{D} \longmapsto g \in \mathcal{H} .$$

Falls der Definitionsbereich von $\mathcal{O}$ in $\mathcal{H}$ dicht liegt, d.h. falls der Abschluss von $\mathcal{D}$ gleich $\mathcal{H}$ ist, $\overline{\mathcal{D}} = \mathcal{H}$, dann heißt der Operator *dicht definiert*. Die Menge der nichtverschwindenden Elemente f von $\mathcal{H}$, die Bilder von Elementen $g \in \mathcal{D}$ sind, nennt man den Wertebereich oder *range* des Operators. Die Menge der $g \in \mathcal{D}$, die auf Null abgebildet werden, bilden den Kern des Operators.

Bei den für die Physik relevanten Operatoren ist der Definitionsbereich immer mit der konkreten physikalischen Situation und ihrer Beschreibung verknüpft, sodass wir uns hier nicht mit akademischen Beispielen beschäftigen müssen, die für die mathematische Theorie der Linearen Operatoren auf Hilbert-Räumen wichtig sind. Auch können wir getrost annehmen, dass alle in der Quantenmechanik auftretenden Operatoren *dicht* definiert sind.

> **Definition 3.4 Beschränkter Operator**
>
> Ein Operator $\mathcal{O}$, der auf ganz $\mathcal{H}$ definiert ist, heißt *beschränkt*, wenn für alle $f \in \mathcal{H}$
>
> $$\|\mathcal{O}f\| \le c \|f\| \tag{3.18}$$
>
> mit einer positiven Konstanten c gilt.
> Wenn der Operator $\mathcal{O}$ beschränkt ist, so kann man ihm selbst eine Norm zuschreiben, indem man in der Menge der auf 1 normierten Zustände in seinem Definitionsbereich das Supremum von $(\mathcal{O}g, \mathcal{O}g) = \|\mathcal{O}g\|^2$ sucht:
>
> $$\|\mathcal{O}\| := \left\{ \sup \|\mathcal{O}g\| \, \big| \, g \in \mathcal{D} \quad \text{mit} \quad \|g\| = 1 \right\} . \tag{3.19}$$

Operatoren, für die (3.18) nicht gilt, denen man also auch keine Norm zuschreiben kann, heißen dementsprechend *unbeschränkt*. In der Quantenmechanik kommen sowohl beschränkte als auch unbeschränkte Operatoren zuhauf vor. So kann man zum Beispiel leicht zeigen, dass der Ortsoperator x^i auf $\mathcal{H} = L^2(\mathbb{R}^3)$ (das ist der Hilbert-Raum der quadratintegrablen Funktionen über dem gewöhnlichen Raum) unbeschränkt ist.

Wichtige Beispiele sind die Integraloperatoren, die nach Hilbert und Schmidt benannt werden. Gegeben sei eine Funktion von zwei Argumenten $\boldsymbol{x}, \boldsymbol{y} \in \mathbb{R}^3$, die in beiden Argumenten quadratintegrabel ist, $\int \mathrm{d}^3 x \int \mathrm{d}^3 y\, K(\boldsymbol{x}, \boldsymbol{y}) < \infty$. Ist nun $g(\boldsymbol{x})$ eine quadratintegrable Funktion, so ist auch

$$f(\boldsymbol{y}) = \int \mathrm{d}^3 x\, K(\boldsymbol{y}, \boldsymbol{x}) g(\boldsymbol{x})$$

quadratintegrabel. Die dadurch vermittelte Abbildung von g auf f, die man als $f = \mathbf{K} g$ schreiben kann, ist ein Integraloperator, der *Hilbert-Schmidt-Operator* heißt.

3.3.1 Selbstadjungierte Operatoren

Definition 3.5 Adjungierter Operator

Gegeben sei ein Operator $(\mathcal{O}, \mathcal{D})$, dessen Definitionsbereich in $\mathcal{H}$ dicht liegt. Betrachtet man die Skalarprodukte $(f, \mathcal{O} g)$ mit $g \in \mathcal{D}$, dann bildet die Menge aller f, für die es ein $f' \in \mathcal{H}$ gibt derart, dass $(f, \mathcal{O} g) = (f', g)$ für alle $g \in \mathcal{D}$ gilt, den Definitionsbereich $\mathcal{D}^\dagger$ des *adjungierten* Operators $\mathcal{O}^\dagger$. Dabei sei $\mathcal{O}^\dagger f = f'$, sodass für die Skalarprodukte Folgendes gilt

$$(f, \mathcal{O} g) = (\mathcal{O}^\dagger f, g) = (g, \mathcal{O}^\dagger f)^* . \tag{3.20}$$

Bemerkungen

1. In der mathematischen Literatur wird der adjungierte Operator mit einem $*$ gekennzeichnet, d. h. $\mathcal{O}^*$, konjugiert komplexe Zahlen werden durch einen Querstrich gekennzeichnet, also $\bar{\lambda}$. Ich benutze durchweg die in der physikalischen Literatur übliche Bezeichnungsweise, bei der adjungierte Operatoren, ebenso wie hermitesch-konjugierte Matrizen, mit dem Symbol † („Kreuz" oder *dagger* auf Englisch) versehen werden, während konjugiert komplexe Zahlen als λ^* geschrieben werden. Es ist vernünftig, diese Konvention beizubehalten, zumal der Querstrich in der relativistischen Quantenmechanik von Teilchen mit halbzahligem Spin eine andere Bedeutung haben wird.

2. Wichtig ist, dass $\mathcal{D}$ in $\mathcal{H}$ dicht liegt. Nur dann ist der adjungierte Operator eindeutig und von Null verschieden.

3. Wenn es zum Operator $\mathcal{O}$ einen inversen Operator $\mathcal{O}^{-1}$ gibt und wenn die Definitionsbereiche $\mathcal{D}(\mathcal{O})$ und $\mathcal{D}(\mathcal{O}^{-1})$ beide dicht in $\mathcal{H}$

liegen, dann gilt die erwartete Beziehung

$$(\mathcal{O}^\dagger)^{-1} = (\mathcal{O}^{-1})^\dagger .$$

($\mathcal{D}(\mathcal{O}^{-1})$ ist der Definitionsbereich von $\mathcal{O}^{-1}$.)

4. Es seien $\varphi_i \in L^2(\mathbb{R}^3)$ quadratintegrable Wellenfunktionen, die auf ganz $\mathcal{H} = L^2(\mathbb{R}^3)$ definiert sind, der Operator sei $\mathcal{O} = \boldsymbol{\mu} \cdot \nabla$ mit $\boldsymbol{\mu} = (\mu_1, \mu_2, \mu_3)$, einem Tripel komplexer Zahlen. Die Definition (3.20)

$$(\varphi_m, \mathcal{O}\varphi_n) = (\mathcal{O}^\dagger \varphi_m, \varphi_n)$$

und eine partielle Integration in jeder der drei Variablen x^i ergibt, dass $\mathcal{O}^\dagger = -\boldsymbol{\mu}^* \cdot \nabla$ ist. Insbesondere, wenn die Koeffizienten μ_k rein imaginär sind, so sind der adjungierte und der ursprüngliche Operator identisch.

Definition 3.6   Selbstadjungierter Operator

Ein Operator, der mit seinem Adjungierten zusammenfällt, $\mathcal{O}^\dagger \equiv \mathcal{O}$, heißt *selbstadjungiert*. Es ist dann $\mathcal{D}^\dagger = \mathcal{D}$ und $\mathcal{O}f = \mathcal{O}^\dagger f$ für alle $f \in \mathcal{D}$. Insbesondere gilt für alle f und g aus dem Definitionsbereich $\mathcal{D}$

$$(g, \mathcal{O}f) = (\mathcal{O}g, f) = (f, \mathcal{O}g)^* , \tag{3.21}$$

alle Erwartungswerte $(f, \mathcal{O}f)$ sind reell.

Diese Definitionen sind besonders übersichtlich, wenn ein gegebener Operator $\mathcal{O}$ eine „A-Darstellung" besitzt, d. h. durch eine (im Allgemeinen unendlichdimensionale) Matrix $\mathbf{O} = \{O_{ik}\}$ dargestellt wird. Ihre Adjungierte entsteht durch Spiegelung an der Hauptdiagonalen und komplexe Konjugation,

$$\mathbf{O}^\dagger = (\mathbf{O}^T)^* , \qquad (O^\dagger)_{ik} = O_{ki}^* .$$

Ein selbstadjungierter Operator wird durch eine hermitesche Matrix dargestellt, $\mathbf{O}^\dagger = \mathbf{O}$. Seine Diagonalelemente sind reell, die Elemente außerhalb der Hauptdiagonalen sind paarweise komplex konjugiert, d. h. $O_{ki}^* = O_{ik}$.

Beispiel 3.9

Die hermiteschen Operatoren ℓ_1, ℓ_2 und ℓ_3, die die kartesischen Komponenten des Bahndrehimpulses darstellen, sind in der Basis der Zustände $|\ell m\rangle \equiv Y_{\ell m}$ durch folgende Matrizen gegeben:

$$(Y_{\ell'm'}, \ell_1 Y_{\ell m}) = \frac{1}{2}\delta_{\ell'\ell}\sqrt{\ell(\ell+1) - mm'}\left\{\delta_{m',m-1} + \delta_{m',m+1}\right\}$$

$$(Y_{\ell'm'}, \ell_2 Y_{\ell m}) = \frac{i}{2}\delta_{\ell'\ell}\sqrt{\ell(\ell+1) - mm'}\left\{\delta_{m',m-1} - \delta_{m',m+1}\right\}$$

$$(Y_{\ell'm'}, \ell_3 Y_{\ell m}) = m\,\delta_{\ell'\ell}\delta_{m'm} .$$

Vertauscht man $\ell'm' \leftrightarrow \ell m$, so werden bei ℓ_1 und ℓ_2 die beiden Terme in geschweiften Klammern vertauscht. Die erste Matrix ist reell und somit auch symmetrisch. Die zweite ist rein imaginär, mit dem Vorzeichenwechsel ist ihre Adjungierte gleich der ursprünglichen Matrix. Die Matrix für ℓ_3 ist diagonal und reell. (Die Formeln haben wir aus Abschn. 1.9.1 und insbesondere aus (1.122) entnommen.)

Beispiel 3.10

Beispiele in einem Hilbert-(Unter-)Raum mit Dimension 2 sind die drei Pauli'schen Matrizen

$$\sigma_1 = \begin{pmatrix} 0 & 1 \\ 1 & 0 \end{pmatrix}, \qquad \sigma_2 = \begin{pmatrix} 0 & -i \\ i & 0 \end{pmatrix}, \qquad \sigma_3 = \begin{pmatrix} 1 & 0 \\ 0 & -1 \end{pmatrix}, \qquad (3.22)$$

die bei der Beschreibung der Drehgruppe in der Quantenmechanik und insbesondere bei der Behandlung von Teilchen mit Spin 1/2 auftreten. Alle drei Matrizen (3.22) sind hermitesch, $\sigma_i^\dagger = \sigma_i$. Ihre Eigenwerte sind 1 und -1. Die zugehörigen Eigenfunktionen lassen sich leicht bestimmen. Wählen wir als Basis die Eigenvektoren $(1,0)^T$ und $(0,1)^T$ von σ_3, sodass ein beliebiges normiertes Element von $\mathcal{H}$ die Form

$$\alpha \begin{pmatrix} 1 \\ 0 \end{pmatrix} + \beta \begin{pmatrix} 0 \\ 1 \end{pmatrix} \quad \text{mit} \quad |\alpha|^2 + |\beta|^2 = 1$$

hat, dann sind die Zustände mit $\alpha = \pm\beta$ und $|\alpha| = 1/\sqrt{2}$ Eigenzustände von σ_1 zu den Eigenwerten 1 bzw. -1. Ebenso sind Zustände mit $\alpha = \pm i\beta$ die entsprechenden Eigenzustände von σ_2.

Wie wir schon in Abschn. 1.8 gezeigt haben, müssen diejenigen Operatoren, die *Observable* beschreiben, in der Klasse der selbstadjungierten Operatoren liegen. Für diese gelten nämlich folgende Aussagen:

Satz 3.3

1. Die Eigenwerte eines selbstadjungierten Operators sind *reell*.
2. Die Eigenvektoren, die zu zwei verschiedenen Eigenwerten $\lambda_1 \neq \lambda_2$ gehören, sind orthogonal.

Beweis: 1. Es sei $\mathcal{O}f = \lambda f$, wobei f nicht das Nullelement ist. Dann ist die quadrierte Norm (f,f) ungleich Null und wir können mit Hilfe der Relationen (3.21) folgendermaßen schließen

$$\lambda = \frac{(f, \mathcal{O}f)}{(f,f)} = \frac{(\mathcal{O}f, f)}{(f,f)} = \frac{(f, \mathcal{O}f)^*}{(f,f)} = \lambda^*.$$

2. Es sei $\mathcal{O}f_1 = \lambda_1 f_1$ und $\mathcal{O}f_2 = \lambda_2 f_2$. Dann gilt folgende Kette von Gleichungen

$$\lambda_1(f_2, f_1) = (f_2, \mathcal{O}f_1) = (\mathcal{O}f_2, f_1) = \lambda_2(f_2, f_1).$$

Ist $\lambda_1 \neq \lambda_2$, dann muss das Skalarprodukt von f_1 mit f_2 gleich Null sein, $(f_2, f_1) = 0$.

> **Definition 3.7 Eigenraum**
>
> Die Menge aller Eigenvektoren eines selbstadjungierten Operators $\mathcal{O}$, die zum selben Eigenwert λ gehören, bilden einen Unterraum $\mathcal{H}_\lambda$ von $\mathcal{H}$, den *Eigenraum zum Eigenwert* λ. Die Dimension dieses Unterraums ist gleich dem Entartungsgrad des Eigenwerts λ.

> **Beispiel 3.11**

Es sei hier an zwei Beispiele erinnert, die wir schon aus Kap. 1 kennen:

1. Das Eigenwertspektrum des Operators ℓ^2 besteht aus den natürlichen Zahlen und der Null, $\{\ell\} = (0, 1, 2, \dots)$; jeder feste, gegebene Wert ℓ ist $(2\ell+1)$-fach entartet, der Unterraum $\mathcal{H}_\ell$ wird von den Kugelfunktionen $Y_{\ell m}$ zum gegebenen ℓ und zu $m = -\ell, -\ell + 1, \dots, +\ell$ aufgespannt.
2. Die Eigenwerte der Energie des Kugeloszillators sind – außer im Grundzustand – entartet. Der Unterraum zu einem festen Wert der Energie (1.148) wird von den Eigenfunktionen zu allen n, ℓ und m aufgespannt, die diesen Wert ergeben.

3.3.2 Projektionsoperatoren

Diejenigen Operatoren, die auf Unterräume $\mathcal{H}_\lambda$ der oben betrachteten Art projizieren, bilden eine besonders wichtige Klasse von selbstadjungierten Operatoren. Physikalisch entsprechen sie, wie wir bald sehen werden, „Ja-Nein"-Experimenten und sind für die allgemeine Definition quantenmechanischer Zustände wesentlich; mathematisch sind sie wichtig, weil man mit ihrer Hilfe das Spektrum physikalisch relevanter Operatoren sauber fassen kann, auch wenn diese Operatoren nicht beschränkt sind.

Der Einfachheit halber beginnen wir mit dem Beispiel eines Hilbert-Raums, der von Eigenfunktionen einer Observablen mit rein diskretem Spektrum aufgespannt wird. Die Notation wähle ich bewusst so, dass man an die Beispiele des vorigen Abschnitts erinnert wird und die neuen Begriffe somit anschaulich bleiben.

> **Definition 3.8 Projektionsoperator**
>
> Sei $\mathcal{H}_\lambda \subset \mathcal{H}$ ein Unterraum des Hilbert-Raums der Dimension K und sei $\{\varphi_k\}$, $k = 1, 2, \dots, K$, ein orthonormiertes System, das $\mathcal{H}_\lambda$ aufspannt. Die Projektion eines beliebigen Vektors $f \in \mathcal{H}$ auf den Unterraum $\mathcal{H}_\lambda$ ist definiert als
>
> $$P_\lambda f := \sum_{k=1}^{K} \varphi_k (\varphi_k, f). \tag{3.23}$$

Die Beziehung zu physikalisch bedeutsamen Observablen ist offensichtlich: Unter λ stellt man sich einen entarteten Eigenwert einer Observablen $\mathcal{O}$ vor, dessen Entartungsgrad gerade K ist. Zum Beispiel stellt P_ℓ die Projektion auf den Unterraum $\mathcal{H}_\ell$ zu festem ℓ dar, den man sich durch die Eigenfunktionen $\varphi_k \equiv Y_{\ell m}$ von ℓ_3 mit $m = -\ell, \dots, +\ell$ aufgespannt denken kann. Es spricht aber nichts dagegen, stattdessen andere Eigenfunktionen zu wählen, z. B.

$$\{\psi_m\} = \{\text{Eigenfunktionen von } \ell^2, \ell \text{ fest,}$$
$$\text{und von } \ell_\alpha = \ell_1 \cos\alpha + \ell_2 \sin\alpha\} ,$$

die Definition (3.23) hängt nämlich nicht von der konkreten Wahl der Basis ab. Mit $\varphi_k = \sum_m \psi_m (\psi_m, \varphi_k)$ ist

$$P_\lambda f = \sum_{m,m'} \sum_k \psi_m (\psi_m, \varphi_k)(\varphi_k, \psi_{m'})(\psi_{m'}, f) = \sum_m \psi_m (\psi_m, f) .$$

Dabei haben wir benutzt, dass beide Systeme orthonormiert sind und dass beide denselben Raum $\mathcal{H}_\lambda$ aufspannen.

In der Dirac'schen Schreibweise lauten die Definition (3.23) und die eben gezeigte Unabhängigkeit von der Basis

$$P_\lambda = \sum_{k=1}^K |\varphi_k\rangle \langle\varphi_k| = \sum_{k=1}^K |\psi_k\rangle \langle\psi_k| .$$

Projektionsoperatoren sind selbstadjungiert, das Quadrat eines Projektionsoperators ist gleich dem Operator selbst, oder, wie man sagt, Projektionsoperatoren sind *idempotent*,

$$\boxed{P_\lambda^\dagger = P_\lambda \quad \text{(a)}, \qquad P_\lambda^2 = P_\lambda \quad \text{(b)}} . \tag{3.24}$$

Diese Aussagen sind leicht zu beweisen: (a) Mit zwei beliebigen Vektoren f und g und der Definition (3.23) berechnet man

$$(P_\lambda g, f) = \sum_k (\varphi_k, g)^* (\varphi_k, f) = \sum_k (g, \varphi_k)(\varphi_k, f) = (g, P_\lambda f) .$$

(b) Die Basisfunktionen φ_k sind orthonormiert, die zweimalige Anwendung des Projektionsoperators lässt sich daher leicht auswerten,

$$P_\lambda (P_\lambda f) = \sum_{k',k} \varphi_{k'} (\varphi_{k'}, \varphi_k)(\varphi_k, f) = \sum_{k',k} \varphi_{k'} \delta_{k'k} (\varphi_k, f) = P_\lambda f .$$

Die zweite Gleichung (3.24) sagt uns, dass P_λ nur die Eigenwerte 0 und 1 besitzt. Physikalisch interpretiert, gibt er auf die Frage, ob ein Zustand $f \in \mathcal{H}$ Komponenten zum Eigenwert λ einer Observablen besitzt – oder anders ausgedrückt, ob es eine endliche Wahrscheinlichkeit gibt, bei einer Messung den Eigenwert λ zu finden – die Antwort „Ja", wenn der Eigenwert 1 ist, bzw. „Nein", wenn der Eigenwert 0 ist.

Die Verhältnisse werden besonders einfach in endlichdimensionalen Hilbert-Räumen. Kehren wir zum Beispiel 3.10 des Abschn. 3.3.1 zurück. Man überzeugt sich leicht, dass

$$P_+ = \frac{1}{2}(\mathbb{1}+\sigma_3) = \begin{pmatrix} 1 & 0 \\ 0 & 0 \end{pmatrix}, \qquad P_- = \frac{1}{2}(\mathbb{1}-\sigma_3) = \begin{pmatrix} 0 & 0 \\ 0 & 1 \end{pmatrix}$$

Projektionsoperatoren sind, $P_+^2 = P_+$, $P_-^2 = P_-$, dass sie auf orthogonale Unterräume projizieren, d. h. dass $P_+ P_- = 0 = P_- P_+$, und dass $P_+ + P_- = \mathbb{1}$ gilt. Diese Operatoren projizieren auf die beiden Eigenvektoren des hermiteschen Operators σ_3.

3.3.3 Spektralschar von Projektionsoperatoren

Ein zentraler Satz der Theorie von linearen Operatoren auf Hilbert-Räumen sagt aus, dass jeder selbstadjungierte Operator durch seine Eigenwerte und die Projektionsoperatoren dargestellt werden kann, die auf die zugehörigen Unterräume projizieren. Diese Darstellung, die *Spektraldarstellung* genannt wird, ist eindeutig und erlaubt eine der Form nach einheitliche Beschreibung von beschränkten und unbeschränkten Operatoren, von Operatoren mit rein diskretem ebenso wie mit gemischtem oder rein kontinuierlichem Spektrum. Eine mathematisch saubere Diskussion dieses Begriffs und der hierfür wichtigen Sätze würde uns weit von der Hauptlinie dieses Kapitels wegführen. Deshalb müssen wir uns auch hier auf qualitative Überlegungen und Beispiele beschränken.

Um welche Fragen es geht, sieht man schon an folgendem Beispiel. Es sei A ein Operator mit volldiskretem Spektrum $\{\lambda_i\}$. Jeder Eigenwert λ_i definiert einen Unterraum $\mathscr{H}_i$ von $\mathscr{H}$, dessen Dimension gleich dem Entartungsgrad des betreffenden Eigenwerts ist. Bezeichnet man die Eigenfunktionen, die zu einem festen λ_i gehören, mit $\varphi_{i,k}$, $k = 1, \dots, K_i$, dann ist der Projektionsoperator auf $\mathscr{H}_i$ durch

$$P_i = \sum_{k=1}^{K_i} \varphi_{i,k}(\varphi_{i,k}, \bullet) \equiv \sum_{k=1}^{K_i} |i,k\rangle \langle i,k|$$

gegeben (die zweite Form in Bracket-Notation). Die Unterräume $\mathscr{H}_i$ sind paarweise orthogonal, daher ist die Summe von zwei Projektionsoperatoren $P_i + P_j$ mit $i \neq j$ wieder ein Projektionsoperator. Da die Eigenfunktionen von A vollständig sind, ist die Summe *aller* Unterräume gleich dem ganzen Raum $\mathscr{H}$, die Summe aller Projektionsoperatoren ist die Identität auf $\mathscr{H}$,

$$\sum_{i=1}^{\infty} P_i = \mathbb{1} .$$

Man hat also gewissermaßen eine Zerlegung der Eins auf $\mathscr{H}$ gefunden.

3

Für einen Zustand $f \in \mathcal{H}$ gilt

$$f = \sum_{i=1}^{\infty} P_i f, \qquad A f = \sum_{i=1}^{\infty} \lambda_i P_i f.$$

Das heißt auch, dass der Erwartungswert des Operators A im Zustand f mit Hilfe des Eigenwertspektrums von A und der Projektionsoperatoren ausgedrückt werden kann:

$$\langle A \rangle_f \equiv (f, A f) = \sum_i \lambda_i (f, P_i f) = \sum_i \lambda_i (f, P_i^2 f)$$
$$= \sum_i \lambda_i \| P_i f \|^2.$$

Insbesondere gilt für den Erwartungswert der Eins im Zustand f

$$(f, \mathbb{1} f) = 1 = \| f \|^2 = \sum_i (f, P_i f) = \sum_i \| P_i f \|^2,$$

eine Formel, die sehr anschaulich ist, wenn man sich an ihr Analogon in einem endlichdimensionalen Vektorraum erinnert: Das Quadrat der Länge eines Vektors ist gleich der Summe der Quadrate seiner orthogonalen Komponenten.

Die Eigenwerte eines Operators A mit volldiskretem Spektrum lassen sich der Größe nach ordnen, $\lambda_1 < \lambda_2 < \dots$. In physikalisch wichtigen Fällen ist dieses Spektrum nach unten beschränkt, d. h. es gibt einen kleinsten endlichen Eigenwert. Alle Hamiltonoperatoren, die wir in Kap. 1 studiert haben, haben diese Eigenschaft. Man definiert daher eine Spektralschar von Projektionsoperatoren, indem man auch die zugehörigen Projektionsoperatoren P_{λ_i} ordnet und die Summe aller Projektionsoperatoren bildet, für die der zugehörige Eigenwert λ_i noch unterhalb oder gleich einer vorgegebenen reellen Zahl ist,

$$\boxed{E(\mu) := \sum_{i,(\lambda_i \leq \mu)} P_i \quad \text{mit} \quad \mu \in \mathbb{R}}. \tag{3.25}$$

Da die P_i auf paarweise orthogonale Unterräume projizieren, ist das derart definierte $E(\mu)$ wieder ein selbstadjungierter Operator, sein Erwartungswert in einem Zustand $f \in \mathcal{H}$

$$\big(f, E(\mu) f\big) = \sum_{i,(\lambda_i \leq \mu)} (f, P_i f)$$

ist eine reelle, monotone und nicht abnehmende Funktion der reellen Variablen μ. Im betrachteten Beispiel ist sie eine Stufenfunktion, denn jedes Mal, wenn μ einen weiteren Eigenwert λ_j überstreicht, nimmt sie um einen endlichen Betrag zu (es sei denn, f hat zufällig keine Komponente in $\mathcal{H}_j$).

Für Projektionsoperatoren gibt es eine natürliche Ordnungsrelation

$$P_j > P_i \,, \quad \text{wenn} \quad \mathcal{H}_j \supset \mathcal{H}_i \,,$$

die besagt, dass P_j „größer" als P_i ist, wenn der Unterraum $\mathcal{H}_i$, auf den P_i projiziert, als echter Teilraum im Unterraum $\mathcal{H}_j$ enthalten ist, auf den P_j projiziert. Für alle $f \in \mathcal{H}$ gilt dann nämlich $(f, P_j f) \geq (f, P_i f)$. Die in (3.25) für die Observable A definierte Spektralschar hat diese Ordnungseigenschaft: $E(\mu') \geq E(\mu)$, wenn immer $\mu' > \mu$. Außerdem gilt immer $\lim_{\varepsilon \to 0} E(\mu + \varepsilon) = E(\mu)$, in Worten, wenn man sich der reellen Zahl μ von oben her annähert, dann geht $E(\mu + \varepsilon)$ in den Projektionsoperator $E(\mu)$ über. Bei $\mu = -\infty$ ist $E(-\infty) = 0$, weil hier das Spektrum noch gar nicht begonnen hat. Bei $\mu = +\infty$ dagegen hat man das vollständige Spektrum ausgeschöpft und deshalb ist $E(+\infty) = 1$.

Obwohl wir uns noch immer im Rahmen des einfachen Beispiels einer Observablen mit diskretem Spektrum befinden, ist es plausibel, dass diese Begriffsbildungen auf den allgemeineren Fall einer Observablen mit gemischtem (oder rein kontinuierlichem) Spektrum übertragen werden können. In der Tat, die eben aufgezählten Eigenschaften gehören zur Definition einer allgemeinen Spektralschar:

Definition 3.9   Spektralschar

Eine Spektralschar ist eine Schar von Projektionsoperatoren $E(\mu)$, die von einer reellen Variablen μ abhängen und folgende Eigenschaften besitzen:

$$E(\mu') \geq E(\mu) \quad \text{für} \quad \mu' > \mu$$

$$\lim_{\varepsilon \to 0^+} E(\mu + \varepsilon) = E(\mu) \,, \qquad E(-\infty) = 0 \,, \qquad E(+\infty) = 1 \,.$$

Mit dieser Begriffsbildung hat man zweierlei gewonnen: Zum einen kann man jetzt eine Definition des Eigenwertspektrums einer Observablen geben, die sowohl den rein diskreten als auch den gemischten oder rein kontinuierlichen Fall umfasst. Sie lautet folgendermaßen:

Definition 3.10   Eigenwertspektrum

Das Eigenwertspektrum ist die Menge aller Zahlenwerte, in denen die Spektralschar *nicht konstant* ist.

In der Tat, diskrete Eigenwerte liegen da, wo die Spektralschar unstetig ist. Ein (auch stückweise) kontinuierliches Spektrum liegt dort, wo $E(\mu)$ eine stetige, nicht konstante und nicht abnehmende Funktion ist.

Zum anderen dient sie dazu, Integrale über das Spektrum einer Observablen so schreiben zu können, dass man die unterschiedlichen Fälle nicht mehr getrennt behandeln muss. Der Erwartungswert $(f, E(\mu)f)$

von $E(\mu)$ in einem Zustand $f \in \mathcal{H}$ ist eine beschränkte, im Allgemeinen aber nicht stetige Funktion. Mit wachsendem μ ist diese Funktion entweder stückweise konstant (zwischen je zwei aufeinander folgenden Eigenwerten) oder wächst monoton mit μ (im Kontinuum), nimmt aber nirgends ab. Da sie zwischen 0 und 1 liegt, ist sie auch beschränkt und hat damit die richtigen Eigenschaften, um Stieltjes-Integrale zu definieren, so z. B.

$$\int\limits_{-\infty}^{+\infty} \mathrm{d}(f, E(\mu)f) = \|f\|^2 = 1 \,,$$

$$\int\limits_{-\infty}^{+\infty} \mathrm{d}(f, E(\mu)f)\mu = (f, Af) \equiv \langle A \rangle_f \,.$$

Bemerkung

Es ist hier nicht der Ort, dieses Integral in Einzelheiten zu definieren. Ich gebe aber zwei Beispiele, die direkten Bezug zum physikalischen Kontext haben und die das Rechnen mit Stieltjes-Integralen erläutern.

1. Nehmen wir an, die reelle Funktion $g(x)$ (das ist das Analogon zu $(f, E(\mu)f)$) sei im Intervall $[a, b]$ der reellen Achse stückweise konstant. Ihre Unstetigkeiten mögen bei $c_0 = a, c_1, \ldots, c_p = b$ liegen, wie in Abb. 3.3 skizziert, ihr Wert im Intervall (c_{k-1}, c_k) sei $g(x) = g_k$. Weiterhin sei $\delta_0 = g_1 - g(a)$, $\delta_1 = g_2 - g_1, \ldots, \delta_p = g(b) - g_p$ gesetzt. Schließlich sei $f(x)$ eine im Intervall $[a, b]$ stetige Funktion. Das Stieltjes-Integral erhält nur dort Beiträge, wo $g(x)$ unstetig ist, und ist in diesem Beispiel durch folgende Summe gegeben

$$\int\limits_{a}^{b} \mathrm{d}g\, f(x) = \sum_{i=0}^{p} f(c_i)\delta_i \,.$$

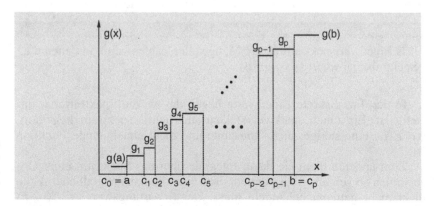

Abb. 3.3. Eine nicht abnehmende, stückweise konstante Funktion $g(x)$ im Intervall $[a, b]$, über die ein Stieltjes-Integral genommen wird. (Das Beispiel ist willkürlich gewählt.)

2. Es seien jetzt $f(x)$ und $g(x)$ in $[a, b]$ stetig, $g(x)$ dort sogar differenzierbar. Zur Definition des Stieltjes-Integrals gehören eigentlich eine Kette von Verfeinerungen der Intervallteilung von $[a, b]$ und der Beweis, dass diese Folge zu einem konvergenten Resultat führt. Im ersten Beispiel wäre es aber gar nicht sinnvoll, die Intervallteilung zu verfeinern, weil diese durch die Stellen der Unstetigkeit von $g(x)$ vorgegeben ist, das Ergebnis der Integration sich also nicht weiter verändern würde. Wenn aber $g(x)$ stetig und differenzierbar ist, dann kann man die Einteilung unendlich verfeinern und den Mittelwertsatz für die Differenz der Funktionswerte von g verwenden, $g(x_{k+1}) - g(x_k) = g'(\xi_k)(x_{k+1} - x_k)$, wobei ξ_k ein Zwischenwert zwischen x_k und x_{k+1} ist. Man sieht, dass man dann zum gewöhnlichen Riemann'schen Integral gelangt,

$$\int_a^b \mathrm{d}g(x)\, f(x) = \int_a^b g'(x)\,\mathrm{d}x\, f(x)\,.$$

Die Ergebnisse, die wir weiter oben in Form von Erwartungswerten und Integralen über solche erhalten haben, kann man symbolisch auch in der Form $\int_{-\infty}^{+\infty} \mathrm{d}E(\mu) f = f$ und $\int_{-\infty}^{+\infty} \mu\, \mathrm{d}E(\mu) f = A f$ schreiben, oder – noch etwas abstrakter – als Operatorgleichungen

$$\mathbb{1} = \int_{-\infty}^{+\infty} \mathrm{d}E(\mu)\,, \qquad A = \int_{-\infty}^{+\infty} \mu\, \mathrm{d}E(\mu)\,. \tag{3.26}$$

Diese Abstraktion gewinnt noch weitergehende Bedeutung durch einen besonders wichtigen Satz der Theorie linearer Operatoren auf dem Hilbert-Raum:

Satz 3.4   Spektralsatz

Jeder selbstadjungierte Operator A mit Definitionsbereich $\mathcal{D} \subset \mathcal{H}$ besitzt eine eindeutig bestimmte Spektralschar (Definition 3.9), wobei

$$\mathcal{D} = \left\{ f \in \mathcal{H} \,\middle|\, \int_{-\infty}^{+\infty} \mu^2\, \mathrm{d}(f, E(\mu)f) < \infty \right\}$$

gilt und die Wirkung auf Vektoren aus dem Definitionsbereich durch

$$A f = \int_{-\infty}^{+\infty} \mu\, \mathrm{d}E(\mu)\, f \quad \text{mit} \quad f \in \mathcal{D}$$

gegeben ist. Umgekehrt ist jeder durch ein solches Integral über eine Spektralschar definierte Operator selbstadjungiert.

3

3.3.4 Unitäre Operatoren

Ein linearer und beschränkter Operator $A : \mathcal{H}^{(1)} \to \mathcal{H}^{(2)}$, der einen gegebenen Hilbert-Raum $\mathcal{H}^{(1)}$ auf sich selbst oder in einen anderen Hilbert-Raum $\mathcal{H}^{(2)}$ abbildet und der dabei die Norm erhält, d. h.

$$\|A f\|_{\mathcal{H}^{(2)}} = \|f\|_{\mathcal{H}^{(1)}} \quad \text{für alle} \quad f \in \mathcal{H}^{(1)},$$

wird *Isometrie* genannt.

Man überlegt sich leicht, dass das Produkt $A^\dagger A$ die Identität $\mathbb{1}_{\mathcal{H}^{(1)}}$ auf dem Ausgangsraum $\mathcal{H}^{(1)}$ ist, während $A A^\dagger$ ein Projektionsoperator auf $\mathcal{H}^{(2)}$ ist: Er projiziert auf den Wertebereich von A (s. z. B. [Blanchard und Brüning (1993)]). Wenn der Wertebereich von A der ganze Bildraum $\mathcal{H}^{(2)}$ ist, dann spricht man von einem *unitären* Operator. Unitäre Operatoren sind für die Quantentheorie so wichtig, dass man ihnen ein eigenes Symbol, U, gibt. Sie sind wie folgt definiert:

Definition 3.11   Unitärer Operator

Ein beschränkter, linearer Operator $U : \mathcal{H}^{(1)} \to \mathcal{H}^{(2)}$, der isometrisch und surjektiv ist, d. h. der die Norm erhält und dessen Wertebereich ganz $\mathcal{H}^{(2)}$ ist, heißt *unitär*.

Unitäre Operatoren haben eine Reihe von Eigenschaften, die wir hier wie folgt zusammenfassen:

1. Zu jedem unitären Operator U gibt es eine Inverse U^{-1} und einen adjungierten Operator $U^\dagger$, die selbst unitär sind und für die $U^{-1} = U^\dagger$ gilt.

2. Die Produkte aus U und seinem Adjungierten sind die Identitäten auf dem Ausgangs- bzw. dem Bildraum,

$$U^\dagger U = \mathbb{1}_{\mathcal{H}^{(1)}}, \qquad U U^\dagger = \mathbb{1}_{\mathcal{H}^{(2)}}.$$

3. Sind $U : \mathcal{H}^{(2)} \to \mathcal{H}^{(3)}$ und $V : \mathcal{H}^{(1)} \to \mathcal{H}^{(2)}$ unitär, dann ist auch ihr Produkt $(UV) : \mathcal{H}^{(1)} \to \mathcal{H}^{(3)}$ unitär und es gilt

$$(UV)^\dagger = V^\dagger U^\dagger.$$

4. Wenn der Bildraum mit dem Ausgangsraum identifiziert werden kann – dies ist in der Quantenmechanik in der Regel der Fall – und wenn φ_n eine abzählbar unendliche Basis von $\mathcal{H}$ ist, dann besitzt jeder unitäre Operator U eine Matrixdarstellung $U_{nm} = (\varphi_n, U \varphi_m)$. Diese Matrizen sind im Sinne der Linearen Algebra unitär, d. h.

$$U U^\dagger = U^\dagger U = \mathbb{1} \quad \text{bzw.} \quad \sum_i U_{im}^* U_{in} = \delta_{mn}.$$

Als Illustration schauen wir uns diese Aussagen für den Fall an, in dem die beiden Räume in der Definition 3.10 identifiziert werden können. Mit $f, g \in \mathcal{H}$ sind mit dieser Definition das Skalarprodukt (f, g) und die Normen $\|f\|$ und $\|f - g\|$ unter U invariant,

$$(Uf, Ug) = (f, g), \qquad \|Uf\| = \|f\|, \qquad \|U(f - g)\| = \|(f - g)\|.$$

Da das Skalarprodukt nicht entartet ist, heißt dies, dass verschiedene Originale $f \neq g$ auch verschiedene Bilder haben $f' = Uf \neq g' = Ug$. Die Abbildung U ist surjektiv, daher besitzt sie eine Inverse U^{-1} und man folgert

$$(Uf, g) = (Uf, UU^{-1}g) = (f, U^{-1}g) \quad \text{für alle} \quad f, g \in \mathcal{H}.$$

Dies zeigt aber schon, dass $U^{-1} = U^\dagger$ ist. Man sieht auch, dass $(U^\dagger)^\dagger = U$ gilt, U demnach *linear* ist, und dass die Norm eines unitären Operators existiert und gleich 1 ist, $\|U\| = 1$, s. (3.19). Schließlich gilt noch

$$\begin{aligned} (f, (UV)g) &= (f, U(Vg)) = (U^\dagger f, Vg) = (V^\dagger(U^\dagger f), g) \\ &= ((UV)^\dagger f, g), \end{aligned}$$

womit die Eigenschaft 3 gezeigt ist.

Unitäre Operatoren sind in einem gewissen Sinn verallgemeinerte Drehungen. Wie eng Drehungen im gewöhnlichen, physikalischen Raum mit einer Gruppe von unitären Transformationen im Hilbert-Raum verwoben sind, das werden wir beim Studium der Drehgruppe in Kap. 4 herausarbeiten. Ein Beispiel kennen wir aber schon aus Abschn. 3.2.1: Drehungen $\mathbf{R}_3(\alpha)$ um die 3-Achse im $\mathbb{R}^3$ induzieren unitäre Transformationen $U(\alpha)$, die eine einparametrige Gruppe bilden. Es gilt nämlich $U(\alpha = 0) = \mathbb{1}$, $U(\alpha_2)U(\alpha_1) = U(\alpha_1 + \alpha_2)$ und $U^{-1}(\alpha) = U(-\alpha) = U^\dagger(\alpha)$. Man zeigt (mit der gebotenen mathematischen Sorgfalt), dass es zu einem solchen unitären Operator $U(\alpha)$, der auf stetige Weise in die $\mathbb{1}$ überführt werden kann, einen spurlosen, selbstadjungierten Operator J gibt derart, dass U als Exponentialreihe

$$U(\alpha) = \exp(-\mathrm{i}\alpha J) \quad \text{mit} \quad J^\dagger = J, \quad \text{Sp}\, J = 0,$$

dargestellt werden kann. In Analogie zu den Drehungen im $\mathbb{R}^3$ wird J *Erzeugende von infinitesimalen, unitären Transformationen* genannt.

Beispiel 3.12

Die Pauli-Matrizen (3.22) zeichnen sich dadurch aus, dass sie nicht nur hermitesch, sondern auch unitär sind und dass ihre Spur Null ist. Man kann daher Exponentialreihen in $(\mathrm{i}\alpha\sigma_k)$ bilden, die wieder unitäre Matrizen sind. Beispiele sind

$$\mathrm{e}^{\mathrm{i}\phi\sigma_3} = \mathbb{1}\cos\phi + \mathrm{i}\sigma_3\sin\phi = \begin{pmatrix} \mathrm{e}^{\mathrm{i}\phi} & 0 \\ 0 & \mathrm{e}^{-\mathrm{i}\phi} \end{pmatrix},$$

$$\mathrm{e}^{\mathrm{i}\theta\sigma_2} = \mathbb{1}\cos\theta + \mathrm{i}\sigma_2\sin\theta = \begin{pmatrix} \cos\theta & \sin\theta \\ -\sin\theta & \cos\theta \end{pmatrix}.$$

Dabei haben wir benutzt, dass alle geraden Potenzen von σ_k gleich der Einheitsmatrix sind, $(\sigma_k)^{2n} = \mathbb{1}$, für alle ungeraden Potenzen daher $(\sigma_k)^{2n+1} = \sigma_k$ gilt.

3.3.5 Zeitliche Entwicklung quantenmechanischer Systeme

Eine erste und wichtige Anwendung lässt sich direkt aus der zeitabhängigen Schrödinger-Gleichung (1.59) ableiten. Nehmen wir der Einfachheit halber an, der Hamiltonoperator in

$$i\hbar \dot{\psi}(t, \boldsymbol{x}) = H\psi(t, \boldsymbol{x})$$

sei nicht zeitabhängig. Bilden wir jetzt den Operator

$$U(t, t_0) := \exp\left(-\frac{i}{\hbar}H(t - t_0)\right), \tag{3.27}$$

so ist dies ein unitärer Operator, der die zeitliche Entwicklung eines quantenmechanischen Zustands als unitäre Abbildung der Anfangsverteilung $\psi(t_0, \boldsymbol{x})$ auf die Verteilung $\psi(t, \boldsymbol{x})$ zu einer späteren (oder früheren) Zeit beschreibt,

$$\psi(t, \boldsymbol{x}) = U(t, t_0)\psi(t_0, \boldsymbol{x}). \tag{3.28}$$

Der Operator (3.27) genügt selbst der Schrödinger-Gleichung,

$$i\hbar \dot{U}(t, t_0) = i\hbar \frac{\mathrm{d}}{\mathrm{d}t} U(t, t_0) = HU(t, t_0), \tag{3.29}$$

mit der Anfangsbedingung $U(t_0, t_0) = \mathbb{1}$. Für eine infinitesimal kleine Zeitdifferenz gilt

$$\psi(t, \boldsymbol{x}) \approx \psi(t_0, \boldsymbol{x}) + \left.\frac{\mathrm{d}\psi}{\mathrm{d}t}\right|_{t_0} (t - t_0) = \left(\mathbb{1} - \frac{i}{\hbar}H(t - t_0)\right)\psi(t_0, \boldsymbol{x}).$$

Für eine endliche Zeitdifferenz $(t - t_0)$ kann man sich die Evolution aus sehr vielen solchen Schritten aufgebaut denken, indem man die Exponentialfunktion mit Hilfe der Gauß'schen Formel

$$\lim_{n \to \infty} \left(\mathbb{1} - \frac{i}{\hbar}H\frac{t - t_0}{n}\right)^n = \exp\left(-\frac{i}{\hbar}H(t - t_0)\right)$$

ausdrückt.

Bemerkungen

1. Die Einschränkung auf zeitunabhängige Hamiltonoperatoren ist nicht wirklich wesentlich. Die zeitliche Entwicklung lässt sich auch dann durch (3.28) beschreiben, wenn H nicht mehr zeitunabhängig ist, und auch die Schrödinger-Gleichung in der Form $i\hbar \dot{U} = HU$ gilt weiterhin. Der Evolutionsoperator ist aber nicht mehr durch die einfache Exponentialreihe gegeben, sondern genügt der zu (3.29)

äquivalenten Integralgleichung

$$U(t, t_0) = \mathbb{1} - \frac{\mathrm{i}}{\hbar} \int\limits_{t_0}^{t} \mathrm{d}t'\, H(t')\, U(t', t_0)\,, \quad \text{mit} \quad U(t_0, t_0) = \mathbb{1}\,.$$

$$(3.30)$$

2. Aus der Mechanik ist bekannt, dass die Hamiltonfunktion als Erzeugende für eine infinitesimale kanonische Transformation aufgefasst werden kann, die das System entlang seiner physikalischen Bahn „anschiebt". An der Konstruktion (3.27) und der Formel (3.28) sieht man, dass der Hamiltonoperator eine ähnliche Interpretation hat: Er schiebt die Wellenfunktion lokal an.

3.4 Quantenmechanische Zustände

Wir haben jetzt genügend mathematische Hilfsmittel zur Hand, um eine für die Quantentheorie zentrale physikalische Frage anzugehen, die Frage nach der *Präparation* quantenmechanischer Zustände und nach ihrem *Nachweis* im Experiment. Wir wissen bereits, dass Zustände eines quantenmechanischen Systems Wellencharakter tragen und dass sie infolgedessen Interferenzphänomene aufweisen können. Aus den Wellenvorgängen der *klassischen* Physik ist aber bekannt, dass es kohärente und nichtkohärente Situationen gibt. Elektromagnetische Strahlung, also etwa sichtbares Licht, Laserstrahlen, Radiowellen oder Ähnliches, kann in ganz unterschiedlicher Form auftreten. Licht beispielsweise kann vollständig polarisiert, partiell polarisiert oder ganz unpolarisiert sein, je nachdem wie es präpariert wurde. Polarisation tritt auf, wenn nur eine einzige Polarisationskomponente auftritt oder wenn zwischen verschiedenen Komponenten feste Phasenbeziehungen bestehen. Umgekehrt, wenn gar keine Polarisation vorliegt, dann heißt das, dass die Komponenten inkohärent, ohne irgendwelche Phasenkorrelationen, gemischt sind.

3.4.1 Präparation von Zuständen

Ganz ähnliche Verhältnisse wie die eben beschriebenen der klassischen Wellentheorie finden wir in der Quantenmechanik vor. Es gibt Zustände, die ohne jede Einschränkung interferenzfähig sind und die infolgedessen die für die Quantentheorie typischen, konstruktiven und destruktiven Interferenzerscheinungen zeigen. Jeder solche Zustand spannt einen eindimensionalen Unterraum des Hilbert-Raums auf, allerdings mit einer Einschränkung: Der Zustand liegt nur bis auf eine konstante Phase fest. Er wird also korrekt durch eine Äquivalenzklasse von Wellenfunktionen, den Einheitsstrahl

$$\left\{ \mathrm{e}^{\mathrm{i}\sigma} \psi \right\}\,, \qquad \sigma \in \mathbb{R}$$

beschrieben. Diese Phasenfreiheit wird automatisch erfasst, wenn man den Projektor auf den entsprechenden, eindimensionalen Unterraum verwendet,

$$P_\psi = \psi(\psi, \bullet) \equiv |\psi\rangle\langle\psi| \ .$$

Der Erwartungswert einer Observablen $\mathcal{O}$ in einem solchen, voll interferenzfähigen Zustand ist so zu berechnen, wie wir das in Kap. 1 gelernt haben. Nehmen wir an, $\mathcal{O}$ sei beschränkt und es sei ein Orthonormalsystem φ_n gegeben, das $\mathcal{H}$ aufspannt. Dann ist

$$(\psi, \mathcal{O}\psi) = \left(\psi, \mathcal{O}\sum_{n=1}^{\infty}\varphi_n(\varphi_n, \psi)\right) = \sum_{n=1}^{\infty}(\varphi_n, \psi)(\psi, \mathcal{O}\varphi_n)$$

$$= \sum_{n=1}^{\infty}(\varphi_n, P_\psi \mathcal{O}\varphi_n) = \mathrm{Sp}(P_\psi \mathcal{O}) \ . \tag{3.31}$$

Für beschränkte Operatoren $\mathcal{O}$ konvergiert die Summe über n in (3.31) absolut. Für unbeschränkte Operatoren greift man auf die Spektralschar (3.25) des Operators $\mathcal{O}$ zurück, vgl. auch (3.26), und definiert das Stieltjes-Integral

$$\mathrm{Sp}(P_\psi \mathcal{O}) := \int \mu\, \mathrm{d}\, \mathrm{Sp}(P_\psi E(\mu)) \ . \tag{3.32}$$

Es sei nun A eine andere Observable, die – idealisiert – eine einfache „Quelle" beschreibt, und es sei α einer ihrer Eigenwerte. Der Zustand ψ entstehe dadurch, dass eine Messung von A durchgeführt und dabei der Eigenwert α festgelegt wird. Wie in Abschn. 3.3.2 sei der Projektionsoperator, der auf den Unterraum mit festem Eigenwert α projiziert, mit P_α bezeichnet. Dann sind die folgenden Alternativen zu betrachten:

1. Der Eigenwert α ist nicht entartet. In diesem Fall muss $P_\psi = P_\alpha$ sein, der Zustand ψ ist modulo konstanter Phasen gleich dem Eigenzustand φ_α von A, der zu α gehört.
2. Der Eigenwert α ist entartet und hat den Entartungsgrad K_α. Der zugehörige Unterraum $\mathcal{H}_\alpha$, auf den P_α projiziert, hat die Dimension K_α und wird von den Eigenfunktionen $\{\varphi_{\alpha i}, i = 1, \ldots, K_\alpha\}$ (oder ein anderes, dazu unitär äquivalentes Basissystem) aufgespannt. Wie ist der allein durch die Messung von A und das Aussortieren des Eigenwerts α präparierte Zustand ψ bzw. P_ψ zu beschreiben?

Man mag zunächst versucht sein, folgenden Ansatz zu machen

$$P_\psi = P_\chi \quad \text{mit} \quad \chi = \varphi_{\alpha j} \quad \text{oder} \quad \chi = \sum_{i=1}^{K_\alpha}\varphi_{\alpha i}\, c_i \ ,$$

wobei die c_i komplexe Zahlen sind und die Normierungsbedingung $\sum_i |c_i|^2 = 1$ erfüllen. Man überzeugt sich aber schnell, dass dieser Ansatz nicht richtig sein kann: Der durch P_χ beschriebene Zustand hat

Komponenten mit festen Phasenbeziehungen und besitzt daher nach wie
vor die volle Interferenzfähigkeit. Er enthält offenbar *mehr* Information
als wir durch die beschriebene Messung vorgegeben haben.

Ein Beispiel mag dies näher erläutern. Nehmen wir an, wir hätten
eine Apparatur entwickelt, die den Eigenwert $\ell(\ell+1)$ des Quadrats des
Bahndrehimpulses eines Teilchens messen kann und wir hätten ein Filter angelegt, das nur für den Eigenwert $\ell = 1$ durchlässig ist. Diese
„Quelle" präpariert somit einen Zustand, von dem nur bekannt ist,
dass er im Unterraum $\mathcal{H}_{\ell=1}$ liegt, aber nicht mehr als dies. Jede kohärente Überlagerung der Basiszustände Y_{1m}, $\chi = \sum Y_{1m} c_m$ enthielte
Information über die räumliche Ausrichtung des Drehimpulses. So wäre
beispielsweise χ mit $c_{+1} = 1/\sqrt{2}$, $c_0 = 0$ und $c_{-1} = -1/\sqrt{2}$ gleichzeitig Eigenzustand der Komponente ℓ_1 zum Eigenwert $\mu = 0$, vgl. das
Beispiel 1.10 aus Abschn. 1.9.1, ohne dass wir dies in unserer Präparationsmessung festgelegt hätten. Auch ein Zustand

$$\chi = \frac{1}{\sqrt{N}} \sum_{m=-1,0,+1} Y_{1m} c_m \,, \qquad N = |c_{-1}|^2 + |c_0|^2 + |c_{+1}|^2 \,,$$

in dem wir $|c_{-1}| = |c_0| = |c_{+1}|$ wählen, enthielte die (leicht zu be-
rechnende) phasenabhängige Information über die Erwartungswerte der
Komponenten ℓ_1, ℓ_2 und ℓ_3

$$\langle \ell_3 \rangle_\chi = \frac{1}{N}(|c_{+1}|^2 - |c_{-1}|^2) = 0 \,,$$

$$\langle \ell_{1/2} \rangle_\chi = \frac{\sqrt{2}}{N} \,\mathrm{Re}\,/\,\mathrm{Im}(c_{+1}^* c_0 + c_0^* c_{-1}) \,.$$

Das widerspricht der Intuition. Wenn wir einen Zustand präparieren
wollen, der zwar $\ell = 1$ trägt, in dem aber alle Richtungen gleichwertig sein sollen, dann müssen die Erwartungswerte der drei Komponenten
gleich sein und sogar gleich Null sein.[5]

Mit diesem Beispiel wird uns die Lösung der gestellten Aufgabe
nahe gelegt: Wenn über den präparierten Zustand wirklich nur die Information „α" vorliegt, dann muss er durch ein inkohärentes, statistisches
Gemisch beschrieben werden, wie man es aus der klassischen, unquan-
tisierten Physik kennt. Das bedeutet, dass jedem Unterzustand $\varphi_{\alpha i}$ ein
positiv-semidefinites Gewicht w_i zugeordnet wird derart, dass

$$0 \leq w_i \leq 1 \,, \qquad \sum_{i=1}^{K_\alpha} w_i = 1 \,. \tag{3.33}$$

Die Zahl w_i ist die Wahrscheinlichkeit dafür, dass sich ein heraus-
gegriffenes Teilchen im Zustand $\varphi_{\alpha i}$, genauer im Einheitsstrahl $P_{\alpha i} = |\varphi_{\alpha i}\rangle\langle\varphi_{\alpha i}|$, befindet. Diese klassischen Wahrscheinlichkeiten interferie-
ren nicht. Der Erwartungswert einer Observablen $\mathcal{O}$ in einem solcherart

[5] Ich habe die Formeln für dieses Beispiel so notiert, dass man die Eigenfunktionen von ℓ_3 oder die von ℓ_1
oder ℓ_2 einsetzen kann und somit nachprüfen kann, ob die Eigenwerte jeweils
richtig herauskommen.

präparierten Zustand ist

$$\langle \mathcal{O} \rangle_\psi = \sum_{i=1}^{K_\alpha} w_i (\varphi_{\alpha i}, \mathcal{O} \varphi_{\alpha i}) . \tag{3.34}$$

Welche Werte die Gewichte w_i annehmen, hängt von der Vorgeschichte des Zustands ab, den wir durch das „A"-Filter geschickt haben – ein wichtiger Aspekt, dem der übernächste Abschnitt gewidmet ist.

Kehren wir zunächst noch einmal zu dem oben betrachteten Beispiel zurück, bei dem das Filter den Wert $\ell = 1$ erzeugt hatte. Wenn wir Grund zur Annahme haben, dass in dem so entstehenden Zustand alle Richtungen gleichwertig sind, dann müssen die Gewichtsfaktoren w_{+1}, w_0 und w_{-1} für alle drei Zustände gleich sein und wegen der Normierung (3.33) den Wert 1/3 haben. Der Erwartungswert (3.34) ist dann $\langle \mathcal{O} \rangle_\psi = \sum_m (Y_{1m}, \mathcal{O} Y_{1m})/3$. Mit dieser Wahl sind in der Tat die Erwartungswerte aller Komponenten ℓ_k gleich Null,

$$\langle \ell_1 \rangle_\psi = \langle \ell_2 \rangle_\psi = \langle \ell_3 \rangle_\psi = 0 .$$

Für ℓ_1 und ℓ_2 folgt dies aus den Formeln des Abschn. 1.9.1, bei ℓ_3 heben sich die Beiträge von $m = +1$ und $m = -1$ weg.

Wir fassen die bisherigen Ergebnisse noch einmal zusammen. Ein quantenmechanischer Anfangszustand wird durch das „A"-Filter geschickt, das den Eigenwert α von A feststellt und nur für Komponenten mit dieser Eigenschaft durchlässig ist. Wir definieren den Operator

$$\boxed{W := \sum_i w_i P_{\alpha i} \quad \text{mit} \quad 0 \le w_i \le 1, \quad \sum_i w_i = 1} . \tag{3.35}$$

Jedes Gewicht w_i ist reell und positiv semidefinit und stellt daher eine klassische, nicht interferenzfähige Wahrscheinlichkeit dar, bei einer weiteren Messung den Unterzustand mit den Quantenzahlen (α, i) zu finden. Ihre Werte hängen von der Beschaffenheit des Zustands *vor* der Präparationsmessung α ab. Der Operator W, der *statistischer Operator* genannt wird, liefert die allgemeinst mögliche Beschreibung eines quantenmechanischen Zustands. Wenn nur eines der Gewichte von Null verschieden und wegen der Normierung (3.35) gleich 1 ist, sagen wir $w_k = 1$, $w_i = 0$ für alle $i \neq k$, dann liegt ein voll interferenzfähiger, so genannter *reiner Zustand* vor. Die Wellenfunktionen aus Kap. 1, die normierbare Lösungen der Schrödinger-Gleichung waren, sind solche reinen Zustände. Wenn aber mindestens zwei Gewichte, etwa w_k und w_j, ungleich Null sind, dann ist der Zustand nur noch partiell, nämlich nur innerhalb der Komponenten (α, k) und (α, j) interferenzfähig, nicht aber zwischen diesen. Man spricht dann von einer *gemischten Gesamtheit*. In beiden Fällen ist der Erwartungswert einer beliebigen Observablen $\mathcal{O}$ in dem durch den statistischen Operator W beschriebenen Zustand durch die Spur des Produkts aus $\mathcal{O}$ und W gegeben,

$$\langle \mathcal{O} \rangle = \text{Sp}(\mathcal{O} W) , \qquad \langle \mathbb{1} \rangle = \text{Sp}(\mathbb{1} W) = \text{Sp } W = 1 .$$

Die zweite Formel drückt die Normierung des Zustands aus.

3.4.2 Statistischer Operator und Dichtematrix

Postulat 3.1   Beschreibung von Zuständen

Ein quantenmechanischer Zustand wird durch einen statistischen Operator W beschrieben. Dieser ist eine Linearkombination von Projektionsoperatoren mit reellen, nicht negativen Koeffizienten. Er ist selbstadjungiert und wird auf 1 normiert, d. h. erfüllt Sp $W = 1$. Messungen von physikalischen Observablen $\mathcal{O}$ werden beschrieben durch den Erwartungswert

$$\langle \mathcal{O} \rangle = \mathrm{Sp}(W\mathcal{O}). \tag{3.36}$$

Die Spur von W^2 gibt Auskunft darüber, ob es sich um einen reinen Zustand oder eine gemischte Gesamtheit handelt. Wenn Sp $W^2 =$ Sp $W = 1$ ist, dann liegt ein *reiner* Zustand vor; wenn Sp $W^2 <$ Sp W und somit Sp $W^2 < 1$ ist, dann liegt eine *gemischte Gesamtheit* vor.

Wie solche Spuren – falls sie existieren – zu berechnen sind und weshalb bei Sp $W^2 < 1$ kein reiner Zustand vorliegt, wäre eine genauere mathematische Analyse wert. Beide Fragen werden aber intuitiv klar, wenn wir statt des Operators selbst eine Matrixdarstellung davon betrachten. Es sei B ein selbstadjungierter Operator, der auf dem gegebenen Hilbert-Raum definiert ist und dessen Eigenwertspektrum volldiskret ist. Seine Eigenfunktionen ψ_m dienen als Basis von $\mathcal{H}$, sodass wir ohne Problem zur „B"-Darstellung des statistischen Operators W, im Sinne der Darstellungstheorie (Abschn. 3.1), übergehen können,

$$\varrho_{mn} = (\psi_m, W\psi_n). \tag{3.37}$$

Die solcherart entstehende Matrix ϱ wird *Dichtematrix* genannt. Ihre Eigenschaften werden in der nun folgenden Definition zusammengefasst.

Definition 3.12   Dichtematrix

Die Dichtematrix ist eine Matrixdarstellung des statistischen Operators. Sie hat folgende Eigenschaften:

1. Sie ist hermitesch $\varrho^\dagger = \varrho$, ihre Eigenwerte sind reelle, positivsemidefinite Zahlen zwischen 0 und 1, $0 \leq w_j \leq 1$, d. h. ϱ ist eine positive Matrix.
2. Sie erfüllt die invariante Ungleichung

$$0 < \mathrm{Sp}\,\varrho^2 \leq \mathrm{Sp}\,\varrho = 1. \tag{3.38}$$

3. Sie charakterisiert den quantenmechanischen Zustand wie folgt:

   1. Wenn Sp $\varrho^2 =$ Sp $\varrho = 1$ ist, so liegt ein *reiner Zustand* vor,
   2. wenn Sp $\varrho^2 <$ Sp $\varrho = 1$ ist, so liegt eine *gemischte Gesamtheit* vor.

4. Erwartungswerte einer Observablen $\mathcal{O}$ sind in der B-Darstellung durch die Spur des Produkts aus ϱ und der Matrixdarstellung $\mathcal{O}_{pq}$ gegeben,

$$\langle \mathcal{O} \rangle = \mathrm{Sp}(\varrho \mathcal{O}) = \sum_{m,n} \mathcal{O}_{mn} \varrho_{nm} \,. \tag{3.39}$$

Kehren wir zum Beispiel der Präparationsmessung über den Eigenwert α von A zurück und entwickeln wir die Zustände $\varphi_{\alpha i}$ nach den Eigenzuständen von B,

$$\varphi_{\alpha i} = \sum_m \psi_m c_m^{(\alpha i)}$$

mit $c_m^{(\alpha i)} = (\psi_m, \varphi_{\alpha i})$, dann ist

$$\varrho_{mn} = \sum_i w_i (\psi_m, P_{\alpha i} \psi_n) = \sum_i w_i (\psi_m, \varphi_{\alpha i})(\varphi_{\alpha i}, \psi_n)$$
$$= \sum_i w_i \, c_m^{(\alpha i)} c_n^{(\alpha i)*} \,.$$

Die Spur hiervon ergibt

$$\mathrm{Sp}\,\varrho = \sum_i w_i \sum_m \left| c_m^{(\alpha i)} \right|^2 = \sum_i w_i = 1 \,,$$

die Spur des Quadrats ergibt

$$\mathrm{Sp}\,\varrho^2 = \sum_{i,k} w_i w_k \sum_{mn} c_m^{(\alpha i)} c_n^{(\alpha i)*} c_n^{(\alpha k)} c_m^{(\alpha k)*}$$
$$= \sum_{i,k} w_i w_k \delta_{\alpha i, \alpha k} = \sum_i w_i^2 \leq \sum_i w_i = 1 \,.$$

Wählt man als Basis ψ_m gerade die Eigenfunktionen $\varphi_{\beta j}$ des „Filters" A, dann ist ϱ zwar eine unendlichdimensionale Matrix, hat aber nur im Unterraum $\mathcal{H}^{(\alpha)}$, der zum Eigenwert α gehört, von Null verschiedene Einträge. In diesem Unterraum ist sie dann diagonal und hat die Form $\varrho = \mathrm{diag}\left(w_1, w_2, \ldots, w_{K_\alpha}\right)$.

Beispiel 3.13

Im zweidimensionalen Hilbert-Raum, der von den Eigenvektoren von σ_3, (3.22), aufgespannt wird, sei

$$\varrho = \begin{pmatrix} w_+ & 0 \\ 0 & w_- \end{pmatrix} = \frac{1}{2}(\mathbb{1} + P\sigma_3)$$

gegeben. Hierbei ist $w_+ + w_- = 1$ und $P := w_+ - w_-$, die Zahl P liegt zwischen -1 und 1. Die Spur von ϱ ist gleich 1, die von ϱ^2 ist gleich $(1 + P^2)/2$, denn

$$\varrho^2 = \frac{1}{2} \left(\frac{1}{2}(1 + P^2) \, \mathbb{1} + P\sigma_3 \right) \,.$$

Wenn $P = \pm 1$, dann liegen reine Zustände vor, wenn $|P| < 1$, liegen gemischte Gesamtheiten vor. Bei $P = 0$ sind die Gewichte der beiden Basiszustände gleich.

Betrachten wir jetzt die Observable $\mathcal{O} := \sigma_3/2$ (wie wir in Kap. 4 lernen werden, stellt sie die 3-Komponente des Spins eines Teilchens mit Spin 1/2 dar), so folgt ihr Erwartungswert in dem durch ϱ definierten Zustand aus $\mathrm{Sp}(\varrho\sigma_3) = w_+ - w_- = P$. Die Zustände mit $(w_+ = 1, w_- = 0)$ und $(w_+ = 0, w_- = 1)$ sind reine Zustände; der erste beschreibt Teilchen, die in positiver 3-Richtung polarisiert, der zweite Teilchen, die in negativer 3-Richtung polarisiert sind. Ein Zustand, in dem beide Gewichte ungleich Null sind, ist ein statistisches Gemisch und beschreibt einen Teilchenstrahl mit partieller Polarisation. Wenn speziell $w_+ = w_-$ und somit $P = 0$ ist, dann ist der Strahl unpolarisiert. Die Wahrscheinlichkeiten, bei einer Messung der Observablen $\mathcal{O}$ die Eigenwerte $+1/2$ oder $-1/2$ zu finden, sind gleich groß.

Klassischen Wahrscheinlichkeiten mit positiv-semidefiniten Gewichten sind wir bereits in Abschn. 1.2.1 begegnet, in dem wir die Streuung von Observablen definiert und diskutiert haben. Es lohnt sich, an dieser Stelle einzuhalten und jenen Abschnitt sowie den darauf folgenden noch einmal durchzulesen. Weil wir wissen, wie Erwartungswerte in den Komponenten des statistischen Gemischs (die ja reine Zustände sind) definiert sind, sind die Fragen, die am Ende von Abschn. 1.2.2 gestellt werden, jetzt beantwortet.

3.4.3 Abhängigkeit eines Zustands von seiner Vorgeschichte

Im Abschn. 3.4.1 war die Frage offen geblieben, wodurch die Gewichte w_i, mit denen die Eigenzustände zum Eigenwert α des „Filters" A inkohärent gemischt werden, festgelegt sind. In diesem Abschnitt arbeiten wir die Antwort auf diese Frage aus und stoßen dabei auf neue Aspekte, die recht überraschend, aber für die Quantentheorie charakteristisch sind.

Natürlich liegt bereits *vor* der Präparationsmessung mit Hilfe der Observablen A ein quantenmechanischer Zustand vor, der rein oder gemischt sein kann. Um den allgemeinsten Fall zu erfassen, schreiben wir ihm einen statistischen Operator $W^{(i)}$ zu („i" für *initial*), der dem Postulat 3.1 genügt. An diesen Zustand legen wir das Filter α – wie in den beiden vorangehenden Abschnitten beschrieben – an, d. h. wir blenden alle Eigenwerte von A aus, die nicht gleich α sind, und konstruieren den statistischen Operator $W^{(f)}$ („f" für *final*), der den so präparierten Zustand darstellt. Es sei

$$P_\alpha := \sum_{i=1}^{K_\alpha} P_{\alpha i}$$

der Projektionsoperator auf den Unterraum $\mathcal{H}_\alpha$, der dem im Allgemeinen entarteten Eigenwert α von A zugeordnet ist. Mit diesen Bezeichnungen gilt für den Zusammenhang zwischen den statistischen Operatoren *vor* und *nach* der Präparation

$$W^{(f)} = P_\alpha W^{(i)} P_\alpha / \mathrm{Sp}(P_\alpha W^{(i)} P_\alpha)\,. \tag{3.40}$$

Im Zähler dieser Formel steht die Projektion auf den Unterraum $\mathcal{H}_\alpha$ rechts und links von $W^{(i)}$, im Nenner steht eine reelle Zahl, die dafür sorgt, dass $W^{(f)}$ richtig normiert ist. Dass (3.40) die gewünschte Präparation richtig wiedergibt, beweist man durch folgende Überlegungen:

1. Das Produkt $P_\alpha W^{(i)} P_\alpha$ ist ein selbstadjungierter Operator auf $\mathcal{H}$, seine Spur ist reell und positiv. Der Operator $W^{(f)}$ ist daher selbstadjungiert. Seine Wirkung ist nur im Unterraum $\mathcal{H}_\alpha$ ungleich Null, denn für alle Eigenwerte β von A, die von α verschieden sind, ist $W^{(f)} P_\beta = 0$. Für Zustände in $\mathcal{H}_\alpha$ andererseits ist

$$W^{(f)}\varphi_{\alpha j} = N \sum_{k=1}^{K_\alpha} \varphi_{\alpha k}(\varphi_{\alpha k}, W^{(i)}\varphi_{\alpha j})$$

mit

$$N = \frac{1}{\mathrm{Sp}(P_\alpha W^{(i)} P_\alpha)} = \frac{1}{\sum_{k=1}^{K_\alpha}(\varphi_{\alpha k}, W^{(i)}\varphi_{\alpha k})}\,;$$

der Normierungsfaktor N ist reell und positiv.

2. Es sei $\chi_m = \sum_{i=1}^{K_\alpha} \varphi_{\alpha i} c_i^{(m)}$ ein beliebiges Element von $\mathcal{H}_\alpha$, P_{χ_m} der zugehörige Projektionsoperator. Die Wahrscheinlichkeit, unser quantenmechanisches System in diesem Zustand anzutreffen, ist vor der Präparation durch $\mathrm{Sp}(W^{(i)} P_{\chi_m})$, nach der Präparation durch $\mathrm{Sp}(W^{(f)} P_{\chi_m})$ gegeben. Da bei der Präparation nur der Eigenwert α festgelegt wird, aber keine weitere Eigenschaft, müssen diese beiden Wahrscheinlichkeiten einander proportional sein, wobei die Proportionalitätskonstante nicht vom betrachteten Element χ_m abhängt. Anders formuliert, muss für alle $\chi_m, \chi_n \in \mathcal{H}_\alpha$

$$\frac{\mathrm{Sp}(W^{(i)} P_{\chi_m})}{\mathrm{Sp}(W^{(i)} P_{\chi_n})} = \frac{\mathrm{Sp}(W^{(f)} P_{\chi_m})}{\mathrm{Sp}(W^{(f)} P_{\chi_n})}$$

gelten.

3. Die Eigenwerte und Eigenvektoren von $W^{(f)}$ bekommt man gemäß 1, indem man die Matrix $(\varphi_{\alpha k}, W^{(i)}\varphi_{\alpha j})$ diagonalisiert und das Ergebnis mit dem Normierungsfaktor N multipliziert. Für jedes Element $\chi \in \mathcal{H}_\alpha$ gilt $(\chi, W^{(f)}\chi) = N(\chi, W^{(i)}\chi) \geq 0$ und somit ist die Forderung 2 sichergestellt. Diese letzte Gleichung sagt gleichzeitig aus, dass $W^{(f)}$ positiv ist, d.h. dass seine Eigenwerte, die Gewichte $w_j^{(f)}$, positiv-semidefinit sind. Schließlich folgt aus $\mathrm{Sp}\, W^{(f)} = 1$, dass $\sum_{j=1}^{K_\alpha} w_j^{(f)} = 1$ ist.

Die Formel (3.40), die wir durch einige Beispiele illustrieren wollen, lässt alle denkbaren Möglichkeiten der Präparation zu:

1. Ein vor der Präparation gegebener reiner Zustand kann ein reiner Zustand bleiben. Das ist z. B. dann der Fall, wenn der Anfangszustand bereits ein Eigenzustand von A, d. h. $W^{(i)} = P_{\beta k}$ ist. Das Filter „α" bestätigt entweder diesen Zustand oder gibt Null,

$$W^{(f)} = \delta_{\alpha\beta} W^{(i)} .$$

2. Aus einer anfänglich gemischten Gesamtheit lässt sich ein reiner Zustand herausfiltern. Zum Beispiel könnte das Filter aus $W^{(i)} = \sum_{\mu} w_{\mu} P_{\mu}$ den spezifischen Zustand mit den Quantenzahlen (μk) in $\mathcal{H}_{\mu}$ auswählen.
3. Aus einem reinen Zustand kann aber auch ein statistisches Gemisch werden. Qualitativ gesprochen, passiert dies dann, wenn man die Filter-Observable A wirklich misst, d. h. für jedes Einzelereignis den Eigenwert feststellt und einen Teil ihres Spektrums (oder auch das ganze Spektrum) durchlaufen lässt. Dazu betrachten wir zwei Observable E und F, die der Einfachheit halber diskrete Spektren haben mögen, die aber nicht kommutieren. Die Eigenfunktionen von E seien mit $\varphi_{\mu} \equiv |\mu\rangle$, die von F mit $\psi_a \equiv |a\rangle$ bezeichnet. Die Observable F sei das Filter, auf das der anfängliche, reine Zustand $W^{(i)} = P_{\mu}$ trifft. Da $[E, F] \neq 0$ ist, haben E und F keine gemeinsamen Eigenfunktionen. Es ist

$$P_{\mu} \equiv |\mu\rangle \langle\mu| = \sum_{aa'} c_a^{(\mu)} c_{a'}^{(\mu)*} |a\rangle \langle a'| .$$

Durch das Präparationsfilter F soll nur eine Teilmenge Δ der Eigenwerte von F durchgelassen werden, ohne dass der Eigenwert von F für jedes Einzelereignis wirklich gemessen würde. Das bedeutet, dass auf der rechten Seite der Formel (3.40) der Projektionsoperator $P_{\Delta} = \sum_{a\in\Delta} P_a$ eingesetzt werden muss. Dann berechnet man

$$\begin{aligned}
W^{(f)} &= \frac{P_{\Delta} W^{(i)} P_{\Delta}}{\mathrm{Sp}(P_{\Delta} W^{(i)} P_{\Delta})} \\
&= \frac{1}{\mathrm{Sp}(P_{\Delta} W^{(i)} P_{\Delta})} \sum_{a\in\Delta} \sum_{a'\in\Delta} |a\rangle \sum_{b,b'} c_b^{(\mu)} c_{b'}^{(\mu)*} \langle a|b\rangle \langle b'|a'\rangle \langle a'| \\
&= \frac{1}{\sum_{a\in\Delta} |c_a^{(\mu)}|^2} \sum_{b,b'\in\Delta} |b\rangle c_b^{(\mu)} c_{b'}^{(\mu)*} \langle b'| . \quad\quad (3.41)
\end{aligned}$$

Der solcherart präparierte Zustand besitzt nach wie vor feste Phasenbeziehungen und ist daher – ebenso wie der Anfangszustand – ein reiner Zustand. Tatsächlich bestätigt man, dass die Spur von $W^{(f)2}$

gleich 1 ist,

$$\operatorname{Sp} W^{(f)\,2} = \sum_{d=1}^{\infty} \langle d|\, W^{(f)\,2}\, |d\rangle$$

$$= \frac{1}{\left(\sum_{a\in\Delta} |c_a^{(\mu)}|^2\right)^2} \sum_{b\in\Delta} \left|c_b^{(\mu)}\right|^2 \sum_{b'\in\Delta} |c_{b'}^{\mu}|^2 = 1\,.$$

Wenn wir aber die Präparation so vornehmen, dass die Eigenwerte des Filters F wirklich gemessen werden und alle diejenigen, die nicht im Intervall Δ liegen, ausgeblendet werden, dann ist (3.41) durch

$$W^{(f)} = \frac{1}{\sum_{a\in\Delta} |c_a^{(\mu)}|^2} \sum_{b\in\Delta} |b\rangle \left|c_b^{(\mu)}\right|^2 \langle b| \qquad (3.42)$$

zu ersetzen. Dies ist ein statistisches Gemisch, weil $\sum_{b\in\Delta} |c_b^{(\mu)}|^4 < (\sum_{a\in\Delta} |c_a^{(\mu)}|^2)^2$ und somit $\operatorname{Sp} W^{(f)\,2} < 1$ ist. Durch die Messung der Observablen F sind alle Phasenbeziehungen zerstört, die Zustände $b\in\Delta$ erscheinen mit den reellen Gewichten

$$w_b = \frac{|c_b^{(\mu)}|^2}{\sum_{a\in\Delta} |c_a^{(\mu)}|^2}\,, \qquad b\in\Delta\,.$$

Wir begegnen hier einer zentralen, vom klassischen Standpunkt aus sehr eigenartigen Eigenschaft der Quantenmechanik: Wenn bei der Präparation die tatsächlich angenommenen Werte der Filter-Observablen F festgestellt werden, so gehen alle Phasenbeziehungen verloren, der entstehende neue Zustand ist ein statistisches Gemisch. In beiden Fällen (3.41) und (3.42) bleibt eine gewisse Information über den Zustand *vor* der Präparation erhalten, im ersten Fall in Form der Entwicklungskoeffizienten $c_b^{(\mu)}$ mit $b\in\Delta$, im zweiten Fall durch die relativen Gewichte w_b, es sei denn, es wird nur ein einziger Eigenzustand von F durchgelassen. Dann ist $W^{(f)} = P_b$ und alle Information über den Zustand des Systems vor der Präparation geht verloren. Dass die Natur wirklich so eingerichtet ist, wird uns durch Experimente bestätigt – wir gehen darauf in Band 4 noch etwas näher ein.

3.4.4 Beispiele zur Präparation von Zuständen

Es war nicht wirklich einschränkend, für die Observablen E und F diskrete Spektren vorauszusetzen und wir weichen auch gleich von dieser Voraussetzung ab. Wir betrachten zwei Beispiele, bei denen der Anfangszustand ein Eigenzustand von $\boldsymbol{p}$, dem Impulsoperator ist,

$$|\mu\rangle \equiv |\boldsymbol{p}\rangle = \frac{1}{(2\pi\hbar)^{3/2}} e^{i\boldsymbol{p}\cdot\boldsymbol{x}/\hbar}\,.$$

Als Präparationsobservable, d. h. als Filter verwenden wir $F = \boldsymbol{\ell}^2$. Diese Observablen kommutieren nicht, aus Abschn. 1.9.3 wissen wir aber, wie die Eigenfunktionen von $\boldsymbol{p}$ mit denen von $\boldsymbol{\ell}^2$ zusammenhängen, s. (1.136).

Beispiel 3.14

Das Filter F sei so eingestellt, dass nur ein einziger Eigenwert $\ell(\ell+1)$ durchgelassen wird, während alle anderen ausgeblendet werden – ohne aber die zugehörigen m-Werte zu diskriminieren. Es ist daher *vor* der Präparation

$$W^{(i)} = P_p = |\boldsymbol{p}\rangle\,\langle\boldsymbol{p}| = \sum_{\ell'm'}\sum_{\ell''m''} d_{\ell'm'}d_{\ell''m''}^* \left|\ell'm'\right\rangle\!\left\langle\ell''m''\right| ,$$

wobei gemäß der Entwicklung (1.136)

$$d_{\ell m} = \frac{4\pi}{(2\pi\hbar)^{3/2}}\,\mathrm{i}^\ell j_\ell(kr) Y_{\ell m}^*(\widehat{\boldsymbol{p}}) \quad \text{mit} \quad k = \frac{1}{\hbar}\,|\boldsymbol{p}|$$

ist. In die Formel (3.40) für $W^{(f)}$ ist $P_\alpha \equiv P_\ell = \sum_{m=-\ell}^{\ell} |\ell m\rangle\langle\ell m|$ einzusetzen. Berechnet man $W^{(f)}$ wie in (3.41) vorgegeben, so folgt

$$W^{(f)} = \frac{1}{\sum_m |d_{\ell m}|^2} \sum_{m,m'=-\ell}^{\ell} d_{\ell m}d_{\ell m'}^* |\ell m\rangle\,\langle\ell m'| .$$

Wir hatten schon dort festgestellt, dass dies nach wie vor ein reiner Zustand ist. Man kann das in diesem Fall auch noch auf andere, direkte Weise bestätigen. Wenn $\boldsymbol{p}$ in der 3-Richtung liegt, $\boldsymbol{p} = p\hat{e}_3$, dann tragen nur die Partialwellen mit $m = 0$ bei,

$$Y_{\ell m}(\widehat{\boldsymbol{p}}) = Y_{\ell m}(\theta = 0, \phi) = \sqrt{\frac{2\ell+1}{4\pi}}\,\delta_{m0} .$$

Dann ist aber $W^{(f)} = |\ell\,0\rangle\langle\ell\,0|$ und beschreibt offensichtlich einen reinen Zustand.

Beispiel 3.15

Wir wählen jetzt den Impuls in der 3-Richtung, $\boldsymbol{p} = p\hat{e}_3$ und lassen das Filter die Werte von ℓ feststellen, diesmal aber ohne einzelne Werte auszublenden. Wenn solcherart alle ℓ zusammengefasst werden, dann gilt wie in (3.42)

$$W^{(f)} = \frac{1}{\sum_{\ell=0}^{\infty} |d_{\ell\,0}|^2} \sum_{\ell=0}^{\infty} |d_{\ell\,0}|^2 |\ell\,0\rangle\,\langle\ell\,0| \quad \text{mit}$$

$$|d_{\ell\,0}|^2 = \frac{4\pi}{(2\pi\hbar)^3}(2\ell+1) j_\ell^2(kr) .$$

Es ist instruktiv, diese Formeln näher zu analysieren, indem man bekannte Eigenschaften der sphärischen Besselfunktionen verwendet. Zunächst stellt man fest, dass $\sum_0^\infty (2\ell+1) j_\ell^2(kr) = 1$ gilt, s. [Abramowitz und Stegun (1965)] (10.1.50), und dass somit

$$W^{(f)} = \sum_{\ell=0}^{\infty} (2\ell+1) j_\ell^2(kr) |\ell\,0\rangle \langle\ell\,0| \equiv \sum_{\ell=0}^{\infty} w_\ell |\ell\,0\rangle \langle\ell\,0|$$

gilt. Halten wir einmal das Produkt (kr) fest und untersuchen, wo w_ℓ als Funktion von ℓ sein Maximum hat. Für Werte von ℓ, die nicht zu klein sind, gibt (10.1.59) in [Abramowitz und Stegun (1965)] folgende Antwort: Das erste Maximum von $j_\ell^2(z)$ liegt bei $z \approx (\ell+1/2)$, dort ist demnach w_ℓ am größten. Wir finden also wieder näherungsweise den aus der klassischen Mechanik vertrauten Zusammenhang

$$pr = \hbar kr(= \ell_{kl}) \approx \hbar \left(\ell + \frac{1}{2}\right).$$

3.5 Zwischenbilanz

Wir haben an diesem Punkt bereits einen wesentlichen Teil des Fundaments erarbeitet, auf dem die Quantenmechanik ruht. Es lohnt sich daher, an dieser Stelle innezuhalten, bevor wir uns weiteren wichtigen Anwendungen zuwenden, und die wesentlichen, für die Quantentheorie typischen Aussagen noch einmal zusammenzustellen. Ich möchte dies in Form einer Aufzählung von Stichworten tun, die mit einer kurzen Zusammenfassung versehen sind.

Observable: Den Observablen eines physikalischen Systems, die ja definitionsgemäß messbare, also klassische Variablen sind, werden auf eindeutige Weise selbstadjungierte Operatoren zugeordnet. Diese Operatoren sind auf Hilbert-Räumen oder Teilbereichen davon definiert, deren Elemente in die Beschreibung von Zuständen eingehen. Ihre Eigenwerte, die reell sind, entsprechen den möglichen Messwerten, die man in einer Einzelmessung finden wird.

Quantisierung: Bei der Quantisierung klassischer Observabler steht fast immer die kanonische Mechanik Pate. Man postuliert für Paare von kanonisch konjugierten Variablen Heisenberg'sche Kommutationsregeln, wofür als Beispiel die Vertauschungsrelationen (3.8) dienen mögen.

Zustände: Ein quantenmechanischer Zustand wird im Allgemeinen durch einen statistischen Operator (3.35) beschrieben und Erwartungswerte von Observablen werden durch die Spur (3.36) gegeben. Gleichwertig dazu ist die Beschreibung mittels einer Dichtematrix, Definition 3.12, die eine Matrixdarstellung des statistischen Operators ist. Zur Unterscheidung zwischen reinen Zuständen und gemischten Gesamtheiten dient das Kriterium (3.38). Quantitative Aussagen lässt die Quantenmechanik nur für *Gesamtheiten* physikalischer Systeme zu, d. h. entweder für sehr viele, identisch präparierte Systeme oder für eine sehr große Zahl von Messungen an ein und demselben, immer gleich präparierten System.

Präparationsmessungen: Der statistische Operator wird durch ein „Filter", d. h. aufgrund der Messung einer Observablen und durch Auswahl von Eigenwerten derselben festgelegt. Der Zusammenhang zwischen dem durch $W^{(i)}$ beschriebenen Anfangszustand und dem durch das Filter präparierten Zustand, dem der statistische Operator $W^{(f)}$ zugeordnet ist, wird durch die Formel (3.40) gegeben. Der präparierte Zustand ist ein reiner Zustand und somit optimal bekannt, wenn der Projektionsoperator P_α in (3.40) auf einen eindimensionalen Unterraum projiziert. Allerdings geht dann jede Kenntnis des Zustands *vor* der Messung vollständig verloren. Nur wenn der präparierte Zustand eine gemischte Gesamtheit ist, enthält er noch – zumindest partielle – Information über seine Vorgeschichte.

Zeitentwicklung: Die zeitliche Entwicklung eines quantenmechanischen Systems wird durch den ihm zugeordneten Hamiltonoperator H bestimmt. Während in der klassischen Mechanik die Hamiltonfunktion die Erzeugende derjenigen (infinitesimalen) kanonischen Transformation ist, die das System entlang der physikalischen Bahnen anschiebt, tritt der Hamilton*operator* in der unitären Evolutionsabbildung $U(t, t_0)$ auf, die der Schrödinger-Gleichung in der Form (3.29) bzw. der dazu äquivalenten Integralgleichung (3.30) genügt. Die Zeitabhängigkeit der Erwartungswerte von Observablen $\mathcal{O}$ ist durch folgende Formel gegeben. Wenn W der statistische Operator ist, der einen zur Zeit t_0 präparierten Zustand beschreibt, dann entwickelt sich dieser unter dem Einfluss des Hamiltonoperators H im Laufe der Zeit derart weiter, dass Messwerte von Observablen $\mathcal{O}$ zu Zeiten $t \neq t_0$ durch

$$\langle \mathcal{O} \rangle_t = \mathrm{Sp}[U(t, t_0) W U(t, t_0)^\dagger \mathcal{O}] \qquad (3.43)$$

vorhergesagt werden.

Bemerkungen

Wie wir aufgrund der Erfahrungen von Kap. 1 und Kap. 2 gesehen haben, reicht dieser Satz von Vorschriften schon aus, eine Reihe von wichtigen Anwendungen der Quantenmechanik auszuarbeiten. Dennoch bleiben zwei, ebenfalls sehr wichtige Fragen offen. Die erste ist die nach der *Vollständigkeit* der Beschreibung. Damit ist gemeint, dass wir ja noch nicht wissen, wie viele untereinander kommutierende Observablen benötigt werden, um ein vorgegebenes physikalisches System vollständig zu beschreiben. Anders gesagt, ist das die Frage, wie viele kommutierende Observablen bekannt sein müssen, um beispielsweise den reinen Zustand zu erfassen, der einen Strahl von identisch präparierten Elektronen beschreibt. Die Antwort wird durch ein Postulat gegeben werden, das wir aber erst dann formulieren können, wenn wir den Spin von Fermionen beschreiben können.

Die zweite Frage betrifft Zustände von mehreren, identischen und daher ununterscheidbaren Teilchen. Die Antwort darauf läuft auf einen fundamentalen Zusammenhang zwischen dem Spin der Teilchen – nämlich der Alternative, ob dieser halb- oder ganzzahlig ist – und der Symmetrie der Vielteilchen-Wellenfunktion unter Permutationen der Teilchen hinaus. Das ist der Inhalt des *Spin-Statistik-Theorems* von Fierz und Pauli, auf das wir in diesem Band und in Band 4 zurückkommen.

3.6 Schrödinger- und Heisenberg-Bild

Aus allen Beispielen, die wir bisher kennen gelernt haben, sind wir gewohnt, dass die zeitliche Entwicklung eines Systems in den Wellenfunktionen steckt, die der zeitabhängigen Schrödinger-Gleichung genügen. Observable $\mathcal{O}$ dagegen scheinen durch die Quantisierungsvorschrift ein für alle Mal definiert und somit von der Zeit unabhängig zu sein. Wenn wir die quantenmechanische Beschreibung aber etwas genauer analysieren, wird klar werden, dass diese Sichtweise nur eine von mehreren sein kann.

Alle messbare, also wirklich nachprüfbare Information steckt allein in den Erwartungswerten, die mit der allgemeinen Formel (3.43) berechnet werden. Wenn die Spur in (3.43) existiert, dann ist sie in den Faktoren ihres Argumentes zyklisch, d. h.

$$\mathrm{Sp}\left\{[U(t,t_0)WU(t,t_0)^{\dagger}]\,\mathcal{O}\right\} = \mathrm{Sp}\left\{W\,[U(t,t_0)^{\dagger}\mathcal{O}U(t,t_0)]\right\}.$$

Die eckigen Klammern habe ich suggestiv und im Blick auf die folgenden Betrachtungen eingefügt.

Die eingangs geschilderte Beschreibung des Zustandes ist äquivalent dazu, das Produkt

$$W_t := [U(t,t_0)WU(t,t_0)^{\dagger}] \quad \text{(Schrödinger-Bild)} \tag{3.44}$$

als den statistischen Operator zu definieren, der das System zur Zeit t darstellt. Wann immer man beschließt, die gesamte Zeitabhängigkeit in die Wellenfunktion bzw. den statistischen Operator zu legen, dann spricht man vom *Schrödinger-Bild*.

Wir können aber genauso gut den Evolutionsoperator und sein hermitesch Konjugiertes anders „verteilen", indem wir

$$[U(t,t_0)^{\dagger}\mathcal{O}U(t,t_0)] =: \mathcal{O}_t \quad \text{(Heisenberg-Bild)} \tag{3.45}$$

setzen. Während der statistische Operator (bzw. die Wellenfunktion) jetzt zeitunabhängig ist, steckt die zeitliche Entwicklung in dem Operator $\mathcal{O}_t$. Die eigentlichen Messgrößen bleiben davon unberührt. Wenn man solcherart die ganze Zeitabhängigkeit in die Operatoren schiebt, die die physikalischen Observablen darstellen, dann spricht man vom *Heisenberg-Bild*.

Die Schrödinger-Gleichung, die ja die zeitliche Entwicklung beschreiben soll, taucht in den beiden Bildern in etwas unterschiedlicher Form auf. Im Schrödinger-Bild gilt, wie man leicht nachrechnet,

$$\boxed{\dot{W}_t = -\frac{\mathrm{i}}{\hbar}[H, W_t]}\,, \tag{3.46}$$

im Heisenberg-Bild gilt dagegen

$$\boxed{\dot{\mathcal{O}}_t = \frac{\mathrm{i}}{\hbar}[H, \mathcal{O}_t]}\,, \tag{3.47}$$

mit einem charakteristischen Unterschied im Vorzeichen. Die Differentialgleichung (3.47), die für Operatoren im Heisenberg-Bild gilt, heißt *Heisenberg'sche Bewegungsgleichung*. Sie ist das quantenmechanische Analogon der Gleichung

$$\frac{\mathrm{d}}{\mathrm{d}t} f(\boldsymbol{q}, \boldsymbol{p}) = \{H, f(\boldsymbol{q}, \boldsymbol{p})\}\,,$$

die die zeitliche Änderung einer auf dem Phasenraum definierten, dynamischen Größe durch die Poissonklammer mit der Hamiltonfunktion ausdrückt und die wir aus der Mechanik kennen, s. Band 1 (2.126). Gehen wir beispielsweise in eine „Energiedarstellung", d.h. in die *A*-Darstellung im Sinne von Abschn. 3.1 mit *A* gleich einem Hamiltonoperator mit volldiskretem Spektrum, dann ist

$$(\varphi_n, \mathcal{O}_t\varphi_m) = \mathrm{e}^{-\mathrm{i}/\hbar\,(E_m - E_n)t}(\varphi_n, \mathcal{O}_0\varphi_m)\,.$$

Dies ist die Matrixdarstellung mit der typischen harmonischen Zeitabhängigkeit mit den Übergangsfrequenzen

$$\omega_{mn} = \frac{E_m - E_n}{\hbar}\,,$$

in der Heisenberg seine Matrizenmechanik entwickelte.

Ergänzung: Da physikalisch nur die Erwartungswerte relevant sind, steht es uns frei, die Formel (3.43) noch auf andere Weise zu lesen. Nehmen wir an, der Hamiltonoperator, der ein vorgegebenes System beschreibt, setze sich aus einem zeitunabhängigen Anteil H_0 und einem Zusatzterm H' zusammen, der explizit von der Zeit abhängt, $H = H_0 + H'$. Beide Operatoren H_0 und H' sind hermitesch. Schieben wir an zwei Stellen die Identität

$$\mathbb{1} = \mathrm{e}^{-\mathrm{i}H_0 t/\hbar}\,\mathrm{e}^{\mathrm{i}H_0 t/\hbar}$$

ein und nutzen die Zyklizität der Spur aus, so ist

$$\langle \mathcal{O} \rangle_t = \mathrm{Sp}\left(\mathrm{e}^{\mathrm{i}H_0 t/\hbar} U(t, t_0) W U(t, t_0)^\dagger \, \mathrm{e}^{-\mathrm{i}H_0 t/\hbar} \, \mathrm{e}^{\mathrm{i}H_0 t/\hbar} \mathcal{O} \, \mathrm{e}^{-\mathrm{i}H_0 t/\hbar} \right)\,.$$

Führt man nun den modifizierten Entwicklungsoperator

$$U^{(w)}(t, t_0) := \exp\left(\frac{i}{\hbar} H_0 t\right) U(t, t_0)$$

und die modifizierte Observable

$$\mathcal{O}_t^{(w)} := \exp\left(\frac{i}{\hbar} H_0 t\right) \mathcal{O} \exp\left(-\frac{i}{\hbar} H_0 t\right)$$

ein, so genügen diese Operatoren den Differentialgleichungen

$$\dot{\mathcal{O}}_t^{(w)} = \frac{i}{\hbar}[H_0, \mathcal{O}_t^{(w)}],$$

$$i\hbar \dot{U}^{(w)} = e^{iH_0 t/\hbar}(H - H_0)e^{-iH_0 t/\hbar} U^{(w)} = H'^{(w)} U^{(w)}. \tag{3.48}$$

Die (rein harmonische) Zeitabhängigkeit, die auf H_0 zurückgeht, hat man in die Operatoren gesteckt, die echte Zeitabhängigkeit, die von H' herrührt, steckt im modifizierten Entwicklungsoperator. Die Formel (3.43) lautet jetzt

$$\langle \mathcal{O} \rangle_t = \mathrm{Sp}(U^{(w)} W U^{(w)\dagger} \mathcal{O}^{(w)}). \tag{3.49}$$

Weil der Term H' in der Regel die Wechselwirkung eines ungestörten, durch H_0 beschriebenen Systems darstellt, nennt man diese Darstellung das *Wechselwirkungsbild*.

Raum-Zeit-Symmetrien in der Quantenphysik

Einführung

Die Transformationen in Raum und Zeit, die in der Galilei-Gruppe zusammengefasst sind, spielen in der Quantentheorie eine wichtige und – gegenüber der klassischen Mechanik – in einigen Aspekten neue Rolle. Drehungen, Translationen und die Raumspiegelung induzieren unitäre Transformationen aller Elemente des Hilbert-Raums, die mit Bezug auf den physikalischen $\mathbb{R}^3$ und die Zeitachse $\mathbb{R}_t$ definiert sind. Die Umkehr der Zeitrichtung induziert eine antiunitäre Transformation in $\mathcal{H}$. Wenn der Hamiltonoperator H, der ein quantenmechanisches System definiert, unter Galilei-Transformationen invariant ist, dann lassen sich daraus Aussagen über seine Eigenwerte und -funktionen ableiten, die im Experiment getestet werden können. In diesem Kapitel behandeln wir der Reihe nach die Drehungen im $\mathbb{R}^3$, die Raumspiegelung und die Zeitumkehr. Auf eine vertiefte Analyse der Drehgruppe gehen wir noch einmal in Band 4 ein.

4.1 Die Drehgruppe (Teil 1)

Betrachten wir einen Hilbert-Raum mit einer abzählbar-unendlichen Basis $\{\varphi_\nu(\boldsymbol{x})\}$. Die Funktionen $\{\varphi_\nu(\boldsymbol{x})\}$ sind über dem physikalischen $\mathbb{R}^3$ definiert; als Elemente von $\mathcal{H}$ sind sie orthogonal und auf 1 normiert. Sei $\psi = \sum_\nu \varphi_\nu a_\nu$ ein physikalischer Zustand, $(a_1, a_2, \ldots)^T$ also ein Vektor, der diesen Zustand darstellt. Jede Transformation $\mathbf{R} \in SO(3)$, oder $\mathbf{R} \in O(3)$, die als passive Transformation im $\mathbb{R}^3$ ausgeführt wird (d. h. als eine Drehung des Bezugssystems), induziert eine unitäre Transformation in $\mathcal{H}$ derart, dass

$$\{a_\nu\} \longmapsto \left\{a'_\mu = \sum_\nu \mathbf{D}_{\mu\nu}(\Theta_i) a_\nu \,;\, \mathbf{D}\mathbf{D}^\dagger = \mathbf{D}^\dagger \mathbf{D} = \mathbb{1} \right\}. \tag{4.1}$$

Da der physikalische Zustand ψ unabhängig von der Basis ist, nach der man entwickelt, heißt das, dass die Basisfunktionen sich mit der hierzu kontragredienten Transformation $(\mathbf{D}^{-1})^T$ transformieren.

4.1.1 Die Erzeugenden der Drehgruppe

Die (unendlichdimensionalen) Matrizen $\mathbf{D}$ hängen von den Euler'schen Winkeln $\{\Theta_i\} \equiv (\phi, \theta, \psi)$ ab und bilden die unitären, im Allgemeinen noch reduziblen Darstellungen der Drehgruppe im Hilbert-Raum. Ein Beispiel für ein solches Orthonormalsystem sind die Eigenfunktionen des Kugeloszillators, Abschn. 1.9.4, $R_{n\ell}^{\text{h.O.}}(r)Y_{\ell m}(\hat{\boldsymbol{x}})$, ein Beispiel für die durch eine Drehung um die 3-Achse induzierte, unitäre Transformation kennen wir aus Abschn. 3.2.1.

Die Elemente der $SO(3)$ lassen sich auf stetige Weise in die identische Abbildung $\mathbb{1}$ deformieren (man sagt auch, sie gehören zur *Zusammenhangskomponente der Eins*) und können daher als Exponentialreihen in drei Winkeln und den drei Erzeugenden für infinitesimale Drehungen geschrieben werden, siehe Band 1, Abschn. 2.22. Wählen wir eine kartesische Basis, nennen die Drehwinkel $\boldsymbol{\varphi} = (\varphi_1, \varphi_2, \varphi_3)$ und die Erzeugenden wie in der Mechanik $\boldsymbol{J} = (\mathbf{J}_1, \mathbf{J}_2, \mathbf{J}_3)$, wo die Matrizen $\mathbf{J}_k$ durch

$$\mathbf{J}_1 = \begin{pmatrix} 0 & 0 & 0 \\ 0 & 0 & -1 \\ 0 & 1 & 0 \end{pmatrix}, \qquad \mathbf{J}_2 = \begin{pmatrix} 0 & 0 & 1 \\ 0 & 0 & 0 \\ -1 & 0 & 0 \end{pmatrix}, \qquad \mathbf{J}_3 = \begin{pmatrix} 0 & -1 & 0 \\ 1 & 0 & 0 \\ 0 & 0 & 0 \end{pmatrix}$$

gegeben sind, dann lautet eine passive Drehung im $\mathbb{R}^3$

$$\boldsymbol{x}' = \exp(-\boldsymbol{\varphi} \cdot \boldsymbol{J})\boldsymbol{x}.$$

Unser Ziel muss daher sein, die entsprechende Zerlegung der im Hilbert-Raum induzierten, unitären Transformation $\mathbf{D}$ als Exponentialreihe in den Drehwinkeln und den Erzeugenden zu finden.

Die Matrizen $\mathbf{J}_i$ sind antisymmetrisch oder, wenn wir sie als Matrizen über $\mathbb{C}$ auffassen, *antihermitesch*, d. h. sie erfüllen $\mathbf{J}_k^\dagger = -\mathbf{J}_k$. Wie wir aus der Mechanik wissen, erfüllen sie die Kommutationsregeln $[\mathbf{J}_1, \mathbf{J}_2] = \mathbf{J}_3$ mit zyklischer Permutation der Indizes. Aus diesen antihermiteschen Matrizen lassen sich leicht hermitesche gewinnen, wenn wir statt $\mathbf{J}_k$ die Matrizen $\mathrm{i}\mathbf{J}_k$ verwenden,

$$\widetilde{\mathbf{J}}_k := \mathrm{i}\mathbf{J}_k.$$

Ihre Kommutatoren sind jetzt $[\widetilde{\mathbf{J}}_1, \widetilde{\mathbf{J}}_2] = \mathrm{i}\widetilde{\mathbf{J}}_3$ mit dem charakteristischen Faktor i auf der rechten Seite. Der Kommutator zweier hermitescher Matrizen ist antihermitesch, der Faktor i macht daraus wieder eine hermitesche Matrix.

Aus Gründen, die im Folgenden klar werden, führen wir hier anstelle der kartesischen Koordinaten im $\mathbb{R}^3$ mit den Einheitsvektoren $(\hat{\boldsymbol{e}}_1, \hat{\boldsymbol{e}}_2, \hat{\boldsymbol{e}}_3)$ so genannte *sphärische Koordinaten* bzw. *sphärische Einheitsvektoren* ein, die wie folgt definiert sind.

$$\boldsymbol{\zeta}_1 := -\frac{1}{\sqrt{2}}(\hat{\boldsymbol{e}}_1 + \mathrm{i}\hat{\boldsymbol{e}}_2), \qquad \boldsymbol{\zeta}_0 := \hat{\boldsymbol{e}}_3, \qquad \boldsymbol{\zeta}_{-1} := +\frac{1}{\sqrt{2}}(\hat{\boldsymbol{e}}_1 - \mathrm{i}\hat{\boldsymbol{e}}_2). \quad (4.2)$$

Sie erfüllen folgende Symmetrie- und Orthogonalitätrelationen

$$\boldsymbol{\zeta}_m^* = (-)^m \boldsymbol{\zeta}_{-m}, \qquad \boldsymbol{\zeta}_m^* \cdot \boldsymbol{\zeta}_{m'} = \delta_{mm'}. \quad (4.3)$$

Diese Definition wird durch folgende Überlegung motiviert: Schreibt man einen Ortsvektor auf die Linearkombinationen (4.2) der kartesischen Einheitsvektoren um und verwendet sphärische Polarkoordinaten, so sieht man, dass

$$x = x^1 \hat{e}_1 + x^2 \hat{e}_2 + x^3 \hat{e}_3$$

$$= -\frac{1}{\sqrt{2}}(x^1 + ix^2)\left(-\frac{1}{\sqrt{2}}\right)(\hat{e}_1 - i\hat{e}_2)$$

$$+ \frac{1}{\sqrt{2}}(x^1 - ix^2)\frac{1}{\sqrt{2}}(\hat{e}_1 + i\hat{e}_2) + x^3 \hat{e}_3$$

$$= r\left(-\frac{1}{\sqrt{2}}\sin\theta\, e^{i\phi}\zeta_1^* + \frac{1}{\sqrt{2}}\sin\theta\, e^{-i\phi}\zeta_{-1}^* + \cos\theta\, \zeta_0^*\right).$$

Verwendet man jetzt die Formeln (1.116) für die Kugelfunktionen mit $\ell = 1$, so folgt

$$x = r\sqrt{\frac{4\pi}{3}}\left(Y_{11}\zeta_1^* + Y_{1-1}\zeta_{-1}^* + Y_{10}\zeta_0^*\right),$$

die Linearkombinationen $x^1 \pm ix^2$ sind proportional zu $Y_{1\pm1}$, x^3 ist proportional zu Y_{10}. Beachtet man noch die zur Symmetrierelation in (4.2) analoge Formel (1.117), so sieht man, dass

$$\sum_m Y_{1m}\zeta_m^* = \sum_m Y_{1m}^*\zeta_m$$

ist. Die Zerlegung eines beliebigen Vektors $\boldsymbol{a}$ auf dem $\mathbb{R}^3$ hat in der sphärischen Basis immer diese Form

$$\sum_m a_m \zeta_m^* = \sum_m a_m^* \zeta_m.$$

Die Basis $\boldsymbol{\zeta}^* \equiv (\zeta_1^*, \zeta_0^*, \zeta_{-1}^*)^T$ hängt mit der kartesischen $\hat{e} \equiv (\hat{e}_1, \hat{e}_2, \hat{e}_3)^T$, von der wir ausgegangen sind, über eine Matrix $\mathbf{A}$ zusammen, $\boldsymbol{\zeta}^* = \mathbf{A}\hat{e}$, die man leicht angeben kann. Diese Matrix $\mathbf{A}$ und ihre Inverse $\mathbf{A}^{-1}$ sind durch

$$\mathbf{A} = \frac{1}{\sqrt{2}}\begin{pmatrix} -1 & i & 0 \\ 0 & 0 & \sqrt{2} \\ 1 & i & 0 \end{pmatrix}, \qquad \mathbf{A}^{-1} = \frac{1}{\sqrt{2}}\begin{pmatrix} -1 & 0 & 1 \\ -i & 0 & -i \\ 0 & \sqrt{2} & 0 \end{pmatrix}$$

gegeben. Rechnet man $\tilde{\mathbf{J}}_k$ auf diese Basis um, d. h. rechnet man die Produkte $\mathbf{A}\tilde{\mathbf{J}}_k\mathbf{A}^{-1}$ aus, so findet man

$$\mathbf{A}\tilde{\mathbf{J}}_1\mathbf{A}^{-1} = \frac{1}{2}\begin{pmatrix} 0 & \sqrt{2} & 0 \\ \sqrt{2} & 0 & \sqrt{2} \\ 0 & \sqrt{2} & 0 \end{pmatrix}, \quad \mathbf{A}\tilde{\mathbf{J}}_2\mathbf{A}^{-1} = \frac{i}{2}\begin{pmatrix} 0 & -\sqrt{2} & 0 \\ \sqrt{2} & 0 & -\sqrt{2} \\ 0 & \sqrt{2} & 0 \end{pmatrix},$$

$$\mathbf{A}\tilde{\mathbf{J}}_3\mathbf{A}^{-1} = \begin{pmatrix} 1 & 0 & 0 \\ 0 & 0 & 0 \\ 0 & 0 & -1 \end{pmatrix}. \tag{4.4}$$

Dies sind aber genau die Matrizen, die wir im Beispiel 1.10, Abschn. 1.9.1 für den Bahndrehimpuls mit $\ell = 1$ gefunden hatten. Charakteristische Eigenschaft dieser Darstellung ist, dass die 3-Komponente diagonal (und, da hermitesch, dann auch reell) ist, die 1-Komponente reell und positiv, die 2-Komponente rein imaginär ist. Diese Übereinstimmung mit einem Resultat, das wir schon früher für den Bahndrehimpuls abgeleitet hatten, motiviert die Wahl der sphärischen Basis.

Die Kommutatoren der Matrizen $\widetilde{\mathbf{J}}_k$ bleiben von diesem Basiswechsel natürlich unberührt. Was wir aber erreicht haben, ist die Aussage, dass die 3-Komponente diagonal wird. Das steht im Gegensatz zur eingangs verwendeten, kartesischen Basis, in der keine der drei Erzeugenden diese Eigenschaft hatte.

Wir wollen verabreden, von jetzt an *die Erzeugenden der Drehgruppe stets hermitesch zu wählen.* Verwenden wir der Einfachheit halber dasselbe Symbol, d. h. $\mathbf{J}_k$ statt $\widetilde{\mathbf{J}}_k$, dann lauten passive bzw. aktive Drehungen

$$\exp(-\mathrm{i}\boldsymbol{\varphi}\cdot\boldsymbol{J})\,,\qquad \exp(+\mathrm{i}\boldsymbol{\varphi}\cdot\boldsymbol{J})\,,$$

mit $\boldsymbol{\varphi}\cdot\boldsymbol{J} = \varphi_1\mathbf{J}_1 + \varphi_2\mathbf{J}_2 + \varphi_3\mathbf{J}_3$ in der kartesischen Basis. Die Erzeugenden erfüllen die Kommutationsregeln

$$\boxed{[\mathbf{J}_1, \mathbf{J}_2] = \mathrm{i}\mathbf{J}_3 \qquad (\text{zyklisch})}\,, \tag{4.5}$$

bzw., wenn wir das total antisymmetrische Symbol ε_{ijk} verwenden,

$$\boxed{[\mathbf{J}_i, \mathbf{J}_k] = \mathrm{i}\sum_{l=1}^{3} \varepsilon_{ikl}\mathbf{J}_l}\,. \tag{4.6}$$

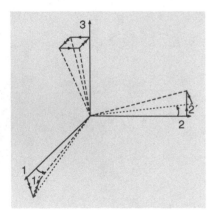

Abb. 4.1. Eine Drehung um den Winkel ε um die 1-Achse, gefolgt von einer Drehung um den Winkel η um die neue 2-Achse, hernach in umgekehrter Reihenfolge wieder rückgängig gemacht, bringt die 3-Achse in ihre Ausgangsposition zurück, bewegt aber die 1- und die 2-Achse nach $1'$ bzw. $2'$. Das Resultat ist eine Drehung um den Winkel $(\varepsilon\eta)$ um die 3-Achse

4.1.2 Darstellungen der Drehgruppe

Die im Hilbert-Raum induzierte Wirkung (4.1) einer Drehung im $\mathbb{R}^3$ überträgt sich auf die Erzeugenden: Wenn $\mathbf{D}(\mathbf{R})$ die durch $\mathbf{R}$ induzierte *unitäre* Transformation ist, dann ist $\mathbf{D}(\mathbf{J}_k)$ die *hermitesche* Matrix gleicher Dimension wie $\mathbf{D}(\mathbf{R})$, die die Erzeugende $\mathbf{J}_k$ im Hilbert-Raum darstellt. Anders geschrieben und mit $n = \dim\mathbf{D}$ ist

$$\mathbf{D}(\mathbf{R}(\boldsymbol{\varphi})) = \exp[\mathrm{i}\boldsymbol{\varphi}\cdot\mathbf{D}(\boldsymbol{J})] = \lim_{N\to\infty}\left(\mathbb{1}_{n\times n} + \frac{\mathrm{i}}{N}\boldsymbol{\varphi}\cdot\mathbf{D}(\boldsymbol{J})\right)^N\,, \tag{4.7}$$

wobei wir die bekannte Gauß'sche Formel für die Exponentialreihe eingesetzt haben.

Die Erzeugenden erfüllen in jeder Darstellung die Kommutationsregeln (4.5) bzw. (4.6). So entsteht die erste Formel (4.5) zum Beispiel, wenn man zwei infinitesimale Drehungen um die 1- und 2-Achse nacheinander ausführt, d. h. $\mathbf{R}(\eta\,\hat{\boldsymbol{e}}_2)\mathbf{R}(\varepsilon\,\hat{\boldsymbol{e}}_1)$ und in der anderen Reihenfolge rückgängig macht, d. h. $\mathbf{R}(-\eta\,\hat{\boldsymbol{e}}_2)\mathbf{R}(-\varepsilon\,\hat{\boldsymbol{e}}_1)$ anwendet, wie in Abb. 4.1

skizziert. Das Ergebnis ist eine Drehung um die 3-Achse (in zweiter Ordnung) um den Winkel $(\varepsilon\eta)$,

$$\mathbf{R}(-\eta\,\hat{e}_2)\mathbf{R}(-\varepsilon\,\hat{e}_1)\mathbf{R}(\eta\,\hat{e}_2)\mathbf{R}(\varepsilon\,\hat{e}_1) = \mathbf{R}(-\varepsilon\eta\,\hat{e}_3)\,.$$

Dies prüft man nach, indem man das Produkt der vier Exponentialreihen bis zur zweiten Ordnung in ε und η ausrechnet. Die linearen und die rein quadratischen Terme heben sich heraus, vom gemischten Term zweiter Ordnung bleibt allein $\varepsilon\eta(\mathbf{J}_1\mathbf{J}_2 - \mathbf{J}_2\mathbf{J}_1)$ stehen. Andererseits liest man aus der Figur ab, dass auf diese Weise eine Drehung um die 3-Achse mit dem Drehwinkel $(\varepsilon\eta)$ entsteht, sodass

$$\mathbb{1} + \varepsilon\eta(\mathbf{J}_1\mathbf{J}_2 - \mathbf{J}_2\mathbf{J}_1) = \mathbb{1} + \mathrm{i}\varepsilon\eta\,\mathbf{J}_3 \approx \exp(\mathrm{i}\varepsilon\eta\,\mathbf{J}_3)$$

folgt. Man hätte also den Kommutator (4.5) aus dieser Figur herleiten können, ohne die Matrizen $\mathbf{J}_k$ explizit zu berechnen. Nun ist aber unmittelbar einleuchtend, dass dieselbe Relation zwischen den angegebenen Drehungen auch für deren Darstellung im Hilbert-Raum gelten muss, d. h.

$$[\mathbf{D}(\mathbf{J}_1), \mathbf{D}(\mathbf{J}_2)] = \mathrm{i}\mathbf{D}(\mathbf{J}_3) \qquad \text{(zyklisch)}\,.$$

Da dies aber so ist, kann man die ausführliche Schreibweise $\mathbf{D}(\mathbf{J}_k)$ dahingehend vereinfachen, dass man nur das Symbol $\mathbf{J}_k$ der Erzeugenden selbst verwendet, mit der Verabredung, dass damit *alle* Darstellungen gemeint sind.

Die Darstellung (4.4), die ja direkt aus dem Studium der Drehgruppe im $\mathbb{R}^3$ und somit aus der Definition selbst dieser Gruppe folgt, nennt man die *definierende Darstellung*. Die eindimensionale Darstellung, wo $\mathbf{J}_1 = \mathbf{J}_2 = \mathbf{J}_3 = 0$ ist, nennt man die *triviale Darstellung*. Weitere Darstellungen lassen sich aus der Analyse des Bahndrehimpulses in Abschn. 1.9.1 ablesen: Die Komponenten des Bahndrehimpulses erfüllen die Kommutationsregeln (1.108), d. h. genau dieselben Regeln wie die Erzeugenden $\mathbf{J}_k$ oben. Dort haben wir aber gezeigt, dass man immer $\boldsymbol{\ell}^2$ und eine Komponente, etwa ℓ_3, gleichzeitig diagonal wählen kann und dass die Eigenwerte von $\boldsymbol{\ell}^2$ und von ℓ_3 durch $\ell(\ell+1)$ bzw. m mit $\ell \in \mathbb{N}_0$ und $m = -\ell, -\ell+1, \dots, \ell$ gegeben sind. Damit ist zweierlei erreicht: Einerseits haben wir eine abzählbar-unendliche Kette von Darstellungen in Unterräumen des Hilbert-Raums gefunden, die die Dimension $(2\ell+1)$ mit ganzzahligem ℓ haben, in denen somit die Drehmatrizen (4.7) durch unitäre und die Erzeugenden durch hermitesche $(2\ell+1) \times (2\ell+1)$-Matrizen dargestellt werden. Andererseits haben wir gezeigt, dass der Drehimpuls eng mit der Drehgruppe verknüpft ist. Die Komponenten des Drehimpulses erzeugen infinitesimale Drehungen, die Kommutatoren der Komponenten des Drehimpulses erfüllen die Relationen der Lie-Algebra der Drehgruppe.

Die Aufgabe, die jetzt gelöst werden muss, ist, erstens, alle Darstellungen zu konstruieren, die mit (4.5) verträglich sind, und, zweitens, die unitären $\mathbf{D}(\mathbf{R}(\boldsymbol{\varphi}))$ zu konstruieren, die diese Darstellungen aufspannen. Die Lösung des ersten Teils dieses Programms lässt sich allein aufgrund der Kommutatoren (4.5) vollständig angeben. Der zweite Teil erfordert weitere Hilfsmittel, auf die wir in Band 4 eingehen.

Wie im Beispiel des Bahndrehimpulses, Abschn. 1.9.1, führt man das Quadrat J^2 und die Leiteroperatoren $\mathbf{J}_\pm$ ein,[1]

$$J^2 := \mathbf{J}_1^2 + \mathbf{J}_2^2 + \mathbf{J}_3^2\,, \qquad \mathbf{J}_\pm := \mathbf{J}_1 \pm \mathrm{i}\mathbf{J}_2\,. \tag{4.8}$$

Während J^2 mit allen Komponenten und somit auch mit $\mathbf{J}_\pm$ kommutiert, gilt für die übrigen Kommutatoren, wie man leicht nachrechnet,

$$\boxed{[\mathbf{J}_3, \mathbf{J}_\pm] = \pm\mathbf{J}_\pm\,, \qquad [\mathbf{J}_+, \mathbf{J}_-] = 2\mathbf{J}_3}\,, \tag{4.9}$$

Die Operatoren J^2 und $\mathbf{J}_3$ sind hermitesch, die Leiteroperatoren sind das nicht, erfüllen aber die Beziehung $\mathbf{J}_+^\dagger = \mathbf{J}_-$. Für die weiteren Rechnungen sind die folgenden beiden Formeln nützlich

$$J^2 = \mathbf{J}_+\mathbf{J}_- + \mathbf{J}_3^2 - \mathbf{J}_3\,, \qquad J^2 = \mathbf{J}_-\mathbf{J}_+ + \mathbf{J}_3^2 + \mathbf{J}_3\,, \tag{4.10}$$

die man unter Ausnutzung von (4.5) leicht bestätigt.

Die Darstellung der Drehung $\mathbf{R}(\varphi)$ im Hilbert-Raum bezeichnen wir gleichermaßen als

$$\mathbf{D}(\mathbf{R}) \equiv \mathbf{D}(\mathbf{R}(\varphi)) \equiv \mathbf{D}(\varphi)\,.$$

Da J^2 mit allen Komponenten vertauscht, gilt auch

$$[J^2, \mathbf{D}(\varphi)] = 0\,.$$

Die Bedeutung dieses Kommutators liegt in folgender Aussage: Wenn man J^2 diagonal wählt, dann muss die unendlichdimensionale Matrix $\mathbf{D}(\mathbf{R})$ eine Form haben, in der nur Elemente in quadratischen Blöcken entlang der Hauptdiagonalen ungleich Null sind, wie in Abb. 4.2 skizziert. Jeder dieser Blöcke gehört zu einem der Eigenwerte von J^2, ihre Dimension ist gleich dem Entartungsgrad der Eigenwerte von J^2. Wenn andererseits $\mathbf{D}(\mathbf{R})$ für alle Drehungen $\mathbf{R}$ diese block-diagonale Form hat, so heißt diese Matrix *irreduzibel;* die Matrizen $\mathbf{D}$ spannen eine *unitäre, irreduzible Darstellung der Drehgruppe* auf. Dass dem so ist, folgt aus dem folgenden Lemma:

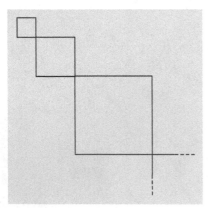

Abb. 4.2. Ist sie irreduzibel, so hat die Drehmatrix $\mathbf{D}$ eine Gestalt, bei der nur die quadratischen Blöcke entlang der Hauptdiagonalen von Null verschiedene Einträge haben. Diese Blöcke sind dann nicht weiter zerlegbar

[1] Man beachte, dass diese Definition nicht genau mit der Definition der sphärischen Basis kongruent ist. Die Komponente „+" hat nicht das charakteristische Minuszeichen, auch fehlt der Normierungsfaktor $1/\sqrt{2}$.

Schur'sches Lemma. Es seien $\mathbf{D}(\mathbf{R})$ und $\mathbf{D}'(\mathbf{R})$ Matrizen der Dimension n bzw. n', die unitär und irreduzibel sind, und die von $\mathbf{R} \in SO(3)$ abhängen. Sei weiterhin $\mathbf{M}$ eine Matrix mit n Spalten und n' Zeilen, die die Relation

$$\mathbf{M}\mathbf{D}(\mathbf{R}) = \mathbf{D}'(\mathbf{R})\mathbf{M} \quad \text{für alle} \quad \mathbf{R} \in SO(3) \tag{$*$}$$

erfüllt. Dann gilt: Entweder ist $\mathbf{M} = 0$ oder aber $n = n'$ und $\det \mathbf{M} \neq 0$. Im zweiten Fall sind $\mathbf{D}(\mathbf{R})$ und $\mathbf{D}'(\mathbf{R})$ äquivalent.

Beweis: Multipliziert man die zu ($*$) hermitesch-konjugierte Gleichung $\mathbf{D}^\dagger\mathbf{M}^\dagger = \mathbf{M}^\dagger\mathbf{D}'^\dagger$ von links mit $\mathbf{D}$ sowie von rechts mit $\mathbf{D}'$, so entsteht $\mathbf{M}^\dagger\mathbf{D}' = \mathbf{D}\mathbf{M}^\dagger$. Diese Gleichung multipliziert man von links mit $\mathbf{M}$ und benutzt in einem zweiten Schritt die Gleichung (∗) in ihrer ursprünglichen Form, um zu zeigen, dass

$$\mathbf{M}\mathbf{M}^{\dagger}\mathbf{D}'(\mathbf{R}) = \mathbf{M}\mathbf{D}(\mathbf{R})\mathbf{M}^{\dagger} = \mathbf{D}'(\mathbf{R})\mathbf{M}\mathbf{M}^{\dagger} \,. \tag{∗∗}$$

Da $\mathbf{D}'(\mathbf{R})$ nach Voraussetzung irreduzibel ist, muss das Produkt $\mathbf{M}\mathbf{M}^{\dagger} = c\,\mathbb{1}$, d. h. ein Vielfaches der $n' \times n'$-Einheitsmatrix sein. Die Konstante c ist reell, weil das Produkt $\mathbf{M}\mathbf{M}^{\dagger}$ hermitesch ist. Nun gibt es drei Möglichkeiten: (a) $n = n'$, $c \neq 0$: In diesem Fall ist $\det \mathbf{M} \neq 0$ und somit

$$\mathbf{D}'(\mathbf{R}) = \mathbf{M}\mathbf{D}(\mathbf{R})\mathbf{M}^{-1} \,,$$

d. h. $\mathbf{D}$ und $\mathbf{D}'$ sind äquivalent. (b) $n = n'$ und $c = 0$: Jetzt gilt $\sum_k M_{ik} M_{jk}^* = 0$, speziell bei $i = j$ demnach $\sum_k |M_{ik}|^2 = 0$. Das bedeutet aber, dass $\mathbf{M}$ als Ganzes verschwindet. (c) $n < n'$ (bzw. $n > n'$): In diesem Fall ergänzt man die $n' \times n$-Matrix $\mathbf{M}$ zu einer quadratischen $n' \times n'$-Matrix $\mathbf{N}$ durch Hinzufügen von $n' - n$ Spalten, deren Einträge sämtlich 0 sind. Es ist $\mathbf{N}\mathbf{N}^{\dagger} = \mathbf{M}\mathbf{M}^{\dagger}$ und $\det \mathbf{N} = 0$, d. h. $c = 0$, sodass wie vorher $\mathbf{M} = 0$ folgt. (Derselbe Schluss gilt auch für $n > n'$. Man muss nur $\mathbf{D}$ und $\mathbf{D}'$ vertauschen.) Damit ist das Schur'sche Lemma bewiesen.

Unser Ziel ist es, aus den Kommutatoren (4.6) bzw. aus den dazu äquivalenten Kommutatoren (4.9) die algebraischen Eigenschaften aller Darstellungen der Drehgruppe herzuleiten.

Es sei $|\beta m\rangle$ gemeinsamer Eigenzustand der Operatoren $\boldsymbol{J}^2$ und $\mathbf{J}_3$, β sei der Eigenwert des ersten, m der Eigenwert des zweiten Operators. Da $[\boldsymbol{J}^2, \mathbf{J}_{\pm}] = 0$ ist, kann man durch Anwenden von $\mathbf{J}_+$ oder von $\mathbf{J}_-$ auf $|\beta m\rangle$ weitere Eigenzustände von $\boldsymbol{J}^2$ erzeugen, die zum selben Eigenwert gehören – es sei denn, die Wirkung von $\mathbf{J}_{\pm}$ auf $|\beta m\rangle$ ergibt den Nullvektor. Diese neuen Zustände, so sie nicht verschwinden, sind wieder Eigenzustände von $\mathbf{J}_3$. In der Tat, verwendet man den ersten Kommutator (4.9), so ist

$$\mathbf{J}_3(\mathbf{J}_{\pm}\,|\beta m\rangle) = \mathbf{J}_{\pm}[(\mathbf{J}_3 \pm 1)\,|\beta m\rangle] = (m \pm 1)(\mathbf{J}_{\pm}\,|\beta m\rangle) \,.$$

Der Zustand $\mathbf{J}_+|\beta m\rangle = \text{const}\,|\beta, m+1\rangle$ ist wieder Eigenzustand von $\mathbf{J}_3$ und gehört zum Eigenwert $(m+1)$. Er ist allerdings nicht auf 1 normiert. Ebenso ist $\mathbf{J}_-|\beta m\rangle = \text{const}\,|\beta, m-1\rangle$ Eigenzustand von $\mathbf{J}_3$ zum Eigenwert $(m-1)$. Die quadrierte Norm dieser neuen Eigenzustände lässt sich leicht berechnen, wenn man die aus (4.10) folgenden Formeln

$$\mathbf{J}_{\pm}\mathbf{J}_{\mp} = \boldsymbol{J}^2 - \mathbf{J}_3^2 \pm \mathbf{J}_3$$

verwendet. Dann gilt mit $\mathbf{J}_+^{\dagger} = \mathbf{J}_-$

$$\|\mathbf{J}_+\,|\beta m\rangle\|^2 = \langle \beta m|\,\mathbf{J}_-\mathbf{J}_+\,|\beta m\rangle = (\beta - m^2 - m)\,\|\,|\beta m\rangle\|^2 \,,$$

$$\|\mathbf{J}_-\,|\beta m\rangle\|^2 = \langle \beta m|\,\mathbf{J}_+\mathbf{J}_-\,|\beta m\rangle = (\beta - m^2 + m)\,\|\,|\beta m\rangle\|^2 \,.$$

Daraus folgen die Ungleichungen

$$\beta - m(m+1) \geq 0 \,, \qquad \beta - m(m-1) \geq 0 \,. \tag{+}$$

Die Folge der Eigenwerte $\ldots, m-2, m-1, m, m+1, m+2, \ldots$ von $\mathbf{J}_3$ kann weder nach oben noch nach unten unbeschränkt sein, da sonst die Ungleichungen (+) verletzt würden. Für *wachsendes m* bricht die Folge dann und nur dann ab, wenn es ein *größtes* $m_{\max} =: j$ gibt, für welches $\beta - j(j+1) = 0$ ist. Für *abnehmendes m* andererseits bricht die Folge dann und nur dann ab, wenn es ein $m_{\min}$ gibt derart, dass $\beta - m_{\min}(m_{\min} - 1)$ gleich Null ist. Mit $\beta = j(j+1)$ muss somit

$$m_{\min}(m_{\min} - 1) = j(j+1)$$

sein. Diese Bedingung ist für $m_{\min} = -j$ erfüllt, falls j positiv ist, die andere Wurzel dieser Gleichung $m'_{\min} = j+1$ kann nicht richtig sein, denn $m_{\min}$ kann nicht größer als der größte Wert $m_{\max} = j$ sein.

Schließlich stellt man noch fest, dass die in Schritten von 1 fortschreitende Folge der m-Werte den kleinsten $m_{\min} = -j$ und den größten $m_{\max} = +j$ nur dann wirklich enthält, wenn j *ganzzahlig* oder *halbzahlig* ist. In allen anderen Fällen läuft die aufsteigende, durch $\mathbf{J}_+$ erzeugte Folge an der absteigenden, durch $\mathbf{J}_-$ erzeugten vorbei und keine der beiden bricht ab.

Als Ergebnis finden wir den folgenden Wertevorrat für die Eigenwerte von $\boldsymbol{J}^2$ und $\mathbf{J}_3$

$$\boldsymbol{J}^2 \,|jm\rangle = j(j+1)\,|j,m\rangle \,, \qquad \mathbf{J}_3\,|jm\rangle = m\,|jm\rangle \qquad (4.11)$$

$$j = 0, \frac{1}{2}, 1, \frac{3}{2}, 2, \ldots, \qquad m = -j, -j+1, \ldots, j \,. \qquad (4.12)$$

Wie erwartet finden wir unter den Werten von j die Reihe der ganzen Zahlen $0, 1, 2, \ldots$, die wir vom Studium des Bahndrehimpulses her kennen. In diesem Fall können wir auch einen vollständigen Satz von orthonormierten Eigenfunktionen angeben, die diese Darstellungen aufspannen. Neu und überraschend sind die *halb*zahligen Werte von j, deren wichtigste, die *Spinordarstellung* $j = 1/2$, uns in der Folge ausführlich beschäftigen wird.

Per Konstruktion sind diese Darstellungen unitär und irreduzibel, sie sind auf endlichdimensionalen Unterräumen des Hilbert-Raums realisiert, welche die Dimension $d = (2j+1)$ haben. Ihre Bezeichnung[2] und Dimension sind für die ersten drei Werte von j

$j = 0$: *Singulett*darstellung, $d = 1$;
$j = 1/2$: *Dublett-* oder *Spinor*darstellung,
auch *Fundamentaldarstellung*, $d = 2$;
$j = 1$: *Triplett*darstellung, auch *adjungierte Darstellung*, $d = 3$.

[2] Auf Englisch heißen sie *singlet*, bzw. *doublet* oder *spinor* oder *fundamental*, bzw. *triplet* oder *adjoint representations*.

Bemerkungen

1. Kehren wir zu den kartesischen Komponenten des Drehimpulsoperators zurück, d. h. setzen $\mathbf{J}_1 = (\mathbf{J}_+ + \mathbf{J}_-)/2$, $\mathbf{J}_2 = -i(\mathbf{J}_+ - \mathbf{J}_-)/2$, und

bleiben wir in einer Phasenkonvention, in der die Matrixelemente von $\mathbf{J}_1$ reell und positiv, die von $\mathbf{J}_2$ rein imaginär sind, dann gilt

$$\langle m' | \mathbf{J}_1 | m \rangle = \frac{1}{2} \sqrt{j(j+1) - m'm} \, (\delta_{m',m+1} + \delta_{m',m-1}) \,,$$

$$\langle m' | \mathbf{J}_2 | m \rangle = -\mathrm{i}(m' - m) \langle m' | \mathbf{J}_1 | m \rangle \,,$$

$$\langle m' | \mathbf{J}_3 | m \rangle = m \delta_{m',m} \,. \tag{4.13}$$

Die zweite dieser Gleichungen folgt z. B. aus dem Kommutator $\mathbf{J}_2 = -\mathrm{i}[\mathbf{J}_3, \mathbf{J}_1]$.

2. Wie geht man vor, wenn die Eigenzustände von $\mathbf{J}_3$ selbst noch weiter entartet sind, d. h. wenn die gemeinsamen Eigenzustände von J^2 und $\mathbf{J}_3$ die Form haben $| \alpha j m \rangle$, mit $\alpha = 1, 2, \ldots, k_m$?

In diesem Fall zeigt man zunächst, dass die Entartungsgrade k_m alle gleich sind, $k_m \equiv k$ für alle $m \in [-j, +j]$, und stellt in einem zweiten Schritt fest, dass die Darstellung weiter reduziert werden kann, nämlich in k Darstellungen mit je $(2j+1)$ Elementen. Erster Schritt: Es ist

$$\sum_{\alpha'} \langle \alpha j, m+1 | \mathbf{J}_+ | \alpha' j m \rangle \langle \alpha' j m | \mathbf{J}_- | \alpha j, m+1 \rangle$$

$$= j(j+1) - m(m+1) \,.$$

Summiert man über α, so folgt

$$\sum_{\alpha, \alpha'} \langle \alpha j, m+1 | \mathbf{J}_+ | \alpha' j m \rangle \langle \alpha' j m | \mathbf{J}_- | \alpha j, m+1 \rangle$$

$$= k_{m+1} [j(j+1) - m(m+1)] \,.$$

Führt man dieselbe Überlegung für das Produkt mit vertauschten Faktoren durch, so folgt ganz analog

$$\sum_{\alpha, \alpha'} \langle \alpha j m | \mathbf{J}_- | \alpha' j, m+1 \rangle \langle \alpha' j, m+1 | \mathbf{J}_+ | \alpha j m \rangle$$

$$= k_m [j(j+1) - m(m+1)] \,.$$

Da die linken Seiten gleich sind, folgt $k_{m+1} = k_m$, d. h. man erhält für alle m denselben Entartungsgrad $k \equiv k_m$.

Zweiter Schritt: Man setze nun

$$\langle \alpha j, m+1 | \mathbf{J}_+ | \alpha' j m \rangle = \sqrt{j(j+1) - m(m+1)} \, U^{(m)}_{\alpha \alpha'} \,,$$

$$\langle \alpha' j m | \mathbf{J}_- | \alpha j, m+1 \rangle = \sqrt{j(j+1) - m(m+1)} \, U^{(m)\dagger}_{\alpha' \alpha}$$

mit $\mathbf{U}^{(m)}$ unitär und mit der Dimension k. Man gehe dann zu einer neuen Basis über,

$$| \beta j m \rangle = \sum_{\alpha} V^{(m)}_{\beta \alpha} | \alpha j m \rangle \quad \text{mit} \quad \mathbf{V}^{(m)} = \mathbb{1} \, \mathbf{U}^{(j-1)} \mathbf{U}^{(j-2)} \ldots \mathbf{U}^{(m)} \,.$$

Die Matrixdarstellung von $\mathbf{J}_+$ in der neuen Basis erhält man aus der in der alten Basis durch die unitäre Transformation $\mathbf{V}^{(m+1)} \mathbf{U}^{(m)} \mathbf{V}^{(m)\dagger}$.

Diese ist aber aufgrund der Wahl von $\mathbf{V}^{(m)}$ die $k \times k$-Einheitsmatrix, sodass z. B. $\langle \beta j, m+1|\mathbf{J}_+|\beta' jm\rangle = \sqrt{j(j+1)-m(m+1)}\,\delta_{\beta\beta'}$, mit $\beta = 1, 2, \ldots, k$ gilt. Ähnliches gilt für die anderen Operatoren.

4.1.3 Die „Drehmatrizen" $\mathbf{D}^{(j)}$

Die algebraische Konstruktion des vorhergehenden Abschnitts, die von der *Lie-Algebra* (4.6) bzw. (4.9) der Drehgruppe (nicht von der Gruppe selbst) ausging, hat uns die Eigenwertspektren (4.11) des Quadrats des Drehimpulses und einer Komponente geliefert. Es bleibt die Aufgabe, die unendlichdimensionalen Matrizen $\mathbf{D}(\mathbf{R})$ zu konstruieren, d. h. die durch die Drehung $\mathbf{R}$ induzierten unitären Transformationen im Hilbert-Raum. Die vollständige Lösung dieser Frage muss ich aus Platzgründen auf Band 4 verschieben, der den zweiten Abschnitt über die Drehgruppe enthält, dennoch möchte ich schon hier einige allgemeine Aussagen herleiten und den Anteil mit $j = 1/2$, der sich elementar berechnen lässt, angeben und diskutieren.

Konventionen

1. *Nomenklatur:* Die Matrizen $\mathbf{D}(\mathbf{R})$ werden – sprachlich nicht besonders schön, aber inhaltlich korrekt – *Darstellungskoeffizienten der Drehgruppe* genannt. In der physikalischen Praxis werden stattdessen oft die Namen „Drehmatrizen" oder einfach nur „D-Matrizen" verwendet.

2. *Condon-Shortley-Phasenkonvention:* In der Darstellung (4.13) steckt bereits eine Wahl von Phasen, die auf die Konstruktion der Matrixelemente der Auf- und Absteigeoperatoren zurückgeht. Das sieht man, wenn man noch einmal zur Konstruktion der Darstellungen der Lie-Algebra des vorigen Abschnitts zurückschaut: Bei der Bestimmung der Zustände $\mathbf{J}_\pm|jm\rangle = c_\pm|j, m \pm 1\rangle$ lagen nur das Normquadrat $\|\mathbf{J}_\pm|jm\rangle\|^2$ fest, nicht aber die Phasen der Koeffizienten $c_\pm$. Die in (4.13) gewählten Phasen folgen aus der Entscheidung, die Matrixelemente der Auf- und Absteigeoperatoren reell zu wählen,

$$\langle j'm'|\,\mathbf{J}_\pm\,|jm\rangle = [j(j+1)-m(m \pm 1)]^{1/2}\,\delta_{j'j}\delta_{m',m\pm 1}\,. \qquad (4.14)$$

Diese Phasenkonvention, die auf Condon und Shortley zurückgeht, ist in der Theorie der Drehgruppe allgemein üblich.

3. *D-Matrizen als Funktionen von Euler'schen Winkeln:* Es ist hilfreich, die Drehung im $\mathbb{R}^3$ durch Euler'sche Winkel zu parametrisieren. Allerdings verwendet man in der Quantenmechanik eine Definition, die nicht mit der in der Klassischen Mechanik üblichen identisch ist, sondern sich von dieser durch die Wahl der so genannten Knotenlinie unterscheidet. Abbildung 4.3 zeigt die hier verwendete Wahl: Zuerst eine Drehung um die (alte) 3-Achse um den Winkel ϕ, dann eine Drehung um die Zwischenposition der 2-Achse (Knotenlinie) um den Winkel θ und schließlich eine weitere Drehung um die (neue) 3-Achse um den Winkel ψ.[3]

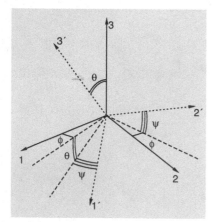

Abb. 4.3. Definition der Euler'schen Winkel, wie sie in der Quantenmechanik des Drehimpulses üblich ist. Die Zwischenposition der 2-Achse ist die Knotenlinie

---

[3] In Band 1, Abschn. 3.8 und 3.9 sind diese Winkel mit α, β und γ bezeichnet, die in der klassischen Mechanik üblichen dagegen mit Φ, Θ und Ψ. Den Zusammenhang zwischen ihnen findet man in Band 1, (3.39) angegeben.

Das Schur'sche Lemma hat zur Folge, dass mit der Diagonalisierung von J^2 die D-Matrix in quadratische Blöcke entlang der Hauptdiagonalen zerfällt. Jeder solche Block gehört zu einem der Werte von j und hat die Dimension $d = (2j+1)$. Wenn wir die Werte von j aufsteigend ordnen und in den Unterräumen $\mathcal{H}^{(j)}$ zu festem j die m-Werte von $m = +j$ bis $m = -j$ in absteigender Folge anordnen, dann lässt sich das qualitative Bild der Abb. 4.2 durch eine präzisere Aufschlüsselung ersetzen,

$$\begin{pmatrix} D_{0,0}^{(0)} & 0 & 0 & 0 & 0 & 0 & \cdots \\ 0 & D_{1/2,1/2}^{(1/2)} & D_{1/2,-1/2}^{(1/2)} & 0 & 0 & 0 & \cdots \\ 0 & D_{-1/2,1/2}^{(1/2)} & D_{-1/2,-1/2}^{(1/2)} & 0 & 0 & 0 & \cdots \\ 0 & 0 & 0 & D_{1,1}^{(1)} & D_{1,0}^{(1)} & D_{1,-1}^{(1)} & \cdots \\ 0 & 0 & 0 & D_{0,1}^{(1)} & D_{0,0}^{(1)} & D_{0,-1}^{(1)} & \cdots \\ 0 & 0 & 0 & D_{-1,1}^{(1)} & D_{-1,0}^{(1)} & D_{-1,-1}^{(1)} & \cdots \\ \vdots & \vdots & \vdots & \vdots & \vdots & \vdots & \ddots \end{pmatrix}.$$

Für jeden endlichen Wert von j und bei Parametrisierung der Drehung mittels Euler'scher Winkel ist $\mathbf{D}^{(j)} = \exp(i\psi \mathbf{J}_3) \exp(i\theta \mathbf{J}_2) \exp(i\phi \mathbf{J}_3)$. Da $\mathbf{J}_3$ diagonal gewählt wurde, heißt das für die Matrixelemente

$$D_{m'm}^{(j)}(\psi, \theta, \phi) = e^{im'\psi} d_{m'm}^{(j)}(\theta) e^{im\phi}, \tag{4.15}$$

wobei $d_{m'm}^{(j)}(\theta) = \langle jm' | \exp(i\theta \mathbf{J}_2) | jm \rangle$ nur noch von dem zweiten Euler'schen Winkel abhängt. Der Gewinn, den man hat, wenn man die Drehung statt durch kartesische durch Euler'sche Winkel parametrisiert, liegt auf der Hand: Man hat die Berechnung der D-Matrix praktisch auf die Berechnung der Matrizen $\mathbf{d}(\theta)$ reduziert.

4. *Phasenkonvention für die D-Matrizen:* Während die Wahl der Phasen bei den Darstellungen (4.13) der Erzeugenden allgemein akzeptiert ist, gilt dies für die D-Matrizen leider nicht. Der Leserin, dem Leser empfehle ich, wenn sie oder er eine der zahlreichen Monographien über die Drehgruppe in der Quantentheorie konsultiert, zunächst die dort jeweils verwendete Konvention festzustellen und die Beziehung zur eigenen klarzustellen.

In diesem Buch wähle ich Konventionen, die mit dem Usus in der Linearen Algebra konform und daher jederzeit leicht reproduzierbar sind. Stellen wir uns vor, wir entwickeln einen *physikalischen* Zustand Ψ nach einem System φ_{jm} von Eigenfunktionen zu J^2 und $\mathbf{J}_3$,

$$\Psi = \sum_j \sum_m \varphi_{jm} a_m^{(j)}.$$

Die Funktionen φ_{jm} sind die *Basis*, die Koeffizienten a_{jm} sind die *Entwicklungskoeffizienten*. Eine Drehung im $\mathbb{R}^3$, $\mathbf{R} \in SO(3)$, induziert die unitäre Transformation

$$a'^{(j)}_{m'} = \sum_m D^{(j)}_{m'm}(\mathbf{R}) a^{(j)}_m \qquad (4.16)$$

der Vektoren $\boldsymbol{a} = (a^{(j)}_j, a^{(j)}_{j-1}, \ldots, a^{(j)}_{-j})^T$, d. h. der Entwicklungskoeffizienten. Das bedeutet aber, dass die Basis sich mit der zu $\mathbf{D}(\mathbf{R})$ kontragredienten Abbildung $(\mathbf{D}^{-1})^T(\mathbf{R})$ transformiert. Nur dann bleibt der physikalische Zustand Ψ invariant, $\sum_{jm'} \varphi'_{jm'} a'^{(j)}_{m'} = \sum_{jm} \varphi_{jm} a^{(j)}_m$. Da $\mathbf{D}$ unitär ist, ist ihre Inverse gleich ihrer Adjungierten (hermitesch Konjugierten); die nochmalige Transposition macht daraus $D^{(j)*}_{m'm}$, und für jedes vorkommende j gilt

$$\varphi'_{jm'} = \sum_{m''} D^{(j)*}_{m'm''}(\psi, \theta, \phi)\, \varphi_{jm''} \,.$$

Die Wahl der Phasen der D-Matrizen ist mit (4.16) und mit der Condon-Shortley-Konvention (4.13) eindeutig festgelegt. Sie wird in vielen, aber leider nicht allen Büchern zu diesem Thema verwendet.[4]

4.1.4 Beispiele und Formeln für D-Matrizen

Im Unterraum mit $j = 0$ gilt trivialerweise $\mathbf{D}^{(0)} = 1$. Ein Zustand oder Operator mit $j = 0$ ist ein Skalar bezüglich Drehungen und wird daher unter $\mathbf{R} \in SO(3)$ nicht verändert.

In der Fundamentaldarstellung $j = 1/2$ geben die Formeln (4.13) die Matrixdarstellungen

$$\mathbf{J}_1 = \frac{1}{2}\begin{pmatrix} 0 & 1 \\ 1 & 0 \end{pmatrix}, \quad \mathbf{J}_2 = \frac{1}{2}\begin{pmatrix} 0 & -\mathrm{i} \\ \mathrm{i} & 0 \end{pmatrix}, \quad \mathbf{J}_3 = \frac{1}{2}\begin{pmatrix} 1 & 0 \\ 0 & -1 \end{pmatrix} \qquad (4.17)$$

für die Komponenten des Drehimpulsoperators. Bis auf den Faktor $1/2$ sind dies genau die Pauli-Matrizen (3.22). Wir berechnen die Matrix $\mathbf{d}^{(1/2)}(\theta)$ in (4.15), indem wir die Exponentialreihe ausschreiben und ausnutzen, dass alle geraden Potenzen von σ_2 gleich der Einheitsmatrix, alle ungeraden Potenzen gleich σ_2 sind, siehe auch Abschn. 3.3.4, Beispiel 3.12

$$\mathbf{d}^{(1/2)}(\theta) = \exp\left(\mathrm{i}\frac{\theta}{2}\sigma_2\right) = \mathbb{1}\cos\frac{\theta}{2} + \mathrm{i}\sigma_2\sin\frac{\theta}{2}$$
$$= \begin{pmatrix} \cos(\theta/2) & \sin(\theta/2) \\ -\sin(\theta/2) & \cos(\theta/2) \end{pmatrix}.$$

Mit diesem Ergebnis ist die vollständige D-Matrix mit $j = 1/2$

$$\mathbf{D}^{(1/2)}(\phi, \theta, \psi) = \begin{pmatrix} \cos(\theta/2)\,\mathrm{e}^{\mathrm{i}(\psi+\phi)/2} & \sin(\theta/2)\,\mathrm{e}^{\mathrm{i}(\psi-\phi)/2} \\ -\sin(\theta/2)\,\mathrm{e}^{-\mathrm{i}(\psi-\phi)/2} & \cos(\theta/2)\,\mathrm{e}^{-\mathrm{i}(\psi+\phi)/2} \end{pmatrix}.$$
$$(4.18)$$

[4] Es gibt Autoren, die die *Basis* mit $\mathbf{D}$ transformieren lassen, die Entwicklungskoeffizienten daher mit $\mathbf{D}^*$. Manche Autoren weichen von der in der Matrizenrechnung üblichen Regel ab, gemäß der die Summe im Produkt zweier Matrizen über den zweiten Index des linken, den ersten Index des rechten Faktors läuft. Man muss also sehr sorgfältig vergleichen!

Das Ergebnis (4.18) hat eine bemerkenswerte Eigenschaft: Führt man im $\mathbb{R}^3$ eine Drehung um $360° = 2\pi$ aus, die dort nichts ändert, also z. B. $(\psi = 0, \theta = 0, \phi = 2\pi)$, dann ist $\mathbf{D}^{(1/2)}(0, 0, 2\pi)$ nicht etwa die Identität, sondern minus die Identität, $\mathbf{D}^{(1/2)}(0, 0, 2\pi) = -\mathbb{1}$! Führt man aber zwei solcher vollständigen Drehungen aus, dann ist $\mathbf{D}^{(1/2)}(0, 0, 4\pi) = +\mathbb{1}$. Diese merkwürdige Eigenschaft, die bei allen halbzahligen Werten von j auftritt und die wir im zweiten Teil der Theorie der Drehgruppe besser verstehen werden, hat für die Beschreibung von ununterscheidbaren Teilchen eine wichtige physikalische Bedeutung.

Ich zitiere an dieser Stelle die allgemeine Formel für $\mathbf{d}^{(j)}$, verweise für Einzelheiten aber auf Band 4. Man findet folgenden Ausdruck

$$d_{nm}^{(j)}(\theta) = \sum_p (-)^p \frac{\sqrt{(j+n)!\,(j-n)!\,(j+m)!\,(j-m)!}}{(j-n-p)!\,(j+m-p)!\,p!\,(p+n-m)!}$$
$$\times \left(\cos\frac{\theta}{2}\right)^{2j-n+m-2p} \left(\sin\frac{\theta}{2}\right)^{2p+n-m}. \tag{4.19}$$

Die Summe über p ist endlich, der kleinste und der größte Wert werden durch die Fakultäten im Nenner bestimmt. Es ist bekanntlich $q! = \Gamma(q+1)$; die Gammafunktion $\Gamma(z)$ hat bei $z = 0, -1, -2, \ldots$ Pole erster Ordnung, ihr Inverses $1/\Gamma(z)$ hat folglich in diesen Punkten Nullstellen. Das bedeutet, wenn immer p entweder so groß oder so klein ist, dass einer der Terme in runden Klammern im Nenner von (4.19) negativ wird, dann bricht die Summe ab.

Aus der allgemeinen Formel (4.19) liest man folgende Symmetrieeigenschaften der d-Funktionen ab

$$d_{mn}^{(j)}(\theta) = (-)^{n-m}\, d_{nm}^{(j)}(\theta)$$
$$d_{-n,-m}^{(j)}(\theta) = (-)^{n-m}\, d_{nm}^{(j)}(\theta)$$
$$d_{n,-m}^{(j)}(\theta) = (-)^{j-n}\, d_{nm}^{(j)}(\pi - \theta). \tag{4.20}$$

Bei ganzzahligen Werten von j, $j \equiv \ell$, besteht ein enger Zusammenhang zwischen den D-Funktionen und den Kugelflächenfunktionen. Es gilt

$$Y_{\ell m}(\theta, \phi) = \sqrt{\frac{2\ell+1}{4\pi}}\, D_{0,m}^{(\ell)}(0, \theta, \phi). \tag{4.21}$$

4.1.5 Spin und magnetisches Moment von Teilchen mit $j = 1/2$

Es ist eine empirische Tatsache, dass man den in der Natur beobachteten Elementarteilchen nicht nur eine Ruhemasse m und eine wohldefinierte elektrische Ladung $\pm e$ zuordnen kann, sondern auch einen Eigendrehimpuls s, der – im Gegensatz zum Bahndrehimpuls – nicht vom Bewegungszustand des Teilchens abhängt. Dieser Eigendrehimpuls wird *Spin* genannt und ist eine innere, unveränderliche Eigenschaft des Teilchens. So tragen beispielsweise das Elektron, das Myon, das Proton und das Neutron alle den Spin 1/2. Das bedeutet, dass sie in die Fundamentaldarstellung der Drehgruppe einzuordnen sind und dass sie, wenn man alle anderen Bewegungsmerkmale festhält, in den zwei Zuständen $|1/2, +1/2\rangle$ und $|1/2, -1/2\rangle$ auftreten können, von denen der erste den in der positiven 3-Richtung ausgerichteten, der zweite den in der negativen 3-Richtung ausgerichteten Eigendrehimpuls beschreiben.

Physikalisch manifestiert sich der Spin 1/2 dieser Teilchen durch das damit verbundene magnetische Moment, das proportional zum so genannten Bohr'schen Magneton $\mu_{\mathrm{B}}^{(i)}$ des Teilchens ist,

$$\mu = g^{(i)} \mu_{\mathrm{B}}^{(i)} \frac{1}{2} \quad \text{mit} \quad \mu_{\mathrm{B}}^{(i)} := \frac{e\hbar}{2m_i c} \ . \tag{4.22}$$

Dabei ist $g^{(i)}$ das gyromagnetische Verhältnis, das bei elektrisch geladenen Teilchen in erster Näherung den Wert 2 haben sollte, e ist seine Ladung, also $e = -|e|$ im Falle des Elektrons e^- und des Myons μ^-, $e = |e|$ im Falle des Positrons e^+, des positiven Myons μ^+ und des Protons. Der Faktor 1/2 ist nichts anderes als $m_{\max}$: Der selbstadjungierte *Operator*, den man dem magnetischen Moment zuordnet, ist

$$\boldsymbol{\mu} = g^{(i)} \mu_{\mathrm{B}}^{(i)} \boldsymbol{s} \ , \tag{4.23}$$

und man definiert die Observable μ als den größten Eigenwert des Operators (4.23). Dass das Bohr'sche Magneton die natürliche Einheit für magnetische Momente ist, die dem Teilchen zuzuordnen sind, sieht man, wenn man dasjenige magnetische Moment ausrechnet, das mit der *Bahn*bewegung eines im Atom gebundenen Elektrons verknüpft ist. Das magnetische Moment $\boldsymbol{M}$ ist das Raumintegral der Magnetisierungsdichte $\boldsymbol{m}(\boldsymbol{x})$, die ihrerseits durch die elektrische Stromdichte $\boldsymbol{j}(\boldsymbol{x})$ bestimmt wird,

$$\boldsymbol{M} = \int \mathrm{d}^3 x \, \boldsymbol{m}(\boldsymbol{x}) \quad \text{mit} \quad \boldsymbol{m}(\boldsymbol{x}) = \frac{1}{2c} \boldsymbol{x} \times \boldsymbol{j}(\boldsymbol{x}) \ .$$

Setzt man den Ausdruck

$$\boldsymbol{j}(\boldsymbol{x}) = \frac{\hbar}{\mathrm{i}} \frac{e}{2m} [\psi^* \nabla \psi - (\nabla \psi)^* \psi]$$

für die elektrische Stromdichte ein, so sieht man, dass die Magnetisierungsdichte den Operator $\boldsymbol{\ell}$ enthält,

$$\boldsymbol{m}(\boldsymbol{x}) = \frac{e\hbar}{4mc} [\psi^* \boldsymbol{\ell} \psi + (\boldsymbol{\ell} \psi)^* \psi]$$

und dass somit das mit der Bahnbewegung verknüpfte magnetische Moment dem Erwartungswert von $\boldsymbol{\ell}$ proportional ist,

$$\boldsymbol{M} = \frac{e\hbar}{2mc} \langle \boldsymbol{\ell} \rangle \ . \tag{4.24}$$

Im Übrigen sagt uns die klassische Elektrodynamik, dass dieses magnetische Moment mit einem äußeren Magnetfeld $\boldsymbol{B}$ über den Term $-\boldsymbol{M} \cdot \boldsymbol{B}$ wechselwirkt. Wenn also H_0 der Hamiltonoperator ist, der das Atom beschreibt, so wird dieser in Anwesenheit eines äußeren Feldes in

$$H = H_0 - \frac{e\hbar}{2mc} \boldsymbol{\ell} \cdot \boldsymbol{B}$$

abgeändert. Das mit dem Spin verknüpfte magnetische Moment wechselwirkt natürlich ebenfalls mit dem Feld und auch die beiden Momente, das Bahn- und das Spinmoment, wechselwirken miteinander. Die Wechselwirkung des magnetischen Moments mit dem äußeren Feld ist proportional zu $\boldsymbol{s} \cdot \boldsymbol{B}$, seine Wechselwirkung mit dem von der Bahnbewegung erzeugten magnetischen Moment ist proportional zu $\boldsymbol{\ell} \cdot \boldsymbol{s}$. Mit den richtigen Vorfaktoren versehen ist die Wechselwirkung dann

$$H = H_0 - \frac{e\hbar}{2mc} \boldsymbol{\ell} \cdot \boldsymbol{B} - g \frac{e\hbar}{2mc} \boldsymbol{s} \cdot \boldsymbol{B} + \frac{\hbar^2}{2m^2c^2} \frac{1}{r} \frac{\mathrm{d}U(r)}{\mathrm{d}r} \boldsymbol{\ell} \cdot \boldsymbol{s} \,. \qquad (4.25)$$

Die ersten beiden Terme geben die Wechselwirkung des Bahn- bzw. des Spinmoments mit dem äußeren Feld wieder, der dritte beschreibt die *Spin-Bahnkopplung*, die sich in der sog. *Feinstruktur* der Spektrallinien zeigt. Ihr Vorfaktor, der die Ableitung des kugelsymmetrischen Potentials enthält, folgt aus der relativistischen Quantenmechanik des Wasserstoffatoms.

Bemerkungen

1. Der Spin des Elektrons wurde über das mit ihm verbundene magnetische Moment und dessen Wechselwirkung mit inhomogenen Magnetfeldern entdeckt (Versuch von Stern und Gerlach). Außerdem spielen die beiden Werte von s_3 eine wichtige Rolle im Verständnis des Aufbaus der Elektronenhülle von Atomen und im Zusammenhang zwischen dem Spin des Elektrons und der Statistik, der Viel-Elektronensysteme unterworfen sind (Pauli-Prinzip). Das hat zu einem Postulat der relativistischen Quantentheorie geführt, auf das wir in Band 4 zurückkommen. Es besagt, dass Elementarteilchen in irreduzible Darstellungen der Poincaré-Gruppe zu fester Masse und zu definitem Spin zu klassifizieren seien. Der Spin wird dabei immer im *Ruhesystem* des Teilchens definiert, wo der lineare Impuls und somit auch der Bahndrehimpuls verschwinden. Anschaulich gesprochen, untersucht man, wie das ruhende Teilchen reagiert, wenn das Bezugssystem gedreht wird.

2. Der Operator $\boldsymbol{\mu}$, der das magnetische Eigenmoment des Elektrons darstellt, muss bezüglich Drehungen im $\mathbb{R}^3$ ein Vektoroperator sein, d. h. er muss wie $\boldsymbol{x}$ oder wie $\{Y_{1m} | m = -1, 0, +1\}$ transformieren. Der einzige im Ruhesystem nicht verschwindende Vektoroperator ist aber der Spinoperator $\boldsymbol{s}$ und daher muss $\boldsymbol{\mu} \propto \boldsymbol{s}$, also proportional zum Spin sein.

3. Hinter dem g-Faktor, oder gyromagnetischen Verhältnis, verbirgt sich tiefere physikalische Struktur der Teilchen. In der relativistischen Quantenmechanik findet man zunächst den Wert $g = 2$, stellt dann aber fest, dass er durch die Wechselwirkungen, denen das Teilchen unterworfen ist, abgeändert werden kann. Im Fall des Elektrons, ebenso wie im Fall des Myons ist das die Wechselwirkung mit dem Maxwell'schen Strahlungsfeld. Man findet in niedrigster Näherung

$$g^{(e)} \approx g^{(\mu)} \approx 2 + \frac{\alpha}{\pi}. \tag{4.26}$$

4. Der Kern des Wasserstoffatoms ist selbst ein Elementarteilchen mit Spin 1/2 und trägt ein damit verbundenes magnetisches Moment

$$\boldsymbol{\mu}^{(p)} = g^{(p)} \frac{|e|\hbar}{2m_\mathrm{p}c} s, \quad \text{mit} \quad g^{(p)} = 5,586,$$

dessen Betrag um den Faktor $g^{(p)}m_\mathrm{e}/(g^{(e)}m_\mathrm{p}) \simeq 1,5 \cdot 10^{-3}$ kleiner ist als der Betrag des magnetischen Moments des Elektrons. Seine Wechselwirkung mit dem Moment des Elektrons verursacht die *Hyperfeinstruktur* in den Spektren des Wasserstoffatoms.

4.1.6 Clebsch-Gordan-Reihe und Kopplung von Drehimpulsen

Die Vektoraddition zweier Drehimpulse $\boldsymbol{j}_1$ und $\boldsymbol{j}_2$ zu einem resultierenden Drehimpuls $\boldsymbol{J} = \boldsymbol{j}_1 + \boldsymbol{j}_2$ der klassischen Physik hat ein für die Quantenmechanik wichtiges Analogon bei den Darstellungen der Drehgruppe. Die Problemstellung ist die folgende: Gegeben seien zwei unitäre, irreduzible Darstellungen, die von den Zuständen $|j_1, m_1\rangle$ und $|j_2, m_2\rangle$ aufgespannt werden. Die zugehörigen D-Matrizen sind die $\mathbf{D}^{(j_i)}$ mit $i = 1, 2$. Die Produktzustände $|j_1, m_1\rangle|j_2, m_2\rangle$ bilden zwar ebenfalls eine unitäre Darstellung der Drehgruppe, diese Darstellung ist aber reduzibel. Das sieht man zum Beispiel, wenn man beachtet, dass diese Zustände mit dem Produkt $\mathbf{D}^{(j_1)} \times \mathbf{D}^{(j_2)}$ transformieren, dieses im Allgemeinen aber nicht die typische Gestalt mit nicht verkleinerbaren, quadratischen Blöcken entlang der Hauptdiagonalen besitzt. Andererseits ist die Vereinigung aller Darstellungen vollständig, und es muss möglich sein, die Produktzustände nach irreduziblen Darstellungen zu entwickeln, symbolisch geschrieben also

$$\mathbf{D}^{(j_1)} \times \mathbf{D}^{(j_2)} = \sum_J \mathbf{D}^{(J)}. \tag{4.27}$$

Diese Reihe wird *Clebsch-Gordan-Reihe* genannt.[5]

Wenn $|JM\rangle$ die Eigenzustände zu $\boldsymbol{J}^2 = (\boldsymbol{j}_1 + \boldsymbol{j}_2)^2$ und zu $\mathbf{J}_3 = (\mathbf{j}_1)_3 + (\mathbf{j}_2)_3$ bezeichnet, dann setzt man diese Reihe in der Form

$$|JM\rangle = \sum_{m_1, m_2} (j_1 m_1, j_2 m_2 | JM) \, |j_1 m_1\rangle \, |j_2 m_2\rangle \tag{4.28}$$

[5] Die Reihe (4.27) ist nach den Mathematikern A. Clebsch (1833–1872) und P. Gordan (1837–1912) benannt.

an, wobei die Entwicklungskoeffizienten $(j_1m_1, j_2m_2|JM)$ als *Clebsch-Gordan-Koeffizienten* bezeichnet werden. Diese Koeffizienten, die auch oft als $C(j_1m_1, j_2m_2|JM)$ oder $C(j_1j_2J|m_1m_2M)$ oder auch nur $(m_1m_2|JM)$ geschrieben werden, sind die Einträge derjenigen unitären Matrix, die von der orthonormierten Produktbasis $|j_1, m_1\rangle|j_2, m_2\rangle$ auf die ebenfalls orthonormierten Basiszustände $|JM\rangle$ abbildet. In Band 4 werden wir zeigen, dass diese Koeffizienten als Folge der Condon-Shortley'schen Phasenkonvention (4.13) sogar *reell* sind, die Transformationsmatrix daher *orthogonal* ist. Das hat zur Folge, dass die Umkehrung zu (4.28) durch die transponierte Matrix bewerkstelligt wird, man die Produktzustände daher als

$$|j_1m_1\rangle\,|j_2m_2\rangle = \sum_{J,M}(j_1m_1, j_2m_2|JM)\,|JM\rangle \qquad (4.29)$$

schreiben kann. Am Vergleich der Reihe (4.28) und ihrer Umkehrung (4.29) sieht man, dass die Schreibweise $(m_1m_2|JM)$ den Basiswechsel am klarsten ausdrückt. Die Werte von j_1 und j_2 sind ohnehin in beiden Darstellungen festgehalten. Explizite Methoden, diese für vielerlei Anwendungen benötigten Koeffizienten wirklich auszurechnen, lernen wir ebenfalls in Band 4 kennen.

Schon ohne die Clebsch-Gordan-Koeffizienten explizit zu berechnen, kann man den Wertevorrat des Gesamtdrehimpulses J und der 3-Komponente M angeben, die für gegebene Werte von j_1 und j_2 möglich sind. Dafür führen wir folgende Überlegungen durch:

1. Der Operator $\mathbf{J}_3$ ist die Summe der 3-Komponenten von j_1 und j_2. Wendet man ihn – in der einen bzw. der anderen Form – auf die beiden Seiten der Entwicklung (4.28) an, so folgt, dass $M = m_1 + m_2$ sein muss.

2. Der größtmögliche Wert von M wird offenbar dann erreicht, wenn $m_1 = j_1$ und $m_2 = j_2$ gewählt werden, $M = j_1 + j_2$. Der zugehörige Wert von J muss $J = j_1 + j_2$ sein: Ein *kleinerer* Wert widerspricht den Eigenschaften (4.11) der Darstellungen, ein *größerer* Wert ist nicht zulässig, weil es sonst Zustände mit $M > m_1 + m_2$ geben müsste – im Widerspruch zur Voraussetzung.

3. Betrachtet man jetzt den um 1 verringerten Wert $M = j_1 + j_2 - 1$, so gibt es zwei Möglichkeiten, die Quantenzahlen m_i zu wählen, $(m_1 = j_1, m_2 = j_2 - 1)$ und $(m_1 = j_1 - 1, m_2 = j_2)$. Eine erste Linearkombination hiervon gehört zum Gesamtdrehimpuls $J = j_1 + j_2$, der zugehörige Zustand $|J = j_1 + j_2, M = j_1 + j_2 - 1\rangle$ entsteht aus dem Zustand $|J = j_1 + j_2, M = j_1 + j_2\rangle$ durch Anwendung des Absteigeoperators $\mathbf{J}_- = (\mathbf{j}_1)_- + (\mathbf{j}_2)_-$. Die andere, dazu orthogonale Linearkombination muss zu einem Multiplett mit $J = j_1 + j_2 - 1$ gehören.

4. Wie in Abb. 4.4 am Beispiel $(j_1 = 3/2, j_2 = 1)$ skizziert, setzt sich dieser Prozess fort: Bei $M = j_1 + j_2 - 2$ gibt es drei Möglichkeiten, das Paar (m_1, m_2) zu wählen. Zwei orthogonale Linearkombinatio-

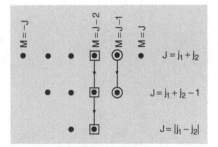

Abb. 4.4. Konstruktion der gekoppelten Zustände $|JM\rangle$ am Beispiel $j_1 = 3/2$, $j_2 = 1$. Ausgehend vom Zustand $|J, J\rangle$ konstruiert man zuerst das Multiplett mit $J = j_1 + j_2$. Mit jedem Schritt in M (nach *links* in der Abbildung) kommt ein neues Multiplett hinzu, bis $J = |j_1 - j_2|$ erreicht ist

nen von Produkten der Zustände $|j_1 m_1\rangle$ und $|j_2 m_2\rangle$ gehören zu den beiden, schon bestimmten Werten von J, die dritte dazu orthogonale Kombination öffnet ein neues Multiplett, das $J = j_1 + j_2 - 2$ trägt. Diese Konstruktion bricht ab, wenn der Wert $j = |j_1 - j_2|$ erreicht wird. Nimmt man wie im Beispiel der Abb. 4.4 $j_1 > j_2$ an, dann sieht man, dass bei $M = j_1 - j_2 - 1$ eine mögliche Wahl von m_1 und m_2 fehlt (nämlich die mit $m_1 = j_1$ und $m_2 = -j_2 - 1$), und kein weiteres Multiplett geöffnet wird. (Die andere Möglichkeit, $j_2 > j_1$, lässt sich durch Vertauschen auf die erste zurückführen.)

Als Ergebnis halten wir folgende Regeln fest:

$$m_1 + m_2 = M, \qquad j_1 + j_2 - J = n, \qquad n \in \mathbb{N}_0$$

$$j_1 + j_2 \geq J \geq |j_1 - j_2| . \tag{4.30}$$

Die erste hiervon gibt die Aussage wieder, dass die 3-Komponenten addiert werden; die zweite und dritte Regel werden zusammengenommen auch als *Dreiecksrelation für Drehimpulse* bezeichnet und lassen sich mit $J \equiv j_3$ äquivalent in der symmetrischen Form formulieren:

$$\boxed{j_1 + j_2 + j_3 = n, \qquad j_1 + j_2 \geq j_3 \geq |j_1 - j_2| \qquad \text{(zyklisch)}}.$$
$$\tag{4.31}$$

Dabei haben wir ausgenutzt, dass $2J$ immer eine ganze, nicht negative Zahl ist.

Bemerkungen

1. Die Regeln (4.30) bzw. (4.31) besitzen eine gewisse Analogie zu den Einschränkungen, die man bei der Addition von Vektoren in der Ebene vorliegen hat, tragen dabei aber auch gleichzeitig der „Quantelung" des Drehimpulses Rechnung.
2. Jeder Clebsch-Gordan-Koeffizient, der diese Auswahlregeln verletzt, ist von vornherein gleich Null.
3. Es ist nicht schwer zu bestätigen, dass die Produktbasis ebenso viele unabhängige, orthonormierte Zustände umfasst wie die gekoppelte Basis $|JM\rangle$. Betrachten wir wieder ohne Beschränkung der Allgemeinheit den Fall $j_1 > j_2$, dann ist

$$\sum_{J=|j_1-j_2|}^{j_1+j_2} (2J+1) = [2(j_1+j_2)+1] + [2(j_1+j_2-1)+1] + \ldots$$

$$+ [2(j_1 - j_2) + 1] = (2j_2 + 1)(2j_1 + 1),$$

das ist aber genau die Zahl der Produktzustände.

4. Die Clebsch-Gordan-Koeffizienten bilden – da reell – orthogonale Matrizen. Genauer, es gelten die Orthogonalitätsrelationen

$$\sum_{m_1 m_2} (j_1 m_1, j_2 m_2 | JM)(j_1 m_1, j_2 m_2 | J'M') = \delta_{JJ'}\delta_{MM'}, \qquad (4.32)$$

$$\sum_{JM} (j_1 m_1, j_2 m_2 | JM)(j_1 m_1', j_2 m_2' | JM) = \delta_{m_1 m_1'}\delta_{m_2 m_2'}. \qquad (4.33)$$

5. Ohne Beweis gebe ich hier auch die Symmetrierelationen an, die gelten, wenn man je zwei der Drehimpulse vertauscht (s. Band 4), Mit $J \equiv j_3$ lauten sie

$$(j_2 m_2, j_1 m_1 | j_3 m_3) = (-)^{j_1 + j_2 - j_3}(j_1 m_1, j_2 m_2 | j_3 m_3), \qquad (4.34)$$

$$(j_1 m_1, j_2 m_2 | j_3 m_3) = (-)^{j_1 - m_1} \sqrt{\frac{2j_3 + 1}{2j_2 + 1}} (j_1 m_1, j_3 - m_3 | j_2 - m_2). \qquad (4.35)$$

6. In einfachen Fällen kann man die oben unter 3 und 4 angegebene Konstruktion mit Hilfe der Auf- und Absteigeoperatoren von Hand durchführen. Beispiele sind die Kopplung zweier Spin-1/2-Zustände ($j_1 = 1/2$, $j_2 = 1/2$), oder die Kopplung von Bahndrehimpuls und Spin des Elektrons ($j_1 = \ell$, $j_2 = 1/2$).

4.1.7 Spin- und Ortswellenfunktionen

Die Eigenfunktionen des Spins, $J = 1/2$, spannen einen zweidimensionalen Unterraum des Hilbert-Raums auf. Die D-Matrizen sind in (4.18) angegeben, die Matrixdarstellung des Spinoperators in (4.17). Bezeichnen wir diesen wie allgemein üblich mit s statt mit J, so ist $s = \sigma/2$, wobei $\sigma = (\sigma_1, \sigma_2, \sigma_3)$ die drei Pauli-Matrizen abkürzt. Der Vollständigkeit halber und als Ausgangspunkt für Rechnungen mit Spinoren notiere ich hier die Pauli-Matrizen und ihre Eigenschaften

$$\sigma_1 = \begin{pmatrix} 0 & 1 \\ 1 & 0 \end{pmatrix}, \qquad \sigma_2 = \begin{pmatrix} 0 & -i \\ i & 0 \end{pmatrix}, \qquad \sigma_3 = \begin{pmatrix} 1 & 0 \\ 0 & -1 \end{pmatrix}; \qquad (4.36)$$

$$\sigma_i^\dagger = \sigma_i, \qquad \sigma_i \sigma_j = \delta_{ij} + i \sum_k \varepsilon_{ijk}\sigma_k. \qquad (4.37)$$

Die zweite Gleichung in (4.37) fasst die Information zusammen, dass das Quadrat jeder Pauli-Matrix gleich der Einheitsmatrix ist, $\sigma_i^2 = \mathbb{1}$, sowie dass der Kommutator zweier verschiedener Matrizen durch

$$[\sigma_i, \sigma_j] = 2i \sum_k \varepsilon_{ijk}\sigma_k$$

gegeben ist, in Übereinstimmung mit der allgemeineren Form (4.6) (man beachte, dass $s = \sigma/2$ ist!).

Die auf 1 normierten Eigenzustände von s_3, die zu den Eigenwerten $1/2$ bzw $-1/2$ gehören, werden alternativ mit

$$(\chi_+, \chi_-)^T \quad \text{oder} \quad \left(\left|\frac{1}{2}, +\frac{1}{2}\right\rangle, \left|\frac{1}{2}, -\frac{1}{2}\right\rangle\right)^T \quad \text{oder} \quad \left[\begin{pmatrix} 1 \\ 0 \end{pmatrix}, \begin{pmatrix} 0 \\ 1 \end{pmatrix}\right]^T$$

bezeichnet. Eigenzustände zu s_1 oder s_2 oder zur Spinprojektion auf eine beliebige Richtung $\hat{n}$ haben die Form

$$\chi = \frac{1}{\sqrt{|a_1|^2 + |a_2|^2}} \left[a_1 \begin{pmatrix} 1 \\ 0 \end{pmatrix} + a_2 \begin{pmatrix} 0 \\ 1 \end{pmatrix}\right] . \tag{4.38}$$

Kombiniert man die Ortswellenfunktionen $\psi_\nu(t, x)$ eines Elektrons mit seinen Spinfunktionen $\chi_\pm$, so wird seine Gesamtwellenfunktion $\Psi = (\psi_+, \psi_-)^T$, die dann zweikomponentig ist, im Allgemeinen nicht faktorisieren, sondern eine Linearkombination $\sum_{\nu m_s} c_{\nu m_s} \psi_\nu \chi_{m_s}$ von Produktwellenfunktionen sein. Das wird z. B. dann der Fall sein, wenn die Ortswellenfunktionen Eigenfunktionen zum Bahndrehimpuls sind, Ψ aber Zustände beschreiben soll, die Eigenzustände zum Gesamtdrehimpuls $j = \ell + s$ sind. Haben wir zwei solche Wellenfunktionen $\Psi^{(i)} = (\psi_+^{(i)}, \psi_-^{(i)})^T$, $i = 1, 2$, vorliegen, dann ist ihr Skalarprodukt

$$(\Psi^{(1)}, \Psi^{(2)}) = \int d^3x\, \Psi^{(1)\dagger} \mathbb{1}\, \Psi^{(2)} = \int d^3x \left[\psi_+^{(1)*} \psi_+^{(2)} + \psi_-^{(1)*} \psi_-^{(2)}\right] .$$

Die Wahrscheinlichkeitsdichte, das Elektron zur Zeit t am Ort x *und* im Eigenzustand $|1/2, m_s\rangle$ von s_3 anzutreffen, ist $|\psi_{m_s}|^2$, während $|\psi_+|^2 + |\psi_-|^2$ die Wahrscheinlichkeitsdichte ist, das Elektron bei (t, x) vorzufinden, ohne zu unterscheiden, wie sein Spin ausgerichtet ist.

Ein Beispiel für einen faktorisierenden Zustand ist die ebene Welle, die ein polarisiertes Elektron mit Impuls p beschreibt,

$$\frac{1}{(2\pi\hbar)^{3/2}} e^{i\, p\cdot x/\hbar} \chi .$$

Dieser Fall tritt als Spezialfall der nun folgenden, allgemeineren Situation auf.

4.1.8 Reine und gemischte Zustände für Spin 1/2

Im zweidimensionalen Unterraum von $\mathcal{H}$ sei in der Basis der Eigenzustände von $s_3 = \sigma_3/2$ folgende Dichtematrix vorgegeben:

$$\varrho^{(0)} = \begin{pmatrix} w_+ & 0 \\ 0 & w_- \end{pmatrix} = \frac{1}{2} (\mathbb{1} + \zeta\, \sigma_3) \quad \text{mit} \quad \zeta = w_+ - w_- .$$

Definitionsgemäß ist $w_+ + w_- = 1$, eine Beziehung, die eben benutzt wurde, und beide Zahlen sind reell. Berechnet man die Erwartungswerte der Komponenten des Spinoperators, so findet man

$$\langle s_1 \rangle = 0 = \langle s_2 \rangle , \qquad \langle s_3 \rangle = \mathrm{Sp}\left(\varrho^{(0)} \frac{\sigma_3}{2}\right) = \frac{1}{2} \zeta .$$

Bei der Berechnung dieser Spuren haben wir die aus (4.37) folgenden Formeln

$$\mathrm{Sp}\,\sigma_i = 0\,, \qquad \mathrm{Sp}(\sigma_i\sigma_k) = 2\delta_{ik}$$

verwendet. Wenn $w_+ = 1$ und somit $w_- = 0$ (oder wenn $w_+ = 0$ und somit $w_- = 1$) ist, dann beschreibt $\varrho^{(0)}$ einen reinen Zustand, der entlang der positiven (bzw. negativen) 3-Richtung vollständig polarisiert ist. Jede andere Wahl der reellen Gewichte entspricht einem gemischten Zustand, in dem das Teilchen nur partiell (oder gar nicht) polarisiert ist und bei dem die beiden Spinzustände nicht miteinander interferieren. Speziell die Wahl $w_+ = w_- = 1/2$ beschreibt einen gänzlich unpolarisierten Zustand, in dem die Wahrscheinlichkeiten, den Spin in positiver oder in negativer 3-Richtung ausgerichtet vorzufinden, gleich groß sind.

Wir betrachten jetzt einen anderen Zustand, der ein statistisches Gemisch aus den Eigenzuständen des Operators $\boldsymbol{\ell}\cdot\hat{\boldsymbol{n}}$ mit $\hat{\boldsymbol{n}} = (\sin\theta\cos\phi,$ $\sin\theta\sin\phi, \cos\theta)$ und den Gewichten w_+ und w_- sein soll. In einem Bezugssystem $\mathbf{K}$, das den Einheitsvektor $\hat{\boldsymbol{n}}$ als 3-Richtung hat, ist die Dichtematrix wie oben $\varrho|_K = \mathrm{diag}(w_+, w_-)$; im ursprünglichen Bezugssystem $\mathbf{K}_0$ lautet sie dann

$$\varrho|_{K_0} = \mathbf{D}^{(1/2)\,\dagger}(\psi, \theta, \phi)\,\varrho|_K\,\mathbf{D}^{(1/2)}(\psi, \theta, \phi)\,,$$

mit der in (4.18) angegebenen D-Matrix. Berechnet man das Produkt $\mathbf{D}^{(1/2)\,\dagger}\sigma_3\mathbf{D}^{(1/2)}$, so fällt der Euler'sche Winkel ψ ganz heraus, und man findet das Resultat

$$\begin{aligned}\varrho|_{K_0} &= \frac{1}{2}\left[\begin{pmatrix} 1 & 0 \\ 0 & 1 \end{pmatrix} + (w_+ - w_-)\begin{pmatrix} \cos\theta & \sin\theta\,\mathrm{e}^{-\mathrm{i}\phi} \\ \sin\theta\,\mathrm{e}^{\mathrm{i}\phi} & -\cos\theta \end{pmatrix}\right] \\ &= \frac{1}{2}[\mathbb{1} + (w_+ - w_-)\hat{\boldsymbol{n}}\cdot\boldsymbol{\sigma}]\,. \end{aligned} \tag{4.39}$$

Bemerkenswert ist unter anderem, dass die *halben* Winkelargumente aus $\mathbf{D}^{(1/2)}$ über die bekannten trigonometrischen Additionstheoreme zu *ganzen* geworden sind.

Die Formel (4.39) ist schön zu interpretieren und gibt Anlass zu einigen Bemerkungen. Zunächst bestätigt man die allgemeinen Eigenschaften einer Dichtematrix (den Bezug auf $\mathbf{K}_0$ weglassen),

$$\varrho^\dagger = \varrho\,, \qquad \mathrm{Sp}\,\varrho = 1\,,$$
$$\mathrm{Sp}(\varrho^2) = \frac{1}{2}[1 + (w_+ - w_-)^2] = w_+^2 + w_-^2 \leq 1\,.$$

Bei dieser Rechnung nutzt man die zweite Formel (4.37) aus, um zu zeigen, dass $(\hat{\boldsymbol{n}}\cdot\boldsymbol{\sigma})(\hat{\boldsymbol{n}}\cdot\boldsymbol{\sigma}) = \hat{\boldsymbol{n}}^2 = 1$ gilt, außerdem ist wieder die Normierung $w_+ + w_- = 1$ eingesetzt worden. Wenn eines der Gewichte gleich 1, das andere gleich 0 ist, so ist $\mathrm{Sp}\,\varrho^2 = \mathrm{Sp}\,\varrho = 1$, es liegt ein reiner Zustand vor; in allen anderen Fällen beschreibt ϱ ein statistisches Gemisch.

Es ist für manche Betrachtungen praktisch, den folgenden Vektor zu definieren

$$\zeta := (w_+ - w_-)\hat{n} \tag{4.40}$$

und die Dichtematrix in

$$\varrho = \frac{1}{2}(\mathbb{1} + \zeta \cdot \sigma)$$

umzuschreiben. Berechnet man zum Beispiel den Erwartungswert des Spinoperators in dem durch ϱ beschriebenen Zustand, so ergibt sich wie erwartet

$$\langle s \rangle = \frac{1}{2}\langle \sigma \rangle = \frac{1}{2}\,\mathrm{Sp}(\varrho\sigma) = \frac{1}{2}\zeta \,.$$

Die Polarisation weist in die Richtung von ζ, der Grad der Polarisation ist, mit $|\langle s \rangle|_{\max} = 1/2$,

$$P := \frac{|\langle s \rangle|}{|\langle s \rangle|_{\max}} = |\zeta| = \frac{w_+ - w_-}{w_+ + w_-}\,, \tag{4.41}$$

wobei das Quadrat der Norm von ζ gleich $(w_+ - w_-)^2 = (1 - 2w_-)^2 \leq 1$ ist. Die Formel (4.41) gibt zugleich die im Experiment bestimmbare Observable an: Man misst die Anzahl N_+ der *in* Richtung von ζ polarisierten Teilchen sowie die Anzahl N_- der *entgegen* der Richtung von ζ polarisierten Teilchen und bildet das Verhältnis aus der Differenz $N_+ - N_-$ dieser Zahlen und ihrer Summe

$$P = \frac{N_+ - N_-}{N_+ + N_-}\,. \tag{4.42}$$

Ein numerisches Beispiel mag diese Ergebnisse illustrieren. Gesetzt der Fall, man hat für die Polarisation (4.41) 40% gemessen. Um diesem Messergebnis Rechnung zu tragen, muss man $w_+ = 0{,}7$, $w_- = 0{,}3$ wählen. Die Spur von ϱ^2 ist gleich 0,58 und somit kleiner als 1.

4.2 Raumspiegelung und Zeitumkehr in der Quantenmechanik

Wie wir am eben behandelten Beispiel der Drehgruppe sehen, spielen Symmetrien unter Transformationen in Raum und Zeit in der Quantenphysik eine wichtige, im Vergleich zur klassischen Physik in einigen Aspekten neuartige Rolle. Für die in diesem Band behandelte nichtrelativistische Quantenmechanik ist das die Galileigruppe, in der relativistischen Version der Theorie ist es die Poincaré-Gruppe, inklusive der Spiegelung im Raum und der Umkehr der Zeitrichtung. Die Konsequenzen der Invarianz einer gegebenen Theorie unter diesen Raum-Zeit-Transformationen, in der Gestalt des Theorems von E. Noether und in Form von Auswahlregeln, werden allerdings erst im Rahmen der so genannten zweiten Quantisierung einfach zu überschauen. Ich vertage daher die allgemeine Diskussion auf Band 4, diskutiere hier aber schon die Raumspiegelung und die Zeit- oder Bewegungsumkehr.

4.2.1 Raumspiegelung und Parität

Die Raumspiegelung im physikalischen Raum $\mathbb{R}^3$

$$x \longmapsto x' = -x, \qquad t \longmapsto t' = t$$

induziert eine Transformation Π im Hilbert-Raum, von der man zeigen kann, dass sie *unitär* ist. Ein wichtiges Theorem von Wigner besagt, dass jede Symmetrie S eines quantenmechanischen Systems in eindeutiger Weise eine Transformation der Einheitsstrahlen im Hilbert-Raum

$$\{\psi\} \longmapsto S\{\psi\}$$

induziert, die entweder unitär oder antiunitär ist. Der Begriff der unitären Transformation ist uns aus Abschn. 3.3.4, Definition 3.11, bekannt. Wenn $\psi_U^{(i)} = U\psi^{(i)}$ eine solche Symmetrie ist, dann gilt für alle Übergangsmatrixelemente die Relation

$$\langle \psi_U^{(i)} | \psi_U^{(k)} \rangle = \langle \psi^{(i)} | \psi^{(k)} \rangle \,. \tag{4.43}$$

Von einer *antiunitären* Transformation spricht man dagegen, wenn mit $\psi_S^{(i)} = S\psi^{(i)}$ stets

$$\langle \psi_S^{(i)} | \psi_S^{(k)} \rangle = \langle \psi^{(i)} | \psi^{(k)} \rangle^* = \langle \psi^{(k)} | \psi^{(i)} \rangle \tag{4.44}$$

für alle i und k gilt.

Wenn die Zustände unter Raumspiegelung gemäß

$$\psi(x) \longmapsto \psi'(x') = \Pi\,\psi(-x)$$

transformieren, dann gilt für Observable das Transformationsverhalten

$$\mathcal{O} \longmapsto \widetilde{\mathcal{O}} = \Pi\,\mathcal{O}\,\Pi^{-1} \,.$$

Offensichtlich sind dann alle Erwartungswerte $(\psi, \mathcal{O}\psi) = (\psi', \widetilde{\mathcal{O}}\psi')$ invariant. Dabei ist Π ein Operator, der folgende Eigenschaften hat

$$\Pi^2 = \mathbb{1}, \qquad \Pi = \Pi^\dagger = \Pi^{-1} \,. \tag{4.45}$$

Er heißt *Paritätsoperator*, er ist unitär, selbstadjungiert und hat die Eigenwerte $+1$ und -1. Ein Eigenzustand mit Eigenwert $+1$ wird Zustand *gerader* Parität, ein Zustand zum Eigenwert -1 wird Zustand *ungerader* Parität genannt.

Die Wirkung auf den Ortsoperator, den Impulsoperator und die Operatoren für Bahndrehimpuls und Spin sind die folgenden

$$\Pi Q \Pi^{-1} = -Q, \qquad \Pi P \Pi^{-1} = -P \,, \tag{4.46}$$

$$\Pi \ell \Pi^{-1} = +\ell, \qquad \Pi s \Pi^{-1} = +s \,. \tag{4.47}$$

Die beiden Formeln (4.46) sind eine direkte Folge der Definition der Raumspiegelung. Die erste der Formeln (4.47) folgt aus dem Ausdruck

$\boldsymbol{\ell} = \boldsymbol{Q} \times \boldsymbol{P}$ für den Bahndrehimpuls: Da sowohl $\boldsymbol{Q}$ als auch $\boldsymbol{P}$ ungerade sind, muss $\boldsymbol{\ell}$ gerade sein. Beide Formeln (4.47) lassen die Kommutationsregeln (4.5) invariant (Das ist bemerkenswert, weil diese Regeln nichtlinear sind: Die linke Seite enthält zwei Operatoren, die rechte nur einen!). Das Ergebnis ist natürlich auch in Übereinstimmung mit der bekannten Beziehung zwischen $O(3)$ und $SO(3)$, die besagt, dass jedes Element von $O(3)$ mit Determinante -1 als Produkt aus einem Element von $SO(3)$ und der Raumspiegelung geschrieben werden kann.

Die Wirkung von Π auf eine Wellenfunktion mit Spinprojektion m_s ist folglich

$$\Pi \psi_{m_s}(t, \boldsymbol{x}) = \psi_{m_s}(t, -\boldsymbol{x}) \, .$$

Die Wirkung auf eine Eigenfunktion des Bahndrehimpulses ist

$$\Pi R_\alpha(r) Y_{\ell m}(\theta, \phi) = R_\alpha(r) Y_{\ell m}(\pi - \theta, \pi + \phi) = (-)^\ell R_\alpha(r) Y_{\ell m}(\theta, \phi) \, .$$

Der Vorzeichenfaktor $(-)^\ell$ kommt folgendermaßen zustande: Die Abbildung $\theta \mapsto (\pi - \theta)$ bedeutet, $z \equiv \cos\theta$ durch $-\cos\theta = -z$ zu ersetzen. In den Formeln (1.114) und (1.115) ändern sich die Faktoren $(z^2 - 1)^\ell$ und $(1 - z^2)^{m/2}$ nicht, wohl aber die Ableitung $\mathrm{d}/\mathrm{d}z$, die in ihr Negatives übergeht, $\mathrm{d}/\mathrm{d}z \mapsto -\mathrm{d}/\mathrm{d}z$. Infolgedessen erhält die zugeordnete Legendrefunktion P_ℓ^m (1.115) den Faktor $(-)^{\ell+m}$. Der Faktor $e^{im\phi}$ andererseits wird mit $(-)^m$ multipliziert. Insgesamt bleibt wie behauptet $(-)^\ell$ und wir erhalten die wichtige Relation

$$\Pi Y_{\ell m}(\theta, \phi) = (-)^\ell Y_{\ell m}(\theta, \phi) \, . \tag{4.48}$$

Welche Rolle spielt die Paritätsoperation Π für die Dynamik eines durch den Hamiltonoperator H beschriebenen Systems? Der Operator der kinetischen Energie ist proportional zum Laplace-Operator Δ, der unter Raumspiegelung invariant ist. Ob Π eine Symmetrie der Theorie ist oder nicht, ist gleichbedeutend mit der Frage, ob die Wechselwirkung ein wohldefiniertes Verhalten unter der Parität hat. So sind zum Beispiel jedes kugelsymmetrische Potential und die Spin-Bahn-Wechselwirkung

$$U(r) \quad \text{bzw.} \quad f(r) \boldsymbol{\ell} \cdot \boldsymbol{s}$$

unter Π *gerade*, ein geschwindigkeitsabhängiger Term der Art

$$g(r) \boldsymbol{\ell} \cdot \boldsymbol{q} \, ,$$

wobei $\boldsymbol{q}$ ein Impuls oder Impulsübertrag ist, wäre dagegen *ungerade*.

Wenn immer eine Wechselwirkung auftritt, die weder gerade noch ungerade, sondern z. B. die Summe aus einem geraden und einem ungeraden Anteil ist, treten Observable auf, die unter Raumspiegelung selbst ungerade sind und die somit eine Verletzung der Invarianz unter Parität signalisieren. Beispiel für eine solche Observable ist jede Spin-Impuls-Korrelation, ein Term also, der die Form eines Produkts aus einer geraden mit einer ungeraden Observablen hat

$$2 \frac{1}{|\boldsymbol{p}|} \langle \boldsymbol{s} \rangle \cdot \boldsymbol{p} =: P_l \, .$$

Sie beschreibt die longitudinale Polarisation eines Elektrons.[6] Die Natur kennt solche Wechselwirkungen: Die Schwache Wechselwirkung mit geladenen Strömen, die u. a. für den β-Zerfall der Kerne verantwortlich ist, verletzt die Invarianz unter Raumspiegelung sogar *maximal*, die beobachtbaren Effekte sind so groß wie sie überhaupt sein können.

Wenn der Hamiltonoperator in der Schrödinger-Gleichung so beschaffen ist, dass er mit dem Paritätsoperator vertauscht, $[H, \Pi] = 0$, so lassen sich die Eigenfunktionen zur Energie, d. h. die Eigenfunktionen von H stets so wählen, dass sie zugleich Eigenfunktionen des Paritätsoperators mit einem der beiden Eigenwerte $+1$ oder -1 sind. So sind zum Beispiel die Eigenfunktionen des Kugeloszillators, Abschn. 1.9.4, ebenso wie die Eigenfunktionen der gebundenen Zustände im Wasserstoffatom, Abschn. 1.9.5, auch Eigenfunktionen von Π, der Eigenwert wird gemäß (4.48) durch den Wert von ℓ bestimmt. Alle Zustände mit $\ell = 0, 2, 4, \ldots$ sind gerade, alle Zustände mit $\ell = 1, 3, 5, \ldots$ sind ungerade.

Diese Aussage hat für die Diskussion von *Auswahlregeln* große Bedeutung. Für einen durch den Operator $\mathcal{O}$ induzierten Übergang aus dem Anfangszustand ψ_i in den Endzustand ψ_f gilt allgemein

$$(\psi_f, \mathcal{O}\psi_i) = (\psi_f, \Pi^{-1}\Pi\mathcal{O}\Pi^{-1}\Pi\psi_i) = (\Pi\psi_f, \widetilde{\mathcal{O}}\Pi\psi_i)\,.$$

Wenn nun ψ_f und ψ_i Eigenfunktionen von Π sind und zu den Eigenwerten $(-)^{\Pi_f}$ bzw. $(-)^{\Pi_i}$ gehören und wenn $\widetilde{\mathcal{O}} = (-)^{\Pi_\mathcal{O}}\mathcal{O}$ ist, dann sind solche Matrixelemente nur dann ungleich Null, wenn

$$(-)^{\Pi_i + \Pi_\mathcal{O}} = (-)^{\Pi_f}$$

ist. Die Parität des Anfangszustands multipliziert mit der Parität des Operators muss gleich der Parität des Endzustandes sein.

Wichtige Beispiele hierfür sind elektrische Multipolübergänge in Atomen, die von Matrixelementen der Form

$$\langle n'\ell'm' \vert\, j_\lambda(kr)Y_{\lambda\mu} \,\vert n\ell m\rangle$$

abhängen, wo j_λ mit $\lambda \in \mathbb{N}$ eine sphärische Besselfunktion und k die Wellenzahl des emittierten Lichtquants ist. Ein solches Matrixelement ist von vorneherein Null, wenn die Paritäten nicht zueinander passen, d. h. wenn die Auswahlregel

$$(-)^\ell (-)^\lambda = (-)^{\ell'}$$

nicht erfüllt ist. Bei elektrischen Dipolübergängen ist $\lambda = 1$, die Auswahlregel besagt, dass die Parität von Anfangs- und Endzustand verschieden sein müssen. Ein 2p-Zustand im Wasserstoffatom, der gemäß (4.48) ungerade Parität hat, kann durch elektrischen Dipolübergang in den 1s-Zustand übergehen, der gerade Parität hat. Ein 2s-Zustand, der gerade Parität hat, kann aber nicht in den 1s-Zustand übergehen. Natürlich gibt es weitere Auswahlregeln, die erfüllt sein müssen. So müssen die Bahndrehimpulse ℓ, λ und ℓ' die Dreiecksregel (4.30) erfüllen und $m + \mu = m'$ muss gelten. Man sieht an diesen Bemerkungen

[6] Die genaue Aussage ist: Wenn ein Anfangszustand, der unter Π gerade ist, unter dem Einfluss einer Wechselwirkung in einen Endzustand übergeht, in dem eine solche Korrelation auftritt, dann ist diese ein Maß für die Verletzung der Invarianz unter Parität. Wenn das Elektron bereits im Anfangszustand longitudinal polarisiert war, dann muss keine Paritätsverletzung vorliegen. Es kommt also auf die Änderung des Zustandes an.

klar, dass die Raumspiegelung in der Quantenmechanik von Teilchen eine grundlegend andere und bedeutendere Rolle spielt als in der klassischen Punktmechanik.

4.2.2 Bewegungs- und Zeitumkehr

Die Zeitumkehr $t \longmapsto -t$ in der Raum-Zeit ist das wichtigste Beispiel für eine Symmetrietransformation, die im Hilbert-Raum durch einen *anti*unitären Operator **T** dargestellt wird. Der Grund hierfür ist nicht schwer einzusehen. Zunächst aber seien hier die präzise Definition und einige Eigenschaften von antiunitären Operatoren zusammengestellt:

Definition 4.1 Antiunitärer Operator

Ein Operator **K**, der den Hilbert-Raum in umkehrbar eindeutiger Weise auf sich abbildet, heißt *antiunitär*, wenn er die folgenden Eigenschaften besitzt

1. $\mathbf{K}[c_1 f^{(1)} + c_2 f^{(2)}] = c_1^*[Kf^{(1)}] + c_2^*[Kf^{(2)}]$, $\qquad c_1, c_2 \in \mathbb{C}$,

2. $\|f\|^2 = \|\mathbf{K}f\|^2$ für alle $f^{(1)}, f^{(2)}, f \in \mathcal{H}$.

Man beweist ohne Schwierigkeiten folgende Eigenschaften antiunitärer Operatoren.

Satz 4.1 Antiunitäre Operatoren

1. Mit $f, g \in \mathcal{H}$ zwei beliebigen Elementen gilt

$$(\mathbf{K}f, \mathbf{K}g) = (g, f) = (f, g)^* .\tag{4.49}$$

2. Das Produkt zweier *antiunitärer* Operatoren $\mathbf{K}^{(1)}$ und $\mathbf{K}^{(2)}$ ist *unitär*.
3. Das Produkt eines *antiunitären* Operators und eines *unitären* Operators ist wieder *antiunitär*.

Bemerkungen

1. Die Relation (4.49) ist die in Abschn. 4.2 zitierte Relation (4.44) zwischen Übergangsamplituden. Man beweist sie z. B., indem man $\big(\mathbf{K}(c_f f + c_g g), \mathbf{K}(c_f f + c_g g)\big)$ für beliebige komplexe Zahlen c_f und c_g auswertet, die Eigenschaft 2 der Definition benutzt und Vergleich der Koeffizienten durchführt: Aufgrund der Eigenschaft 1 ist einerseits

$$\big(\mathbf{K}(c_f f + c_g g), \mathbf{K}(c_f f + c_g g)\big)$$
$$= |c_f|^2 (\mathbf{K}f, \mathbf{K}f) + |c_g|^2 (\mathbf{K}g, \mathbf{K}g)$$
$$+ c_f c_g^* (\mathbf{K}f, \mathbf{K}g) + c_f^* c_g (\mathbf{K}g, \mathbf{K}f) .$$

Wegen 2 ist dies aber auch gleich

$$= \big((c_f f + c_g g), (c_f f + c_g g)\big) = |c_f|^2 (f, f) + |c_g|^2 (g, g)$$
$$+ c_f^* c_g (f, g) + c_f c_g^* (g, f) .$$

Da c_f und c_g beliebig wählbar sind, folgt wie behauptet $(\mathbf{K} f, \mathbf{K} g) = (g, f)$.

2. Ein Korollar der Aussage 3 von Satz 4.1 ist, dass man offenbar jeden antiunitären Operator als Produkt aus einem unitären und einem festen und speziellen antiunitären Operator $\mathbf{K}^{(0)}$ darstellen kann, $\mathbf{K} = \mathbf{U} \mathbf{K}^{(0)}$.

3. Für $\mathbf{K}^{(0)}$ kann man die „komplexe Konjugation" wählen, also denjenigen speziellen Operator, der nichts anderes macht, als jede komplexe Zahl (man sagt auch jede *c-Zahl*) durch ihr komplex Konjugiertes zu ersetzen.

4. Aus der klassischen Physik weiß man, dass Zeitspiegelung gleichbedeutend mit Umkehr der Bewegungsrichtung ist. Die Beziehung (4.44) bzw. (4.49) bedeutet in der Tat, dass in jedem Übergangsmatrixelement Anfangs- und Endzustand vertauscht werden. Insofern ist es plausibel, dass die Zeitumkehr durch einen antiunitären Operator realisiert wird.

5. Wenn wir umgekehrt schon wissen, dass die Zeitumkehr durch eine antilineare Symmetrietransformation im Hilbert-Raum dargestellt wird, dann folgt aus (4.44) eine einfache Regel: In allen Übergangsmatrixelementen bedeutet die Zeitumkehr *entweder* die Vertauschung von Anfangs- und Endzustand *oder* die Ersetzung aller *c*-Zahlen durch ihr konjugiert-Komplexes.

Wir arbeiten die Wirkung der Transformation $(t \mapsto t' = -t, \boldsymbol{x} \mapsto \boldsymbol{x}' = \boldsymbol{x})$ auf die Schrödinger-Gleichung aus. Sei

$$\psi(t, \boldsymbol{x}) \longmapsto \psi'(t', \boldsymbol{x}) = \mathbf{T} \psi(t, \boldsymbol{x}), \qquad (t' = -t) .$$

Wenn H nicht explizit von der Zeit abhängt, dann muss der Operator $\mathbf{T}$ so bestimmt werden, dass die Schrödinger-Gleichung forminvariant bleibt, d. h. dass

$$\mathrm{i} \hbar \frac{\mathrm{d}}{\mathrm{d} t'} \psi'(t', \boldsymbol{x}) = H \psi'(t', \boldsymbol{x}) \quad \text{bzw.} \quad - \mathrm{i} \hbar \frac{\mathrm{d}}{\mathrm{d} t} \mathbf{T} \psi(t, \boldsymbol{x}) = H \mathbf{T} \psi(t, \boldsymbol{x})$$

gilt. Solange ψ eine skalare (einkomponentige) Funktion ist, wird diese Forderung erfüllt, wenn die Wirkung von $\mathbf{T}$ die komplexe Konjugation $\mathbf{K}^{(0)}$ ist,

$$\mathbf{T} \psi(t, \boldsymbol{x}) = \mathbf{K}^{(0)} \psi(t, \boldsymbol{x}) = \psi^*(t, \boldsymbol{x}) . \tag{4.50}$$

Die zeitgespiegelte Wellenfunktion genügt einfach der komplex-konjugierten Schrödinger-Gleichung.

Wenn die Wellenfunktion auch einen Spin-1/2 enthält, wenn sie also ein zweikomponentiger Vektor $\Psi = (\psi_+, \psi_-)^T$ ist (s. Abschn. 4.1.7), so können wir $\mathbf{T}$ in der Form

$$\mathbf{T} = \mathbf{U} \mathbf{K}^{(0)} \tag{4.51}$$

mit einer noch zu bestimmenden unitären Transformation $\mathbf{U}$ ansetzen. Es gilt somit

$$\mathbf{T}\begin{pmatrix} \psi_+ \\ \psi_- \end{pmatrix} = \mathbf{U}\begin{pmatrix} \psi_+^* \\ \psi_-^* \end{pmatrix}.$$

Die unitäre Transformation $\mathbf{U}$ bestimmt man nun durch folgende Überlegung: Mit $\Psi = (\psi_+, \psi_-)^T$ ist auch $\Psi^* = (\psi_+^*, \psi_-^*)^T$ Spinordarstellung der Drehgruppe. Während die erste sich bei Drehungen mit $\mathbf{D}^{(1/2)}$ transformiert, s. Abschn. 4.1.3, muss Ψ^* sich mit $\mathbf{D}^{(1/2)*}$ transformieren. Dies ist aber nur dann der Fall, wenn

$$\mathbf{U}D^{(1/2)}\mathbf{U}^\dagger = \mathbf{D}^{(1/2)*}, \quad \text{d.h.} \quad \mathbf{U}\sigma_j^*\mathbf{U}^\dagger = -\sigma_j$$

erfüllt ist. Da σ_2 rein imaginär ist, mit sich selbst natürlich vertauscht, mit σ_1 und mit σ_3 aber antikommutiert, muss $\mathbf{U}$ proportional zu σ_2 sein. Die üblicherweise getroffene Wahl ist die folgende

$$\mathbf{T} = \mathbf{U}K^{(0)} \quad \text{mit} \quad \mathbf{U} = \mathrm{i}\sigma_2 = \begin{pmatrix} 0 & 1 \\ -1 & 0 \end{pmatrix}. \tag{4.52}$$

An der Formel (4.18) liest man ab, dass $\mathbf{U}$ in Wirklichkeit eine Drehung um die 2-Achse, um den Winkel π ist,

$$\mathbf{U} = \mathrm{i}\sigma_2 = \mathbf{D}^{(1/2)}(0, \pi, 0) = \mathrm{e}^{\mathrm{i}\pi\sigma_2/2}.$$

An dieses Ergebnis schließen sich zwei *Bemerkungen* an.

1. Dieselbe Überlegung lässt sich auf jede Darstellung der Drehgruppe anwenden, in der die Erzeugenden durch $\mathbf{J}_i$, $i = 1, 2, 3$, dargestellt sind. Die Drehung $\mathbf{D}^{(j)}(0, \pi, 0)$ transformiert $\mathbf{J}_1$ und $\mathbf{J}_3$ in ihr Negatives, lässt aber $\mathbf{J}_2$ invariant,

$$\mathbf{U}\mathbf{J}_{1/3}\mathbf{U}^{-1} = -\mathbf{J}_{1/3}, \qquad \mathbf{U}\mathbf{J}_2\mathbf{U}^{-1} = +\mathbf{J}_2.$$

In der Phasenkonvention (4.13) sind die 1- und die 3-Komponente reell, die 2-Komponente aber rein imaginär. Daher gilt in der Tat

$$\mathbf{U}\mathbf{J}_i^*\mathbf{U}^{-1} = -\mathbf{J}_i, \qquad i = 1, 2, 3, \tag{4.53}$$

in allen Darstellungen, die Zeitumkehr wird durch die antiunitäre Transformation $\mathbf{T} = \mathbf{U}K^{(0)}$ realisiert.

2. Die Matrix $\mathbf{U}$ ist reell (d.h. in Wirklichkeit orthogonal) und kommutiert mit der Komplex-Konjugation. Daher gibt die zweimalige Ausführung der Zeitumkehr

$$\mathbf{T}^2 = \mathbf{U}K^{(0)}\mathbf{U}K^{(0)} = \mathbf{U}^2 K^{(0)\,2} = \exp(\mathrm{i}2\pi\mathbf{J}_2) = (-)^{2j}\mathbb{1}.$$

Bei ganzzahligem Drehimpuls ist somit $\mathbf{T}^2 = +\mathbb{1}$, bei halbzahligem dagegen $-\mathbb{1}$. In einem System mit N Teilchen mit Spin 1/2 (Fermionen) gilt insbesondere

$$\mathbf{T}^2 = (-)^N \mathbb{1}.$$

Wenn ·der Hamiltonoperator eines solchen Systems mit der Zeitumkehr vertauscht, dann hat dieser Faktor eine wichtige Konsequenz: Mit $H\psi = E\psi$ ist dann auch $H(\mathbf{T}\psi) = E(\mathbf{T}\psi)$ Lösung der Schrödinger-Gleichung zum selben Eigenwert E. Wenn N *gerade* ist, dann kann man immer erreichen, dass $(\mathbf{T}\psi) = \psi$ ist, wenn aber N *ungerade* ist, dann sind die beiden Zustände verschieden. Das bedeutet, dass die Eigenwerte von H für ein System mit einer *ungeraden* Anzahl von Fermionen immer entartet sind derart, dass der Entartungsgrad *gerade*, also mindestens gleich 2 ist. Diese Aussage wird *Kramer'sches Theorem* genannt.

Die zu (4.46) und zu (4.47) analogen Relationen für die Zeitspiegelung lauten

$$\mathbf{T}Q\mathbf{T}^{-1} = +Q\,, \qquad \mathbf{T}P\mathbf{T}^{-1} = -P\,, \tag{4.54}$$

$$\mathbf{T}\ell\mathbf{T}^{-1} = -\ell\,, \qquad \mathbf{T}s\mathbf{T}^{-1} = -s\,. \tag{4.55}$$

Ein äußeres elektrisches Feld E bleibt unter Zeitspiegelung invariant, ein äußeres magnetisches Feld B geht dagegen in $-B$ über. Das relative Vorzeichen zwischen E und B wird sofort plausibel, wenn man sich an die Lorentzkraft $F = e(E + v \times B/c)$ erinnert und beachtet, dass die Geschwindigkeit v ungerade ist. Wenn H_0 mit $\mathbf{T}$ vertauscht, dann ist der Hamiltonoperator (4.25) als Ganzes unter Zeitumkehr invariant. Man beachte, dass wir hier die Observablen des Elektrons und die äußeren Felder zeitgespiegelt haben. Hätten wir dagegen die äußeren Felder festgehalten, dann wären zwar die Anteile H_0 und $\ell \cdot s$ gerade, die Anteile $\ell \cdot B$ und $s \cdot B$ aber ungerade gewesen. Ein Elektron, das durch ein festes, äußeres Magnetfeld läuft, wird bei $t \mapsto -t$ nicht dieselbe Bahn durchlaufen.

Wendet man die Zeitumkehr auf den Operator (3.27) der zeitlichen Entwicklung an und kommutiert $\mathbf{T}$ mit H, so ist

$$\mathbf{T}U(t, t_0)\mathbf{T} = \mathbf{T}\exp\left(-\frac{\mathrm{i}}{\hbar}H(t - t_0)\right)\mathbf{T} = \exp\left(+\frac{\mathrm{i}}{\hbar}H(t - t_0)\right)$$

$$= U^{\dagger}(t, t_0)\,.$$

Dies ist das quantenmechanische Analogon für die klassische Äquivalenz zwischen Zeitspiegelung und Umkehr der Bewegung.

4.2.3 Abschließende Bemerkungen zu T und Π

Die Drehgruppe ist eine Untergruppe sowohl der Galilei- als auch der Poincaré-Gruppe, sie hat daher sowohl in der nichtrelativistischen Quantenmechanik als auch in deren relativistischer Form und in der Quantenfeldtheorie große Bedeutung. Da es sich um eine kontinuierliche Gruppe handelt, folgt aus der Invarianz der Dynamik eines Systems unter Drehungen um eine (beliebige) Achse $\hat{n}$ die Erhaltung der Projektion des Drehimpulses auf diese Achse – in enger Analogie zur entsprechenden klassischen Situation (Theorem von E. Noether). In der

Tat, ist $\varphi(x)$ Eigenfunktion eines Hamiltonoperators H, dann ist die transformierte Wellenfunktion

$$\varphi'(x') = \mathbf{D}_{\hat{n}}(\alpha)\varphi(x) = \exp[i\alpha(\boldsymbol{J} \cdot \hat{\boldsymbol{n}})]\varphi(x)$$

für alle Werte des Drehwinkels α genau dann Eigenfunktion von H, wenn

$$[H, (\boldsymbol{J} \cdot \hat{\boldsymbol{n}})] = 0 ,$$

d. h. wenn die Projektion von $\boldsymbol{J}$ auf die gegebene Richtung mit dem Hamiltonoperator kommutiert. Ist dies für alle Richtungen wahr, so ist der Drehimpuls als Ganzes erhalten.

Zeit- und Raumspiegelung sind dagegen *diskrete* Transformationen; Invarianz eines physikalischen Systems unter Π oder unter $\mathbf{T}$ hat keine weitere Erhaltungsgröße zur Folge, führt wohl aber zu Auswahlregeln – das ist das Neue gegenüber der klassischen Physik. Beispiele sind die Paritätsauswahlregeln im Falle von Π oder das Theorem von Kramers im Falle von $\mathbf{T}$.

Es kommt aber noch ein weiterer, weit reichender Aspekt hinzu: Die relativistische Quantenphysik sagt voraus, hier etwas summarisch ausgedrückt, dass es zu jedem Teilchen ein Antiteilchen gibt. Teilchen und Antiteilchen haben dieselbe Masse und denselben Spin, unterscheiden sich aber im Vorzeichen aller additiv erhaltenen Quantenzahlen.[8] Ein Beispiel für eine solche additive Quantenzahl ist die elektrische Ladung $q/|e|$, ausgedrückt in Einheiten der Elementarladung: Ein Elektron hat die Ladung -1, das Positron, sein Antiteilchen, hat die Ladung $+1$. Umgekehrt kann ein Teilchen, das mit seinem Antiteilchen identisch ist, keine additiv erhaltenen Quantenzahlen tragen. Das ist z. B. beim Photon der Fall, das keine elektrische Ladung trägt und in der Tat gleich seinem Antiteilchen ist. Es stellt sich überdies heraus, dass die Theorie in Teilchen und Antiteilchen völlig symmetrisch formuliert werden kann, dass es also nicht vorgegeben, sondern reine Sache der Konvention ist, ob man das Elektron „Teilchen", das Positron „Antiteilchen" nennt, oder umgekehrt. Um dieser Beziehung auch formal Rechnung zu tragen, führt man eine weitere diskrete Transformation $\mathbf{C}$ ein, die *Ladungskonjugation* genannt wird[8] und die jedes Teilchen (Antiteilchen) durch sein Antiteilchen (Teilchen) ersetzt, ohne seine anderen dynamischen Attribute (Impuls, Spin o. Ä.) zu ändern, z. B.

$$\mathbf{C}: \quad |e^-, \boldsymbol{p}, m_s\rangle \longmapsto e^{i\eta_C} |e^+, \boldsymbol{p}, m_s\rangle \tag{4.56}$$

(wobei möglicherweise ein Phasenfaktor auftreten kann).

Die Ladungskonjugation steht in einem tiefen Zusammenhang mit der Raumspiegelung und mit der Zeitumkehr. Ein fundamentales Theorem der Quantenfeldtheorie, das auf Lüders und Pauli zurückgeht und in seiner allgemeinsten Form von Jost bewiesen wurde, sagt aus, dass eine Theorie, die Lorentz-invariant ist und gewisse Lokalitäts- bzw. Kausali-

---

[8] Auch in der nichtrelativistischen Quantenmechanik gibt es ein Analogon für die Teilchen–Antiteilchen-Beziehung. Betrachtet man etwa ein Vielteilchensystem aus N Fermionen in einem äußeren, attraktiven Potential, so wird der energetische Grundzustand der sein, bei dem die N Teilchen – unter Beachtung des Pauli-Prinzips – auf die untersten, gebundenen Zustände in diesem Potential verteilt sind. Anregungszustände des Systems enthalten Konfigurationen, bei denen ein oder mehrere Teilchen aus gebundenen Zuständen herausgenommen und in vormals unbesetzte Zustände angehoben werden. Die dieserart entstehenden *Lochzustände* haben zu den besetzten Teilchenzuständen eine ähnliche Relation wie Antiteilchen zu Teilchen.

[8] Auf Englisch heißt sie *charge conjugation*, auf Französisch *conjugaison de charge*.

tätseigenschaften besitzt, unter dem *Produkt*

$$\Pi C T =: \Theta \tag{4.57}$$

aus Raumspiegelung, Ladungskonjugation und Zeitumkehr invariant ist [Streater und Wightman (1969)]. Wenn die Theorie daher unter einer der drei diskreten Transformationen nicht invariant ist, dann muss sie eine der anderen ebenfalls verletzen. Ein Beispiel mag diesen wichtigen Zusammenhang erläutern:

Beispiel 4.1   Zerfall von geladenen Pionen

Ein positiv geladenes Pion π^+ zerfällt nach einer mittleren Lebensdauer von $2{,}6 \cdot 10^{-8}$ s überwiegend in ein positives Myon und ein myonisches Neutrino,

$$\pi^+ \longrightarrow \mu^+ + \nu_\mu \, .$$

Das Pion trägt selbst keinen Spin. Von seinem Ruhesystem aus gesehen, haben das Myon und das Neutrino – wie in Abb. 4.5 skizziert – entgegengesetzt gleiche Impulse. Die ebene Welle, die die Relativbewegung dieser Teilchen im Endzustand beschreibt, enthält zwar alle Werte des Bahndrehimpulses ℓ, s. (1.136), aber alle Partialwellen haben die Projektion auf die Flugrichtung $m_\ell = 0$. (Das haben wir in Abschn. 1.9.3 gezeigt.) Nehmen wir diese Richtung als 3-Achse (Quantisierungsachse). Da die Projektion $\mathbf{J}_3$ des Gesamtdrehimpulses (Summe aus Bahndrehimpuls und Spins) erhalten ist, und da alle m_ℓ verschwinden, müssen die Projektionen der Spins $m_s^{(\mu)}$ und $m_s^{(\nu)}$ entgegengesetzt gleich sein. Da Neutrinos ihren Spin immer entgegen ihrem Impuls ausgerichtet haben, folgt, dass die m-Quantenzahlen wie in Abb. 4.5a beschaffen sein müssen.

Wendet man auf diesen Prozess die Ladungskonjugation $\mathbf{C}$ an, so entsteht der in Abb. 4.5b skizzierte Prozess, bei dem ein negativ geladenes Pion in ein μ^- mit antiparallelem Spin und ein myonisches Antineutrino zerfällt, dessen Spin ebenfalls antiparallel zu seinem Impuls ist. Ein solcher Zerfall ist nie beobachtet worden. Das Experiment

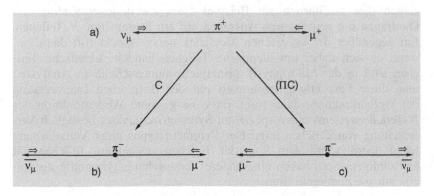

Abb. 4.5a – c. Die Zeichnung zeigt den Zerfall $\pi^+ \longrightarrow \mu^+ + \nu_\mu$, Teil (**a**), sowie die Prozesse, die daraus durch Anwendung der Ladungskonjugation $\mathbf{C}$ und durch Anwendung des Produkts aus $\mathbf{C}$ und der Raumspiegelung Π entstehen. Der Prozess (**c**) wird beobachtet, der Prozess (**b**) dagegen nicht

sagt, dass Neutrinos immer mit ihrem Spin *antiparallel* zum Impuls auftreten, Antineutrinos dagegen immer mit dem Spin *parallel* zum Impuls.
Führt man die *Händigkeit* oder *Helizität*

$$h := \frac{s \cdot p}{|p|} \tag{4.58}$$

ein, so heißt das, anders ausgedrückt, dass Neutrinos immer mit negativer Helizität auftreten, Antineutrinos immer mit positiver Helizität.
Diese Observable kann man bei Neutrinos zwar nicht direkt messen,
wohl aber bei ihrem geladenen Partner. Auf die Helizität des (Anti-)
Neutrinos schließt man über die Erhaltung von J_3 wie oben beschrieben. Wendet man aber auf den nicht beobachteten Prozess der Abb. 4.5b
noch die Raumspiegelung Π an, oder – was dazu äquivalent ist – wendet man auf den Ausgangsprozess der Abb. 4.5a das *Produkt* $C\,\Pi$ an,
so entsteht der in Abb. 4.5c gezeigte Zerfall. Dieser ist physikalisch und
wird im Experiment beobachtet.

Allein die Erfahrungstatsache, dass eine Spin-Impulskorrelation der
Art (4.58) oder der Art $s \cdot p / E$ auftritt, die unter Π ungerade, unter T
aber gerade ist, ist ein Indiz dafür, dass die für den Zerfall ursächliche
Schwache Wechselwirkung die Parität nicht erhält. Die Aussage, dass
eine solche Korrelation den größtmöglichen Wert annimmt, bedeutet,
dass die Paritätsinvarianz sogar *maximal* verletzt sein muss.[9] An dem
Beispiel sieht man aber auch, dass die Schwache Wechselwirkung auch
die Invarianz unter der Ladungskonjugation C maximal verletzt. Nur die
kombinierte Transformation $C\,\Pi$ ist eine Symmetrie der Wechselwirkung.

4.3 Symmetrie und Antisymmetrie bei identischen Teilchen

Die Quantenmechanik eines einzelnen Teilchens, die wir in Kap. 1 studiert haben, lässt sich in einfacher Weise und in enger Analogie zur
klassischen Mechanik auf Systeme mit vielen Teilchen übertragen. Wir
zeigen dies ausführlich am Beispiel eines Zweiteilchensystems und
übertragen die gewonnenen Aussagen auf ein System mit N Teilchen.
Ein gegenüber der klassischen Mechanik neuer Aspekt tritt dann auf,
wenn es sich dabei um identische Teilchen handelt. Identische Teilchen sind in der Mikrophysik prinzipiell ununterscheidbar. Analysiert
man diese Feststellung zusammen mit der Born'schen Interpretation
der Wellenfunktion, dann folgt, dass die gesamte Wellenfunktion des
N-Teilchensystems einen speziellen Symmetriecharakter bezüglich Vertauschung von Teilchen trägt. Der Symmetrietypus unter Vertauschung
hängt überdies mit dem Spin der Teilchen zusammen: Teilchen mit
halbzahligem Spin haben eine andere Vertauschungssymmetrie als solche mit ganzzahligem Spin.

[9] Die genaue Aussage ist folgende:
Ein Teilchen mit nichtverschwinden-
der Masse, das im β-Zerfall oder
einem damit verwandten Zerfallspro-
zeß entsteht, ist longitudinal (d. h. entlang Richtung des Impulses) polarisiert,
der Polarisationsgrad hat den maximal
möglichen Wert v/c, die longitudinale
Polarisation ist $P_l = \pm v/c$. Ist das Teilchen masselos, dann geht diese über in
$P_l = \pm 1$, die Helizität ist $h = \pm 1/2$.

4.3.1 Zwei verschiedene Teilchen in Wechselwirkung

Mit dem Beispiel des Wasserstoffatoms vor Augen, das aus einem Elektron (Ladung $-|e|$, Masse $m_{\mathrm{e}}c^2 = 0{,}511\,\mathrm{keV}$) und einem Proton (Ladung $+|e|$, Masse $m_{\mathrm{p}}c^2 = 938{,}3\,\mathrm{MeV}$) besteht, diskutieren wir zwei Teilchen mit Massen m_1 und m_2, die über eine Zentralkraft wechselwirken. Die Zentralkraft ist konservativ und kann daher aus einem Potential $U(r)$ abgeleitet werden, wo $r := |\boldsymbol{x}^{(2)} - \boldsymbol{x}^{(1)}|$ der Betrag der Relativkoordinate ist. Der Hamiltonoperator, der dieses System beschreibt, hat dann die Form

$$H = -\frac{\hbar^2}{2m_1}\Delta^{(1)} - \frac{\hbar^2}{2m_2}\Delta^{(2)} + U(r)\,. \tag{4.59}$$

Der Teilchenindex (i) an den Laplace-Operatoren bedeutet, dass nach den Koordinaten $\boldsymbol{x}^{(i)}$ abgeleitet wird.

Die *Kinematik* des Problems ist dieselbe wie in der klassischen Mechanik: Schwerpunkts- und Relativkoordinaten sind[10]

$$\boldsymbol{X} := \frac{1}{m_1 + m_2}(m_1\boldsymbol{x}^{(1)} + m_2\boldsymbol{x}^{(2)})\,, \qquad \boldsymbol{r} := \boldsymbol{x}^{(2)} - \boldsymbol{x}^{(1)}\,.$$

Die dazu kanonisch konjugierten Impulse sind

$$\boldsymbol{P} := \boldsymbol{p}^{(1)} + \boldsymbol{p}^{(2)}\,, \qquad \boldsymbol{p} := \frac{1}{m_1 + m_2}(m_1\boldsymbol{p}^{(2)} - m_2\boldsymbol{p}^{(1)})\,.$$

Wenn $\mu = m_1 m_2/(m_1 + m_2)$ die reduzierte Masse bezeichnet, dann ist auch $\boldsymbol{p} = \mu\dot{\boldsymbol{r}}$.

Die *Dynamik* ist aber eine andere. Die Transformation

$$(\boldsymbol{x}^{(1)}, \boldsymbol{x}^{(2)}, \boldsymbol{p}^{(1)}, \boldsymbol{p}^{(2)}) \longmapsto (\boldsymbol{X}, \boldsymbol{r}, \boldsymbol{P}, \boldsymbol{p})$$

bedeutet, dass wir die beiden physikalischen Teilchen durch zwei fiktive, aber ebenso unabhängige Teilchen ersetzt haben, das eine mit der Masse $M := m_1 + m_2$ und den Phasenraumvariablen $(\boldsymbol{X}, \boldsymbol{P})$, das andere mit der Masse μ und den Variablen $(\boldsymbol{r}, \boldsymbol{p})$. Nach den Regeln aus Kap. 1 sind die Impulse wie folgt durch selbstadjungierte Differentialoperatoren zu ersetzen

$$\boldsymbol{P} \longrightarrow \frac{\hbar}{\mathrm{i}}\nabla^{(X)}\,, \qquad \boldsymbol{p} \longrightarrow \frac{\hbar}{\mathrm{i}}\nabla^{(r)}\,.$$

Zusammen mit den Ortsoperatoren erfüllen sie die Kommutatoren

$$[P_i, X^k] = \frac{\hbar}{\mathrm{i}}\delta_i^k = [p_i, r^k]\,, \qquad [P_i, r^k] = 0 = [p_i, X^k]\,,$$
$$[P_i, P_k] = 0 = [p_i, p_k]\,, \qquad [X^i, X^k] = 0 = [r^i, r^k]\,.$$

Diese Vorschrift wird durch folgende Rechnung bestätigt. Unter Verwendung der Kettenregel beim Differenzieren zeigt man, dass

$$\nabla^{(1)} = \frac{m_1}{M}\nabla^{(X)} - \nabla^{(r)}\,, \qquad \nabla^{(2)} = \frac{m_2}{M}\nabla^{(X)} + \nabla^{(r)}\,.$$

[10] Im Hinblick auf die Jacobi'schen Koordinaten für N Teilchen wähle ich $\boldsymbol{r}$ hier als von Teilchen 1 nach Teilchen 2 gerichtet. In Band 1, Abschn. 1.6.1 und 1.6.3, ist dagegen $\boldsymbol{r} = \boldsymbol{x}^{(1)} - \boldsymbol{x}^{(2)}$ gesetzt.

Quadriert man diese Operatoren, multipliziert den ersten mit $1/(2m_1)$, den zweiten mit $1/(2m_2)$, und addiert die Ergebnisse, so entsteht

$$\frac{1}{2M}\left(\nabla^{(X)}\right)^2 + \frac{1}{2}\left(\frac{1}{m_1} + \frac{1}{m_2}\right)\left(\nabla^{(r)}\right)^2 = \frac{1}{2M}\,\Delta^{(X)} + \frac{1}{2\mu}\,\Delta^{(r)}\,.$$

Damit geht der Hamiltonoperator (4.59) in die erwartete Form

$$H = -\frac{\hbar^2}{2M}\,\Delta^{(X)} - \frac{\hbar^2}{2\mu}\,\Delta^{(r)} + U(r) \equiv H^{(X)} + H^{(r)} \tag{4.60}$$

über, die die Trennung der kräftefreien Bewegung des Schwerpunkts und das effektive Ein-Teilchen-Problem in der Relativbewegung zeigt. Stationäre Lösungen der Schrödinger-Gleichung können faktorisiert angesetzt werden,

$$\Psi(X, r, \text{Spins}) = \psi(X)\varphi(r)\chi(s^{(1)}, s^{(2)})\,, \tag{4.61}$$

mit χ einer Wellenfunktion, die den oder die Spins der beiden Teilchen beschreibt. Ist der Gesamtzustand zum Beispiel Eigenzustand zum Schwerpunktsimpuls P, so ist

$$\Psi(X, r, \text{Spins}) = \exp\left(\frac{i}{\hbar}P \cdot X\right)\varphi(r)\chi(s^{(1)}, s^{(2)})\,.$$

Gleichzeitig zerfällt die stationäre Schrödinger-Gleichung in zwei additive Anteile, der Energieeigenwert ist die Summe aus der kinetischen Energie des Schwerpunkts und der Energie der Relativbewegung, $E = P^2/(2M) + E_{\text{rel}}$. Die Dynamik steckt vollständig in der Schrödinger-Gleichung der Relativbewegung

$$H^{(r)}\varphi(r) = \left(-\frac{\hbar^2}{2\mu}\,\Delta^{(r)} + U(r)\right)\varphi(r) = E_{\text{rel}}\varphi(r)\,.$$

Damit sind wir wieder bei den Zentralfeldproblemen, deren Behandlung in Kap. 1 ausführlich beschrieben ist.

Die Spinfunktion χ schließlich ist nach Vorgabe der Spins $s^{(1)}$ und $s^{(2)}$ zu konstruieren.

Bemerkungen

Die Verallgemeinerung auf $N > 2$ Teilchen ist offensichtlich, solange diese wie hier angenommen alle voneinander verschieden sind, und folgt der entsprechenden Vorschrift in der klassischen Mechanik. Wenn die äußeren Kräfte Potentialkräfte sind und durch die Potentiale $U_n(x^{(n)})$ beschrieben werden, und wenn die inneren Kräfte Zentralkräfte sind, die aus $U_{mn}(|x^{(m)} - x^{(n)}|)$ folgen, dann hat ein typischer Hamiltonoperator die Gestalt

$$H = \sum_{n=1}^{N}\left(-\frac{\hbar^2}{2m_n}\,\Delta^{(n)} + U_n(x^{(n)})\right) + \frac{1}{2}\sum_{m \neq n=1}^{N} U_{mn}\left(\left|x^{(m)} - x^{(n)}\right|\right)\,. \tag{4.62}$$

Seine stationären Eigenzustände werden von allen Koordinaten $\{x^{(n)}\}$ sowie gegebenenfalls von den Spins der beteiligten Teilchen abhängen,

$$\Psi = \Psi(x^{(1)}, s^{(1)}; x^{(2)}, s^{(2)}; \ldots; x^{(n)}, s^{(n)})\,.$$

Die Interpretation dieser Wellenfunktionen ergibt sich aus der Born'-schen Interpretation. Wenn alle äußeren Kräfte verschwinden, dann ist es angebracht, wieder die Schwerpunktsbewegung abzutrennen und – als Verallgemeinerung der Relativkoordinate des Zweiteilchensystems – Jacobi'sche Koordinaten $\{r^{(i)}, \pi^{(i)}\}$ Band 1, Aufgabe 2.24, einzuführen. Diese lauten in der hier verwendeten Notation

$$r^{(j)} = x^{(j+1)} - \frac{1}{M_j} \sum_{i=1}^{j} m_i x^{(i)}\,, \qquad r^{(N)} = \frac{1}{M_N} \sum_{i=1}^{N} m_i x^{(i)}\,, \quad (4.63)$$

$$\pi^{(j)} = \frac{1}{M_{j+1}} \left(M_j p^{(j+1)} - m_{j+1} \sum_{i=1}^{j} p^{(i)} \right)\,, \qquad \pi^{(N)} = \sum_{i=1}^{N} p^{(i)}\,. \tag{4.64}$$

Hier steht M_j für die Summe der ersten j Massen, $M_j = m_1 + m_2 + \ldots + m_j$, der freie Index j läuft von 1 bis $N-1$. Die Variablen $(r^{(j)}, \pi^{(j)})$ sind ebenso wie $(x^{(k)}, p^{(k)})$ kanonisch konjugiert. Von Interesse sind auch die Umkehrformeln zu (4.64):

$$p^{(1)} = -\pi^{(1)} - \sum_{j=2}^{N-1} \frac{m_1}{M_j} \pi^{(j)} + \frac{m_1}{M_N} \pi^{(N)}$$

$$p^{(2)} = \pi^{(1)} - \sum_{j=2}^{N-1} \frac{m_2}{M_j} \pi^{(j)} + \frac{m_2}{M_N} \pi^{(N)}$$

$$p^{(3)} = \pi^{(2)} - \sum_{j=3}^{N-1} \frac{m_3}{M_j} \pi^{(j)} + \frac{m_3}{M_N} \pi^{(N)}$$

$$p^{(4)} = \pi^{(3)} - \sum_{j=3}^{N-1} \frac{m_4}{M_j} \pi^{(j)} + \frac{m_4}{M_N} \pi^{(N)}$$

$$\vdots = \vdots$$

$$p^{(N)} = \pi^{(N-1)} \qquad\qquad + \frac{m_N}{M_N} \pi^{(N)}\,.$$

4.3.2 Identische Teilchen am Beispiel *N* = 2

Die Beschreibung des N-Teilchensystems erhält einen weiteren, grundsätzlich neuen Zug, wenn es sich um identische Teilchen handelt.

Während es im makroskopisch-klassischen Bereich durchaus vorstellbar ist, das einzelne Teilchen markieren und somit identifizieren zu können, ist dies für Mikroteilchen wie Elektronen, Protonen, π-Mesonen oder Photonen prinzipiell nicht möglich. Diese absolute Ununterscheidbarkeit wird noch unterstrichen durch die Born'sche Interpretation, aus der folgt, dass für ein *einzelnes* Teilchen im Allgemeinen keine Voraussage einer Messung möglich ist. Die Aussagen der Quantenmechanik sind Wahrscheinlichkeiten und sind nur auf eine große Zahl identisch präparierter Teilchen anwendbar. Wellenfunktionen oder selbstadjungierte Operatoren, die in irgendeiner Weise eines der Teilchen aus einer Gesamtheit von N identischen Teilchen auszeichnen, können nicht physikalisch sinnvoll sein. Wir wollen dies zunächst am Beispiel von $N = 2$ diskutieren.

Es sei $\Psi(x^{(1)}, m_s^{(1)}; x^{(2)}, m_s^{(2)})$ eine beliebige Zwei-Teilchen-Wellenfunktion. Eine Ein-Teilchen-Observable, die wir nach den Vorschriften aus Abschn. 1.5 bilden wollen, muss von der Form

$$\mathcal{O} = \mathcal{O}\left(\frac{\hbar}{i}\nabla^{(1)}, x^{(1)}\right) + \mathcal{O}\left(\frac{\hbar}{i}\nabla^{(2)}, x^{(2)}\right)$$

sein, wobei der zweite Summand sich von dem ersten lediglich durch den Austausch $(x^{(1)} \longleftrightarrow x^{(2)}, p^{(1)} \longleftrightarrow p^{(2)})$ und, falls sie den Spin enthält, durch den simultanen Austausch der Spinoperatoren unterscheidet. Handelt es sich um eine typische Zwei-Teilchen-Observable, also etwa um einen Wechselwirkungsterm (4.62), so muss diese unter Austausch der beiden Teilchen mit allen ihren Attributen invariant sein.

Die Vorschrift, jede Ein-Teilchen-Observable in den beiden identischen Teilchen symmetrisch anzusetzen, kann man wie oben durch die angegebene Konstruktion erfüllen. Eine andere Möglichkeit ist die, einen Permutationsoperator Π_{12} einzuführen, der wie folgt wirkt

$$\Pi_{12}\Psi(x^{(1)}, m_s^{(1)}; x^{(2)}, m_s^{(2)}) = \Psi(x^{(2)}, m_s^{(2)}; x^{(1)}, m_s^{(1)})$$

und der die Eigenschaften

$$\Pi_{12}^2 = \mathbb{1}, \qquad \Pi_{12}^\dagger = \Pi_{12}$$

besitzt. Seine Eigenwerte sind $+1$ und -1. Seine Eigenzustände sind im ersten Fall symmetrisch, im zweiten antisymmetrisch unter Austausch. Jede Ein-Teilchen-Observable ist dann alternativ durch die Vorschrift

$$\mathcal{O} = \mathcal{O}\left(\frac{\hbar}{i}\nabla^{(1)}, x^{(1)}\right) + \Pi_{12}\,\mathcal{O}\left(\frac{\hbar}{i}\nabla^{(1)}, x^{(1)}\right)\Pi_{12}^\dagger$$

konstruierbar.

Stellen wir uns nun vor, dass wir einen reinen Zustand Ψ durch die Messung einer solchen Observablen präparieren. Der Zustand wird durch den Projektionsoperator P_Ψ beschrieben derart, dass dieser mit der Permutation Π_{12} vertauscht, $[\Pi_{12}, P_\Psi] = 0$. Das bedeutet aber, dass mit Ψ auch $\Pi_{12}\Psi$ Eigenfunktion von P_Ψ ist und dass daher

$$\Pi_{12}\Psi = z\Psi \quad \text{mit} \quad z = \pm 1$$

gilt. Unter Austausch der beiden Teilchen muss der solcherart präparierte Zustand entweder symmetrisch oder antisymmetrisch sein. Da der Hamiltonoperator des Zweiteilchensystems selbst unter Austausch symmetrisch ist, gilt $[H, \Pi_{12}] = 0$. Dasselbe gilt dann auch für den Operator (3.27) der zeitlichen Entwicklung des Systems

$$[\Pi_{12}, U(t, t_0)] = \left[\Pi_{12}, \exp\left(-\frac{i}{\hbar}H(t - t_0)\right)\right] = 0.$$

Der Symmetriecharakter bezüglich Austausch der Teilchen wird durch die zeitliche Evolution nicht geändert. Ein anfänglich symmetrischer Zustand bleibt für alle Zeiten symmetrisch, ein antisymmetrischer bleibt antisymmetrisch. Zustände, die weder symmetrisch noch antisymmetrisch sind, können nicht physikalisch sein; ebenso wenig ist es physikalisch sinnvoll, symmetrische und antisymmetrische Zustände zu überlagern. Wir illustrieren diese Überlegungen mit einigen Beispielen.

Beispiel 4.2

Der Hamiltonoperator (4.59) eines Systems aus zwei identischen Teilchen, die den Spin s tragen, enthalte innere Zentralkräfte – durch $U(r)$ mit $r := |x^{(2)} - x^{(1)}|$ beschrieben – aber keine äußeren Kräfte. Separiert man gemäß (4.60) in Schwerpunkts- und Relativbewegung, so ist die Wellenfunktion, die den Schwerpunkt beschreibt, per Definition *symmetrisch* bei Austausch der Teilchen. Die Wellenfunktion der Relativbewegung schreiben wir nach sphärischen Polarkoordinaten zerlegt,

$$\psi_{\alpha\ell m}(r) = R_\alpha(r)Y_{\ell m}(\theta, \phi), \qquad r = x^{(2)} - x^{(1)}.$$

Die Spinwellenfunktionen schließlich seien zum Gesamtspin $S = s^{(1)} + s^{(2)}$ gekoppelt,

$$|SM\rangle = \sum_{m_1, m_2} (sm_1, sm_2|SM) \, |sm_1\rangle \, |sm_2\rangle \, .$$

Im $\mathbb{R}^3$ bedeutet der Austausch der beiden Teilchen

$$\Pi_{12}: \quad r \longmapsto r, \qquad \theta \longmapsto \pi - \theta, \qquad \phi \longmapsto \phi + \pi \quad \text{mod } 2\pi \, .$$

Die Wirkung dieser Abbildung ist offensichtlich dieselbe wie die der Raumspiegelung, Abschn. 4.2.1. Während die Radialfunktion ungeändert bleibt, erhält die Kugelflächenfunktion das Vorzeichen $(-)^\ell$. Somit folgt

$$\Pi_{12}: \quad \psi_{\alpha\ell m}(r) \longmapsto \psi_{\alpha\ell m}(-r) = (-)^\ell \psi_{\alpha\ell m}(r) \, . \tag{4.65}$$

Die Spinwellenfunktion andererseits bekommt beim Vertauschen der beiden Teilchen den Vorzeichenfaktor aus (4.34), d. h.

$$\Pi_{12}: \quad |SM\rangle \longmapsto (-)^{2s-S} |SM\rangle \, . \tag{4.66}$$

1. *Zwei Teilchen mit Spin $s = 1/2$:* Gemäß der Auswahlregeln (4.30) kann der Gesamtspin S nur die Werte 1 und 0 annehmen. Die Eigen-

zustände $|SM\rangle$ konstruiert man mit Hilfe der Leiteroperatoren (4.8) und der Relationen (4.14), die in der Spinordarstellung die Wirkung

$$\mathbf{J}_+ \left| \frac{1}{2}, -\frac{1}{2} \right\rangle = \left| \frac{1}{2}, +\frac{1}{2} \right\rangle \ ,$$

$$\mathbf{J}_- \left| \frac{1}{2}, +\frac{1}{2} \right\rangle = \left| \frac{1}{2}, -\frac{1}{2} \right\rangle \ , \qquad \mathbf{J}_\pm \left| \frac{1}{2}, \pm\frac{1}{2} \right\rangle = 0$$

haben, im Falle der Triplettdarstellung die Wirkung

$$\mathbf{J}_\pm |1, \mp 1\rangle = \sqrt{2}\,|1, 0\rangle \ , \qquad \mathbf{J}_\pm |1, 0\rangle = \sqrt{2}\,|1, \pm 1\rangle$$

ergeben. Geht man, wie in Abschn. 4.1.6 beschrieben und in Abb. 4.4 skizziert, vom Zwei-Teilchen-Zustand mit $S = M = 1$ aus, $|1, 1\rangle = |1/2, +1/2\rangle|1/2, +1/2\rangle$, und wendet hierauf den Absteigeoperator $\mathbf{J}_- = \mathbf{J}_-^{(1)} + \mathbf{J}_-^{(2)}$ an, so findet man

$$|1, +1\rangle = \left| \frac{1}{2}, +\frac{1}{2} \right\rangle \left| \frac{1}{2}, +\frac{1}{2} \right\rangle \ ,$$

$$|1, \quad 0\rangle = \frac{1}{\sqrt{2}} \left(\left| \frac{1}{2}, +\frac{1}{2} \right\rangle \left| \frac{1}{2}, -\frac{1}{2} \right\rangle + \left| \frac{1}{2}, -\frac{1}{2} \right\rangle \left| \frac{1}{2}, +\frac{1}{2} \right\rangle \right) \ , \quad (4.67)$$

$$|1, -1\rangle = \left| \frac{1}{2}, -\frac{1}{2} \right\rangle \left| \frac{1}{2}, -\frac{1}{2} \right\rangle \ .$$

Der Zustand mit $S = 0$ ist durch die zum Zustand $|1, 0\rangle$ in (4.67) orthogonale Linearkombination gegeben

$$|0, 0\rangle = \frac{1}{\sqrt{2}} \left(\left| \frac{1}{2}, +\frac{1}{2} \right\rangle \left| \frac{1}{2}, -\frac{1}{2} \right\rangle - \left| \frac{1}{2}, -\frac{1}{2} \right\rangle \left| \frac{1}{2}, +\frac{1}{2} \right\rangle \right) \ . \quad (4.68)$$

Die Zustände (4.67) sind symmetrisch, der Zustand (4.68) ist antisymmetrisch unter Vertauschung der Teilchen – in Übereinstimmung mit der Regel (4.66), die allgemein das Vorzeichen $(-)^{1-S}$ liefert. Nimmt man nun Orts- und Spinwellenfunktionen zusammen, so hat die Vertauschung die Wirkung

$$\Pi_{12}: \quad \psi_{\alpha\ell m}(\boldsymbol{r}) \left| \left(\frac{1}{2}, \frac{1}{2} \right) SM \right\rangle$$

$$\longmapsto (-)^{\ell+S-1}\, \psi_{\alpha\ell m}(\boldsymbol{r}) \left| \left(\frac{1}{2}, \frac{1}{2} \right) SM \right\rangle \ . \quad (4.69)$$

2. *Zwei Teilchen mit Spin* $s = 1$: Nach den Regeln (4.30) nimmt der Gesamtspin die Werte $S = 2, 1, 0$ an. Geht man hier vom Zustand $|2, +2\rangle = |1, +1\rangle|1, +1\rangle$ aus, konstruiert daraus das ganze Multiplett zu $S = 2$ mit Hilfe des Leiteroperators $\mathbf{J}_-$, bestimmt dann den Zustand $|1, +1\rangle$ (durch seine Orthogonalität zum Zustand $|2, +1\rangle$), daraus die übrigen Triplettzustände und schließlich den Zustand $|0, 0\rangle$ (Orthogonalität zu $|2, 0\rangle$ und zu $|1, 0\rangle$!), so findet man für den

Gesamtspin $S = 2$:

$$|2, \pm 2\rangle = |1, \pm 1\rangle \, |1, \pm 1\rangle$$

$$|2, \pm 1\rangle = \frac{1}{\sqrt{2}} \left(|1, \pm 1\rangle \, |1, 0\rangle + |1, 0\rangle \, |1, \pm 1\rangle \right)$$

$$|2, \ \ 0\rangle = \frac{1}{\sqrt{6}} \left(|1, 1\rangle \, |1, -1\rangle + 2 |1, 0\rangle \, |1, 0\rangle + |1, -1\rangle \, |1, 1\rangle \right),$$
$$(4.70)$$

für den Gesamtspin $S = 1$:

$$|1, \pm 1\rangle = \frac{1}{\sqrt{2}} \left(\pm |1, \pm 1\rangle \, |1, 0\rangle \mp |1, 0\rangle \, |1, \pm 1\rangle \right)$$

$$|1, \ \ 0\rangle = \frac{1}{\sqrt{2}} \left(|1, 1\rangle \, |1, -1\rangle - |1, -1\rangle \, |1, 1\rangle \right), \qquad (4.71)$$

und für den Gesamtspin $S = 0$:

$$|0, 0\rangle = \frac{1}{\sqrt{3}} \left(|1, 1\rangle \, |1, -1\rangle - |1, 0\rangle \, |1, 0\rangle + |1, -1\rangle \, |1, 1\rangle \right).$$
$$(4.72)$$

Die Zustände (4.70) und (4.72) sind symmetrisch, der Zustand (4.71) ist antisymmetrisch, in Übereinstimmung mit der allgemeinen Regel (4.66). Für die Symmetrie der gesamten Wellenfunktion gilt

$$\Pi_{12}: \quad \psi_{\alpha\ell m}(\boldsymbol{r}) \, |(1, 1)SM\rangle \longmapsto (-)^{\ell+S} \psi_{\alpha\ell m}(\boldsymbol{r}) \, |(1, 1)SM\rangle .$$
$$(4.73)$$

Bevor wir auf den Zusammenhang zwischen dem Spin der Teilchen und ihrer Statistik eingehen, der die Vorzeichen in (4.69) und (4.73) auf jeweils eines festlegt, verallgemeinern wir die Ergebnisse dieses Abschnitts auf mehr als zwei Teilchen.

4.3.3 Erweiterung auf *N* identische Teilchen

Es sei ein System von N identischen Teilchen gegeben, die den Spin s tragen mögen. Die allgemeinen Überlegungen des vorhergehenden Abschnitts gelten für jedes herausgegriffene Paar (i, j) von ihnen. Somit ist unmittelbar klar, dass jede Observable in *allen* Teilchen symmetrisch sein muss, d. h. dass sie mit den Vertauschungen Π_{ij} für alle i und j kommutieren muss. Als physikalische Zustände des N-Teilchensystems können nur solche physikalisch sinnvoll sein, die entweder unter allen Permutationen *symmetrisch* oder aber vollständig *antisymmetrisch* sind. Das wollen wir genauer erklären:

Es sei Π eine Permutation der N Teilchen

$$\Pi: \quad (1, 2, 3, \dots, N) \longmapsto \left(\Pi(1), \Pi(2), \Pi(3), \dots, \Pi(N) \right),$$

und $(-)^{\Pi}$ sei ihr Vorzeichen. Permutationen werden durch eine oder mehrere Vertauschungen von Nachbarn erzeugt. Sie sind *gerade*, d. h.

ihr Vorzeichen ist positiv, wenn die Anzahl der Nachbarvertauschungen *gerade* ist; sie sind *ungerade* und bringen ein Minuszeichen, wenn diese Anzahl *ungerade* ist. So ist zum Beispiel die Permutation $(1, 2, 3, 4) \mapsto (4, 1, 2, 3)$ ungerade, denn es braucht drei Vertauschungen von Nachbarn, um von der ersten auf die zweite Anordnung zu gelangen. Wenn nun $\Psi(1; 2; 3; \ldots; N)$ eine gegebene Lösung der Schrödinger-Gleichung für N Teilchen ist, in der die Teilchenindizes „i" stellvertretend für die Koordinaten und die Spin-Quantenzahlen der Teilchen stehen, dann wird daraus eine *vollständig symmetrische* Wellenfunktion durch die Vorschrift

$$\Psi_{\mathrm{S}} = N_{\mathrm{S}} \sum_{\Pi} \Pi \, \Psi(1; 2; 3; \ldots; N) \,, \tag{4.74}$$

eine *vollständig antisymmetrische* Wellenfunktion durch die Vorschrift

$$\Psi_{\mathrm{A}} = N_{\mathrm{A}} \sum_{\Pi} (-)^{\Pi} \, \Pi \, \Psi(1; 2; 3; \ldots; N) \,. \tag{4.75}$$

Hierbei sind N_{S} und N_{A} Normierungsfaktoren, die in jedem der beiden Fälle so berechnet werden, dass Ψ_{S} bzw. Ψ_{A} auf 1 normiert sind.

4.3.4 Zusammenhang zwischen Spin und Statistik

Die Teilchen, deren Spin *halbzahlig* ist, d. h. einen der Werte $s = 1/2$, $3/2$, $5/2, \ldots$ trägt, nennt man *Fermionen*; die Teilchen, die einen *ganzzahligen* Spin tragen, also $s = 0, 1, 2, \ldots$, nennt man *Bosonen*.[11] Dabei spielt es keine Rolle, ob es sich um elementare Bausteine der Natur handelt oder um zusammengesetzte Teilchen wie das Proton p, das Neutron n, die geladenen und neutralen Pionen $\pi^{\pm}$ und π^{0}, Atome oder Atomkerne, bei denen der Spin in Wirklichkeit die resultierende Summe der Spins und Bahndrehimpulse ihrer Konstituenden ist. Tabelle 4.1 gibt einige Beispiele.

Für jedes quantenmechanische System, das aus N identischen Teilchen besteht, gilt ein tiefer Zusammenhang zwischen der Zugehörigkeit zu einer dieser zwei Klassen und der Symmetrie unter Vertauschung seiner physikalisch zulässigen Zustände:

Vertauschungssymmetrie von N**-Fermionen/**N**-Bosonen-Zuständen:** Die physikalischen Zustände eines Systems aus N *Fermionen* erhalten bei jeder Permutation Π der Teilchen das Vorzeichen $(-)^{\Pi}$. Sie sind vom Typus (4.75) und es gilt in der Tat, mit $\Pi\Pi' =: \Pi''$,

$$\Pi\Psi = N_{\mathrm{A}} \sum_{\Pi'} (-)^{\Pi'} \Pi\Pi'\Psi(1; \ldots; N)$$

$$= (-)^{\Pi} N_{\mathrm{A}} \sum_{\Pi''} (-)^{\Pi''} \Pi''\Psi(1; \ldots; N)$$

$$= (-)^{\Pi}\Psi \,. \tag{4.76}$$

Tab. 4.1. Eigenschaften einiger elementarer und zusammengesetzter Teilchen. Ladung in Einheiten der Elementarladung

Fermionen			
Teilchen	Symbol	Ladung	Spin
Elektron	e^{-}	-1	$1/2$
Positron	e^{+}	$+1$	$1/2$
Proton	p	1	$1/2$
Neutron	n	0	$1/2$
Wismut	$^{209}\mathrm{Bi}$	83	$9/2$
Myon	μ^{-}	-1	$1/2$
Antimyon	μ^{+}	$+1$	$1/2$
Elektron-	ν_{e}	0	$1/2$
neutrino	$\bar{\nu}_{e}$	0	$1/2$
up-Quark	u	$+2/3$	$1/2$
down-Quark	d	$-1/3$	$1/2$
strange-Quark	s	$-1/3$	$1/2$
Bosonen			
Teilchen	Symbol	Ladung	Spin
Photon	γ	0	1
$W^{\pm}$-Bosonen	$W^{\pm}$	± 1	1
Z^{0}-Boson	Z^{0}	0	1
Higgsboson	H	0	0
Heliumkern	α		2
Pionen	$\pi^{\pm}$, π^{0}	± 1, 0	0

[11] Nach dem italienisch-amerikanischen Physiker Enrico Fermi (1901–1954) und dem indischen Physiker Satyendra Nath Bose (1894–1974)

Die physikalischen Zustände eines Systems aus N *Bosonen* sind unter beliebigen Permutationen der Teilchen vollständig symmetrisch. Sie sind vom Typus (4.74), und es gilt

$$\Pi\Psi = \Psi\,. \tag{4.77}$$

Bevor wir auf die Begründung dieser fundamentalen Regel eingehen, wollen wir sie näher erläutern und durch einfache Beispiele illustrieren. Der erste Teil der Regel, der die Fermionen betrifft, sagt im Fall von $N = 2$, dass jeder ihrer Zustände bei Vertauschung der Teilchen antisymmetrisch sein muss. Das bedeutet für das Beispiel 4.2 des Abschn. 4.3.2, dass in (4.69) nur solche Werte von S und ℓ zulässig sind, deren Summe *gerade* ist. Das Spin-Singulett $S = 0$ kann nur mit $\ell = 0, 2, \ldots$ auftreten, das Spin-Triplett nur mit $\ell = 1, 3, \ldots$.

Der zweite Teil, der Bosonen betrifft, sagt bei $N = 2$, dass in (4.73) ebenfalls nur $S + \ell = gerade$ auftritt. Mit $S = 0$ oder $S = 2$ kann ℓ nur gerade Werte haben, mit $S = 1$ nur ungerade.

Der Fall der Fermionen ist natürlich wegen der alternierenden Vorzeichen besonders interessant. Nehmen wir beispielsweise an, der Hamiltonoperator bestünde aus einer Summe von N Kopien eines Ein-Teilchen-Hamiltonoperators $H(n)$, $H = \sum_{n=1}^{N} H(n)$, dessen stationäre Lösungen $\varphi_{\alpha_k}(n)$ und Eigenwerte E_{α_k} bekannt sind,

$$H(n)\varphi_{\alpha_k}(n) = E_{\alpha_k}\,\varphi_{\alpha_k}(n)\,.$$

Die N-Teilchen-Wellenfunktion

$$\Psi(1; 2; \cdots ; N) = \varphi_{\alpha_1}(1)\varphi_{\alpha_2}(2)\ldots\varphi_{\alpha_N}(N)$$

ist dann zwar Eigenfunktion von H und gehört zum Eigenwert $E = \sum_{k=1}^{N} E_{\alpha_k}$, genügt aber nicht der Symmetrieregel (4.76). Sie tut dies erst dann, wenn wir die N Fermionen auf alle möglichen Arten auf die normierten Zustände $\varphi_{\alpha_1}, \varphi_{\alpha_2}, \ldots, \varphi_{\alpha_N}$ verteilen und jede Permutation mit dem ihr zukommenden Vorzeichen versehen. Die richtige, antisymmetrisierte und auf 1 normierte Produktwellenfunktion muss daher folgendermaßen aufgebaut sein

$$\Psi_{\mathrm{A}} = \frac{1}{\sqrt{N!}} \det \begin{pmatrix} \varphi_{\alpha_1}(1) & \varphi_{\alpha_2}(1) & \ldots & \varphi_{\alpha_N}(1) \\ \varphi_{\alpha_1}(2) & \varphi_{\alpha_2}(2) & \ldots & \varphi_{\alpha_N}(2) \\ \vdots & \vdots & \ddots & \vdots \\ \varphi_{\alpha_1}(N) & \varphi_{\alpha_2}(N) & \ldots & \varphi_{\alpha_N}(N) \end{pmatrix}\,. \tag{4.78}$$

Das Besondere an diesem Produktzustand ist die Feststellung, dass er identisch verschwindet, wenn immer $\alpha_i = \alpha_k$ für $i, k \in (1, 2, \ldots, N)$, d. h. wenn zwei der Ein-Teilchen-Zustände gleich sind. Das ist ein Ausdruck des

> **Ausschließungsprinzips von Pauli:** In einem System mit identischen Fermionen können sich nie zwei (oder mehr) Teilchen im selben Ein-Teilchen-Zustand befinden. *Anders ausgedrückt:* Ein-Teilchen-Zustände haben die Besetzungszahl 0 oder 1: Ein gegebener Zustand φ_{α_k} kann unbesetzt sein oder höchstens ein Fermion einer bestimmten Spezies enthalten.

Genau diese Einschränkung ist aber die definierende Eigenschaft der *Fermi-Dirac-Statistik*; es besteht ein innerer Zusammenhang zwischen der *Halbzahligkeit des Spins* der identischen Teilchen und der *Fermi-Dirac-Statistik,* der sie genügen.

Will man in diesem Beispiel den Grundzustand von H bestimmen, so bleibt keine andere Möglichkeit, als die Determinante (4.78) mit den ersten N energetisch tiefsten Zuständen zu bilden. Anschaulich gesprochen, füllt man die ersten N Zustände mit identischen Fermionen auf, indem man in jeden dieser Ein-Teilchen-Zustände genau ein Teilchen setzt. Diese Modellvorstellung ist die Grundlage für den Aufbau der Atome aus Elektronen, sowie den Aufbau der Atomkerne aus Protonen und Neutronen. Ein Beispiel mag die Konstruktion erläutern:

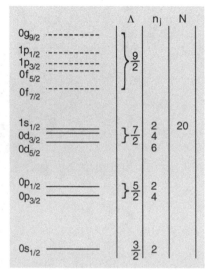

Abb. 4.6. Die elf untersten Ein-Teilchen-Niveaus in einem einfachen Potential des Schalenmodells der Kerne. Die Zahl Λ steht abkürzend für $\Lambda = 2n + \ell + 3/2$, n_j ist die Zahl der Teilchen im Zustand $|n\ell j\rangle$, N ist die Gesamtzahl der Teilchen des Beispiels. Die ausgezogenen Niveaus sind besetzt, die gestrichelten sind leer

---

Beispiel 4.3

Für ein System aus N identischen Fermionen mit Spin 1/2 sei ein Ein-Teilchen-Potential, das für alle dasselbe sein soll, wie folgt gegeben[12]

$$U(r) = \frac{1}{2}m\omega^2 r^2 - C\,\boldsymbol{\ell}\cdot\boldsymbol{s} - D\boldsymbol{\ell}^2$$

mit C und D zwei positiven Konstanten. Wählt man eine Basis $|jm\rangle$, bei der der Bahndrehimpuls und der Spin zum Gesamtdrehimpuls $j = \boldsymbol{\ell} + \boldsymbol{s}$ verkoppelt sind, und schreibt man die Wechselwirkung der Spin-Bahnkopplung vermittels

$$\boldsymbol{\ell}\cdot\boldsymbol{s} = \frac{1}{2}(\boldsymbol{j}^2 - \boldsymbol{\ell}^2 - \boldsymbol{s}^2)$$

um, dann sieht man, dass dieser Operator bereits diagonal ist. Zusammen mit dem Ergebnis (1.148) sind die Eigenwerte des Ein-Teilchen-Hamiltonoperators durch folgenden Ausdruck gegeben

$$E_{n\ell} = \hbar\omega\left(2n + \ell + \frac{3}{2}\right) - \frac{C}{2}\left[j(j+1) - \ell(\ell+1) - \frac{3}{4}\right] - D\ell(\ell+1)\,.$$

Dieses Spektrum von Ein-Teilchen-Energien ist in Abb. 4.6 skizziert. Zu jedem Wert von j gibt es $(2j+1)$ Unterzustände $|jm\rangle$. Will man nun N identische Fermionen in dieses Potential einbringen und dabei den Produktzustand mit der kleinsten Gesamtenergie konstruieren, so muss man von unten beginnend jeden Zustand $|n\ell j\rangle$ mit $2j+1$ Teilchen auffüllen. Abbildung 4.6 zeigt das Beispiel $N = 20$, bei dem die Zustände von $0s_{1/2}$ bis $1s_{1/2}$ aufgefüllt, alle darüber liegenden aber unbesetzt

---

[12] Dies war der erste Ansatz für das Schalenmodell der Kerne, der die Schalenabschlüsse bei besonders stabilen Kernen – die so genannten magischen Zahlen – erklärte.

sind. Die zugehörige, richtig antisymmetrisierte Wellenfunktion ist die Determinante (4.78), die aus den ersten 20 Ein-Teilchen-Zuständen aufgebaut ist.

Für Bosonen sind die Verhältnisse ganz anders: Wenn wir für ein System von N identischen Bosonen einen Hamiltonoperator vorgeben, der wie oben die Summe aus N Kopien eines Ein-Teilchen-Operators ist, $H = \sum_n H(n)$, dann erlaubt es die Vorschrift (4.77), beliebig viele Teilchen in einen gegebenen Ein-Teilchen-Zustand $(E_{\alpha_k}, \varphi_{\alpha_k})$ zu setzen. Genau dies ist aber die Voraussetzung für die *Bose-Einstein-Statistik*. Der energetisch tiefste Zustand ist sogar derjenige, bei dem alle N Teilchen im tiefsten Ein-Teilchen-Zustand (E_0, φ_0) sitzen. Dieses Phänomen, das experimentell wunderschön bestätigt ist, wird *Bose-Einstein-Kondensation* genannt.

Der hier empirisch festgestellte Zusammenhang zwischen Spin und Statistik ist der Inhalt eines Theorems, das auf M. Fierz und W. Pauli zurückgeht.

> **Spin-Statistik-Theorem:** Alle Teilchen mit *halbzahligem* Spin genügen der *Fermi-Dirac-Statistik*, alle Teilchen mit *ganzzahligem* Spin genügen der *Bose-Einstein-Statistik*.

Erläuterungen zum Spin-Statistik-Theorem:

1. Die beiden Typen von Statistik, auf die ich an dieser Stelle nicht weiter eingehe, stammen aus der quantenmechanischen Beschreibung von Gasen, die aus unabhängigen, identischen Bosonen bzw. Fermionen bestehen und die sich unter gegebenen makroskopischen Bedingungen wie Temperatur, chemischem Potential und Gesamtvolumen im Gleichgewicht befinden. Die Teilchen verteilen sich auf die vorgegebenen Ein-Teilchen-Zustände mit den Energien ε_i mit den Besetzungszahlen n_i, sodass für die Teilchenzahl N und die Gesamtenergie E gilt

$$\sum_i n_i = N\,, \qquad \sum_i n_i \varepsilon_i = E\,.$$

Im Fall von Bosonen kann die Besetzungszahl n_i für ein herausgegriffenes Niveau i jeden Wert zwischen 0 und N annehmen. Falls $n_i \geq 2$ ist, sind die $n_i!$ Permutationen der Bosonen im Zustand i nicht unterscheidbar und werden daher beim Abzählen nicht unterschieden. Im Fall von Fermionen kann dagegen jedes n_i nur die Werte 0 oder 1 annehmen.

2. Betrachten wir der Einfachheit halber den Fall zweier Bosonen oder Fermionen, so sagen die Symmetrierelationen (4.76) bzw. (4.77) und, was damit gleichbedeutend ist, das Spin-Statistik-Theorem aus, dass ein Zwei-Teilchen-Zustand bei Vertauschung die Beziehung

$$\Psi(2,1) = (-)^{2s}\Psi(1,2) \tag{4.79}$$

erfüllt. Hierbei werden die beiden Teilchen mit allen ihren Attributen, Ort und Spin ausgetauscht und s bezeichnet wie bisher ihren Spin. Ist dieser ganzzahlig, so ist die Wellenfunktion symmetrisch, ist er halbzahlig, so ist sie antisymmetrisch.

Es ist auffallend, dass eine vollständige Drehung des Bezugssystems um 2π, angewandt auf die Spinwellenfunktion eines Teilchens mit Spin s, genau dieses Vorzeichen bewirkt: Bei ganzzahligem Spin gibt es keinen Vorzeichenwechsel, bei halbzahligem Spin ergibt sich ein Minuszeichen, s. Abschn. 4.1.4. Wenn man also den Spin eines der beiden Teilchen um 2π dreht oder, was dazu äquivalent ist, die Spins beider Teilchen um dieselbe Achse um den Winkel π dreht, dann entsteht dasselbe Vorzeichen wie in (4.79). Es ist in der Tat so, dass im Beweis des Spin-Statistik-Theorems der Symmetriecharakter einer Zwei-Teilchen-Funktion identischer Teilchen letzten Endes auf dieses Vorzeichen zurückgeht. Der Beweis von Fierz und von Pauli gilt im Rahmen der Lorentz-kovarianten Feldtheorie und der so genannten zweiten Quantisierung. Das wesentliche Argument ist dabei dieses: Man zeigt, dass es nur dann möglich ist, eine Lorentz-kovariante Theorie aufzustellen, die alle Bedingungen der Kausalität (also die Ausbreitung aller Wirkungen mit Geschwindigkeiten kleiner als oder gleich der Lichtgeschwindigkeit) erfüllt, wenn Bosonen der Einstein-Bose-Statistik, Fermionen aber der Fermi-Dirac-Statistik genügen. Wir kehren in Band 4 zu diesen Aussagen zurück.

Anwendungen der Quantenmechanik

Einführung

Da die Quantentheorie die Grundlage für fast alle Gebiete der modernen Physik ist, gibt es zahlreiche und weit entwickelte Rechenmethoden zur praktischen Lösung von aktuellen Problemstellungen. Diese Methoden, die störungstheoretischer oder nichtstörungstheoretischer Natur sein können, sind oft für die einzelnen Gebiete spezifisch, und es würde den Rahmen eines Lehrbuchs sprengen, wollte man sie vollständig und in der gebotenen Ausführlichkeit darstellen. Atom- und Molekülphysik zum Beispiel machen vielfachen Gebrauch von *Variationsrechnungen*, aber auch von den *Viel-Teilchen-Methoden*, die auch für weite Bereiche der Festkörperphysik und der Kernphysik von großer Bedeutung sind. Die Elementarteilchenphysik verwendet *kovariante Störungsrechnung*, sowie nichtstörungstheoretische Zugänge verschiedener Art. Für die Behandlung von Streuung an zusammengesetzten Targets, die in verschiedenen Bereichen auftritt und bei kleinen, mittleren oder hohen Energien benötigt wird, gibt es zahlreiche Techniken (optisches Potential, Methode der Green-Funktionen, Eikonalnäherung). Vielfach werden exakte Lösungen durch numerische Verfahren (Integration von Differentialgleichungen, Diagonalisierung von großen Matrizen in trunkierten Zustandsräumen, Diskretisierung und Simulation durch Monte-Carlo-Verfahren und andere) approximiert, die dem zu lösenden Problem angepasst sind.

In diesem Kapitel beschreiben wir zunächst mögliche Anwendungen der Quantenmechanik auf Fragen der Informationstheorie. Wir wenden uns dann der Herleitung der nichtrelativistischen Störungstheorie in ihrer einfachsten Form zu und geben eine Einführung in ausgewählte Techniken zur Behandlung von Systemen aus *N* wechselwirkenden Fermionen. Auf die relativistische, kovariante Störungstheorie gehen wir in Band 4 ausführlich ein.

5.1 Korrelierte Zustände und Quanteninformation

Die Prinzipien der Quantenmechanik wurden in Kap. 3 formuliert und kommentiert. Die Beschreibung von Quantenzuständen anhand von statistischen Operatoren oder, dazu äquivalent, mit Hilfe von Dichtematrizen wurde dort ausführlich diskutiert und durch eine Reihe von instruktiven Beispielen illustriert. Insofern, aus dem Blickwinkel der fundamentalen Prinzipien, mag man versucht sein zu sagen, dass den Aussagen in Kap. 3 wenig hinzuzufügen sei und dass alles, was noch zu tun sei, darin bestehe, praktische Methoden zur Lösung von Problemen der Quantentheorie zu entwickeln, die über die wenigen exakt lösbaren Aufgaben hinausgehen. Obwohl die praktischen Methoden in vielen Fällen keineswegs einfach sind und weit in Gebiete der modernen Forschung reichen, zeigen vertiefende Überlegungen, dass schon die Grundprinzipien der Quantentheorie verblüffende Konsequenzen haben, die sich in vielen Fällen von dem unterscheiden, was man auf der Basis der klassischen Mechanik erwartet. Aus diesem Grund beginnen wir dieses Kapitel mit einer Diskussion von nichtlokalen Phänomenen der Quantenmechanik, von Korrelationen und verschränkten Zuständen, sowie mit einem kurzen Exkurs in das Gebiet der Quanteninformation. All dies sind Themen der aktuellen Forschung und man sollte in naher Zukunft große Fortschritte in diesem Gebiet erwarten.

5.1.1 Nichtlokalitäten, Verschränkung und Korrelationen

Die einfachsten Quantenzustände eines Systems von N Teilchen sind solche, die als direkte Produkte von Ein-Teilchen-Zuständen geschrieben werden können,

$$\Psi^{(0)}(1, 2, \ldots, N) = |\psi_1(1)\rangle \, |\psi_2(2)\rangle \cdots |\psi_N(N)\rangle \ . \tag{5.1}$$

Der Einfachheit halber werden die Zustände von 1 bis N nummeriert, vorläufig noch unabhängig davon, was sie dynamisch darstellen und davon, ob einige von ihnen gleich sind oder nicht. Die Argumente (x_i, s_i) für Koordinaten und Spins sowie möglicherweise erforderliche weitere Attribute sind summarisch mit „i" zusammengefasst. Der Produktzustand (5.1) ist ein Element der Hilbertraums

$$\mathcal{H} = \mathcal{H}^{(1)} \otimes \mathcal{H}^{(2)} \otimes \cdots \mathcal{H}^{(N)} \equiv \bigotimes_{i=1}^{N} \mathcal{H}^{(i)} \ .$$

Ein Zustand der Form (5.1) heißt *separabel* bezüglich der Faktoren in $\mathcal{H}$. Um die spezielle Natur des Zustands $\Psi^{(0)}$ herauszuarbeiten, definiert man die *Ein-Teilchen-Dichte* in einem N-Teilchenzustand Ψ durch den Erwartungswert

$$\varrho(x) := \frac{1}{N} \langle \Psi | \, | \sum_{i=1}^{N} \delta(x_i - x) | \Psi \rangle \ . \tag{5.2}$$

Hierbei kann Ψ durchaus ein allgemeinerer Zustand als der Produktzustand (5.1) sein. Im Spezialfall $\Psi = \Psi^{(0)}$ ist die Dichte einfach die Summe der Ein-Teilchen-Dichten für jeden der Zustände im Produkt,

$$\varrho^{(0)}(x) = \frac{1}{N} \sum_{i=1}^{N} |\psi_i(x)|^2 \ .$$

Das Integral über den ganzen dreidimensionalen Raum ergibt 1,

$$\int d^3x\, \varrho(x) = 1 \,,$$

vorausgesetzt alle Ein-Teilchen-Wellenfunktionen sind auf 1 normiert.

In den allermeisten realistischen Fällen, die quantenmechanisch beschrieben werden, ist die Wellenfunktion nicht vom einfachen Produkttypus (5.1). Ein Zustand, der nicht separabel ist, wird nach Erwin Schrödinger *verschränkter Zustand* genannt. Einige Argumente und Beispiele mögen illustrieren, was damit gemeint ist. In Abschn. 5.4 weiter unten wird man sehen, dass ein Produktzustand der Art von $\Psi^{(0)}$ eine gute erste Näherung in der Analyse eines Vielteilchensystems sein kann, sobald aber Wechselwirkungen zwischen den Teilchen auftreten, die Eigenzustände des gesamten Hamiltonoperators eine kohärente Mischung aus Produktzuständen sein müssen,

$$|\Psi\rangle = \sum_{n_1,n_2,\dots,n_N} c_{n_1 n_2 \dots n_N} |\psi_{n_1}(1)\rangle |\psi_{n_2}(2)\rangle \cdots |\psi_{n_N}(N)\rangle \,, \qquad (5.3)$$

wobei die Faktoren $c_{n_1 n_2 \dots n_N}$ komplexe Koeffizienten sind. Ein Zustand dieser Art ist verschränkt. Obwohl es sich in der Sprechweise der Quantenmechanik um einen reinen Zustand handelt, korreliert er jeden Teilzustand „i" mit allen anderen $j \neq i$. In der Tat, betrachtet man das Teilchen „i" isoliert, indem man alle anderen Teilchen ausintegriert, so findet man eine Dichtematrix, deren Quadrat eine Spur kleiner als 1 hat und die daher einen gemischten Zustand beschreibt.

Selbst wenn es keine Wechselwirkung zwischen den Teilchen gibt, wenn diese aber identische Teilchen sind, dann wird es Korrelationen geben, die aus dem Zusammenhang zwischen Spin und Statistik folgen (Spin-Statistik Theorem). Die Determinante (4.78) zeigt ein gutes Beispiel für einen verschränkten Zustand, dessen Verschränkung aus dem Pauli-Prinzip folgt. Um dies noch klarer herauszuarbeiten, betrachte man das Beispiel von zwei identischen Fermionen:

Beispiel 5.1   Zwei identische Fermionen

Gegeben seien zwei identische Fermionen mit Spin 1/2, die sich in zwei orthogonalen, auf 1 normierten Zuständen ψ_1 und ψ_2 befinden. Wenn ihre Spins zum Triplettzustand $S = 1$ gekoppelt sind, so ist die gesamte Spinwellenfunktion (4.67) symmetrisch unter Austausch der Teichen. Bezeichnet man ihre räumlichen Koordinaten mit x bzw. y, und lässt man die Freiheitsgrade der Spins weg, so muss ihre Bahnwellenfunktion antisymmetrisch sein,

$$\Psi(x, y) = \frac{1}{\sqrt{2}} \{\psi_1(x)\psi_2(y) - \psi_1(y)\psi_2(x)\} \,. \qquad (5.4)$$

Dies ist ein verschränkter Zustand, der aufgrund des Pauli-Prinzips korreliert ist. Diese Korrelation wird deutlich, wenn man neben der Ein-Teilchen-Dichte (5.2) auch die *Zwei-Teilchen-Dichte* berechnet, die wie folgt definiert ist

$$\varrho(x, y) := \frac{1}{N(N-1)} \langle \Psi | \sum_{n \neq m=1}^{N} \delta(x_n - x)\delta(x_m - x) | \Psi \rangle \ . \qquad (5.5)$$

Der per Konvention gewählte Normierungsfaktor ist so zu verstehen: Die Zahl der geordneten Paare 12, 13, ... ,1N, 23, ... ,2N, usw. ist $N(N-1)/2$; Addiert man die Paare in umgekehrter Reihenfolge, d. h. 21, 31, ... ,N1, ... , dann wird diese Zahl zu $N(N-1)$. Die Ein-Teilchen und Zwei-Teilchen Dichten lassen sich in diesem Beispiel berechnen. Man findet mit Hilfe von (5.2) und (5.5)

$$\varrho(x) = \frac{1}{4} \int d^3x_1 \int d^3x_2 \left[\psi_1^*(x_1)\psi_2^*(x_2) - \psi_1^*(x_2)\psi_2^*(x_1)\right]$$
$$[\delta(x_1 - x) + \delta(x_2 - x)] [\psi_1(x_1)\psi_2(x_2) - \psi_1(x_2)\psi_2(x_1)]$$
$$= \frac{1}{2} \left\{ |\psi_1(x)|^2 + |\psi_2(x)|^2 \right\} , \qquad (5.6)$$

das ist das erwartete Resultat. Für die Zwei-Teilchen Dichte findet man

$$\varrho(x, y) = \frac{1}{4} \int d^3x_1 \int d^3x_2 \left[\psi_1^*(x_1)\psi_2^*(x_2) - \psi_1^*(x_2)\psi_2^*(x_1)\right]$$
$$[\delta(x_1 - x)\delta(x_2 - y) + \delta(x_2 - x)\delta(x_1 - y)]$$
$$[\psi_1(x_1)\psi_2(x_2) - \psi_1(x_2)\psi_2(x_1)]$$
$$= \frac{1}{2} \left\{ |\psi_1(x)|^2 |\psi_2(y)|^2 - \psi_1^*(x)\psi_2^*(y)\psi_1(y)\psi_2(x) + (x \leftrightarrow y) \right\} , \qquad (5.7)$$

wobei die letzten beiden Terme sich aus den ersten zwei durch Vertauschung von x und y ergeben.

Um die in (5.5) enthaltenen Korrelationen noch deutlicher zu machen, ist es hilfreich eine *Zwei-Teilchen Korrelationsfunktion* $C(x, y)$ durch die Gleichung

$$N(N-1)\varrho(x, y) = \left\{ 1 + C(x, y) \right\} N^2 \varrho(x)\varrho(y) \qquad (5.8)$$

zu definieren. Im Beispiel mit $N = 2$ findet man mit Hilfe der Resultate (5.6) und (5.7)

$$C(x, y) = - \frac{|\psi_1^*(x)\psi_1(y) + \psi_2^*(x)\psi_2(y)|^2}{\left(|\psi_1(x)|^2 + |\psi_2(x)|^2\right) \left(|\psi_1(y)|^2 + |\psi_2(y)|^2\right)} \ . \qquad (5.9)$$

Die nun folgende Diskussion zeigt, dass schon dieses Beispiel ein instruktives Resultat ist. Fallen die Argumente zusammen, so ist die Korrelationsfunktion gleich -1, $C(x, x) = -1$. Dies bedeutet, dass $\varrho(x, y)$ verschwindet, die Wahrscheinlichkeit, die beiden Fermionen am selben Ort zu finden, ist gleich Null. In einem entgegengesetzten Fall nehme man an, die Wellenfunktionen ψ_1 und ψ_2 seien in zwei verschiedenen Raumgebieten lokalisiert. Da $x \neq y$ ist, strebt die Korrelationsfunktion

$C(x, y)$ mit deren Abstand nach Null, die Zwei-Teilchen Dichte wird näherungsweise proportional zum Produkt der Ein-Teilchen Dichten.

Vor dem Abschluss dieses Beispiels sind drei weitere Bemerkungen von Nutzen. Erstens sei daran erinnert, dass wir ψ_1 und ψ_2 als orthogonal angenommen haben. Dies muss nicht so sein. Sind die Zustände nicht orthogonal, so ändert sich die Ein-Teilchen Dichte in

$$\varrho(x) = \frac{1}{2}\left\{|\psi_1(x)|^2 + |\psi_2(x)|^2 - 2\mathrm{Re}\big(\psi_1^*(x)\psi_2(x)\langle\psi_2|\psi_1\rangle\big)\right\},$$
$$(5.10a)$$

während die Zwei-Teilchen Dichte unverändert bleibt

$$\varrho(x, y) =$$
$$= \frac{1}{2}\big\{|\psi_1(x)|^2\,|\psi_2(y)|^2 - \psi_1^*(x)\psi_2^*(y)\psi_1(y)\psi_2(x) + (x \leftrightarrow y)\big\}.$$
$$(5.10b)$$

In beiden Fällen, ψ_1 und ψ_2 orthogonal oder nichtorthogonal, bestätigt man, dass $\int \mathrm{d}^3 y\, \varrho(x, y) = \varrho(x)$ ist. Zweitens, wenn die Bahnwellenfunktionen nicht beide in getrennten, endlichen Teilgebieten lokalisiert sind, so spürt man die Anwesenheit eines zweiten Teilchens in jedem Fall. Nimmt man zum Beispiel an, dass beide Funktionen ebene Wellen sind,

$$\langle x|\psi_1\rangle = c\,\mathrm{e}^{(\mathrm{i}/\hbar)p\cdot x}, \quad \langle y|\psi_2\rangle = c\,\mathrm{e}^{(\mathrm{i}/\hbar q)\cdot y} \quad \text{mit} \quad c = (2\pi\hbar)^{-3/2},$$

dann ist die Zwei-Teilchen Korrelationsfunktion (5.8) gleich

$$C(x, y) = -\frac{1}{2}\big\{1 + \cos\left((q - p)\cdot(x - y)\right)\big\}.$$

Sie ist -1 sowohl für $y = x$ als auch für $q = p$, geht aber nicht nach Null, wenn die Argumente x und y weit voneinander entfernt sind. Drittens muss man beachten, dass die Teilchen im Beispiel (5.8) freie Teilchen sind und dass die Korrelationen einzig und allein aus dem Pauli-Prinzip herrühren. In einem realistischeren Fall wird es Wechselwirkungen zwischen den Teilchen geben, die ebenfalls Zwei-Teilchen Korrelationen bewirken werden. Solche Korrelationen werden *dynamische Korrelationen* genannt.

Im Weiteren und aus Gründen, die bald klar werden, bleiben wir bei Systemen, die nur zwei Teilchen umfassen. Die beiden Teilchen a und b mögen sich in einem korrelierten, verschränkten Zustand der Art

$$|\Psi\rangle = \frac{1}{\sqrt{2}}\big\{|a:(+); b:(-)\rangle \pm |a:(-); b:(+)\rangle\big\} \tag{5.11}$$

befinden, wobei $(+)$ und $(-)$ zwei Eigenzustände einer gegebenen Observablen sind. Beispiele solcher Zustände (5.11) sind die Spin-Singulett-

und Spin-Triplettzustände (4.68) bzw. (4.67) von zwei Fermionen. In diesem Fall müssen die symbolischen Bezeichnungen „(±)" durch die Spinrichtung entlang einer gegebenen Richtung $\hat{n}$ bzw. entgegengesetzt dazu ersetzt werden,

$$(+) \equiv \left(s_{\hat{n}} = \frac{1}{2}\right), \qquad (-) \equiv \left(s_{\hat{n}} = -\frac{1}{2}\right).$$

Der Zerfall $\pi^0 \rightarrow e^+ e^-$ zum Beispiel liefert ein Elektron und ein Positron mit entgegengesetzt gleichen räumlichen Impulsen und im Singulettzustand der Spins. Eine jetzt schon wohlvertraute Analyse hat gezeigt, dass alle Partialwellen der ebenen Welle des Relativimpulses verschwindende Projektion auf die Richtung dieses Impulses haben, $m_\ell = 0$. Daher muss die Summe der Spinprojektionen von e^+ und e^- gleich Null sein[1].

Ein weiteres Beispiel ist der Zerfall eines neutralen Pions in zwei Photonen, $\pi^0 \rightarrow \gamma\gamma$, dies ist der dominante Zerfallsmodus des neutralen Pions. Auch hier laufen die beiden Photonen in entgegengesetzten Richtungen aus, ihre Spins sind durch die Erhaltung des Gesamtdrehimpulses korreliert.

Prozesse wie die hier beschriebenen zeigen eine typische Eigenschaft der Quantenmechanik, die mit *klassischen* statistischen Überlegungen nicht erklärt werden kann. Die einzelnen Zustände der beiden Teilchen sind durch Impuls- und Drehimpulserhaltung korreliert, auch wenn sie sich im Laufe der Zeit räumlich voneinander entfernen. In dem Rahmen, der durch die Born'sche Interpretation der Wellenfunktion vorgegeben ist, gibt es prinzipiell keine Möglichkeit vorherzusagen, welches der Teilchen im Endzustand sich im (+)–Zustand, welches sich im (−)–Zustand befinden wird. Andererseits, sobald der Zustand von einem von ihnen durch eine Messung festgestellt wird, ist der Zustand des anderen instantan bekannt. In Diskussionen von korrelierten, aber räumlich getrennten Zuständen ebenso wie in der Quanteninformationstheorie ist es nützlich sich zwei imaginäre Beobachter vorzustellen, Lady *A*, Alice genannt, und Sir *B*, Bob genannt, die sich weit voneinander entfernt befinden und die sich anschicken, ihren Anteil am korrelierten Zustand zu messen. Zum Beispiel findet Alice ein Elektron, dessen Spin entlang der Richtung $\hat{n}$ ausgerichtet ist. Das Ergebnis ihrer Messung sagt ihr, dass Bob, der am anderen Ende des experimentellen Aufbaus sitzt, bei dem das zerfallende Pion anfangs in der Mitte zwischen ihnen ruhte, ein Positron findet, dessen Spin antiparallel zu $\hat{n}$ steht, unabhängig davon, ob er die Messung wirklich macht oder nicht.

Man könnte natürlich argumentieren, dass Lady *A* und Sir *B* besser das tun sollten, was die Quantenmechanik von ihnen verlangt, nämlich dieselbe Messung sehr viele Male unter identischen Bedingungen zu wiederholen. Tun sie dies, dann werden sie in der Tat die Antworten (+) und (−) mit gleichen Wahrscheinlichkeiten finden. Aber natürlich können sie ihre Messungen auch Ereignis für Ereignis machen, diese in einer langen Liste festhalten und sich später treffen und die Ergebnisse

[1] Aus dynamischen Gründen ist der Zerfall $\pi^0 \rightarrow e^+ e^-$ ein sehr seltener Vogel und ist daher schwer zu messen. Im Vergleich zum dominanten Zerfall $\pi^0 \rightarrow \gamma\gamma$ hat er eine sehr kleine Wahrscheinlichkeit. Das neutrale Pion hat eine schwerere Schwester, die η-Meson genannt wird. Dieses Teilchen hat mehr Chancen in ein $e^+ e^-$- oder $\mu^+ \mu^-$-Paar zu zerfallen.

Punkt für Punkt vergleichen. Bei diesem Vorgehen muss man sich keine Gedanken über eine mögliche Verletzung der Kausalität machen. Wenn Alice aber Bob ihr Ergebnis mitteilen will sobald sie ihre Messung abgeschlossen hat, dann kann sie dies nur mit Hilfe von Signalen tun, die höchstens mit Lichtgeschwindigkeit reisen.

Diese einfachen Schlussfolgerungen werden noch seltsamer, wenn man Alice bittet den Spin des Elektrons entlang einer beliebigen anderen Richtung $\hat{\boldsymbol{u}}$ zu messen. Sie muss dabei, und dessen sind wir uns ganz sicher, Spin „nach oben" und Spin „nach unten" mit gleichen Wahrscheinlichkeiten finden. Sobald sie zum Beispiel einmal feststellt, dass der Spin entlang von $\hat{\boldsymbol{u}}$ ausgerichtet ist, dann weiß sie und kann dies uns und Bob mitteilen, dass sein Teilchen ein Positron ist, dessen Spin antiparallel zu $\hat{\boldsymbol{u}}$ steht. Wenn Bob seine Messung macht mit nach wie vor $\hat{\boldsymbol{n}}$ als Quantisierungsachse, so ist ein Zustand mit Spin antiparallel zu $\hat{\boldsymbol{u}}$ eine kohärente Linearkombination von Spin nach oben und Spin nach unten entlang von $\hat{\boldsymbol{n}}$,

$$|\psi\rangle_B = \alpha_+ \left|+\tfrac{1}{2}\right\rangle_{\hat{n}} + \alpha_- \left|-\tfrac{1}{2}\right\rangle_{\hat{n}} , \quad \text{mit} \tag{5.12}$$

$$\begin{pmatrix} \alpha_+ \\ \alpha_- \end{pmatrix}_{\hat{n}} = \mathbf{D}^{(1/2)}(\phi, \theta, \psi) \begin{pmatrix} 0 \\ 1 \end{pmatrix}_{\hat{u}} , \quad \text{und daher}$$

$$\alpha_+ = \sin(\theta/2)\, \mathrm{e}^{\mathrm{i}(\psi-\phi)/2} , \quad \alpha_- = \cos(\theta/2)\, \mathrm{e}^{-\mathrm{i}(\psi+\phi)/2} ,$$

wobei (ϕ, θ, ψ) die Euler'schen Winkel sind, die Bobs Bezugssystem mit dem von Alice verknüpfen. Dies erscheint seltsam, denn es ist bekannt, dass die Spinoperatoren $\boldsymbol{\sigma} \cdot \hat{\boldsymbol{n}}$ und $\boldsymbol{\sigma} \cdot \hat{\boldsymbol{u}}$ nicht kommutieren, es sei denn $\hat{\boldsymbol{u}} = \hat{\boldsymbol{n}}$.

Überlegungen dieser Art waren der Ausgangspunkt für eine berühmte Arbeit von Einstein, Podolsky und Rosen (EPR)[2], die den Begriff des *Elements der physikalischen Realität* einführten und die vermuteten, dass die Quantenmechanik unvollständig sei. Die Theorie wäre unvollständig, wenn es eine oder mehrere verborgene Variablen gäbe derart, dass was man beobachtet einem Mittel über eine (ansonsten unbekannte) Verteilung entspräche. Eine ausgezeichnete Beschreibung der Argumente von EPR in einer erweiterten Fassung, die auf D. Bohm zurückgeht, ebenso wie die theoretische und experimentelle Auflösung des Paradoxons findet man z. B. in [Basdevant, Dalibard 2002] und in [Aharonov, Rohrlich 2005].

Die wesentliche Aussage ist, dass man Ungleichungen für Korrelationsfunktionen herleiten kann, die in der eigentlichen Quantenmechanik von denen verschieden sind, die man aus einer Quantenmechanik mit verborgenen Variablen erhält. Dies ist der Inhalt einer Klasse von Ungleichungen, die von J. Bell entdeckt wurden. Neuere Experimente, die diese Fragen zugunsten der reinen Quantenmechanik entschieden haben, findet man ebenfalls in den zitierten Büchern beschrieben.

Das folgende Beispiel, wenn auch formal dem Beispiel 5.1 ähnlich, betont die eigenartige Natur von korrelierten Zwei-Teilchen oder Mehr-Teilchen Zuständen.

[2] Man sagt, dass diese Arbeit die am häufigsten zitierte Publikation der Physik ist.

Proton und Neutron sind Baryonen und man weist ihnen per Konvention die Baryonenzahl $B = 1$ zu. Ausgehend von der Beobachtung, dass sie beide fast die gleiche Masse haben,

$$m_p = 938,27\,\text{MeV}\,, \quad m_n = 939,56\,\text{MeV}\,,$$

postulierte Heisenberg, dass Proton und Neutron zwei Erscheinungsformen desselben Teilchens sind, die eine Art Dublett bilden. Da die einfachste kompakte Gruppe, die diese Möglichkeit beschreiben kann, die SU(2) ist, wurde angenommen, dass die Starke Wechselwirkung zwischen Nukleonen unter dieser Gruppe invariant ist. Man spricht hier vom *Isospin der Nukleonen* oder dem *Isospin der Starken Wechselwirkung*. Etwas genauer formuliert, ist die Annahme, dass das Proton und das Neutron Zustände eines Dubletts mit Isospin $I = 1/2$ sind, so dass

$$p \equiv \left| I = \tfrac{1}{2}; I_3 = +\tfrac{1}{2} \right\rangle\,, \quad n \equiv \left| I = \tfrac{1}{2}; I_3 = -\tfrac{1}{2} \right\rangle\,.$$

Ihre elektrischen Ladungen, ausgedrückt in Einheiten der Elementarladung, genügen der Formel

$$Q(i) = \tfrac{1}{2} B(i) + I_3(i)\,, \quad i = \text{p} \quad \text{oder} \quad \text{n}\,.$$

In diesem Bild der Kernkräfte stellte man sich vor, dass Abweichungen von exakter Invarianz unter (starkem) Isospin durch elektromagnetische Wechselwirkungen verursacht werden. Es ist dann ganz natürlich, Grundzustände und angeregte Zustände von Kernen mit Hilfe von Multipletts dieser SU(2) zu klassifizieren. Ein Beispiel ist das Deuteron, in dessen Grundzustand ein Proton und ein Neutron zum Gesamtisospin Null gekoppelt sind,

$$|I = 0, I_3 = 0\rangle = \frac{1}{\sqrt{2}} \left\{ \left| I^{(1)} = \tfrac{1}{2}, I_3^{(1)} = +\tfrac{1}{2}; I^{(2)} = \tfrac{1}{2}, I_3^{(2)} = -\tfrac{1}{2} \right\rangle \right.$$
$$\left. - \left| I^{(1)} = \tfrac{1}{2}, I_3^{(1)} = -\tfrac{1}{2}; I^{(2)} = \tfrac{1}{2}, I_3^{(2)} = +\tfrac{1}{2} \right\rangle \right\}\,.$$

$$(5.13)$$

Offensichtlich ist dieser Zustand vom selben Typus wie der allgemeinere Zustand (5.11). In einem Deuteron befinden sich Proton und Neutron in einem gebundenen Zustand, der nur einen mikroskopisch kleinen Bereich im Raum einnimmt. Es scheint daher unmöglich, die beiden Nukleonen räumlich voneinander getrennt nachzuweisen. Es ist aber sehr wohl möglich, einen Zustand der Art von (5.13) zu präparieren, in dem das Proton und das Neutron sich voneinander entfernen. Kehren wir zu unseren beiden Beobachtern Lady *A* und Sir *B* zurück und bitten zum Beispiel Alice durch eine Messung der elektrischen Ladung das Teilchen zu identifizieren, das sich auf sie zu bewegt. Wenn sie feststellt, dass dieses Teilchen ein Neutron ist, dann weiß sie augenblicklich, dass Bobs Teilchen ein Proton ist, unabhängig davon, ob er die Ladung wirklich misst oder nicht. Wenn sie dagegen ihre Messung sehr viele Male wiederholt, so wird sie langfristig gleiche Anzahlen von Protonen und Neutronen finden.

Wenn sie wie im Beispiel 5.1 nachträglich ihre Messungen Ereignis für Ereignis vergleichen, werden Bob und Alice über die Korrelation, die sie entdecken, verwundert sein. Dennoch tritt kein Konflikt mit der Kausalität auf, denn wenn Alice in einem spezifischen Ereignis Bob mitteilen will, was sie gefunden hat, so muss sie ihm Signale senden, die höchstens mit Lichtgeschwindigkeit propagieren.

5.1.2 Verschränkung und allgemeinere Überlegungen

Die Korrelationen und Nichtlokalitäten, die der Quantenmechanik innewohnen, kann man auch im Formalismus des statistischen Operators bzw. der Dichtematrix für Zustände von zwei oder mehr Teilchen sichtbar machen. Obwohl es schwierig ist, Verschränkung für beliebige reine oder gemischte Zustände zu fassen, können doch etwas allgemeinere Zustände als die oben diskutierten wie folgt analysiert werden. Man betrachte zwei Systeme A und B in einem Quantenzustand, der durch die Überlagerung einer endlichen Anzahl von Zuständen - möglicherweise mehr als zwei - beschrieben wird. Ihre Wellenfunktion hat dann die Form

$$|\Psi\rangle = \sum_{m=1}^{p} \sum_{n=1}^{q} c_{mn} |\phi_m\rangle_A |\psi_n\rangle_B \,, \tag{5.14}$$

wobei die Zustände ϕ_m Teil einer orthonormierten Basis von $\mathcal{H}_A$ sind, während die Zustände ψ_n zu einer orthonormierten Basis von $\mathcal{H}_B$ gehören.

Der Zustand (5.14) kann auf Diagonalform gebracht werden, die der Zwei-Teilchen Wellenfunktion (5.11) am nächsten kommt. Um dies zu erreichen, studiert man die $p \times q$-Matrix $\mathbf{C} = \{c_{mn}\}$. Ohne Beschränkung der Allgemeinheit nehmen wir $p \le q$ an. Man schreibe nun die Matrix $\mathbf{C}$ in folgender Weise als Produkt von drei Matrizen

$$\mathbf{C} = \mathbf{U}^\dagger \mathbf{D} \mathbf{V} \,, \tag{5.15a}$$

wobei $\mathbf{U}$ und $\mathbf{D}$ $p \times p$-Matrizen sind und $\mathbf{V}$ eine $p \times q$-Matrix. Wenn $\mathbf{V}$ die Eigenschaft $\mathbf{V}\mathbf{V}^\dagger = \mathbb{1}_p$ hat, dann ist das Produkt von $\mathbf{C}$ und ihrer konjugierten Matrix

$$\mathbf{C}\mathbf{C}^\dagger = \mathbf{U}^\dagger \mathbf{D} \mathbf{V} \mathbf{V}^\dagger \mathbf{D}^\dagger \mathbf{U} = \mathbf{U}^\dagger \mathbf{D} \mathbf{D}^\dagger \mathbf{U} \,. \tag{5.15b}$$

Offensichtlich kann man für $\mathbf{U}$ die unitäre $p \times p$-Matrix verwenden, die die hermitesche Matrix $\mathbf{C}\mathbf{C}^\dagger$ diagonalisiert,

$$\mathbf{U} \left(\mathbf{C}\mathbf{C}^\dagger \right) \mathbf{U}^\dagger = \mathbf{D}\mathbf{D}^\dagger$$

so dass $\mathbf{D}\mathbf{D}^\dagger$ eine $p \times p$ Diagonalmatrix ist, deren Einträge positiv-semidefinit sind,

$$\mathbf{D}\mathbf{D}^\dagger = \mathrm{diag}(w_1, w_2, \dots, w_p) \,, \quad w_i \ge 0 \,. \tag{5.15c}$$

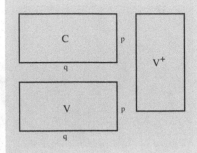

Abb. 5.1. Die Matrizen **C** und **V** sind im Allgemeinen Rechteckmatrizen mit p Zeilen und q Spalten

Man kann daher die Matrix **D** als die Quadratwurzel von $\mathbf{DD}^\dagger$ definieren,

$$\mathbf{D} = \mathrm{diag}(\sqrt{w_1}, \dots, \sqrt{w_p}) \,. \tag{5.15d}$$

Was das andere hermitesche Produkt von **C** und seiner konjugierten Matrix betrifft, so erhält man

$$\mathbf{V}\left(\mathbf{C}^\dagger\mathbf{C}\right)\mathbf{V}^\dagger = \mathbf{D}^\dagger\mathbf{D} = \mathrm{diag}(w_1, \dots, w_p, 0, \dots, 0) \,. \tag{5.15e}$$

Im Spezialfall $p = q$ ist die Gleichung (5.15a) die wohlbekannte Formel für die Diagonalisierung einer beliebigen komplexen Matrix durch zwei unitäre Matrizen, eine sogenannte bi-unitäre Transformation. Der allgemeine Fall $p < q$ ist in Abb. 5.1 illustriert, die **C** als $p \times q$ Rechteckmatrix zeigt, sowie die $p \times q$ Rechteckmatrix **V**. Das Produkt $\mathbf{VV}^\dagger$ ist die p-dimensionale Einheitsmatrix, $\mathbf{VV}^\dagger = \mathbb{1}_p$, während $\mathbf{V}^\dagger\mathbf{V}$ die p-dimensionale Einheitsmatrix ist, die in eine diagonale $q \times q$-Matrix eingebettet ist, deren übrige Einträge gleich Null sind,

$$\mathbf{V}^\dagger\mathbf{V} = \begin{pmatrix} \mathbb{1}_p & 0 & \cdots \\ 0 & 0 & \cdots \\ \vdots & \vdots & \ddots \end{pmatrix} \,.$$

Wenn $\mathcal{H}_p$ ein Unterraum von $\mathcal{H}_q$ ist, dann ist die Matrix $\mathbf{V}^\dagger\mathbf{V}$ der Projektor von $\mathcal{H}_q$ auf $\mathcal{H}_p$. Ein Beispiel möge diese Formeln illustrieren.

Beispiel 5.3 Zwei-Teilchenzustand mit gekoppelten Spins

Sei A ein Teilchen mit Spin 1/2, B ein anderes mit Spin 1. Die magnetischen Unterzustände seien wie üblich nummeriert,

$$A: \quad i = 1 : m_1 = +\frac{1}{2}, \quad i = 2 : m_1 = -\frac{1}{2},$$
$$B: \quad k = 1 : m_2 = +1, \quad k = 2 : m_2 = 0, \quad k = 3 : m_2 = -1 \,.$$

Für einen Zustand der Art von (5.14) mit allgemeinen Koeffizienten c_{ik}

$$|\Psi\rangle = \sum_{i=1}^{2} \sum_{k=1}^{3} c_{ik} \left|j_1 = \tfrac{1}{2}, i\right\rangle_A |j_2 = 1, k\rangle_B \tag{5.16}$$

erhält man

$$\mathbf{CC}^\dagger = \begin{pmatrix} A_{11} & A_{12} \\ A_{12}^* & A_{22} \end{pmatrix} \,, \quad \text{mit}$$
$$A_{jj} = |c_{j1}|^2 + |c_{j2}|^2 + |c_{j3}|^2 \,, \quad j = 1, 2 \,,$$
$$A_{12} = c_{21}c_{11}^* + c_{22}c_{12}^* + c_{23}c_{13}^* \,.$$

Die unitäre Matrix **U** folgt, indem man diese Matrix diagonalisiert, deren Eigenwerte leicht zu bestimmen sind,

$$\begin{matrix} w_1 \\ w_2 \end{matrix} = \frac{1}{2}(A_{11} + A_{22}) \pm \frac{1}{2}\sqrt{(A_{11} - A_{22})^2 + 4|A_{12}|^2} \,.$$

Nehmen wir an, der Zustand (5.16) sei derjenige, in dem die beiden Spins zu einem Eigenzustand $|JM\rangle$ des gesamten Drehimpulses mit $M = 1/2$ gekoppelt sind. Dann sind nur die Koeffizienten z_{12} und z_{21} von Null verschieden und sind gleich den entsprechenden Clebsch-Gordan Koeffizienten,

$$c_{12} = \left(\tfrac{1}{2}\,\tfrac{1}{2},1\,0|J\tfrac{1}{2}\right), \quad c_{21} = \left(\tfrac{1}{2}-\tfrac{1}{2},1+1|J\tfrac{1}{2}\right),$$

während alle anderen verschwinden, $c_{11} = c_{22} = c_{33} = c_{13} = c_{23} = 0$. Die Eigenwerte von $(\mathbf{CC}^{\dagger})$ sind $w_1 = |c_{21}|^2$ und $w_2 = |c_{12}|^2$, die unitäre Matrix $\mathbf{U}$ ist gleich

$$\mathbf{U} = \begin{pmatrix} 0 & 1 \\ 1 & 0 \end{pmatrix}.$$

Ihre Wirkung auf die ersten beiden Zustände ist somit einfach eine Umordnung. Die Matrix $\mathbf{V}$ wird mit Hilfe von (5.15a) berechnet

$$\mathbf{V} = \mathbf{D}^{-1}\mathbf{U}\mathbf{C} = \begin{pmatrix} c_{21}/\sqrt{w_1} & 0 & 0 \\ 0 & c_{12}/\sqrt{w_2} & 0 \end{pmatrix}.$$

Man bestätigt, dass $\mathbf{VV}^{\dagger} = \text{diag}(1,1) \equiv \mathbb{1}_2$ und dass $\mathbf{V}^{\dagger}\mathbf{V} = \text{diag}(\mathbb{1}_2,0)$ ist.

In dem eben besprochenen Beispiel, aber auch im allgemeinen Fall (5.14) bewirkt $\mathbf{U}$ in $\mathcal{H}_A$ den Übergang von der ursprünglichen Basis $|\phi_m\rangle_A$ zu einer neuen Basis, die wir mit $|\eta_k\rangle_A$ bezeichnen. Gleichzeitig wird die Basis $|\psi_n\rangle_B$ von $\mathcal{H}_B$ über die Abbildung $\mathbf{V}$ auf eine andere Basis $|\chi_k\rangle_B$ projiziert derart, dass der Gesamtzustand übergeht in

$$|\Psi\rangle = \sum_{k=1}^{r} \sqrt{w_k}\,|\eta_k\rangle_A\,|\chi_k\rangle_B, \tag{5.17}$$

$$\text{wo} \quad r \leq \min\{p,q\} \quad \text{und} \quad \sum_{k=1}^{r} w_k = 1. \tag{5.18}$$

Im Beispiel mit $r = 2$ ist die Transformation von (5.14) zu (5.17) einfach $|\eta_1\rangle = |\phi_2\rangle$, $|\eta_2\rangle = |\phi_1\rangle$ während die Zustände $|\psi_n\rangle$ ungeändert bleiben.

Das hier skizzierte Procedere geht auf E. Schmidt zurück. Eine Rechteckmatrix wird dabei nach ihren singulären Werten zerlegt. Die reellen, positiv semidefiniten Parameter w_k werden *Schmidt Gewichte* genannt. Die Anzahl r von ihnen, die nicht verschwinden, heißt *Schmidt Rang*.

Aus dem Resultat (5.17) kann man eine Reihe von interessanten Schlüssen ziehen.

(i) Der Zustand (5.17) als solcher ist immer noch ein reiner Zustand. Er ist verschränkt genau dann, wenn sein Schmidt Rang größer als 1 ist.

(ii) Der statistische Operator des Zustands (5.14) ist gemäß (3.35) durch

$$W_{A,B} = |\Psi\rangle\,\langle\Psi| = \sum_{k=1}^{r} w_k(|\eta_k\rangle\,\langle\eta_k|\,|)_A \otimes (|\chi_k\rangle\,\langle\chi_k|\,|)_B\ . \quad (5.19a)$$

gegeben. Wenn aus irgendeinem Grund das Untersystem *B* nicht beobachtet wird, dann muss man die Spur über alle Zustände dieses Teilchens nehmen. Man erhält dadurch einen statistischen Operator, der nur das Teilchen *A* beschreibt, d. h.

$$W_A^{\text{red}} = \underset{B}{\text{Sp}}\ (W_{A,B}) = \sum_{k=1}^{r} w_k(|\eta_k\rangle\,\langle\eta_k|\,|)_A\ . \quad (5.19b)$$

Ganz analog, wenn über das Teilchen *A* integriert wird, weil es nicht beobachtet wird, so reduziert sich der Operator (5.19a) zu

$$W_B^{\text{red}} = \underset{A}{\text{Sp}}\ (W_{A,B}) = \sum_{k=1}^{r} w_k(|\chi_k\rangle\,\langle\chi_k|\,|)_B\ . \quad (5.19c)$$

Wenn der Schmidt Rang größer oder gleich 2 ist, so sind entweder W_A^{red}, (5.19b), oder, je nach experimenteller Anordnung, W_B^{red}, (5.19c), konvexe Summen von Projektionsoperatoren und beschreiben daher *gemischte* Zustände. Dies ist höchst bemerkenswert: In den allermeisten klassischen Fällen kann man Untersysteme isoliert betrachten und unabhängig von allem Anderen („the rest of the Universe" nach R. Feynman) studieren, weil physikalische Vorgänge streng lokal sind. Für einen einzelnen Planeten genügt es, die lokalen Kraftfelder zu kennen, die auf ihn wirken, wenn man seine Bewegungsgleichung analysieren will. Im Gegensatz hierzu enthalten verschränkte Zustände Nichtlokalitäten, die nach Integration über Teilsysteme aus einem ursprünglich reinen einen reduzierten, gemischten Zustand machen.

(iii) Die Analyse (5.14) zeigt, dass ein Untersystem *A*, das zwei Zustände enthält, $p = 2$, mit einem beliebig großen Teilsystem *B*, $q > 2$, verschränkt sein kann. Die Entwicklung (5.17) hat höchstens zwei Terme.

5.1.3 Klassische und Quanten-Bits

Im Gültigkeitsbereich der *klassischen* Physik kann Information in Paketen von einfachen ja- oder nein-Entscheidungen, bzw. „wahr" oder „falsch" Antworten verschlüsselt werden. Klassische Bits[3] nehmen die Werte 1 (ja–wahr), oder 0 (nein–falsch) an. Botschaften aller Art werden durch Folgen von bits (Strings) dargestellt. Verwendet man z. B. den ASCII (American Standard Code for Information Interchange), so wird der Name Max Born wie folgt verschlüsselt

[3] Das Wort *bit* enstand aus dem englischen Begriff **bi**nary dig**it**

Buchstabe	Verschlüsselung	Buchstabe	Verschlüsselung
M	0100 1101	**B**	0100 0010
a	0110 0001	**o**	0110 1111
x	0111 1000	**r**	0111 0010
		n	0110 1110

Binäre Verschlüsselung ist bestens geeignet für Darstellung in Computern, denn die hierfür relevante Boole'sche Algebra kann elektronisch leicht umgesetzt werden, indem man dem geladenen und dem ungeladenen Zustand eines Kondensators die Bitwerte 1 bzw. 0 zuordnet. Jeder Buchstabe des Alphabets, jede Ziffer des Dezimalsystems, ebenso wie jedes andere Symbol, das man benutzen möchte, kann als eine Folge von bits (Strings) dargestellt werden. Diese Folgen sind unterscheidbare, klassische makroskopische Zustände. Die Information, die in einem Paket von Strings enthalten ist, kann gelesen werden ohne sie zu zerstören. Sie kann auch vervielfältigt werden, sie kann von A nach B übermittelt werden und wenn nötig auf einem Computer bearbeitet werden. Insbesondere gibt es kein prinzipielles Hindernis, eine in einem Paket von Strings enthaltene Information zu *klonen.*

Im Bereich der *Quantentheorie* scheint es natürlich, das Analogon eines klassischen Bits als zweidimensionales Quantensystem zu definieren. Quantensysteme mit nur zwei zulässigen Zustände lassen sich durch die Spinorientierungen eines Teilchens mit Spin 1/2 beschreiben, dessen Bahnwellenfunktion fest vorgegeben ist. Auch Photonen in einem festen dynamischen Zustand und ihre beiden Polarisationszustände, ebenso wie ein atomares System mit zwei spezifischen Eigenzuständen sind denkbare Modelle. Der Hilbertraum eines solchen Zwei-Zustands-Systems ist zu $\mathbb{C}^2$ isomorph und lässt eine Basis $\{|+\rangle, |-\rangle\}$ zu. Ein beliebiges Element $|\psi\rangle \in \mathscr{H} \simeq \mathbb{C}^2$ ist eine Linearkombination dieser Basiszustände mit komplexen Koeffizienten. Berücksichtigt man noch die Freiheit in der Wahl einer Phase der Wellenfunktion, so sieht man, dass der Zustand $|\psi\rangle$ von zwei Parametern, z. B. zwei Euler'schen Winkeln θ und ϕ, abhängt,

$$|\psi\rangle = \cos(\theta/2)\,|-\rangle + \mathrm{e}^{-\mathrm{i}\phi}\sin(\theta/2)\,|+\rangle \; . \tag{5.20}$$

(Dies ist identisch mit der Formel (5.12) wenn man $\psi = -\phi$ setzt und beachtet, dass der dritte Euler'sche Winkel nicht eingeht.) Der Zustand (5.20) ist eine Darstellung eines *Quantenbits*, in Analogie zum klassischen Bit auch mit *Qubit* bezeichnet. Eine Folge von n Qubits ist folglich ein Element des Hilbert-Raums $\mathscr{H}^{(n)} \simeq \otimes_n \mathbb{C}^2 = \mathbb{C}^{2n}$, dessen natürliche Basis die folgende ist

$$\underbrace{|-\rangle \otimes \cdots \otimes |-\rangle}_{n-k} \otimes \underbrace{|+\rangle \otimes \cdots \otimes |+\rangle}_{k}, \qquad k = 0, 1, \ldots, n \; .$$

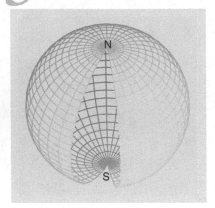

Abb. 5.2. Die reinen Zustände eines Quantenbits sind Punkte auf der Einheitssphäre S^2. Der Nordpol N entspricht dem klassischen Bit 0, der Südpol S dem Bit 1

Zunächst scheint ein Qubit wesentlich mehr Information zu enthalten als ein klassisches Bit weil $|\psi\rangle$ unendlich viele Zustände beschreibt, die alle auf der mit θ und ϕ parametrisierten Einheitssphäre liegen. Die Abb. 5.4 illustriert dies: Der Raum der reinen Zustände eines Quantenbits wird durch die Punkte auf der Sphäre S^2 parametrisiert. Der Nordpol entspricht dem klassischen 0-bit, der Südpol dem klassischen 1-bit. In der Quantenwelt sind Qubits Linearkombinationen dieser zwei Zustände, wobei der Winkel θ das Verhältnis der Beträge der beiden Komponenten festlegt, während ϕ ihre relative Phase ist. Grob gesagt scheint es so, als seien unendlich viele Antworten möglich, die zwischen „nein" und „ja" liegen. Wegen der Nichtlokalität der Quantenmechanik und wegen der Komplexität von Verschränkung sind die Dinge aber nicht ganz so einfach[4]. Wir illustrieren dies mit einer besonders auffallenden Eigenschaft von Qubits und Strings von Qubits. Während klassische Information, die in Folgen von Bits verschlüsselt ist, im Prinzip fehlerlos kopiert werden kann, trifft dies für Quanteninformation nicht zu. Man kann kein Duplikat eines Qubits, dessen Zustand nicht bekannt ist, herstellen, ohne das Original in unkontrollierter Weise zu stören. Dies ist der Inhalt eines Theorems:

Das „no-cloning" Theorem von Wootters und Zurek.[5]

Das Argument ist das folgende: Es sei $|\psi_1^{(0)}\rangle$ der Anfangszustand eines Quantensystems, von dem man mit Hilfe irgendeiner Kopiermaschine eine Kopie herstellen möchte. Die Kopiermaschine ist zu Anfang in einem bekannten, neutralen Zustand $|\phi_0^{(c)}\rangle$ – etwa vergleichbar mit dem weißen Papier in einem konventionellen Kopierer. Die Kopierprozedur sollte den Übergang

$$\left|\psi_1^{(\text{Original})}\right\rangle \otimes \left|\phi_0^{(\text{Kopie})}\right\rangle \longrightarrow \left|\psi_1^{(\text{Original})}\right\rangle \otimes \left|\psi_1^{(\text{Original})}\right\rangle , \qquad (5.21)$$

bewirken, d. h. sie sollte aus dem bekannten (aber neutralen) Anfangszustand $|\phi_0^{(\text{Kopie})}\rangle$ eine fehlerlose Kopie des Originals $|\psi_1^{(\text{Original})}\rangle$ herstellen. Natürlich müsste derselbe Kopiervorgang, auf einen anderen, zum ersten orthogonalen Zustand $|\psi_2^{(\text{Original})}\rangle$ angewandt, in genau derselben Weise vor sich gehen,

$$\left|\psi_2^{(\text{Original})}\right\rangle \otimes \left|\phi_0^{(\text{Kopie})}\right\rangle \longrightarrow \left|\psi_2^{(\text{Original})}\right\rangle \otimes \left|\psi_2^{(\text{Original})}\right\rangle . \qquad (5.22)$$

Man betrachte nun einen dritten Zustand

$$\left|\psi_3^{(\text{Original})}\right\rangle = \frac{1}{\sqrt{2}}\left(c_1 \left|\psi_1^{(\text{Original})}\right\rangle + c_2 \left|\psi_2^{(\text{Original})}\right\rangle\right) , \qquad (5.23)$$

von dem man mit demselben Kopierer eine Kopie herstellt

$$\left|\psi_3^{(\text{Original})}\right\rangle \otimes \left|\phi_0^{(\text{Kopie})}\right\rangle \longrightarrow \left|\psi_3^{(\text{Original})}\right\rangle \otimes \left|\psi_3^{(\text{Original})}\right\rangle . \qquad (5.24)$$

---

[4] Eine ausgezeichnete Einführung in Quanteneffekte in Information und Computing findet man in dem Übersichtsartikel [Galindo, Martin-Delgado 2002]

Die Quantentheorie sagt aus, dass die Kopiervorgänge (5.21), (5.22), (5.24) durch einen unitären Evolutionsoperator bewirkt werden, der aus einem Hamiltonoperator folgt, und dass diese somit nicht vom Original abhängen können, das man kopieren möchte. Aufgrund des Superpositionsprinzips muss das Resultat des Kopiervorgangs (5.24) wie folgt aussehen

$$
\left| \psi_3^{(\text{Original})} \right\rangle \otimes \left| \phi_0^{(\text{Kopie})} \right\rangle
$$
$$
\longrightarrow \frac{1}{\sqrt{2}} \left(c_1 \left| \psi_1^{(\text{Original})} \right\rangle \otimes \left| \psi_1^{(\text{Original})} \right\rangle + c_2 \left| \psi_2^{(\text{Original})} \right\rangle \otimes \left| \psi_2^{(\text{Original})} \right\rangle \right).
$$
$$(5.25)$$

Dies ist ein verschränkter Zustand und ist mit Sicherheit vom gewünschten Resultat $|\psi_3^{(\text{Original})}\rangle \otimes |\psi_3^{(\text{Original})}\rangle$ verschieden. Kein Cloning ist möglich.

Ein Duplikat eines Qubits herzustellen ist nur dann möglich, wenn dieses sich in einem bekannten Zustand befindet, also zum Beispiel $|\psi_1\rangle = |-\rangle$ oder $|\psi_2\rangle = |+\rangle$. In anderen Worten, wenn das Qubit sich in einer unbekannten Überlagerung wie in (5.20) befindet, die von A nach B übermittelt werden soll, dann kann ein Spion dieses zwar abfangen und analysieren, er wird aber bemerkt werden, weil es unmöglich ist, die Information zu kopieren und eine unveränderte, perfekte Kopie nach B weiterzuschicken.

Eine etwas allgemeinere Formulierung des „no-cloning" Theorems lautet wie folgt. Man unterscheide drei Hilbert-Räume, den Raum $\mathcal{H}^{(\text{Original})}$ der den zu kopierenden Zustand enthält, das Magazin $\mathcal{H}^{(\text{Kopie})}$, das den ursprünglichen „weißen" Zustand enthält, auf dem man eine Kopie herstellen möchte, und den Raum $\mathcal{H}^{(\text{RoU})}$, der den „rest of the Universe" (nach R. Feynman), das heißt die Umgebung beschreiben soll. Es sei $\mathbf{U}$ der unitäre Evolutionsoperator, der den Übergang

$$
\mathbf{U} \left| \psi^{(\text{Original})} \right\rangle \otimes \left| \phi_0^{(\text{Kopie})} \right\rangle \otimes |\Omega_0\rangle \rightarrow \left| \psi^{(\text{Original})} \right\rangle \otimes \left| \psi^{(\text{Original})} \right\rangle \otimes |\Omega_\psi\rangle
$$
$$(5.26)$$

für jeden Zustand $|\psi^{(\text{Original})}\rangle \in \mathcal{H}^{(\text{Original})}$ bewirkt. Dabei ist die Möglichkeit zugelassen, dass während der Originalzustand kopiert wird, die Umgebung von ihrem Ausgangszustand $|\Omega_0\rangle$ in einen anderen, angeregten Zustand $|\Omega_\psi\rangle$ übergeht. Es muss zwar $\mathbf{U}$ vom Zustand unabhängig sein, den man kopieren will, der Endzustand der Umgebung kann aber durchaus vom Original abhängen. Man vergleiche nun die Wirkung von $\mathbf{U}$ auf zwei verschiedene Originale,

$$
\mathbf{U} \left| \psi_i^{(\text{Original})} \right\rangle \otimes \left| \phi_0^{(\text{Kopie})} \right\rangle \otimes |\Omega_0\rangle
$$
$$
\rightarrow \left| \psi_i^{(\text{Original})} \right\rangle \otimes \left| \psi_i^{(\text{Original})} \right\rangle \otimes |\Omega_{\psi_i}\rangle , \qquad i = a \text{ oder } b , \qquad (5.27)
$$

und bilde das Skalarprodukt der Wirkung auf $|\psi_a^{(\text{Original})}\rangle$ mit der Wirkung auf $|\psi_b^{(\text{Original})}\rangle$. Alle Zustände, die hier vorkommen, sind auf 1

[5] W. K. Wootters, and W. H. Zurek, Nature **299** (1982) 802.

normiert und **U** ist unitär. Daher ist dieses Skalarprodukt

$$\left\langle \psi_b^{(\text{Original})} \middle| \psi_a^{(\text{Original})} \right\rangle = \left\langle \psi_b^{(\text{Original})} \middle| \psi_a^{(\text{Original})} \right\rangle^2 \left\langle \Omega_{\psi_b} \middle| \Omega_{\psi_a} \right\rangle . \quad (5.28)$$

Die Beträge der Übergangsamplituden $\left\langle \psi_b^{(\text{Original})} \middle| \psi_a^{(\text{Original})} \right\rangle$ und $\left\langle \Omega_{\psi_b} \middle| \Omega_{\psi_a} \right\rangle$ sind kleiner als oder gleich 1. Daher folgt aus dem Resultat (5.28), dass die Übergangsamplitude von a nach b entweder verschwindet oder gleich 1 ist,

$$\left\langle \psi_b^{(\text{Original})} \middle| \psi_a^{(\text{Original})} \right\rangle = 0 \quad \text{oder} \quad 1 . \quad (5.29)$$

Während ein bekannter Quantenzustand nach Belieben kopiert werden kann, ist es unmöglich, eine Kopie von zwei verschiedenen Zuständen herzustellen, die nicht orthogonal zueinander sind.

Ob es möglich ist, Zustände näherungsweise zu kopieren, ist allerdings eine andere Frage. Für Fragen dieser Art und Fragen, die Speicherung und Abfrage von Information betreffen, verweise ich auf die oben zitierte Literatur.

Um diesen Abschnitt abzuschließen, ist es hilfreich sich noch einmal die Grundprinzipien in Erinnerung zu rufen, die für Nichtlokalitäten in der Quantenwelt verantwortlich sind, ebenso die Folgen von Verschränkung und die Unmöglichkeit Quantenbotschaften abzufangen und zu kopieren. Man beachte, dass dabei ganz wesentlich von der quantisierten Hamilton'schen Theorie Gebrauch gemacht wurde: Der Evolutionsoperator, der vom Hamiltonoperator abgeleitet wird, ist *unitär*. Das *Superpositonsprinzip*, d. h. die Linearität der Schrödinger-Gleichung ist dabei von entscheidender Bedeutung ebenso wie die Born'sche Wahrscheinlichkeitsinterpretation der Quantenmechanik. Man hat keinen Gebrauch von irgendwelchen neuen Prinzipien der Quantenmechanik gemacht, aber, wie dies die Beispiele zeigten, unterscheidet sich Quanteninformation von klassischer Information und zeigt verblüffende und überraschende Eigenschaften.

5.2 Stationäre Störungsrechnung

Wenn ein Eigenwertproblem mit der stationären Schrödinger-Gleichung $H\psi = E\psi$ zu lösen ist, das vermutlich nur wenig von einem bekannten, exakt lösbaren Fall $H_0 \psi^{(0)} = E_0 \psi^{(0)}$ verschieden ist, dann setzt man eine Entwicklung in der Störung $(H - H_0) =: H_1$ an, löst diese iterativ und hofft, dass die entstehende Reihe sich der exakten Lösung annähert. Allerdings hat diese Entwicklung ganz unterschiedlichen

Charakter, je nachdem ob das ungestörte Spektrum entartet oder nicht-entartet ist. Die solcherart hergeleiteten Ausdrücke sind zwar in der Praxis nur von begrenzter Genauigkeit, sind aber physikalisch aussagekräftig und gut interpretierbar. Deshalb ist die Störungstheorie für Abschätzungen und für das physikalische Verständnis eines gegebenen Problems von großem Wert.

5.2.1 Störung eines nichtentarteten Energiespektrums

Es sei ein Hamiltonoperator H_0 gegeben, dessen Eigenwertspektrum ebenso wie die zugehörigen Eigenfunktionen bekannt seien. Das Energiespektrum sei nicht entartet. Der Einfachheit halber nehmen wir zunächst an, dass das Spektrum rein diskret ist, d. h. dass zu jedem Eigenwert genau eine Wellenfunktion gehört,

$$H_0 \, |n\rangle = E_n^{(0)} \, |n\rangle \ . \tag{5.30}$$

Wir betrachten nun ein physikalisches System, das durch den Hamiltonoperator

$$H = H_0 + \varepsilon H_1 \tag{5.31}$$

beschrieben wird und das „in der Nähe" des durch H_0 beschriebenen Systems liegt. Der Term εH_1 wird als Störung an den Eigenzuständen von H_0 aufgefasst. Der Parameter ε dient dabei als Ordnungsparameter, nach dem entwickelt werden soll, hat aber sonst keine weitere Bedeutung. Seine ganzzahligen Potenzen ε^n ordnen die Störterme ihrer Größe nach. In den Ausdrücken, die wir durch Vergleich der Koeffizienten gewinnen, hebt ε sich heraus, sodass man, wenn man will, an jeder Stelle ε in Gedanken durch 1 ersetzen kann.

Aufgabe der Störungstheorie ist es, die Eigenwerte E und Eigenfunktionen ψ des Hamiltonoperators H, $H\psi = E\psi$, aufgrund der Kenntnis des Störterms H_1, der Wellenfunktionen $|n\rangle$ und des Spektrums $\{E_n^{(0)}\}$ näherungsweise zu berechnen. Setzt man die Zerlegung (5.31) ein, so heißt dies, die folgende Gleichung zu lösen:

$$(E - H_0)\psi = \varepsilon H_1 \psi \ . \tag{5.32}$$

Dazu machen wir folgende Ansätze

$$E = E^{(0)} + \varepsilon E^{(1)} + \varepsilon^2 E^{(2)} + \dots \tag{5.33}$$

$$\psi = \sum_{m=0}^{\infty} c_m \, |m\rangle \quad \text{mit} \quad c_m = c_m^{(0)} + \varepsilon c_m^{(1)} + \varepsilon^2 c_m^{(2)} + \dots \ . \tag{5.34}$$

Setzt man die Entwicklung (5.34) in (5.32) ein und nimmt man das Skalarprodukt dieser Gleichung mit dem ungestörten Zustand $\langle k|$, so entsteht das algebraische Gleichungssystem

$$(E - E_k^{(0)})c_k = \varepsilon \sum_{m=0}^{\infty} \langle k| \, H_1 \, |m\rangle \, c_m \tag{5.35}$$

und nach Einsetzen der Entwicklungen (5.33) und (5.34) für E und c_m

$$[(E^{(0)} - E_k^{(0)}) + \varepsilon E^{(1)} + \varepsilon^2 E^{(2)} + \dots][c_k^{(0)} + \varepsilon c_k^{(1)} + \varepsilon^2 c_k^{(2)} + \dots]$$

$$= \sum_m \langle k| H_1 |m\rangle [\varepsilon c_m^{(0)} + \varepsilon^2 c_m^{(1)} + \dots]. \tag{5.36}$$

Man beachte, dass die rechte Seite dieser Gleichung eine Potenz von ε mehr trägt als die linke. Die gesuchten Entwicklungsterme in den Gleichungen (5.33) und (5.34) erhält man, indem man in (5.36) Terme gleicher Ordnung (in ε) identifiziert. Wir führen dies für die ersten drei Ordnungen explizit durch.

Nullte Ordnung $\mathcal{O}(\varepsilon^0)$: Die Gleichung (5.36) reduziert sich auf die Gleichung $(E^{(0)} - E_k^{(0)})c_k^{(0)} = 0$. Wenn uns die Störung des Niveaus n interessiert, dann ist die Lösung offensichtlich

$$E^{(0)} = E_n^{(0)}; \qquad c_n^{(0)} = 1; \qquad c_m^{(0)} = 0 \qquad \forall\, m \neq n. \tag{5.37}$$

Erste Ordnung $\mathcal{O}(\varepsilon^1)$: Die Terme erster Ordnung in (5.36) ergeben die Bestimmungsgleichung

$$(E_n^{(0)} - E_k^{(0)})c_k^{(1)} + E^{(1)}c_k^{(0)} = \langle k| H_1 |n\rangle c_n^{(0)}$$

und hieraus für $k = n$ bzw. $k \neq n$

1. $k = n$:

$$\boxed{E^{(1)} = \langle n| H_1 |n\rangle}. \tag{5.38}$$

   Die Verschiebung der Energie ist in erster Ordnung durch den Erwartungswert des Störterms H_1 gegeben.
2. $k \neq n$: Setzt man das Ergebnis (5.37) der nullten Ordnung ein, d.h. $c_n^{(0)} = 1$, $c_k^{(0)} = 0$, so folgt

$$\boxed{c_k^{(1)} = \langle k| H_1 |n\rangle /(E_n^{(0)} - E_k^{(0)})}. \tag{5.39}$$

Der Koeffizient $c_n^{(1)}$ bleibt zunächst scheinbar unbestimmt, er muss aber auf jeden Fall so gewählt werden, dass die Wellenfunktion ψ (in dieser Ordnung) auf 1 normiert ist. In der Ordnung ε^1 ist das sicher dann erfüllt, wenn

$$c_n^{(0)} + \varepsilon c_n^{(1)} = 1 + \varepsilon c_n^{(1)} = e^{ia\varepsilon} \approx 1 + a\varepsilon$$

mit reellem a gilt. Die Wahl eines festen Wertes von a zieht sich durch die ganze Störungsreihe hindurch und führt zu einer konstanten Phase, mit der ψ als Ganzes multipliziert wird. Eine solche Phase ist aber physikalisch unbeobachtbar. Daher kann man ohne Beschränkung der Allgemeinheit $a = 0$, d.h.

$$\boxed{c_n^{(1)} = 0} \tag{5.8'}$$

setzen.

Zweite Ordnung $\mathcal{O}(\varepsilon^2)$: In dieser Ordnung folgt aus (5.36) die Bestimmungsgleichung für die Korrektur zweiter Ordnung an der Energie und die Entwicklungskoeffizienten $c_k^{(2)}$,

$$(E_n^{(0)} - E_k^{(0)})c_k^{(2)} + E^{(1)}c_k^{(1)} + E^{(2)}c_k^{(0)} = \sum_m \langle k| H_1 |m\rangle \, c_m^{(1)} .$$

Wir unterscheiden wieder die Fälle $k = n$ und $k \neq n$,

1. $k = n$: Unter Verwendung der Resultate in erster Ordnung folgt

$$\boxed{E^{(2)} = \sum_{m \neq n} |\langle n| H_1 |m\rangle|^2 / (E_n^{(0)} - E_m^{(0)})} . \tag{5.40}$$

2. $k \neq n$: Die Formeln für die Entwicklungskoeffizienten in zweiter Ordnung sind relativ kompliziert. Man findet für $k \neq n$:

$$c_k^{(2)} = \sum_{m \neq n} \frac{\langle k|H_1|m\rangle \langle m|H_1|n\rangle}{(E_n^{(0)} - E_m^{(0)})(E_n^{(0)} - E_k^{(0)})} - \frac{\langle n|H_1|n\rangle \langle k|H_1|n\rangle}{(E_n^{(0)} - E_k^{(0)})^2} . \tag{5.41}$$

Für $k = n$ folgt der entsprechende Koeffizient aus der Bedingung an die Normierung von ψ,

$$c_n^{(2)} = -\frac{1}{2} \sum_{k \neq n} \frac{|\langle k|H_1|n\rangle|^2}{(E_n^{(0)} - E_k^{(0)})^2} . \tag{5.42}$$

Bemerkungen

1. Die Erweiterung auf ein teilweise (oder vollständig) kontinuierliches Spektrum ist nicht schwer zu erraten: Die Summen in den Ausdrücken oben werden durch Summen und Integrale ersetzt. Es ist aber wichtig, in Erinnerung zu behalten, dass man immer über ein *vollständiges* System von Zwischenzuständen summiert. Im Fall des Wasserstoffatoms zum Beispiel wissen wir, dass die gebundenen Zustände für sich genommen nicht vollständig sind und es daher nicht richtig wäre, sich in zweiter Ordnung Störungstheorie auf diese zu beschränken. Die Kontinuumszustände, die wir in Abschn. 1.9.5 studiert haben, tragen ebenfalls bei.

2. Störungstheorie *erster* Ordnung ist sicher immer dann ausreichend, wenn die Störung klein ist im Vergleich mit typischen Energiedifferenzen des ungestörten Spektrums, d. h. wenn

$$|\langle n| \varepsilon H_1 |m\rangle| \ll \left| E_n^{(0)} - E_m^{(0)} \right| \tag{5.43}$$

erfüllt ist. Die Beimischungskoeffizienten (5.39) sind natürlich nur dann ungleich Null, wenn die Störung H_1 den Zustand $|n\rangle$ (das ist der, dessen Störung wir berechnen) mit dem Zustand $|k\rangle$ verbindet. Dem können Auswahlregeln entgegenstehen! Selbst wenn der Zustand $|k\rangle$ beigemischt wird, ist der Koeffizient (5.39) umso kleiner, je weiter der Zustand in der Energieskala entfernt liegt.

3. Die Formel (5.40) für die Energieverschiebung in *zweiter* Ordnung hat eine anschauliche Bedeutung: Den Zähler

$$|\langle n| H_1 |m\rangle|^2 = \langle n| H_1 |m\rangle \langle m| H_1 |n\rangle$$

kann man als einen Übergang vom Zustand $|n\rangle$ in einen *virtuellen* Zwischenzustand $|m\rangle$, und die Rückkehr von dort nach $|n\rangle$, also $n \rightarrow m \rightarrow n$ verstehen. Man nennt einen solchen Übergang virtuell, weil Ausgangs- und Endzustand nicht dieselbe Energie haben, ein solcher Übergang den Satz der Erhaltung der Energie verletzt und somit nicht physikalisch sein kann. Allerdings sind alle anderen Auswahlregeln wie Drehimpuls, Parität und dergleichen gewährleistet.[6] Wiederum ist der Beitrag umso kleiner, je weiter weg der beigemischte Zustand liegt. Besonders interessant ist das Ergebnis (5.40), wenn $|n\rangle$ der Grundzustand von H_0 ist: Da $E_n^{(0)}$ jetzt der kleinste Eigenwert von H_0 ist, erhält die Formel (5.40) nur negative Beiträge. Daraus folgt: *In zweiter Ordnung Störungstheorie wird der Grundzustand immer abgesenkt.*

4. In der Praxis spielen die höheren Ordnungen der Störungsreihe im Allgemeinen keine Rolle. Sobald eine Störung nämlich so stark wird, dass erste oder zweite Ordnung nicht mehr ausreichen, ist es sinnvoller, das Eigenwertspektrum von H auf anderem Wege exakt zu bestimmen – zum Beispiel durch Diagonalisieren in einer geeigneten Basis des Hilbert-Raums.

5. Der Parameter ε in (5.31) ist der Übersichtlichkeit halber eingeführt, weil er die sukzessiven Ordnungen klar erkennen lässt. In den Ergebnissen tritt er dagegen nicht mehr auf, sodass man in den Resultaten formal $\varepsilon = 1$ setzen kann.

6. Die Formeln (5.41) werden selten gebraucht, im Gegensatz zu den Gleichungen (5.38)–(5.40), die so wichtig sind, dass man sie auswendig wissen sollte. Dies liegt daran, dass man in praktisch allen Fällen, in denen eine höhere Genauigkeit erforderlich ist, auf andere und direktere Methoden zurückgreifen wird.

7. Ein wesentliches Element in den Formeln der Störungstheorie ist die Berechnung der Matrixelemente $\langle n|H_1|m\rangle$ des Störterms zwischen gegebenen Zuständen $|n\rangle$ und $|m\rangle$, die zum diskreten oder zum kontinuierlichen Teil des Spektrums von H_0 gehören. In vielen Fällen von praktischer Bedeutung in Molekül-, Atom- oder Kernphysik ist der ungestörte Hamiltonoperator ein solcher mit Zentralfeld und die Wellenfunktionen können als Produkt aus Radialfunktionen $R(r)$ und Spin- und Bahndrehimpulsfunktionen angenommen werden. In solchen Fällen empfiehlt es sich, den Störterm nach *sphärischen Tensoroperatoren* zu entwickeln, d. h. nach Operatoren T_μ^κ, die sich unter Drehungen wie ein Eigenzustand zum Drehimpuls mit Quantenzahlen κ, μ verhalten oder, anders gesagt, die sich mit $\mathbf{D}^{(\kappa)}$ transformieren. Der Vorteil dieses Vorgehens liegt darin begründet,

---

[6] Sind $|n\rangle$ beispielsweise Zustände zu scharfem Impuls, so muss $\langle m|H_1|n\rangle$ den Impulssatz erfüllen. Die nichtrelativistische Störungstheorie nimmt die virtuellen Zwischenzustände nur von der „Energieschale" weg. Das wird in der relativistischen, Lorentz-kovarianten Störungstheorie anders sein: Dort werden die virtuellen Teilchen von ihrer Massenschale $p^2c^2 = E^2 - c^2\boldsymbol{p}^2 = m^2c^4$ sowohl in der Energie als auch im Impuls weggenommen.

dass man die Matrixelemente

$$\left\langle j'm' \right| T_\mu^\kappa \left| jm \right\rangle$$

mit den Techniken der Drehgruppe analytisch berechnen kann, die wir in Band 4 kennen lernen werden, und daran auch die wichtigsten Auswahlregeln ablesen kann. Die am Ende einer solchen Rechnung verbleibenden Integrale über die Radialfunktionen sind dann mit analytischen oder numerischen Standardtechniken zu bewältigen.

5.2.2 Störung eines Spektrums mit Entartung

Das Spektrum und die Eigenfunktionen von H_0 seien bekannt, die Eigenwerte mögen aber jetzt entartet sein. Wenn wir wieder der Einfachheit halber annehmen, dass das Spektrum rein diskret ist, so heißt dies, dass

$$H_0 \left| n, \alpha \right\rangle = E_n^{(0)} \left| n, \alpha \right\rangle , \qquad \alpha = 1, 2, \dots, k_n . \tag{5.44}$$

Die gestörte, stationäre Schrödinger-Gleichung $(H_0 + \varepsilon H_1)\psi = E\psi$ löst man mittels des Ansatzes

$$E = E^{(0)} + \varepsilon E^{(1)} + \dots , \qquad \psi = \psi^{(0)} + \varepsilon \psi^{(1)} + \dots , \tag{5.45}$$

indem man die Terme gleicher Ordnung in ε vergleicht.

Nullte Ordnung $\mathcal{O}(\varepsilon^0)$: In dieser Ordnung gilt

$$H_0 \psi^{(0)} = E_n^{(0)} \psi^{(0)} .$$

Die Energie behält den Wert $E_n^{(0)}$, der zugehörige Eigenzustand kann aber eine Linearkombination aus den Basisfunktionen $\left| n, \alpha \right\rangle$, $\alpha = 1, 2, \dots, k_n$ sein, die zu diesem Eigenwert von H_0 gehören und den Unterraum $\mathcal{H}_n$ aufspannen,

$$E^0 = E_n^{(0)} , \qquad \psi^{(0)} = \sum_{\alpha=1}^{k_n} c_\alpha^{(n)} \left| n, \alpha \right\rangle . \tag{5.46}$$

Die Koeffizienten $c_\alpha^{(n)}$ werden in der nächsten Ordnung festgelegt.

Erste Ordnung $\mathcal{O}(\varepsilon^1)$: In dieser Ordnung gilt

$$H_0 \psi^{(1)} + H_1 \psi^{(0)} = E^{(0)} \psi^{(1)} + E^{(1)} \psi^{(0)} .$$

Nimmt man das Skalarprodukt dieser Gleichung mit $\left\langle n, \beta \right|$, beachtet man weiterhin, dass

$$\left\langle n, \beta \right| H_0 \left| \psi^{(1)} \right\rangle = E_n^{(0)} \left\langle n, \beta | \psi^{(1)} \right\rangle$$

ist (man lässt H_0 nach links wirken) und dass $\left\langle n, \beta | n, \alpha \right\rangle = \delta_{\beta\alpha}$ ist, so folgt ein lineares Gleichungssystem für die gesuchten Koeffizienten

$$\sum_{\alpha=1}^{k_n} \left(\left\langle n, \beta \right| H_1 \left| n, \alpha \right\rangle - E^{(1)} \delta_{\beta\alpha} \right) c_\alpha^{(n)} = 0 . \tag{5.47}$$

Gleichung (5.47) hat die Form einer *Säkulargleichung*, wie sie auch in der Himmelsmechanik vorkommt. Die Korrekturen erster Ordnung an den Eigenwerten bestimmen sich aus der Forderung für die Lösbarkeit dieses Systems

$$\det\left(\langle n, \beta|\, H_1\, |n, \alpha\rangle - E^{(1)}\, \mathbb{1}_{k_n \times k_n}\right) = 0, \qquad (5.48)$$

die Entwicklungskoeffizienten $c_\alpha^{(n)}$ werden dann aus (5.47) berechnet. Das Polynom (5.48) hat k_n reelle Lösungen. Dazu gehören k_n Linearkombinationen aus den Zuständen $|n, \alpha\rangle$, zu festem n, als Eigenfunktionen. Die Entartung des ungestörten Problems kann vollständig oder teilweise aufgehoben werden.

Bemerkungen

1. Die Einschränkung auf ein rein diskretes Spektrum hat auch hier technische Gründe. Welche der Matrixelemente von H_1 im Unterraum zu festem n wirklich von Null verschieden sind, hängt von den Auswahlregeln ab, die H_1 erfüllt.
2. Die Gesamtheit *aller* Eigenfunktionen $|k, \alpha\rangle$ von H_0 ist eine Basis des Hilbertraumes, in dem das Problem formuliert ist. Macht man den allgemeineren Ansatz

$$\psi = \sum_n \sum_{\beta=1}^{k_n} c_\beta^{(n)}\, |n, \beta\rangle$$

und ersetzt den Operator H_1 durch seine Matrix in dieser Darstellung, so liefert das Analogon von (5.47) sogar die exakte Lösung des Problems.

5.2.3 Ein Beispiel: Der Stark-Effekt

Das Wasserstoffatom zeichnet sich durch die ℓ-Entartung des Spektrums aus: Alle gebundenen Zustände mit gleicher Hauptquantenzahl n haben dieselbe Energie, unabhängig vom Wert, den der Bahndrehimpuls ℓ annimmt. So ist z. B. $E(2\mathrm{p}) = E(2\mathrm{s})$. Diese dynamische Entartung ist charakteristisch für das $1/r$-Potential, das hier wirkt. In wasserstoff*ähnlichen* Atomen wird diese Entartung aufgehoben, weil das elektrostatische Potential hier nicht mehr genau die $1/r$-Form des Punktkernes hat. Um dies einzusehen, stellen wir uns vor, dass der Kern eines wasserstoffähnlichen Atoms durch eine homogene Ladungsverteilung

$$\varrho(r) = \frac{3Ze}{4\pi R^3} \Theta(R - r)$$

beschrieben werden kann. Das Potential, in dem das Elektron sich bewegt, ist dann

$$r \leq R: \quad U(r) = -\frac{Ze^2}{R} \left[\frac{3}{2} - \frac{1}{2} \left(\frac{r}{R} \right)^2 \right],$$

$$r > R: \quad U(r) = -\frac{Ze^2}{r}.$$

Nun kann man anhand der Formel (5.38) leicht abschätzen, dass etwa der 2s-Zustand gegenüber dem reinen Coulombpotential stärker nach oben geschoben wird als der 2p-Zustand, die vorherige Entartung also sicherlich aufgehoben wird.

Es sei H_0 der Hamiltonoperator, der das ungestörte Wasserstoffatom oder wasserstoffähnliche Atom beschreibt,

$$H_0 = -\frac{\hbar^2}{2m} \Delta + U(r),$$

die Störung sei durch ein konstantes, äußeres elektrisches Feld verursacht, das entlang der 3-Richtung wirkt und am Dipolmoment des Atoms angreift,

$$\boldsymbol{E} = E\hat{\boldsymbol{e}}_3, \qquad H_1 = -\boldsymbol{d} \cdot \boldsymbol{E} = -d_3 E. \tag{5.49}$$

Der Operator des elektrischen Dipolmomentes lautet $\boldsymbol{d} = -e\boldsymbol{x}$ oder, wenn wir ihn auf sphärische Basis umschreiben, $d_{\pm 1} = \mp(d_1 \pm id_2)/\sqrt{2}$, $d_0 = d_3$

$$d_\mu = -e\sqrt{\frac{4\pi}{3}} \, rY_{1\mu}. \tag{5.50}$$

Schreibt man auch $\boldsymbol{E}$ in der sphärischen Basis

$$E_{+1} = -\frac{1}{\sqrt{2}}(E_1 + iE_2), \qquad E_{-1} = \frac{1}{\sqrt{2}}(E_1 - iE_2), \qquad E_0 = E_3,$$

so lautet das Skalarprodukt

$$\boldsymbol{d} \cdot \boldsymbol{E} = \sum_\mu d_\mu^* E_\mu = \sum_\nu d_\nu E_\nu^*.$$

Solange die Störung klein ist, d. h. solange das äußere Feld klein ist im Vergleich zu einem typischen inneren Feld des Atoms, $E \ll E_i \approx e/a_B^2 \approx 5 \cdot 10^9$ V/cm, kann man die oben entwickelte Theorie anwenden. Wir betrachten zwei Fälle:

1. *Wasserstoffähnliche Atome:* Hier verschwindet die erste Ordnung, da jedes Matrixelement $\langle n\ell m|d_3|n\ell m\rangle$ wegen der unterschiedlichen Parität gleich Null ist: Das Matrixelement $\int d\Omega \, Y_{\ell m}^* Y_{10} Y_{\ell m}$ verschwindet, weil Y_{10} ungerade, das Produkt $|Y_{\ell m}|^2$ aber gerade ist. Es gibt daher keinen Starkeffekt in wasserstoffähnlichen Atomen, der im angelegten Feld *linear* wäre.

Eine Aufspaltung tritt erst in zweiter Ordnung auf, wo nach (5.40) Folgendes gilt:

$$\Delta E^{(2)} = \sum_{n'\ell'm'} \frac{\langle n\ell m|\boldsymbol{d}\cdot\boldsymbol{E}|n'\ell'm'\rangle\langle n'\ell'm'|\boldsymbol{d}\cdot\boldsymbol{E}|n\ell m\rangle}{E_{n\ell} - E_{n'\ell'}}$$

$$= \sum_{n'\ell'} \sum_{\mu\nu} E_\mu E_\nu^* \sum_{m'} \frac{\langle n\ell m|d_\nu|n'\ell'm'\rangle\langle n'\ell'm'|d_\mu^*|n\ell m\rangle}{E_{n\ell} - E_{n'\ell'}}.$$

Im Zähler dieses Ausdrucks steht unter anderem das Produkt der Matrixelemente

$$\langle Y_{\ell m}|\,Y_{1\nu}\,|Y_{\ell'm'}\rangle \quad \text{und} \quad \langle Y_{\ell'm'}|\,Y_{1,-\mu}\,|Y_{\ell m}\rangle\,,$$

wobei die Relation (1.117) ausgenutzt ist. Da diese nur dann gleichzeitig von Null verschieden sein können, wenn sowohl $m' + \nu = m$ als auch $m - \mu = m'$ ist, folgt $\mu = \nu$. Dann folgt

$$\Delta E^{(2)} = \frac{1}{3}\boldsymbol{E}^2 \sum_{n'\ell'm'} \frac{\langle n\ell m|\boldsymbol{d}|n'\ell'm'\rangle\cdot\langle n'\ell'm'|\boldsymbol{d}|n\ell m\rangle}{E_{n\ell} - E_{n'\ell'}} \equiv -\boldsymbol{E}^2\frac{\alpha}{2}\,. \tag{5.51}$$

Damit ist aber gleichzeitig gezeigt, dass der Starkeffekt in wasserstoffähnlichen Atomen im angelegten Feld *quadratisch* ist. Die Proportionalitätskonstante α ist eine für das Atom charakteristische Größe und wird *elektrische Polarisierbarkeit* genannt.

2. *Wasserstoffatom:* Wir betrachten als Beispiel den Unterraum der Zustände mit Hauptquantenzahl $n = 2$. Er enthält vier orthogonale, normierte Zustände

$$|1\rangle \equiv |2\mathrm{s}, m = 0\rangle\,, \qquad |2\rangle \equiv |2\mathrm{p}, m = 0\rangle\,,$$
$$|3\rangle \equiv |2\mathrm{p}, m = +1\rangle\,, \qquad |4\rangle \equiv |2\mathrm{p}, m = -1\rangle\,,$$

die zum selben Eigenwert $E^{(0)} = -\alpha^2 m_\mathrm{e} c^2/8$ gehören. In diesem Fall müssen wir die Störungsrechnung mit Entartung anwenden, die gesuchte Wellenfunktion also als

$$\psi = \sum_{\alpha=1}^{4} c_\alpha\,|\alpha\rangle \tag{5.52}$$

ansetzen. Alle Diagonalmatrixelemente der Störung H_1, vgl. (5.49) und (5.50), verschwinden, $\langle\alpha|H_1|\alpha\rangle = 0$ (Parität). Von den nichtdiagonalen Elementen sind nur zwei von Null verschieden, nämlich

$$\langle 1|\,H_1\,|2\rangle = \langle 2|\,H_1\,|1\rangle = -e\sqrt{\frac{4\pi}{3}}\,E\,\langle 2\mathrm{s}, m = 0|\,rY_{10}\,|2\mathrm{p}, m = 0\rangle\,.$$

Dieses Matrixelement lässt sich mit Hilfe der Eigenfunktionen des Wasserstoffatoms berechnen. Man findet das Ergebnis

$$\Delta_{12} \equiv \langle 1|\,H_1\,|2\rangle = -3ea_B E\,. \tag{5.53}$$

In der Basis der Zustände $|1\rangle \ldots |4\rangle$ lautet die Säkulargleichung (5.48) für den gesamten Hamiltonoperator $H = H_0 + H_1$ hier explizit

$$\det \begin{pmatrix} E^{(0)} - E^{(1)} & \Delta_{12} & 0 & 0 \\ \Delta_{12} & E^{(0)} - E^{(1)} & 0 & 0 \\ 0 & 0 & E^{(0)} - E^{(1)} & 0 \\ 0 & 0 & 0 & E^{(0)} - E^{(1)} \end{pmatrix} = 0 \,.$$

(5.54)

Die vier Lösungen sind

$$E^{(1)}_{1/2} = E^{(0)} \pm \Delta_{12} \,, \qquad E^{(1)}_3 = E^{(1)}_4 = E^{(0)} \,.$$

(5.55)

Die ursprüngliche Entartung wird also nur teilweise aufgehoben, die Niveaus 1 und 2 werden aber *linear* im Betrag des elektrischen Feldes verschoben. Die zugehörigen Eigenfunktionen folgen aus dem Gleichungssystem (5.47). Man findet unschwer

$$\psi_1 = \frac{1}{\sqrt{2}}(|1\rangle + |2\rangle) \,, \qquad \psi_2 = \frac{1}{\sqrt{2}}(|1\rangle - |2\rangle) \,.$$

(5.56)

Das Ergebnis (5.56) ist ein Beispiel für die Aussage, dass zwei entartete Zustände durch eine nichtdiagonale Störung vollkommen gemischt werden, unabhängig davon, wie klein das Matrixelement Δ_{12} ist.

5.2.4 Zwei weitere Beispiele: Ein Zwei-Niveau-System, Zeeman-Effekt der Hyperfeinstruktur in Myonium

Wir diskutieren zwei weitere Beispiele, die beide konkreten physikalischen Situationen entsprechen und die von praktischer Bedeutung sind:

Ein Zwei-Niveau-System mit variabler Störung. Es sei der Hamiltonoperator $H = H_0 + H_1$ mit folgenden Eigenschaften gegeben: H_0 hat (unter anderem) zwei stationäre Eigenzustände $|n_i(0)\rangle$, $i = 1, 2$, die zu den Eigenwerten E_1 bzw. E_2 gehören. Im Unterraum, der von dieser Basis aufgespannt wird, ist H_1 eine Matrix $\langle n_i(0)|H_1|n_j(0)\rangle = xAM_{ij}$, wobei A eine reelle Zahl ist, die Matrix $\mathbf{M}$ hermitesch ist, die Spur 1 und die Determinante 0 hat, und wobei der Parameter x vom Wert 0 bis zum Wert 1 durchgestimmt werden kann.

Aus den Eigenschaften $\det \mathbf{M} = 0$ und $\mathrm{Sp}\,\mathbf{M} = 1$ leitet man her, dass diese Matrix ohne Beschränkung der Allgemeinheit in der Form

$$\mathbf{M} = \begin{pmatrix} \cos^2 \alpha_0 & \cos\alpha_0 \sin\alpha_0 \\ \cos\alpha_0 \sin\alpha_0 & \sin^2 \alpha_0 \end{pmatrix}$$

geschrieben werden kann. In der Basis $|n_i(0)\rangle$ hat $H = H_0 + H_1$ die explizite Form

$$\mathbf{H} = \begin{pmatrix} E_1 + xA\cos^2\alpha_0 & xA\cos\alpha_0\sin\alpha_0 \\ xA\cos\alpha_0\sin\alpha_0 & E_2 + xA\sin^2\alpha_0 \end{pmatrix} \,.$$

Ihre Eigenwerte folgen aus der quadratischen Gleichung

$$\lambda^2 - \lambda \; \mathrm{Sp}\,\mathbf{M} + \det \mathbf{M} = 0$$

und sind daher leicht zu bestimmen,

$$\lambda_{1/2} = \frac{1}{2}(\Sigma + xA)$$
$$\mp \frac{1}{2}\sqrt{(\Sigma - xA)^2 - 4(E_1 E_2 + E_1 xA \sin^2 \alpha_0 + E_2 xA \cos^2 \alpha_0)},$$

wobei abkürzend $\Sigma = E_1 + E_2$ gesetzt ist. Um die zugehörigen Eigen-zustände zu bestimmen, bedienen wir uns eines kleinen Umwegs, der für die Interpretation des Systems erhellend sein wird: Anstelle der ungestörten Basis $|n_i(0)\rangle$ verwenden wir diejenige Basis, in der $\mathbf{H}_1$ dia-gonal ist und die Form $\mathbf{H}_1 = \mathrm{diag}(xA, 0)$ hat. Diese ist durch

$$\begin{pmatrix} \nu_1 \\ \nu_2 \end{pmatrix} = \begin{pmatrix} \cos\alpha_0 & \sin\alpha_0 \\ -\sin\alpha_0 & \cos\alpha_0 \end{pmatrix} \begin{pmatrix} n_1(0) \\ n_2(0) \end{pmatrix} \tag{5.57}$$

oder in Kurzform $|\nu_i\rangle = \sum_k V_{ik}(\alpha_0)|n_k(0)\rangle$ gegeben. Die Basen $|\nu_i\rangle$ und $|n_k\rangle$ sind beide physikalisch ausgezeichnet: Die Zustände $|n_i(0)\rangle$ sind die Eigenzustände des ungestörten Hamiltonoperators; $|\nu_1\rangle$ ist der Zu-stand, in dem die Störung xA wirkt, während sie im Zustand $|\nu_2\rangle$ nicht wirksam ist.

Die Matrix $\mathbf{V}$ ist unitär und – da reell – sogar orthogonal. In der neuen Basis ist $\widetilde{\mathbf{H}} = \mathbf{V}(\alpha_0)\mathbf{H}\mathbf{V}^T(\alpha_0)$. Verwendet man die Abkürzungen $\Sigma = E_1 + E_2$ (wie bisher) und $\Delta := E_2 - E_1$ (neu) und führt man die trigonometrischen Funktionen des doppelten Winkels ein, so sieht man, dass

$$\widetilde{\mathbf{H}} = \frac{1}{2}(\Sigma + xA)\begin{pmatrix} 1 & 0 \\ 0 & 1 \end{pmatrix} + \frac{1}{2}\begin{pmatrix} xA - \Delta\cos 2\alpha_0 & \Delta\sin 2\alpha_0 \\ \Delta\sin 2\alpha_0 & -xA + \Delta\cos 2\alpha_0 \end{pmatrix} \tag{5.58}$$

ist. Ihre Eigenwerte sind natürlich dieselben, die wir oben angegeben haben, lassen sich aber in dieser Darstellung in einer alternativen Form schreiben:

$$\lambda_{1/2} = \frac{1}{2}\left\{(\Sigma + xA) \mp \sqrt{(\Delta\cos 2\alpha_0 - xA)^2 + \Delta^2 \sin^2 2\alpha_0}\right\}. \tag{5.59}$$

Die zugehörigen Eigenzustände, die man zweckmäßigerweise in der Ba-sis

$$\big(|\nu_1\rangle, |\nu_2\rangle\big)^T$$

angibt, hängen vom aktuellen Wert von x ab. Wir schreiben sie daher als

$$\big(|n_1(x)\rangle, |n_2(x)\rangle\big)^T$$

und drücken sie durch die Umkehrung der Formel (5.57) aus, indem wir α_0 durch $\alpha(x)$ ersetzen. Dabei ist dieser Winkel durch

$$\mathbf{V}^\dagger(\alpha(x))\,\widetilde{\mathbf{H}}\,\mathbf{V}(\alpha(x)) = \mathrm{diag}(\lambda_1, \lambda_2)$$

bestimmt. Verwendet man die Darstellung (5.58), so zeigt man, dass $\alpha(x)$ mit α_0 wie folgt zusammenhängt:

$$\cos 2\alpha(x) = \frac{\Delta \cos 2\alpha_0 - xA}{\sqrt{(\Delta \cos 2\alpha_0 - xA)^2 + \Delta^2 \sin^2 2\alpha_0}}. \tag{5.60}$$

Diese Resultate lassen sich schön interpretieren. Zunächst stellen wir wie im Fall 2, Abschn. 5.2.3, fest, falls die ungestörten Niveaus entartet sind, d.h. falls $\Delta = 0$ ist, dass auch eine sehr kleine Störung xA gemäß (5.60) zu $\cos 2\alpha(x) = \pm 1$, d.h. zu maximaler Mischung der Zustände $|\nu_1\rangle$ und $|\nu_2\rangle$ führt. Wenn die ungestörten Eigenwerte verschieden sind, können wir ohne Einschränkung der Allgemeinheit voraussetzen, dass $E_2 > E_1$, d.h. $\Delta > 0$, und $\alpha_0 < \pi/4$ ist. An den Formeln (5.60) und (5.59) sieht man, dass das gestörte System sich unterschiedlich verhält, je nachdem ob A positiv oder negativ ist.

Wir diskutieren den interessanteren Fall $A > 0$: Für $x = 0$ gilt $\lambda_i = E_i$, $\alpha(0) = \alpha_0$. Lassen wir x von 0 bis 1 anwachsen und nehmen an, dass $A > \Delta \cos 2\alpha_0$ ist, dann durchlaufen die Eigenwerte $\lambda(x)$ die in Abb. 5.3 gezeigten Graphen. Sie beginnen bei den ungestörten Eigenwerten E_1 bzw. E_2, laufen dann bis zu $x = \Delta \cos 2\alpha_0/A$ aufeinander zu, kreuzen sich aber nicht, sondern biegen für weiterwachsendes x solcherart auseinander, dass sie sich wieder voneinander entfernen. Gleichzeitig tauschen die Zustände $|\nu_i\rangle$ ihre Rollen aus. Das sieht man folgendermaßen: Nehmen wir an, α_0 sei klein, der Störterm A sei dagegen groß gegenüber $\Delta \cos 2\alpha_0$. Bei $x = 0$ ist dann nach (5.57) $|n_1(0)\rangle \approx |\nu_1\rangle$, $|n_2(0)\rangle \approx |\nu_2\rangle$. Bei $x = 1$ und mit der gemachten Voraussetzung $A \gg \Delta \cos 2\alpha_0$ gibt (5.60) $\alpha(x = 1) \approx \pi/2$, d.h. mit (5.57), ist jetzt $|n_2(0)\rangle \approx |\nu_1\rangle$, $|n_1(0)\rangle \approx |\nu_2\rangle$. Die Eigenzustände haben ihren physikalischen Inhalt vertauscht.

Ein möglicherweise wichtiges Anwendungsfeld dieser Rechnung ist die Dynamik elektronischer Neutrinos $|\nu_e\rangle$, die in der Reaktionskette des Fusionsprozesses in der Sonne erzeugt werden, der vier Wasserstoffatome in Helium ^{4}He umwandelt (so genannter pp-Zyklus). Es scheint plausibel, dass die Zustände ν_e und ν_μ, die in der Schwachen Wechselwirkung erzeugt und vernichtet werden, nicht mit den Eigenzuständen zur Masse identisch, sondern Mischungen derselben sind.[7] Auf unser Beispiel übertragen, wäre H_0 der Massenoperator, m_1^2 und m_2^2 seine Eigenwerte, $|\nu_1\rangle$ wäre mit $|\nu_e\rangle$, $|\nu_2\rangle$ mit $|\nu_\mu\rangle$ identisch. Ein im Inneren der Sonne erzeugtes ν_e erfährt eine etwas andere Wechselwirkung mit der Materie der Sonne als ein ν_μ. In unserem Beispiel ist A die zusätzliche Wechselwirkung, die das ν_e, nicht aber das ν_μ spürt, während der Parameter x proportional zur lokalen Dichte der Sonne ist. Wenn die relevanten Parameter die oben gemachten Voraussetzungen erfüllen, würde dies bedeuten, dass ein ν_e, das tief im Innern der Sonne erzeugt wurde, auf seinem Weg zur Oberfläche der Sonne teilweise in ein ν_μ „gedreht" würde.

Niederenergetische ν_e werden auf der Erde durch inversen β-Zerfall nachgewiesen. Typische Prozesse, die untersucht wurden, sind die Um-

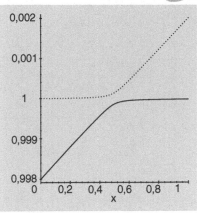

Abb. 5.3. Energieeigenwerte (5.59) des Beispiels 1 mit $\cos 2\alpha_0 = 0{,}99$ und (in willkürlichen Einheiten) $E_1 = 0{,}998$, $E_2 = 1$, $A = 0{,}002$. Mit wachsender Stärke x der Störung laufen die beiden Eigenwerte zunächst aufeinander zu; statt sich bei $x \approx \Delta \cos 2\alpha_0/a$ zu kreuzen, laufen sie dann aber wieder auseinander. Die zugehörigen Eigenzustände tauschen dabei praktisch ihre Rollen

[7] In der Schwachen Wechselwirkung treten die Leptonen immer in Paaren aus dem geladenen, elektronartigen Partner und einem ungeladenen Neutrino und deren Antiteilchen auf. Es gibt drei Familien von solchen Paaren: (e^-, ν_e), (μ^-, ν_μ) und (τ^-, ν_τ). Die Analyse der solaren Neutrinos beschränken wir der Einfachheit halber auf die ersten beiden Familien.

wandlung von Chlor in Argon bzw. die Umwandlung von Gallium in Germanium,

$$\nu_e + {}^{37}_{17}\text{Cl} \longrightarrow {}^{37}_{18}\text{Ar} + e^- , \qquad \nu_e + {}^{71}_{31}\text{Ga} \longrightarrow {}^{71}_{32}\text{Ge} + e^- ;$$

(die tief gestellte Zahl gibt die Ladungszahl des Elements, die hoch gestellte die Massenzahl des Isotops an). Niederenergetische Myon-Neutrinos ν_μ bleiben dagegen steril und daher unsichtbar, weil bei den entsprechenden Prozessen $\nu_\mu + {}^{37}\text{Cl}$ und $\nu_\mu + {}^{71}\text{Ga}$ ein Myon μ^- erzeugt werden müsste. Die Masse des Myons hat den ca. 200-fachen Wert der Elektronenmasse, $m_\mu c^2 = 106\,\text{MeV}$, die Energie der von der Sonne ankommenden Neutrinos liegt bei Werten bis zu maximal 7,2 MeV, die Unterschiede in den Bindungsenergien der jeweils zwei Kerne sind von der Größenordnung MeV und somit verbietet die Erhaltung der Gesamtenergie die Erzeugung von Myonen. Dieser physikalisch reizvolle Mechanismus würde erklären, warum man in terrestrischen Experimenten weniger ν_e nachweist als theoretisch vorhergesagt werden [Scheck (1996)].

Zeeman-Effekt der Hyperfeinstruktur im Myonium. Myonium ist ein wasserstoffähnliches Atom, das aus einem positiven Myon μ^+ und einem Elektron e^- besteht. Da das Myon eine mittlere Lebensdauer von $2{,}2\cdot 10^{-6}$ s hat und da diese Zeit sehr lang im Vergleich zu typischen Zeitskalen der atomaren Übergänge ist, lassen sich solche Atome experimentell nicht nur herstellen, sondern mit Hilfe von Hochfrequenztechniken detailliert untersuchen. Die Berechnung der Wechselwirkungsenergie als Funktion eines angelegten, homogenen Magnetfeldes ist eine einfache, physikalisch instruktive Anwendung der quantenmechanischen Störungsrechnung.

Wir legen das als homogen vorausgesetzte Magnetfeld in die 3-Richtung, $\boldsymbol{B} = B\hat{\boldsymbol{e}}_3$. Der Hamiltonoperator lautet

$$H = H_0 - [\boldsymbol{\mu}(\mu) + \boldsymbol{\mu}(e)] \cdot \boldsymbol{B} - \frac{8\pi}{3}\boldsymbol{\mu}(\mu)\cdot\boldsymbol{\mu}(e)\,\delta(\boldsymbol{r}) .$$

Hier ist H_0 der ungestörte Hamiltonoperator (1.151) des Wasserstoffatoms, wenn dort die reduzierte Masse $\overline{m} = m_\mu m_e/(m_\mu + m_e)$ eingesetzt wird. Der zweite Term beschreibt die Kopplung der beiden magnetischen Momente an das äußere Feld, während der dritte Term die Wechselwirkung des einen magnetischen Moments mit dem vom anderen magnetischen Moment erzeugten magnetischen Feld wiedergibt. Die δ-Distribution im dritten Term, der in der Elektrodynamik (Band 3, [Jackson (1975)]) bzw. in nichtrelativistischer Näherung aus der relativistischen Quantenmechanik (Band 4) hergeleitet wird, bedeutet, dass die beiden magnetischen Momente nur dann wechselwirken, wenn die Teilchen sich am selben Ort befinden. Die Operatoren $\boldsymbol{\mu}(\mu)$ und $\boldsymbol{\mu}(e)$ sind in (4.23) definiert; wir erinnern noch daran, dass das magnetische Moment als der Eigenwert von (4.23) zur maximalen m_s-Quantenzahl definiert ist. Bezeichnet

$$\mu_{\mathrm{B}}^{(i)} = \frac{|e|\hbar}{2m_i c}, \qquad i = \mathrm{e}, \mu,$$

das Bohr'sche Magneton des Teilchens i, dann ist das magnetische Moment des Myons bzw. der zugehörige Operator

$$\mu(\mu) = g^{(\mu)} \mu_{\mathrm{B}}^{(\mu)} \frac{1}{2}, \quad \text{bzw.} \quad \boldsymbol{\mu} = 2\mu(\mu) \boldsymbol{s}^{(\mu)}.$$

Es ist positiv, während dasjenige des Elektrons negativ ist. Der Hamiltonoperator ist somit

$$\begin{aligned} H = H_0 &- \left(-|g^{(\mathrm{e})}| \mu_{\mathrm{B}}^{(\mathrm{e})} \boldsymbol{s}_3^{(\mathrm{e})} + g^{(\mu)} \mu_{\mathrm{B}}^{(\mu)} \boldsymbol{s}_3^{(\mu)} \right) B \\ &+ \frac{16\pi}{3} |g^{(\mathrm{e})}| (\mu_{\mathrm{B}}^{(\mathrm{e})})^2 \frac{\mu(\mu)}{\mu_{\mathrm{B}}^{(\mathrm{e})}} \delta(\boldsymbol{r}) \, (\boldsymbol{s}^{(\mathrm{e})} \cdot \boldsymbol{s}^{(\mu)}). \end{aligned} \tag{5.61}$$

Bei der Umformung des dritten Terms haben wir das Verhältnis $\mu(\mu)/\mu_{\mathrm{B}}^{(\mathrm{e})}$ eingeführt, weil die Untersuchung von Myonium erlaubt, das magnetische Moment des Myons (in Einheiten des bekannten elektronischen Bohr-Magnetons) mit großer Präzision zu bestimmen.

Es ist nicht schwer abzuschätzen, dass typische Matrixelemente der Zusatzterme, um die H sich von H_0 unterscheidet, im Vergleich zu den Differenzen der Eigenwerte von H_0 sehr klein sind. Die niedrigste Ordnung Störungstheorie ist also vollkommen ausreichend. Wir behandeln dieses System in der Basis $|FM\rangle$ der Eigenzustände des Gesamtspins $\boldsymbol{F} = \boldsymbol{s}^{(\mathrm{e})} + \boldsymbol{s}^{(\mu)}$, der hier die Werte $F = 1$ und $F = 0$ annehmen kann.[8] Setzen wir zunächst noch $B = 0$, so ist der Erwartungswert von H im Grundzustand des Wasserstoffatoms und im Spinzustand $|FM\rangle$ mit Hilfe der Formel

$$\boldsymbol{s}^{(\mathrm{e})} \cdot \boldsymbol{s}^{(\mu)} = \frac{1}{2} (\boldsymbol{F}^2 - \boldsymbol{s}^{(\mathrm{e})\,2} - \boldsymbol{s}^{(\mu)\,2})$$

leicht zu berechnen,

$$\begin{aligned} \langle 1\mathrm{s}, FM | \, H \, | 1\mathrm{s}, FM \rangle_{B=0} &= E_{1\mathrm{s}} + \frac{16\pi}{3} |g^{(\mathrm{e})}| (\mu_{\mathrm{B}}^{(\mathrm{e})})^2 \frac{\mu(\mu)}{\mu_{\mathrm{B}}^{(\mathrm{e})}} |\psi_{1\mathrm{s}}(0)|^2 \\ &\quad \times \frac{1}{2} \left(F(F+1) - \frac{3}{4} - \frac{3}{4} \right). \end{aligned}$$

Das Quadrat der Wellenfunktion bei der Relativkoordinate $\boldsymbol{r} = \boldsymbol{0}$ ist

$$|\psi_{1\mathrm{s}}(0)|^2 = |R_{1\mathrm{s}}(0) Y_{00}|^2 = \frac{4}{a_{\mathrm{B}}^3} \frac{1}{4\pi} = \frac{1}{\pi a_\infty^3} \left(1 + \frac{m_{\mathrm{e}}}{m_\mu} \right)^{-3},$$

wobei wir für den Bohr'schen Radius (1.8) die Bezeichnung a_∞ gewählt und den Effekt der reduzierten Masse explizit gemacht haben. Führt man an dieser Stelle die Rydberg-Konstante

$$Ry_\infty = \frac{\alpha^2 m_{\mathrm{e}} c^2}{2hc}$$

[8] Die Notation habe ich der in der Atomphysik traditionellen Notation angepasst. Dort studiert man die Hyperfeinstruktur und ihren Zeeman-Effekt für ein Elektron mit Gesamtdrehimpuls $j = \ell + s$ und den Kern mit Spin $\boldsymbol{I}$. Die Zustände des Gesamtsystems werden nach dem resultierenden Drehimpuls $\boldsymbol{F} = \boldsymbol{j} + \boldsymbol{I}$ klassifiziert.

ein, so ist

$$\langle 1s, FM | H | 1s, FM \rangle_{B=0}$$

$$= E_{1s} + \frac{8}{3}\alpha^2 hcRy_\infty \frac{\mu(\mu)}{\mu_B^{(e)}}|g^{(e)}| \left(1 + \frac{m_e}{m_\mu}\right)^{-3}$$

$$\times \frac{1}{2}\left[F(F+1) - \frac{3}{2}\right].$$

Aus dieser Formel folgt die Energiedifferenz der Eigenzustände zu $F = 1$ und zu $F = 0$ bei $B = 0$, $\Delta E = E(1s, F = 1) - E(1s, F = 0)$ oder, wenn man noch durch h dividiert, die Differenz der Frequenzen

$$\Delta\nu = \frac{1}{h}\Delta E = \frac{8}{3}\alpha^2 cRy_\infty \frac{\mu(\mu)}{\mu_B^{(e)}}|g^{(e)}| \left(1 + \frac{m_e}{m_\mu}\right)^{-3}. \tag{5.62}$$

Wenn wir jetzt das Magnetfeld einschalten, so sind die Energien der Zustände $|F = 1, M = \pm 1\rangle$ leicht anzugeben. Es ist

$$\langle 1, M = \pm 1 | H - H_0 | 1, M = \pm 1 \rangle$$

$$= \frac{1}{4}h\Delta\nu + \frac{1}{2}M\big(|g^{(e)}|\mu_B^{(e)} - g^{(\mu)}\mu_B^{(\mu)}\big)B. \tag{*}$$

Im Unterraum der Zustände mit $M = 0$ dagegen, der von $|10\rangle$ und $|00\rangle$ aufgespannt wird, sind die Operatoren $s_3^{(i)}$ nicht diagonal. Nummerieren wir Zeilen und Spalten nach den Zuständen $|10\rangle$ und $|00\rangle$ und verwenden wir (5.62) als Abkürzung, so ist in diesem Unterraum folgende Matrix zu diagonalisieren

$$\mathbf{W} = \begin{pmatrix} E_{1s} + (1/4)\Delta E & W_{12} \\ W_{21} & E_{1s} - (3/4)\Delta E \end{pmatrix},$$

wobei das Matrixelement $W_{12} = \langle 10 | \ldots | 00 \rangle$ nur Beiträge vom zweiten Term in (5.61) bekommt. Unter Verwendung der Spinfunktionen (4.67) und (4.68) findet man

$$W_{12} = W_{21} = \frac{1}{2}(g^{(\mu)}\mu_B^{(\mu)} + |g^{(e)}|\mu_B^{(e)})B.$$

Die Eigenwerte findet man aus der Eigenwertgleichung

$$\lambda^2 - (\mathrm{Sp}\,\mathbf{W})\lambda + (\det \mathbf{W}) = 0.$$

Führt man abkürzend folgende dimensionslose Variable ein:

$$x := \frac{1}{\Delta E}(g^{(\mu)}\mu_B^{(\mu)} + |g^{(e)}|\mu_B^{(e)})B, \tag{5.63}$$

so sind die Wurzeln dieser Gleichung

$$\lambda_{1/2} = E_{1s} - \frac{1}{4}\Delta E \pm \frac{1}{2}\Delta E\sqrt{1 + x^2}.$$

Das obere Vorzeichen gilt für $F = 1$, das untere für $F = 0$, was wir ebenso gut durch den Vorfaktor $(-)^{F+1}$ vor der Wurzel berücksichtigen können.

Wir merken noch an, dass man die oben angegebenen Ergebnisse für die Zustände $|1 \pm 1\rangle$ in einer analogen Weise als Funktion von x schreiben kann: Für alle vier Zustände gilt nämlich folgende einheitliche Formel[4]

$$E(F, M) = E_{1s} - \frac{1}{4}\Delta E - g^{(\mu)}\mu_{\mathrm{B}}^{(\mu)} MB$$
$$+ (-)^{F+1}\frac{1}{2}\Delta E\sqrt{1 + 2Mx + x^2}. \qquad (5.64)$$

Diese Formel ist von zentraler Bedeutung für die Analyse der Messungen von Übergangsfrequenzen im Grundzustand des Myoniums. Die Frequenzen $[E(F, M) - E_{1s}]/\hbar$ sind in Abb. 5.4 als Funktion des angelegten Magnetfeldes in folgender Form aufgetragen: Man definiert $y_{F,M} := [E(F, M) - E_{1s}]/\Delta E$ und hat somit

$$y_{F,M}(x) = -\frac{1}{4} - \frac{g^{(\mu)}\mu_{\mathrm{B}}^{(\mu)}}{g^{(\mu)}\mu_{\mathrm{B}}^{(\mu)} + |g^{(e)}|\mu_{\mathrm{B}}^{(e)}} Mx$$
$$+ (-)^{F+1}\frac{1}{2}\sqrt{1 + 2Mx + x^2}.$$

Die Frequenzen selbst und die Übergangsfrequenzen zwischen verschiedenen Zuständen (bei festem Wert von x) erhält man aus Abb. 5.4, indem man mit $\Delta \nu = \Delta E/\hbar$ multipliziert. So bestätigt man beispielsweise leicht, dass die Summe der Übergangsfrequenzen ν_{12} und ν_{34} bei jedem Wert des Magnetfelds gerade das Hyperfeinintervall $\Delta \nu$ ergibt. Diese Größe ist wichtig, weil sie durch die charakteristischen Strahlungskorrekturen der quantisierten Elektrodynamik und durch Effekte des Bindungszustands beeinflusst wird, ihre Messung daher einen Test der entsprechenden theoretischen Vorhersagen erlaubt. Da man Frequenzen sehr genau messen kann, sind solche Tests sehr präzise. Das Hyperfeinintervall $\Delta \nu$ enthält insbesondere auch das magnetische Moment des positiven Myons und kann zur Bestimmung dieser Größe dienen.

Wir beschließen dieses Beispiel mit zwei Kommentaren:

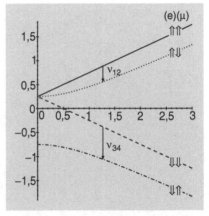

Abb. 5.4. Zeeman-Effekt der Hyperfeinstruktur von Myonium, (5.64). Aufgetragen sind die dimensionslosen Funktionen $y_{F,M} = [E(F, M) - E_{1s}]/\Delta E$, wobei ΔE der Abstand der Hyperfeinniveaus $F = 1$ und $F = 0$ ist als Funktion des angelegten Magnetfeldes, das in Form der dimensionslosen Variablen x, (5.63), erscheint. Bei großen Werten von x kreuzen sich die beiden oberen Zweige noch einmal (wegen des großen Massenverhältnisses m_μ/m_e ist dies im Bild noch nicht sichtbar)

Bemerkungen

1. Für sehr große Werte des Magnetfeldes, $x \gg 1$, wird die Hyperfeinwechselwirkung in (5.61) gegenüber der Wechselwirkung mit dem Feld vernachlässigbar. Dann kann man die Zustände aber wieder nach den Quantenzahlen der ungekoppelten Basis der Spinzustände klassifizieren. In Abb. 5.4 ist diese Aussage durch Pfeile angedeutet, die die Ausrichtung des Elektron- und des Myonspins bezüglich der Richtung von $\boldsymbol{B}$, das ist die 3-Achse, angeben. Betrachtet man dieses Bild genauer, dann stellt man fest, dass es – so wie hier gezeigt –

nicht richtig sein kann: Das magnetische Moment des Elektrons ist negativ, seine Wechselwirkungsenergie mit dem Feld ist daher *positiv*, was im Bild auch richtig herauskommt. Das magnetische Moment des Myons dagegen ist positiv, seine Energie im Magnetfeld ist daher *negativ*, der Zustand mit $m_2 = +1/2$ muss also tiefer als der mit $m_2 = -1/2$ liegen. Im unteren, rechten Teil des Bildes ist dies erfüllt, im oberen, rechten Teil aber nicht. Tatsächlich schneiden diese beiden Zweige sich nicht nur im Punkt $x = 0$, sondern auch im Punkt $x_C \approx m_\mu/m_e$. Wenn man das Bild zu sehr großen x fortsetzt, dann wird asymptotisch der Zustand mit $m_1 = +1/2$ und $m_2 = -1/2$ der energetisch höchste.

2. Die Formel für den Zeeman-Effekt der Hyperfeinstruktur wurde 1931 von G. Breit und I. Rabi für die s-Zustände in Alkaliatomen aufgestellt. Da die Herleitung genauso verläuft wie hier im Beispiel gezeigt, gebe ich hier auch den allgemeineren Fall an. Im Zustand mit Drehimpuls $j = 1/2$ (Summe aus Bahndrehimpuls und Spin des Elektrons) sei das atomare magnetische Moment mit $\mu(j)$ bezeichnet. Der Atomkern, der den Drehimpuls I trägt, hat ebenfalls ein magnetisches Moment, das mit $\mu(I)$ bezeichnet sei. Der Hamiltonoperator lautet jetzt

$$H = H_0 - \left(\frac{1}{j}\mu(j)\mathbf{j}_3 + \frac{1}{I}\mu(I)\mathbf{I}_3 \right) B + f(\mathbf{r})\mathbf{j} \cdot \mathbf{I} \,.$$

Die Zustände zum Gesamtdrehimpuls (Summe aus dem Drehimpuls des Elektrons und dem Kernspin) seien wieder mit $|FM\rangle$ bezeichnet. Die Energiedifferenz zwischen den beiden Hyperfeinniveaus mit $F = I \pm (1/2)$ ist jetzt

$$\Delta E = E\left(F = I + \frac{1}{2} \right) - E\left(F = I - \frac{1}{2} \right) = \frac{1}{2}\langle f \rangle (2I+1) \,.$$

Die magnetische Feldstärke wird durch eine analoge, dimensionslose Variable ersetzt,

$$x = \frac{1}{\Delta E}\left(-\frac{1}{j}\mu(j) + \frac{1}{I}\mu(I) \right) \,.$$

Die Formel von Breit und Rabi lautet dann

$$\begin{aligned}
\frac{E - E_0}{\Delta E} = &-\frac{1}{2(2I+1)} - \frac{\mu(I)/I}{\mu(j)/j + \mu(I)/I}Mx \\
&\pm \sqrt{1 + 4M/(2I+1)x + x^2} \,,
\end{aligned} \tag{5.65}$$

wobei das obere Vorzeichen für $F = I + j$, das untere für $F = I - j$ gilt. Der Erwartungswert $\langle f \rangle$ ist über die Wellenfunktion des Grundzustandes zu nehmen, dessen ungestörte Energie E_0 ist. Der Leser, die Leserin mag die Beispiele ^{6}Li ($I = 1$) und ^{7}Li ($I = 3/2$) in einer zu Abb. 5.4 analogen Weise aufzeichnen und interpretieren.

5.3 Zeitabhängige Störungstheorie und Übergangswahrscheinlichkeiten

Die Störung H_1 an dem durch den Hamiltonoperator H_0 beschriebenen System kann – wie in den Abschn. 5.2.1 und 5.2.2 gezeigt – zu einer Verschiebung der Energien des Ausgangssystems und Mischung der zugehörigen Wellenfunktionen führen. Sie kann das System aber auch veranlassen, unter Beachtung aller Erhaltungssätze einschließlich dem der Energie in einen anderen Zustand überzugehen. Ein Beispiel hierfür ist folgendes:

Der ungestörte Hamiltonoperator H_0 enthalte zwei additive Anteile, von denen der erste ein wasserstoffähnliches Atom mit seinen stabilen Bindungs- und Kontinuumszuständen, der andere das freie Strahlungsfeld enthält und freie elektromagnetische Wellen im Vakuum beschreibt. Zu H_0 werde ein weiterer Term H_1 addiert, der die Wechselwirkung der Elektronen des Atoms mit dem Strahlungsfeld beschreibt. Das Atom befinde sich anfangs im Grundzustand, in das ungepaarte Elektron die Bindungsenergie $E_0 = -B$ hat. Außerdem sei ein Photon mit genügend großer Energie $E_\gamma = \hbar\omega > B$ vorhanden. Wird das Photon vom Elektron absorbiert, so wird dieses aus seinem Bindungszustand gelöst und in einen Kontinuumszustand mit der Energie $E' = (E_\gamma - B) > 0$ befördert.

Es stellen sich dabei folgende Fragen: Gegeben ein einlaufender Strahl von Photonen der Energie E_γ und ein Target, das aus vielen solcher Atome besteht. Wie berechnet man die Wahrscheinlichkeit dafür, dass ein Atom pro Zeiteinheit den beschriebenen Übergang macht, und wie groß ist diese? Kann man den Absorptionsprozess in einer Störungsreihe berechnen, wenn die Matrixelemente der Wechselwirkung H_1 im Vergleich zu typischen Energiedifferenzen des ungestörten Systems klein sind?

5.3.1 Störungsentwicklung der zeitabhängigen Wellenfunktion

Zur Zeit t_0 befinde sich das System im Zustand $\Psi(t_0) = |n_0\rangle$, im Beispiel: das Atom im Grundzustand und ein Strahl von Photonen der Energie E_γ. Gesucht ist der Zustand $\Psi(t) = U(t, t_0)|n_0\rangle$, der sich im Laufe der Zeit und unter der Wirkung der Störung H_1 aus dem gegebenen Anfangszustand entwickelt. Dazu entwickeln wir die Lösungen der zeitabhängigen Schrödinger-Gleichung

$$i\hbar\dot{\Psi}(t) = H\Psi(t) = (H_0 + H_1)\Psi(t) \tag{5.66}$$

nach einer Basis von Lösungen der stationären Schrödinger-Gleichung

$$H_0 |n\rangle = E_n |n\rangle ,$$

die den Ausgangszustand $|n_0\rangle$ enthält. Wie wir aus Abschn. 1.8.1, Bem. 3, wissen, haben stationäre Zustände harmonische Zeitabhängigkeit,

$$|n\rangle : \quad \mathrm{e}^{-(\mathrm{i}/\hbar)E_n(t-t_0)} \, |n\rangle \; .$$

Der Ansatz für die gesuchte zeitabhängige Lösung lautet daher, etwas formal geschrieben,

$$\Psi(t) = \sum\!\!\!\!\!\!\int c_n(t)\,\mathrm{e}^{-\mathrm{i}E_n(t-t_0)/\hbar} \, |n\rangle \; ,$$

wobei das Zwittersymbol „Summe/Integral" andeutet, dass viele oder alle dieser Zustände in einem Kontinuum liegen. Setzt man diese Entwicklung ein und nutzt die Orthogonalität der Basiszustände $|n\rangle$ aus, so entsteht ein gekoppeltes System von gewöhnlichen Differentialgleichungen erster Ordnung für die zeitabhängigen Koeffizienten, das man leicht auf folgende Form bringt:

$$\dot{c}_n(t-t_0) = -\frac{\mathrm{i}}{\hbar} \sum\!\!\!\!\!\!\int \langle n| \, H_1 \, |m\rangle \; \mathrm{e}^{-\mathrm{i}\omega_{mn}(t-t_0)} c_m(t-t_0) \; . \tag{5.67}$$

Die hierbei auftretenden Energiedifferenzen haben wir durch die entsprechenden Übergangsfrequenzen ersetzt,

$$\omega_{mn} := (E_m - E_n)/\hbar \; .$$

Das System (5.67) ist mit der Anfangsbedingung $c_n(t_0) = \delta_{nn_0}$ zu lösen.

Wenn H_1 in einem gewissen Sinn „klein" ist, dann kann man das System (5.67) iterativ lösen, indem man

$$c_n(t) = \sum_{\nu=0}^{\infty} c_n^{(\nu)}(t)$$

setzt und die ν-te Näherung berechnet, indem man auf der rechten Seite von (5.67) die vorhergehende, d. h. $c_n^{(\nu-1)}$ einsetzt und integriert. (Dieses Ordnungsprinzip wird besonders deutlich, wenn man wieder εH_1 anstelle von H_1, $\varepsilon^\nu c_n^{(\nu)}$ anstelle von $c_n^{(\nu)}$ schreibt und $\varepsilon \ll 1$ annimmt.) Dann gilt

$$c_n^{(\nu)}(t) = -\frac{\mathrm{i}}{\hbar} \sum\!\!\!\!\!\!\int \int_{t_0}^{t} \mathrm{d}t_\nu \, \langle n| \, H_1(t_\nu) \, |m\rangle \; \mathrm{e}^{-\mathrm{i}\omega_{mn}(t_\nu-t_0)} c_m^{(\nu-1)}(t_\nu) \; . \tag{5.68}$$

In der Praxis ist oft nur die erste Iteration von Interesse, sie lautet

$$c_n^{(1)}(t) = -\frac{\mathrm{i}}{\hbar} \int_{t_0}^{t} \mathrm{d}t_1 \, \langle n| \, H_1(t_1) \, |n_0\rangle \; \mathrm{e}^{\mathrm{i}\omega_{nn_0}(t_1-t_0)} \; . \tag{5.69}$$

Die zweite Näherung enthält bereits zwei Integrationen und lautet

$$c_n^{(2)}(t) = \left(-\frac{\mathrm{i}}{\hbar}\right)^2 \sum\!\!\!\!\!\!\int \int_{t_0}^{t} \mathrm{d}t_2 \int_{t_0}^{t_2} \mathrm{d}t_1 \, \langle n| \, H_1(t_2) \, |i\rangle \; \mathrm{e}^{\mathrm{i}\omega_{ni}(t_2-t_0)}$$

$$\cdot \langle i| \, H_1(t_1) \, |n_0\rangle \; \mathrm{e}^{\mathrm{i}\omega_{in_0}(t_1-t_0)} \; . \tag{5.70}$$

Sie ist z. B. dann von Bedeutung, wenn der Übergang vom Zustand $|n_0\rangle$ in den Zustand $|n\rangle$ in erster Ordnung nicht möglich ist, weil das Matrixelement $\langle n|H_1|n_0\rangle$ die Auswahlregeln nicht erfüllt und daher verschwindet. Ein Beispiel hierfür haben wir am Ende von Abschn. 4.2.1 diskutiert: Wenn H_1 einen elektrischen Dipolübergang beschreiben soll und wenn wir den Übergang 2s $\to$ 1s berechnen wollen, dann verschwindet die erste Näherung (5.69). Ein solcher, in erster Ordnung verbotener Übergang wird in zweiter Ordnung möglich sein, wenn unter den virtuellen Zwischenzuständen $|i\rangle$ einer oder mehrere vorhanden sind, deren Matrixelemente sowohl nach $|n_0\rangle$ als auch nach $|n\rangle$ von Null verschieden sind. Da ein solcher Prozess von zweiter Ordnung in der Störung ist, wird er auch entsprechend seltener auftreten als ein vergleichbarer Prozess, der in erster Näherung erlaubt ist.

Ohne Beschränkung der Allgemeinheit kann man immer t_0 als Zeitnullpunkt festlegen, d. h. $t_0 = 0$ setzen; dies wollen wir von hier an auch tun. Bevor wir auf die Auswertung der ersten Näherung (5.69) eingehen, merken wir noch an, dass wir alternativ das Wechselwirkungsbild aus Abschn. 3.6 verwenden können, in dem $H_1(t)$ durch

$$H_1^{(w)}(t) = e^{(i/\hbar)H_0 t} H_1(t) e^{-(i/\hbar)H_0 t}$$

ersetzt wird. In jedem Matrixelement von $H_1^{(w)}$ zwischen Eigenzuständen von H_0 wirkt die Exponentialfunktion, die H_0 enthält, auf den rechten ebenso wie auf den linken Zustand und es gilt

$$\langle p| H_1^{(w)}(t) |q\rangle = \langle p| e^{(i/\hbar)H_0 t} H_1(t) e^{-(i/\hbar)H_0 t} |q\rangle$$
$$= e^{i\omega_{pq} t} \langle p| H_1(t) |q\rangle \,.$$

Dies bedeutet, dass wir in (5.70) den Operator H_1 durch $H_1^{(w)}$ ersetzen können, wenn wir gleichzeitig die Exponentialfunktionen durch 1 ersetzen.

In (5.70) wirkt H_1 bzw. $H_1^{(w)}$ einmal zur Zeit t_1, ein anderes Mal zur Zeit t_2, wobei die Integrationen so auszuführen sind, dass immer $t_2 > t_1$ gilt. Die Zeiten im Produkt $H_1(t_2)H_1(t_1)$ sind in aufsteigender Größe von rechts nach links geordnet. Nun ist

$$\int_0^t dt_2 \int_0^{t_2} dt_1 H_1(t_2)H_1(t_1) = \int_0^t du_1 \int_{u_1}^t du_2 H_1(u_2)H_1(u_1)$$

oder, wenn man ein *zeitgeordnetes Produkt* definiert,

$$P\big(H_1(t_2)H_1(t_1)\big) := H_1(t_2)H_1(t_1)\Theta(t_2 - t_1)$$
$$+ H_1(t_1)H_1(t_2)\Theta(t_1 - t_2) \,, \qquad (5.71)$$

ist dasselbe Doppelintegral gleich

$$\frac{1}{2!} \int_0^t dt_2 \int_0^t dt_1 \, P\big(H_1(t_2)H_1(t_1)\big) \,.$$

Im hier betrachteten Fall kommt das ursprüngliche Integral gerade zweimal vor, daher der Faktor $1/2$. Verallgemeinert man die Definition (5.71) auf ein Produkt von k Operatoren, die zu k in aufsteigender Folge geordneten Zeiten wirken, dann gilt für das entsprechende k-fache Integral

$$\int_0^t \mathrm{d}t_k \int_0^{t_k} \mathrm{d}t_{k-1} \int_0^{t_{k-1}} \mathrm{d}t_{k-2} \cdots \int_0^{t_3} \mathrm{d}t_2 \int_0^{t_2} \mathrm{d}t_1\, A(t_k)\ldots Z(t_1)$$

$$= \frac{1}{n!} \int_0^t \mathrm{d}t_k \int_0^t \mathrm{d}t_{k-1} \cdots \int_0^t \mathrm{d}t_1\, \mathrm{P}\big(A(t_k)\ldots Z(t_1)\big)\,.$$

Auf den Ausdruck (5.70) zweiter Ordnung angewandt, können wir diesen in einer einfacheren und wesentlich kompakteren Form schreiben, wenn wir noch die Vollständigkeitsrelation

$$\sum_i |i\rangle\,\langle i| = \mathbb{1}$$

einsetzen. Sie lautet

$$c_n^{(2)}(t) = \left(-\frac{\mathrm{i}}{\hbar}\right)^2 \frac{1}{2!} \int_0^t \mathrm{d}t_2 \int_0^t \mathrm{d}t_1\, \langle n| \,\mathrm{P}\big(H_1^{(w)}(t_2) H_1^{(w)}(t_1)\big)\, |n_0\rangle\,. \tag{5.72}$$

Die Verallgemeinerung auf die k-te Ordnung ist offensichtlich; der solcherart entstehende Ausdruck wird *Dyson-Reihe* genannt.[9]

5.3.2 Erste Ordnung und Fermis Goldene Regel

Wir berechnen jetzt die erste Iteration ausführlicher, setzen abkürzend $\omega \equiv \omega_{nn_0}$ in (5.69) und wählen wie oben $t_0 = 0$. In vielen Fällen ist H_1 nicht explizit zeitabhängig. Das Integral über die Zeit, das in (5.69) auftritt, lässt sich dann direkt berechnen. Der Ausdruck für die Wahrscheinlichkeit pro Zeiteinheit, unter dem Einfluss der Störung H_1 vom Zustand n_0 in den Zustand n zu gelangen,

$$w(n_0 \to n) \approx \frac{1}{t} \left|c_n^{(1)}(t)\right|^2\,, \tag{5.73}$$

enthält folgende Funktion der Zeit und der Übergangsfrequenz ω

$$\frac{1}{t} \left|\int_0^t \mathrm{d}t'\, \mathrm{e}^{\mathrm{i}\omega t'}\right|^2 = \frac{2(1 - \cos\omega t)}{t\omega^2} =: I(t,\omega)\,. \tag{5.74}$$

[9] Nach dem Mathematiker und Physiker Freeman Dyson, Professor emeritus am Institute for Advanced Studies, Princeton, USA.

Im Limes $t \to \infty$ wird diese Funktion zu einer wohlbekannten (temperierten) Distribution. Um dies einzusehen, betrachte man eine glatte

Funktion $g(\omega)$, die im Unendlichen stärker als jede Potenz abklingt, sowie das Integral

$$\int\limits_{-\infty}^{+\infty} d\omega\, g(\omega) I(t, \omega)$$

$$= \lim_{\varepsilon \to 0} \int\limits_{-\infty}^{+\infty} d\omega \frac{g(\omega)}{\omega(\omega + i\varepsilon)} \left\{ \frac{1}{t}(1 - e^{i\omega t}) + \frac{1}{t}(1 - e^{-i\omega t}) \right\}.$$

In diesem Integral habe ich den Integrationsweg entlang der reellen Achse der komplexen ω-Ebene so deformiert, dass er die Singularität bei Null in der unteren Halbebene umgeht. Wie in Abb. 5.5 skizziert, schließt man diesen Integrationsweg beim ersten Term der geschweiften Klammer durch den unendlich fernen Halbkreis in der oberen Halbebene, während man beim zweiten Summanden den Integrationsweg in analoger Weise in der unteren Halbebene schließt. Damit ist in beiden Fällen sichergestellt, dass die Integranden auf diesen Halbkreisen verschwinden. Auf die jetzt geschlossenen Wege wendet man den Cauchy'schen Integralsatz an, der das Residuum des Integranden an der Polstelle $\omega = -i\varepsilon$ mit $2\pi i$ multipliziert liefert, wenn der Integrationsweg diese umschließt. Beim ersten Summanden ist das der Fall, und das Residuum ist

$$\left(\frac{1 - e^{i\omega t}}{\omega t} \right)_{\omega = 0} = -i,$$

der Beitrag des Integrals also $2\pi i(-i) = 2\pi$, während der zweite Summand keinen Beitrag liefert. Damit ist gezeigt, dass

$$\int\limits_{-\infty}^{+\infty} d\omega\, g(\omega) I(t, \omega) = 2\pi g(0)$$

ist, d. h. dass die Funktion $I(t, \omega)$ bei der Integration über ω wie $2\pi\delta(\omega)$ wirkt,

$$I(t, \omega) \sim 2\pi\delta(\omega). \tag{5.75}$$

Im Grenzfall sehr großer Zeit, $t \to \infty$, wird die Funktion (5.74) in der Tat zur Distribution $2\pi\delta(\omega)$. Das sieht man sehr klar an Abb. 5.6, die $I(t, \omega)$ für einen endlichen, aber im Vergleich zu $1/\omega$ schon großen Wert von t zeigt. Der Grenzfall sehr großer Zeit entspricht der realistischen experimentellen Situation. Wie wir schon früher erläutert haben, findet der Nachweis eines Übergangs zu einer Zeit statt, die im Vergleich zu den für den mikroskopischen Prozess charakteristischen Zeiten praktisch unendlich ist.

Als Anwendungsbeispiel für die erste Ordnung betrachten wir den Übergang aus einem diskreten Zustand in einen Endzustand, der im

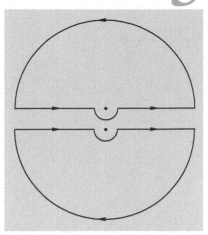

Abb. 5.5. Anwendung des Cauchy'schen Integralsatzes auf die Berechnung des Integrals $\int_{-\infty}^{\infty} d\omega g(\omega) I(t, \omega)$ mit $g(\omega)$ einer glatten Funktion und $I(t, \omega)$ wie in (5.74) definiert. Das Bild zeigt (zweimal) die komplexe ω-Ebene. Der Integrationsweg $[-\infty, +\infty]$ wird bei $\omega = 0$ deformiert; er wird durch einen unendlich fernen Halbkreis einmal in der oberen Halbebene, einmal in der unteren Halbebene ergänzt

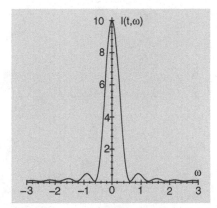

Abb. 5.6. Die Funktion $I(t, \omega)$ hat bei $\omega = 0$ ein ausgeprägtes Maximum, das umso größer wird, je größer t gewählt wird. Das Bild zeigt $I(t, \omega)$ für $t = 10$ als Funktion von ω. Im Limes $t \to \infty$ strebt sie nach $2\pi\delta(\omega)$

Kontinuum liegt. Diskrete Zustände sind Eigenzustände der Energie und sind daher in der Energiedarstellung gegeben und auf 1 normiert. Kontinuumszustände sind dagegen in der Regel in der Impulsraumdarstellung auf die δ-Distribution normiert, also typisch $\langle k|k'\rangle = 1/(g(k))\delta(k-k')$, wobei $g(k)$ eine reelle, positiv-definite Funktion ist. Ein Beispiel macht dies deutlich. Verwendet man sphärische Polarkoordinaten im Impulsraum, $\boldsymbol{k} = (k, \theta_k, \phi_k)$, dann sind Eigenzustände zum Impuls wie folgt normiert

$$\langle \boldsymbol{k}'|\boldsymbol{k}\rangle = \delta(\boldsymbol{k}' - \boldsymbol{k}) = \frac{1}{kk'}\delta(k' - k)\delta(\cos\theta_{k'} - \cos\theta_k)\delta(\phi_{k'} - \phi_k)\,.$$

Hier ist also $g(k) = k^2$. Klarerweise müssen die Kontinuumszustände in der Energieskala und nicht in der k-Skala normiert sein. Die Energie ist eine bekannte Funktion des Betrages k von $\boldsymbol{k}$, $E = E(k)$. Die Umrechnung führt man wie folgt aus. Der Projektor auf einen Bereich Δ von Zuständen $|k\rangle$ ist durch

$$P_\Delta = \int\limits_\Delta \mathrm{d}k \, |k\rangle \, g(k) \, \langle k|$$

gegeben. Die Transformation auf die Energieskala ergibt

$$P_\Delta = \int\limits_{\Delta(E)} \mathrm{d}E \, |k\rangle \, \varrho_k(E) \, \langle k| \quad \text{mit} \quad \varrho_k(E) = g(k)\frac{\mathrm{d}k}{\mathrm{d}E}\,. \tag{5.76}$$

Die Funktion $\varrho_k(E)$ heißt *Niveaudichte der Zustände $|k\rangle$ mit Energie $E(k)$.*

Fügt man die Formeln (5.69), (5.73), (5.74) und (5.75) zusammen, so ergibt sich die Übergangswahrscheinlichkeit pro Zeiteinheit

$$w(n_0 \to k) \approx \frac{1}{\hbar^2} \int \mathrm{d}E \, \big| \, \langle k| \, H_1 \, |n_0\rangle \, \big|^2 \varrho_k(E) 2\pi\delta(\omega)\,.$$

Beachtet man noch den Zusammenhang $\omega = (E - E_0)/\hbar$, aus dem $\delta(\omega) = \hbar\delta(E - E_0)$ folgt, so erhält man schließlich

$$\boxed{w(n_0 \to k) \approx 2\pi \big| \, \langle k| \, H_1 \, |n_0\rangle \, \big|^2 \varrho_k(E = E_0)/\hbar}\,. \tag{5.77}$$

Dieses Resultat heißt auch

Fermis Goldene Regel: Die Übergangswahrscheinlichkeit pro Zeiteinheit ist proportional zum Quadrat des Matrixelementes zwischen Ausgangs- und Endzustand sowie zur Niveaudichte der Endzustände bei der Energie $E = E_0$.

Der Energiesatz ist im Resultat (5.77) explizit erkennbar, alle übrigen Erhaltungssätze stecken im Matrixelement $\langle k|H_1|n_0\rangle$.

5.4 Stationäre Zustände von *N* identischen Fermionen

Unter den Viel-Teilchen-Problemen, die man mit den Methoden der Quantenmechanik behandelt, sind Systeme aus endlich vielen identischen Fermionen für die Festkörperphysik, die Atomphysik und die Kernphysik besonders wichtig. Aus diesem Grund beschränke ich diesen Abschnitt auf solche Systeme und diskutiere die einfachsten Verfahren zur Bestimmung der Energien und Wellenfunktionen ihrer Grundzustände. Zugleich wird damit eine Grundlage geschaffen, auf der spezialisierte, verfeinerte Methoden der Viel-Teilchenphysik aufbauen, die in den genannten Gebieten verwendet werden.

5.4.1 Selbstkonsistenz und Hartree'sches Verfahren

Ein System aus *N* identischen Fermionen werde durch einen Hamiltonoperator beschrieben, der außer den kinetischen Energien noch potentielle Energien U_i und Wechselwirkungen U_{ij} zwischen je zwei Teilchen enthält,

$$H = \sum_{i=1}^{N}(T_i + U_i) + \sum_{i<j=1}^{N} U_{ij}\,. \tag{5.78}$$

In der Beschreibung der Elektronenhülle eines Atoms werden die attraktiven Potentiale U_i durch das elektrische Feld des Atomkerns bestimmt, während U_{ij} die repulsive Coulombwechselwirkung der Elektronen untereinander ist. Ganz ähnlich werden die Verhältnisse in der Kondensierten Materie beschrieben: In einem Gitter beispielsweise erfahren Elektronen ein mittleres, periodisches Potential, unterliegen dabei der gegenseitigen Coulomb-Abstoßung. In der Kernphysik stellt U_i ein mittleres Potential dar, das die Ein-Teilchen-Spektren von Protonen oder Neutronen liefert (Schalenmodell der Kerne), U_{ik} ist die effektive Restwechselwirkung, die im mittleren Potential nicht berücksichtigt ist.

Nehmen wir zunächst einmal an, dass die Ein-Teilchen-Potentiale U_i nicht auftreten. Die allereinfachste Methode, die Energie und die Wellenfunktion des Grundzustandes näherungsweise zu bestimmen, könnte darin bestehen, einen Produktansatz

$$\Psi(1, 2, \cdots, N) = \psi_1(\boldsymbol{x}^{(1)}, s^{(1)}) \cdot \ldots \cdot \psi_N(\boldsymbol{x}^{(1)}, s^{(1)})$$

zu versuchen und die auftretenden, zunächst unbekannten Ein-Teilchen-Wellenfunktionen ψ_i aus der Forderung zu bestimmen, dass der Erwartungswert $\langle\Psi|H|\Psi\rangle$ ein Minimum wird mit der Nebenbedingung, dass Ψ auf eins normiert bleibt, $\langle\Psi|\Psi\rangle = 1$.

Man variiert die Produktwellenfunktion, indem man die Ein-Teilchen-Funktionen unabhängig variiert, $\psi_i \mapsto \psi_i + \delta\psi_i$. Die Nebenbedingung führt man über einen Lagrange'schen Multiplikator ein, d. h. man verlangt

$$\langle \delta\Psi| H |\Psi\rangle - \lambda \langle \delta\Psi|\Psi\rangle = 0\,.$$

Kürzen wir die Variation der i-ten Wellenfunktion mit $\eta_i = \delta\psi_i(\boldsymbol{x}^{(i)}, s^{(i)})$ ab und unterdrücken wir der Übersichtlichkeit halber die Spinargumente, so bedeutet diese Bedingung

$$\int d^3x^{(i)}\eta_i^* T_i \psi^{(i)}$$
$$+ \sum_{j\neq i} \int d^3x^{(i)} \int d^3x^{(j)} \eta_i^* \psi_j^*(\boldsymbol{x}^{(j)}) U_{ij}\psi_i(\boldsymbol{x}^{(i)})\psi_j(\boldsymbol{x}^{(j)})$$
$$- \lambda \int d^3x_i \eta_i^* \psi_i(\boldsymbol{x}^{(i)}) = 0\,.$$

Da die Variationen η_i völlig beliebig sind, ist diese Gleichung nur dann erfüllt, wenn die Ein-Teilchen-Wellenfunktionen dem folgenden System von gekoppelten Gleichungen genügen

$$\left[T_i + \sum_{j\neq i} \int d^3x^{(j)}\psi_j^*(\boldsymbol{x}^{(j)}) U_{ij}\psi_j(\boldsymbol{x}^{(j)}) \right] \psi_i(\boldsymbol{x}^{(i)}) = \varepsilon_i \psi_i(\boldsymbol{x}^{(i)})\,.$$

$$(5.79)$$

Für festes i ist dies eine Schrödinger-Gleichung mit einem von allen anderen Teilchen $j\neq i$ erzeugten Ein-Teilchen-Potential. Dieses Gleichungssystem würde man so lange iterativ zu lösen versuchen, bis die daraus gewonnenen Ein-Teilchen-Funktionen mit den hineingesteckten übereinstimmen, d. h. bis sie – wie man sagt – *selbstkonsistent* sind.

Dieser erste Versuch ist allerdings aus zwei Gründen nicht besonders glücklich: Zum einen sind die Wellenfunktionen ψ_i und ψ_k nicht orthogonal, da jede von ihnen zu einem anderen Potential gehört. Zum anderen ist die Produktwellenfunktion Ψ nicht antisymmetrisiert. Sie hat gar keinen definiten Symmetriecharakter und kann demnach nicht dem Zusammenhang zwischen Spin und Statistik genügen. Beide Schwierigkeiten lassen sich vermeiden, wenn man anstelle einer einfachen Produktwellenfunktion von vorneherein eine antisymmetrisierte Produktfunktion, d. h. eine Slater-Determinante (4.78) ansetzt und diese variiert. Dieser modifizierte Ansatz lässt sich besonders transparent formulieren, wenn man die Methode der zweiten Quantisierung verwendet.

5.4.2 Methode der zweiten Quantisierung

Die Idee dieser Methode ist sehr einfach: Statt mit den (zu bestimmenden) selbstkonsistenten Ein-Teilchen-Wellenfunktionen im Ortsraum zu arbeiten, führt man in Analogie zur Behandlung des harmonischen Oszillators, Abschn. 1.6, Erzeugugs- und Vernichtungsoperatoren $a_i^\dagger$

bzw. a_i für Teilchen im Zustand $|0, 0, \ldots, 0, i, 0, \ldots\rangle \equiv |\varphi_i(\boldsymbol{x}^{(i)})\rangle$ ein, die auf ein „Vakuum", das ist hier ein Zustand ganz ohne Teilchen, wirken. Ein Zwei-Teilchen-Zustand, bei dem das eine im Zustand φ_i, das andere im Zustand φ_k sich befinden sollen, ist dann z. B.

$$a_i^\dagger a_k^\dagger \, |0, 0, \ldots\rangle \, ,$$

und die Operatoren $N_i = a_i^\dagger a_i$ und $N_k = a_k^\dagger a_k$ haben als Eigenwerte die Anzahl Teilchen im Zustand i bzw. k. Damit ein solcher Zwei-Teilchen-Zustand bei Vertauschung der Teilchen antisymmetrisch ist, muss $a_k^\dagger a_i^\dagger |0, 0, \ldots\rangle = -a_i^\dagger a_k^\dagger |0, 0, \ldots\rangle$ gelten, die beiden Erzeugungsoperatoren müssen *anti*kommutieren. In der Tat, bezeichnet

$$\{ A \, , \, B \} := AB + BA \tag{5.80}$$

den Antikommutator und setzen wir folgende Regeln für die Erzeugungs- und Vernichtungsoperatoren

$$\{a_i, a_k^\dagger\} = \delta_{ik} \, , \qquad \{a_i, a_k\} = 0 = \{a_i^\dagger, a_k^\dagger\} \, , \tag{5.81}$$

dann beschreiben diese antisymmetrische Produktwellenfunktionen. Das sieht man einerseits anhand der Vertauschung zweier beliebiger Teilchen, nämlich

$$a_N^\dagger a_{N-1}^\dagger \ldots a_k^\dagger \ldots a_i^\dagger \ldots a_2^\dagger a_1^\dagger = (-)^\pi a_N^\dagger a_{N-1}^\dagger \ldots a_i^\dagger \ldots a_k^\dagger \ldots a_2^\dagger a_1^\dagger \, ,$$

wobei π diejenige Permutation ist, die $(1, 2, \ldots, i, \ldots, k, \ldots N)$ in $(1, 2, \ldots, k, \ldots, i, \ldots N)$ überführt. Dabei muss man beachten, dass die Teilchen mit allen ihren Attributen (Ort, Spin, etc.) ausgetauscht werden.

Andererseits zeigt man aufgrund der Relationen (5.81), dass jeder Zähloperator die Beziehung

$$N_i(N_i - 1) = a_i^\dagger a_i (a_i^\dagger a_i - 1) = 0$$

erfüllt. Das bedeutet, dass N_i nur die Eigenwerte 0 und 1 besitzt, der Zustand i also nur unbesetzt oder mit einem Teilchen besetzt sein kann – in Übereinstimmung mit dem Pauli-Prinzip.

Die solcherart konstruierten, antisymmetrisierten Produktzustände liegen in einem so genannten *Fock-Raum*, auf dessen genaue Definition wir hier aber nicht eingehen.

Es sei $\mathcal{O}$ ein Ein-Teilchen-Operator, $U(i, j)$ eine Zwei-Teilchen-Wechselwirkung und es sei

$$\langle i| \, \mathcal{O} \, |k\rangle := \int \mathrm{d}^3 x \, \varphi_i^*(\boldsymbol{x}) \mathcal{O} \varphi_k(\boldsymbol{x}) \, , \tag{5.82}$$

$$\langle ij| \, U \, |kl\rangle := \int \mathrm{d}^3 x \int \mathrm{d}^3 y \, \varphi_i^*(\boldsymbol{x}) \varphi_j^*(\boldsymbol{y}) U(\boldsymbol{x}, \boldsymbol{y})$$
$$\cdot \, [\varphi_k(\boldsymbol{x})\varphi_l(\boldsymbol{y}) - \varphi_k(\boldsymbol{y})\varphi_l(\boldsymbol{x})] \, , \tag{5.83}$$

wobei wir der Übersichtlichkeit halber wieder die Spinfreiheitsgrade unterdrückt haben. (Man beachte, dass die rechte Wellenfunktion in (5.83) zwar antisymmetrisch, aber nicht auf 1 normiert ist.) Mit diesen Definitionen zeigt man nun, dass beim Übergang von der Ortsraumdarstellung zur Darstellung im Fock-Raum die Ein-Teilchen- und Zwei-Teilchen-Operatoren nach den Regeln

$$\mathcal{O} \longmapsto \sum_{ik} \langle i| \, \mathcal{O} \, |k\rangle \, a_i^\dagger a_k \,, \quad \sum_{i<j} U(i,j) \longmapsto \frac{1}{4} \sum_{ij,kl} \langle ij| \, U \, |kl\rangle \, a_i^\dagger a_j^\dagger a_l a_k$$

(5.84)

übersetzt werden. Dabei soll man bei der zweiten Definition in (5.84) die Reihenfolge der letzten beiden Indizes beachten!

Es sei $|\Omega\rangle$ der Vakuumzustand, der sich dadurch auszeichnet, dass gar keine Teilchen vorhanden sind. Wir beweisen die Regel (5.84) beispielhaft für Zwei-Teilchen-Zustände

$$\Psi_a = a_m^\dagger a_n^\dagger \, |\Omega\rangle \quad \text{und} \quad \Psi_b = a_p^\dagger a_q^\dagger \, |\Omega\rangle \,,$$

der allgemeine Fall lässt sich daraus ableiten. Zunächst ist

$$\langle \Psi_b| \, \mathcal{O} \, |\Psi_a\rangle = \sum_{ij} \langle i| \, \mathcal{O} \, |j\rangle \, \langle \Omega| \, a_q a_p a_i^\dagger a_j a_m^\dagger a_n^\dagger \, |\Omega\rangle \,.$$

Nun beachte man, dass jeder Vernichtungsoperator auf das Vakuum (nach rechts) angewandt Null ergibt, $a_i|\Omega\rangle = 0$, ebenso wie jeder Erzeugungsoperator $a_i^\dagger$ nach links auf $\langle \Omega|$ wirkend Null ergibt, $\langle \Omega| a_i^\dagger = 0$. Die Strategie muss daher sein, den Operator $a_i^\dagger$ mit Hilfe der Relationen (5.81) so lange nach links zu transportieren, bis er auf $\langle \Omega|$ trifft, und ebenso den Operator a_j durch Nachbarvertauschungen so lange nach rechts wandern zu lassen, bis er das Vakuum trifft. Diese einfache Rechnung zeigt, dass

$$\langle \Omega| \, a_q a_p a_i^\dagger a_j a_m^\dagger a_n^\dagger \, |\Omega\rangle = \delta_{ip}\delta_{jm}\delta_{nq} + \delta_{iq}\delta_{jn}\delta_{mp}$$
$$- \delta_{iq}\delta_{jm}\delta_{pn} - \delta_{ip}\delta_{jn}\delta_{mq} \,.$$

Die Zustände Ψ_a und Ψ_b dürfen sich höchstens in einem Zustand unterscheiden. Genau dieses und das obige Ergebnis hätten wir erhalten, wenn wir dasselbe Matrixelement im Ortsraum und mit antisymmetrisierten Wellenfunktionen berechnet hätten:

$$\sum_{i=1}^{2} \langle \Psi_b| \, \mathcal{O}(i) \, |\Psi_a\rangle = \frac{1}{2} \int d^3 x^{(1)} \int d^3 x^{(2)} [\varphi_p^*(1)\varphi_q^*(2) - \varphi_p^*(2)\varphi_q^*(1)]$$

$$\times \sum_{i=1}^{2} \mathcal{O}(i)[\varphi_m(1)\varphi_n(2) - \varphi_m(2)\varphi_n(1)] \,,$$

wobei wir die Argumente noch weiter abgekürzt haben, $i \equiv x^{(i)}$. Wir bemerken noch, dass wir in dieser Formel eigentlich nur eine der beiden

Wellenfunktionen Ψ_a und Ψ_b antisymmetrisieren müssten, was daran liegt, dass der Operator in den beiden Teilchen symmetrisch ist.

Dieselbe Bemerkung gilt auch für die Zwei-Teilchen-Matrixelemente (5.83): Da der Operator in allen Teilchen symmetrisch ist, genügt es, nur einen der beiden Gesamtzustände antisymmetrisch zu wählen. In diesem Fall ist sofort klar, dass Ψ_a und Ψ_b sich außerdem in höchstens zwei Ein-Teilchen-Zuständen unterscheiden dürfen, soll das Matrixelement von Null verschieden sein. Den Beweis der zweiten Formel (5.84) führt man mit derselben Strategie wie zuvor, indem man in

$$\langle \Omega | a_n a_m (a_i^\dagger a_j^\dagger a_l a_k) a_p^\dagger a_q^\dagger | \Omega \rangle$$

die Erzeugungsoperatoren $a_i^\dagger$ und $a_j^\dagger$ nach links, die Vernichtungsoperatoren a_l und a_k nach rechts bewegt. Das Ergebnis vergleicht man mit (5.83).

Betrachten wir als Spezialfall $|\Psi_a\rangle = |\Psi_b\rangle = a_p^\dagger a_q^\dagger |\Omega\rangle$, so entsteht die Kombination

$$\langle pq|U|pq \rangle - \langle pq|U|qp \rangle$$

aus Zwei-Teilchen-Matrixelementen. Das erste hiervon nennt man die *direkte Wechselwirkung*, das zweite nennt man die *Austauschwechselwirkung*. Wenn die beiden Ein-Teilchen-Funktionen räumlich wenig überlappen – dies ist bei atomaren Zuständen von Elektronen oft der Fall – dann ist die Austauschwechselwirkung klein gegenüber der direkten. Wenn sie aber stark überlappen, dann sind die beiden Anteile von der gleichen Größenordnung. Diese Situation tritt im Schalenmodell der Kerne auf.

Bemerkungen

1. Die Berechnung der Erwartungswerte von Produkten aus Erzeugungs- und Vernichtungsoperatoren im Vakuumzustand $|\Omega\rangle$ ist eine rein kombinatorische Aufgabe und wird generell mit Hilfe eines Theorems von Wick ausgeführt, das wir im Abschn. 5.4.5 formulieren.

2. Es treten dabei immer gleich viele Erzeugungs- wie Vernichtungsoperatoren auf, sodass die Gesamtzahl N von Teilchen in allen Zuständen des Gesamtsystems dieselbe ist. Die Wirkung eines Operators der Form $a_i^\dagger a_k$ kann man sich so vorstellen, dass ein Teilchen aus dem Zustand k in den Zustand i versetzt wird. Die Methode der zweiten Quantisierung ändert nichts am physikalischen Inhalt der Theorie; sie dient lediglich der Vereinfachung der Rechnungen und sorgt dafür, dass die Zustände richtig antisymmetrisiert sind.

3. Leider gilt die zuletzt gemachte Aussage nur für reine Produktzustände, aber nicht mehr für Linearkombinationen von solchen. Wenn die Ein-Teilchen-Zustände beispielsweise zu einem Gesamtdrehimpuls gekoppelt werden müssen, müssen die entstehenden Zustände im Allgemeinen erneut antisymmetrisiert werden.

5.4.3 Die Hartree-Fock-Gleichungen

Wir gehen von der Annahme aus, dass N identische Fermionen auf die N energetisch tiefsten (aber noch zu bestimmenden) Ein-Teilchen-Niveaus verteilt sind derart, dass die Gesamtwellenfunktion Ψ eine Determinante vom Typus (4.78) oder, bei Verwendung der Zweiten Quantisierung, ein antisymmetrischer Produktzustand der Form

$$a_1^\dagger a_2^\dagger \cdots a_N^\dagger |\Omega\rangle$$

ist. Ähnlich wie in der Hartree'schen Methode variieren wir die Wellenfunktion Ψ oder, was damit gleichwertig ist, ihr Komplexkonjugiertes Ψ^* und verlangen, dass die Variation der Grundzustandsenergie verschwindet, d. h. $\delta(\Psi, H\Psi) = 0$. Die Variation der Ein-Teilchen-Zustände kann aber nur derart erfolgen, dass Zustände mit $m > N$ beigemischt werden,

$$\psi_n \longmapsto \psi_n + \eta\psi_m\,, \qquad n \le N\,, \qquad m > N\,, \qquad \eta \ll 1\,.$$

Der Grund hierfür liegt darin, dass jede Beimischung eines bereits besetzten Zustandes, $m < N$, die Slater-Determinante (4.75) ungeändert lässt. Variieren wir z. B. Ψ^*, so muss mit $n \le N$ und $m > N$ gelten:

$$\delta\Psi^* = \eta\,\langle\Psi|\,a_n^\dagger a_m : \qquad \eta(\Psi, a_n^\dagger a_m H\Psi) \overset{!}{=} 0\,.$$

Mit Einsetzen von H folgt daraus die Bedingung

$$\sum_{ij} \langle i|T|j\rangle\,(\Psi, a_n^\dagger a_m a_i^\dagger a_j\Psi)$$

$$+ \frac{1}{4}\sum_{ij,kl} \langle ij|U|kl\rangle\,(\Psi, a_n^\dagger a_m a_i^\dagger a_j^\dagger a_l a_k\Psi) = 0\,.$$

Der erste Term hiervon ist nur dann von Null verschieden, wenn $i = m$ und $j = n$ ist. Im zweiten Term gibt es nur die Möglichkeiten $(i = m,\ k = n,\ j = l)$, $(j = m,\ l = n,\ i = k)$, $(j = m,\ k = n,\ i = l)$, $(i = m,\ l = n,\ j = k)$, von denen die ersten beiden mit einem positiven, die letzten beiden mit einem negativen Vorzeichen beitragen. Insgesamt bleibt

$$\langle m|T|n\rangle + \frac{1}{4}\sum_{j=1}^{N} \big\{\, \langle mj|U|nj\rangle + \langle jm|U|jn\rangle$$

$$- \langle jm|U|nj\rangle - \langle mj|U|jn\rangle \,\big\} = 0\,.$$

Gehen wir aber zurück zur Definition (5.83), so sieht man dass sich die vier letzten Terme zusammenfassen lassen, die Gleichung verkürzt sich auf

$$\langle m|T|i\rangle + \sum_{j=1}^{N} \langle mj|U|ij\rangle = 0\,, \qquad i, j \le N\,, \quad m > N\,. \tag{5.85}$$

An dieser Stelle definieren wir den folgenden Ein-Teilchen-Operator

$$H_{\text{s.c.}} := \sum_{m,n} \left(\langle m|T|n \rangle + \sum_{j=1}^{N} \langle m\,j|U|n\,j \rangle \right) a_m^{\dagger} a_n \,, \qquad (5.86)$$

hier aber *ohne* jede Einschränkung an die Indizes m und n. Die Relation (5.85) sagt nämlich, dass alle Matrixelemente des Operators $H_{\text{s.c.}}$ zwischen irgendeinem bereits *besetzten* und irgendeinem *unbesetzten* Zustand verschwinden. (Der Index „s.c." steht für *self consistent*, s. unten.)

Die Aussage, dass alle Matrixelemente $\langle p|H_{\text{s.c.}}|k \rangle$, bei denen $p > N$ und $k < N$ ist, gleich Null sind, bedeutet aber auch, dass man den Hamiltonoperator $H_{\text{s.c.}}$ getrennt im Raum der besetzten sowie im Raum der unbesetzten Zustände diagonalisieren kann. Denken wir uns diese Diagonalisierung bereits durchgeführt, so führt dies auf eine neue Basis von Ein-Teilchen-Zuständen $|\alpha\rangle$, die zu den Eigenwerten ε_α gehören. In dieser *neuen* Basis gilt

$$\langle \sigma|T|\tau \rangle + \sum_{\alpha=1}^{N} \langle \alpha\sigma|U|\alpha\tau \rangle = \varepsilon_\sigma\, \delta_{\sigma\tau} \,, \qquad (5.87)$$

wobei entweder beide Zustände besetzt sind, d. h. $\sigma, \tau < N$, oder beide unbesetzt sind, d. h. $\sigma, \tau > N$.

Der Grundzustand Ψ des Systems ist klarerweise derjenige Produktzustand, bei dem die N Teilchen auf die N tiefsten Zustände der neuen Basis von Eigenzuständen des Hamiltonoperators $H_{\text{s.c.}}$ verteilt sind. Seine Energie ist

$$E_0 = \langle \Psi|H_{\text{s.c.}}|\Psi \rangle = \sum_{\sigma=1}^{N} \langle \sigma|T|\sigma \rangle + \frac{1}{2} \sum_{\sigma,\tau=1}^{N} \langle \sigma\tau|U|\sigma\tau \rangle$$

$$= \sum_{\sigma=1}^{N} \varepsilon_\sigma - \frac{1}{2} \sum_{\sigma,\tau=1}^{N} \langle \sigma\tau|U|\sigma\tau \rangle \,. \qquad (5.88)$$

Der Hamiltonoperator (5.86) wird *Hartree-Fock-Operator* genannt, die Gleichungen (5.87) heißen *Hartree-Fock-Gleichungen*. Es ist instruktiv, diese Gleichungen in der Ortsraumdarstellung explizit auszuschreiben. Tut man dies und beachtet dabei die Definition der Zwei-Teilchen-Wechselwirkung (5.83), dann sieht man, dass man im Ortsraum das folgende System von gekoppelten Schrödinger-Gleichungen zu lösen hätte

$$T\psi_\alpha(\boldsymbol{x}) + \mathcal{U}(\boldsymbol{x})\psi_\alpha(\boldsymbol{x}) - \int \mathrm{d}^3 x'\, \mathcal{W}(\boldsymbol{x}, \boldsymbol{x}')\psi_\alpha(\boldsymbol{x}') = \varepsilon_\alpha \psi_\alpha \,, \qquad (5.89)$$

wobei die beiden lokalen bzw. nichtlokalen Potentialterme wie folgt definiert sind

$$\mathcal{U}(x) = \sum_{\sigma=1}^{N} \int d^3 x' \psi_\sigma^*(x') U(x, x') \psi_\sigma(x') , \qquad (5.90)$$

$$\mathcal{W}(x, x') = \sum_{\sigma=1}^{N} \psi_\sigma^*(x') U(x, x') \psi_\sigma(x) . \qquad (5.91)$$

Bemerkungen

1. Wie man sieht, enthalten die beiden Potentialterme selbst die gesuchten Wellenfunktionen, und es ist zunächst nicht offensichtlich, wie man das System (5.89) von Integro-Differentialgleichungen angehen soll. Denkbar wäre eine iterative Methode, die darin bestünde, einen Versuchsansatz $\psi_\alpha^{(0)}(x)$ in (5.90) und (5.91) einzusetzen, die Gleichungen (5.89) zu lösen, um daraus verbesserte Lösungen $\psi_\alpha^{(1)}(x)$ zu gewinnen. Diese würde man wieder in die Potentialterme einsetzen, die Gleichungen (5.89) erneut lösen und auf diese Weise weiter verbesserte Lösungen $\psi_\alpha^{(2)}(x)$ gewinnen. Diesen Prozess denkt man sich so lange weitergeführt, bis die in (5.90) und (5.91) eingesetzten Wellenfunktionen $\psi_\alpha^{(n-1)}(x)$ mit den aus (5.89) gewonnenen $\psi_\alpha^{(n)}(x)$ praktisch übereinstimmen. Einen solchen Satz von Lösungen, der diese Bedingung erfüllt, nennt man *selbstkonsistent* – daher auch die weiter oben eingeführte Bezeichnung.
2. Im Gegensatz zur Hartree'schen Methode (5.79) des Abschn. 5.4.1 muss der Summand mit $\sigma = \alpha$ in den Gleichungen (5.89) nicht mehr ausgeschlossen werden, da in diesem Fall der direkte Term und der Austauschterm sich gerade wegheben.
3. Zwei beliebige Lösungen ψ_α und ψ_β von (5.89), die zu verschiedenen Eigenwerten gehören, sind orthogonal, im Gegensatz zu denen der Hartree'schen Gleichungen (5.79).
4. In der Praxis wird man das gekoppelte System (5.89) nicht als solches im Ortsraum integrieren, sondern wird versuchen, es näherungsweise auf die Diagonalisierung von endlichdimensionalen Matrizen zurückzuführen. Es sei $|a\rangle, |b\rangle, \dots$ eine beliebige, aber nach praktischen Gesichtspunkten ausgewählte Basis des Fockraums, nach der wir die gesuchten Lösungen entwickeln, $\psi_\alpha(x) = \sum \varphi_a(x) c_a^{(\alpha)}$. Dann ist das System (5.89) äquivalent zu

$$\sum_a \left(\langle b| T |a \rangle + \sum_{d=1}^{N} \langle bd| U |ad \rangle \right) c_a^{(\alpha)} = \varepsilon_\alpha c_b^{(\alpha)} . \qquad (5.92)$$

Ein System von algebraischen Gleichungen von der Art des Systems (5.92) muss ebenfalls iterativ gelöst werden, so lange bis die hineingesteckten Zustände $\{c_a^{(\alpha)}\}^T$ sich nicht mehr von den Lösungen von (5.92) unterscheiden. Natürlich ist dies nichts anderes als eine Umformulierung des unter Bemerkung 1 schon geschilderten Problems. Der Vorteil dieser Darstellung liegt aber darin, dass es in der Praxis genügen mag, sich auf einen endlichen Teilraum von Zuständen zu beschränken, den so genannten Modellraum, und das dann endlichdimensionale Gleichungssystem (5.92) durch wiederholte Diagonalisierung endlichdimensionaler Matrizen zu lösen.

Die zuletzt geschilderte, iterative Methode liefert gleichzeitig die besetzten und die unbesetzten Niveaus des Modellraums. Die Güte einer solchen genäherten Lösung ist schwer zu beurteilen. Qualitativ gesprochen, erwartet man in einem günstigen Fall ein Ein-Teilchen-Spektrum zu finden, wie es in Abb. 5.7 skizziert ist und das sich dadurch auszeichnet, dass der höchste besetzte und der tiefste unbesetzte Zustand durch eine Energielücke Δ getrennt sind, die deutlich größer als typische Niveauabstände im besetzten wie im unbesetzten Teil des Spektrums ist. Diese Vermutung wird gestützt durch die Feststellung, dass jede Ein-Teilchen-Anregung von $\alpha < N$ nach $\beta > N$ in erster bzw. zweiter Ordnung Störungsrechnung durch einen Energienenner von der Größenordnung Δ oder mehr gedämpft ist.

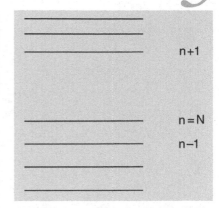

Abb. 5.7. Der mittels der Hartree-Fock-Methode gewonnene Grundzustand eines Systems aus N Fermionen ist vermutlich eine realistische Näherung, wenn der letzte besetzte Zustand $n = N$ vom nächsthöheren Zustand $n + 1$ durch eine Energielücke getrennt ist. (Das gezeigte Spektrum ist frei erfunden und somit kein realistisches)

5.4.4 Hartree-Fock-Gleichungen und Restwechselwirkungen

Das Hartree-Fock-Verfahren, so wie wir es im vorhergehenden Abschnitt geschildert haben, liefert einen genäherten Grundzustand, der durch eine antisymmetrische Produktwellenfunktion, d. h. eine Slater-Determinante von Ein-Teilchen-Zuständen beschrieben wird. Einen solchen Zustand nenne ich der Kürze halber Fockzustand und schreibe das Symbol $|F\rangle$ dafür. Der wahre Grundzustand des N-Fermionen-Systems, dessen Energie vermutlich tiefer als die des Produktzustands liegt, wird kein Produktzustand mehr sein, sondern eine Überlagerung von verschiedenen Fockzuständen, die sich vom Zustand $|F\rangle$ durch Anhebungen von einem, zwei oder mehr Teilchen aus in $|F\rangle$ besetzten in dort noch unbesetzte Zustände unterscheiden. Man nennt solche angeregten Zustände entsprechend Ein-Teilchen-, Zwei-Teilchen- usw. Anregungen. Den (natürlich zunächst unbekannten) *wahren* Grundzustand bezeichne ich mit $|\Psi\rangle$.

Man definiert Ein-Teilchen- und Zwei-Teilchen-Dichten für den wahren Grundzustand wie folgt

$$\varrho_{nm} := \langle \Psi | a_m^\dagger a_n | \Psi \rangle \, , \tag{5.93}$$

$$\varrho_{nmsr} := \langle \Psi | a_r^\dagger a_s^\dagger a_n a_m | \Psi \rangle \, . \tag{5.94}$$

Die in diesen Definitionen gewählte Basis ist beliebig und muss nicht die der Hartree-Fock-Lösungen sein. Unter einem Basiswechsel

$$a_i'^\dagger = \sum_n \langle n|i \rangle \, a_n^\dagger \, , \qquad a_i' = \sum_n \langle n|i \rangle^* a_n = \sum_n \langle i|n \rangle \, a_n$$

und unter Beachtung der Vollständigkeitsrelation in der Form

$$\sum_n \langle i|n\rangle \langle n|j\rangle = \delta_{ij}$$

bleibt die Spur von ϱ invariant.

Man zeigt nun: Wenn der N-Teilchen-Zustand eine Slater-Determinante $|F\rangle$ ist und wenn die Dichten in einem solchen Zustand mit dem hoch gestellten Index (F) bezeichnet werden, dann gilt $\mathrm{Sp}\,\varrho^{(F)} = N$, $(\varrho^{(F)})^2 = \varrho^{(F)}$ und für jeden Ein-Teilchen-Operator $\mathcal{O}$

$$\langle F|\mathcal{O}|F\rangle = \mathrm{Sp}(\varrho^{(F)}\mathcal{O})\,.$$

Die erste und die zweite Aussage folgen aus der Gleichung

$$\sum_n a_n\,|F\rangle\,\langle F|\,a_n^\dagger = \mathbb{1}_{N\times N}\,,$$

die man leicht beweist. Die Summe über n ist unabhängig von der gewählten Basis und wir können annehmen, dass wir auf die Basis der Hartree-Fock-Zustände transformiert haben. Dann ist die Spur des letzten Ausdrucks

$$\mathrm{Sp}\sum_n a_n\,|F\rangle\,\langle F|\,a_n^\dagger = \langle F|\sum_{n=1}^N a_n^\dagger a_n\,|F\rangle = N\,.$$

Berechnet man jetzt das Quadrat ϱ^2, so ist in der Tat

$$[(\varrho^{(F)})^2]_{mp} = \sum_n \langle F|\,a_m^\dagger a_n\,|F\rangle \langle F|\,a_n^\dagger a_p\,|F\rangle = \langle F|\,a_m^\dagger a_p\,|F\rangle = \varrho_{mp}^{(F)}\,.$$

Für den Beweis der dritten Beziehung genügt es, den Ein-Teilchen-Operator in der Schreibweise der zweiten Quantisierung einzusetzen,

$$\langle F|\mathcal{O}|F\rangle = \langle F|\sum_{i,j} \langle i|\mathcal{O}|j\rangle\,a_i^\dagger a_j\,|F\rangle = \mathrm{Sp}(\varrho^{(F)}\mathcal{O})\,.$$

Mit den Definitionen (5.93) und (5.94) ist der Erwartungswert des Hamiltonoperators im wahren Grundzustand $|\Psi\rangle$

$$\langle \Psi|H|\Psi\rangle = \sum_{ij} \langle i|T|j\rangle\,\varrho_{ij} + \frac{1}{4}\sum_{ij,kl} \langle ij|U|kl\rangle\,\varrho_{lkji}\,.$$

Wenn der N-Teilchen-Zustand eine Slater-Determinante ist, $|\Psi\rangle \equiv |F\rangle$, dann gilt

$$\varrho_{lkji}^{(F)} = \varrho_{lj}^{(F)}\varrho_{ki}^{(F)} - \varrho_{li}^{(F)}\varrho_{kj}^{(F)}\,,$$

sodass

$$\langle F|H|F\rangle = \sum_{ij} \langle i|T|j\rangle\,\varrho_{ij}^{(F)} + \frac{1}{2}\sum_{ij,kl} \langle ij|U|kl\rangle\,\varrho_{lj}^{(F)}\varrho_{ki}^{(F)}\,. \tag{5.95}$$

Das Hartree-Fock-Verfahren kann auch in dieser Darstellung neu formuliert werden, indem wir fordern, dass die Slater-Determinante $|F\rangle$

so gewählt wird, dass der Erwartungswert von H zum Minimum wird. Dazu setzen wir eine allgemeine Variation

$$|F\rangle \longmapsto |F'\rangle = (\mathbb{1} + i\varepsilon\mathcal{O})\,|F\rangle$$

an, in der $\mathcal{O}$ ein beliebiger, selbstadjungierter Ein-Teilchen-Operator und ε eine positive, infinitesimale Zahl ist. Man sieht sofort, dass

$$\langle F'|H|F'\rangle = \langle F|H|F\rangle - i\varepsilon\,\langle F|[\mathcal{O}, H]|F\rangle$$

ist, die Variationsbedingung daher auf die Forderung führt

$$\langle F|\,a_\alpha^\dagger a_\beta H - H a_\alpha^\dagger a_\beta\,|F\rangle = 0\,. \tag{5.96}$$

Der hier auftretende Kommutator berechnet sich zu

$$
\begin{aligned}
[a_\alpha^\dagger a_\beta, H] \\
&= \sum_j \langle\beta|T|j\rangle\,a_\alpha^\dagger a_j - \sum_i \langle i|T|\alpha\rangle\,a_i^\dagger a_\beta \\
&\quad + \frac{1}{2}\left(\sum_{jkl}\langle\beta j|U|kl\rangle\,a_\alpha^\dagger a_j^\dagger a_l a_k - \sum_{ijl}\langle ij|U|\alpha l\rangle\,a_i^\dagger a_j^\dagger a_l a_\beta\right).
\end{aligned}
$$

Im Minimum der Energie muss dieser zunächst etwas unübersichtliche Ausdruck gleich Null gesetzt werden. Wir können ihn aber vermittels folgender Definition transparenter und besser interpretierbar machen. Es sei

$$\langle m|T + \Gamma|n\rangle \equiv \langle m|T|n\rangle + \sum_{s,t\le N}\langle ms|U|nt\rangle\,\varrho_{ts}^{(F)} \tag{5.97}$$

der Hartree-Fock-Hamiltonoperator, wobei die Summe über s und t nur besetzte Zustände erfasst. Die Bedingung (5.96) besagt dann, dass

$$\sum_{n\le N}\langle\beta|T + \Gamma|n\rangle\,\varrho_{n\alpha}^{(F)} - \sum_{m\le N}\varrho_{\beta m}^{(F)}\,\langle m|T + \Gamma|\alpha\rangle = 0$$

gleich Null sein muss. Damit gleichbedeutend ist die Bedingung

$$[T + \Gamma, \varrho^{(F)}] = 0 \quad \text{mit} \quad (\varrho^{(F)})^2 = \varrho^{(F)}, \quad \mathrm{Sp}\,\varrho^{(F)} = N. \tag{5.98}$$

Auf diese Gleichungen kommen wir im übernächsten Abschnitt zurück.

5.4.5 Teilchen- und Lochzustände, Normalprodukt und Wick'sches Theorem

Der Grundzustand eines Systems aus N Fermionen, die nicht frei sind, sondern über das Potential U miteinander wechselwirken, wird sicher nicht durch eine reine Produktwellenfunktion, bzw. durch eine Slater-Determinante beschrieben. Deshalb ist auch die über die Hartree-Fock-Gleichungen abgeschätzte Energie noch nicht die richtige. Außerdem werden die Anregungszustände des Systems nicht die einfachen Ein-Teilchen-Anregungen sein, die aus der Hartree-Fock-Lösung folgen.

Vielmehr werden sie Linearkombinationen aus solchen sein oder sogar Mehr-Teilchen-Anregungen enthalten.

Die Idee vieler Verfahren zur Behandlung von Viel-Teilchen-Problemen ist es daher, den aus der Hartree-Fock-Methode erhaltenen Grundzustand als „Vakuum" der Theorie zu interpretieren, auf dem eine störungstheoretische Behandlung der echten Zustände des Systems aufbaut. Mit dieser Vorstellung vor Augen ist es einleuchtend, dem störungstheoretischen Grundzustand

$$|\Omega\rangle := a_1^\dagger a_2^\dagger \cdots a_N^\dagger |0\rangle$$

ein eigenes Symbol zuzuordnen und alle Erzeugungs- bzw. Vernichtungsoperatoren im Bezug auf diesen Zustand zu definieren. Da man für $i > N$ ein Teilchen erzeugen, d. h. es in den Zustand i setzen kann, bleiben hier die Definition und die Wirkungsweise der Operatoren $a_i^\dagger$ und a_i unberührt. Für $i \leq N$ andererseits kann man nur ein Teilchen aus einem vorher besetzten Zustand herausnehmen oder, was damit gleichbedeutend ist, ein *Loch* in der Reihe der besetzten Zustände erzeugen. Will man beide Fälle in der neuen Lesart zusammenfassen, dann bietet sich an, neue Operatoren η_i zu definieren, die sämtlich den Zustand $|\Omega\rangle$ vernichten, $\eta_i|\Omega\rangle = 0$. Das geschieht folgendermaßen:

Definition 5.1   Teilchen- und Lochzustände

1. Für $i > N$ sei

$$\eta_i^\dagger := a_i^\dagger, \qquad \eta_i := a_i. \tag{5.99}$$

2. Für $i \leq N$ sei

$$\eta_i^\dagger := a_i, \qquad \eta_i := a_i^\dagger. \tag{5.100}$$

Für alle Operatoren, $i > N$ und $i \leq N$, gilt

$$\eta_i|\Omega\rangle = 0, \qquad \{\eta_i, \eta_i^\dagger\} = \delta_{ij}.$$

Bemerkung

Mit dieser Definition greift man bereits der Weiterentwicklung der Theorie zur Quantenfeldtheorie voraus, in der echte Erzeugung und Vernichtung von Teilchen möglich sind. Hier bedeutet die Wirkung von $\eta_i^\dagger$ nur das Einsetzen eines Teilchens in den Zustand i, wenn $i > N$ ist, oder das Herausnehmen eines Teilchens, wenn $i \leq N$ ist. Alle Ein-Teilchen-Operatoren sind von der Form $\sum \mathcal{O}_{ik}\eta_i^\dagger \eta_k$ und können daher nicht mehr bewirken, als ein Teilchen aus einem Zustand herauszunehmen und in einen anderen Zustand hineinzusetzen. Entsprechendes gilt auch für Zwei-Teilchen-Operatoren in einer solchen Weise, dass insgesamt die Zahl der Teilchen erhalten bleibt.

Sowohl in der Viel-Teilchen-Theorie als auch in der Quantenfeldtheorie gibt es diagrammatisch-analytische Methoden, die dem Geist der in Abschn. 5.2 entwickelten Störungstheorie nahe stehen und deren Grundlagen wir zusammenstellen wollen. Diagrammatisch sind die Methoden deshalb, weil man jedem Term in der Störungsentwicklung ein Diagramm zuordnen kann, in dem die Wechselwirkung durch Punkte (*Vertizes*), die Erzeugung oder Vernichtung von Teilchen durch Linien, die die Vertizes verlassen bzw. auf diese zulaufen, dargestellt werden. Die Regeln der Störungsreihe legen fest, wie solche Diagramme in analytische Ausdrücke übersetzt werden. Die Aufstellung der Regeln und die analytische Auswertung eines Beitrags in einer gegebenen Ordnung der Störungsrechnung erfordern einige Kombinatorik, für die wir hier ein wichtiges Theorem diskutieren.

Ein Satz von Erzeugungs- und Vernichtungsoperatoren werde einheitlich und ohne Unterscheidung mit A_i, A_j, ... bezeichnet. Für jedes Produkt von endlich vielen solcher Operatoren definiert man Normalprodukte.

Definition 5.2   Normalprodukt

Ein Normalprodukt, das aus den Operatoren A_i, A_j, ... , A_m gebildet wird,

$$:A_i A_j \cdots A_m: := (-)^\pi A_x A_y \cdots A_z , \qquad (5.101)$$

entsteht dadurch, dass die Operatoren in zwei Gruppen eingeteilt werden, von denen eine nur aus Erzeugungsoperatoren, die andere nur aus Vernichtungsoperatoren besteht. Die zweite Gruppe wird dabei rechts (also zuerst wirkend) von der ersten angeordnet; außerdem erhält das Normalprodukt das Vorzeichen derjenigen Permutation, die notwendig ist, um von der gegebenen Reihenfolge zur Normalordnung zu gelangen.

Normalprodukte haben folgende Eigenschaften:

$$\langle \Omega | :A_1 A_2 \cdots A_n: |\Omega\rangle = 0 , \qquad (5.102)$$

$$:A_1 A_2 \cdots A_n: = -:A_2 A_1 \cdots A_n: , \qquad (5.103)$$

$$:(A_1 + A_2)A_3 \cdots A_n: = :A_1 A_3 \cdots A_n: + :A_2 A_3 \cdots A_n: . \qquad (5.104)$$

Definition 5.3   Kontraktion

Die Kontraktion zweier Erzeugungs- oder Vernichtungsoperatoren ist die Differenz aus dem ursprünglichen Produkt und dem Normalprodukt der Operatoren,

$$\overline{A_1 A_2} := A_1 A_2 - :A_1 A_2: . \qquad (5.105)$$

Sind die Operatoren überdies von der Zeit abhängig, so definiert man stattdessen

$$\overline{A_1 A_2} := T(A_1 A_2) - :A_1 A_2: . \qquad (5.106)$$

Das Normalprodukt ist eine reelle Zahl, und es ist

$$\overline{A_1 A_2} = \langle \Omega | A_1 A_2 | \Omega \rangle \, .$$

Etwas allgemeiner spricht man von einem kontrahierten Normalprodukt, wenn in einem Normalprodukt ein oder mehrere Paare von Operatoren bereits kontrahiert sind. Am folgenden Beispiel, in dem die Operatoren A_1 und A_3, sowie A_4 und A_m kontrahiert sind, versteht man, was gemeint ist und wie solche Ausdrücke zu handhaben sind:

$$:\overline{A_1 A_2 A_3} \ \overline{A_4 \cdots A_m} A_n: = (-)^\pi \overline{A_1 A_3} \ \overline{A_4 A_m} : A_2 A_5 \cdots A_n: \, .$$

Dabei ist $(-)^\pi$ die Phase, die entsteht, wenn die paarweise kontrahierten Operatoren wie im Beispiel aus dem Produkt herausgezogen werden.

Für beliebige Produkte gilt der folgende Satz für die Kombinatorik der Operatorprodukte.

Satz 5.1 Wick'sches Theorem

Ein Produkt von Erzeugungs- und Vernichtungsoperatoren ist gleich der Summe aller seiner kontrahierten Normalprodukte,

$$\begin{aligned}
A_1 A_2 \cdots A_n = \ & :A_1 A_2 \cdots A_n: + :\overline{A_1 A_2} A_3 \cdots A_n: + \ldots \\
& + :A_1 \overline{A_2 \cdots A_m} A_n: + :\overline{A_1 A_2} \overline{A_3 \cdots A_n}: + \ldots \\
& + :\overline{A_1 A_2 A_3 \cdots A_m} A_n: + \ldots .
\end{aligned}$$

$$(5.107)$$

Der Beweis des Theorems wird wie folgt mit vollständiger Induktion durchgeführt. Für $n = 2$ gilt schon aufgrund der Definition (5.105)

$$A_1 A_2 = :A_1 A_2: + \overline{A_1 A_2} \, .$$

Nehmen wir jetzt an, das Theorem sei für ein beliebiges $n \geq 2$ richtig, und fügen wir zu $A_1 \cdots A_n$ einen weiteren Operator B hinzu. Ist B ein Vernichtungsoperator und fügt man ihn ganz rechts an, so ist das Produkt von B mit einem beliebigen anderen Operator bereits in Normalform. Das bedeutet, dass die Kontraktion von B mit jedem anderen Operator verschwindet. Die Gleichung (5.107), die für n als richtig angenommen ist, können wir von rechts mit B multiplizieren und überdies B in alle Normalprodukte hereinziehen. Da die Kontraktion von B mit jedem anderen Operator Null ist, ist (5.107) auch für $n+1$ richtig. Ist B ein Erzeugungsoperator, so fügt man diesen von links an und stellt fest, dass alle Aussagen des ersten Falls auch hier gelten. Wenn schließlich B ein Polynom in Erzeugungs- und Vernichtungsoperatoren ist, so benutzt man die Eigenschaften (5.102)–(5.104), die für gewöhnliche Produkte, für Normalprodukte und für Kontraktionen gelten. Damit ist der Satz bewiesen.

5.4.6 Anwendung auf den Hartree-Fock-Grundzustand

Kehren wir jetzt zu den Erzeugungs- und Vernichtungsoperatoren der Ein-Teilchen-Zustände einer beliebigen Basis zurück. Die Definition 5.3 zeigt, dass die Kontraktion $a_i^\dagger$ mit a_j nichts anderes als die Ein-Teilchen-Dichte ist. Daraus folgt für alle Ein-Teilchen-Operatoren

$$a_m^\dagger a_n = \varrho_{nm} + {:}a_m^\dagger a_n{:} \, .$$

Bei Zwei-Teilchen-Operatoren, wie sie im Hamiltonoperator des N-Teilchensystems vorkommen, verwendet man das Wick'sche Theorem und erhält

$$a_i^\dagger a_j^\dagger a_l a_k = \varrho_{lj}\varrho_{ki} - \varrho_{li}\varrho_{kj} + \varrho_{lj}{:}a_i^\dagger a_k{:} + \varrho_{ki}{:}a_j^\dagger a_l{:}$$
$$- \varrho_{li}{:}a_j^\dagger a_k{:} - \varrho_{kj}{:}a_i^\dagger a_l{:} + {:}a_i^\dagger a_j^\dagger a_l a_k{:} \, . \tag{5.108}$$

Mit diesen Ergebnissen lässt sich der allgemeine Hamiltonoperator

$$H = \sum_{ij} \langle i| \, T \, |j\rangle \, a_i^\dagger a_j + \frac{1}{4} \sum_{ijkl} \langle ij| \, U \, |kl\rangle \, a_i^\dagger a_j^\dagger a_l a_k$$

durch die Ein-Teilchen-Dichte und durch Normalprodukte ausdrücken,

$$H = \sum_{ij} \langle i| \, T \, |j\rangle \, (\varrho_{ij} + {:}a_i^\dagger a_j{:}) + \frac{1}{2} \sum_{ijkl} \langle ij| \, U \, |kl\rangle \, \varrho_{ki}\varrho_{lj}$$
$$+ \sum_{ijkl} \langle ij| \, U \, |kl\rangle \, \varrho_{lj}{:}a_i^\dagger a_k{:} + \frac{1}{4} \sum_{ijkl} \langle ij| \, U \, |kl\rangle \, {:}a_i^\dagger a_j^\dagger a_l a_k{:} \, .$$

In der Herleitung dieser Formel haben wir die Antisymmetrie des Zwei-Teilchen-Matrixelements ausgenutzt, aufgrund derer die ersten beiden Terme auf der rechten Seite von (5.108) denselben Beitrag liefern, ebenso wie die darauf folgenden vier Terme alle denselben Beitrag geben.

Führt man an dieser Stelle die Dichten des Hartree-Fock-Zustandes ein, verwendet den Ausdruck (5.95) und die Definition (5.97), so folgt

$$H = E_0 + \sum_{ij} \langle i| \, T + \Gamma \, |j\rangle \, {:}a_i^\dagger a_j{:} + \frac{1}{4} \sum_{ijkl} \langle ij| \, U \, |kl\rangle \, {:}a_i^\dagger a_j^\dagger a_l a_k{:} \, , \tag{5.109}$$

ein Ausdruck, der sich dadurch auszeichnet, dass er nur noch Normalprodukte enthält. Er vereinfacht sich noch etwas weiter, wenn man für die Basis die selbstkonsistenten Ein-Teilchen-Zustände der Hartree-Fock-Basis verwendet, in der

$$\langle i| \, T + \Gamma \, |j\rangle = \varepsilon_i \delta_{ij}$$

gilt, und wie oben beschrieben den Hartree-Fock-Grundzustand als neues Vakuum $|\Omega\rangle$ einführt. Für Teilchenzustände ist natürlich

$${:}\eta_i^\dagger \eta_i{:} = a_i^\dagger a_i \, , \qquad i > N \, ,$$

aber für Lochzustände gilt

$$:\eta_j^\dagger \eta_j: = -:a_j^\dagger a_j:\,, \qquad j \le N\,.$$

Definiert man im Blick auf diese Aussagen

$$\widetilde{\varepsilon}_i := \varepsilon_i \quad \text{für} \quad i > N\,, \qquad := -\varepsilon_i \quad \text{für} \quad i \le N\,, \tag{5.110}$$

so lautet der Hamiltonoperator in der Basis der Hartree-Fock-Zustände

$$\boxed{H = E_0 + \sum_i \widetilde{\varepsilon}_i \eta_i^\dagger \eta_i + \frac{1}{4} \sum_{ijkl} \langle ij|\, U\, |kl\rangle :a_i^\dagger a_j^\dagger a_l a_k:\,.} \tag{5.111}$$

Dieses Ergebnis, das der Ausgangspunkt für weitere Analysen des N-Fermionen-Systems ist, lässt sich physikalisch gut interpretieren. Der erste Summand E_0 auf der rechten Seite ist die Energie des Grundzustandes in der Hartree-Fock-Näherung. Der zweite Term enthält die Ein-Teilchen-Energien, die aus der Lösung der selbstkonsistenten Hartree-Fock-Gleichungen (5.89) oder (5.92) gewonnen werden, und beschreibt die Ein-Teilchen-Anregungen des Systems (die allerdings keine Eigenzustände des Hamiltonoperators sind). Man könnte diesen Term als die Näherung des Schalenmodells bezeichnen. Der dritte Term schließlich ist die so genannte *Restwechselwirkung*.

Die Restwechselwirkung wird mit diagrammatischen Methoden weiterbehandelt. Zunächst führt man eine graphische Darstellung von Teilchen- und Lochzuständen ein, die in Abb. 5.8 tabellarisch angegeben ist. Alle durchgezogenen Linien beschreiben Teilchen oder Löcher, die an einem Vertex angreifen, der die Zwei-Teilchen-Wechselwirkung symbolisiert. Ein Erzeugungsoperator wird durch eine vom Vertex nach oben gehende Linie dargestellt, ein Vernichtungsoperator durch eine vom Vertex nach unten gehende Linie. Bei *Teilchen* geht die Pfeilrichtung bei Vernichtung auf den Vertex zu, bei Erzeugung von ihm weg. Bei Lochzuständen ist die Pfeilrichtung die zu diesen Regeln entgegengesetzte. Die Richtung der Pfeile ist für die Bilanzen der Erhaltungsgrößen in den Matrixelementen wichtig.

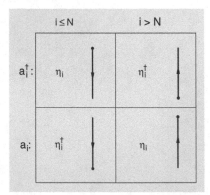

Abb. 5.8. Tabellarische Übersetzung der Erzeugungs- und Vernichtungsoperatoren $a_i^\dagger$ bzw. a_i in entsprechende Operatoren für Löcher bei $i \le N$ und für Teilchen bei $i > N$. Die Pfeile geben die Regeln an, wie Erhaltungssätze angewandt werden müssen, je nachdem, ob der Teilchen- bzw. Lochzustand in den Vertex hinein- oder von ihm wegläuft

Die generischen Fälle lassen sich wie folgt unterscheiden:

1. $i, j, k, l > N$: Alle vier Indizes gehören zu unbesetzten Zuständen. Die Restwechselwirkung ist gleich

$$+\frac{1}{4} \sum_{ijkl} \langle ij|\, U\, |kl\rangle\, \eta_i^\dagger \eta_j^\dagger \eta_l \eta_k$$

und ist in Abb. 5.9a dargestellt. Dabei haben wir den Vertex ein bisschen auseinander gezogen, um die direkte und die Austauschwechselwirkung besser sichtbar zu machen, die im Matrixelement enthalten ist. Wenn beispielsweise ein Beitrag zweiter Ordnung auftritt, der analytisch das Produkt zweier Matrixelemente zwischen dem Grundzustand und einer Ein-Teilchen- – Ein-Loch-Anregung $|\Phi\rangle$ enthält,

$$\langle \Omega|\, H\, |\Phi\rangle \langle \Phi|\, H\, |\Omega\rangle\,,$$

Abb. 5.9. (**a**) Wenn alle vier Zustände in der Restwechselwirkung in (5.111) unbesetzte Zustände sind, dann sind alle vier Operatoren *Teilchen*operatoren, k und l laufen ein, i und j laufen aus. Der Vertex ist noch einmal auseinandergezogen, um den direkten Beitrag und den Austauschterm sichtbar zu machen. (**b**) Diagramme, die den virtuellen Übergang aus dem Grundzustand in einen Anregungszustand und zurück beschreiben, der aus einer Teilchen-Loch-Anregung besteht. Wieder gibt es einen direkten Beitrag und einen Austauschbeitrag

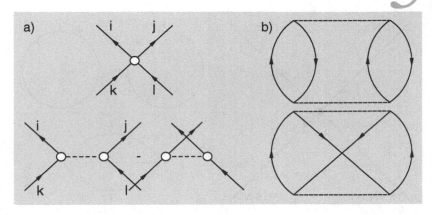

dann wird dieser durch die beiden Diagramme der Abb. 5.9b dargestellt.

2. $i, j, k, l \leq N$: Alle vier Zustände sind besetzte Zustände. Die Restwechselwirkung lautet jetzt

$$+\frac{1}{4} \sum_{ijkl} \langle ij| U |kl \rangle \, \eta_l^\dagger \eta_k^\dagger \eta_i \eta_j$$

und wird durch den Vertex der Abb. 5.10 dargestellt.

3. $i, k > N$, $j, l \leq N$: Zwei Zustände sind unbesetzt, zwei sind besetzt, die Restwechselwirkung lautet jetzt

$$-\frac{1}{4} \sum_{ijkl} \langle ij| U |kl \rangle \, \eta_i^\dagger \eta_l^\dagger \eta_j \eta_k$$

und wird durch den Vertex in Abb. 5.11a dargestellt. Bis auf das Vorzeichen ist die Teilchen-Loch-Wechselwirkung gleich der Teilchen-Teilchen-Wechselwirkung bzw. der Loch-Loch-Wechselwirkung. Mit Termen dieser Klasse sind z. B. die Diagramme der Abb. 5.11b möglich, von denen das erste dem Matrixelement

$$\langle ij| U |ij \rangle \,,$$

das zweite dem Matrixelement

$$\langle ij| U |ji \rangle$$

entspricht und die beide dynamische Korrelationen im Grundzustand des Systems beschreiben.

Die weitere Analyse des N-Fermionen-Systems lässt sich wie folgt skizzieren: Im Prinzip kann man die exakten Lösungen der Schrödinger-Gleichung durch Diagonalisierung der Restwechselwirkung im Fock-Raum aller Ein-Teilchen-Zustände konstruieren, die man im ersten Schritt durch das Hartree-Fock-Verfahren erhalten hat. In der Praxis ist

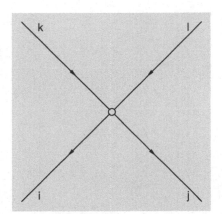

Abb. 5.10. Ähnliche Darstellung wie in Abb. 5.9: Hier sind alle vier Zustände besetzte Zustände, alle vier Operatoren sind *Loch*operatoren. Die Pfeilrichtungen folgen aus den Regeln der Abb. 5.8

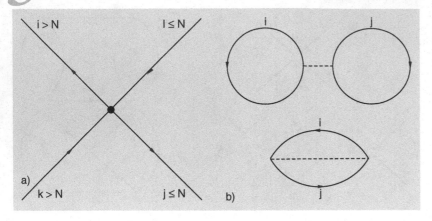

Abb. 5.11. (a) Hier sind i und k unbesetzte, j und l besetzte Zustände; die Pfeilrichtungen folgen aus den Regeln der Abb. 5.8. (b) Für $k = i$ und $j = l$ ergeben sich zwei Diagramme, die die Teilchen-Loch-Wechselwirkung darstellen

dies natürlich unmöglich und auch für diesen Schritt sind verfeinerte Näherungsmethoden notwendig. Diese Methoden, die unter den Namen *Tamm-Dancoff-Methode*, *Zeitabhängiges Hartree-Fock-Verfahren*, *Bogoliubov-Verfahren für Paarkräfte* u. a. bekannt sind, gehen über die einfache Störungstheorie insofern hinaus, als sie gewisse Klassen von Diagrammen bereits aufsummieren. Sie gehören zu den Standardmethoden der nichtrelativistischen N-Teilchen-Theorie und werden in Spezialvorlesungen und weiterführenden Büchern über dieses Gebiet behandelt.

Anhang

A.1 Diracs $\delta(x)$ und temperierte Distributionen

Die Dirac'sche δ-Distribution gehört zur Klasse der *verallgemeinerten Funktionen* oder, präziser eingeschränkt, zur Klasse der *temperierten Distributionen*. Die wesentlichen Ideen, die der Definition dieses mathematischen Begriffs zugrunde liegen, kann man aus physikalischer Sicht anhand des folgenden Beispiels verstehen.

Wir denken uns eine Folge von Ladungsverteilungen ϱ_n, die zur Gesamtladung 1 gehören und die sich mit wachsendem n immer mehr einer *Punkt*ladung annähern. Es sei

$$\varrho_n(\boldsymbol{r}) = \left(\frac{n}{\pi}\right)^{3/2} e^{-nr^2}, \tag{A.1}$$

für die man leicht die genannte Normierungsbedingung nachprüft

$$\int d^3x \, \varrho_n(\boldsymbol{r}) = 4\pi \int_0^\infty r^2 \, dr \varrho_n(r) = 1 \, .$$

Abbildung A.1 zeigt drei Beispiele der Verteilung (A.1). Im Limes $n \to \infty$ wird daraus ein recht singulärer Graph, der für alle $\boldsymbol{r} \neq 0$ gleich Null, im Nullpunkt $\boldsymbol{r} = 0$ aber unendlich ist. Während das Objekt, das dabei entsteht,

$$\lim_{n\to\infty} \varrho_n(\boldsymbol{r}) =: \delta(\boldsymbol{r}) \, ,$$

sicher keine Funktion im üblichen Sinne mehr ist, bleibt doch richtig, dass das Integral über ϱ_n mit einer beliebigen stetigen und beschränkten Funktion $f(\boldsymbol{x})$ existiert und im Limes den Wert

$$\lim_{n\to\infty} \int d^3x \, \varrho_n(\boldsymbol{r}) f(\boldsymbol{x}) = f(0)$$

hat. Dies legt nahe, anstelle des im Limes $n \to \infty$ undefinierten Objekts $\varrho_n(\boldsymbol{x})$ die linearen *Funktionale*

$$\delta_n(f) := \int d^3x \, \varrho_n(\boldsymbol{r}) f(\boldsymbol{x})$$

zu betrachten, die in diesem Grenzfall wohldefiniert bleiben und den Wert

$$\delta(f) = f(0) \tag{A.2}$$

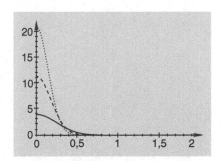

Abb. A.1. Eine Schar von Funktionen, die sich der Dirac'schen δ-Distribution $\delta(r)$ annähern. Das Bild zeigt die Funktion (A.1) für die Beispiele $n = 8$, $n = 16$ und $n = 24$

ergeben. Auch wenn man oft symbolisch einen Integralausdruck der Art

$$\int d^3x\, \delta(\boldsymbol{x})\, f(\boldsymbol{x}) \equiv \delta(f) := f(0)$$

hinschreibt, soll man sich darüber klar sein, dass dies kein Integral im Lebesgue'schen Sinne ist, sondern dass mit (A.2) vielmehr ein spezielles, lineares und stetiges Funktional auf einem linearen Funktionenraum definiert wird. Mit anderen Worten, ist f Element des Funktionenraums, so ist δ Element eines dazu dualen Raums. Die δ-Distribution, ebenso wie alle anderen Distributionen, ist also immer mit Bezug auf einen Funktionenraum definiert.

Damit ist inhaltlich der Gang der Dinge vorgezeichnet: Man legt zunächst fest, welche Eigenschaften der Funktionenraum haben soll, definiert dann Funktionale auf den Elementen dieses Raums, die Abbildungen nach $\mathbb{R}$ vermitteln und die somit in einem Dualraum des Funktionenraums liegen. Dabei wählt man alle Eigenschaften und Definitionen so, dass der Kalkül mit Distributionen formal derselbe wie der mit Funktionen wird.

Wir fahren mit dem Beispiel fort: Haben die Funktionen $f(\boldsymbol{x})$ auch stetige und beschränkte erste Ableitungen, dann existiert der Limes

$$\lim_{n\to\infty}\int d^3x\, \frac{\partial \varrho_n(\boldsymbol{x})}{\partial x^i}\, f(\boldsymbol{x}) = -\lim_{n\to\infty}\int d^3x\, \varrho_n(\boldsymbol{x})\frac{\partial f(\boldsymbol{x})}{\partial x^i}$$
$$= -\delta\left(\frac{\partial f}{\partial x^i}\right) = -\frac{\partial f}{\partial x^i}(0)\,,$$

und wir können eine weitere Distribution definieren, die jeder Funktion f mit den genannten Eigenschaften ihre negative Ableitung bei 0 zuordnet,

$$\delta_{,i} \equiv \frac{\partial \delta}{\partial x^i} : \quad f \longmapsto -\frac{\partial f}{\partial x^i}(0)\,. \tag{A.3}$$

Diese Definition lässt sich auf beliebige höhere Ableitungen ausdehnen, vorausgesetzt, die Funktionen f besitzen die entsprechenden stetigen und beschränkten Ableitungen höherer Ordnung.

A.1.1 Testfunktionen und temperierte Distributionen

Während für die Definition der Distribution (A.2) nur gefordert werden muss, dass die Funktionen stetig und beschränkt sind, ist die Distribution (A.3) nur auf Funktionen definiert, die auch stetige und beschränkte erste Ableitungen besitzen. In diesem Sinn ist (A.3) singulärer als (A.2) und generell kann man sagen: Je *singulärer* die Distribution ist, umso *regulärer* müssen die Funktionen sein, auf die sie angewendet werden.

Da das Ziel ist, Distributionen so zu erklären, dass sie wirklich verallgemeinerte Funktionen sind, d. h. dass man für sie dieselben formalen Rechenregeln wie für Funktionen entwickeln kann, ist es sinnvoll, alle Distributionen mit Bezug auf denselben Funktionenraum zu definieren und diesen so regulär zu wählen, dass man zu jeder Distribution auch alle endlichen Ableitungen im Sinne des Beispiels (A.3) bilden kann. Dies motiviert die folgende Definition:

Definition A.1   Raum der Testfunktionen

Der *Raum der Testfunktionen* $\mathcal{S}(\mathbb{R}^3)$ ist der lineare Raum aller C^∞-Funktionen auf $\mathbb{R}^3$, die selbst nebst allen ihren Ableitungen mit $|x| \to \infty$ stärker als jede inverse Potenz $|x|^{-n}$ nach Null streben.

Ein einfaches Beispiel bilden die Funktionen

$$f(x) = P_k(x)\,e^{-|x|^2},$$

bei denen P_k Polynome sind. Sie sind unendlich oft differenzierbar, die Funktion und alle ihre Ableitungen bleiben beschränkt, im Unendlichen klingen sie stärker als jede inverse Potenz von $|x|$ ab.

Auf dem Raum der Testfunktionen wird eine Norm benötigt, die es erlaubt, Folgen von Funktionen zu betrachten und Konvergenzkriterien aufzustellen. Um die Schreibweise zu erleichtern, werden Multi-Indizes verwendet und eine Reihe von Abkürzungen eingeführt,

$$k \equiv (k_1, k_2, k_3)\,, \qquad k_i \in \mathbb{N}_0\,, \qquad \sum k \equiv k_1 + k_2 + k_3\,,$$

$$x^k \equiv (x^1)^{k_1}(x^2)^{k_2}(x^3)^{k_3}\,, \qquad D^k \equiv \frac{\partial^{k_1}}{\partial(x^1)^{k_1}}\frac{\partial^{k_2}}{\partial(x^2)^{k_2}}\frac{\partial^{k_3}}{\partial(x^3)^{k_3}}\,.$$

Jedem Paar von natürlichen Zahlen $p, q \in \mathbb{N}$ wird auf $\mathcal{S}$ die Norm

$$\|f\|_{p,q} := \sup_{\sum k \le p, \sum l \le q}\ \sup_{x \in \mathbb{R}^3} \left|(1 + |x|^2)^{\sum k} D^l f(x)\right| \qquad\qquad \text{(A.4)}$$

zugeordnet. Man sagt dann, eine Folge f_n von Elementen des Raums $\mathcal{S}$ konvergiere gegen $f \in \mathcal{S}$, wenn gilt:

$$\lim_{n \to \infty} \|f_n - f\|_{p,q} = 0 \quad \text{für alle} \quad p, q \in \mathbb{N}. \qquad\qquad \text{(A.5)}$$

Es sei T ein lineares Funktional auf dem Funktionenraum $\mathcal{S}$, $T\colon \mathcal{S} \to \mathbb{R}$. Man sagt, T sei *stetig*, wenn für jede Nullfolge $f_n \to 0$ auch $T(f_n) \to 0$ gilt. Wegen der vorausgesetzten Linearität des Funktionals gilt dann auch

$$T(f_n) \longrightarrow T(f) \quad \text{für} \quad f_n \longrightarrow f\,, \qquad f_n, f \in \mathcal{S}\,.$$

Mit diesen Begriffsbildungen kann man jetzt präzise festlegen, was eine Distribution sein soll:

Definition A.2   Temperierte Distribution

Eine temperierte Distribution ist ein stetiges, lineares Funktional auf dem Raum $\mathcal{S}$ der schnell abfallenden Funktionen.

Notwendig und hinreichend für die Stetigkeit von T ist es, dass man immer ein Paar (p,q) von natürlichen Zahlen finden kann derart, dass

$$|T(f)| \leq c \, \|f\|_{p,q} \quad \text{für alle} \quad f \in \mathscr{S} \,, \tag{A.6}$$

wobei c eine positive Konstante ist. Hierzu betrachten wir zwei Beispiele:

- Die Dirac'sche δ-Distribution $\delta(f) := f(0)$ ist stetig, weil sie die Ungleichung erfüllt

$$|\delta(f)| \leq \|f\|_{0,0} \,.$$

- Ihre erste Ableitung nach x^i, die als

$$\delta_{,i}(f) := -\frac{\partial f}{\partial x^i}(0)$$

erklärt ist, ist ebenfalls stetig, weil

$$\left|\delta_{,i}(f)\right| \leq \|f\|_{0,1} \,.$$

A.1.2 Funktionen als Distributionen

Man kann sich leicht klar machen, dass Funktionen, die im Unendlichen nicht stärker als Polynome anwachsen, in die Definition der temperierten Distributionen hineinpassen, die letzteren also tatsächlich eine Art verallgemeinerter Funktionen sind. Es sei $T(x)$ eine stetige Funktion, für die man ein geeignetes $m \in \mathbb{N}$ angeben kann derart, dass

$$(1 + |x|^2)^{-m} \, |T(x)| \leq C \quad \text{mit} \quad C \in \mathbb{R} \,.$$

Definiert man mit ihrer Hilfe die Funktion

$$T(f) := \int d^3x \, T(x) f(x) \,, \qquad f \in \mathscr{S} \,,$$

dann ist $T(f)$ auch ein lineares und stetiges Funktional auf $\mathscr{S}$, und es gilt

$$|T(f)| \leq \|f\|_{p,0} \int d^3x \, (1 + |x|^2)^{-p} \, |T(x)| \,,$$

vorausgesetzt man wählt $p > m + 2$. Die Abbildung $f \longmapsto T(f)$ ist somit eine Distribution, die überdies durch das angegebene Integral eindeutig definiert ist. In der Tat, wenn $T(f) = 0$ ist für alle $f \in \mathscr{S}$, dann muss $T(x) \equiv 0$ sein. In diesem Sinne sind temperierte Distributionen verallgemeinerte Funktionen und auch nur in diesem Sinne ist die symbolische Schreibweise

$$T(f) \equiv \left. \right. „ \int d^3x \, T(x) f(x) “$$

bei den echten Distributionen zu verstehen, bei denen das Integral keinen Sinn hat.

Die Gesamtheit der temperierten Distributionen spannt einen linearen Raum auf, der zum Funktionenraum $\mathscr{S}$ dual ist und der mit $\mathscr{S}'$ bezeichnet wird. Alle Begriffe und Operationen mit Distributionen legt man so fest, dass sie bei echten Funktionen der oben geschilderten Art die vertraute Bedeutung haben. Ein Beispiel macht klar, was gemeint ist. Es sei $T(x)$ wie oben eine Funktion auf dem $\mathbb{R}^3$. Unter einer Galilei-Transformation

$$x \longmapsto x' = \mathbf{R}\,x + a$$

würde für jedes Element $f \in \mathscr{S}$ das Transformationsverhalten gelten

$$\int \mathrm{d}^3 x\, T(\mathbf{R}\,x + a)\,f(x) = \int \mathrm{d}^3 x'\, T(x')\,f\big(\mathbf{R}^{-1}(x' - a)\big)/\,|\det \mathbf{R}|\ .$$

Mit Blick auf dieses Beispiel definiert man daher die Transformierte $T_{(\mathbf{R},a)}$ einer Distribution T durch

$$T_{(\mathbf{R},a)}(f) := T\big(f_{(\mathbf{R},a)}(x)\big)$$

$$\text{mit}\quad f_{(\mathbf{R},a)}(x) := \frac{1}{|\det \mathbf{R}|}\, f\big(\mathbf{R}^{-1}(x - a)\big)\ . \tag{A.7}$$

A.1.3 Träger einer Distribution

Am Beispiel der Dirac'schen δ-Distribution sieht man, dass die Charakterisierung des Trägers einer Distribution etwas schwieriger ist als bei gewöhnlichen Funktionen. Das Funktional $\delta(f)$, das wir jetzt formal, aber richtig verstanden als

$$\int \mathrm{d}^3 x\, \delta(x)\,f(x) = f(0)$$

schreiben dürfen, liefert nur einen Beitrag von $f(x)$ an der Stelle $x = 0$; für jede Funktion, deren Träger den Punkt $x = 0$ nicht einschließt, ergibt es dagegen den Wert Null. Daher erwartet man, dass der Träger von δ im $\mathbb{R}^3$ der Nullpunkt ist, $\mathrm{supp}\,\delta = \{0\}$.

Bei den Testfunktionen ist die Definition des Trägers die für Funktionen übliche, d.h.

$$\mathrm{supp}\,f := \big\{x \in \mathbb{R}^3 \,\big|\, f(x) \neq 0\big\}\ .$$

Das Komplement von $\mathrm{supp}\,f$ ist die größte offene Menge im $\mathbb{R}^3$, auf der die Funktion f verschwindet. Bei einer Distribution T sagt man, sie verschwinde auf einer offenen Menge $\mathcal{O}$, wenn für alle $f \in \mathscr{S}$, deren Träger in $\mathcal{O}$ liegt, $T(f)$ gleich Null ist,

$$T(f) = 0 \quad \text{für alle} \quad f \in \mathscr{S} \quad \text{mit} \quad \mathrm{supp}\,f \subset \mathcal{O}\ .$$

Im Spezialfall, wo T eine stetige Funktion ist, bedeutet dies, dass $T(x)$ auf ganz $\mathcal{O}$ verschwindet. An diese Überlegungen schließt sich die Definition des Trägers von Distributionen an:

> **Definition A.3   Träger einer Distribution**
>
> Der Träger der Distribution T ist das Komplement der größten offenen Menge, auf der T verschwindet.

Daraus folgt unter anderem, dass es sinnvoll ist zu sagen, zwei Distributionen stimmen auf einer *offenen* Menge überein. Es ist aber nicht sinnvoll zu sagen, sie stimmten in einzelnen Punkten überein.

A.1.4 Ableitungen temperierter Distributionen

Wenn $T = T(x)$ eine differenzierbare Funktion ist, die nicht stärker als ein Polynom anwächst, dann gilt bekanntlich bei Verwendung von partieller Integration

$$\int \mathrm{d}^3 x \left(\frac{\partial T(x)}{\partial x^k} \right) f(x) = - \int \mathrm{d}^3 x \, T(x) \left(\frac{\partial f(x)}{\partial x^k} \right) .$$

Ist T eine temperierte Distribution, so definiert man ihre partielle Ableitung durch die Vorschrift

$$T_{,k} \equiv \frac{\partial T}{\partial x^k}(f) := -T \left(\frac{\partial f(x)}{\partial x^k} \right) , \tag{A.8}$$

wodurch wiederum ein stetiges, lineares Funktional definiert ist, da

$$f \longmapsto -\frac{\partial f}{\partial x^k}$$

eine stetige Abbildung $\mathscr{S} \longrightarrow \mathscr{S}$ ist, und es gilt

$$\left\| \frac{\partial f}{\partial x^k} \right\|_{p,q} \leq \| f \|_{p,q+1} .$$

Daraus folgt, dass temperierte Distributionen unendlich oft differenzierbar sind und dass ihre Ableitungen wieder temperierte Distributionen sind. Ebenso kann man schließen: Wenn zwei temperierte Distributionen auf einer offenen Menge übereinstimmen, so stimmen dort auch ihre Ableitungen überein.

A.1.5 Beispiele von Distributionen

Wir betrachten drei einfache Beispiele und Anwendungen:

> **Beispiel A.1   Diracs δ-Distribution in einer Dimension**

Nach den in (A.7) enthaltenen Regeln ist

$$\int \mathrm{d}x \, \delta(x - a) f(x) = \int \mathrm{d}x' \, \delta(x') f(x' + a) = f(a) , \tag{A.9}$$

$$\int \mathrm{d}x \, \delta(\Lambda x) f(x) = \frac{1}{\Lambda} f(0) , \quad (\Lambda > 0) . \tag{A.10}$$

Wenn $g(x)$ eine stetige, beschränkte Funktion ist, die in den Punkten x_i *einfache* Nullstellen hat, so gilt die Regel .

$$\delta\big(g(x)\big) = \sum_i \frac{1}{|g'(x_i)|} \delta(x - x_i).$$ (A.11)

Auch diese Formel folgt aus der Definition (A.7) und aus (A.9), wenn man $g(x)$ in der Nähe jeder solchen einfachen Nullstelle x_i linearisiert,

$$g(x) \approx g'(x_i)(x - x_i) + \mathcal{O}[(x - x_i)^2].$$

Die Regel (A.10) zeigt, dass $\delta(x)$ im Allgemeinen eine physikalische Dimension trägt: Diese ist die Inverse der Dimension des Arguments.

Wertet man den ersten Faktor des Produkts $\delta(x - a)\delta(y - x)$ auf den Testfunktionen $f(x)$, den zweiten auf den Testfunktionen $f(y)$ aus, dann ergibt sich das gleiche Resultat wie wenn man $\delta(y - a)$ auswertet. Formal darf man also

$$\delta(x - a)\delta(y - x) = \delta(y - a)$$

schreiben. Das Quadrat einer δ-Distribution $\delta^2(x)$ ist dagegen nicht definiert.

Beispiel A.2 Die Stufenfunktion

Die Heaviside'sche Stufenfunktion

$$\Theta(x) = \begin{cases} 1 & \text{für } x > 0, \\ 0 & \text{für } x \leq 0, \end{cases}$$

wenn man sie als Distribution interpretiert, hat die Ableitung $\Theta' = \delta$. Das sieht man anhand der Regel (A.8) wie folgt:

$$\Theta'(f) = -\Theta(f') = -\int_0^\infty \mathrm{d}x \, f'(x) = f(0).$$

Beispiel A.3 Punktladung und Greensfunktion

Faßt man die Funktion

$$G(z) = -\frac{1}{4\pi} \frac{1}{|z|}$$

mit $z \in \mathbb{R}^3$ als Distribution auf, so gilt für ihre zweiten Ableitungen

$$\Delta \, G(z) = \delta(z).$$ (A.12)

Das bedeutet in dieser Lesart, dass für alle Testfunktionen $f \in \mathscr{S}$

$$\Delta \, G(f) = f(0)$$ (A.13)

gilt. Dies beweist man z. B. mit Hilfe des zweiten Green'schen Satzes,

$$\int_V \mathrm{d}^3 x \, (\Phi \, \Delta \, \Psi - \Psi \, \Delta \, \Phi) = \int_{\partial V} \mathrm{d}^2 \sigma \left(\Phi \frac{\partial \Psi}{\partial n} - \frac{\partial \Phi}{\partial n} \Psi \right),$$

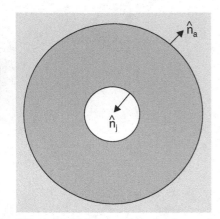

Abb. A.2. Volumen, das durch zwei konzentrische Kugeln berandet wird. Den Radius der äußeren Kugel lässt man nach Unendlich, den der innerren Kugel nach Null gehen

wobei ∂V die glatte Oberfläche des Raumgebiets V ist. Wählt man für V den $\mathbb{R}^3$, aus dem eine Kugel mit Radius ε um den Ursprung ausgeschnitten ist, setzt $\Phi = 1/|\boldsymbol{x}|$ und $\Psi = f \in \mathscr{S}$, so folgt

$$
\int\limits_{|\boldsymbol{x}| \geq \varepsilon} \mathrm{d}^3 x \, \frac{1}{|\boldsymbol{x}|} \, \Delta \, f(\boldsymbol{x}) = \int\limits_{|\boldsymbol{x}| \geq \varepsilon} \mathrm{d}^3 x \, f(\boldsymbol{x}) \, \Delta \left(\frac{1}{|\boldsymbol{x}|} \right)
$$
$$
- \int\limits_{|\boldsymbol{x}| = \varepsilon} \mathrm{d}^2\sigma \, \frac{\partial f}{\partial r} \frac{1}{r} + \int\limits_{|\boldsymbol{x}| = \varepsilon} \mathrm{d}^2\sigma \, f \frac{\partial}{\partial r} \left(\frac{1}{r} \right) .
$$

In diesen Formeln ist $\mathrm{d}^2\sigma = r^2 \, \mathrm{d}\Omega = r^2 \sin\theta \, \mathrm{d}\theta \, \mathrm{d}\phi$. Das Volumen, über das integriert wird, ist in Abb. A.2 skizziert: Die äußere Kugelfläche, die eigentlich im Unendlichen liegt, hat die nach außen gerichtete Flächennormale $\hat{\boldsymbol{n}}_\mathrm{a}$, die innere Kugelfläche, die den ausgeschnittenen Bereich berandet, hat die nach innen gerichtete Normale $\hat{\boldsymbol{n}}_\mathrm{i}$. (Daher stammt das Minuszeichen in der Formel.) Der erste Term auf der rechten Seite ist Null, weil $\Delta(1/|\boldsymbol{x}|)$ überall außerhalb des Nullpunkts verschwindet. Der zweite Term geht mit $\varepsilon \to 0$ nach Null, weil $\mathrm{d}^2\sigma/r$ proportional zu $r = \varepsilon$ ist und weil die Ableitung von f beschränkt bleibt. Der dritte Term bleibt von Null verschieden und liefert im Limes $\varepsilon \to 0$ den Beitrag $-4\pi f(0)$. Damit ist die Formel (A.13) bewiesen.

Bemerkungen

1. Setzt man in (A.12) $\boldsymbol{z} = \boldsymbol{x} - \boldsymbol{y}$, so erhält man eine bekanntere Form der Differentialgleichung für die Greensfunktionen $G(\boldsymbol{x} - \boldsymbol{y})$:

$$
\Delta \, G(\boldsymbol{x} - \boldsymbol{y}) = \delta(\boldsymbol{x} - \boldsymbol{y}) . \tag{A.14}
$$

2. Ganz analoge Überlegungen stellt man für die Gleichung

$$
(\Delta + k^2) G(k, \boldsymbol{x} - \boldsymbol{y}) = \delta(\boldsymbol{x} - \boldsymbol{y}) \tag{A.15}
$$

an, wo die Greensfunktion die in der Ableitung der Born'schen Näherung, Kap. 2, Abschn. 2.4, verwendete ist

$$
G(k, \boldsymbol{x} - \boldsymbol{y}) = -\frac{1}{4\pi} \frac{1}{|\boldsymbol{x} - \boldsymbol{y}|} \left(a \, \mathrm{e}^{\mathrm{i}k|\boldsymbol{x} - \boldsymbol{y}|} + (1 - a) \, \mathrm{e}^{-\mathrm{i}k|\boldsymbol{x} - \boldsymbol{y}|} \right) . \tag{A.16}
$$

3. Kehrt man das Vorzeichen des Terms k^2 in (A.15) um und setzt $\boldsymbol{z} = \boldsymbol{x} - \boldsymbol{y}$, so entsteht die Differentialgleichung

$$
(\Delta - \mu^2) G^{(\mu)}(\boldsymbol{z}) = \delta(\boldsymbol{z}) . \tag{A.17}
$$

Die Greensfunktion $G^{(\mu)}(\boldsymbol{z})$ spielt in der Beschreibung des Yukawa-Potentials eine wichtige Rolle (s. Band 4, Abschn. 2.1). Ohne besondere Randbedingung ist sie durch

$$
G^{(\mu)}(\boldsymbol{z}) = -\frac{1}{4\pi} \frac{\mathrm{e}^{-\mu|\boldsymbol{z}|}}{|\boldsymbol{z}|} \tag{A.18}
$$

gegeben. Diese Formel beweist man am Besten, indem man zunächst (A.17) durch Fourier-Transformation in eine algebraische, leichter lösbare Gleichung verwandelt und dann in einem zweiten Schritt deren Lösung wieder in den Ortsraum zurück transformiert.

A.2 Gammafunktion und Hypergeometrische Funktionen

Die hier zusammengestellten Eigenschaften einiger Spezieller Funktionen sind für die in Kap. 1 behandelten Systeme von Bedeutung, sie geben aber auch einen kleinen Einblick in den Reichtum der Theorie der Speziellen Funktionen und die schönen funktionentheoretischen Methoden, mit deren Hilfe man viele der zitierten Resultate erhält. Eine nahezu vollständige Übersicht gibt das Handbuch [Abramowitz und Stegun (1965)], das auch zahlreiche Hinweise auf die Literatur zu diesem Gebiet enthält. Ebenfalls für die Praxis nützlich ist die Formelsammlung [Gradshteyn und Ryzhik (1965)], die u. a. auch viele Integrale mit Speziellen Funktionen wiedergibt. Unter den zahlreichen Monographien über Spezielle Funktionen sei das Bateman Manuscript Project [Erdély et al. (1953)], unter den Lehrbüchern der Klassiker [Whittaker und Watson (1958)] hervorgehoben.

A.2.1 Die Gammafunktion

Die Gammafunktion $\Gamma(z)$ ist die analytische Fortsetzung der Fakultät $n!$, die ja nur an den Punkten $z = 0, 1, 2, \dots$ definiert ist. Ein möglicher Ausgangspunkt ist das Euler'sche Integral

$$\Gamma(z) = \int\limits_0^\infty dt \, t^{z-1} e^{-t} \,, \tag{A.19}$$

mit dem man zunächst bestätigt, dass

$$\Gamma(n+1) = \int\limits_0^\infty dt \, t^n e^{-t} = n!$$

gilt. Das Integral (A.19) konvergiert offensichtlich nur für solche komplexen Werte von z, deren Realteil größer als Null ist und kann daher noch nicht die gesuchte analytische Fortsetzung auf die ganze z-Ebene sein. Spaltet man aber das Integral in ein solches über das Intervall $[0, 1]$ und ein solches über das Intervall $[1, \infty)$ auf, so lässt sich der erste Summand wie folgt berechnen

$$\int\limits_0^1 dt \, t^{z-1} e^{-t} = \sum_{k=0}^\infty \frac{(-)^k}{k!} \int\limits_0^1 dt \, t^{k+z-1} = \sum_{k=0}^\infty \frac{(-)^k}{k!} \frac{1}{z+k} \,.$$

Das Integral über $[1, \infty)$ andererseits konvergiert für alle z ohne Einschränkung des Realteils auf die rechte Hälfte der komplexen Ebene. Die gesuchte analytische Fortsetzung lautet daher

$$\Gamma(z) = \sum_{k=0}^{\infty} \frac{(-)^k}{k!} \frac{1}{z+k} + \int_1^{\infty} dt\, t^{z-1} e^{-t}\,. \qquad (A.20)$$

Sie zeigt uns Folgendes:

> Die Gammafunktion ist eine meromorphe Funktion und besitzt an den Stellen $z = -k$, $k \in \mathbb{N}_0$ Pole erster Ordnung. Die Residua sind gleich $(-)^k/k!$.

Durch partielle Integration am Integral (A.19) beweist man die wichtige Funktionalgleichung

$$\boxed{\Gamma(z+1) = z\,\Gamma(z)}\,, \qquad (A.21)$$

die für alle $z \in \mathbb{C}$ gilt.

Eine andere Integraldarstellung, die in der ganzen z-Ebene gilt, ist durch das *Hankel'sche Wegintegral* in der komplexen t-Ebene gegeben,

$$\frac{1}{\Gamma(z)} = \frac{i}{2\pi} \int_{\mathcal{C}} dt\,(-t)^{-z} e^{-t}\,, \qquad (A.22)$$

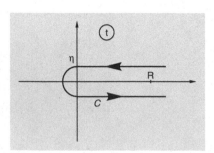

Abb. A.3. Integrationsweg in der komplexen t-Ebene in der Hankel'schen Integraldarstellung (A.22) der Gammafunktion

wobei der Integrationsweg in Abb. A.3 angegeben ist und $|z| < \infty$ gewählt ist.

Betrachten wir das Integral über denselben Weg $\mathcal{C}$, den wir aber zunächst bei einem großen positiven Wert R des Realteils von t abschneiden,

$$\int_{\mathcal{C}} dt\,(-t)^{z-1} e^{-t}\,.$$

Im Grenzübergang $R \to \infty$ ist dies gemäß (A.22) einerseits gleich

$$\frac{2\pi}{i} \frac{1}{\Gamma(1-z)}\,,$$

andererseits lässt sich das Integral direkt ausrechnen und durch ein Linienintegral entlang der positiven reellen Achse der t-Ebene ausdrücken. Oberhalb der reellen Achse gilt

$$\arg(-t) = -\pi \quad \text{und somit} \quad (-t)^{z-1} = e^{-i\pi(z-1)} t^{z-1}\,;$$

unterhalb der reellen Achse gilt dagegen

$$\arg(-t) = \pi \quad \text{und somit} \quad (-t)^{z-1} = e^{+i\pi(z-1)} t^{z-1}\,.$$

Das Integral über den Weg $\mathcal{C}$ zerfällt in ein Linienintegral $\int_R^{\eta} = -\int_{\eta}^R$ parallel zur reellen Achse, ein Integral über den Halbkreis mit Radius η, der den Nullpunkt in der linken Halbebene umschließt, und ein weiteres Linienintegral von η bis R in der unteren Halbebene. Das Integral über den Halbkreis ist

$$i\eta^z \int_{-\pi}^{+\pi} d\phi \, e^{iz\phi+\eta(\cos\phi+i\sin\phi)}$$

und geht mit $\eta \to 0$ nach Null. Die beiden Linienintegrale lassen sich zusammenfassen und ergeben

$$-2i\sin(\pi z) \int_0^R dt \, t^{z-1} e^{-t}.$$

Geht jetzt R wieder nach Unendlich, so entsteht auf der rechten Seite $\Gamma(z)$, vgl. (A.19). Der Vergleich der beiden Resultate ergibt eine in der ganzen komplexen z-Ebene gültige Relation

$$\boxed{\Gamma(z)\Gamma(1-z) = \frac{\pi}{\sin(\pi z)}}. \tag{A.23}$$

Einige spezielle Werte der reellen Gammafunktion sind

$$\Gamma(n+1) = n!, \qquad \Gamma(2) = \Gamma(1) = 1, \qquad \Gamma\left(\frac{1}{2}\right) = \sqrt{\pi}.$$

(Der letzte hiervon folgt aus (A.19) mit der Substitution $t = u^2$ und dem bekannten Gauß'schen Integral.)

Von großer praktischer Bedeutung sind die asymptotischen Formeln für $\ln \Gamma(z)$ und für $\Gamma(z)$, die aus der ersteren folgt. Es gilt

$$\ln \Gamma(z) \sim \left(z - \frac{1}{2}\right) \ln z - z + \frac{1}{2}\ln(2\pi) + \sum_{m=1}^{\infty} \frac{B_{2m}}{2m(2m-1)z^{2m-1}},$$
$$\tag{A.24}$$

die für $z \to \infty$ und $|\arg z| < \pi$ gilt und wobei B_{2m} Bernoulli'sche Zahlen sind.

Für die Gammafunktion selbst gilt

$$\Gamma(z) \sim e^{-z} z^{z-1/2} \sqrt{2\pi}$$
$$\times \left(1 + \frac{1}{12z} + \frac{1}{288z^2} - \frac{139}{51840z^3} - \frac{571}{2488320z^4} + \dots\right) \tag{A.25}$$

ebenfalls bei $z \to \infty$, $|\arg z| < \pi$. Beide Formeln werden bei der numerischen Auswertung dieser Funktionen verwendet. Im Falle der Gammafunktion beispielsweise verwendet man die Funktionalgleichung (A.21), um ein positives Argument auf ein positives, asymptotisches abzubilden. Ein negatives Argument wird zuerst mit der Spiegelungsformel (A.23) auf positive Werte abgebildet.

A.2.2 Hypergeometrische Funktionen

Im Folgenden wird das sog. *Pochhammer'sche Symbol* verwendet, das sich, wie im zweiten Schritt angegeben, durch Gammafunktionen ausdrücken lässt:

$$(x)_n := x(x+1)(x+2)\cdots(x+n-1) = \frac{\Gamma(x+n)}{\Gamma(x)}. \tag{A.26}$$

Insbesondere ist $(x)_0 = 1$. Die hypergeometrischen Funktionen werden allgemein mit dem Symbol $_mF_n(a_1, a_2, \ldots a_m; c_1, c_2, \ldots c_n; z)$ bezeichnet, wobei m die Zahl der in den Zählern der Summanden vorkommenden Parameter, n die Zahl der in den Nennern vorkommenden angibt, während z die Variable bezeichnet.

Die hypergeometrische Reihe. Die hypergeometrische Reihe, die ihren Namen aufgrund ihrer Ähnlichkeit mit der wohlbekannten geometrischen Reihe $\sum x^n$ trägt, ist wie folgt definiert

$$_2F_1(a, b; c; z) = 1 + \frac{ab}{c}z + \frac{a(a+1)b(b+1)}{c(c+1)}\frac{z^2}{2!} + \cdots \tag{A.27}$$

$$\equiv \sum_{n=0}^{\infty} \frac{(a)_n (b)_n}{(c)_n}\frac{z^n}{n!} = \frac{\Gamma(c)}{\Gamma(a)\Gamma(b)} \sum_{n=0}^{\infty} \frac{\Gamma(a+n)\Gamma(b+n)}{\Gamma(c+n)}\frac{z^n}{n!}.$$

Die hierdurch definierte Reihe ist innerhalb des Kreises $|z| < 1$ absolut und gleichmäßig konvergent. Sie ist eine Lösung der Gauß'schen Differentialgleichung

$$z(z-1)w''(z) + [(a+b+1)z - c]w'(z) + abw(z) = 0. \tag{A.28}$$

Die Differentialgleichung (A.28) ist vom Fuchs'schen Typ, ihre Pole erster Ordnung (Stellen der Bestimmtheit in der Theorie der Differentialgleichungen vom Fuchs'schen Typ) liegen bei

$$z_1 = 0, \qquad z_2 = 1, \qquad z_3 = \infty.$$

Einige Spezialfälle für hypergeometrische Reihen sind

$$_2F_1(1, 1; 2; z) = -\frac{1}{z}\ln(1-z),$$
$$_2F_1(a, b; b; z) = (1-z)^{-a},$$
$$_2F_1(-\ell, \ell+1; 1; z) = P_\ell(1-2z) \qquad \text{(Legendre-Polynome)}.$$

Die konfluente hypergeometrische Funktion. Verlegt man die zweite Singularität der Differentialgleichung (A.28) vermittels der Substitution $v = z_0 z$ von 1 in den Punkt z_0 auf der positiven reellen Achse, so genügt es, in (A.27) z durch v/z_0 zu ersetzen. Die entstehende Reihe konvergiert absolut und gleichmäßig für alle $|v| < z_0$. Jetzt wählt man als

Spezialfall den Parameter $b = z_0$ und erhält die Reihe

$$_2F_1(a, z_0; c; v/z_0) = \frac{\Gamma(c)}{\Gamma(a)} \sum_{n=0}^{\infty} \frac{\Gamma(a+n)}{\Gamma(c+n)} \frac{v^n}{n!} \left(\frac{\Gamma(z_0+n)}{\Gamma(z_0)z_0^n} \right) . \qquad (A.29)$$

Sie genügt der Differentialgleichung (A.28) mit $b = z_0$, d. h. der Gleichung

$$v \left(1 - \frac{v}{z_0}\right) w''(v) + \left[c - v \left(1 + \frac{1+a}{z_0}\right)\right] w'(v) - a w(v) = 0 .$$

In dieser Gleichung lassen wir nun z_0 nach Unendlich streben, $z_0 \to \infty$. Es entsteht eine neue Differentialgleichung

$$v w''(v) + (c - v) w'(v) - a w(v) = 0 , \qquad (A.30)$$

die als *Kummer'sche Differentialgleichung* bekannt ist. Falls es zulässig ist, denselben Grenzübergang $z_0 \to \infty$ in jedem Summanden der Reihe (A.29) auszuführen, so folgt für jeden endlichen Wert von n und mit

$$\lim_{z_0 \to \infty} \left(\frac{\Gamma(z_0+n)}{\Gamma(z_0)z_0^n} \right) = 1$$

eine Reihenentwicklung für $_1F_1(a; c; z)$:

$$\lim_{z_0 \to \infty} {_2F_1}(a, z_0; c; z/z_0) = {_1F_1}(a; c; z) ,$$

wobei

$$_1F_1(a; c; z) = \frac{\Gamma(c)}{\Gamma(a)} \sum_{n=0}^{\infty} \frac{\Gamma(a+n)}{\Gamma(c+n)} \frac{z^n}{n!} = 1 + \frac{a}{c}z + \frac{a(a+1)}{c(c+1)} \frac{z^2}{2!} + \dots$$
$$(A.31)$$

ist. Dies ist die *konfluente hypergeometrische Funktion*. Sie hat ihren Namen daher, dass sie aus der hypergeometrischen Funktion $_2F_1$ durch das Zusammenfließen, die „Konfluenz", der Pole bei $z_2 = 1$ und $z_3 = \infty$ entstanden ist. Der Punkt $z_1 = 0$ bleibt nach wie vor Pol der Differentialgleichung (Stelle der Bestimmtheit), aus den beiden anderen ist durch das Zusammenfließen eine (im Allgemeinen) wesentliche Singularität geworden, die im Unendlichen liegt. Die Lösung $_1F_1$ ist bei $z = 0$ zwar regulär, sie wird bei $z = \infty$ aber singulär. Man bestätigt mit Hilfe von bekannten Konvergenzkriterien, dass die Reihe (A.31) im Endlichen überall konvergiert, diese Funktion daher – im Sinne der Funktionentheorie – eine *ganze* Funktion ist. Diese Aussagen werden plausibel, wenn man beachtet, dass

$$_1F_1(a; a; z) = e^{-z} , \qquad _1F_1(a = -n; c; z) = P_n(c, z)$$

gilt, wobei P_n ein Polynom vom Grade n ist. Wir merken noch an, dass die Hermite'schen Polynome, die Laguerre'schen Polynome sowie die Besselfunktionen als Spezialfälle in (A.31) enthalten sind, s. [Abramowitz und Stegun (1965)], Kap. 13.

Für die Praxis wichtige Relationen sind

$$_1F_1(a; c; z) = e^z \, {_1F_1}(c-a; c; z) \qquad \text{(Kummer'sche Relation)},$$

$$\text{(A.32)}$$

$$\frac{d^n}{dz^n} {_1F_1}(a; c; z) = \frac{(a)_n}{(c)_n} {_1F_1}(a+n; c+n; z).$$

$$\text{(A.33)}$$

Integraldarstellungen und Asymptotik. Man geht in mehreren Schritten vor. Zunächst stellt man fest, dass die Transformation $w(z) = z^{1-c}v(z)$ die Kummer'sche Differentialgleichung (A.30) in

$$z^{1-c}[zv''(z) + (2-c-z)v'(z) - (1+a-c)v(z)] = 0$$

überführt. Diese ist aber wieder vom selben Typus, wenn man nur $a' = 1+a-c$, $c' = 2-c$ setzt. Das bedeutet: Mit $_1F_1(a; c; z)$ ist auch

$$z^{1-c} {_1F_1}(1+a-c; 2-c; z)$$

$$\text{(A.34)}$$

eine Lösung von (A.30), vorausgesetzt, c ist nicht gleich einem der Werte $0, -1, -2, \ldots$. Außer für $c = 1$ sind die beiden Lösungen linear unabhängig; für $c = 1$ fallen sie zusammen.

Sei nun $w(z)$ eine Lösung von (A.30). Gesucht wird eine analytische Funktion $f(t)$ und ein geeigneter Integrationsweg $\mathcal{C}_0$ in der komplexen t-Ebene derart, dass gilt

$$w(z) = \frac{1}{2\pi i} \int_{\mathcal{C}_0} dt \, e^{tz} f(t).$$

$$\text{(A.35)}$$

Die Ableitungen von $w(z)$ lassen sich durch Differentiation unter dem Integral berechnen, die Differentialgleichung gibt die Bedingung

$$\frac{1}{2\pi i} \int_{\mathcal{C}_0} dt \, e^{tz} [zt^2 f(t) + (c-z)t f(t) - a f(t)] = 0.$$

Mit der Beziehung $z e^{tz} = d/dt(e^{tz})$ und mittels partieller Integration geht sie über in

$$\int_{\mathcal{C}_0} dt \, \frac{d}{dt}[e^{tz} t(t-1) f(t)]$$

$$+ \int_{\mathcal{C}_0} dt \, e^{tz} \left[-\frac{d}{dt}[t(t-1)f(t)] + (ct-a) f(t) \right] = 0.$$

$$\text{(A.36)}$$

Hinreichende Bedingungen dafür, dass die Gleichung (A.36) wahr ist, lassen sich wie folgt angeben

$$\int_{\mathcal{C}_0} dt \, \frac{d}{dt}[e^{tz} t(t-1) f(t)] = 0,$$

$$\text{(A.37)}$$

$$-\frac{d}{dt}[t(t-1) f(t)] + (ct-a) f(t) = 0.$$

$$\text{(A.38)}$$

Die zweite hiervon lässt sich in die Differentialgleichung erster Ordnung

$$\frac{f'}{f} = \frac{a-1}{t} + \frac{c-a-1}{t-1}$$

umschreiben, für die man ein partikuläres Integral angeben kann:

$$f(t) = t^{a-1}(t-1)^{c-a-1}\,. \tag{A.39}$$

Die gesuchte Integraldarstellung (A.35) ist nun

$$w(z) = \frac{1}{2\pi i} \int_{\mathcal{C}_0} dt\, e^{tz} t^{a-1}(t-1)^{c-a-1}\,, \tag{A.40}$$

wobei noch die Bedingung (A.37)

$$\int_{\mathcal{C}_0} dt\, \frac{d}{dt}[e^{tz} t^a (t-1)^{c-a}] = 0 \tag{A.41}$$

erfüllt sein muss.

In genau derselben Weise ergibt sich eine Integraldarstellung für die zweite Lösung (A.34), u. U. mit einem anderen Integrationsweg $\mathcal{C}_1$, mit $a'-1 = a-c$ und $c'-a'-1 = -a$,

$$w(z) = \frac{1}{2\pi i} z^{1-c} \int_{\mathcal{C}_1} dt\, e^{tz} t^{a-c}(t-1)^{-a}\,, \tag{A.42}$$

wenn nur die entsprechende Bedingung (A.41) erfüllt ist, d. h. wenn

$$\int_{\mathcal{C}_0} dt\, \frac{d}{dt}[e^{tz} t^{a-c+1}(t-z)^{-a+1}] = 0\,. \tag{A.43}$$

Die Funktion (A.42) lässt sich weiter umformen, wenn man den Vorfaktor $z^{1-c} = z^{a-c} z^{-a} z$ in das Integral hineinzieht und die Integrationsvariable durch $\tau := tz$ ersetzt:

$$w(z) = \frac{1}{2\pi i} \int_{\mathcal{C}_1} d\tau\, e^{\tau} \tau^{a-c}(\tau-z)^{-a}\,.$$

Die Bedingung (A.43) geht dabei in die folgende über

$$\int_{\mathcal{C}_1} d\tau\, \frac{d}{d\tau}[e^{\tau} \tau^{a-c+1}(\tau-z)^{-a+1}] = 0\,. \tag{A.44}$$

Den Integrationsweg $\mathcal{C}_1$ wählen wir so, dass er die Punkte z und 0 sowie die linke reelle Halbachse einschließt, s. Abb. A.4.

Der nächste Schritt besteht darin, zu zeigen, dass

$$_1F_1(a; c; z) = \frac{\Gamma(c)}{2\pi i} \int_{\mathcal{C}} d\tau\, e^{\tau} \tau^{a-c}(\tau-z)^{-a} \tag{A.45}$$

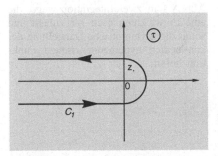

Abb. A.4. Der Integrationsweg in der komplexen τ-Ebene, der die Punkte 0 und z einschließt, in einer Integraldarstellung der konfluenten hypergeometrischen Funktion

gilt, wenn der Integrationsweg so gewählt wurde, dass für alle Punkte z auf $\mathcal{C}$ die Ungleichung

$$\left| \frac{z}{\tau} \right| \leq c < 1$$

erfüllt ist. In diesem Fall kann man $(\tau - z)^{-a}$ nach Potenzen von z/τ entwickeln und erhält in (A.45)

$${}_1F_1(a; c; z) = \Gamma(c) \sum_{n=0}^{\infty} \binom{-a}{n} (-z)^n \frac{1}{2\pi i} \int_{\mathcal{C}} d\tau\, e^\tau \tau^{-c-n}\,.$$

Auf der rechten Seite dieser Gleichung taucht ein Integral auf, das wir aus der Formel (A.22) kennen. Setzt man ein, so bestätigt man die Behauptung wie folgt

$${}_1F_1(a; c; z) = \Gamma(c) \sum_{n=0}^{\infty} \binom{-a}{n} (-z)^n \frac{1}{\Gamma(c+n)} = \sum_{n=0}^{\infty} \frac{(a)_n}{(c)_n} \frac{z^n}{n!}\,.$$

In einem weiteren Schritt benutzt man die Integraldarstellung (A.45), um eine asymptotische Darstellung für ${}_1F_1$ herzuleiten. Dazu setzt man

$$\Phi_k(a, c, z) = \frac{\Gamma(c)}{2\pi i} \int_{\mathcal{C}_k} d\tau\, e^\tau \tau^{a-c} (\tau - z)^{-a}\,, \qquad k = 1, 2\,,$$

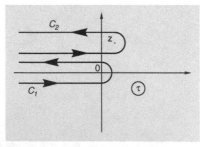

Abb. A.5. Aufteilung des Weges der Abb. A.4 in zwei Integrationswege, die eine Entwicklung nach τ/z zulässt und somit die asymptotische Darstellung der konfluenten hypergeometrischen Funktion liefert

wobei die Integrationswege $\mathcal{C}_1$ und $\mathcal{C}_2$ die in Abb. A.5 eingezeichneten sind. Mit der Substitution $\tau' = \tau - z$ zeigt man noch, dass

$$\Phi_2(a, c, z) = e^z \Phi_1(c - a, c, -z)$$

und somit

$${}_1F_1(a; c; z) = \Phi_1(a, c, z) + e^z \Phi_1(c - a, c, -z)$$

gilt. Man entwickelt jetzt Φ_1 nach τ/z, erhält auf diese Weise eine asymptotische Entwicklung für Φ_1 und somit auch für ${}_1F_1$. Diese lautet

$${}_1F_1(a; c; z) \sim \frac{\Gamma(c)}{\Gamma(c-a)} e^{\pm i\pi a} z^{-a} \sum_{n=0}^{N} (a)_n (1 + a - c)_n \frac{(-z)^{-n}}{n!}$$

$$+ \frac{\Gamma(c)}{\Gamma(a)} e^z z^{a-c} \sum_{n=0}^{M} (c - a)_n (1 - a)_n \frac{z^{-n}}{n!}\,. \tag{A.46}$$

Es handelt sich dabei um eine asymptotische oder semi-konvergente Reihe, die bei festen Werten von a und c für $|z| \to \infty$ gilt und die von der Ordnung $\mathcal{O}(|z|^{-N-1})$ bzw. $\mathcal{O}(|z|^{-M-1})$ ist. Das Vorzeichen im ersten Term muss nach folgender Regel gewählt werden

$$e^{+i\pi a} \quad \text{gilt für} \quad -\frac{\pi}{2} < \arg z < \frac{3\pi}{2}$$

$$e^{-i\pi a} \quad \text{gilt für} \quad -\frac{3\pi}{2} < \arg z < -\frac{\pi}{2}\,.$$

Bei der Diskussion von gebundenen Zuständen in der Schrödinger-Gleichung haben wir mehrfach benutzt, dass der zweite, exponentiell anwachsende Term in (A.46) genau dann verschwindet, wenn a eine negative ganze Zahl oder Null ist. Diese Bedingung hat die Quantisierung der Eigenwerte zur Folge.

A.3 Wichtige Zahlenwerte

Bezeichnung	Symbol	Wert	Dimension
Energieeinheit	1 eV	$1{,}602176565(35) \cdot 10^{-19}$	J
Einheit der Masse	$1 \text{ eV}/c^2$	$1{,}782661845(39) \cdot 10^{-36}$	kg
Fläche	1 barn	10^{-28}	m^2
Lichtgeschwindigkeit	c	$299\,792\,458$	m s^{-1}
Planck'sche Konstante	h	$6{,}62606957(29) \cdot 10^{-34}$	J s
$h/(2\pi)$	$\hbar$	$6{,}58211928(15) \cdot 10^{-22}$	MeV s
Umrechnungsfaktor	$\hbar c$	$197{,}3269718(44)$	MeV fm
Umrechnungsfaktor	$(\hbar c)^2$	$0{,}389379338(17)$	GeV^2 mbarn
Elementarladung	e	$1{,}602176565(35) \cdot 10^{-19}$	C
Masse des Elektrons	m_e	$0{,}510998928(11)$	MeV/c^2
Masse des Myons	m_μ	$105{,}6583715(35)$	MeV/c^2
Masse des τ-Leptons	m_τ	$1776{,}82(16)$	MeV/c^2
Masse des Protons	m_p	$938{,}272046(21)$	MeV/c^2
Masse des Neutrons	m_n	$939{,}565379(21)$	MeV/c^2
n–p Massendifferenz	$m_n - m_p$	$1{,}2933322(4)$	MeV/c^2
Masse des Pions $\pi^\pm$	m_π	$139{,}57018(35)$	MeV/c^2
Feinstrukturkonstante	$\alpha = e^2/(\hbar c)$	$1/137{,}035999074(44)$	(keine)
Rydberg-Energie	$hcR_\infty = m_e c^2 \alpha^2/2$	$13{,}60569253(30)$	eV
Bohr'scher Radius	$a_\infty = \hbar c/(\alpha m_e c^2)$	$0{,}52917721092(17) \cdot 10^{-10}$	m
Bohr'sches Magneton	$\mu_B^{(e)} = e\hbar/(2m_e c)$	$5{,}7883818066(38) \cdot 10^{-11}$	MeV T^{-1}
Kernmagneton	$\mu_B^{(p)} = e\hbar/(2m_p c)$	$3{,}1524512605(22) \cdot 10^{-14}$	MeV T^{-1}
Gravitationskonstante	G	$6{,}70837(80) \cdot 10^{-39}$	$\hbar c\ (\text{GeV}/c^2)^{-2}$
Avogadro'sche Konstante	N_A	$6{,}02214129(27) \cdot 10^{23}$	mol^{-1}
Boltzmann'sche Konstante	k	$8{,}6173324(78) \cdot 10^{-5}$	eV K^{-1}
Fermi'sche Konstante	$G_F/(\hbar c)^3$	$1{,}1663787(6) \cdot 10^{-5}$	GeV^{-2}

Aufgaben und ausgewählte Lösungen

1.1 Bestimmen Sie die Wellenlängen der Photonen, die im Wasserstoffatom bei den Übergängen ($n = 2 \rightarrow n = 1$), ($n = 3 \rightarrow n = 2$) und ($n = 4 \rightarrow n = 3$) emittiert werden und situieren Sie diese relativ zum sichtbaren Spektrum. *Hinweis:* $\lambda = 2\pi\hbar c / \Delta E$.

1.2 Betrachten Sie die folgenden, wasserstoffähnlichen Atome: (e^+e^-) (Positronium), (μ^+e^-) (Myonium), ($^4\text{He}\mu^-$) (myonisches Helium), ($\overline{p}p$) (antiprotonischer Wasserstoff), ($^{12}C\pi^-$) (pionischer Kohlenstoff) und ($p\,\Omega^-$). Berechnen Sie die reduzierten Massen, die Bohr'schen Radien und die Übergangsenergien $3 \rightarrow 2$ und $2 \rightarrow 1$ in eV sowie die entsprechenden Wellenlängen.
Hinweise: $m_{\text{He}} = 2(m_p + m_n)c^2 - 24\,\text{MeV}$, $m_\Omega = 1672\,\text{MeV}$.

1.3 Man berechne die de Broglie-Wellenlänge für

1. ein Elektron mit der Geschwindigkeit $v = \alpha c$, ein Elektron mit Impuls $|\boldsymbol{p}| = 200\,\text{MeV}/c$,
2. die Erde auf ihrer Umlaufbahn ($m_E = 5{,}98 \cdot 10^{24}\,\text{kg}$, $v = 29{,}8\,\text{km/s}$).
3. Welche Energie bzw. welchen Impuls muß man einem Neutron geben, damit seine Wellenlänge $10^5\,\text{fm}$ ist?

1.4 Es seien ψ_1 und ψ_2 zwei verschiedene Lösungen der zeitabhängigen Schrödinger-Gleichung zum selben Potential. Beide mögen im Unendlichen hinreichend rasch verschwinden. Man zeige, daß auch die Übergangswahrscheinlichkeitsdichte $\varrho_{21} := \psi_1^*(t, \boldsymbol{x})\psi_2(t, \boldsymbol{x})$ eine Kontinuitätsgleichung erfüllt.

1.5 Mit der Korrespondenz

$$E \longleftrightarrow i\hbar\frac{\partial}{\partial t}, \qquad \boldsymbol{p} \longleftrightarrow \frac{\hbar}{i}\nabla$$

führt auch die relativistische Energie-Impuls-Beziehung

$$E^2 = c^2\boldsymbol{p}^2 + (mc^2)^2$$

auf eine Wellengleichung. Diese wird Klein-Gordon-Gleichung genannt.

1. Wodurch unterscheidet sich diese Gleichung von der Schrödinger-Gleichung, wodurch von der Wellengleichung

$$\left(\frac{1}{c^2}\frac{\partial^2}{\partial t^2} - \Delta\right)\Phi(t, \boldsymbol{x}) = 0\,?$$

2. Eine Wellenfunktion $\Phi(t, \boldsymbol{x})$, die der Klein-Gordon-Gleichung genügt, sei gleich

$$\Phi(t, \boldsymbol{x}) = \exp\left(-\frac{\mathrm{i}}{\hbar} mc^2 t\right) \psi(t, \boldsymbol{x})$$

gesetzt. In welcher Näherung folgt die Schrödinger-Gleichung aus der Klein-Gordon-Gleichung?

1.6 Zu zeigen ist: Die Hermite'schen Polynome $H_n(u)$, für die der Koeffizient der höchsten Potenz $a_n = 2^n$ ist (s. Abschn. 1.6), erfüllen folgende Relationen

$$\left(2u - \frac{\mathrm{d}}{\mathrm{d}u}\right) H_n(u) = H_{n+1}(u),$$

$$\frac{\mathrm{d}}{\mathrm{d}u} H_n(u) = 2n H_{n-1}(u),$$

$$H_{n+1}(u) = 2u H_n(u) - 2n H_{n-1}(u).$$

1.7 Ein geladenes Teilchen (Masse m, elektrische Ladung e) und seine Wechselwirkung mit äußeren elektrischen bzw. magnetischen Feldern $(\boldsymbol{E}, \boldsymbol{B})$ wird durch die zeitabhängige Schrödinger-Gleichung (1.51) mit dem Hamiltonoperator (1.50) beschrieben. Unter einer glatten Eichtransformation

$$\boldsymbol{A}(t, \boldsymbol{x}) \mapsto \boldsymbol{A}'(t, \boldsymbol{x}) = \boldsymbol{A}(t, \boldsymbol{x}) + \nabla \chi(t, \boldsymbol{x}),$$

$$\Phi(t, \boldsymbol{x}) \mapsto \Phi'(t, \boldsymbol{x}) = \Phi(t, \boldsymbol{x}) - \frac{1}{c} \frac{\partial \chi(t, \boldsymbol{x})}{\partial t} \tag{1}$$

bleiben die Felder invariant, die Schrödinger-Gleichung aber zunächst nicht. Man setze versuchsweise

$$\psi'(t, \boldsymbol{x}) = \exp[\mathrm{i}\eta(t, \boldsymbol{x})]\psi(t, \boldsymbol{x}) \tag{2}$$

und zeige, daß tatsächlich eine reelle Funktion $\eta(t, \boldsymbol{x})$ gefunden werden kann derart, daß die Schrödinger-Gleichung forminvariant bleibt, d. h. daß ψ' die Differentialgleichung (1.51) mit den transformierten Potentialen erfüllt.

1.8 Es seien $A, B, C, \ldots$ Operatoren, die alle denselben Definitionsbereich haben.

1. Man beweise folgende Formeln

$$[A, BC] = [A, B]\, C + B\, [A, C],$$

$$[A, B^n] = \sum_{r=0}^{n-1} B^r\, [A, B]\, B^{n-r-1} \tag{3}$$

(davon die zweite mit vollständiger Induktion), sowie die Jacobische Identität

$$[A, [B, C]] + [B, [C, A]] + [C, [A, B]] = 0. \tag{4}$$

2. Arbeiten Sie folgende Anwendungen dieser Formeln aus: Es sei $F(\boldsymbol{q}, \boldsymbol{p})$ eine dynamische Größe, die polynomial von $\boldsymbol{q} = (q^1, q^2, q^3)$ und $\boldsymbol{p} = (p_1, p_2, p_3)$ abhängt. Zeigen Sie

$$[p_i, F(\boldsymbol{q}, \boldsymbol{p})] = \frac{\hbar}{\mathrm{i}} \frac{\partial F(\boldsymbol{q}, \boldsymbol{p})}{\partial q^i} , \qquad [q^i, F(\boldsymbol{q}, \boldsymbol{p})] = \mathrm{i}\hbar \frac{\partial F(\boldsymbol{q}, \boldsymbol{p})}{\partial p_i} .$$

3. Sei $\ell_i = \sum_{jk} \varepsilon_{ijk} x^j p_k$, $(i = 1, 2, 3)$, der Operator der die i-te Komponente des Bahndrehimpulses eines Teilchens beschreibt. Berechnen Sie

$$[\ell_i, p_k], \qquad [\ell_i, \boldsymbol{p}^2], \qquad [\ell_i, \boldsymbol{x}^2]$$

und daraus $[\ell_i, H]$ für $H = \boldsymbol{p}^2/(2m) + U(\boldsymbol{x}^2)$.

1.9 Die Heisenberg'schen Unschärferelationen lassen sich in einer sehr allgemeinen Form schreiben: Wenn A und B zwei selbstadjungierte Operatoren sind, die Observable darstellen, dann erfüllen ihre Streuungen im Zustand ψ die Ungleichung

$$(\Delta A)_\psi (\Delta B)_\psi \geq \frac{1}{2} \left| \langle [A, B] \rangle_\psi \right| . \tag{5}$$

1. Man zeige dies, indem man für die Operatoren $\Delta_A := A - \langle A \rangle_\psi$ und $\Delta_B := B - \langle B \rangle_\psi$ die Norm des Zustands $(\Delta_A + \mathrm{i}x\Delta_B)\psi$ mit $x \in \mathbb{R}$ betrachtet.
2. Man betrachte die Beispiele $(A = p_k, B = x^l)$ und $(A = \ell_2, B = \ell_3)$.

1.10 Zu zeigen:

1. Ein Zustand, in dem alle drei Komponenten des Bahndrehimpulses gleichzeitig bestimmbar sind, hat notwendigerweise $\ell = 0$.
2. In jedem Eigenzustand von ℓ^2 und von ℓ_3 verschwinden die Erwartungswerte von x^1, x^2, p_1, p_2, ℓ_1 und ℓ_2.

1.11 Es werde der Operator $\mathcal{O} := \boldsymbol{x} \cdot \boldsymbol{p}$ betrachtet, wobei $\boldsymbol{x}, \boldsymbol{p}$ Orts- bzw. Impulsoperator eines Teilchens der Masse m sind, das durch den Hamiltonoperator H beschrieben wird.

1. Stellen Sie die Heisenberg'sche Bewegungsgleichung für $\mathcal{O}$ auf, und zeigen Sie, daß der Erwartungswert von $\mathrm{d}\mathcal{O}/\mathrm{d}t$ in jedem stationären Eigenzustand von H verschwindet.
2. Berechnen Sie den Kommutator $[H, \mathcal{O}]$, wenn $H = \boldsymbol{p}^2/(2m) + U(\boldsymbol{x})$ ist.
3. Daraus folgt das Virialtheorem

$$2 \langle T \rangle_\psi = \langle \boldsymbol{x} \cdot \nabla U \rangle_\psi \tag{6}$$

für die Erwartungswerte in stationären Eigenzuständen von H. Wenden Sie dieses auf den Kugeloszillator und auf das Wasserstoffatom an.

1.12 Der Kern von Sauerstoff ^{16}O enthält 8 Protonen. Von diesen seien 2 auf den 0s-Zustand, 6 auf den 0p-Zustand des Kugeloszillators verteilt – in Übereinstimmung mit dem Pauli-Prinzip, s. auch Abschn. 4.3.4, Beispiel 4.3 und Abb. 4.6. Der mittlere quadratische Ladungsradius des Kerns ist definiert als

$$\left\langle r^2 \right\rangle := \frac{1}{Z} \sum_{i=1}^{Z} \left\langle r^2 \right\rangle_i \, , \tag{7}$$

wobei der Index i die Zustände charakterisiert (hier 0s bzw. 0p). Aus der Streuung von Elektronen an ^{16}O und aus der Spektroskopie von myonischem Sauerstoff ist bekannt, daß

$$[\left\langle r^2 \right\rangle_{^{16}O}]^{1/2} = 2{,}71 \pm 0{,}02 \, \text{fm} \, .$$

Berechnen Sie den Oszillatorparameter b (1.143) und die Energie $\hbar\omega$.

1.13 Mit p_r, wie in (1.123) definiert, soll gezeigt werden, daß

$$\hbar^2 \boldsymbol{\ell}^2 = r^2(\boldsymbol{p}^2 - p_r^2)$$

ist. Damit ist eine alternative Herleitung der Zerlegung (1.124) gegeben. *Hinweise:* Schreiben Sie $\hbar^2 \boldsymbol{\ell}^2 = (\boldsymbol{x} \times \boldsymbol{p}) \cdot (\boldsymbol{x} \times \boldsymbol{p})$ und verwenden Sie die Identität

$$\sum_{i=1}^{3} \varepsilon_{ijk}\varepsilon_{ipq} = \delta_{jp}\delta_{kq} - \delta_{jq}\delta_{kp} \, . \tag{8}$$

1.14 Die der Zerlegung (1.125) entsprechende *klassische* Hamiltonfunktion lautet bekanntlich

$$H_{kl} = \frac{p_r^2}{2m} + \frac{\ell^2}{2mr^2} + U(r)$$

mit $p_r = m\dot{r}$ und $\ell = |\boldsymbol{\ell}_{kl}|$. Es sei $\boldsymbol{\ell}_{kl} = \ell\hat{\boldsymbol{e}}_3$ gewählt: Die klassischen Bahnen liegen dann in der $(1,2)$-Ebene. Wieso kann die entsprechende quantenmechanische Bewegung nicht mehr in dieser Ebene liegen? Für welche Quantenzahlen approximiert die quantenmechanische Lösung die klassische Bewegung in der $(1,2)$-Ebene?

1.15 Zu zeigen: Ein quantenmechanisches System, dessen sämtliche Anregungsenergien mit der Energie des Grundzustandes ψ_0 entartet sind, ist „eingefroren".
Hinweise: Unter Verwendung der Heisenberg'schen Bewegungsgleichung zeige man, daß die Erwartungswerte $\langle (\dot{x}^j)^2 \rangle_{\psi_0}$ gleich Null sind.

1.16 Im Wasserstoffatom sollen folgende Erwartungswerte berechnet werden: $\langle r \rangle_{n\ell}$, $\langle r^2 \rangle_{n\ell}$, $\langle 1/r \rangle_{n\ell}$.

Antwort:

$$\langle r \rangle_{n\ell} = \frac{1}{2} a_{\mathrm{B}} [3n^2 - \ell(\ell+1)],$$

$$\left\langle r^2 \right\rangle_{n\ell} = \frac{1}{2} n^2 a_{\mathrm{B}}^2 [5n^2 + 1 - 3\ell(\ell+1)],$$

$$\left\langle \frac{1}{r} \right\rangle_{n\ell} = \frac{1}{n^2 a_{\mathrm{B}}}.$$

1.17 Man berechne die Streuung (Δr) in den gebundenen Zuständen des Wasserstoffs mit maximalem Bahndrehimpuls ℓ (das sind die so genannten Zirkularbahnen).

Antwort: Mit den Ergebnissen der vorhergehenden Aufgabe sind

$$\left\langle r^2 \right\rangle_{n,n-1} = \frac{1}{2} n^2 (n+1)(2n+1) a_{\mathrm{B}}^2,$$

$$\langle r \rangle_{n,n-1} = \frac{1}{2} n(2n+1) a_{\mathrm{B}}.$$

Daraus berechnet man das Quadrat der Streuung und die Streuung selbst

$$(\Delta r)_{n,n-1} = \frac{1}{2} n \sqrt{2n+1}\, a_{\mathrm{B}}.$$

Bemerkenswert ist die Feststellung, dass im Ergebnis für $(\Delta r)^2$ die Terme proportional zu n^4 sich herausheben. Hätte man $\langle r^2 \rangle_{n,n-1}$ und $\langle r \rangle_{n,n-1}^2$ auf diese Ordnung beschränkt, so wäre die Streuung Null herausgekommen.

1.18 Multipolwechselwirkungen in wasserstoffähnlichen Atomen führen auf Matrixelemente der Operatoren $1/r^{\lambda+1} Y_{\lambda\mu}$ zwischen gebundenen Zuständen $R_{n\ell}(r) Y_{\ell m}$ und $R_{n\ell'} Y_{\ell'm}$. Neben den Auswahlregeln, die von den Winkelintegralen herrühren, verschwindet in einigen Fällen auch das Radialmatrixelement. Man zeige: Für Wasserstofffunktionen gilt

$$\int_0^\infty r^2 \, \mathrm{d}r \, R_{n\ell}(r) \frac{1}{r^{\lambda+1}} R_{n\ell'}(r) = 0 \quad \text{für} \quad \lambda = |\ell - \ell'|.$$

Hinweise: Für ein physikalisch relevantes Beispiel und den Beweis siehe T.O. Ericson, F. Scheck, Nucl. Phys. B19 (1970) 450. Man beachte die unterschiedlichen Konventionen für Laguerre-Polynome: In der Konvention von Abschn. 1.9.5, die in vielen Lehrbüchern der Quantenmechanik verwendet wird, werden die zugeordneten Laguerreschen Polynome mit L_μ^σ bezeichnet. Schreiben wir die z. B. bei [Gradshteyn und Ryzhik (1965)] benutzte Konvention als $\widetilde{L}_k^z$, so ist der Zusammenhang

$$L_\mu^\sigma(x) = \mu! \widetilde{L}_{\mu-\sigma}^\sigma(x).$$

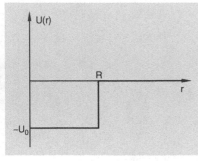

Abb. 1

2.1 Man betrachte ein attraktives, kugelsymmetrisches Kastenpotential

$$U(r) = -U_0\Theta(R - r)$$

der Tiefe $U_0 > 0$ und der Reichweite R, s. Abb. 6.1.

1. Man bestimme die Lösungen mit $\ell = 0$ (s-Wellen) für positive Energie E (Streulösungen).
2. Wenn $-U_0 < E < 0$ ist, können gebundene Zustände auftreten. Man diskutiere qualitativ die Lage der Eigenwerte von s-Zuständen.

Hinweise: Bei $E > 0$ verwende man im Außenraum $r > R$ den Ansatz $\sin(kr + \delta)$ und bestimme δ. Bei $E < 0$ muß $i\delta \to \infty$ gelten.

2.2 Für das Yukawa-Potential $U_Y(r) = g\mathrm{e}^{-\mu r}/r$ mit $\mu = Mc/\hbar$ und M der Masse des ausgetauschten Teilchens, ist die Streuamplitude in erster Born'scher Näherung durch (2.31) gegeben. Man berechne den integrierten Wirkungsquerschnitt

$$\sigma_Y = \int \mathrm{d}\Omega \, \frac{\mathrm{d}\sigma}{\mathrm{d}\Omega} \,.$$

Man diskutiere den Limes $M \to 0$.

2.3 Mit dem Zusammenhang (2.33) zwischen Potential $U(\boldsymbol{x})$ und Dichte $\varrho(\boldsymbol{x})$ und unter Verwendung des Grenzübergangs $\mu \to 0$ beweise man

$$
\begin{aligned}
f(\theta) &= -\frac{2m}{4\pi\hbar^2} \int \mathrm{d}^3x \, \mathrm{e}^{\mathrm{i}\boldsymbol{q}\cdot\boldsymbol{x}} U(r) \\
&= -\frac{2mg}{\hbar^2 q^2} \int \mathrm{d}^3x \, \mathrm{e}^{\mathrm{i}\boldsymbol{q}\cdot\boldsymbol{x}} \varrho(\boldsymbol{x}) = -\frac{2mg}{\hbar^2 q^2} F(\boldsymbol{q}) \,,
\end{aligned}
$$

wobei $F(\boldsymbol{q})$ der Formfaktor ist. Nach dem Grenzübergang ist $U(\boldsymbol{x})$ das Coulomb-Potential und $\varrho(\boldsymbol{x})$ die Ladungsdichte.
Man berechne den Formfaktor für die Beispiele

a): $\varrho(\boldsymbol{x}) = \delta(\boldsymbol{x})$;

b): $\varrho(r) = \dfrac{3}{4\pi R^3}\Theta(R - r)$.

2.4 Das Modell b) der Aufgabe 2.3 beschreibe einen Kern der Ladungszahl Z.

1. Man berechne den Formfaktor $F(q^2)$. Man bestimme den mittleren quadratischen Radius einmal aus dem Formfaktor, einmal direkt aus $\varrho(r)$.
2. Wenn ein Elektron eine Energie E besitzt, die im Vergleich zu seiner Ruhemasse groß ist, dann gilt $E \approx \hbar ck$. Es sei $R = 4{,}933\,\mathrm{fm}$, $E = 200\,\mathrm{MeV}$. Man skizziere den Formfaktor als Funktion von q.

2.5 Eine etwas größere Studienarbeit ist die folgende: Für das Modell b) der Aufgabe 2.3 und $Z = 8$ integriere man wie in Abschn. 2.3.1 beschrieben die radiale Schrödinger-Gleichung numerisch und bestimme die Streuphasen $\delta_\ell(E)$ für verschiedene Energien des streuenden Elektrons.

2.6 In der Partialwellenanalyse der elastischen Streuung sei

$$\delta_\ell(k) = \arcsin\left\{ \left(\frac{k}{b\sqrt{2\ell+1}} \right)^{2\ell+1} \exp\left[-\frac{1}{2}\left(\frac{k^2}{b^2} - (2\ell+1) \right) \right] \right\}.$$

Man diskutiere das Verhalten der Amplitude $a_\ell(k)$ in der komplexen Ebene, sowie das Verhalten von $\sigma_{\text{el}}(k)$ als Funktion von k.

2.7 Die Ladungsverteilung eines deformierten Kerns sei

$$\varrho(\boldsymbol{x}) = \varrho_0(r) + \varrho_2(r) Y_{20}(\hat{\boldsymbol{x}}).$$

1. Man reduziere die Berechnung des Formfaktors auf Integrale über die Radialvariable r.
2. Man berechne den Formfaktor und den differentiellen Wirkungsquerschnitt (in erster Born'scher Näherung) für das Beispiel

$$\varrho_0(r) = \left(\frac{3}{2\pi R^2} \right)^{3/2} \exp\left(-\frac{3}{2}\frac{r^2}{R^2} \right), \qquad \varrho_2(r) = \frac{N}{R^2}\delta(r-R).$$

Hinweise:

$$j_2(x) = \frac{3\sin x}{x^3} - \frac{3\cos x}{x^2} - \frac{\sin x}{x},$$

$$Y_{20}(\theta) = \sqrt{\frac{5}{16\pi}}(3\cos^2\theta - 1).$$

Aufgaben: Kapitel 3

3.1 Die Pauli-Matrizen lauten

$$\sigma_1 = \begin{pmatrix} 0 & 1 \\ 1 & 0 \end{pmatrix}, \qquad \sigma_2 = \begin{pmatrix} 0 & -\mathrm{i} \\ \mathrm{i} & 0 \end{pmatrix}, \qquad \sigma_3 = \begin{pmatrix} 1 & 0 \\ 0 & -1 \end{pmatrix}. \tag{9}$$

Zu verifizieren bzw. zu zeigen ist:

1. Die σ_i sind sowohl hermitesch als auch unitär. Jede hermitesche 2×2-Matrix M läßt sich als Linearkombination der Pauli-Matrizen und der Einheitsmatrix $\mathbb{1}_{2\times 2}$ schreiben. Hat M die Spur Null, so ist sie eine Linearkombination der Pauli-Matrizen allein.
2. Mit der Kurzschreibweise $\boldsymbol{\sigma} \equiv (\sigma_1, \sigma_2, \sigma_3)$ gelten die Relationen

$$\sigma_j\sigma_k = \delta_{jk} + \mathrm{i}\sum_{l=1}^{3}\varepsilon_{jkl}\sigma_l,$$

$$(\boldsymbol{\sigma}\cdot\boldsymbol{a})(\boldsymbol{\sigma}\cdot\boldsymbol{b}) = (\boldsymbol{a}\cdot\boldsymbol{b})\,\mathbb{1}_{2\times 2} + \mathrm{i}\boldsymbol{\sigma}\cdot(\boldsymbol{a}\times\boldsymbol{b}).$$

3. Mit $\omega = |\boldsymbol{\omega}|$ und $\hat{\boldsymbol{\omega}} = \boldsymbol{\omega}/\omega$ gilt

$$\exp(\mathrm{i}\boldsymbol{\omega}\cdot\boldsymbol{\sigma}) = \mathbb{1}\cos\omega + \mathrm{i}\hat{\boldsymbol{\omega}}\cdot\boldsymbol{\sigma}\sin\omega\,.$$

4. Was ergibt $(\boldsymbol{\sigma}\cdot\boldsymbol{\ell})(\boldsymbol{\sigma}\cdot\boldsymbol{\ell})$?

3.2 Zeigen Sie: Jede unitäre 2×2-Matrix U kann als Exponentialreihe in $\mathrm{i}H$, mit $H = H^{\dagger}$, geschrieben werden, $U = \exp(\mathrm{i}H)$.

3.3 Es seien A und B Operatoren, die denselben Definitionsbereich haben.

1. Wenn sie mit ihrem Kommutator vertauschen, $[A, [A, B]] = 0 = [B, [A, B]]$, dann gilt formal

$$\mathrm{e}^{A+B} = \mathrm{e}^{A}\,\mathrm{e}^{B}\,\mathrm{e}^{-(1/2)[A,B]}\,. \tag{10}$$

2. Man zeige

$$\mathrm{e}^{A}B\mathrm{e}^{-A} = B + [A, B] + \frac{1}{2!}[A, [A, B]] + \dots\,. \tag{11}$$

Hinweise:

1. Man setze $F(x) := \mathrm{e}^{x(A+B)}\,\mathrm{e}^{-xB}\,\mathrm{e}^{-xA}$, mit reellem x, und zeige, daß $F(x)$ der Differentialgleichung $F'(x) = -x\,[A, B]\,F(x)$ genügt.
2. Man setze

$$G(x) := \mathrm{e}^{xA}B\mathrm{e}^{-xA} = \sum_{n=0}^{\infty} \frac{x^{n}}{n!}G^{(n)}(0)$$

mit $x \in \mathbb{R}$ und berechne die ersten und zweiten Ableitungen.

3.4 Es seien q und p zwei kanonisch konjugierte Variable, Q und P die ihnen zugeordneten, selbstadjungierten Operatoren auf dem Hilbert-Raum. Man bildet Ein-Parameter-Gruppen von unitären Operatoren

$$U_{r}^{(q)} := \mathrm{e}^{-(\mathrm{i}/\hbar)rQ}\,, \qquad U_{s}^{(p)} := \mathrm{e}^{-(\mathrm{i}/\hbar)sP}\,,$$

mit reellen r und s.

1. Q ist auf allen $f \in \mathcal{H}$ definiert, für die der Limes

$$\lim_{r\to 0} \frac{\mathrm{i}\hbar}{r}\left[U_{r}^{(q)} - \mathbb{1}\right]f = Qf$$

existiert (entsprechendes gilt für P).

2. Postuliert man die Weyl'sche Vertauschungsrelation

$$U_{r}^{(q)}U_{s}^{(p)} = \mathrm{e}^{-(\mathrm{i}/\hbar)rs}\,U_{s}^{(p)}U_{r}^{(q)}\,, \tag{12}$$

so ist diese äquivalent zu $[P, Q] = (\hbar/\mathrm{i})\,\mathbb{1}$.

3.5 Es seien A und B hermitesche Matrizen. Unter welcher Voraussetzung ist das Produkt AB hermitesch? Zeigen Sie, daß der Kommutator $C := [A, B]$ antihermitesch ist.

3.6 Die kohärenten Zustände des Beispiels Abschn. 1.8.2 lassen sich bei $t = 0$ und bei Verwendung der Erzeugungs- und Vernichtungsoperatoren (1.74)–(1.75) in der Form

$$|\psi_z\rangle = e^{-|z|^2/2} e^{za^\dagger} |0\rangle$$

schreiben, wobei $z \equiv z(0) = r\,e^{-i\phi(0)}$ ist.

1. Man zeige, daß

$$e^{-za^\dagger} a\, e^{za^\dagger} = a + z \,.$$

2. Man zeige, daß ψ_z ein Eigenzustand des Vernichtungsoperators a ist und berechne den Eigenwert. Wenn $F(a)$, $G(a^\dagger)$, $:H(a^\dagger, a):$ Polynome in ihren Argumenten sind, was sind die Erwartungswerte dieser Operatoren im Zustand ψ?
3. Je zwei Zustände ψ_z und ψ_w mit $w \neq z$ sind nicht orthogonal. Berechnen Sie das Übergangsmatrixelement.

3.7 In einem zweidimensionalen Hilbert-Raum mit der Basis $(|1\rangle, |2\rangle)^T$ seien folgende Matrizen gegeben

$$A = \frac{1}{2}\begin{pmatrix} 1 & 1 \\ 1 & 1 \end{pmatrix}, \qquad B = \begin{pmatrix} 0 & 1 \\ 0 & 1 \end{pmatrix}, \qquad C = \begin{pmatrix} 0 & 0 \\ 0 & i \end{pmatrix},$$

$$D = \frac{1}{4}\begin{pmatrix} 1 & 1 \\ 1 & 3 \end{pmatrix}, \qquad E = \begin{pmatrix} 0 & 0 \\ 0 & 1 \end{pmatrix}, \qquad F = \frac{1}{3}\begin{pmatrix} 1 & 0 \\ 0 & 2 \end{pmatrix}.$$

Welche von ihnen können Dichtematrizen sein, welche nicht? Welche beschreiben reine Zustände, welche gemischte Gesamtheiten?

3.8 Man löse die Integralgleichung (3.30) iterativ mit der angegebenen Anfangsbedingung und drücke $U(t, t_0)$ durch Integrale über zeitgeordnete Produkte des Hamiltonoperators aus.

3.9 Der Hamiltonoperator eines physikalischen Systems habe ein rein diskretes Spektrum, $H|n\rangle = E_n|n\rangle$, $n \in \mathbb{N}_0$.

1. Man beweise: Für jeden selbstadjungierten Operator $\mathcal{O}$, der auf den Zuständen $|n\rangle$ definiert ist, gilt

$$S := \sum_{n=0}^{\infty} (E_n - E_0)\big| \langle n|\mathcal{O}|0\rangle \big|^2 = \frac{1}{2} \langle 0| \,[\mathcal{O}, [H, \mathcal{O}]]\, |0\rangle \,.$$

2. Man berechne die Größe S für das Beispiel $\mathcal{O} = x$ und den Hamiltonoperator $H = p^2/(2m) + U(x)$ (in einer Dimension).

Aufgaben: Kapitel 4

4.1 1. Stellen Sie die Dichtematrix für die Linearkombination aus Eigenzuständen zu s und s_3

$$|\chi\rangle = \cos\alpha \left|\frac{1}{2}, \frac{1}{2}\right\rangle + \sin\alpha\, e^{i\beta} \left|\frac{1}{2}, -\frac{1}{2}\right\rangle.$$

auf. Berechnen Sie den Erwartungswert der Observablen

$$P(\theta, \phi) = \sin\theta\cos\phi\, s_1 + \sin\theta\sin\phi\, s_2 + \cos\theta\, s_3.$$

Für welche Werte von θ und ϕ ist die Polarisation gleich 1?

2. Einem gemischten Zustand sei der statistische Operator

$$W = \cos^2\alpha\, P_{+1/2} + \sin^2\alpha\, P_{-1/2}$$

zugeordnet. Wie groß ist die Polarisation in der Richtung $\hat{\boldsymbol{n}}$, die durch die Polarwinkel (θ, ϕ) festgelegt ist?

4.2 Im Unterraum, der durch die die Eigenfunktionen $|1\,m\rangle$ von $\boldsymbol{\ell}^2$ und von ℓ_3 aufgespannt wird, sei folgende Matrix gegeben

$$\varrho = \begin{pmatrix} u & v & -u \\ -v & 2u & v \\ -u & -v & u \end{pmatrix} \quad \text{mit} \quad u = \frac{1}{4}, \quad v = \frac{i}{2\sqrt{2}}.$$

Man bestätige, daß dies eine Dichtematrix für einen Zustand mit Bahndrehimpuls 1 sein kann. Man entscheide, ob ein reiner Zustand oder eine gemischte Gesamtheit vorliegt und bestimme die Eigenwerte von ϱ.

4.3 Ein Strahl von Teilchen mit Spin $1/2$ sei durch die Polarisation $\boldsymbol{P} = \langle s\rangle$ charakterisiert derart, daß $P_1 = 0,5$ und $P_2 = 0$ sind. Wie groß ist der mögliche, maximale oder minimale Betrag von P_3? Kann es sich um einen reinen Zustand handeln? Wenn ja, wie sieht seine Dichtematrix aus?

4.4 Zeigen Sie: Jede Linearkombination von Spin-$1/2$ Zuständen der Art

$$a_+ \left|\frac{1}{2}, \frac{1}{2}\right\rangle + a_- \left|\frac{1}{2}, -\frac{1}{2}\right\rangle$$

ist vollständig polarisiert. Bestimmen Sie die Richtung, in die die Polarisation weist.

4.5 1. Ein Strahl von Protonen habe den festen Impuls $\boldsymbol{p}$ und sei zu 30% in der positiven 3-Richtung polarisiert. Stellen Sie den statistischen Operator auf, der diesen Strahl beschreibt.

2. Entscheiden Sie, ob die Dichtematrix

$$\varrho = \begin{pmatrix} \cos^2\theta/2 & \sin\theta/2\cos\theta/2 \\ \sin\theta/2\cos\theta/2 & \sin^2\theta/2 \end{pmatrix}$$

einen reinen Zustand oder eine gemischte Gesamtheit beschreibt. Berechnen Sie den Erwartungswert der Observablen

$$\mathcal{O} = \cos\alpha\, s_3 + \sin\alpha\, s_1$$

in diesem Zustand. Durch geeignete Wahl des Parameters α läßt sich entscheiden, um welchen Zustand es sich hier handelt.

4.6 Die Partialwellen für ein Teilchen mit Spin 1/2 lassen sich nach dem Gesamtdrehimpuls j^2 ordnen, dessen Eigenwerte $j(j+1)$ bei festem ℓ die Werte $j_1 = \ell + 1/2$ und $j_2 = \ell - 1/2$ annehmen. Man zeige, daß die Operatoren

$$\Pi_{j_1} := \frac{1}{2\ell+1}\left(\ell+1+\boldsymbol{\sigma}\cdot\boldsymbol{\ell}\right), \qquad \Pi_{j_2} := \frac{1}{2\ell+1}\left(\ell-\boldsymbol{\sigma}\cdot\boldsymbol{\ell}\right) \qquad (13)$$

Projektionsoperatoren sind und daß sie auf die Zustände mit scharfem j projizieren.

4.7 Die Partialwellenreihe der elastischen Streuamplitude eines Teilchens mit Spin 1/2 wird im Raum der Spinoren und mit Hilfe der Operatoren (13) wie folgt angesetzt

$$\hat{f}(k,\theta) = \sum_{\ell=0}^{\infty}(2\ell+1)\{f_{j_1}\Pi_{j_1} + f_{j_2}\Pi_{j_2}\}P_\ell(\cos\theta). \qquad (14)$$

Die eigentliche, skalare Streuamplitude entsteht daraus, indem man $\hat{f}$ zwischen Pauli-Spinoren χ_p und χ_q auswertet. Man zeige, daß $\hat{f}$ wie folgt umgeschrieben werden kann

$$\hat{f}(k,\theta) = \sum_{\ell=0}^{\infty}\{\ell f_{j_2}(k) + (\ell+1)f_{j_1}(k)\}P_\ell(\cos\theta) \qquad (15)$$

$$- \mathrm{i}\boldsymbol{\sigma}\cdot\left(\hat{\boldsymbol{k}}'\times\hat{\boldsymbol{k}}\right)\sum_{\ell=0}^{\infty}\{f_{j_1}(k) - f_{j_2}(k)\}P_\ell'(\cos\theta).$$

Wenn die Amplituden nicht vom Spin abhängen, dann reduziert sich diese Entwicklung auf die für spinlose Teilchen.

4.8 Das optische Theorem in dem Beispiel der Aufgaben 4.6 und 4.7 kommt aus der Unitaritätsrelation

$$\mathrm{Im}\, f(\boldsymbol{k}',\boldsymbol{k}) = \frac{k}{4\pi}\sum_{\text{Spins}}\int \mathrm{d}\Omega_{k''}\, f^*(\boldsymbol{k}',\boldsymbol{k}'')\, f(\boldsymbol{k}'',\boldsymbol{k}). \qquad (16)$$

Man zeige, daß die Partialwellenamplituden f_{j_i} jede für sich die bekannte Beziehung

$$\mathrm{Im}\, f_{j_i}(k) = k\left|f_{j_i}(k)\right|^2, \qquad i = 1, 2, \qquad (17)$$

erfüllen und folglich wieder durch Streuphasen ausgedrückt werden können.

4.9 Im Unterraum zum Eigenwert 2 des Operators $\boldsymbol{\ell}^2$, d. h. zu $\ell = 1$, konstruiere man die 3×3-Matrix $\langle 1m' | \ell_2 | 1m \rangle$ und zeige, daß

$$\exp(-\mathrm{i}\alpha\ell_2) = \mathbb{1} - \mathrm{i}\sin\alpha\,\ell_2 - (1 - \cos\alpha)\,\ell_2^2$$

gilt.

4.10 Man zeige: Ein Strahl von identischen Teilchen, deren Polarisation $\boldsymbol{P}$ einen vorgegebenen Betrag P hat, läßt sich in der Form

$$\varrho = \frac{1 - P}{2}\,\mathbb{1} + P\mathbf{D}^{(1/2)}(\mathbf{R})\begin{pmatrix} 1 & 0 \\ 0 & 0 \end{pmatrix}\mathbf{D}^{(1/2)\,\dagger}(\mathbf{R})$$

darstellen. In welche Richtung zeigt der Vektor $\boldsymbol{P}$?

Aufgaben: Kapitel 5

5.1 Zum Hamiltonoperator des Wasserstoffatoms werde die Störung $H' = \hbar^2 C/(2mr^2)$ mit einer positiven Konstanten C hinzugefügt.

1. Man bestimme die exakten Eigenwerte von $H + H'$, indem man H' dem Zentrifugalterm zuschlägt. Wird die $(2\mathrm{p} - 2\mathrm{s})$-Entartung aufgehoben?
2. Man berechne die Verschiebung der Energie des Grundzustands in erster Ordnung Störungstheorie und vergleiche mit dem exakten Resultat.

5.2 Die Ladungsdichte des Bleikerns $(Z = 82)$ werde durch eine homogene Verteilung mit Radius $R = 6{,}5\,\mathrm{fm}$ beschrieben,

$$\varrho(r) = \frac{3Ze}{4\pi R^3}\,\Theta(R - r)\,.$$

In erster Ordnung Störungstheorie berechne man den Unterschied in den Bindungsenergien der Zustände 1s, 2s und 2p gegenüber dem reinen Coulombpotential.

5.3 Man vergleiche den 1s-Zustand im Bleiatom $(Z = 82)$ mit dem entsprechenden 1s-Zustand in myonischem Blei. Wie ungefähr ändert sich das Potential am Ort des Myons, wenn der elektronische 1s-Zustand des Gastatoms mit einem Elektron besetzt ist? Wie ändert sich das Potential am Ort des Elektrons durch die Gegenwart des Myons?

5.4 In der stationären Störungstheorie für einen herausgegriffenen Eigenzustand $|n\rangle$ von H_0 muß in erster Ordnung $c_n^{(1)} = \mathrm{e}^{\mathrm{i}\alpha} - 1$ mit $\alpha \in \mathbb{R}$ sein. Man bestätige bis zur zweiten Ordnung inklusive, daß die Ergebnisse der Störungsreihe durch die freie Wahl des Parameters α nicht geändert werden.
Hinweise: Zeigen Sie: Die Energieverschiebungen hängen nicht von α

ab; in zweiter Ordnung kann die Wellenfunktion

$$\psi \approx (1 + c_n^{(1)}) \, |n\rangle + \sum_{k \neq n} c_k^{(1)} \, |k\rangle$$

nachträglich als Ganzes mit $\mathrm{e}^{-\mathrm{i}\alpha}$ multipliziert werden.

5.5 Aufgrund der endlichen Ausdehnung des Kerns im Gastatom sind die tiefsten Bindungszustände des myonischen Atoms verschoben. Die Differenz

$$\Delta U(r) = -Ze^2 \left(\int \mathrm{d}^3 x' \, \frac{\varrho(r')}{|\boldsymbol{x} - \boldsymbol{x}'|} - \frac{1}{r} \right)$$

werde als Störung am Hamiltonoperator H_0 des myonischen Atoms im Feld des Punktkerns mit Ladung Z aufgefaßt. Man berechne die Verschiebung des myonischen 1s-Niveaus in erster Ordnung und zeige, daß sie für leichte Kerne proportional zum mittleren quadratischen Radius des Kerns ist.

5.6 In einem myonischen Atom sollen zwei Potentiale U_1 und U_2 verglichen werden, die sich nur im Kerninneren unterscheiden. Man zeige: Entwickelt man die myonische Dichte gemäß $|\psi|^2 \approx a + br + cr^2$, so unterscheiden sich die Bindungsenergien durch

$$\Delta E \approx Ze^2 \frac{2\pi}{3} a \left(\Delta \left\langle r^2 \right\rangle + \frac{b}{2a} \Delta \left\langle r^3 \right\rangle + \frac{3c}{10a} \Delta \left\langle r^4 \right\rangle \right).$$

Hierbei ist $\Delta\langle r^\alpha \rangle$ die Änderung des nuklearen Moments α. Man gebe einen genäherten Ausdruck für die Energiedifferenz $E(2\mathrm{p}) - E(2\mathrm{s})$ an.

5.7 Die Feinstruktur in einem Atom mit dem elektrischen Potential $U(r)$ wird durch den Operator

$$U_{\mathrm{FS}} = \frac{\hbar^2}{2m^2c^2} \frac{1}{r} \frac{\mathrm{d}U(r)}{\mathrm{d}r} \, \boldsymbol{\ell} \cdot \boldsymbol{s} \tag{18}$$

verursacht. Man berechne die Feinstrukturaufspaltung für Zirkularbahnen in wasserstoffähnlichen Atomen und in erster Ordnung Störungstheorie.

Ausgewählte Lösungen: Kapitel 1

1.7 Wenn H wie in (1.50) gegeben ist, so ist mit den in (1) gegebenen Potentialen

$$H' = \frac{1}{2m} \left(\boldsymbol{p} - \frac{\mathrm{e}}{c} \boldsymbol{A}'(t, \boldsymbol{x}) \right)^2 + e\Phi'(t, \boldsymbol{x}).$$

Mit dem Ansatz (2) ist

$$\dot{\psi}' = \mathrm{e}^{\mathrm{i}\eta} \dot{\psi} + \mathrm{i}\,\mathrm{e}^{\mathrm{i}\eta} \psi \frac{\partial \eta}{\partial t}, \qquad \nabla \psi' = \mathrm{e}^{\mathrm{i}\eta} \nabla \psi + \mathrm{i}\,\mathrm{e}^{\mathrm{i}\eta} \psi \nabla \eta,$$

$$\Delta \psi' = \mathrm{e}^{\mathrm{i}\eta} [\Delta \psi + 2\mathrm{i}(\nabla \eta) \cdot (\nabla \psi) - \psi (\nabla \eta)^2 + \mathrm{i}\psi \Delta \eta].$$

Setzt man andererseits (1) in den Hamiltonoperator H' ein, so ist

$$H' = H - \frac{e}{2mc}\left[\left(\boldsymbol{p} - \frac{e}{c}\boldsymbol{A}\right)\cdot(\nabla\chi)\right.$$
$$\left. + (\nabla\chi)\cdot\left(\boldsymbol{p} - \frac{e}{c}\boldsymbol{A}\right) - \frac{e}{c}(\nabla\chi)^2\right] - \frac{e}{c}\frac{\partial\chi}{\partial t}.$$

Dabei ist zu beachten, daß $\boldsymbol{p} = \hbar\nabla/\mathrm{i}$ auf alles wirkt, was rechts davon steht, während der Differentialoperator in $(\nabla\chi)$ auf χ allein wirkt. Folglich ist

$$H' = H - \frac{e}{2mc}\left[\frac{\hbar}{\mathrm{i}}(\Delta\chi)\right.$$
$$\left. + 2\frac{\hbar}{\mathrm{i}}(\nabla\chi)\cdot\nabla - 2\frac{e}{c}\boldsymbol{A}\cdot(\nabla\chi) - \frac{e}{c}(\nabla\chi)^2\right] - \frac{e}{c}\frac{\partial\chi}{\partial t}.$$

Mit dieser und den eingangs angegebenen Formeln berechnet man jetzt die Wirkung von H' auf ψ',

$$H'\psi' = \mathrm{e}^{\mathrm{i}\eta}\left[H\psi - \mathrm{i}\frac{\hbar^2}{m}(\nabla\eta)\cdot(\nabla\psi) - \mathrm{i}\frac{\hbar^2}{2m}\psi(\Delta\eta) + \frac{\hbar^2}{2m}\psi(\nabla\eta)^2\right.$$
$$- \frac{e\hbar}{mc}\boldsymbol{A}\cdot(\nabla\eta)\psi + \mathrm{i}\frac{e\hbar}{2mc}\psi(\Delta\chi) + \frac{e^2}{mc^2}\boldsymbol{A}\cdot(\nabla\chi)\psi + \frac{e^2}{2mc^2}(\nabla\chi)^2\psi$$
$$\left. + \mathrm{i}\frac{e\hbar}{mc}(\nabla\chi)\cdot(\nabla\psi) - \frac{e\hbar}{mc}(\nabla\chi)\cdot(\nabla\eta)\psi - \frac{e}{c}\frac{\partial\chi}{\partial t}\psi\right].$$

Vergleicht man diesen Ausdruck mit $\mathrm{i}\hbar\dot{\psi}'$, mit $\dot{\psi}'$ wie oben ausgerechnet, so müssen sich die Terme in der Klammer bis auf den ersten und den letzten wegheben. Das ist genau dann so, wenn

$$\eta(t, \boldsymbol{x}) = \frac{e}{\hbar c}\chi(t, \boldsymbol{x}) \tag{19}$$

gewählt wird. Dann ist aber der letzte Term derselbe wie der Zusatzterm in $\dot{\psi}'$ und es gilt tatsächlich

$$\mathrm{i}\hbar\dot{\psi}' = H'\psi'.$$

Die Wellenfunktion wird mit einer Phase $\exp[\mathrm{i}\eta(t, \boldsymbol{x})]$ multipliziert, die im Allgemeinen allerdings nicht konstant, sondern von Zeit und Ort abhängig ist. Die Funktion $\eta(t, \boldsymbol{x})$ ist proportional zur Eichfunktion $\chi(t, \boldsymbol{x})$.

1.9   1. Folgende Rechnung führt auf das Resultat (5)

$$\|(\Delta_A + \mathrm{i}x\Delta_B)\psi\|^2 = \|\Delta_A\psi\|^2 + x^2\|\Delta_B\psi\|^2$$
$$+ \mathrm{i}x\big[\langle\Delta_A\psi, \Delta_B\psi\rangle - \langle\Delta_B\psi, \Delta_A\psi|\,\big]$$
$$= \left\langle\Delta_A^2\right\rangle_\psi + x^2\left\langle\Delta_B^2\right\rangle_\psi + \mathrm{i}x\langle[\Delta_A, \Delta_B]\rangle_\psi$$
$$= \left\langle\Delta_A^2\right\rangle_\psi + x^2\left\langle\Delta_B^2\right\rangle_\psi + \mathrm{i}x\langle[A, B]\rangle_\psi \geq 0.$$

Dabei ist ausgenutzt, daß mit A und B auch Δ_A und Δ_B selbstadjungiert sind und daß $[\Delta_A, \Delta_B] = [A, B]$. Der Erwartungswert des Kommutators zweier selbstadjungierter Operatoren ist rein imaginär (vgl. Aufgabe 3.5), die letzte Ungleichung ist nur dann für alle reellen x richtig, wenn die Diskriminante der quadratischen Gleichung $x^2 \langle \Delta_B^2 \rangle_\psi + \mathrm{i}x \langle [A, B] \rangle_\psi + \langle \Delta_A^2 \rangle_\psi = 0$ kleiner als oder gleich Null ist,

$$\left(\mathrm{i} \langle [A, B] \rangle_\psi \right)^2 - 4(\Delta A)^2 (\Delta B)^2 \leq 0 \, .$$

Das ist die behauptete Ungleichung (5).

2. Im ersten Beispiel folgt $(\Delta p_k)(\Delta x^l) \geq \hbar/2$, im zweiten Beispiel $(\Delta \ell_2)(\Delta \ell_3) \geq |\langle \ell_1 \rangle_\psi|/2$.

1.10 1. Wenn alle drei Komponenten gleichzeitig scharf sind, dann sind die Streuungen $(\Delta \ell_i) = 0$, d. h. es gilt $\langle \ell_i^2 \rangle = \langle \ell_i \rangle^2$ für alle i. Da

$$(\Delta \ell_1)(\Delta \ell_2) \geq \frac{1}{2} |\langle [\ell_1, \ell_2] \rangle| = \frac{1}{2} |\langle \ell_3 \rangle|$$

zyklisch gilt, vgl. Aufgabe 1.9, ist $\langle \ell_i^2 \rangle = \langle \ell_i \rangle^2 = 0$ für alle i, somit $\langle \boldsymbol{\ell}^2 \rangle = 0$, d. h. $\boldsymbol{\ell} = 0$.

2. Die Erwartungswerte der ersten vier Operatoren im Zustand $|\ell m\rangle$ verschwinden, weil diese ungerade Parität haben. Die Erwartungswerte von ℓ_1 und ℓ_2 sind Null, weil $\ell_\pm$ die m-Quantenzahl erhöhen bzw. erniedrigen und weil $|\ell m \pm 1\rangle$ zu $|\ell m\rangle$ orthogonal sind.

1.11 Die Heisenberg'sche Bewegungsgleichung

$$\mathrm{d}(\boldsymbol{x} \cdot \boldsymbol{p}) / \mathrm{d}t = \mathrm{i}[H, (\boldsymbol{x} \cdot \boldsymbol{p})]/\hbar \, ,$$

im Eigenzustand ψ von H, $H\psi = E\psi$, ausgewertet, ergibt

$$\frac{\mathrm{d}}{\mathrm{d}t} \langle (\boldsymbol{x} \cdot \boldsymbol{p}) \rangle_\psi = \frac{\mathrm{i}}{\hbar} \langle [H, (\boldsymbol{x} \cdot \boldsymbol{p})] \rangle_\psi \equiv \frac{\mathrm{i}}{\hbar} \langle \psi | [H, (\boldsymbol{x} \cdot \boldsymbol{p})] | \psi \rangle = 0 \, ,$$

weil H einmal nach links, einmal nach rechts wirkt und jeweils den gleichen Eigenwert liefert. Den Kommutator berechnet man mit Hilfe von

$$[\boldsymbol{p}^2, (\boldsymbol{x} \cdot \boldsymbol{p})] = [\boldsymbol{p}^2, \boldsymbol{x}] \cdot \boldsymbol{p} \, ,$$
$$[\boldsymbol{p}^2, x^k] = \hbar^2 [\Delta, x^k] = -2\hbar^2 \partial_k = -2\mathrm{i}\hbar p_k \, ,$$
$$[U, (\boldsymbol{x} \cdot \boldsymbol{p})] = [U, \boldsymbol{p}] \cdot \boldsymbol{x} = -\frac{\hbar}{\mathrm{i}} (\nabla U) \cdot \boldsymbol{x}$$

Nimmt man alle Terme zusammen, so folgt

$$\frac{\mathrm{i}}{\hbar}[H, (\boldsymbol{x} \cdot \boldsymbol{p})] = 2T - \boldsymbol{x} \cdot \nabla U \, .$$

Der Erwartungswert hiervon in jedem stationären Eigenzustand von H verschwindet.

Ist U ein Zentralpotential und von der Form $U(r) = ar^\alpha$, so ist $\boldsymbol{x} \cdot \nabla U = \alpha U(r)$ und somit $2\langle T \rangle_\psi = \alpha \langle U \rangle_\psi$. Für den Kugeloszillator ($a > 0, \alpha = 2$) folgt $\langle T \rangle_\psi = \langle U \rangle_\psi = E_{n\ell}/2$; für die gebundenen Zustände im Wasserstoffatom ($a < 0, \alpha = -1$) folgt $\langle T \rangle_\psi = -\langle U \rangle_\psi/2$, $\langle U \rangle_\psi = 2E_n$, $\langle T \rangle_\psi = -E_n$. Das sind dieselben Ergebnisse wie in der klassischen Mechanik.

1.12 Das Potential ist $U(r) = m\omega^2 r^2/2$. Mit dem Ergebnis der Aufgabe 1.11 folgt $\langle r^2 \rangle_{n\ell} = 2\langle U \rangle_{n\ell}/(m\omega^2) = E_{n\ell}/m\omega^2$. Damit folgt

$$\left\langle r^2 \right\rangle_{0s} = \frac{3}{2}\frac{\hbar\omega}{m\omega^2} = \frac{3}{2}b^2, \qquad \left\langle r^2 \right\rangle_{0p} = \frac{5}{2}\frac{\hbar\omega}{m\omega^2} = \frac{5}{2}b^2.$$

Somit ist

$$\left\langle r^2 \right\rangle_{^{16}\mathrm{O}} = \frac{1}{8}\left(2 \times \frac{3}{2}b^2 + 6 \times \frac{5}{2}b^2\right) = \frac{9}{4}b^2.$$

Setzt man den angegebenen experimentellen Wert ein, so folgt $b = 1{,}81 \pm 0{,}01$ fm.

1.13 1. Bei Verwendung der Formel (8) zeigt man zunächst

$$\hbar^2 \boldsymbol{\ell}^2 = \sum_{jk}(x^j p_k x^j p_k - x^j p_k x^k p_j).$$

Im ersten Term der rechten Seite ersetzt man den zweiten und dritten Faktor gemäß $p_k x^j = x^j p_k - \mathrm{i}\hbar\delta_{jk}$; ebenso im zweiten Term den dritten und vierten Faktor gemäß $x^k p_j = p_j x^k + \mathrm{i}\hbar\delta_{jk}$. Es folgt

$$\hbar^2 \boldsymbol{\ell}^2 = \boldsymbol{x}^2 \boldsymbol{p}^2 - \mathrm{i}\hbar(\boldsymbol{x} \cdot \boldsymbol{p}) - (\boldsymbol{x} \cdot \boldsymbol{p})(\boldsymbol{p} \cdot \boldsymbol{x}) - \mathrm{i}\hbar(\boldsymbol{x} \cdot \boldsymbol{p})$$
$$= r^2 \boldsymbol{p}^2 - (\boldsymbol{x} \cdot \boldsymbol{p})^2 + \mathrm{i}\hbar(\boldsymbol{x} \cdot \boldsymbol{p}),$$

dabei hat man im letzten Schritt $(\boldsymbol{p} \cdot \boldsymbol{x}) = (\boldsymbol{x} \cdot \boldsymbol{p}) - 3\mathrm{i}\hbar$ benutzt.

2. Man berechnet jetzt

$$(\boldsymbol{x} \cdot \boldsymbol{p}) = \frac{\hbar}{\mathrm{i}}\sum x^k \frac{\partial}{\partial x^k} = \frac{\hbar}{\mathrm{i}}\frac{\boldsymbol{x}^2}{r}\frac{\partial}{\partial r} = \frac{\hbar}{\mathrm{i}}r\frac{\partial}{\partial r} = r p_r + \mathrm{i}\hbar.$$

Damit berechnet man nun

$$(\boldsymbol{x} \cdot \boldsymbol{p})^2 - \mathrm{i}\hbar(\boldsymbol{x} \cdot \boldsymbol{p}) = [(\boldsymbol{x} \cdot \boldsymbol{p}) - \mathrm{i}\hbar](\boldsymbol{x} \cdot \boldsymbol{p}) = r p_r(r p_r + \mathrm{i}\hbar)$$
$$= r p_r r p_r + \mathrm{i}\hbar r p_r = r^2 p_r^2.$$

Im letzten Schritt wurde dabei $p_r r = r p_r - \mathrm{i}\hbar$ eingesetzt. Damit ist die behauptete Zerlegung bewiesen.

Ausgewählte Lösungen: Kapitel 2

2.1 Mit $\ell = 0$ und $R(r) = u(r)/r$ genügt $u(r)$ der Differentialgleichung

$$u''(r) + \frac{2m(E - U(r))}{\hbar^2}u(r) = 0.$$

1. $E > 0$ (s. Abschn. 2.5.5, Beispiel 2.4): Im Außenraum $r > R$ setze $u^{(a)}(r) = \sin(kr + \delta)$ mit $k^2 = 2mE/\hbar^2$. Im Innenraum $r \leq R$ setze $u^{(i)}(r) = \sin(\kappa r)$ mit

$$\kappa^2 = \frac{2m(E + U_0)}{\hbar^2} \equiv k^2 + K^2 \,, \qquad K^2 = \frac{2m}{\hbar^2}U_0 \,.$$

Bei $r = R$ muß die Bedingung

$$\left.\frac{u^{(i)\,\prime}(r)}{u^{(i)}(r)}\right|_{r=R} = \left.\frac{u^{(a)\,\prime}(r)}{u^{(a)}(r)}\right|_{r=R}$$

erfüllt sein. Daraus folgen die in Abschn. 2.5.5 angegebenen Ausdrücke für die Streuphase, die Streulänge und die effektive Reichweite.

2. $U_0 < E < 0$: Setze $E = -B$ mit $B > 0$, $\gamma^2 := 2mB/\hbar^2$, woraus $\kappa^2 = K^2 - \gamma^2$. Mit dem analogen Ansatz für die Radialfunktion folgt

$$u^{(a)}(r) = \sin(\mathrm{i}\gamma r + \delta) = \frac{1}{2\mathrm{i}}\left(\mathrm{e}^{\mathrm{i}\delta}\,\mathrm{e}^{-\gamma r} - \mathrm{e}^{-\mathrm{i}\delta}\,\mathrm{e}^{+\gamma r}\right).$$

Ein gebundener Zustand tritt nur auf, wenn der exponentiell anwachsende Term nicht beiträgt, d. h. wenn $\mathrm{i}\delta \to +\infty$ bzw. $\cot \delta = \mathrm{i}\coth(\mathrm{i}\delta) \to \mathrm{i}$. Aus der Stetigkeitsbedingung bei $r = R$ folgt die implizite Gleichung

$$\kappa \cot(\kappa R) = -\gamma \,.$$

Mit $x := \kappa R$, $x_0 = \sqrt{2mU_0}\,R/\hbar$ und $\gamma/\kappa = \sqrt{x_0^2 - x^2}/x$ findet man die Bindungszustände aus den Schnittpunkten der Kurven $y_1(x) = \cot x$ und $y_2(x) = -\sqrt{x_0^2 - x^2}/x$. Aus den Graphen dieser Kurven (Abb. 6.2) sieht man, daß sie sich in n absteigend geordneten Punkten schneiden, wenn x_0 im folgenden Intervall liegt

$$(2n-1)\frac{\pi}{2} \leq x_0 < (2n+1)\frac{\pi}{2} \,.$$

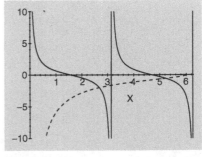

Abb. 2

2.4 Der Formfaktor lautet

$$F(q^2) = 3\left(\frac{\sin(qR)}{(qR)^3} - \frac{\cos(qR)}{(qR)^2}\right);$$

der mittlere quadratische Radius, aus $\varrho(r)$ berechnet oder aus $F(q^2)$, ist

$$\langle r^2 \rangle = -6\frac{\mathrm{d}F(q^2)}{\mathrm{d}q^2} = \frac{3}{5}R^2 \,.$$

2.7 1. Setzt man in der Formel (2.35) für den Formfaktor die Entwicklung (1.136) der ebenen Welle ein und nutzt die Orthogonalität der

Kugelflächenfunktionen aus, so folgt

$$F(\boldsymbol{q}) = 4\pi \left[\int_0^\infty r^2 \, dr \, j_0(qr)\varrho_0(r) - \int_0^\infty r^2 \, dr \, j_2(qr)\varrho_2(r) Y_{20}(\hat{\boldsymbol{q}}) \right] .$$

2. Das erste Integral berechnet sich mit Hilfe der Formel

$$\int_0^\infty x \, dx \, e^{-ax^2} \sin(bx) = -\frac{d}{db} \int_0^\infty dx \, e^{-ax^2} \cos(bx)$$

$$= \frac{b}{4a} \sqrt{\frac{\pi}{a}} e^{-b^2/(4a)}$$

und ergibt $\exp(-q^2 R^2/6)$. Das zweite Integral gibt den Integranden an der Stelle $r = R$. Insgesamt ist der Formfaktor

$$F(\boldsymbol{q}) = e^{-(1/6)q^2 R^2} - 4\pi N j_2(qr) Y_{20}(\hat{\boldsymbol{q}}) .$$

Mit den angegebenen Ausdrücken für $j_2(qr)$ und für $Y_{20}(\hat{\boldsymbol{q}})$ berechnet man den differentiellen Wirkungsquerschnitt.

Ausgewählte Lösungen: Kapitel 3

3.3   1. Für $F(x)$ wie angegeben rechnet man die Ableitung nach x aus, ohne A und B aneinander vorbeizuziehen,

$$\begin{aligned} F'(x) &= e^{x(A+B)} \left[A e^{-xB} e^{-xA} - e^{-xB} A e^{-xA} \right] \\ &= e^{x(A+B)} \left[A - e^{-xB} A e^{xB} \right] e^{-xB} e^{-xA} \\ &= e^{x(A+B)} x [B, A] e^{-xB} e^{-xA} = -x [A, B] F(x) . \end{aligned}$$

Diese Differentialgleichung ist leicht zu lösen:
$F(x) = F(0) \exp(-(x^2/2)[A, B])$ mit der Anfangsbedingung $F(0) = \mathbb{1}$.

2. Es ist $G(0) = B$, $G'(0) = [A, G]$, $G''(0) = [A, G'] = [A, [A, G]]$.

3.6   1. Mit der Formel (11) und mit $[a, a^\dagger] = 1$ ist

$$e^{-za^\dagger} a \, e^{za^\dagger} = a - z[a^\dagger, a] = a + z .$$

2. Dieses Ergebnis verwendet man, um zu zeigen, daß

$$\begin{aligned} a \, |\psi_z\rangle &= e^{-|z|^2/2} e^{za^\dagger} (e^{-za^\dagger} a \, e^{za^\dagger}) |0\rangle \\ &= e^{-|z|^2/2} e^{za^\dagger} (a + z) |0\rangle \\ &= z \, |\psi_z\rangle , \end{aligned}$$

wobei noch $a|0\rangle = 0$ benutzt wurde.

3. Für jedes Polynom in a gilt aufgrund des vorhergehenden Ergebnisses

$$\langle\psi_z|F(a)|\psi_z\rangle = F(z)\,.$$

Für ein Polynom $G(a^\dagger)$ wälzt man $a^\dagger$ und alle seine Potenzen auf den „bra"-Zustand ab und erhält

$$\langle\psi_z|G(a^\dagger)|\psi_z\rangle = \langle[G^*(a)\psi_z]\,|\psi_z\rangle = \langle\psi_z|\,[G^*(a)\psi_z]\rangle^* = G(z^*)\,.$$

In einem gemischten Polynom stehen aufgrund der Normalordnung alle $a^\dagger$ links von allen a. Deshalb folgt aufgrund der vorhergehenden Formeln

$$\langle\psi_z|:H(a^\dagger,a)\!:|\psi_z\rangle = H(z^*,z)\,.$$

4. Das Ergebnis aus 2. läßt sich auf die Exponentialreihe übertragen. Der Überlapp zweier verschiedener Zustände gibt somit

$$\begin{aligned}\langle\psi_z|\psi_w\rangle &= e^{-|w|^2/2}\,\langle\psi_z|e^{wa^\dagger}|0\rangle\\ &= e^{-|w|^2/2+|z|^2/2}\,\langle\psi_z|e^{(w-z)a^\dagger}|\psi_z\rangle\\ &= e^{-|w|^2/2+|z|^2/2+(w-z)z^*} = e^{-(1/2)(|w|^2+|z|^2-2wz^*)}\,.\end{aligned}$$

Das Quadrat des Betrages hiervon ist $|\langle\psi_z|\psi_w\rangle|^2 = \exp(-|z-w|^2)$.

Ausgewählte Lösungen: Kapitel 4

4.6 Zu zeigen ist:

$$\Pi_{j_1}+\Pi_{j_2}=1\,,\quad \Pi_{j_1}\Pi_{j_2}=0=\Pi_{j_2}\Pi_{j_1}\,,\quad \Pi_{j_k}^2=\Pi_{j_k}\,,\quad k=1,2\,.$$

Die erste Eigenschaft ist offensichtlich. Zum Nachweis der zweiten benutzt man

$$(\boldsymbol\sigma\cdot\boldsymbol\ell)(\boldsymbol\sigma\cdot\boldsymbol\ell)=\boldsymbol\ell^2-(\boldsymbol\sigma\cdot\boldsymbol\ell)\,,$$

(vgl. Aufgabe 3.2). Damit ist das erste Produkt

$$\Pi_{j_1}\Pi_{j_2}=\frac{1}{(2\ell+1)^2}[\ell(\ell+1)-(\boldsymbol\sigma\cdot\boldsymbol\ell)-\boldsymbol\ell^2+(\boldsymbol\sigma\cdot\boldsymbol\ell)]\,,$$

das in der Tat Null ergibt, wenn es auf einen Zustand mit scharfem ℓ wirkt. Das Produkt in der anderen Reihenfolge ist ebenfalls gleich Null. Es bleibt zu verifizieren, daß Π_{j_1} auf $j_1=\ell+1/2$, Π_{j_2} auf $j_2=\ell-1/2$ projiziert. Dazu ersetze man im Nenner von (13)

$$2\ell+1=j_1(j_1+1)-j_2(j_2+1)$$

und verwende die Formel $2\boldsymbol s\cdot\boldsymbol\ell=\boldsymbol j^2-\boldsymbol\ell^2-\boldsymbol s^2$ mit $s=\sigma/2$, um $\boldsymbol\sigma\cdot\boldsymbol\ell$ bei der Wirkung auf Eigenzustände von $\boldsymbol j^2$ durch seine Eigenwerte $j(j+1)-\ell(\ell+1)-3/4$ zu ersetzen. Es folgt

$$\Pi_{j_1}=\frac{j(j+1)-j_2(j_2+1)}{j_1(j_1+1)-j_2(j_2+1)}\,,\qquad \Pi_{j_2}=\frac{j_1(j_1+1)-j(j+1)}{j_1(j_1+1)-j_2(j_2+1)}\,,$$

woraus die Behauptung folgt.

4.7 Die Amplitude ist im Impulsraum auszuwerten, daher ist

$$(\boldsymbol{\sigma} \cdot \boldsymbol{\ell}) P_\ell(\hat{\boldsymbol{k}}' \cdot \hat{\boldsymbol{k}}) = \boldsymbol{\sigma} \cdot (-i\hat{\boldsymbol{k}}' \times \nabla_{k'}) P_\ell(\hat{\boldsymbol{k}}' \cdot \hat{\boldsymbol{k}}) = -i\boldsymbol{\sigma} \cdot \left(\hat{\boldsymbol{k}}' \times \hat{\boldsymbol{k}}\right) P_\ell'(\hat{\boldsymbol{k}}' \cdot \hat{\boldsymbol{k}}) .$$

4.8 Man wertet $\hat{f}$ zwischen Pauli-Spinoren aus und verwendet das Additionstheorem (1.121) der Kugelflächenfunktionen; bei der Integration über $\mathrm{d}\Omega_{k''}$ nutzt man die Orthogonalität der Kugelflächenfunktionen aus und erhält

$$4\pi \left\langle \chi_p \middle| Y_{\ell m}^*(\hat{\boldsymbol{k}}') \left\{ \mathrm{Im}\, f_{j_1} \Pi_{j_1} + \mathrm{Im}\, f_{j_2} \Pi_{j_2} \right\} Y_{\ell m}(\hat{\boldsymbol{k}}) \middle| \chi_q \right\rangle$$
$$= 4\pi k \left\langle \chi_p \middle| Y_{\ell m}^*(\hat{\boldsymbol{k}}') [f_{j_1}^* \Pi_{j_1} + f_{j_2}^* \Pi_{j_2}][f_{j_1} \Pi_{j_1} + f_{j_2} \Pi_{j_2}] Y_{\ell m}(\hat{\boldsymbol{k}}) \middle| \chi_q \right\rangle .$$

Nutzt man jetzt die in Aufgabe 4.6 gezeigten Eigenschaften der Projektionsoperatoren aus und macht Koeffizientenvergleich, dann folgen die behaupteten Beziehungen (17). Diese wiederum bedeuten, daß man

$$f_{jk} = \frac{1}{2ik}(\mathrm{e}^{2i\delta_{jk}(k)} - 1) = \frac{1}{k}\mathrm{e}^{i\delta_{jk}(k)} \sin\delta_{jk}(k)$$

schreiben kann.

Ausgewählte Lösungen: Kapitel 5

5.6 Durch zweimalige partielle Integration wird die Differenz $U_1 - U_2$ der Potentiale durch $\Delta(U_1 - U_2)$ ersetzt, somit gilt

$$I := \int_0^\infty r^2 \,\mathrm{d}r \,(a + br + cr^2)(U_1 - U_2)$$
$$= \int_0^\infty r^2 \,\mathrm{d}r \left(\frac{a}{6}r^2 + \frac{b}{12}r^3 + \frac{c}{20}r^4\right) \Delta(U_1 - U_2) .$$

Setzt man jetzt die Poissongleichung ein, $\Delta(U_1 - U_2) = -4\pi Ze(\varrho_1 - \varrho_2)$, so folgt

$$\Delta E = e \int \mathrm{d}^3 x \,|\psi|^2 (U_1 - U_2)$$
$$\approx -4\pi Ze^2 \left(\frac{a}{6}\Delta\langle r^2\rangle + \frac{b}{12}\Delta\langle r^3\rangle + \frac{c}{20}\Delta\langle r^4\rangle\right) .$$

Aus den expliziten Formeln für die Wellenfunktionen der 2s und 2p-Zustände bestimmt man die Entwicklungskoeffizienten

$$a^{(2s)} = \frac{1}{2a_B^3}, \qquad b^{(2s)} = -\frac{1}{a_B^4}, \qquad c^{(2s)} = \frac{7}{8a_B^5};$$
$$a^{(2p)} = 0, \qquad b^{(2p)} = 0, \qquad c^{(2p)} = \frac{1}{12a_B^5}.$$

5.7   Die Identität $2\boldsymbol{\ell} \cdot \boldsymbol{s} = \boldsymbol{j}^2 - \boldsymbol{\ell}^2 - \boldsymbol{s}^2$ gibt den Erwartungswert

$$\langle \boldsymbol{\ell} \cdot \boldsymbol{s} \rangle_{n\ell} = \frac{1}{2}\left[j(j+1) - \ell(\ell+1) - \frac{3}{4} \right],$$

in die man für Zirkularbahnen $\ell = n - 1$ einsetzt. Das Radialmatrixelement von $1/r^3$ berechnet sich zu

$$\left\langle \frac{1}{r^3} \right\rangle_{n,n-1} = \frac{2}{a_{\mathrm{B}}^3}\left[n^4 (2n-1)(n-1) \right]^{-1}.$$

In erster Ordnung ist die Feinstrukturaufspaltung somit

$$\Delta E = \frac{(Z\alpha)^4}{2n^4(n-1)}\, mc^2 \,.$$

Literatur

Scheck, F.: *Theoretische Physik, Band 1: Mechanik, Von den Newton-schen Gleichungen zum deterministischen Chaos* (Springer, Berlin, Heidelberg 1999)

Landau, L.D., Lifshitz, E.M.: *Lehrbuch der Theoretischen Physik, Band 2: Klassische Feldtheorie* (Harri Deutsch, Frankfurt 1992)

Jackson, J.D.: *Classical Electrodynamics* (John Wiley and Sons, New York 1975)

Zur Interpretation der Quantenmechanik

Aharonov, Y., Rohrlich, D.: *Quantum Paradoxes – Quantum Theory for the Perplexed* (Wiley-VCH Verlag, Weinheim 2005)

d'Espagnat, B.: *Conceptual Foundations of Quantum Mechanics* (Addison-Wesley, Redwood City 1989)

Omnès, R.: *The Interpretation of Quantum Mechanics* (Princeton University Press, Princeton 1994)

Selleri, F.: *Die Debatte um die Quantentheorie* (Vieweg-Verlag, Braunschweig 1990a)

Selleri, F.: *Quantum Paradoxes and Physical Reality* (Kluwer Academic Publishers, Dordrecht 1990b)

Rechnergestützte Probleme der Quantenmechanik

Feagin, J.M.: *Methoden der Quantenmechanik mit Mathematica* (Springer, Berlin, Heidelberg 1995)

Horbatsch, M.: *Quantum Mechanics using Maple* (Springer, Berlin, Heidelberg 1995)

Klassiker

Condon, E.U., Shortley, E.H.: *The Theory of Atomic Spectra* (Cambridge University Press, London 1957)

Dirac, P.A.M.: *The Principles of Quantum Mechanics* (Oxford Science Publications, Clarendon Press, Oxford 1996)

Heisenberg, W.: *Physikalische Prinzipien der Quantentheorie* (BI Hochschultaschenbücher, Mannheim 1958)

Von Neumann, J.: *Mathematische Grundlagen der Quantenmechanik* (Springer, Berlin 1932)

Pauli, W.: *General Principles of Quantum Mechanics* (Springer, Berlin, Heidelberg 1980)

Pauli, W.: *Die allgemeinen Prinzipien der Wellenmechanik* (Handbuch der Physik V/1, Springer, Berlin, Heidelberg)

Wigner, E. P.: *Gruppentheorie und ihre Anwendung auf die Quantenmechanik der Atomspektren* (Vieweg, Braunschweig 1931)

Umfangreiche Texte mit Handbuchcharakter

Cohen-Tannoudji, C., Diu, B., Laloë, F.: *Mécanique Quantique I + II* (Hermann, Paris 1977)

Galindo, A., Pascual, P.: *Quantum mechanics I + II* (Springer, Berlin, Heidelberg 1990)

Messiah, A.: *Mécanique Quantique 1 + 2* (Dunod, Paris 1969); deutsche Übersetzung bei (de Gruyter, Berlin 1991)

Ausgewählte Lehrbücher

Grawert, G.: *Quantenmechanik* (Akademische Verlagsgesellschaft, Frankfurt a.M. 1973)

Landau, L. D., Lifschitz, E. M.: *Lehrbuch der Theoretischen Physik, Band 3: Quantenmechanik* (Harri Deutsch, Frankfurt 1986)

Merzbacher, E.: *Quantum Mechanics* (John Wiley and Sons, New York 1997)

Rollnik, H.: *Quantentheorie* (Vieweg-Verlag, Wiesbaden 1995)

Sakurai, J. J.: *Modern Quantum Mechanics* (Addison-Wesley, Reading, Mass. 1994)

Schiff, L. I.: *Quantum Mechanics* (McGraw-Hill 1968)

Schwabl, F.: *Quantenmechanik QM I* (Springer, Berlin, Heidelberg 1998)

Theis, W. R.: *Grundzüge der Quantentheorie* (Teubner Studienbücher Physik, Stuttgart 1985)

Thirring, W.: *Lehrbuch der mathematischen Physik, Band 3: Quantenmechanik von Atomen und Molekülen* (Springer, Berlin, Heidelberg 1994)

Streutheorie

Calogero, F.: *Variable Phase Approach to Potential Scattering* (Academic Press, New York 1967)

Goldberger, M. L., Watson, K. W.: *Collision Theory* (Wiley, New York 1964)

Drehgruppe und Quantenmechanik

Edmonds, A. R.: *Angular Momentum in Quantum Mechanics* (Princeton University Press, Princeton 1957)

Fano, U., Racah, G.: *Irreducible Tensorial Sets* (Academic Press, New York 1959)

Rose, M. E.: *Elementary Theory of Angular Momentum* (Wiley, New York 1957)

Rotenberg, M., Bivins, R., Metropolis, N., Wooten, J. K.: *The 3j- and 6j-Symbols* (Technical Press MIT, Boston 1959) de Shalit, A., Talmi, I.: *Nuclear Shell Theory* (Academic Press, New York 1963)

Weiterführende Texte

Omnès, R.: *Introduction à l'étude des particules élémentaires* (Ediscience, Paris 1970); englische Übersetzung bei Wiley-Interscience, London 1971

Sakurai, J. J.: *Advanced Quantum Mechanics* (Addison-Wesley, Reading, Mass. 1967)

Scheck, F.: *Electroweak and Strong Interactions – An Introduction to Theoretical Particle Physics* (Springer, Berlin, Heidelberg 1996)

Schwabl, F.: *Quantenmechanik für Fortgeschrittene* (Springer, Berlin, Heidelberg 1996)

Streater, R. F., Wightman, A. S.: *Die Prinzipien der Quantenfeldtheorie*, BI Hochschultaschenbücher (BI, Mannheim 1969)

Ausgewählte mathematische Werke

Blanchard, Ph., Brüning, E.: *Distributionen und Hilbertraumoperatoren, Mathematische Methoden der Physik* (Springer, Berlin, Heidelberg 1993)

Bremermann, H.: *Distributions, Complex variables, and Fourier transforms* (Addison-Wesley, Reading, Mass. 1965)

Fischer, H., Kaul, H.: *Mathematik für Physiker 2* (Teubner, Stuttgart 1998)

Gelfand, I. M., Schilow, G. E.: *Verallgemeinerte Funktionen* (Deutscher Verlag der Wissenschaften, Berlin 1960)

Hamermesh, M.: *Group Theory and Its Applications to Physical Problems* (Addison-Wesley, Reading, Mass. 1962)

Kato, T.: *Perturbation Theory for Linear Operators* (Springer, Berlin, Heidelberg 1980)

Schwartz, L.: *Théorie des distributions* (Hermann, Paris 1957)

Handbücher; Spezielle Funktionen

Abramowitz, M., Stegun, I. A.: *Handbook of Mathematical Functions* (Dover, New York 1965)

Bronstein, I. N., Semendjajew, K. A.: *Taschenbuch der Mathematik* (Teubner, Stuttgart, Leipzig 1991)

Courant, R., Hilbert, D.: *Methoden der mathematischen Physik* (Heidelberger Taschenbücher 1993)

Erdélyi, A., Magnus, W., Oberhettinger, F., Tricomi, F.G.: *Higher Transcendental Functions, The Bateman Manuscript Project* (McGraw-Hill, New York 1953)

Gradshteyn, I. S., Ryzhik, I. M.: *Table of Integrals, Series and Products* (Academic Press, New York, London 1965)

Whittaker, E. T., Watson, G. N.: *A Course of Modern Analysis* (Cambridge University Press, London 1958)

Sachverzeichnis